高等数学

（第二版）（上册）

主编 李 伟

副主编 廖 嘉 刘寅立

中国教育出版传媒集团

高等教育出版社·北京

内容提要

本书依据最新的"工科类本科数学基础课程教学基本要求"编写而成。注重培养学生用"已知"认识、研究、解决"未知"的能力；注重给学生营造一个启发式、互动式的学习氛围与环境，使学生在"边框"提出的问题的启发、引导、驱动下边思考、边读书、边总结；内容力求简明，引出尽可能直观，注重避免新的概念、新的结论、新的方法"从天而降"。同时注意为青年教师实施启发式、互动式教学提供一定的借鉴。

本版在保持第一版的内容特色基础上，增添了部分章节内容；对数学软件与数学建模的实例进行了修改，数学软件改为了 Python 语言；更加注重文化育人，对"历史的回顾"及"人物简介"部分做了修改，并以二维码形式呈现；对"边框"做了修改；通过二维码以注记的形式对有些内容加以解读，扩大学生知识面，并将知识点加以总结，方便学生掌握。

本书分为上、下两册，上册内容包括微积分的基础知识——函数与极限、一元函数微分学、微分中值定理与导数的应用、不定积分、定积分及其应用、微分方程等，书中带"∗"号的或用异体字排版的内容可选学或自学。

本书可供高等学校非数学类专业学生使用，也可供科技工作者学习参考。

图书在版编目（CIP）数据

高等数学. 上册 / 李伟主编. -- 2 版. -- 北京 ：高等教育出版社，2022.8
 ISBN 978-7-04-058491-2

Ⅰ.①高… Ⅱ.①李… Ⅲ.①高等数学–高等学校–教材 Ⅳ.①O13

中国版本图书馆 CIP 数据核字（2022）第 055204 号

Gaodeng Shuxue

策划编辑	贾翠萍	责任编辑 贾翠萍	封面设计 李卫青	责任绘图	于 博
版式设计	王艳红	责任校对 刘娟娟	责任印制 耿 轩		

出版发行	高等教育出版社		网 址	http://www.hep.edu.cn
社 址	北京市西城区德外大街 4 号			http://www.hep.com.cn
邮政编码	100120		网上订购	http://www.hepmall.com.cn
印 刷	三河市吉祥印务有限公司			http://www.hepmall.com
开 本	787mm×1092mm 1/16			http://www.hepmall.cn
印 张	24.5		版 次	2011 年 7 月第 1 版
字 数	600 千字			2022 年 8 月第 2 版
购书热线	010-58581118		印 次	2022 年 8 月第 1 次印刷
咨询电话	400-810-0598		定 价	49.50 元

本书如有缺页、倒页、脱页等质量问题，请到所购图书销售部门联系调换
版权所有 侵权必究
物 料 号 58491-00

本书编委会

主　编　李　伟
编　委（按姓氏笔画排序）
　　　　于加尚　王爱平　刘寅立　李　伟
　　　　李　鹤　郭永江　夏国坤　廖　嘉

第 二 版 序

以微积分为主体内容的"高等数学"是高等院校最重要的基础课程之一,它不仅为学生后继课程的学习及今后的应用与科研提供必要的基础知识,而且对培养学生正确的认知和创新能力、科学的思维方法产生重要而深远的影响。

教材是教师讲课的"物质"基础,向课堂要质量必须首先向教材要质量,课堂教学改革必须由教材改革做引领与支撑。优秀的教材不仅能清晰地表述相关的系统知识,更重要的是要能揭示并引导读者领会渗透在知识中的科学思想。

美籍匈牙利数学家与数学教育家波利亚在评价伟大的瑞士数学家、自然科学家欧拉时讲:"在前辈数学家中欧拉对我影响最大。主要原因在于,欧拉做了一些与他才能相当的伟大数学家从未做过的事,即他解释了他是如何发现他的结论的。对此,我如获至宝。"前人研究思想的继承和积累是我们发展、创新的科学思想基础。诚然,了解前人发现和创建结论的思想并非易事,但作为优秀教材的作者,应该努力用自己的能力和经验去探索和揭示概念、问题的实质和解决问题、获得结论的思维方法。要启发读者不仅知道"是什么",还要知道"为什么";不仅知道"怎样做",更要知道"怎样想"。"是什么""怎样做"仍停留于知识和技能,"为什么""怎样想"是在传授思想。

李伟教授多年来一直致力于教学改革的探索与实践,他曾参与"教育部高等理工教育数学基础课程教学改革与实践项目"等多项系列研究课题,特别重视科学思维方法的传授,通过多次教学改革实践,编写了本套具有鲜明特色的《高等数学》教材,为我国教材改革、教材建设提供了优秀的范例。

近10年来,他潜心于探索高等数学教学内容的精髓,对如何通过高等数学的学习,培养读者的学习兴趣、激发读者的创新意识、培养读者分析问题、解决问题的能力、提高数学素养做了系统的研究、探索。这次对《高等数学》(高等教育出版社,2011年出版)的再版,融合了他对高等数学潜心研究的结晶。

本版突出了变"以知识为中心"为"以学生为中心"的编写理念。不仅考虑读者知识的需求,更着眼于通过知识的传授培养读者能力的目的。将传授知识与培养学生的创新意识和思维能力相融合,努力挖掘知识产生的背景,分析其产生、形成及应用的思想方法。力求将"用'已知'认识'未知'、研究'未知'、解决'未知'"这一认知的基本思想作为主线贯穿于全书的每一章节。这不仅有助于读者认知能力的培养,而且增强了知识的严谨性、系统性、逻辑性。

本书注重微积分基本思想方法的揭示和应用,通过变速直线运动的瞬时速度和在某一区间上的位移两个相互关联的问题为例,阐明了导数和定积分分别是处理均匀分布中的除法和乘法在处理相应的非均匀问题中的发展,它们分别是将非均匀问题通过局部均匀化求近似、再利用极限得精确的思想方法在局部和整体问题中的应用,体现了用"已知的均匀"解决"未知的非均匀"这一基本思想的具体运用,这样处理不仅便于读者理解,而且可使读者领会微积分的精髓与真谛。

遵循"以学生为中心"的编写理念,本版将成功的教学方法渗透于知识的讲解之中。通过由具体简单的实例发现规律再推广到一般、引入新概念;由几何直观发现规律再行解析证明;用联想类比等数学方法,引出要研究的新的问题;在进行充分分析之后,通过"这使我们猜想""不禁要问""我们期盼"等启发性的词语引出要研究的问题。这些做法对培养学生发现问题、提出问题的能力,激发学生的创新意识能产生积极影响。

本版还加强了边框的使用。通过边框中设置的问题,激发读者学习兴趣,启迪读者思考,参与问题的解决,提示读者总结升华,边框在一定程度上将互动式、讨论式教学方法引入了教材,为教学方法的改革提供了引导和支撑。在使读者不仅知道"是什么",还要知道"为什么""怎样想"方面发挥了很好的作用。

此外,数学建模实例、数学软件的应用、历史的回顾、人物简介等,在本版中也得到了加强。对学生数学应用能力的培养、教师教书育人都将起到积极的作用。

综上所述,作者以"以学生为中心"为编写初心,为培养读者能力、适合读者的需求做了大量的卓有成效的工作。正像 2006—2010 年教育部高等学校数学与统计学教学指导委员会数学基础课程教学指导分委员会对该书第一版的评价那样:"出版的教材是我国教材建设中的一个优秀的典范",为教材改革做出了建设性的贡献。相信通过众多提升后的本版,对"高等数学"教学改革向纵深发展、教材的改革与建设和教学质量的提升将会发挥更好的推动作用!

马知恩

2021 年 10 月 8 日

第 一 版 序

  我国高等教育正处于由精英教育步入大众化教育的初期,以提高教学质量、培养创新型人才为目的的教学方法改革将是我国大学数学教学工作者面临的一项长期而艰巨的任务。高等数学作为一门重要的数学基础课程,其教学方法的改革尤为重要。李伟教授一直从事大学数学基础课程教学与研究,对高等数学的教学方法改革进行了长期的探索与实践,这部《高等数学》教材就是他研究的结晶。该书在如何通过教材提高学生学习数学的兴趣,如何在课本中给学生营造一个互动式的读书氛围,如何使学生能在问题的启发下去思考、读书等方面,给我们提供了一个很好的范例。

  该书的显著特点是,以学生为本,将启发式、互动式引进教材,给学生营造一个互动式读书的氛围与环境。譬如,书中通过边框提出问题,激发学生去思考,帮助学生领会所学内容的实质,使学生不仅知道是什么,还应理解为什么;对难以读懂的地方提醒学生去联系有关的"已知";在做了例题之后,提醒学生去总结,理解该例题的目的与意义;等等。

  高等数学的授课对象是非数学类专业学生。为使学生能更好地理解有关数学内容及其隐含的思想,在课程讲授中从几何直观和实际背景切入不失为一种有效的方式。书中对反函数的导数以及求复合函数极限和导数的处理都充分运用了这种方式。另外,为提高学生运用数学知识解决实际问题的能力,在课程中融入数学建模的思想是十分必要的。书中每节习题(B)的第一题都是应用题,而且选配了一些数学建模实例,为此还介绍了相关的常用软件,如 MATLAB。这些做法不仅体现了数学既应用于实际也受实际应用推动的发展规律,而且使抽象的数学变得直观明了、易于理解和接受,从而消除了学生对数学的畏惧,激发了学生学习数学的兴趣,开发了学生学习的潜能,对培养学生从实际应用和几何直观中提出问题、分析问题、解决问题的能力具有非常积极的作用。另一方面,高等数学作为一门数学课程,不能因为削弱了严格的数学推理而失去对学生抽象思维和逻辑推理能力的培养。为此,该书十分重视基本概念和基本理论的学习与理解,对所涉及的概念定义严格,对定理的证明推理严密。对概念和定理中容易发生理解错误的地方,通过边框提问的方式画龙点睛地"点"出来。譬如,在用初等积分法求微分方程通解中,该书紧紧抓住通解定义中"任意常数"四个字,用提问方式帮助学生理解并进一步进行逻辑演绎。另外,为更好地帮助学生对基本概念的掌握,书中每节习题(A)的第一题都设为基本概念判断题。

  该书的另一个特点是,不仅重视知识的传授,而且重视学生认知能力的培养。全书通篇贯穿了用"已知"认识"未知"、用"已知"研究"未知"、用"已知"解决"未知"的思想。这不仅有益于学生知道如何学好数学,更重要的是让学生掌握这一重要的科学认知规律。

  另外,该书在相关部分还配以相关的历史背景和有关数学家简介,这有助于学生从数学概念的来龙去脉中加深对数学概念的理解,增强学习数学的兴趣。

　　总之,这是一部具有鲜明特色的教科书。它不仅为学生学习高等数学提供了一个非常好的选择,也为从事高等数学课程教学研究与改革的高校教师们提供了一种新的参考。

徐宗本

于西安交通大学

2011 年 4 月

第二版前言

教材是课堂教学的引领与支撑,它不仅影响到教师"教什么"与"怎么教",而且直接影响到学生"学什么"与"怎么学"。怀着为把学生培养成**"堪当民族复兴重任的时代新人"**,以教材改革引领支撑教学内容与教学方法改革的初心,我们编写了本书。

本书主要在以下方面有比较鲜明的特点:

1. 以**"用'已知'认识'未知'、用'已知'研究'未知'、用'已知'解决'未知'"**的人类基本认知规律作为全书的主线,贯穿到全书每一个章节。在引入新概念、证明新命题、求解例题时,都着力引导学生去寻找在解决面临的"未知"时所需要的"已知",使学生从中理解知识中蕴含的思想,学到其中的方法,将陌生的"未知"转化为熟悉的"已知"。教师遵循这一认知准则讲课,可以层次清晰、逻辑严谨,能使学生茅塞顿开,唤起学生学习的欲望与兴趣。

特别地,这一认知准则搭建了常量数学与变量数学之间联系的桥梁,消除了从常量数学到变量数学认知上的鸿沟。通过对导数概念的引出,揭示出微积分的基本思想方法。用这一基本思想来审视导数与定积分,虽然二者分别是研究非均匀变化(分布)的量在某点处的变化率或在某区间内的整体求和,似乎是对立的,但它们却是同根同源,它们的得出所遵循的思想是相同的。都利用了**"'局部''用均匀代替非均匀',将'未知'的变量数学问题转化为'已知'的初等数学问题,用初等方法求出近似值再取极限得精准值"**的微积分的基本思想方法。用这一思想引入定积分及其他各类积分、积分应用的微元法等,简明扼要,逻辑清晰,大大减轻教师讲解、学生接受的难度。并使学生学到微积分的真谛与精髓。

2. 要创新首先要有创新的意识。牛顿说"没有大胆的猜想就做不出伟大的发现",本书注重由特殊到一般、由直观到抽象,引导学生发现问题,然后通过"这使我们猜想""不禁要问""我们期盼"等启发性语言引导学生思考,产生猜想或期望,再通过解析论证进行验证。一些公认的纯数学的理论,或用朴素的生活实例,或用直观的图形引导学生发现规律、提出猜想,以激发与培养学生发现问题、提出问题的意识与能力。

3. 通过边框提出问题将互动式引入教材,使学生看书不再是被动地接受而是在问题驱动下参与问题解决,使他们不仅知其然还知其所以然。例题后通过边框提出的问题提示学生总结,使收获得到升华。边框中的问题也为教师实施启发式、互动式、讨论式教学提供了借鉴,使教师依据教材就能自觉不自觉地改革教学方法,更为青年教师掌握互动式的教学方法提供了帮助。

4. 通过二维码以注记的形式对有关知识点、平时教学中学生提出的疑难问题等给出注释、补充,弥补因种种原因给学生造成的困惑,使学有余力的学生扩大视野、提高能力。通过注记把书中分布散乱的相关知识加以总结、系统归纳,便于学生清晰地掌握与运用知识。

5. 在适当地方配以历史回顾及历史人物简介,利用知识产生与发展的历程、前人的艰辛付出,激励学生**"立大志、明大德、成大才、担大任"**,拼搏奋斗,刻苦读书。

6. 通过介绍常用数学软件 Python 语言及有关数学建模的实例,使学生学到**"新知识、新技**

术",有利于培养学生解决实际问题的能力。

总之,本书是编者多年来教学改革经验的结晶,在许多方面实现了创新,相信会对"高等数学"教学的改革、教学质量的提升产生积极的影响。

本版由天津科技大学的李伟、刘寅立、廖嘉、夏国坤,菏泽学院的于加尚,华北电力大学的王爱平,北京邮电大学的李鹤及郭永江共同修订编写,李伟负责统稿。刘凤林、孙成功在第一版中所做的工作为本版提供了有益的帮助。

多年来一直带领我国大学数学进行教学改革的著名数学教育家、西安交通大学马知恩教授对编者的教学与教材改革一直给予热情的指导、鼓励与关注。本书根据人类认识的基本准则所揭示出的微积分的基本思想,深受他"微小局部均匀化求近似,通过极限得精确"的思想的影响;书中所提出的"导数与定积分分别是初等数学在处理均匀分布量中的除法和乘法在处理相应的非均匀问题中的发展",揭示出微积分的两个最基本概念的本质属性,是他潜心研究得出的。他对本书的编写提出了许多宝贵具体的指导意见,以近九十岁的高龄拨冗为本书写序,在此向他表示最真诚的感谢!

本次再版得到天津科技大学理学院的大力支持。院长樊志教授对笔者的工作给予了热情的鼓励与支持,他"由教材改革支撑引领教学改革以提升教学质量"的理念使编者深受启发,在此向他表示衷心的感谢。

编者十分感谢高等教育出版社数学与统计学分社对本书再版的支持,感谢贾翠萍编辑的大力支持与辛勤付出!

虽然我们为本书再版的问世竭尽全力,廖嘉、夏国坤、刘寅立、王爱平及李鹤还各自在自己的学校对初稿边试用边修改,但错误与不当之处仍在所难免,恳请读者提出批评意见,我们将在下次修订时使它更加完善。

李　伟

2021 年 10 月 16 日

第一版前言

随着教学改革的深入开展,重在培养学生的创新能力,调动学生参与教学的启发式、互动式、讨论式的教学方法已得到普遍关注和认可,并正在逐步推广。与教学方法的改革相适应,教材的改革也必然成为教学改革的重要课题。

以学生为本,将启发式教学方法引进教材,给学生营造一个启发式学习的氛围与环境,使学生在问题的启发、驱动下去看书,借以培养学生的学习能力是编写本书的主要目的之一。为此,我们通过"边框"针对教材相关内容提出问题,启发学生分析、思考、总结,培养其分析、思考的能力,养成总结的习惯。同时,也希望能给青年教师实施启发式、互动式教学提供一定的借鉴。

毋庸置疑,数学的"冰冷的美"使众多学子望而生畏,丧失或降低了学习数学的兴趣。而兴趣是学习的源泉和动力,培养与提高学生的学习兴趣是编写本书的重要目的之一。为此,本书不仅注重从语言上贴近学生,而且注重从直观的背景入手,引导学生通过观察、分析提出猜想,然后再进行验证,借以培养学生的学习兴趣及发现问题、提出问题、解决问题的创新能力。

人类文明发展的过程是一个"用'已知'认识'未知',用'已知'研究'未知',用'已知'解决'未知'"的过程,数学教材中处处体现、运用了这一规律。但是相当多的学生在学习新知识时,不去考虑需要利用什么结果作"已知",因此不仅听课困难,而且课下看书不知该往哪里去想、书该往哪里翻,见到例题也一头雾水。本书通篇贯穿了"用'已知'认识、研究、解决'未知'"的思想,以培养学生解决问题的能力,使其终身受益。

本书将有些知识采取楷体字排版(楷体字的内容供选学用),把习题分(A)(B)两组,以适应学生多元化发展的需要。本书十分重视和强调学生对基本知识的理解和掌握,书中每节习题(A)组中的第一题都是基本概念判断题。同时也注重培养学生解决实际问题的能力,注重从基础课开始培养学生由实际问题建立数学模型的意识和能力,为此,每节习题(B)组中的第一题一般都是实际问题,并在相关的内容之后还附加了数学建模的例子。

数学软件无疑是工科学生以后解决实际问题的主要工具,在学习数学知识的同时配以相应的软件练习,对培养学生使用软件的意识和能力是有益的。为帮助学生对数学概念有一个整体的理解,了解它的来龙去脉,并激发学生的求知欲和学习的兴趣,书中在有些内容之后附有相关的历史资料和有关数学家简介,借以教书育人。

本书汇集了多位教师长期教学的积淀,是集体智慧的结晶。参与本书编写及讨论的有:贾冠军、唐存方(菏泽学院),陈子明、陈锡枢(肇庆学院),骆桦、路秋英(浙江理工大学),曹彩霞(北京联合大学),樊顺厚(天津工业大学),宋眉眉、张凤敏(天津理工大学),梁邦助(天津商业大学)以及王霞、王玉杰、韩应华、赵亚光、李君、王爱平、佘泽红、张瑞海(天津科技大学)等。各章的习题与总习题均由刘凤林配置;数学建模及数学软件部分由刘寅立编写;有关数学家简介和历史资料由孙成功编写;全书由李伟主编。

另外,刘国欣、于新凯(河北工业大学),樊顺厚,宋眉眉,梁邦助,郭阁阳(天津职业技术师范大学)、刘凤林、刘寅立等集体逐章逐节审阅了本书,提出了许多宝贵的修改意见,为本书增色添彩。笔者向他们致以最真诚的谢意!

张占亮(肇庆学院)、于义良(天津商业大学)、何文章(天津职业技术师范大学)、吴天毅、邢化明(天津科技大学)认真审阅了书稿,提出了许多宝贵的意见。梁邦助对书中例题和习题进行了认真的核对,指出了许多问题,笔者对他们的无私帮助表示诚挚的感谢!

笔者的同事王霞、王玉杰在教学过程中随时与笔者探讨有关书稿中的问题;廖嘉、夏国坤不仅参与了本书的编写,而且在为本书编写课件期间,随时帮助笔者解决困惑,大到框架的设计,小到一个字、词的推敲;刘寅立为本书的成稿做了大量的技术性工作,没有他们的辛勤奉献,就没有书稿的问世。

笔者十分感谢樊顺厚教授。他在教学过程中认真地阅读了本书的书稿,其间随时与笔者交流书稿中的问题以及他本人对教材的处理意见。作为天津市首届教学名师奖获得者,他丰富的教学经验、对教材的巧妙处理以及极其灵活的教学方法,给本书增添了许多亮点!

感谢天津科技大学的领导为笔者创造了一个良好的环境,使笔者全神贯注地投入到边教书、边总结之中,从而完成了本书。感谢张大克教授对笔者的支持和帮助!

徐宗本教授在极其繁忙的工作中为本书作序,笔者不胜感激!本书是"高等学校大学数学教学研究与发展中心"资助课题成果。笔者十分感谢马知恩先生对笔者的工作所给予的热情指导和有力支持!

廖嘉、夏国坤、刘寅立为本书编写了形式新颖、生动活泼、利于互动式教学的课件,他们的辛苦付出换来了使用者的一致好评和高度评价。

写出以学生为本,学生易学、教师易教的教材,为提高教学质量奉献微薄之力是笔者的初衷。由于笔者的能力所限,本书难免会存在问题和不足,恳请同行批评、指正。

李　伟

2011 年 1 月 22 日

目　录

引　论

看到这本书的名字,读者可能会问:作为一门课程,"高等数学"与中小学所学过的"数学"有什么不同与联系?

为了回答这个问题,让我们简单回顾一下数学发展史中与此有关的部分.

在古希腊时代以前,人们对数学的认识只是局限于数、数的四则运算以及一些简单的几何图形.从古希腊时代一直到 17 世纪中叶,数学有了很大的发展,作为这个时期的标志性成果,欧几里得的《原本》诞生了。但是由于生产力落后,人类的认识受到了很大的局限,人们把客观世界中各种事物看成是孤立的、静止不变的,所以这时的研究所涉及的量只是常量,所研究的图形也只是诸如直线、平面所围成的"规则"的几何形体.通过研究常量间的代数运算以及规则几何形体内部与图形相互之间的关系,分别形成了初等代数与初等几何.它们都有了完整的、系统的理论,成为独立的学科.数学发展的这个时期史称初等数学时期,中学数学里所学习的内容大都是这个时期形成的,称之为"初等数学"(也称常量数学).

从 17 世纪中叶至 19 世纪中叶,随着工业革命的到来以及资本主义对外扩张,机械、采矿、造船、航海、修路等新兴工业向人们提出了新的研究课题,仅靠初等数学已远不能满足需求,对数学提出了新的挑战,急需建立新的数学工具.比如,计算沿直线做变速运动的质点在某一时刻的(瞬时)速度及某段时间内所走过的路程就不是仅靠初等数学所能解决的;再比如计算变力做功及曲边形的面积等,研究这些问题就要研究变量——在某一过程中不断变化的量。在这类问题的刺激下,数学得到了快速发展.特别是笛卡儿发明了坐标系,牛顿、莱布尼茨创建了微积分,为变量建立了一种新型的运算规则,有效地解决了上边所提出的像计算瞬时速度(这是微积分中的微分学所研究的典型问题)、计算变速直线运动的位移以及曲边形面积等(这是微积分中的积分学所研究的典型问题).此后,数学的发展呈现一日千里之势,形成了高等代数、高等几何及数学分析三大分支以及一些其他的相关分支,史称这个时期为"变量数学时期",高等数学中的绝大部分内容主要就是来自这个时期.(从 19 世纪末开始直到今天,数学的发展进入了第三个阶段,即现代数学阶段.对这一阶段,我们不做过多的介绍.)

简言之,中小学阶段学习的初等数学所涉及的"量"是常量(常数),所研究的图形是直边形或平面所围成的多面体等"规则"图形;而高等数学中研究的量是变量——在某一运动过程中不断变化、可以取不同数值的量,所研究的图形是由直线、曲线、平面及曲面所围成的"不规则"的几何形体.

知道了变量数学与常量数学(初等数学)之间研究对象的差异,读者一定会存有疑问:(1)研究变量数学中诸如"求变速直线运动的瞬时速度""求变速直线运动的位移"以及求曲边形的面积等所采用的方法是什么?(2)变量数学与初等数学之间有无联系?

这正是下面我们将要回答的.不过这两个问题是密切相连的,当回答完第一个问题后,读者会发现第二个问题也已经得到解决.

在回答这些问题之前,我们要提醒大家注意人类认识世界的基本认知准则:用"已知"认识"未知",用"已知"研究"未知",用"已知"解决"未知",同时它也是人类文明发展所遵循的基本法则。这里的"已知"是指已具有的知识、思想、方法或技能(来源于书本、实践或他人言传身教地传授)等,而"未知"是指要学习、讨论、研究、解决的新理论、技能、事物、问题等.

人类文明的每一步前进、科学技术的每一个发现与创新无不遵循这一规则.下面通过几个具体例子说明这个问题.

据说,锯是鲁班发明的.他在爬山时被狮毛草的边沿划破了手.正是这一不幸提示了他,使他根据"齿形边沿能划破手"这一"已知"发明了最原始的锯.有了最早的锯,随着社会的进步,人类具有的(技术的、材料的等)"已知"越来越丰富,逐渐发展到现在的由各种不同功能的形形色色的锯组成的锯的家族.

看到小鸟在天空自由飞翔,人们萌发出飞向蓝天的梦想.从第一个风筝的诞生,到后来莱特兄弟于1903年制造出第一架带动力的可操纵的飞机,直至发展到今天各种大小不一、功能各异的客机、战斗机、运输机、无人机等民用、军用的飞机在蓝天翱翔;而且还有了各种各样的航天器,使人们飞离地球、遨游太空.经过这100多年的发展,飞机已经完全脱离了最初的样子.但是,这期间的每一个新的改进、革新、发明、甚至革命,都是建立在"已知"的基础上,用已有的理论、方法、技术和材料作"已知"来解决一个个新的"未知"而实现的.之所以它的发展需要历经这么漫长的历程,而不是有了第一架飞机之后,随之而来的就立刻有了现在的各种飞机、航天器,是因为在任何时期人们所具有的"已知"都是有限的,因此利用它所能解决的"未知"受到了限制.随着一个个"未知"的解决,人们积累了越来越丰富的"已知",因此所能解决的"未知"越来越多、越来越大.

人类的认识离不开"已知",只能在"已知"的基础上去想象、预测"未知".

在数学的发展史中曾经发生过几次数学危机,这都是由于面对出现的新事物(比如第一次数学危机中的无理数、第二次数学危机中的无穷小等),人们不具有认识它们所需要的"已知",因此无法认识它、接受它,才出现了数学危机.所以,用"已知"认识"未知",用"已知"研究"未知",用"已知"解决"未知"是人类的基本认识准则,是人类文明发展所遵循的基本法则.而且由于人们只能在"已知"的基础上去想象、预测"未知"、解决"未知",所以它也是创新所必须遵循的规则.试想,人类文明的哪一步前进、科学技术的哪一个发现与创新不是建立在"已知"的基础之上用"已知"的理论、技术、材料等解决"未知"所实现的!

学习是接受、传承人类文明的过程,要学习的每一门新课程中的每一个新的知识点都是"未知",要认识它、接受它、应用它,都要遵循这一认知法则去探寻相关的"已知".

比如,小学中学习分数的加减运算,一开始只能用"分数的定义"及"加法的意义"作"已知"来认识、研究、解决同分母的分数相加.有了同分母分数相加的法则,要计算异分母的分数相加这一"未知",自然应考虑利用刚学过的"同分母分数相加的法则"作"已知".面对"分母不同"这一矛盾,自然想到要利用已学过的"通分"将"未知"转化为"已知",从而利用同分母的分数相加的法则作"已知"解决了异分母分数相加这一"未知"。中学里学习的分式的有关概念、性质、运算等也是关于分数的有关"已知"的平移、发展.所以学习分式离不开分数这一"已知".

不仅是数学,任何学科都是如此.比如,学习汉字,我们要把复杂的汉字拆成简单的字,用"简单"的字(包括部首等)来记忆、理解复杂的字.任何一本字典、词典对字与词的解释无不是用"已知"来认识"未知".如果它们对某个字、词的解释利用了你所不知道的"未知",这个解释对你是无效的,你仍然不能明白.

课堂上听课有困难、看书看不明白,其原因是碰到"未知"之后不清楚认识、解决这一"未知"应该用什么作"已知",或者见到"未知"就脑袋发蒙,不知道如何寻找解决它所需要的"已知".

明确了要遵循人类的基本认知规则去学习新知识,就可以回到前面提出的问题.

问题一:求做变速直线运动的质点在某一时刻(瞬间)的"瞬时速度".

设一质点沿数轴做变速直线运动,它在时刻 t 时的位置坐标为 s,质点的运动方程为 $s=s(t)$,求质点在 t_0 时刻的瞬时速度.

变速运动在"某一时刻的速度"对我们来说是一"未知",因此需要寻找与其有关的"已知". 截止到目前,对变速运动来说,我们只会计算它在某一时间段内的平均速度——$\dfrac{\text{路程}}{\text{时间}}$.当然,对匀速运动来说,平均速度也是这期间任一时刻的瞬时速度.为了利用计算平均速度的公式作"已知"来研究变速运动在某一时刻的"瞬时速度",我们在 t_0 之外,任意选取另外一个时刻 $t_0+\Delta t(\Delta t\neq 0)$. t_0 与 $t_0+\Delta t$ 这段时间内质点所走过的路程为 $s(t_0+\Delta t)-s(t_0)$,所用的时间为 Δt,因此这期间的平均速度为

$$\bar{v}(t)=\frac{s(t_0+\Delta t)-s(t_0)}{\Delta t}.$$

请注意,这仅仅是平均速度,而不是 t_0 时的瞬时速度.注意到对变速运动来说,当 $|\Delta t|$ 很小时,这期间速度的变化也很小,因此我们将这段时间内的运动近似地看作是匀速的(以"匀"代"非匀"),所求得的平均速度就可以近似地作为质点在时刻 t_0 时的瞬时速度.请注意,这仅仅是近似而已,不论 $|\Delta t|$ 多么小,$\bar{v}(t)$ 都不是时刻 t_0 时的瞬时速度.但是,$|\Delta t|$ 越小,$\bar{v}(t)$ 就越接近运动质点在 t_0 时的瞬时速度.这启发我们来考察当 $|\Delta t|$ 越来越小时 $\bar{v}(t)$ 的**变化趋势**,如果这个**变化趋势**随着 $|\Delta t|$ 变得越来越小而趋近于一个确定的常数,就把这个常数定义为质点在 t_0 时的瞬时速度.

问题二:求变速直线运动的路程.

设做变速直线运动的质点在 $[\alpha,\beta]$ 这段时间内的速度 v 是时间 t 的函数 $v=v(t)$,$\alpha\leqslant t\leqslant\beta$,求在 $[\alpha,\beta]$ 这段时间质点所走的路程.

一提到求路程,自然联想到中学里所学过的匀速直线运动的路程公式——路程 = 速度×时间,我们只能用它来作"已知"研究面临的"未知"——求变速直线运动的路程.

解决这个问题的困难在于运动是非匀速的.为了利用"已知"来解决这一"未知",就应把它近似当作匀速运动.但是,若把整段时间内的运动都当作匀速的,显然误差会很大,如果把 $[\alpha,\beta]$ 内的一个较小的时间段内的运动看作是匀速的,误差就会较小.为此,在该区间内任意插入 $n-1$ 个分点

$$\alpha=t_0<t_1<t_2<\cdots<t_{k-1}<t_k<\cdots<t_{n-1}<t_n=\beta,$$

将 $[\alpha,\beta]$ 分成若干个小的区间,在每个小区间 $[t_{k-1},t_k](k=1,2,\cdots,n)$ 内将质点近似看作是匀速的(以"匀"代"非匀").因此,在每个小区间内任取一点 $\xi_k(t_{k-1}\leqslant\xi_k\leqslant t_k,k=1,2,\cdots,n)$,记该时刻的速度为 $v(\xi_k)$,并记 $\Delta t_k=t_k-t_{k-1}(1\leqslant k\leqslant n)$,那么,在第 k 个小时间段内质点所走过的路程为

$$\Delta s_k\approx v(\xi_k)\Delta t_k,\quad 1\leqslant k\leqslant n.$$

由此,质点在整个时间段内所走的路程的近似值为

$$s = \Delta s_1 + \Delta s_2 + \cdots + \Delta s_n = \sum_{k=1}^{n} \Delta s_k \approx \sum_{k=1}^{n} v(\xi_k) \Delta t_k.$$

请注意,这仅仅是要求的路程的近似值而不是精准值.但是不难想象,如果将区间$[\alpha,\beta]$分割得越细,该近似值就越接近要求的值.为此,采用像上面讨论瞬时速度时所采用的方法,当分割越来越细,也即当所有的$\Delta t_k (k=1,2,\cdots,n)$都越来越小时,如果近似值$\sum_{k=1}^{n} v(\xi_k) \Delta t_k$越来越趋近于一个确定的常数,就把这个常数定义为这段时间内质点所走过的路程.

上面我们研究了两个截然不同的问题——求变速直线运动的瞬时速度及变速直线运动的路程,但研究的方法有两点却是相同的.

第一,都采取了同样的方法——局部以"匀"代"非匀",将问题转化为在常量数学里所研究过的"已知",求出相应的近似值.

第二,都是在求出近似值后,再考察所求得的近似值随所考察的"局部"越来越小时的**变化趋势**,如果它越来越接近一个确定的数,就把这个数定义为要求的量(瞬时速度或路程).

不仅研究变速直线运动需要局部"以'匀'代'非匀'"求出近似值,然后再考察近似值的"变化趋势",而且研究变量数学中其他类似的问题(比如求曲边形的面积——它是第五章所要研究的问题——等)也要采取相同的方法,这里不再赘述.

求"变化趋势"已经不属于初等数学的范畴,而是后面第一章将要学习的极限.从上面的讨论可以看出,极限是研究变量数学不可或缺的工具,没有极限理论,就没办法求出上述所研究的问题的精准值.事实上,导数与定积分这两个微积分的最基本的概念都是利用有关的初等数学知识与极限作"已知"建立起来的.没有极限理论就没有今天的微积分.在牛顿创建微积分时,正是由于还没有严格的极限理论,所以他的研究出现了一些无法说清楚的问题,以致造成理论上的混乱,形成了数学史上的第二次数学危机.直到19世纪初,柯西建立了严格的极限理论,使得微积分建立在极限理论的基石之上,极限理论成了数学乃至其他有关学科的有力的工具与基础.因此,极限是微积分的基础,是进入"变量数学"的标志,这就是第一章首先要学习极限的原因.

在研究上述"非均匀变化的量"时,遵循用"已知"认识"未知",用"已知"研究"未知",用"已知"解决"未知"的人类的基本认知规律,形成了微积分的基本思想方法——(局部)"以'匀'代'非匀'",将其转化为初等数学中的"已知",利用初等数学中的相关方法作"已知"求出近似值再在局部无限变小时对近似值求极限从而求得要求的值.这就回答了我们在开始时所提出的第一个疑问——解决变量数学问题所采用的方法.这也同时回答了第二个疑问——变量数学与初等数学之间有无联系.

以上说明,用**"已知"认识"未知",用"已知"研究"未知",用"已知"解决"未知"**的认知规律搭建了常量数学与变量数学之间联系的桥梁,消除了二者之间的鸿沟.本书自始至终贯穿这一思想方法.希望本书不仅给读者提供了知识的学习,更能使读者从中学到数学的思想与方法,提高读者的科学素养;能"自由"地把人类的基本认知规律运用到学习与应用之中,这将会使读者终身受益!

第一章　微积分的基础知识
——函数与极限

　　数学是研究现实世界中数量关系及空间形式的科学.本书的主要内容是微积分,与中小学所学的初等数学主要研究直边形与常量不同,微积分是变量数学,所研究的"形"不再仅仅局限于直线与平面,而是研究曲线、曲面及由直线、平面、曲线、曲面所围成的图形;研究的"量"也不再局限于常量,而要研究非均匀变化(分布)的量(比如非匀速运动).但是,遵循"用'已知'认识'未知'、用'已知'研究'未知'、用'已知'解决'未知'"的人类基本认知规律,研究它们(比如,非匀速运动的瞬时速度或平面曲边形的面积等)必须通过(局部)"以'匀'代'非匀'"将非均匀变化的量看作均匀变化、从而将变量数学问题转化为"已知"的初等(常量)数学问题,用初等方法求出其近似值,然后考察所求得的近似值随着"局部"越来越小时的**变化趋势**,以得到要求的量——变速运动的"瞬时速度"或平面曲边形的面积等.这在"引论"中已做过介绍,这个所谓的变化趋势就是本章要研究的"**极限**".可见,作为一种数学方法,"极限"是研究变量数学必不可缺的基本工具,是学习微积分所必须具备的"已知".因此,作为本书的第一章首先来讨论极限.

第一节　集合、映射与函数

　　函数是微积分研究的基本对象,它可以看作集合与集合之间的映射的特例.为此,本节先对中学里所学习过的与集合有关的知识做一梳理,在此基础上简单介绍有关映射的知识,然后对中学里所学习过的函数做简单回顾与必要的补充,以给后面的学习做必要的"已知"储备.

1. 集合

1.1　集合的概念
　　通常称具有某种特定性质的事物的全体是一个**集合**,而把组成这个集合的每一个事物个体称为该集合的**元素**.

　　集合通常用大写拉丁字母 $A, B, C, \cdots$ 来表示,而用小写拉丁字母 $a, b, c, \cdots$ 表示集合的元素.若 a 是集合 A 的元素,则称 a 属于 A,记为 $a \in A$;若 a 不是集合 A 的元素,则称 a 不属于 A,记为 $a \notin A$.

　　仅含有有限个元素的集合称为**有限集**,含有无限多个元素的集合称为**无限集**,不含任何元素的集合称为**空集**,记作 $\varnothing$. 比如方程 $x^2+1=0$ 的实数解集就是空集.

　　设有集合 A, B,如果集合 A 的元素都是集合 B 的元素,则称集合 A 是集合 B 的**子集**,记作 $A \subset B$,或 $B \supset A$.若集合 A 是集合 B 的子集,并且集合 B 中至少存在某元素 b 不属于 A,则称集合 A

是集合 B 的**真子集**.

我们规定,空集是任何集合的子集.

有了集合的子集的概念作"已知",就可以给出两集合相等的定义.

设有两集合 A 与 B,如果 $A \supset B$ 且 $B \supset A$,则称集合 A 与集合 B **相等**,记作 $A=B$.

> 能分别举出一集合是某集合的子集但不是其真子集、是其真子集的例子吗?

本书所涉及的集合更多的是**数集**——所有元素都是数的集合.例如:全体非负整数(自然数)构成的集合 $\{0,1,2,3,\cdots\}$(记为 $\mathbf{N}$),全体正整数构成的集合 $\{1,2,3,\cdots\}$(记为 $\mathbf{N}_+$),全体整数构成的集合 $\{\cdots,-3,-2,-1,0,1,2,3,\cdots\}$(记为 $\mathbf{Z}$),全体有理数构成的集合 $\mathbf{Q}$,全体实数构成的集合 $\mathbf{R}$ 等.

1.2　集合的运算

集合的运算是在中学里就已经熟悉的内容,下面作一简单回顾.

设有集合 A 与集合 B,观察图 1-1 我们看到:

所谓集合 A 与集合 B 的**并** $A \cup B$,是指由所有属于集合 A 的元素或属于集合 B 的元素组成的集合(图 1-1(1)),即

> 如果集合 $A \cup B$,$A \cap B$ 都等于集合 A,各分别要什么条件做前提?

$$A \cup B = \{x \mid x \in A \text{ 或 } x \in B\};$$

集合 A 与 B 的**交** $A \cap B$ 是由既属于 A 又属于 B 的元素组成的集合(图 1-1(2)),即

$$A \cap B = \{x \mid x \in A \text{ 且 } x \in B\};$$

由属于 A 但不属于 B 的元素所组成的集合称为 A 与 B 的**差集**(图 1-1(3)),记作 $A \backslash B$,即

$$A \backslash B = \{x \mid x \in A \text{ 但 } x \notin B\}.$$

若 $B \subset A$,则称差 $A \backslash B$ 为 B 关于 A 的**余集**(或补集),记作 $\complement_A B$. 如果在讨论某个问题时,所讨论的集合都限定在某个集合 I 中,这时称集合 I 为**全集**或**基本集**,$I \backslash A$ 为 A(相对于 I)的**余集**(或补集),记作 A^c(图 1-1(4)).

> 集合 $A \backslash B$ 与 A 有何关系?有人说,在差集的定义中应该限制"B 是 A 的子集",你认为需要吗?

例如,集合 $A = \{1,2,3,4,5\}$ 与集合 $B = \{2,4,5,6\}$ 的并 $A \cup B = \{1,2,3,4,5,6\}$,交 $A \cap B = \{2,4,5\}$,差 $A \backslash B = \{1,3\}$,在实数集 $\mathbf{R}$ 中,有理数 $\mathbf{Q}$ 的余集 $\mathbf{Q}^c$ 是无理数集.

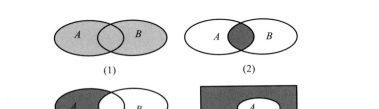

图 1-1

集合的运算满足下面的运算法则:

$$A \cup B = B \cup A, \quad A \cap B = B \cap A,$$
$$(A \cup B) \cap C = (A \cap C) \cup (B \cap C).$$

设有两非空实数集 A 与 B，由 A 中的任一元素 x 与 B 中的任一元素 y 组成的所有有序数对 (x,y) 构成的集合称为 A 与 B 的**笛卡儿积**（简称积集），记作 $A \times B$，即

$$A \times B = \{(x,y) \mid x \in A, y \in B\}.$$

按照这样的定义，$\mathbf{R} \times \mathbf{R} = \{(x,y) \mid x \in \mathbf{R}, y \in \mathbf{R}\}$ 就是坐标平面 xOy。在后面引入更高维空间后，积集还可以推广到多个集合的情况。

1.3　区间与邻域

设 a,b 是两个实数，且 $a<b$，称集合 $\{x \mid a \leq x \leq b\}$ 为**闭区间**，记作 $[a,b]$，而称数集 $\{x \mid a<x<b\}$ 为**开区间**，记作 (a,b)。我们看到，闭区间的两个端点都属于该区间，而开区间的两个端点都不属于该区间。还有的区间是一个端点属于该区间，而另一个端点不属于该区间，称为**半开半闭区间**，例如

$$(a,b] = \{x \mid a<x \leq b\}, \quad [a,b) = \{x \mid a \leq x<b\}.$$

上述闭区间、开区间、半开半闭区间都是有限区间，$b-a$ 是它们的长度。而把 $(-\infty,b] = \{x \mid x \leq b\}$，$(a,+\infty) = \{x \mid x>a\}$ 以及用 $(-\infty,+\infty)$ 表示的全体实数集 $\mathbf{R}$ 等称作无穷区间。这里的 $-\infty, +\infty$ 分别读作负无穷大、正无穷大。需要注意的是，它们是两个记号而不是数，因此不能作数的任何运算。

"邻域"与"去心邻域"是以后常用到的。

设 $\delta>0$，称开区间 $(a-\delta,a+\delta)$ 为点 a 的 δ **邻域**（图 1-2），记作 $U(a,\delta)$（通常也简记为 $U(a)$），即

$$U(a,\delta) = \{x \mid |x-a|<\delta\}.$$

称点 a 为该邻域的中心，δ 为它的半径。去掉上述邻域的中心 a 而得到的集合称为点 a 的**去心 δ 邻域**（图 1-3），记作 $\mathring{U}(a,\delta)$（或 $\mathring{U}(a)$），即

$$\mathring{U}(a,\delta) = \{x \mid 0<|x-a|<\delta\}.$$

$(a-\delta,a)$ 与 $(a,a+\delta)$ 分别称为 a 的**左 δ 邻域**与 a 的**右 δ 邻域**。易知

$$\mathring{U}(a,\delta) = (a-\delta,a) \cup (a,a+\delta).$$

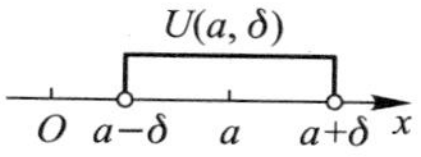

图 1-2 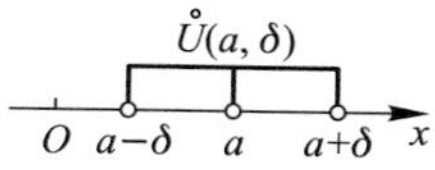　　　　　　　　图 1-3

1.4　有界集与最值

设数集 X 是实数集 $\mathbf{R}$ 的一个非空子集，若存在常数 M，使得对任意的 $x \in X$，都有 $x \leq M$，则称数集 X **有上界**，称 M 为 X 的一个上界。若存在常数 m，使得对任意的 $x \in X$，都有 $x \geq m$，则称 X **有下界**，称 m 为 X 的一个下界。显然，若 M 为 X 的一个上界，任何一个大于 M 的数也都是 X 的上界；若 m 为 X 的一个下界，任何一个小于 m 的数也都是 X 的下界。若数集 X 既有上界又有下界，则称 X 为**有界集**，否则称为**无界集**。

设 X 为实数集的一个非空子集,若常数 $M \in X$,并且对任意的 $x \in X$,都有 $x \leq M$,则称 M 为 X 的**最大值**;若常数 $m \in X$,并且任意的 $x \in X$,都有 $x \geq m$,则称 m 为 X 的**最小值**.通常把最大值与最小值统称为最值.

> 如果一个数集有上界或下界,则其上界、下界分别有多少个?有界集一定有最大值、最小值吗?有最值的数集一定有界吗?

2. 映射

两集合之间往往可以通过某种对应关系建立起联系.比如,若将某学校里的全体学生所组成的集合记作 X,它与实数集 **R** 之间通过"身高"可以建立起对应关系.即集合 X 中的每一个元素(学生)通过"身高"都对应集合 **R** 中的唯一一个数,这种对应关系称为"映射".下面给出映射的定义.

定义 1.1　设 X, Y 是两个非空集合,如果存在一确定的法则(对应关系)f,使得对每一个 $x \in X$,按照该法则都有唯一的 $y \in Y$ 与之对应,则称 f 为从 X 到 Y 的一个映射,记作

$$f: X \to Y, \text{ 或 } f: x \mapsto y, \quad x \in X.$$

称 y 为 x 在映射 f 下的像,记作 $f(x)$,即 $y = f(x)$,x 称为 y 在映射 f 下的原像;X 称为映射 f 的**定义域**,记作 D_f;像的全体组成的集合

$$f(X) = \{ y \mid y = f(x), x \in X \}$$

称为映射 f 的**值域**,也记作 R_f 或 $R(f)$.

映射 $f: X \to Y$ 可以用图 1-4 来直观表示.

由定义 1.1 我们看到,一个映射实际是由其定义域与对应法则来确定的.一旦定义域与对应法则确定,其值域也相应地被确定.因此,定义域与对应法则是确定一个映射的两个基本要素.如果两个映射 f 与 g 的定义域相同,并且对于任意的

> 定义 1.1 中有哪几个关键词?一个映射应由哪几个要素决定?为什么不说集合 Y 是 X 在 f 下的值域?

$x \in D_f = D_g$,其像 $f(x)$ 与 $g(x)$ 也相同,则称这两个**映射相等**,记作 $f = g$.

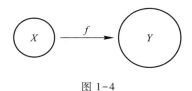

图 1-4

例 1.1　设 X 为全体非负实数,Y 为全体实数,对每个 $x \in X$,通过对应关系 $f: x \mapsto \sqrt{x}$,$x \in X$,都有唯一的 $y = \sqrt{x} \in Y$ 与之对应.所以,f 为 X 与 Y 之间的一个映射,X 为该映射的定义域,非负实数集为其值域.

例 1.2　记 X 为平面中所有三角形的集合,Y 是平面中全体圆的集合.由于每个三角形都有外接圆,对每个 $x \in X$,通过对应关系 f:三角形 $\mapsto$ 外接圆,都有唯一一个 $y \in Y$ 与之对应,f 就是 X 与 Y 之间的一个映射,X 为该映射的定义域,由于每个圆都有内接三角形,因此 Y 为其值域.

例 1.3　设 $A = [-\pi, \pi]$,$B = [-1, 1]$,对每个 $x \in [-\pi, \pi]$,由法则 $f: x \mapsto \cos x$,$x \in A$,都有唯一的 $y = \cos x \in [-1, 1]$ 与之对应,因此 f 是 $A = [-\pi, \pi]$ 与 $B = [-1, 1]$ 之间的一个映射,A 为其定

义域,B 为其值域.

映射又称为**算子**.根据 X,Y 的不同的具体意义,在不同的数学分支中,又有不同的习惯称呼.比如,当 X,Y 是同一个非空集合时,这种从集合自身到它自身的映射又称为**变换**.当 X,Y 都是数集时,映射又称为**函数**.

定义 1.1 要求对于 X 中的任意元素 $x \in X$,其像都是唯一的,但它并没要求对 X 中不同的元素其像亦不相同,因此,对不同的 $x_1,x_2 \in X$,其像有可能是相同的;另外,也没有要求 Y 就是映射的值域.

如果对于不同的 $x_1,x_2 \in X$,一定有 $f(x_1) \neq f(x_2)$,则称映射 $f:X \to Y$ 为**单射**(图 1-5(1));如果映射 $f:X \to Y$ 的值域 $R_f =Y$,则称该映射为**满射**(图 1-5(2));如果一个映射既是单射又是满射,则称它为**一一映射**(图 1-5(3)),又称为**双射**.

看出图 1-5(1)与图 1-5(2)之间的差异了吗?

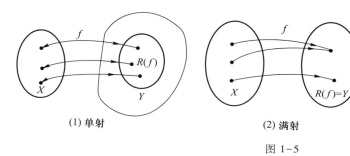

(1) 单射   (2) 满射   (3) 一一映射

图 1-5

不难看到,例 1.1 是单射不是满射,例 1.2 与例 1.3 中的映射是满射但不是单射.

能说明为什么例 1.2、例 1.3 是满射而不是单射吗?

3. 函数的概念

如前所述,将映射定义中的一般集合 X,Y 取为数集,该映射就称为函数.利用映射的定义作"已知"就可以给出下面的函数的定义.

定义 1.2 设 D 是非空实数集,称映射 $f:D \to \mathbf{R}$ 为定义在 D 上的函数,记作
$$y = f(x), \quad x \in D,$$
x 称作自变量,y 称作因变量.D 称为函数 f 的定义域,记作 D_f.

通常把函数在点 x 处的值记作 $y=f(x)$.

我们看到,函数是非空数集与实数集之间的对应关系.习惯上也常说"y 是 x 的函数"或说"函数 $y=f(x)$".请注意,这些仅仅是"习惯说法"而已,应将它们理解为变量 x 的取值数集(定义域)与实数集之间的对应关系.

定义 1.2 与定义 1.1 有哪些不同?是否可以将映射看作是由函数推广而得到的?

下面给出几个函数的例子.

例 1.4 函数 $y=c$,其中 c 是一个常数,通常称为常函数,其定义域为全体实数.

例 1.5 数列 $\{a_n\}$ 是函数,作为函数 $f(n)=a_n$,它的自变量是项数 n,相应的函数值为 a_n,其定义域为全体正整数.它也可以表示为

$$f:\mathbf{N}_+ \rightarrow \mathbf{R}$$

例 1.6 温度自动记录仪记载了某地某日 13 时—23 时的气温曲线(图 1-6),它描述了时刻 t 与气温 T 之间的依赖关系.例如,13 时的气温为 15 ℃.曲线上任意一点 $P(t,T)$ 表示在时刻 t 时的气温为 T.

例 1.7 统计显示,某车间生产的产品数量如下所示(其中 t 表示时刻,N 表示产品的数量):

t	8	9	10	11	12	14	15	16	17
N/件	0	17	35	52	71	71	91	107	131

对于 $\{8,9,10,11,12,14,15,16,17\}$ 中的每个时刻都对应一个产品数量 N.也就是说,上面的表格确定了集合 $\{8,9,10,11,12,14,15,16,17\}$ 与集合 $\{0,17,35,52,71,91,107,131\}$ 之间的函数关系,该函数的定义域为 $\{8,9,10,11,12,14,15,16,17\}$.

例 1.8 对任意的实数 x,设 y 是不超过 x 的最大整数(称 y 为 x 的整数部分),记作 $y=[x]$. 它是一个函数,通常称为取整函数.例如 $[2.1]=2$,$[\pi]=3$,$[-\pi]=-4$,其图形如图 1-7.

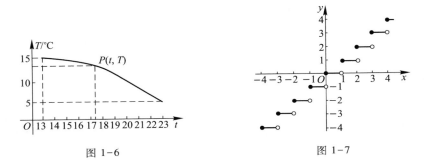

图 1-6   图 1-7

函数是特殊的映射,因此像映射那样,确定函数需要有两个基本要素:

(1) **对应关系(法则)** 对应关系确定了因变量按什么方式和规律随自变量的变化而变化,是函数定义的本质要素.它可以由自变量与因变量所满足的解析式来表示,称为**解析法**(例如自由落体运动的时间与下降路程之间的关系式 $s=\dfrac{1}{2}gt^2$);或者用一条曲线来表示(例 1.6);或者用表格来表示(例 1.7);或者由语言来叙述(例 1.8)等.

(2) **函数的定义域** 它是一个非空数集.确定函数的定义域通常依照以下两种原则:由解析式给出的函数,其定义域一般是使解析式有意义的实数所组成的集合;对由实际问题确立的函数,还应根据实际背景中变量的实际意义来确定.例如,如果自变量表示人数,那么定义域只能是非负整数组成的集合.

一旦对应关系与定义域确定,该函数就被确定,而不管自变量与因变量用什么字母来表示. 比如,函数 $y=\dfrac{1}{\sqrt{4-x^2}}$,$x\in(-2,2)$ 与 $s=\dfrac{1}{\sqrt{4-t^2}}$,$t\in(-2,2)$ 表示同一个函数.

称坐标面 xOy 中的点集(笛卡儿积 $D\times\mathbf{R}$)

$$\{(x,y) \mid y=f(x), x \in D\}$$

为函数 $y=f(x)$, $x \in D$ 的**图形**,也称为它的**图像**;当其图形是曲线时,称为该函数的**曲线**.

过函数定义域内的任意点作垂直于 x 轴的直线,它与函数的图形有几个交点?

下面再来看几个函数的例子.

例 1.9 函数 $y=\begin{cases} 1, & x>0, \\ 0, & x=0, \\ -1, & x<0 \end{cases}$,称为**符号函数**,记作 $y=\operatorname{sgn} x$,其定义域为全体实数,值域是有限集 $\{-1,0,1\}$.

利用符号函数,对任意实数 x 都有

$$x = |x| \operatorname{sgn} x.$$

例 1.10 函数 $D(x)=\begin{cases} 1, & x \in \mathbf{Q}, \\ 0, & x \in \mathbf{Q}^c \end{cases}$,称为狄利克雷函数.它的图形不能用一条曲线表示出来,而是由分布在 x 轴及直线 $y=1$ 上的"密密麻麻"的点所组成.

例 1.11 函数 $y=\begin{cases} 2\sqrt{x}, & 0 \leqslant x \leqslant 1, \\ 3-x, & x>1 \end{cases}$,的定义域为 $D=[0,+\infty)$,当 $x \in [0,1]$ 时,对应的函数值为 $y=2\sqrt{x}$;当 $x \in (1,+\infty)$ 时,对应的函数值为 $y=3-x$.例如,

$$y\big|_{x=0} = 2\sqrt{0} = 0, \quad y\big|_{x=0.25} = 2\sqrt{0.25} = 2\times 0.5 = 1,$$
$$y\big|_{x=1} = 2\sqrt{1} = 2, \quad y\big|_{x=2} = 3-2 = 1, \quad y\big|_{x=8} = 3-8 = -5.$$

左边的 5 个函数值各是如何求出的?能画出该函数的图形吗?

例 1.9,例 1.10 与例 1.11 的对应关系虽然都是由解析式给出的,但当自变量在不同范围内取值时,表达式却不同,称这样的函数为**分段函数**.

4. 复合映射与复合函数

4.1 复合映射

学校里一般按班给学生编号,称为学号.设 A 是某班学生的学号组成的集合,B 是该班学生的姓名组成的集合,C 是该班全体学生的身高所组成的集合.那么,通过"一个学号对应唯一一个学生"的法则 g 确定了一个从 A 到 B 的映射;再通过"每个学生都有一个身高"又确定了一个从 B 到 C 的映射 f.于是,由 g 从 A 到 B、再由 f 从 B 到 C 就得到一个从 A 到 C 的映射(图 1-8),通过该映射,就可以容易地由学生的学号得到其对应的身高.

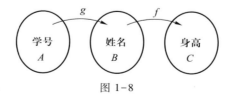

图 1-8

一般地,设有映射

$$g: A \to B_0, f: B \to C,$$

并且 $B_0 \subset B$，则由映射 g 与 f 构成了从 A 到 C 的一个映射，称为 g 与 f 的复合映射，记作 $f \circ g$ 或 $f(g)$，即

$$f \circ g : A \to C.$$

例 1.12　设有集合 $A = (-1,1)$，$B = [0,1]$，$C = \mathbf{R}$ 及映射 $f : x \longmapsto x^2, x \in A$，$g : x \longmapsto x+1, x \in B$，则 g 与 f 构成了复合映射 $g \circ f : x \longmapsto x^2 + 1$，它将 A 中的元素 x 映射为 $x^2 + 1 \in C = \mathbf{R}$.

4.2　复合函数

由于函数是特殊的映射，因此，若两映射 $g : D \to B_0$，$f : B \to \mathbf{R}(B_0 \subset B)$ 都是函数，并且能够构成一个复合映射，那么，由它们构成的复合映射 $f \circ g$ 称为 g 与 f 的**复合函数**，其中的复合关系可通过图 1-9 直观地表示出来.

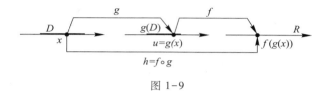

图 1-9

函数 $y = \sin t$ 及 $t = 2x$ 可以复合成为函数 $y = \sin 2x$，函数 $y = 2^t$ 及 $t = -x$ 能复合成为函数 $y = 2^{-x}$. 但对于函数 $y = \sqrt{u}$ 及 $u = \sin x$ 就不是那么简单了. 因为虽然 $u = \sin x$ 的定义域是全体实数，但由于当 x 取任意值时，$u = \sin x \in [-1,1]$，而 $y = \sqrt{u}$ 的定义域是非负实数集，因此要将它们复合成为一个复合函数，就要对 x 的取值加以限制，比如取 $x \in [0, \pi]$，则有 $\sin x \in [0,1]$，这时它们就可以复合成为一个复合函数 $y = \sqrt{\sin x}, x \in [0, \pi]$ 了.

同样的讨论对三个或三个以上函数的复合也适用.

例如，设有函数 $y = f(u) = u^2, u \in [-1,1]$，$u = \cos v$，$v = 2x - 7$，那么它们可以复合成为复合函数

$$y = [\cos(2x-7)]^2, \quad x \in (-\infty, +\infty).$$

不仅要考察如何将两个或两个以上的函数进行复合，在后面的学习中，需要把一个给定的复合函数看作是由哪些函数复合而得的.

例如，在中学物理中学习了钟摆的振动周期 $T = 2\pi \sqrt{\dfrac{l_0(1+\alpha t)}{g}}$，其中 l_0 是温度为 $0℃$ 时钟摆的摆长，t 表示温度，g 是重力加速度，α 是伸缩系数. 它可以看作由函数 $l = l_0(1+\alpha t)$（温度为 t 时的摆长计算公式）、$u = \dfrac{l}{g}$ 及 $T = 2\pi\sqrt{u}$ 复合而成的.

5. 逆映射与反函数

5.1　逆映射

前面我们曾讨论过，若 A 是某班学生的学号组成的集合，B 是该班学生组成的集合，对应关系就是从 A 到 B 的映射 g——"由学号找学生". 我们发现这个映射是双射，因此根据这一对应，可以反过来"由学生找学号"——根据 B 中的学生，在 A 中能找到唯一的一个学号. 这就得到从 B 到 A 的一个映射，称为映射 g 的逆映射，记为 g^{-1}.

一般地,若映射 $f:X \to Y$ 是单射,即对任意不同的 $x_1, x_2 \in X$,有 $f(x_1) \neq f(x_2)$,那么对任意的 $y \in R(f)$,它都有且只有唯一的原像.因此在集合 $R(f)$ 与 X 之间可以定义一个映射

$$f^{-1}:R(f) \to X,$$

使得每一个 $y \in R(f)$,都存在唯一的 $x \in X$,满足 $f^{-1}(y) = x$.称 f^{-1} 为映射 f 的**逆映射**,通常也简称为 f 的**逆**(图 1-10).

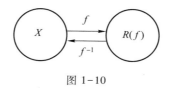

图 1-10

例如,$f(x) = x^3$ 是实数集 $\mathbf{R} \to \mathbf{R}$ 的映射,那么 $g(y) = \sqrt[3]{y}$ 就是映射 f 的逆映射 f^{-1}.它是 $\mathbf{R}$ 到 $\mathbf{R}$ 的一一映射.

显然,映射 $f:X \to f(X)$ 是满射.如果它还是单射,那么它是 $X \to f(X)$ 的一一映射,这时该映射一定存在逆映射 $f^{-1}:f(X) \to X$(参看图 1-5(3)).一般地,我们有

逆映射存在定理　若映射 $f:X \to Y$ 是一一映射,则它必存在逆映射 $f^{-1}:Y \to X$.

5.2　反函数

将逆映射中的集合都限制为数集,这时,逆映射称为反函数.即有

设函数 $y = f(x)$,$x \in D$ 是单射,其值域为 D',则称其逆映射 $f^{-1}:D' \to D$ 为函数 f 的**反函数**,记作 $x = f^{-1}(y)$,$y \in D'$,其定义域为 D',值域为 D.

函数 $y = 3x+1$,$x \in \mathbf{R}$ 与函数 $x = \dfrac{y-1}{3}$,$y \in \mathbf{R}$ 互为反函数;对数函数 $y = \log_a x$ 与指数函数 $x = a^y$ 互为反函数,这里 $a > 0$ 且 $a \neq 1$.

易知,作为对应法则,反函数 f^{-1} 是由函数 f 所确定的.需要特别指出的是,反函数的图形是一个值得注意的问题.

像函数 $y = 3x+1$ 与其反函数 $x = \dfrac{y-1}{3}$ 的图形是同一条曲线那样,一般地,函数 $y = f(x)$ 的图形与其反函数 $x = f^{-1}(y)$ 的图形是同一条曲线.

但按照习惯,一般仍将反函数的自变量用 x 表示,因变量用 y 表示.这时函数 $y = f(x)$ 的反函数 $x = f^{-1}(y)$ 就记为 $y = f^{-1}(x)$.特别需要注意的是,由于符号的改变,使得曲线 $x = f^{-1}(y)$ 上的点 (x, y) 变成了曲线 $y = f^{-1}(x)$ 上的点 (y, x),而 (x, y) 与 (y, x) 关于直线 $y = x$ 对称.由 (x, y) 的任意性,因此,函数 $y = f(x)$ 的图形与它的反函数 $y = f^{-1}(x)$ 的图形不再是同一条曲线,而是关于直线 $y = x$ 对称的两条曲线(图 1-11).

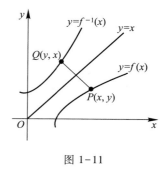

图 1-11

作为反函数的具体例子,下面我们来讨论反三角函数,它是微积分中常见的函数.

笼统地说,三角函数的反函数就是反三角函数.但是,要使三角函数存在反函数,依照逆映射存在定理,是要有条件的——它必须是一一映射.

> 说"函数与它的反函数的图形关于直线 $y=x$ 对称"可以吗?

遗憾的是,在其定义域内的所有的三角函数都不是单射,更不是一一映射.例如,正弦函数 $y = \sin x, x \in (-\infty, +\infty)$,对其定义域 $(-\infty, +\infty)$ 内的所有 $x = \dfrac{\pi}{6} + 2k\pi$($k$ 为整数),都有 $\sin\left(\dfrac{\pi}{6} + 2k\pi\right) = \dfrac{1}{2}$,所以该函数不是单射.但是,如果在其定义域内的一个子区域 $\left[-\dfrac{\pi}{2}, \dfrac{\pi}{2}\right]$ 上来讨论,函数 $y = \sin x$ 是 $\left[-\dfrac{\pi}{2}, \dfrac{\pi}{2}\right] \to [-1, 1]$ 的一一映射,因此存在反函数,称其反函数为反正弦函数,记为 $x = \arcsin y$.将其自变量用 x 表示,因变量用 y 表示,就有反正弦函数

$$y = \arcsin x : x \in [-1, 1] \to \left[-\dfrac{\pi}{2}, \dfrac{\pi}{2}\right].$$

同样,对余弦函数 $y = \cos x$ 也必须对其自变量的取值加以限制它才有反函数.比如,在 $[0, \pi]$ 上考察 $y = \cos x$,它是 $[0, \pi] \to [-1, 1]$ 的一一映射,这时它就有反函数,称为反余弦函数,记为 $y = \arccos x$,即

$$y = \arccos x : [-1, 1] \to [0, \pi].$$

类似地,对正切函数 $y = \tan x$ 与余切函数 $y = \cot x$,将它们的自变量的取值分别限制在区间 $\left(-\dfrac{\pi}{2}, \dfrac{\pi}{2}\right)$ 与 $(0, \pi)$ 内讨论,它们就分别存在反函数——反正切函数与反余切函数:

$$y = \arctan x : (-\infty, +\infty) \to \left(-\dfrac{\pi}{2}, \dfrac{\pi}{2}\right);$$

$$y = \operatorname{arccot} x : (-\infty, +\infty) \to (0, \pi).$$

这四个反三角函数的图形如图 1-12 所示.

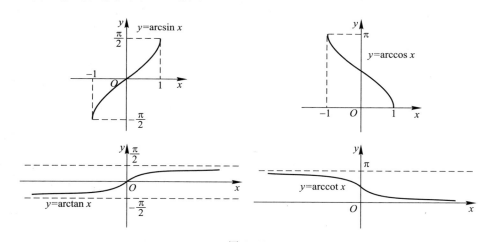

图 1-12

6. 函数的四则运算

确定一个函数主要有两个要素:定义域与对应关系.因此,下面定义的两函数的加、减、乘、除运算必须同时考虑这两个方面.

设函数 $f(x),g(x)$ 的定义域分别为 D_1,D_2,其中 $D_1\cap D_2\neq\varnothing$,定义这两个函数的

和(差)$f\pm g:(f\pm g)(x)=f(x)\pm g(x),x\in D_1\cap D_2$;

积 $f\cdot g:(f\cdot g)(x)=f(x)\cdot g(x),x\in D_1\cap D_2$;

商 $\dfrac{f}{g}:\left(\dfrac{f}{g}\right)(x)=\dfrac{f(x)}{g(x)},x\in\{D_1\cap D_2\}\setminus\{x\mid g(x)=0\}$.

7. 基本初等函数与初等函数

称以下五类函数为基本初等函数,它们是我们在中学里就已经熟悉的:

（1）幂函数　$y=x^\alpha$（α 为实常数）.

（2）三角函数　$y=\sin x,y=\cos x,y=\tan x,y=\cot x,y=\sec x,y=\csc x$.

（3）反三角函数　如 $y=\arcsin x,y=\arccos x,y=\arctan x,y=\operatorname{arccot} x$ 等.

（4）指数函数　$y=a^x(a>0,a\neq1)$.取 $a=\mathrm{e}(\mathrm{e}=2.718\,28\cdots$ 是无理数,它的意义见本章第四节,符号 e 是由瑞士数学家欧拉引入的),则有 $y=\mathrm{e}^x$,它是实际中使用比较普遍的指数函数.

（5）对数函数　$y=\log_a x$（$a>0,a\neq1$）,当 $a=\mathrm{e}$ 时,记为 $y=\ln x$.

> 在初等函数的定义中有哪几个关键词?

通常也将常数看作常数函数,简称常函数,也看作基本初等函数.

将基本初等函数经过有限次的四则运算和有限次的复合运算所得到的且能用一个式子表示的函数称为**初等函数**.例如,

$$\frac{\mathrm{e}^x-\mathrm{e}^{-x}}{2},\frac{\mathrm{e}^x+\mathrm{e}^{-x}}{2},\frac{\mathrm{e}^x-\mathrm{e}^{-x}}{\mathrm{e}^x+\mathrm{e}^{-x}}$$

关于分段函数的注记

等都是初等函数.

非常有意思的是,上面的三个初等函数分别具有类似于正弦函数、余弦函数和正切函数的某些性质,它们在工程技术中有着广泛的应用,分别称它们为**双曲正弦**、**双曲余弦**、**双曲正切**,并分别记作 sh x,ch x,th x,即

$$\operatorname{sh}x=\frac{\mathrm{e}^x-\mathrm{e}^{-x}}{2},\operatorname{ch}x=\frac{\mathrm{e}^x+\mathrm{e}^{-x}}{2},\operatorname{th}x=\frac{\mathrm{e}^x-\mathrm{e}^{-x}}{\mathrm{e}^x+\mathrm{e}^{-x}}.$$

> 这三个双曲函数分别是如何由基本初等函数经过复合或四则运算得到的?

8. 曲线的极坐标方程

通过平面直角坐标系把平面中的点与二元有序数组建立了一一对应,因而就把平面 xOy 中的曲线与二元方程 $F(x,y)=0$ 建立起对应,这就有了平面曲线的直角坐标方程,从而可以用代数的方法来研究几何问题.这里的关键是通过建立直角坐标系实现平面中的点与二元有序数对之间的一一对应.但建立这种对应关系未必一定要用直角坐标系,也可以利用其他方法.事实上,日常中确定点的位置既可以像电影院中通过几排几号来确定,也可以按"某人在我南偏西 40℃ 角的方向、距我 100 m 远"的方式来确定.根据前者的思想,有了直角坐标系,由后者就有极坐标系.

在平面中确定一个点 O,从 O 出发作一条射线 Ox,再选定一个长度单位和角的正方向,这样就建立了**极坐标系**(图 1-13),点 O 称为**极点**,射线 Ox 称为**极轴**.

设 P 为极坐标平面内的任意一个点.用 ρ 表示点 P 到极点的距离,称为点 P 的**极径**; θ 表示极轴 Ox 依逆时针方向旋转到线段 OP 的转角,称为点 P 的**极角**,一般限制 $0 \leqslant \theta < 2\pi$.在这种限制下,除极点外,任一点 P 都有唯一的二元有序数组 (ρ, θ) 与其对应;反过来,任给一个有序数组 (ρ, θ) 也都对应唯一的一个点.称二元有序数组 (ρ, θ) 为**点 P 的极坐标**,记作 $P(\rho, \theta)$.例如,图 1-13 中的点 M 的极坐标为 $\left(1, \dfrac{5\pi}{4}\right)$.规定极点 O 的极径 $\rho = 0$,而

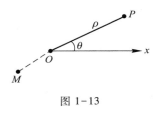

图 1-13

极角可以在 $[0, 2\pi)$ 内随意取值,因此,极点是唯一一个极坐标不确定的点.

为了研究方便起见,也可限制极角 θ 满足 $-\pi < \theta \leqslant \pi$.例如,图 1-13 中的点 M 也可表示为 $\left(1, -\dfrac{3\pi}{4}\right)$.

如果将极轴 Ox 与直角坐标系 xOy 中 x 轴的正半轴重合,则直角坐标和极坐标之间有如下关系:

$$\begin{cases} x = \rho\cos\theta, \\ y = \rho\sin\theta; \end{cases} \qquad \begin{cases} \rho = \sqrt{x^2 + y^2}, \\ \tan\theta = \dfrac{y}{x} \ (x \neq 0). \end{cases}$$

既然利用极坐标可以把平面中的点与二元有序数组 (ρ, θ) 建立起对应,因此,可以建立平面中的曲线与极坐标方程之间的对应,称该方程为对应曲线的**极坐标方程**.例如,方程 $\rho = 3$ 表示以原点 O 为中心、半径为 3 的圆周; $\theta = \dfrac{\pi}{4}$ 为一条射线,它是平面直角坐标系的第一象限的角平分线; $\rho = a\theta\ (a > 0)$ 称作阿基米德螺线(图 1-14); $\rho = a\sin 3\theta\ (a > 0)$ 称作三叶玫瑰线(图 1-15).

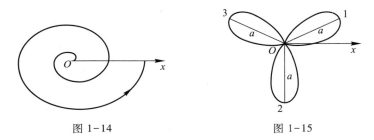

图 1-14　　　　　　　　　　　图 1-15

一般地,极坐标系下的曲线方程可以表示为 $F(\rho, \theta) = 0$ 或 $\rho = \rho(\theta)$.

利用直角坐标与极坐标之间的关系,可以将曲线的直角坐标方程转化为极坐标方程,也可将曲线的极坐标方程转化为直角坐标方程.

例如,将 $x = \rho\cos\theta, y = \rho\sin\theta$ 代入直角坐标方程 $x^2 + y^2 - 2x = 0$ 之中,得 $\rho^2 - 2\rho\cos\theta = 0$,化简得 $\rho = 2\cos\theta$,它就是以点 $(1, 0)$ 为圆心、1 为半径的圆周的极坐标方程.

设有曲线的极坐标方程 $\rho = 2a\sin\theta$,两边同乘 ρ 得 $\rho^2 = 2a\rho\sin\theta$.用 $\rho^2 = x^2 + y^2$ 及 $\rho\sin\theta = y$ 作代换得 $x^2 + y^2 = 2ay$,这是一个以 $(0, a)$ 为圆心、a 为半径的圆周.

9. 几种具有特殊性质的函数

9.1 有界函数

如图 1-16，函数 $y = \sin x$ 的图形夹在两条直线 $y = \pm 1.5$ 之间，称函数 $y = \sin x$ 是有界的；由图 1-17 可以看到，不存在这样的两条直线，使得曲线 $y = x^3$ 位于这两条直线之间，称函数 $y = x^3$ 是无界的.

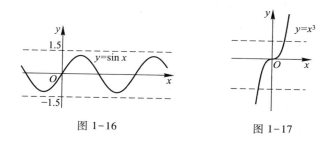

图 1-16 　　　　　　图 1-17

函数值的集合是一个数集，因此下面利用前面所介绍的有界数集的知识作"已知"来讨论函数的有界及无界.

设函数 $f(x)$ 的定义域为 D_f，值域为 R_f. 如果数集 R_f 有上（下）界，则称函数 $f(x)$ 在 D_f 上**有上（下）界**；若函数 $f(x)$ 在 D_f 上既有上界又有下界，则称函数 $f(x)$ 在 D_f 上**有界**，并分别称数集 R_f 的上（下）界为函数 $f(x)$ 的**上（下）界**. 若函数 $f(x)$ 在 D_f 上无上界或无下界，则称 $f(x)$ 在 D_f 上**无界**.

例如，函数 $y = \cos x$ 既有上界，又有下界，因而有界；$y = \dfrac{1}{x}$ 在 $(0, +\infty)$ 内只有下界，而没上界，因而无界；$y = \dfrac{1}{x}$ 在 $(-\infty, 0)$ 内只有上界，而没下界，因而无界；$y = x^3$ 在定义域内既无上界也无下界，因而是无界的；反三角函数在其定义域内都是有界的.

如果 X 是函数 f 的定义域 D_f 的子集，上面的讨论也可以限制在 X 上，相应地有 f 在 X 上有上界、下界及有界的定义.

依函数有界的定义，若函数 $f(x)$ 在 X 上有界，则必存在常数 K_1 与 K_2，使得
$$K_1 \leqslant f(x) \leqslant K_2, \quad x \in X.$$

容易证明，$f(x)$ **在 X 上有界的充分必要条件**为：存在常数 $M > 0$，使得 $|f(x)| \leqslant M$，$\forall x \in X$. 这时称 M 为 $f(x)$ 在 X 上的一个**界**.

事实上，如果 $f(x)$ 在 X 上有界，即存在常数 K_1 与 K_2，使得
$$K_1 \leqslant f(x) \leqslant K_2, \quad x \in X,$$
令 $M = \max\{|K_1|, |K_2|\}$，则有
$$|f(x)| \leqslant M, \quad x \in X.$$

如果对 $\forall x \in X$，存在 $M > 0$，使得 $|f(x)| \leqslant M$，即有
$$-M \leqslant f(x) \leqslant M,$$
取 $K_1 = -M$，$K_2 = M$，则有
$$K_1 \leqslant f(x) \leqslant K_2, \quad x \in X,$$

即 $f(x)$ 在 X 上有界.

同样可以利用前面讨论过的数集的最值的定义作"已知"来定义函数的最值.

设函数 $f(x)$ 的定义域与值域分别为 D_f 与 R_f,如果数集 R_f 有最大(小)值,则称函数 $f(x)$ 在 D_f 上有**最大(小)值**;若 $f(x_1)$ 与 $f(x_2)$ $(x_1,x_2 \in D_f)$ 分别是 R_f 的最大值与最小值,则相应地分别称它们为函数 $f(x)$ 的最大值与最小值,x_1 与 x_2 分别称为 $f(x)$ 的**最大值点**与**最小值点**(统称**最值点**).例如,函数 $y=\cos x$ 有最大值 1,最小值 -1,0 与 π 分别是其最大值点与最小值点.

显然,如果函数 $y=f(x)$ 在区间 I 上有最大值与最小值,那么 $y=f(x)$ 在区间 I 上有界.但是反过来未必成立,例如,反正切函数与反余切函数都是有界的,但是它们既没有最大值也没有最小值(参看图 1-12).

9.2　单调函数

设函数 $f(x)$ 在区间 D 上有定义,区间 $I \subset D$,若对于任意的 $x_1,x_2 \in I,x_1<x_2$,总有 $f(x_1) \leqslant f(x_2)$ $(f(x_1) \geqslant f(x_2))$,则称函数 $f(x)$ 为区间 I 上的**单调递增(递减)函数**.若将上述不等号"$\leqslant$"("$\geqslant$")都换成严格的不等号"$<$"("$>$"),则称函数 $f(x)$ 为区间 I 上的**严格单调递增(递减)函数**.单调递增函数与单调递减函数统称为**单调函数**.如果不需要特别说明,通常也将严格单调函数简称为单调函数.

例如,反正弦函数与反正切函数分别在各自的定义域上都是单调递增函数,反余弦函数与反余切函数分别在各自的定义域上都是单调递减函数(参见图 1-12).

从上面的定义可以看到,所谓单调函数,并不是要求函数在它的整个定义域内单调.事实上,有些函数在整个定义域上不一定是单调的,但在定义域内的某一个子区间上单调.例如,正弦函数 $y=\sin x$ 在整个定义域内不单调,但在 $\left[-\dfrac{\pi}{2},\dfrac{\pi}{2}\right]$ 上是单调增加的,在 $\left[\dfrac{\pi}{2},\dfrac{3\pi}{2}\right]$ 上是单调递减的,称它为**依区间单调函数**,相应的区间称为它的**单调区间**.例如,正弦函数是依区间单调的函数,$\left[-\dfrac{\pi}{2},\dfrac{\pi}{2}\right]$ 与 $\left[\dfrac{\pi}{2},\dfrac{3\pi}{2}\right]$ 是它的单调区间.

9.3　奇偶函数

若函数 $y=f(x)$ 的定义域为关于原点对称的点集 I,并且对于任意的 $x \in I$,恒有

$$f(-x)=-f(x)$$

成立,则称 $f(x)$ 为 I 上的**奇函数**;如果对于任意的 $x \in I$,恒有

$$f(-x)=f(x)$$

> 说一个函数是奇函数还是偶函数,都需要几个条件?

成立,则称 $f(x)$ 为 I 上的**偶函数**.例如,$y=\sin x$ 与 $y=\cos x$ 分别是 $(-\infty,+\infty)$ 上的奇函数与偶函数.

在平面 xOy 内,由于 (x,y),$(-x,-y)$ 关于原点对称,因此奇函数的图形关于坐标原点对称(图 1-18(1));同样,由于 (x,y),$(-x,y)$ 关于 y 轴对称,因此偶函数的图形关于 y 轴对称(图 1-18(2)).

例如,双曲正弦 $\text{sh } x=\dfrac{e^x-e^{-x}}{2}$ 在其定义域 $(-\infty,+\infty)$ 内是奇函数,并且是单调增加的;双曲余弦 $\text{ch } x=\dfrac{e^x+e^{-x}}{2}$ 在其定义域 $(-\infty,+\infty)$ 内是偶函数,它在区间 $(-\infty,0)$ 内是单调减少的,在区间

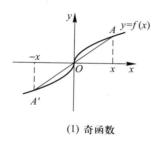
(1) 奇函数

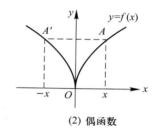
(2) 偶函数

图 1-18

$(0,+\infty)$ 内是单调增加的；它们在定义域内都是无界函数. 双曲正切 $\mathrm{th}\, x = \dfrac{e^x - e^{-x}}{e^x + e^{-x}}$ 是其定义域 $(-\infty,+\infty)$ 内的奇函数，并且是单调增加的，而且有界，1，-1 分别是它的一个上界与下界.

双曲函数存在反函数吗？或附加一定条件后存在吗？若存在，请写出来.

9.4 周期函数

现实世界中存在着大量的周期现象，反映到数学中就是周期函数.

设函数 $f(x)$ 的定义域为 I，如果存在正数 l，使得对于任意的 $x \in I$，有 $x+l \in I$，并且

$$f(x+l) = f(x)$$

恒成立，则称函数 $f(x)$ 为周期函数（图 1-19），称 l 为其周期.

通常所说的周期是指最小的正周期.

周期函数的周期唯一吗？所有的周期函数都一定存在最小正周期吗？狄利克雷函数 $D(x)$ 呢？

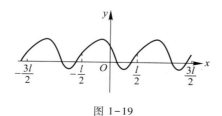

图 1-19

历史的回顾

历史人物简介

欧拉

习题 1-1(A)

1. 判断下列论述是否正确,并说明理由:

(1) 有理数集是实数集的子集,但不能说实数集是实数集的子集,因为一个集合的子集所含的元素一定比该集合所含的元素"少";

(2) 由于函数 $y=f(x)$ 的图像与其反函数 $x=f^{-1}(y)$ 的图像是同一条曲线,因此这两个函数实际是同一个函数;

(3) 若将函数 $y=f(t)$,$t=g(x)$ 复合为复合函数 $y=f(g(x))$,函数 $t=g(x)$ 的值域必须为函数 $y=f(t)$ 的定义域;

(4) 函数 $y=f(x)$ 在点集 I 上有界的充分必要条件是它在 I 上有最大值与最小值;

(5) 过函数 $y=f(x)$ 曲线上的任意一点作 x 轴的垂线,该垂线与函数的图形必交于且只交于一点;

(6) 函数 $y=\dfrac{1}{x}$ 是其定义域内的无界函数.

2. 用区间表示满足下列不等式的所有 x 的集合:

(1) $|x|\leqslant 2$;　(2) $1<|2x-1|\leqslant 2$;　(3) $|x-a|<\varepsilon$(a 为常数,$\varepsilon>0$).

3. 若函数 $f(x)=x^2-3x$,求 $f(2)$,$f(\sqrt{x})$,$f\left(\dfrac{1}{x-1}\right)$,$f(2+\Delta x)-f(2)$.

4. 设函数 $f(x)=\begin{cases}\cos x, & |x|<4, \\ 2e^{-x}, & 4\leqslant|x|\leqslant 8,\end{cases}$ 求 $f(-6)$,$f(0)$,$f(\pi)$,$f(4)$.

5. 求下列函数的定义域:

(1) $f(x)=\sqrt{3x+4}$;　　　　　　　　(2) $f(x)=\sqrt{2+x-x^2}$;

(3) $f(x)=\arcsin(2x+1)$;　　　　　　(4) $f(x)=\ln(3x+2)+\dfrac{1}{\sqrt{3-x}}$.

6. 以下等式或结论是否正确? 为什么?

(1) $\sqrt{x^2}$ 与 $|x|$ 为同一函数;　　　　(2) $\ln x^2$ 与 $2\ln x$ 为同一函数;

(3) $\dfrac{x^2-9}{x+3}$ 与 $x-3$ 为同一函数;　　　(4) $\sin x^2+\cos x^2$ 与 1 为同一函数;

(5) 若 $f(x)$,$g(x)$ 为 $(-l,l)$ 内的偶函数,则 $f(x)+g(x)$ 仍为偶函数;

(6) 若 $f(x)$,$g(x)$ 为 $(-l,l)$ 内的奇函数,则 $f(x)+g(x)$ 为偶函数;

(7) 若 $f(x)$,$g(x)$ 为 $(-l,l)$ 内的奇函数,则 $f(x)g(x)$ 为奇函数;

大到什么程度？a_n 与 A 能无限接近到什么程度？都是不确切的.作为数学的概念,需要用数学的语言给出定量的描述,才能满足数学演绎推理的需要.

下面就来研究这个问题,从而给出数列极限的严谨定义.从微积分的发展史来看,这正是众多数学家曾长期致力研究的"分析的算术化".

> 为给出数列极限的定量描述,关键是将描述性定义中哪些"语言"的定性描述换为定量描述?

2. "a_n '无限趋近于' 常数 A"的定量描述——正数 ε 的引入

首先来探讨如何定量地描述"a_n '无限趋近于' 常数 A".

不难理解,a_n "无限趋近于"A 等价于 a_n 与 A 的距离 $|a_n - A|$ 无限变小——要多小就能多小.因此要刻画 a_n 无限接近于 A,只需说明(在 n 无限增大的过程中)距离 $|a_n - A|$ 能变得"**要多小就能多小**".

要说明(在 n 无限增大的过程中)$|a_n - A|$ 能变得要多小就能多小,只要说明不论给定一个多么小的正数,$|a_n - A|$ 都能变得比它还要小.

不难想象,仅用 $|a_n - A|$ 能变得小于某一**具体**的数是不能说明 $|a_n - A|$ 能无限变小的.比如,若 a_n 能变得使 $|a_n - A| < 0.1$,但由此并不知道该距离能否小于 $0.01, 10^{-4}$. 即使能小于它们,甚至说能变得使 $|a_n - A| < 10^{-100}$ 成立,但还能变得更小吗？比如能小于 $\frac{1}{2} \times 10^{-100}$ 吗？这仍然是未知的.因此,用 $|a_n - A|$ 能变得小于一个不论多么小的**具体的正数**,都不能说明 $|a_n - A|$ 可以"无限变小".只有说明 $|a_n - A|$ 能(变得)小于"**任意给定的小正数**",才能说明 $|a_n - A|$ 能(变得)"要多小就能多小".但是,如果用

$$|a_n - A| \text{小于任意给定的小正数}$$

来刻画,这显然不是数学的语言,无法进行数学演绎的推理.

如何将上式换为数学的语言呢？这使我们想到"代数"——用字母"代"替"数"——这一数学的思想与方法.假设用 ε 表示**任意给定的小正数**,如果能说明在 n 无限增大的过程中,相应的 a_n **能变得**使不等式

$$|a_n - A| < \varepsilon$$

恒成立.这就说明 $|a_n - A|$ 能变得"要多小就能多么小"或说"a_n 能变得 '无限趋近' 常数 A".

3. 正整数 N 的引入　数列极限的定义

注意上述不等式 $|a_n - A| < \varepsilon$ 成立是有条件的,是在 n 无限增大的过程中才"**能变得**"使该不等式成立.

因此,如何刻画 n "**能变得**"使对应的不等式 $|a_n - A| < \varepsilon$ 成立,成为给出数列极限严谨定义的又一关键.

下面就来研究这个问题.

3.1　正整数 N 的引入

所谓在 n 无限增大的过程中,"**能变得**"使对应的不等式 $|a_n - A| < \varepsilon$ 恒成立,就是在 n 增大的过程中,当 n 增大到某一"**程度**""**之后**"这个不等式恒成立.因此,问题就转化为应该用怎样的数

学语言来刻画 n 的变化"**程度**"与该程度"**之后**"这两个关键词.

为此,遵循由"具体到一般"的思想,让我们先看一个简单的、具体的例子,以从中发现规律.

设有数列 $\left\{\dfrac{1}{n}\right\}$,不难看出当 n 无限增大时(记为 $n\to\infty$,也称 n 趋于无穷大),该数列以 0 为极限.

事实上,对任意给定的小正数 ε,确实能找到正整数 N,使得当 $n>N$ 时,$\left|\dfrac{1}{n}-0\right|<\varepsilon$ 恒成立.

若取 $\varepsilon=0.1$,为使 $\left|\dfrac{1}{n}-0\right|<\varepsilon=0.1$,只需 $\dfrac{1}{n}<0.1$,或只需

> 这里是如何刻画 n 的变化"程度"及该程度"之后"的?

$n>10$. 因此取 $N=10$,当 $n>N$ 时,就能使 $\left|\dfrac{1}{n}-0\right|=\dfrac{1}{n}<0.1$ 恒成立;

若取 $\varepsilon=0.01$,要使 $\left|\dfrac{1}{n}-0\right|=\dfrac{1}{n}<0.01$ 恒成立,只需取 $N=100$,当 $n>N=100$ 时,就有 $\left|\dfrac{1}{n}-0\right|<$ 0.01 恒成立;

…………

对任意给定的实数 $\varepsilon>0$,为使 $\left|\dfrac{1}{n}-0\right|<\varepsilon$ 恒成立,只要 $\dfrac{1}{n}<\varepsilon$ 成立,这时 n 需满足 $n>\dfrac{1}{\varepsilon}$.注意到这里的 n 只取正整数,因此

> 这样的 N 唯一吗? 找 N 的过程是解不等式吗? 它们有差异吗?

取 $N=\left[\dfrac{1}{\varepsilon}\right]$,当 $n>N=\left[\dfrac{1}{\varepsilon}\right]$ 时,就能保证 $n>\dfrac{1}{\varepsilon}$,也就能保证 $\left|\dfrac{1}{n}-0\right|<\varepsilon$ 恒成立.

总之,上面的讨论说明:

对任给的 $\varepsilon>0$,总能找到正整数 N(n 增大到某一"程度"),当 $n>N$ 时("从此之后"),恒有 $\left|\dfrac{1}{n}-0\right|<\varepsilon$ 成立,即数列 $\left\{\dfrac{1}{n}\right\}$ 以 0 为极限.

上面通过引入"$\varepsilon>0$ 及正整数 N",就用数学的语言将极限的描述性定义中"项数 n **无限增大**时 $\dfrac{1}{n}$ **无限趋近于**常数 0"定性的描述变成了定量的刻画,就得到了数列 $\left\{\dfrac{1}{n}\right\}$ 以 0 为极限的严谨的数学定义.

3.2　数列极限的定义

将这个具体例子抽象为一般,就有下面的数列极限的定义.

定义 2.1　设有数列 $\{a_n\}$,若存在常数 a,对任意给定的 $\varepsilon>0$,总存在正整数 N,当 $n>N$ 时,恒有 $|a_n-a|<\varepsilon$ 成立,则称数列 $\{a_n\}$ 以 a 为极限.记作

> 定义 2.1 中有哪几个关键词? ε,N 各有何意义与作用? 它们有怎样的依赖关系? 任给的正数 ε,N 是唯一的吗?

$$\lim_{n\to\infty}a_n=a \text{ 或 } a_n\to a(n\to\infty).$$

此时也称数列 $\{a_n\}$ 收敛于常数 a,或简称数列收敛.反之,称数列 $\{a_n\}$ 没有极限,或称它发散.

通常也称定义 2.1 为数列极限的"$\varepsilon-N$"定义.

可以用下面的方法给出数列极限的**几何解释**：

关于数列极限定义的注记

由于 $|a_n-a|<\varepsilon$ 等价于 $a-\varepsilon<a_n<a+\varepsilon$，因此数列 $\{a_n\}$ 以 a 为极限，在直角坐标系 xOy 中（n 在横轴取值，a_n 在纵轴取值）可以直观地表示为：任给 $\varepsilon>0$，总存在正整数 N，当 $n>N$ 时，对应的点 (n,a_n) 都落入以直线 $y=a$ 为中心、宽为 2ε 的带形区域里（图 1-21(1)）. 或在数轴上表示为：当 $n>N$ 时，对应的点 a_n 都落入 a 的 ε 邻域中（图 1-21(2)），也就是说，在 $\{a_n\}$ 的极限点 a 的附近，密密麻麻布满了 $\{a_n\}$ 中的点，落在 a 的 ε 邻域之外的点只能是有限个.

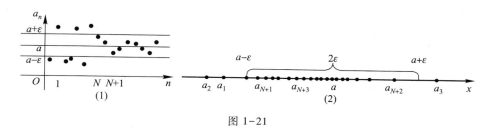

图 1-21

通常用符号"$\forall$"表示"任意给定的"，用符号"$\exists$"表示"存在".

例 2.2　证明数列 $\dfrac{1}{2},\dfrac{2}{3},\dfrac{3}{4},\cdots,\dfrac{n-1}{n},\cdots$ 以 1 为极限.

> 能写出落在这邻域外的"有限个"点吗？

分析　显然只能借助定义 2.1 作"已知"来证明. 依定义 2.1，需要证明对于 $\forall\varepsilon>0$，总能找到正整数 N，当 $n>N$ 时恒有

$$|a_n-1|=\left|\frac{n-1}{n}-1\right|<\varepsilon.$$

证　由于 $|a_n-1|=\left|\dfrac{n-1}{n}-1\right|=\dfrac{1}{n}$，因此对于任给的 $\varepsilon>0$，为使 $|a_n-1|<\varepsilon$，只需 $\dfrac{1}{n}<\varepsilon$ 或 $n>\dfrac{1}{\varepsilon}$. 为此，取 $N=\left[\dfrac{1}{\varepsilon}\right]$，只要 $n>N$，就有

> N 是唯一的吗？

$$|a_n-1|=\frac{1}{n}<\varepsilon.$$

因此，

$$\lim_{n\to\infty}\frac{n-1}{n}=1.$$

例 2.3　设 $|q|<1$，证明等比数列

$$1,q,q^2,\cdots,q^n,\cdots$$

以 0 为极限.

证　由于 $|q^n-0|=|q^n|=|q|^n$，因此，对任给的 $\varepsilon>0$，为使 $|q^n-0|<\varepsilon$，只要 $|q|^n<\varepsilon$ 即可. 对不等式 $|q|^n<\varepsilon$ 的两边分别取自然对数，得 $n\ln|q|<\ln\varepsilon$. 由于 $|q|<1$，故有 $\ln|q|<0$，得

$n>\dfrac{\ln \varepsilon}{\ln |q|}$，为此取 $N=\left[\dfrac{\ln \varepsilon}{\ln |q|}\right]$（不妨设 $\varepsilon<1$），当 $n>N$ 时，恒有 $|q^n-0|<\varepsilon$.因此当 $|q|<1$ 时，等比数列 $1,q,q^2,\cdots,q^n,\cdots$ 以 0 为极限.

> 通过例 2.3 找 N 的方法,有何收获？

例 2.4　设 $a_n=\dfrac{(-1)^n}{(n+1)^3}$，证明数列 $\{a_n\}$ 的极限为 0.

证　$|a_n-0|=\left|\dfrac{(-1)^n}{(n+1)^3}-0\right|=\dfrac{1}{(n+1)^3}<\dfrac{1}{n+1}<\dfrac{1}{n}$.仿照例 2.3 的证明,对于任给的 $\varepsilon>0$，总存在正整数 $N=\left[\dfrac{1}{\varepsilon}\right]$，当 $n>N$ 时,就有

$$|a_n-0|<\frac{1}{n}<\varepsilon,$$

因此，

> 证明中对 $|a_n-0|$ 进行了两次放大,可以吗？为什么？有何体会？

$$\lim_{n\to\infty}\frac{(-1)^n}{(n+1)^3}=0.$$

例 2.5　设 $a_n=c(n=1,2,\cdots)$，称数列 $\{a_n\}$ 为常数列.证明该常数列收敛到常数 c.

证　由于 $|a_n-c|=|c-c|=0$，因此,对 $\forall \varepsilon>0$，可取任意的正整数 N，使得当 $n>N$ 时,恒有

$$|a_n-c|=|c-c|<\varepsilon$$

成立.因此,该数列收敛,且收敛到常数 c.

4. 数列极限的性质

下面来讨论数列极限的性质.显然,研究极限的性质必须利用极限的定义作"已知".在数学的研究中,"几何直观"往往能为严谨的分析证明提供卓有成效的帮助.因此下面我们首先借助几何直观发现特点、提供思路,然后用解析的方法给出严格的证明.希望这一数学方法能引起读者的注意.

如果数列 $\{a_n\}$ 收敛于 a，根据极限的几何意义,对 $\forall \varepsilon>0$，从某个正整数 N 起,所有的点 a_n 都落在点 a 的 ε 邻域中,而落在 a 的 ε 邻域之外的点只能有有限个.同样,如果数列 $\{a_n\}$ 也收敛于另外的点 b，那么,从某个正整数 N 起,所有的点都落在 b 的 ε 邻域中,该邻域外边的点只能有有限个（图 1-22).如果 a,b 的某 ε 邻域没有交集,就产生矛盾.也就说明该数列不可能以除 a 之外的任何数（比如 b）为极限.这就是下面的定理 2.1.

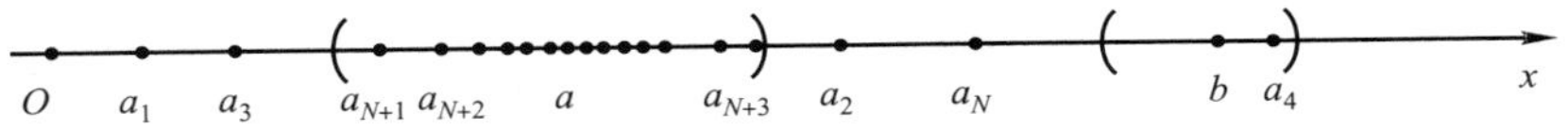

图 1-22

定理 2.1（极限的唯一性）　如果数列 $\{a_n\}$ 收敛,那么它的极限必唯一.

证　用反证法.如若不然,设该数列同时以 $a,b(a\neq b)$ 为极限,不妨设 $a<b$.取 $\varepsilon=\dfrac{b-a}{2}>0$，由于 $\lim\limits_{n\to\infty}a_n=a$，因此存在正整数 N_1，当 $n>N_1$ 时,恒有

$$|a_n-a|<\frac{b-a}{2} \tag{2.1}$$

成立.同样由 $\lim\limits_{n\to\infty}a_n=b$,存在正整数 N_2,当 $n>N_2$ 时,恒有

$$|a_n-b|<\frac{b-a}{2} \tag{2.2}$$

成立.取 $N=\max\{N_1,N_2\}$,那么当 $n>N$ 时,有式(2.1)、式(2.2)同时成立.但式(2.1)等同于不等式

$$-\frac{b-a}{2}<a_n-a<\frac{b-a}{2}, \tag{2.3}$$

因此 $a_n<\dfrac{b+a}{2}$;对式(2.2)作类似的讨论得到,当 $n>N$ 时,又有 $a_n>\dfrac{b+a}{2}$,这是矛盾的.矛盾说明假设该数列同时以 $a,b(a\neq b)$ 为极限是错误的,于是极限是唯一的.

> 为找正整数 N,使得当 $n>N$ 时式(2.1)、式(2.2)同时成立,做了什么工作?其理由是什么?在证明中为了得到矛盾,主要采用了什么技巧?

定理 2.2(有界性)　收敛数列必定有界.

分析　根据极限的几何意义,对 $\forall\varepsilon>0$,当 n 充分大时,对应的 a_n 都落在点 a 的 ε 邻域中(图 1-23),即都满足 $a-\varepsilon<a_n<a+\varepsilon$,因此这样的无穷多个 a_n 是有界的;而不满足这个不等式的只能是有限多项,而有限项一定有界.不难想象该数列有界.

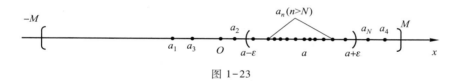

图 1-23

证　设数列 $\{a_n\}$ 收敛于 a,依收敛数列的定义,取 $\varepsilon=1$,则存在正整数 N,当 $n>N$ 时,恒有

$$|a_n-a|<1$$

成立.由于 $|a_n|=|(a_n-a)+a|\leqslant|a_n-a|+|a|$,因此当 $n>N$ 时,

$$|a_n|\leqslant|a_n-a|+|a|\leqslant 1+|a|.$$

取 $M=\max\{|a_1|,|a_2|,\cdots,|a_N|,1+|a|\}$,则对任意的 n,

$$|a_n|\leqslant M$$

恒成立.因此该收敛数列是有界的.

> 一般说来,找一无穷数集的界是困难的.在定理 2.2 的证明中对"无穷"集是如何处理的?该定理反过来成立吗?请举例说明你的结论.你对证明中取 $\varepsilon=1$ 有何感想?

若有数列 $\{a_n\}$,$\{b_n\}$ 分别收敛于 a,b,并且 $b>a$,由图 1-24 我们看到,从 n 的某一个值起,都有 $b_n>a_n$ 成立.由此我们得到下面的定理 2.3.

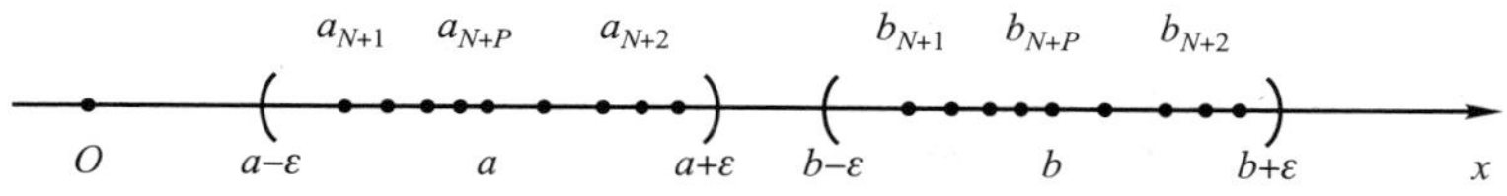

图 1-24

定理 2.3（保序性） 设有数列 $\{a_n\}$，$\{b_n\}$ 分别收敛于 a，b，并且 $b>a$，那么存在正整数 N，当 $n>N$ 时，恒有 $b_n>a_n$.

证 取 $\varepsilon=\dfrac{b-a}{2}>0$，仿照定理 2.1 的证明，存在正整数 N，当 $n>N$ 时，同时有

$$|a_n-a|<\frac{b-a}{2}, \tag{2.4}$$

$$|b_n-b|<\frac{b-a}{2} \tag{2.5}$$

成立.即有

$$-\frac{b-a}{2}<a_n-a<\frac{b-a}{2}, \tag{2.6}$$

$$-\frac{b-a}{2}<b_n-b<\frac{b-a}{2}, \tag{2.7}$$

由式 (2.6) 有 $a_n<\dfrac{b+a}{2}$，由式 (2.7) 有 $b_n>\dfrac{b+a}{2}$.因此，当 $n>N$ 时，恒有

$$b_n>a_n.$$

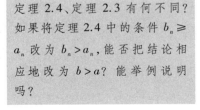

定理的证明中，主要用了什么作"已知"？

定理 2.3 的结论能改为对任意的 n 都有 $b_n>a_n$ 吗？

若取数列 $\{b_n\}$ 为常数列 $\{0\}$，由例 2.5，它以 0 为极限，由定理 2.3 作"已知"易得下面的极限的"保号性"：

推论 设数列 $\{a_n\}$ 收敛于 $a>0$，则必存在正整数 N，当 $n>N$ 时，恒有 $a_n>0$.

与定理 2.3 相对应，还有下面的重要结论.

定理 2.4 设有数列 $\{a_n\}$，$\{b_n\}$ 分别收敛于 a，b，并且存在正整数 N，当 $n>N$ 时，恒有 $b_n\geq a_n$，那么 $b\geq a$.

用反证法是容易证明的.事实上，假设 $b<a$，利用定理 2.3，很容易推出矛盾.

定理 2.4、定理 2.3 有何不同？如果将定理 2.4 中的条件 $b_n\geq a_n$ 改为 $b_n>a_n$，能否把结论相应地改为 $b>a$？能举例说明吗？

推论 如果数列 $\{a_n\}$ 收敛于 a，并且从某项起有 $a_n\geq 0$（或 $a_n\leq 0$），那么 $a\geq 0$（或 $a\leq 0$）.

下面给出数列极限的四则运算法则.

定理 2.5 设数列 $\{a_n\}$，$\{b_n\}$ 都是收敛数列，并且分别收敛于 a，b，则

$$\lim_{n\to\infty}(a_n\pm b_n)=\lim_{n\to\infty}a_n\pm\lim_{n\to\infty}b_n=a+b;$$

$$\lim_{n\to\infty}(a_n\cdot b_n)=\lim_{n\to\infty}a_n\cdot\lim_{n\to\infty}b_n=ab.$$

若 $b\neq 0$，则有

$$\lim_{n\to\infty}\frac{a_n}{b_n}=\frac{\lim\limits_{n\to\infty}a_n}{\lim\limits_{n\to\infty}b_n}=\frac{a}{b}.$$

关于数列极限的四则运算法则的注记

下面只对乘法法则给出证明，其他可以仿照之.

证 由于 $\lim\limits_{n\to\infty}a_n=a$，$\lim\limits_{n\to\infty}b_n=b$，因此，任给 $\varepsilon>0$，存在正整数 N，当 $n>N$ 时，

$$|a_n-a|<\varepsilon,\ |b_n-b|<\varepsilon$$

同时成立.注意到

$$|a_n b_n - ab| = |a_n b_n - ab_n + ab_n - ab|$$
$$= |(a_n-a)b_n + a(b_n-b)| \leqslant |b_n||a_n-a| + |a||b_n-b|.$$

由于 $\{b_n\}$ 收敛,因此它是有界的.不妨设 $M>0$ 是其一个界,即,对任意的 n,恒有

$$|b_n| \leqslant M.$$

于是当 $n>N$ 时,

$$|a_n b_n - ab| = |a_n b_n - ab_n + ab_n - ab|$$
$$\leqslant |b_n||a_n-a| + |a||b_n-b|$$
$$\leqslant M\varepsilon + |a|\varepsilon = (M+|a|)\varepsilon.$$

这就证明了 $\lim\limits_{n\to\infty}(a_n \cdot b_n) = ab$.

为了利用"已知",证明中采用了什么技巧?

定理 2.5 告诉我们,当极限存在时,极限运算与算术运算可以交换先后顺序(注意除法时的条件).

由数列极限的乘法法则易得下面的两个结论成立:

令 $b_n = c(n=1,2,\cdots,c$ 为常数),即将数列 $\{b_n\}$ 取作常数列,由上面的乘法法则,有

$$\lim\limits_{n\to\infty}(ca_n) = c\lim\limits_{n\to\infty}a_n = ca.$$

若 $\lim\limits_{n\to\infty}a_n = a$,对正整数 k,我们有

$$\lim\limits_{n\to\infty}(a_n)^k = a^k.$$

5. 数列的子数列

设有数列 $1,-1,1,-1,\cdots,(-1)^{n-1},\cdots$,该数列显然不收敛.要证明这个结论成立,用数列的**子数列**是比较容易的.

所谓数列的**子数列**,是指从原来数列中抽出无穷多项,并按照它们在原来数列中的先后顺序所排成的新数列.

比如在数列 $\{a_n\}$ 中抽出其全部偶数项,并按照它们在原来数列 $\{a_n\}$ 中的先后顺序排起来,就得到一个新的数列

$$a_2,a_4,\cdots,a_{2k},\cdots,$$

称为数列 $\{a_n\}$ 的偶子数列,简称偶子列.该子数列的第 k 项,恰好是 $\{a_n\}$ 中的第 $2k$ 项.类似地,

$$a_1,a_3,a_5,\cdots,a_{2k-1},\cdots$$

称为数列 $\{a_n\}$ 的奇子列.

一般地,在数列 $\{a_n\}$ 中,先抽出一项 a_l 作为新数列的第 1 项,记作 a_{n_1},再从 $\{a_n\}$ 中抽出 a_l 后面的某一项 $a_m(m>l)$ 作为新数列的第 2 项,记作 a_{n_2},……如此继续下去,就得到 $\{a_n\}$ 的一个子数列

$$a_{n_1},a_{n_2},\cdots,a_{n_k},\cdots.$$

数列与其子数列的极限之间有下面的关系.

定理 2.6　数列 $\{a_n\}$ 收敛于 a 的充分必要条件是它的任何一个子数列都收敛于 a.

对这个定理我们略去其证明.作为定理 2.6 的特例,下面的推论用起来往往是比较方便的.

推论　数列 $\{a_n\}$ 收敛的充分必要条件是它的奇子列与偶子列都收敛,并且收敛于同一个数.

该推论的最后一句能删去吗?

数列的子数列有着重要的应用.比如,利用这个推论,前面提出的数列的发散性是很容易证明的.

例 2.6　证明:数列 $\{(-1)^{n-1}\}$ 发散.

证　用反证法.如果该数列收敛,那么它的任何子数列均收敛于该极限.但,该数列的奇子列

$$1,1,\cdots,1,\cdots$$

收敛到 1,而偶子列

$$-1,-1,\cdots,-1,\cdots$$

收敛到 -1.

虽然其奇、偶子列都收敛,但它们却收敛到不同的数.由定理 2.6 的推论,数列 $\{(-1)^{n-1}\}$ 是发散的.

习题 1-2(A)

1. 判断下列论述是否正确,并说明理由:

(1) 若 $\lim\limits_{n\to\infty} a_n = a$,那么对于 $\varepsilon = 1$,必存在正整数 N,当 $n>N$ 时,$|a_n-a|<1$ 成立;

(2) 数列 $\{a_n\}$ 有界是 $\lim\limits_{n\to\infty} a_n$ 存在的必要条件,$\lim\limits_{n\to\infty} a_n$ 存在是数列 $\{a_n\}$ 有界的充分条件;

(3) 数列 $\{a_n\}$,$\{b_n\}$ 都收敛,并且分别收敛于 a,b,如果 $a_n>b_n$,则有 $a>b$;

(4) 若数列 $\{a_n\}$ 收敛,并且 $\lim\limits_{n\to\infty} a_n<0$,那么对任意的 n,都有 $a_n<0$;

(5) $\lim\limits_{n\to\infty}\dfrac{1}{n}\sin n = \lim\limits_{n\to\infty}\dfrac{1}{n}\cdot\lim\limits_{n\to\infty}\sin n = 0\cdot\lim\limits_{n\to\infty}\sin n = 0$;

(6) 若数列 $\{a_n\}$ 的奇子列与偶子列都收敛,那么数列 $\{a_n\}$ 必定收敛.

2. 通过观察变化趋势说明下列数列中,哪些收敛? 哪些发散? 对收敛数列,写出其极限:

(1) $x_n = \dfrac{1}{3^n}$;

(2) $x_n = \dfrac{n-1}{n+1}$;

(3) $x_n = \dfrac{(-1)^{n-1}}{n^2}$;

(4) $x_n = \ln\dfrac{1}{n}$;

(5) $x_n = 3^{(-1)^n}$;

(6) $x_n = \sin\dfrac{1}{n}$;

(7) $x_n = (-1)^n\dfrac{n}{1+n}$;

(8) $x_n = (-1)^n n$.

3. 求下列极限:

(1) $\lim\limits_{n\to\infty}\left(\dfrac{1}{n}+\dfrac{1}{3^n}\right)$;

(2) $\lim\limits_{n\to\infty}\left(2-\dfrac{1}{n+1}+\dfrac{1}{n^2}\right)$;

(3) $\lim\limits_{n\to\infty}\left(3-\dfrac{10}{n^2}\right)\left(2+\dfrac{1}{\mathrm{e}^n}\right)$;

(4) $\lim\limits_{n\to\infty}\dfrac{2+4+\cdots+2n}{n^2}$.

习题 1-2(B)

1. 若 $\lim\limits_{n\to\infty} a_n = a$,证明 $\lim\limits_{n\to\infty}|a_n| = |a|$,举例说明反之不成立.

2. 求下列数列极限:

（1）$\lim\limits_{n\to\infty}\left[\dfrac{1}{1\cdot 3}+\dfrac{1}{3\cdot 5}+\dfrac{1}{5\cdot 7}+\cdots+\dfrac{1}{(2n-1)(2n+1)}\right]$;

（2）$\lim\limits_{n\to\infty}\left(1+\dfrac{1}{3}+\dfrac{1}{3^2}+\cdots+\dfrac{1}{3^{n-1}}\right)$;

（3）$\lim\limits_{n\to\infty}(1+x)(1+x^2)(1+x^4)\cdots(1+x^{2^n})$（$|x|<1$）;

（4）$\lim\limits_{n\to\infty}0.33\cdots3$（共有 n 个 3）.

3. 设数列的一般项 $a_n=\dfrac{1}{n}\cos\dfrac{n\pi}{2}$,

（1）$\lim\limits_{n\to\infty}a_n$ 是否存在? 若存在求其极限值;

（2）求正整数 N,使得当 $n>N$ 时,$|a_n|<0.001$.

第三节　函数的极限

本节利用讨论数列极限定义的思想方法作"已知"来讨论一般函数的极限.

1. 函数极限的描述性定义

首先看下面的两个例子.

例 3.1　如果用 U 表示电压,R 表示电阻,I 表示电流强度,由欧姆定律有 $U=RI$.因此当电压一定时(比如令 $U=220$ V),电流强度 I 与电阻 R 成反比,即

$$I=\frac{220}{R}.$$

它说明,I 可以看作是 R 的函数.由图 1-25 看到,随着 R 的增大电流强度 I 会越来越小,曲线 $I=\dfrac{220}{R}$ 越来越靠近 R 轴,也就是当 R 无限增大时,函数 $I=\dfrac{220}{R}$ 的值无限接近于零.

例 3.2　图 1-26 给出了函数 $y=\dfrac{x^2-4}{x-2}$ 的图形.由该图我们看到,在 x **无限**接近(趋近)于 2 的过程中,对应的函数值 y **无限**接近(趋近)4——虽然该函数的值永远都不等于 4.

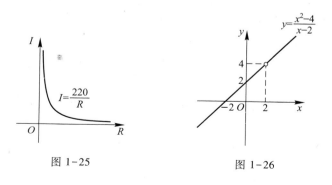

图 1-25　　　　　　　　　图 1-26

我们看到,上面的两个例子有着如下的共同点:在自变量按照指定的方式**无限**变化的过程中,函数值**无限**趋近于一个常数 A.

根据第二节对数列极限的讨论,我们称上面两个例子中的函数在各自的自变量无限变化的过程中分别以数 $0,4$ 为**极限**.将数列极限的描述性定义平移过来,就有下面的函数极限的**描述性定义**:

若在自变量按照某指定的方式无限变化的过程中,对应的函数值无限接近于常数 A,则称该函数在自变量的这种变化方式下以 A 为极限.

于是,上面的两个例子可以分别叙述为:当 R 无限增大时,函数(电流强度)$I = \dfrac{220}{R}$ 以 0 为极限;当 x 无限趋近于 2 时,函数 $y = \dfrac{x^2-4}{x-2}$ 以 4 为极限.

> 由这里的叙述并结合例 3.1 与 3.2,函数极限与数列极限之间主要有哪些"同"与"异"?

与第二节讨论的数列极限类似,之所以称它为函数极限的描述性定义,也是因为它仅仅是用朴素的语言描述.其中的在自变量"**无限**变化的过程中"函数值"**无限**接近于某常数"都是模糊的、不确切的定性描述.像研究数列极限那样,也需要解决如何用数学的语言将上面的两个"无限"给出定量的表述,从而给出函数极限的严谨定义.

2. 函数极限的定义

显然,将数列极限中刻画(在 n 无限增大的过程中)a_n "无限接近"常数 A 的方法平移过来,就有对"(在自变量 x 无限变化的过程中)相应的函数值 $f(x)$ '**无限接近于**'常数 A"的定量描述.即有

任给 $\varepsilon > 0$,如果能说明在 x "无限变化的过程中",相应的函数值 $f(x)$ **能变得**使不等式

$$|f(x) - A| < \varepsilon$$

恒成立即可.

因此与对数列极限的讨论相同,下面要解决的是:对任给 $\varepsilon > 0$,如何用数学的语言定量地刻画,在自变量 x 按照某指定的方式无限变化的过程中,当变化到某"**程度**""**之后**",对应的函数值 $f(x)$ 都满足 $|f(x) - A| < \varepsilon$.

由例 3.1 与例 3.2 看出,函数自变量的变化方式可以有多种形式.下面依照自变量 x 的不同变化方式分别进行讨论.由于"x 无限增大"与数列中"n 无限增大"相似,因此有望能直接借用在讨论数列极限时采用的思想方法作"已知"来研究这一"未知".下面先讨论当 x 无限增大时的情形.

2.1 当 x 无限增大(记作 $x \to +\infty$)时,函数 $f(x)$ 以 A 为极限的定义

与讨论数列极限类似,我们仍然遵循由"特殊到一般"的思想.为此先看一个简单的例子.

设有函数 $f(x) = \dfrac{1}{x}$,不难直观看出,当 $x \to +\infty$ 时它以 0 为极限.不妨假设 $x > 0$,于是 $\left| \dfrac{1}{x} - 0 \right| = \dfrac{1}{x}$.因此,下面的问题是如何用数学的语言描述:对任给的 $\varepsilon > 0$,在 x 无限变大的过程中,当变化到某"**程度**""**之后**",所有 x 所对应的函数值 $f(x)$ 都能使 $\left| \dfrac{1}{x} - 0 \right| = \dfrac{1}{x} < \varepsilon$ 成立.

显然,这与第一节讨论的数列 $\left\{ \dfrac{1}{n} \right\}$ 当 $n \to \infty$ 时以 0 为极限没有本质的区别.因此,要使 $\dfrac{1}{x} < \varepsilon$

成立,只需使 $x>\dfrac{1}{\varepsilon}$.注意到这里的 x 与数列的 n 只取正整数无限增大不同,它是"一点不落"地"滑行"着无限增大,因此不必再考虑取正整数 $\left[\dfrac{1}{\varepsilon}\right]$,而直接用 $X=\dfrac{1}{\varepsilon}$ 来刻画某一"**程度**",用 $x>X$ 来刻画从此"**之后**"恒有 $x>\dfrac{1}{\varepsilon}$ 或 $\left|\dfrac{1}{x}-0\right|<\varepsilon$. 于是有

函数 $f(x)=\dfrac{1}{x}$ 在 $x\to+\infty$ 时以 0 为极限 $\Leftrightarrow$ 任给 $\varepsilon>0$,总存在 $X=\dfrac{1}{\varepsilon}$,当 $x>X$ 时, $\left|\dfrac{1}{x}-0\right|<\varepsilon$ 恒成立.

> 这里的 X 唯一吗?

参照定义 2.1 将这个具体的例子加以抽象,有

定义 3.1　设函数 $f(x)$ 在 $(a,+\infty)$ 内有定义.如果存在常数 A,对任意给定的 $\varepsilon>0$,总存在 $X>0(X>a)$,当 $x>X$ 时,恒有 $|f(x)-A|<\varepsilon$ 成立,则称函数 $f(x)$ 在 $x\to+\infty$ 时以 A 为极限. 记作

$$\lim_{x\to+\infty}f(x)=A,$$

或

$$f(x)\to A\,(x\to+\infty\,).$$

这时通常也称 $x\to+\infty$ 时该函数收敛(于 A).如果不收敛则称发散.通常称该定义为函数极限的"$\varepsilon-X$"定义.同样,像数列极限可以用几何图形(图 1-22(1))给以直观的解释那样,由于

$$|f(x)-A|<\varepsilon\Leftrightarrow A-\varepsilon<f(x)<A+\varepsilon,$$

因此定义 3.1 的几何意义为:对于任给的 $\varepsilon>0$,总存在正数 X,当 $x>X$ 时对应的函数的图形都落入以直线 $y=A$ 为中心、宽为 2ε 的带形区域里(图 1-27).

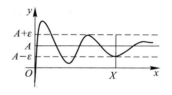

图 1-27

例 3.3　试证当 $x\to+\infty$ 时,函数 $f(x)=\dfrac{1}{x+10}$ 以 0 为极限.

分析　依据定义 3.1,对 $\forall\varepsilon>0$,需要证明存在 $X>0$,当 $x>X$ 时, $\left|\dfrac{1}{x+10}-0\right|<\varepsilon$.

证　不妨设 $x>0$. $\forall\varepsilon>0$,由于

$$|f(x)-0|=\left|\dfrac{1}{x+10}-0\right|=\dfrac{1}{x+10}<\dfrac{1}{x},$$

> 这里"不妨设 $x>0$"的根据与目的是什么?

因此,当 $\dfrac{1}{x}<\varepsilon$,即 $x>\dfrac{1}{\varepsilon}$ 时,就有 $|f(x)-0|<\varepsilon$.为此,取 $X=\dfrac{1}{\varepsilon}$,当 $x>X$ 时,恒有

$$\left|\dfrac{1}{x+10}-0\right|<\dfrac{1}{x}<\varepsilon,$$

于是

$$\lim_{x\to+\infty}\dfrac{1}{x+10}=0.$$

有些问题还需要考虑 x 取负值而绝对值无限增大(记为 $x\to-\infty$)及 x 既取正值又取负值而

绝对值无限增大(记为 $x\to\infty$)时函数的极限.它们可以通过将定义3.1稍作修改而得到:

当 $x\to-\infty$ 时,将定义 3.1 中的 $x>X$ 改为 $x<-X$;

当 $x\to\infty$ 时,将定义 3.1 中的 $x>X$ 改为 $|x|>X$.

用"$\varepsilon\text{-}X$"语言叙述即是:

$$\lim_{x\to-\infty}f(x)=A\Leftrightarrow\forall\,\varepsilon>0,\exists\,X>0,\text{当}\,x<-X\,\text{时,恒有}\,|f(x)-A|<\varepsilon;$$

$$\lim_{x\to\infty}f(x)=A\Leftrightarrow\forall\,\varepsilon>0,\exists\,X>0,\text{当}\,|x|>X\,\text{时,恒有}\,|f(x)-A|<\varepsilon.$$

> 能说说当 $x\to-\infty$ 或 $x\to\infty$ 时,要这样改动的理由吗?

2.2　当 x 无限趋近于 x_0(记作 $x\to x_0$)时,函数 $f(x)$ 以 A 为极限的定义

例 3.2 是自变量 x 无限趋近于一定点(常数)$x_0(=4)$而不是无限增大或绝对值无限增大.如何描述在 $x\to x_0$ 的过程中,x 变化到某一"**程度**""**之后**"呢?

我们知道,x 趋近于 x_0 等价于二者的距离 $|x-x_0|$ 趋近于 0.$|x-x_0|$ 越小说明 x 越接近于 x_0.因此,要说明 x 趋近于 x_0 的"程度",可以用二者的距离 $|x-x_0|$ 的大小来刻画.类比前面对 $x\to+\infty$ 的讨论不难想象,任给 $\varepsilon>0$,如果总能找到(总存在)$\delta>0$,使函数定义域内所有满足 $|x-x_0|<\delta$ 的 x,其对应的函数值 $f(x)$ 恒满足 $|f(x)-A|<\varepsilon$,这就说明在 $x\to x_0$ 的过程中,当变化到某一"**程度**"($|x-x_0|=\delta$)"**之后**"($|x-x_0|<\delta$),相应的函数值与常数 A 的距离 $|f(x)-A|$ 小于 ε.

还应看到,函数 $\dfrac{x^2-4}{x-2}$ 在 $x\to2$ 时以 4 为极限,是说在 x 无限趋近于 2 而不等于 2 的**过程中**相应的函数值无限接近于 4,而不管它在 $x=2$ 时的情形(事实上,该函数在这一点无定义,所以也无法管).因此,当考察函数 $\dfrac{x^2-4}{x-2}$ 在 $x\to2$ 时的极限时,对 $\forall\,\varepsilon>0$,只需(也只能)考察满足 $0<|x-2|<\delta$ 的 x 所对应的函数值与数 4 的距离 $\left|\dfrac{x^2-4}{x-2}-4\right|<\varepsilon$ 是否恒成立.

> $0<|x-2|<\delta$ 中左边的大于 0 与上面的黑体字"过程中"有何关系?

一般地,在考察当 $x\to x_0$ 时函数 $f(x)$ 的极限时,对任给的 $\varepsilon>0$,也只考察是否能找到(是否存在)$\delta>0$,使得满足 $0<|x-x_0|<\delta$ 的 x 所对应的函数值 $f(x)$ 都满足 $|f(x)-A|<\varepsilon$.

因此,有下述函数 $f(x)$ 在 $x\to x_0$ 时以 A 为极限的"$\varepsilon\text{-}\delta$"定义.

定义 3.2　设函数 $f(x)$ 在 x_0 的某去心邻域内有定义.若存在常数 A,使得对于任给的 $\varepsilon>0$,总存在 $\delta>0$,当 $0<|x-x_0|<\delta$ 时,恒有

$$|f(x)-A|<\varepsilon$$

成立.则称当 $x\to x_0$ 时,$f(x)$ 以 A 为极限.记作

$$\lim_{x\to x_0}f(x)=A\ \text{或}\ f(x)\to A,\text{当}\ x\to x_0.$$

这时也称函数 $f(x)$ 在 $x\to x_0$ 时收敛(于 A),反之称为发散.

通常称定义 3.2 为函数极限的"$\varepsilon\text{-}\delta$"定义.其几何意义是:对于任给的 $\varepsilon>0$,总能找到(总存在)正数 δ,当 x 位于 x_0 的 δ 去心邻域时,函数的相应图形位于以直线 $y=A$ 为中心、宽为 2ε 的带形区域内(图 1-28(1)).作为映射,它也可以由图 1-28(2)来表示.

> 该定义中有哪几个词是关键的?有人说,极限是刻画函数(随自变量)变化的最终趋势,而不是最终结果(函数的最终取值),从定义 3.2 能看出来吗?当 $f(x)$ 在 x_0 有定义时满足定义 3.2 的要求吗?

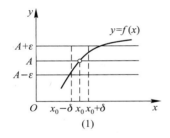 

图 1-28

例 3.4 证明 $\lim\limits_{x \to x_0} c = c$, c 为常数.

仿照上一节例 2.5, 可证:

例 3.5 设 x_0 是一个任意实数, 证明 $\lim\limits_{x \to x_0} \sin x = \sin x_0$.

证 既然考察的是当 $x \to x_0$ 时 $\sin x$ 的极限, 不妨假设 $0 < |x - x_0| < \dfrac{\pi}{2}$. 依定义 3.2 需要证明, 对于任给的 $\varepsilon > 0$, 总能找到 $\delta > 0$, 当 $0 < |x - x_0| < \delta$ 时, 恒有

$$|\sin x - \sin x_0| < \varepsilon.$$

由于

$$|\sin x - \sin x_0| = \left| 2\cos \frac{x + x_0}{2} \sin \frac{x - x_0}{2} \right| \leq 2 \left| \sin \frac{x - x_0}{2} \right|,$$

在图 1-29 所示的单位圆中, 利用弦长小于弧长易得

$$2 \left| \sin \frac{x - x_0}{2} \right| \leq 2 \left| \frac{x - x_0}{2} \right| = |x - x_0|.$$

因此, 任给 $\varepsilon > 0$, 取正数 $\delta = \varepsilon \left(\delta < \dfrac{\pi}{2} \right)$, 当 $0 < |x - x_0| < \delta$ 时, 恒有

$$|\sin x - \sin x_0| \leq |x - x_0| < \delta = \varepsilon$$

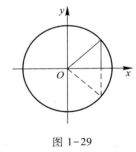

图 1-29

成立. 因此 $\lim\limits_{x \to x_0} \sin x = \sin x_0$.

同样的方法可以证明, $\lim\limits_{x \to x_0} \cos x = \cos x_0$ 也是成立的, 这里略去证明, 留给读者完成.

例 3.6 当 $x_0 > 0$ 时, $\lim\limits_{x \to x_0} \sqrt{x} = \sqrt{x_0}$.

证 由于 $\left| \sqrt{x} - \sqrt{x_0} \right| = \left| \dfrac{x - x_0}{\sqrt{x} + \sqrt{x_0}} \right| \leq \dfrac{1}{\sqrt{x_0}} |x - x_0|$, 因此, 任给 $\varepsilon > 0$, 当 $|x - x_0| < \sqrt{x_0}\, \varepsilon$ 时, 就有 $\left| \sqrt{x} - \sqrt{x_0} \right| < \varepsilon$; 但还要注意, 这里的 x 必须满足 $x \geq 0$, 由 $x_0 > 0$, 为此可限制 $0 < |x - x_0| < x_0$. 综合这两方面考虑, 为此取

$$\delta = \min \left\{ \sqrt{x_0}\, \varepsilon, x_0 \right\},$$

当 $0 < |x - x_0| < \delta$ 时, 就有

> 从例 3.5、例 3.6 的证明来看, 对任给的 $\varepsilon > 0$, 为找 $\delta > 0$, 应该对 $|f(x) - A|$ 作怎样的变形? 从而得到什么样的形式? 通过例 3.6 找 δ 的方法有何收获?

35

$$\left|\sqrt{x}-\sqrt{x_0}\right|<\varepsilon$$

恒成立,因此 $\lim\limits_{x\to x_0}\sqrt{x}=\sqrt{x_0}$.

有时需要考虑当 x 仅从点 x_0 的某一侧趋近于 x_0 时函数的极限.例如,设函数在开区间 (a,b) 内有定义,当考虑在 $x\to a$ 时函数的极限时,x 只能从 a 的右侧趋近于 a(记作 $x\to a^+$);也只能从 b 的左侧趋近于 b(记作 $x\to b^-$);再比如当考察例 1.11 的函数 $y=\begin{cases}2\sqrt{x}, & 0\le x\le 1,\\ 3-x, & x>1\end{cases}$ 在 $x\to 1$ 时的极限时,也必须分别考虑当 x 从 1 的左、右两侧趋近于 1 时的情形.这就有所谓的单侧极限的概念.

若当 x 仅从点 x_0 的右(左)侧趋近于 x_0 时函数 $f(x)$ 的值无限趋近于某常数 A,则称 A 为函数 $f(x)$ 当 $x\to x_0$ 时的**右(左)极限**,记作 $\lim\limits_{x\to x_0^+}f(x)=A$($\lim\limits_{x\to x_0^-}f(x)=A$),也常写作 $f(x_0^+)=A$($f(x_0^-)=A$).右极限与左极限统称为**单侧极限**.

根据单侧极限对自变量的要求,将它们与函数极限的 "ε-δ" 定义相比较,易知:将函数极限的 "ε-δ" 定义中的 $0<\left|x-x_0\right|<\delta$ 改为 $0<x-x_0<\delta$ 或 $x_0<x<x_0+\delta$,就得到当 $x\to x_0$ 时函数 $f(x)$ 以 A 为**右极限**的定义;将 $0<\left|x-x_0\right|<\delta$ 改为 $0<x_0-x<\delta$ 或 $x_0-\delta<x<x_0$,就得到当 $x\to x_0$ 时函数 $f(x)$ 以 A 为**左极限**的定义.

> 能用图形把左、右极限直观地表示出来吗?

用极限的 "ε-δ" 语言叙述分别为

$$\lim_{x\to x_0^-}f(x)=A\Leftrightarrow\forall\,\varepsilon>0,\exists\,\delta>0,\text{当 }x_0-\delta<x<x_0\text{ 时,恒有 }\left|f(x)-A\right|<\varepsilon;$$

$$\lim_{x\to x_0^+}f(x)=A\Leftrightarrow\forall\,\varepsilon>0,\exists\,\delta>0,\text{当 }x_0<x<x_0+\delta\text{ 时,恒有 }\left|f(x)-A\right|<\varepsilon.$$

结合函数的极限、右极限与左极限的定义,显然

$$\lim_{x\to x_0}f(x)=A\Leftrightarrow\lim_{x\to x_0^+}f(x)\text{ 与 }\lim_{x\to x_0^-}f(x)\text{ 皆存在},\text{且都等于 }A.$$

> 这里的充分必要条件中,能去掉后面的"且都等于 A"吗?

例 3.7　证明 $\lim\limits_{x\to 0^+}a^x=1(a>1)$.

证　由 $a>1$,因此当 $x>0$ 时,$a^x>1$.对于任给的正数 ε,要使 $\left|a^x-1\right|<\varepsilon$,或 $0<a^x-1<\varepsilon$ 即 $1<a^x<1+\varepsilon$,只需

$$0<x<\log_a(1+\varepsilon),$$

> 看出左边的不等式是怎么得到的吗?有何体会?

因此,若取 $\delta=\log_a(1+\varepsilon)$,则当 $0<x<\delta$ 时,就有 $\left|a^x-1\right|<\varepsilon$,因此,在 $a>1$ 时,

$$\lim_{x\to 0^+}a^x=1.$$

例 3.8　证明:当 $x\to 0$ 时,函数 $f(x)=\begin{cases}a^x, & x>0,\\ \sin x, & x\le 0\end{cases}$($a>1$)的极限不存在.

证　由例 3.7,有

$$\lim_{x\to 0^+}f(x)=\lim_{x\to 0^+}a^x=1.$$

由例 3.5,有

$$\lim_{x\to0^-}f(x)=\lim_{x\to0^-}\sin x=\sin 0=0,$$

我们看到,在这点的左、右极限都存在,但

$$\lim_{x\to0^+}f(x)\neq\lim_{x\to0^-}f(x),$$

因此当 $x\to0$ 时,$f(x)$ 不存在极限.

例 3.8 是利用什么作"已知"证明极限不存在的?通过该例总结一下求函数 $f(x)=\begin{cases}\varphi(x),x\leqslant a,\\\psi(x),x>a\end{cases}$ 在 $x\to a$ 时的极限的方法.

3. 函数极限的性质

既然数列可以看作函数,因此不难想象可以把数列极限的性质推广到一般的函数.但由于数列是特殊的函数,因此它的有些性质可以平移到函数极限上来,有的则略有差异.下面将介绍函数极限的性质并只对与数列极限有差异的给出证明.同时只给出当 $x\to x_0$ 时的情形,将它略加修改就可得到当自变量以其他方式变化时的情况(这里略去).当然,要讨论函数极限的性质("未知"),必须要用函数极限的定义作"已知".

定理 3.1(唯一性) 如果 $\lim\limits_{x\to x_0}f(x)$ 存在,那么极限是唯一的.

定理 3.2(局部有界性) 如果 $\lim\limits_{x\to x_0}f(x)$ 存在,那么存在常数 m,M 和 $\delta>0$,使得当 $0<|x-x_0|<\delta$ 时,恒有

$$m\leqslant f(x)\leqslant M.$$

证 由于 $\lim\limits_{x\to x_0}f(x)$ 存在,不妨设 $\lim\limits_{x\to x_0}f(x)=A$,由函数收敛的定义,不妨取 $\varepsilon=1$,则存在 $\delta>0$,当 $0<|x-x_0|<\delta$ 时,恒有

$$|f(x)-A|<1$$

成立.它等价于 $-1\leqslant f(x)-A\leqslant 1$,或 $A-1\leqslant f(x)\leqslant A+1$.取 $m=A-1,M=A+1$,定理 3.2 得证.

如何理解这里"局部"二字的含义?它与数列极限的相应性质有何差异?能在下面的证明中找出其中的原因吗?

定理 3.3(局部保序性) 如果 $\lim\limits_{x\to x_0}f(x)=A$,$\lim\limits_{x\to x_0}g(x)=B$,并且 $A>B$,那么存在常数 $\delta>0$,使得当 $0<|x-x_0|<\delta$ 时,有

$$f(x)>g(x).$$

推论(局部保号性) 如果 $\lim\limits_{x\to x_0}f(x)=A$ 并且 $A>0$,那么存在常数 $\delta>0$,使得当 $0<|x-x_0|<\delta$ 时,有 $f(x)>0$.

为用定理 3.3 作"已知"证此推论,应怎么做?

定理 3.3 是根据收敛函数极限值的大小关系得到(局部)函数值的大小关系;反过来,由函数值的大小关系也能得到其极限的大小关系.即有

定理 3.4 如果 $\lim\limits_{x\to x_0}f(x)=A$,$\lim\limits_{x\to x_0}g(x)=B$,并且存在常数 $\delta>0$,使得当 $0<|x-x_0|<\delta$ 时,有 $f(x)\geqslant g(x)$,那么 $A\geqslant B$.

推论 如果 $\lim\limits_{x\to x_0}f(x)=A$,并且存在常数 $\delta>0$,使得当 $0<|x-x_0|<\delta$ 时,有 $f(x)\geqslant 0$,那么 $A\geqslant 0$.

如果将 $f(x)\geqslant g(x)$ 改为 $f(x)>g(x)$,结论是否应改为 $A>B$ 呢?能举例说明吗?

下面的定理 3.5 建立了函数极限与数列极限之间的联系.

定理 3.5 设函数在 x_0 的某去心邻域内有定义,并且 $\lim\limits_{x\to x_0}f(x)=A$.如果 $\{x_n\}$ 是一个在该去心邻域取值的数列,$x_n\neq x_0$($n=1,2,\cdots$),且 $\lim\limits_{n\to\infty}x_n=x_0$,则有

$$\lim_{n \to \infty} f(x_n) = A.$$

证 由 $\lim\limits_{x \to x_0} f(x) = A$，对任给的 $\varepsilon > 0$，总存在 $\delta > 0$，当 $0 < |x - x_0| < \delta$ 时，恒有

$$|f(x) - A| < \varepsilon.$$

特别地，有

$$|f(x_n) - A| < \varepsilon，只要 0 < |x_n - x_0| < \delta.$$

由于 $\lim\limits_{n \to \infty} x_n = x_0$，依数列收敛的定义，对上述 $\delta > 0$，存在正整数 N，当 $n > N$ 时，就有 $|x_n - x_0| < \delta$. 由于 $x_n \ne x_0 (n = 1, 2, \cdots)$，故当 $n > N$ 时，$0 < |x_n - x_0| < \delta$，因此也就有 $|f(x_n) - A| < \varepsilon$，这就说明

$$\lim_{n \to \infty} f(x_n) = A.$$

> 定理 3.5 要证的是数列的极限还是函数的极限？对任给的 $\varepsilon > 0$，需要找正整数 N，还是 $\delta > 0$？

> 在左面的证明中，这里的 δ 相当于数列极限定义中的什么？

例 3.9 证明 $\lim\limits_{x \to \infty} \cos x$ 不存在.

证 用反证法. 如果 $\lim\limits_{x \to \infty} \cos x$ 存在，且等于常数 A，依照定理 3.5，对任意数列 $\{x_n\}$，只要 $\lim\limits_{n \to \infty} x_n = \infty$，都应有 $\lim\limits_{n \to \infty} \cos x_n = A$.

但是，若取数列 $\{x_n\}$ 为 $\left\{ 2n\pi + \dfrac{\pi}{2} \right\}$，则有 $\lim\limits_{n \to \infty} \cos \left(2n\pi + \dfrac{\pi}{2} \right) = 0$；若取数列 $\{x_n\}$ 为 $\{2n\pi\}$，却有 $\lim\limits_{n \to \infty} \cos 2n\pi = 1$.

因此假设 $\lim\limits_{x \to \infty} \cos x$ 存在是错误的，所以 $\lim\limits_{x \to \infty} \cos x$ 不存在.

同样的方法可证明 $\lim\limits_{x \to \infty} \sin x$ 不存在.

关于定理 3.5 的注记

> 通过例 3.9 的解决方法，看出定理 3.5 的意义了吗？

定理 3.6 如果 $\lim\limits_{x \to x_0} f(x) = A$，$\lim\limits_{x \to x_0} g(x) = B$，那么

$$\lim_{x \to x_0} [f(x) \pm g(x)] = \lim_{x \to x_0} f(x) \pm \lim_{x \to x_0} g(x),$$

$$\lim_{x \to x_0} [f(x) \cdot g(x)] = \lim_{x \to x_0} f(x) \cdot \lim_{x \to x_0} g(x).$$

特别地，$\lim\limits_{x \to x_0} [f(x)]^n = \left[\lim\limits_{x \to x_0} f(x) \right]^n$，**其中 n 为正整数**，

$$\lim_{x \to x_0} \left[\frac{f(x)}{g(x)} \right] = \frac{A}{B} \quad (B \ne 0).$$

下面利用定理 3.6 作"已知"来求某些函数的极限.

例 3.10 求 $\lim\limits_{x \to 2} \dfrac{x^2 + x - 5}{x - 1}$.

解 $\lim\limits_{x \to 2}(x - 1) = 1 \ne 0$，因此

$$\lim_{x \to 2} \frac{x^2 + x - 5}{x - 1} = \frac{\lim\limits_{x \to 2}(x^2 + x - 5)}{\lim\limits_{x \to 2}(x - 1)} = \frac{\lim\limits_{x \to 2} x \cdot \lim\limits_{x \to 2} x + \lim\limits_{x \to 2} x - \lim\limits_{x \to 2} 5}{\lim\limits_{x \to 2} x - \lim\limits_{x \to 2} 1} = 1.$$

例 3.11 证明：当 $x_0 \ne k\pi + \dfrac{\pi}{2}$（$k$ 为整数）时，$\lim\limits_{x \to x_0} \tan x = \tan x_0$；

当 $x_0 \ne k\pi$（k 为整数）时，$\lim\limits_{x \to x_0} \cot x = \cot x_0$.

证 由例 3.5，$\lim\limits_{x \to x_0} \sin x = \sin x_0$，$\lim\limits_{x \to x_0} \cos x = \cos x_0$，因此在 $x_0 \ne k\pi + \dfrac{\pi}{2}$（$k$ 为整数）时，有

$$\lim_{x \to x_0} \tan x = \lim_{x \to x_0} \frac{\sin x}{\cos x} = \frac{\sin x_0}{\cos x_0} = \tan x_0.$$

同样的方法可以证明,当 $x_0 \neq k\pi$（k 为整数）时,

$$\lim_{x \to x_0} \cot x = \cot x_0.$$

例 3. 12　证明:当 $0 < a < 1$ 时, $\lim\limits_{x \to 0^+} a^x = 1$.

证

$$\lim_{x \to 0^+} a^x = \lim_{x \to 0^+} \left(\frac{1}{\frac{1}{a}} \right)^x = \lim_{x \to 0^+} \frac{1}{\left(\frac{1}{a}\right)^x} = \frac{\lim\limits_{x \to 0^+} 1}{\lim\limits_{x \to 0^+} \left(\frac{1}{a}\right)^x},$$

由于 $0 < a < 1$,因此 $\dfrac{1}{a} > 1$.利用例 3.7 的结果,因此,

$$\lim_{x \to 0^+} a^x = \frac{\lim\limits_{x \to 0^+} 1}{\lim\limits_{x \to 0^+} \left(\frac{1}{a}\right)^x} = \frac{1}{1} = 1.$$

综合例 3.7、例 3.12,我们实际已经证明了,不论 $a > 1$,还是 $0 < a < 1$,总有 $\lim\limits_{x \to 0^+} a^x = 1$.再根据定理 3.5,易得

$$\lim_{n \to \infty} \sqrt[n]{a} = 1 \ (a > 0).$$

> 请详细地说出 $\lim\limits_{n \to \infty} \sqrt[n]{a} = 1$ 的理由.

例 3. 13　求 $\lim\limits_{x \to 1} \dfrac{x^2 - 3x + 2}{x^2 - 1}$.

解　当 $x \to 1$ 时,分母的极限为零,因此不能直接用定理 3.6.但将分子与分母分别分解因式后就会变得"柳暗花明"了:

$$\lim_{x \to 1} \frac{x^2 - 3x + 2}{x^2 - 1} = \lim_{x \to 1} \frac{(x-2)(x-1)}{(x-1)(x+1)} = \lim_{x \to 1} \frac{x-2}{x+1}$$

$$= \frac{\lim\limits_{x \to 1}(x-2)}{\lim\limits_{x \to 1}(x+1)} = \frac{-1}{2} = -\frac{1}{2}.$$

> 在例 3.13 的解法中,第二个等号前后有何不同?请将你通过本题的解法所得的收获总结一下.

4. 复合函数求极限

在函数的家族中复合函数随处可见,以后遇到的求函数极限会更多地涉及求复合函数的极限.

若函数 $u = g(x)$ 及 $y = f(u)$ 能复合成为复合函数 $y = f[g(x)]$,并有 $\lim\limits_{x \to x_0} g(x) = u_0$ 及 $\lim\limits_{u \to u_0} f(u) = A$.即,当 $x \to x_0$ 时相应的 $u = g(x) \to u_0$,当 $u \to u_0$ 时,相应的 $y = f(u) \to A$.因此由函数 $u = g(x)$ 及 $y = f(u)$,当 $x \to x_0$ 时,通过 $u = g(x) \to u_0$ 而使 $y = f[g(x)] \to A$. 这由图 1-30 可以直观地看到.

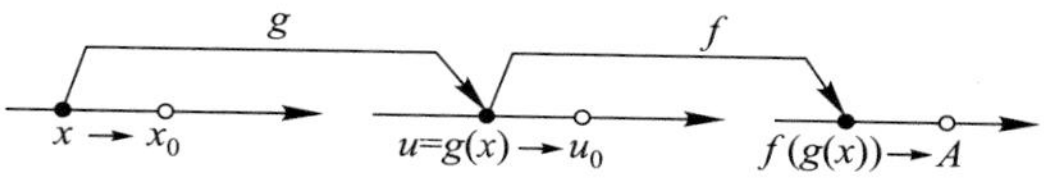

图 1-30

这里的几何直观所刻画的事实用解析的语言来描述就是定理 3.7.

定理 3.7 （1）**设函数** $y=f[g(x)]$ **由** $y=f(u)$ **与** $u=g(x)$ **复合而成,** $y=f[g(x)]$ **在** $\mathring{U}(x_0)$ **内有定义,**

（2）**对任意的** $x\in\mathring{U}(x_0,\delta_0)$ **,有** $u=g(x)\neq u_0(\mathring{U}(x_0,\delta_0)\subset\mathring{U}(x_0))$ **,**

（3） $\lim\limits_{x\to x_0}g(x)=u_0$ **,** $\lim\limits_{u\to u_0}f(u)=A.$

则

$$\lim_{x\to x_0}f[g(x)]=\lim_{u\to u_0}f(u)=A.$$

根据要证明的结论以及题目的条件（3）,你认为这里的"已知"是什么？需证明什么？为此应该分几步？

证　由 $\lim\limits_{u\to u_0}f(u)=A$,因此对任给的 $\varepsilon>0$,存在 $\eta>0$,当 $0<|u-u_0|<\eta$ 时,恒有

$$|f(u)-A|<\varepsilon.$$

由于 $\lim\limits_{x\to x_0}g(x)=u_0$,因此对上述 $\eta>0$,存在 $\delta_1>0$,当 $0<|x-x_0|<\delta_1$ 时,恒有

$$|u-u_0|<\eta.$$

对函数 $u=g(x)$ 来说,这里的 η 相当于函数极限的" $\varepsilon-\delta$ "定义中的什么？

由假设,当 $x\in\mathring{U}(x_0,\delta_0)$ 时, $g(x)\neq u_0$.取 $\delta=\min\{\delta_0,\delta_1\}$,则当 $0<|x-x_0|<\delta$ 时, $|u-u_0|>0$ 与 $|u-u_0|<\eta$ 同时成立,即有 $0<|u-u_0|<\eta$ 成立.从而

$$|f(g(x))-A|=|f(u)-A|<\varepsilon,$$

证毕.

定理 3.7 表示,如果函数 $f(u),g(x)$ 满足定理 3.7 的条件,通过作代换 $u=g(x)$ 就可以把求 $\lim\limits_{x\to x_0}f[g(x)]$ 转化为求 $\lim\limits_{u\to u_0}f(u)$,这里 $u_0=\lim\limits_{x\to x_0}g(x)$.

定理 3.7 虽然是在 $x\to x_0$ 时 $u\to u_0$ 的情况下给出的,但当变量 x,u 为其他方式时也有类似的结果,这里不再一一赘述.

例 3.14　求 $\lim\limits_{x\to\infty}\cos\dfrac{1}{x}$.

分析　$\cos\dfrac{1}{x}$ 是复合函数,因此这里是求复合函数的极限,故要用定理 3.7 作"已知".

解　令 $t=\dfrac{1}{x}$, $\cos\dfrac{1}{x}$ 可以看作是由 $\cos t$ 及 $t=\dfrac{1}{x}$ 复合而得.由于当 $x\to\infty$ 时,有 $t\to0$,而当 $t\to0$ 时, $\cos t\to\cos0=1$.因此,

$$\lim_{x\to\infty}\cos\frac{1}{x}=\lim_{t\to0}\cos t=1.$$

例 3.15　求极限 $\lim\limits_{x\to0}\sqrt{2+\sin x}$.

解　令 $t=2+\sin x$,当 $x\to0$ 时,由定理 3.6 及例 3.5, $t=2+\sin x\to2>0$,再由例 3.6,当 $t\to2$ 时, $\sqrt{t}\to\sqrt{2}$,于是,由定理 3.7 得

$$\lim_{x\to0}\sqrt{2+\sin x}=\lim_{t\to2}\sqrt{t}=\sqrt{2}.$$

例 3.16　求 $\lim\limits_{x\to0^-}a^x=1$ 并证明 $\lim\limits_{x\to x_0}a^x=a^{x_0}$,其中 $a>0,a\neq1$.

证　令 $t=-x$，那么，当 $x\to 0^-$ 时，$t\to 0^+$，因此，利用例 3.12 后面的总结，有

$$\lim_{x\to 0^-}a^x=\lim_{t\to 0^+}a^{-t}=\lim_{t\to 0^+}\frac{1}{a^t}=\frac{1}{\lim\limits_{t\to 0^+}a^t}=1.$$

综合例 3.7、例 3.12 及这里的证明，我们实际已经证明了，对任意的 $a>0,a\neq 1$，有

$$\lim_{x\to 0}a^x=1.$$

由

$$\lim_{x\to x_0}a^x=\lim_{x\to x_0}(a^{x_0}\cdot a^{x-x_0})=\lim_{x\to x_0}a^{x_0}\cdot\lim_{x\to x_0}a^{x-x_0}=a^{x_0}\lim_{x\to x_0}a^{x-x_0}.$$

对 $\lim\limits_{x\to x_0}a^{x-x_0}$，令 $t=x-x_0$，则当 $x\to x_0$ 时，$t\to 0$，由于 $\lim\limits_{t\to 0}a^t=1$，因此 $\lim\limits_{x\to x_0}a^{x-x_0}=1$.于是

$$\lim_{x\to x_0}a^x=a^{x_0}\lim_{x\to x_0}a^{x-x_0}=a^{x_0}.$$

5. 数学建模的实例

"模型"这个词我们并不陌生，模型可以是对实体的仿照、模拟，也可以是某些基本属性的抽象，而数学模型就是使用数学符号、公式、图表等去刻画事物的本质属性及内在规律，而将生活中或工程上的实际问题利用数学的思维方法进行简化、抽象处理，得到数学模型，对模型进行求解、验证，并将结果应用到实际中去的过程就是数学建模，数学建模实际上是一个"双向翻译"的过程.比如某同学期末考试的成绩是 40 分，被评定为不及格的原因显然是没有达到及格线 60 分的要求，这个问题的数学模型就是一个简单的不等式"$40<60$".作为联系数学理论与实际问题的桥梁，数学建模在一定程度上可以回答"数学到底有什么用"这一类的问题.

5.1　一个数列与数列极限的实例

某家庭中的一个男孩和一个女孩分别在距家 3 km 和 2 km 的方向相反的两所学校上学，某一天同时放学后，各自以 6 km/h 和 4 km/h 的速度步行回家.同时，一小狗以 20 km/h 的速度从男孩奔向女孩，又从女孩处奔向男孩，如此反复直到两个小孩回到家中.问小狗一共跑了多少路程？如果在上学的时候两个小孩同时从家里出发，同时小狗也如此奔跑在两个小孩之间，那么，两个小孩都到达学校时，小狗在什么位置？

这个问题中蕴含着丰富的数学建模思想，首先将两个小孩和小狗抽象成数学上的点，其次忽略放学时间上的细微差异，最后要忽略掉小狗见到小孩时的减速、转身及加速的过程，就是说认为小狗奔跑的速率是恒定的.实际上，根据简化后的情况，很容易得到：男孩和女孩从放学到家都走了 0.5 h，于是小狗共奔跑了 0.5 h，总的路程为 10 km.

如果建立坐标轴，将家作为原点，男孩的学校方向取为正向，将小狗与小孩相遇的点分别记为 $x_0,x_1,x_2,\cdots$，理论上来说这是一个有界且收敛的无穷数列，根据实际意义显然有 $x_{2n}>0$，$x_{2n+1}<0,n=0,1,\cdots$.

（1）数列与子列的关系：子列 $\{x_{2n}\}$ 为小狗与男孩相遇的点，子列 $\{x_{2n+1}\}$ 为小狗与女孩相遇的点，且有 $\lim\limits_{n\to\infty}x_n=0$，显然两个子列的极限与原数列极限相同，即 $\lim\limits_{n\to\infty}x_{2n}=\lim\limits_{n\to\infty}x_{2n+1}=0=\lim\limits_{n\to\infty}x_n$.

（2）极限的比较性质：两个子列极限都存在，对于数列 $\{x_{2n}\}$ 的每一项都满足 $x_{2n}>0$，且极限 $\lim\limits_{n\to\infty}x_{2n}=0$.

（3）将小狗从一个小孩处出发到与另一个小孩相遇时所需要的时间记为 $\{t_n\}_{n=1}^{\infty}$，跑过的路

程记为 $\{l_n\}_{n=1}^{\infty}$，这两个均为无穷数列，如果记 $\{s_n\}=\left\{\sum_{i=1}^{n}t_i\right\}$，$\{\sigma_n\}=\left\{\sum_{i=1}^{n}l_i\right\}$，则根据实际意义，

这四个数列极限都存在，且 $\lim_{n\to\infty}t_n=\lim_{n\to\infty}l_n=0$，$\lim_{n\to\infty}s_n=\dfrac{1}{2}$，$\lim_{n\to\infty}\sigma_n=10$.

第二问的答案请读者自己思考，并思考一下这里面还蕴含着哪些数学建模的思想.

5.2　圆周率的计算

中国古代数学家刘徽在《九章算术注》中有这样一句话"割之弥细，所失弥少.割之又割以至于不可割，则与圆周合体而无所失矣".形象地说明了利用割圆术来计算圆周率 π 的方法，而利用割圆术来计算圆周率的过程正体现了数列极限的思想.

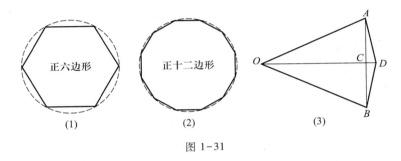

图 1-31

将单位圆（半径为 1 的圆）的圆周长记为 L，则有 $L=2\pi$.记圆的内接正六边形（图 1-31(1)）周长为 L_1，边长为 l_1，内接正十二边形（图 1-31(2)）的周长记为 L_2，边长为 l_2……内接正 $3\cdot2^n$ 边形的周长为 L_n，边长为 l_n，则有 $L_n=3\cdot2^n l_n$.容易知道 $L_1=6$，$l_1=1$.在圆的内接 $3\cdot2^{n-1}$ 边形的周长 L_{n-1} 和边长 l_{n-1} 已知的情况下，如图 1-31(3)，O 为圆心，A,B,D 均为圆周上的点，$|OA|=|OB|=|OD|=1$，AB 为 $3\cdot2^{n-1}$ 边形的一条边，有 $|AB|=l_{n-1}$，BD，AD 为 $3\cdot2^n$ 边形的两条边，显然 $|BC|=\dfrac{l_{n-1}}{2}$，根据勾股定理，有

$$|OC|=\sqrt{|OB|^2-|BC|^2}=\sqrt{1-\left(\frac{l_{n-1}}{2}\right)^2}=\frac{1}{2}\sqrt{4-l_{n-1}^2},$$

于是

$$|CD|=|OD|-|OC|=1-\frac{1}{2}\sqrt{4-l_{n-1}^2}.$$

$$l_n=|BD|=\sqrt{|BC|^2+|CD|^2}=\sqrt{\left(\frac{l_{n-1}}{2}\right)^2+\left(1-\frac{1}{2}\sqrt{4-l_{n-1}^2}\right)^2},$$

整理得到 $l_n=\sqrt{2-\sqrt{4-l_{n-1}^2}}$，有 $L_n=3\cdot2^n\cdot\sqrt{2-\sqrt{4-l_{n-1}^2}}$.

由于 $\lim_{n\to\infty}L_n=L=2\pi$.根据极限的概念，只要当 n 足够大，L_n 就可以任意地趋近 2π.

历 史 的 回 顾

历 史 人 物 简 介

刘徽

习题 1-3（A）

1. 判断下列论述是否正确,并说明理由:

(1) 在函数极限的"$\varepsilon-\delta$"定义中,要求 $0<|x-x_0|<\delta$,因此这说明函数在点 x_0 是没有定义的;

(2) 函数在 $x \to x_0$ 时的左、右极限都存在是该函数在 $x \to x_0$ 收敛的充分必要条件;

(3) $\lim\limits_{x \to x_0} f(x)$ 存在是 $f(x)$ 在 x_0 的某去心邻域内有界的充分条件;

(4) 如果在 x_0 的某去心邻域内 $f(x)>0$,并且 $\lim\limits_{x \to x_0} f(x)$ 存在,那么必有 $\lim\limits_{x \to x_0} f(x)>0$;

(5) 若 $\lim\limits_{x \to x_0} f(x)=A>0$,那么必存在 x_0 的一个去心邻域,在该邻域内 $f(x)>0$;

(6) 设 $x_n \neq x_0 (n=1,2,\cdots)$,$\lim\limits_{n \to \infty} x_n = x_0$,并且 $\lim\limits_{n \to \infty} f(x_n)$ 不存在,那么 $\lim\limits_{x \to x_0} f(x)$ 一定不存在.

2. 画出符号函数 $f(x)=\operatorname{sgn} x=\begin{cases}-1, & x<0, \\ 0, & x=0, \\ 1, & x>0\end{cases}$ 的图形,并根据图形求极限 $\lim\limits_{x \to 0^+} f(x)$,$\lim\limits_{x \to 0^-} f(x)$,$\lim\limits_{x \to 0} f(x)$,如果极限不存在,说明理由.

3. 设函数 $f(x)=\begin{cases}\sin x-1, & x \leqslant 0, \\ a(x+2), & x>0,\end{cases}$ 求 a 的值,使得 $\lim\limits_{x \to 0} f(x)$ 存在.

4. 求下列极限:

(1) $\lim\limits_{x \to 2} \dfrac{x^2-1}{x^2-5x+3}$;

(2) $\lim\limits_{x \to 2} \dfrac{x^2-5x+6}{x^2-12x+20}$;

(3) $\lim\limits_{h \to 0} \dfrac{(x+h)^2-x^2}{h}$;

(4) $\lim\limits_{x \to \infty}\left(4+\dfrac{2}{x^2}-\dfrac{3}{x^3}\right)$;

（5）$\lim\limits_{x\to\infty}\tan\dfrac{1}{x}$；

（6）$\lim\limits_{x\to0}\dfrac{x}{\sqrt{4+x}-2}$；

（7）$\lim\limits_{x\to0}\dfrac{\sqrt{x+1}-\sqrt{1-x}}{x}$；

（8）$\lim\limits_{x\to a}\dfrac{\sqrt{x}-\sqrt{a}}{x-a}(a>0)$；

（9）$\lim\limits_{x\to+\infty}(2-\mathrm{e}^{-x})\left(1+\cos\dfrac{1}{x^{2}}\right)$；

（10）$\lim\limits_{x\to1}\dfrac{\sqrt{x}-1}{x-1}$.

习题 1-3（B）

1. 用极限定义证明 $\lim\limits_{x\to\infty}\dfrac{2x}{x+1}=2$.

2. 求下列极限：

（1）$\lim\limits_{x\to1}\dfrac{x^{m}-1}{x^{n}-1}$（$m,n$ 是正整数）；

（2）$\lim\limits_{x\to2}\dfrac{x^{3}-2x^{2}-4x+8}{x^{4}-8x^{2}+16}$；

（3）$\lim\limits_{x\to1}\dfrac{x+x^{2}+\cdots+x^{n}-n}{x-1}$（$n$ 是正整数）.

3. 证明极限 $\lim\limits_{x\to0}\dfrac{x}{|x|}$ 不存在.

4. 若极限 $\lim\limits_{x\to0}f(x)$ 存在，且 $\lim\limits_{x\to0}\dfrac{\sqrt{1+xf(x)}-1}{x+x\sin x}=1$，求 $\lim\limits_{x\to0}f(x)$.

5. 证明：若 $\lim\limits_{x\to+\infty}f(x)$ 及 $\lim\limits_{x\to-\infty}f(x)$ 都存在，并且都等于 A，那么 $\lim\limits_{x\to\infty}f(x)$ 也必存在，并且也等于 A.

第四节　极限存在准则与两个重要极限

如何判断函数（数列）的敛散性？能否利用其自身的性态来判断其敛散性？这是值得研究的问题.本节就来讨论这个问题.

下面将给出判定函数（数列）极限存在的两个准则，并利用它们得出两个重要的极限.不论是极限存在的判定准则还是两个重要极限，它们在后面的研究中都有着重要的应用.

1. 判定极限存在的准则 1

1.1　准则 1（夹挤准则）

设函数 $f(x),g(x)$ 与 $h(x)$ 在点 x_{0} 的某去心邻域内有定义.如果 $f(x)$ 的值夹在两函数 $g(x)$ 与 $h(x)$ 的值之间，并且当 $x\to x_{0}$ 时，函数 $g(x)$ 与 $h(x)$ 的极限都存在且都等于 A.不难猜想，当 $x\to x_{0}$ 时，在 $g(x)$ 与 $h(x)$ "前拉后推" 的作用下，$\lim\limits_{x\to x_{0}}f(x)$ 也必然存在，并且也等于 A.事实上，这个猜想是正确的，这就是著名的 "夹挤准则".

先对函数为数列时的情形进行讨论.

定理 4.1（夹挤准则）　设数列 $\{x_{n}\},\{y_{n}\},\{z_{n}\}$ 满足

（1）从某一项起，即存在正整数 N_{0}，当 $n>N_{0}$ 时，恒有 $x_{n}\leqslant y_{n}\leqslant z_{n}$；

（2）$\lim\limits_{n\to\infty}x_n=\lim\limits_{n\to\infty}z_n=a$，

那么

$$\lim_{n\to\infty}y_n=a.$$

证　由 $\lim\limits_{n\to\infty}x_n=\lim\limits_{n\to\infty}z_n=a$，对 $\forall\varepsilon>0$，存在正整数 $N(N\geqslant N_0)$，当 $n>N$ 时，

$$|x_n-a|<\varepsilon \text{ 与 } |z_n-a|<\varepsilon$$

同时成立，即有

$$a-\varepsilon<x_n<a+\varepsilon,\quad a-\varepsilon<z_n<a+\varepsilon.$$

又当 $n>N_0$ 时，恒有 $x_n\leqslant y_n\leqslant z_n$，因此，当 $n>N$ 时，有

$$a-\varepsilon<x_n\leqslant y_n\leqslant z_n<a+\varepsilon,$$

于是，当 $n>N$ 时，有

$$a-\varepsilon<y_n<a+\varepsilon,$$

即

$$|y_n-a|<\varepsilon$$

成立.因此，$\lim\limits_{n\to\infty}y_n=a.$

证明中所借助的"已知"主要是什么？分析一下证明中是怎么利用"已知"来得到要证的"未知"的？

可以容易地将定理 4.1 推广到一般函数时的情形，得到下面的**函数极限的夹挤准则**：

如果函数 $g(x)$，$f(x)$，$h(x)$满足

（1）当 $x\in \overset{\circ}{U}(x_0)$（或 $|x|>M$）时，$g(x)\leqslant f(x)\leqslant h(x)$；

（2）$\lim\limits_{\substack{x\to x_0\\(x\to\infty)}}g(x)=\lim\limits_{\substack{x\to x_0\\(x\to\infty)}}h(x)=A$，

那么

$$\lim_{\substack{x\to x_0\\(x\to\infty)}}f(x)=A.$$

它的证明可仿照定理 4.1 给出，这里略去.

例 4.1　求数列 $u_n=\dfrac{1}{n^2+\pi}+\dfrac{1}{n^2+2\pi}+\cdots+\dfrac{1}{n^2+n\pi}$的极限.

解　$0<u_n=\dfrac{1}{n^2+\pi}+\dfrac{1}{n^2+2\pi}+\cdots+\dfrac{1}{n^2+n\pi}\leqslant\dfrac{1}{n^2}+\dfrac{1}{n^2}+\cdots+\dfrac{1}{n^2}=\dfrac{n}{n^2}=\dfrac{1}{n},$

由第二节的讨论知 $\lim\limits_{n\to\infty}\dfrac{1}{n}=0$，因此利用夹挤准则，有

$$\lim_{n\to\infty}u_n=0.$$

例 4.1 的解法采取了将 u_n 进行放缩从而利用夹挤准则.能将 $|u_n|$ 中的每一项都放大为 $\dfrac{1}{n}$ 吗？由此来看，放缩时需注意什么？

例 4.2　证明 $\lim\limits_{n\to\infty}\sqrt[m]{1+\dfrac{1}{n}}=1$，其中 m 为正整数.

证　由于

$$1\leqslant\sqrt[m]{1+\dfrac{1}{n}}\leqslant 1+\dfrac{1}{n},$$

而

$$\lim_{n\to\infty}\left(1+\frac{1}{n}\right)=1,$$

因此,由夹挤准则得

$$\lim_{n\to\infty}\sqrt[m]{1+\frac{1}{n}}=1.$$

1.2 极限 $\lim\limits_{x\to 0}\dfrac{\sin x}{x}=1$ 及其应用

利用准则 1,可以证明下面的重要结论成立.

例4.3 证明 $\lim\limits_{x\to 0}\dfrac{\sin x}{x}=1$.

证 为用"夹挤准则"作"已知"来证明该结论的正确性,需要找到既能"夹"着函数 $\dfrac{\sin x}{x}$ 又在 $x\to 0$ 时极限都为 1 的两个函数.为此,先借助图 1-32 进行直观地考察、分析.

虽然该函数的定义域为全体非零实数,但由于这里的自变量 $x\to 0$,因此不妨假设 $0<|x|<\dfrac{\pi}{2}$.

(1)先假设 $x>0$.

在如图 1-32 所示的单位圆中,设圆心角 $\angle AOB=x\left(0<x<\dfrac{\pi}{2}\right)$,点 A 处圆的切线与 OB 的延长线相交于点 D,并且 $BC\perp OA$,则

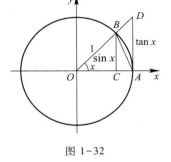

图 1-32

$$\sin x=|CB|,\ x=\overset{\frown}{AB},\ \tan x=|AD|.$$

显然,

$$\triangle AOB \text{ 的面积} < \text{圆扇形 } AOB \text{ 的面积} < \triangle AOD \text{ 的面积}.$$

也就是

$$\frac{1}{2}\sin x<\frac{1}{2}x<\frac{1}{2}\tan x.$$

即有

$$\sin x<x<\tan x,$$

由此可以得到

$$1<\frac{x}{\sin x}<\frac{1}{\cos x}\text{或}\cos x<\frac{\sin x}{x}<1.$$

(2)若 $x<0$,则 $-x>0$.根据(1)的证明,有 $\cos(-x)<\dfrac{\sin(-x)}{-x}<1$ 成立.由 $\cos x$ 为偶函数,x,$\sin x$ 都是奇函数,因而 $\dfrac{\sin x}{x}$ 也是偶函数,于是

$$\cos(-x)=\cos x,\quad \frac{\sin(-x)}{-x}=\frac{\sin x}{x},$$

因此仍有 $\cos x<\dfrac{\sin x}{x}<1$ 成立.

> 这里实际只对第一、四象限的角进行了讨论,这可以吗?

46

对 $\cos x<\dfrac{\sin x}{x}<1$ 的各端令 $x\to0$ 取极限,由例 3.5 所得到的附带结果,利用夹挤准则,便得要证的结论.

这个极限有着重要的应用,下面利用它来求某些函数的极限.

例 4.4 求 $\lim\limits_{x\to0}\dfrac{\tan x}{x}$.

解
$$\lim_{x\to0}\frac{\tan x}{x}=\lim_{x\to0}\left(\frac{\sin x}{\cos x}\cdot\frac{1}{x}\right)=\lim_{x\to0}\frac{\sin x}{x}\cdot\lim_{x\to0}\frac{1}{\cos x}=1\times1=1.$$

例 4.5 求 $\lim\limits_{x\to0}\dfrac{1-\cos x}{x^2}$.

解 由于
$$\lim_{x\to0}\frac{1-\cos x}{x^2}=\lim_{x\to0}\frac{2\sin^2\dfrac{x}{2}}{x^2}=\frac{1}{2}\lim_{x\to0}\left(\frac{\sin\dfrac{x}{2}}{\dfrac{x}{2}}\right)^2,$$

令 $t=\dfrac{x}{2}$,则当 $x\to0$ 时,有 $t\to0$,于是
$$\lim_{x\to0}\frac{1-\cos x}{x^2}=\frac{1}{2}\lim_{x\to0}\left(\frac{\sin\dfrac{x}{2}}{\dfrac{x}{2}}\right)^2=\frac{1}{2}\lim_{t\to0}\left(\frac{\sin t}{t}\right)^2=\frac{1}{2}.$$

例 4.6 求 $\lim\limits_{x\to0}\dfrac{\tan x-\sin x}{\sin^3 x}$.

解
$$\lim_{x\to0}\frac{\tan x-\sin x}{\sin^3 x}=\lim_{x\to0}\frac{\sin x\left(\dfrac{1}{\cos x}-1\right)}{\sin^3 x}$$
$$=\lim_{x\to0}\frac{1-\cos x}{\sin^2 x\cos x}$$
$$=\lim_{x\to0}\left(\frac{1}{\cos x}\cdot\frac{1-\cos x}{x^2}\cdot\frac{x^2}{\sin^2 x}\right)$$
$$=\lim_{x\to0}\frac{1}{\cos x}\cdot\lim_{x\to0}\frac{1-\cos x}{x^2}\cdot\lim_{x\to0}\left(\frac{x}{\sin x}\right)^2$$
$$=1\times\frac{1}{2}\times1^2=\frac{1}{2}.$$

例 4.7 求 $\lim\limits_{x\to0}\dfrac{\arctan x}{x}$.

解 令 $t=\arctan x$,则有 $x=\tan t$,并且当 $x\to0$ 时,$t\to0$.于是

$$\lim_{x \to 0} \frac{\arctan x}{x} = \lim_{t \to 0} \frac{t}{\tan t} = \lim_{t \to 0} \frac{1}{\frac{\tan t}{t}} = \frac{\lim\limits_{t \to 0} 1}{\lim\limits_{t \to 0} \frac{\tan t}{t}} = \frac{1}{1} = 1.$$

类似的方法可以得到

$$\lim_{x \to 0} \frac{\arcsin x}{x} = 1.$$

> 由例 4.4 到例 4.7 看，要利用 $\lim\limits_{x \to 0} \dfrac{\sin x}{x} = 1$ 来求极限，被求极限的函数应具有哪些特点？

2. 判定极限存在的准则 2

2.1　准则 2

由收敛数列的性质，收敛数列必定有界，但该结论反过来未必成立.即仅仅有界的数列却未必收敛，例如，数列 $\{1,0,1,0,1,\cdots\}$ 就是这样的一个例子.但是，能否附加一定的条件使这个结论成立呢？下面来讨论这个问题.

本章第一节给出了单调函数的概念.数列是特殊的函数，因此也有单调数列的概念.

设有数列 $\{a_n\}$，若它满足 $a_1 \leqslant a_2 \leqslant a_3 \leqslant \cdots \leqslant a_n \leqslant \cdots$，则称该数列为**单调递增数列**；若满足 $a_1 \geqslant a_2 \geqslant a_3 \geqslant \cdots \geqslant a_n \geqslant \cdots$，则称该数列为**单调递减数列**.单调递增、单调递减数列统称为**单调数列**.如果将上述不等号"$\leqslant$"或"$\geqslant$"都分别换成严格的不等号"$<$"或"$>$".相应的数列称为**严格单调数列**.如无特别需要，通常也将严格单调数列简称为单调数列.

设有一单调递增的数列 $\{a_n\}$，我们在数轴上考察其随着 n 无限增大时的变化状态.

由其递增性，因此在数轴上该数列随着 n 的增大向右方逐渐排列.当项数 $n \to \infty$ 时，只能有两种情况发生：如果数列是无界的，它将沿数轴向右方无限延展，而不能无限趋近于任一常数，这时数列发散；如果数列是有界的，虽然随着项数的无限增加，对应的项

图 1-33

不断地向右排列，但由于它是有界的，所以它们又不能超越某一个数（比如它的某个上界 M），这样一来，它只能从左方无限趋近于某一个定点（常数）A，也就是说，它必定"密密麻麻"地聚集在这个常数的附近（图 1-33），因此该数列收敛，这个常数就是该数列的极限.

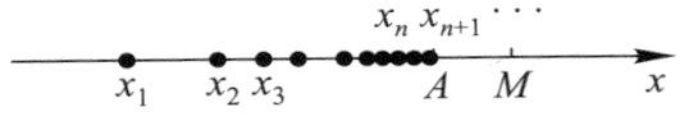

对单调递减数列也可以作类似的讨论，得到相同的结论，于是有下面的定理 4.2.

定理 4.2（准则 2）　单调有界数列必有极限.

该定理的证明需要更多的实数理论，超出本书的范围，因此我们不予证明.

> 定理 4.2 需要几个条件？能举例说明这些条件缺一不可吗？

将这个定理可以推广到一般的函数，得到下面的形式.

若函数 $f(x)$ 在无穷区间 $(a, +\infty)$ 内单调递增且有上界，则 $\lim\limits_{x \to +\infty} f(x)$ 存在.

还可以将该结论推广到自变量为 $x \to \infty$ 时的情形，这里不再赘述.

2.2　极限 $\lim\limits_{n \to \infty} \left(1 + \dfrac{1}{n}\right)^n$ 及其推广

利用准则 2 可以证明下面例 4.8 所给的重要极限.

例 4.8　证明 $\lim\limits_{n \to \infty} \left(1 + \dfrac{1}{n}\right)^n$ 是存在的.

关于实数完
备性的注记

证　为利用准则 2，需要证明数列 $\{x_n\} = \left\{\left(1+\dfrac{1}{n}\right)^n\right\}$ 既是单调的，又是有界的.为此先来考察它的通项：

$$
\begin{aligned}
x_n &= \left(1+\frac{1}{n}\right)^n \\
&= 1 + \frac{n}{1!}\cdot\frac{1}{n} + \frac{n(n-1)}{2!}\cdot\frac{1}{n^2} + \frac{n(n-1)(n-2)}{3!}\cdot\frac{1}{n^3} + \cdots + \\
&\quad \frac{n(n-1)\cdots[n-(n-1)]}{n!}\cdot\frac{1}{n^n} \\
&= 1 + 1 + \frac{1}{2!}\left(1-\frac{1}{n}\right) + \frac{1}{3!}\left(1-\frac{1}{n}\right)\left(1-\frac{2}{n}\right) + \cdots + \\
&\quad \frac{1}{n!}\left(1-\frac{1}{n}\right)\left(1-\frac{2}{n}\right)\cdots\left(1-\frac{n-1}{n}\right),
\end{aligned}
$$

由该通项公式易得

$$
\begin{aligned}
x_{n+1} &= 1 + 1 + \frac{1}{2!}\left(1-\frac{1}{n+1}\right) + \frac{1}{3!}\left(1-\frac{1}{n+1}\right)\left(1-\frac{2}{n+1}\right) + \cdots + \frac{1}{n!}\left(1-\frac{1}{n+1}\right)\left(1-\frac{2}{n+1}\right)\cdots \\
&\quad \left(1-\frac{n-1}{n+1}\right) + \frac{1}{(n+1)!}\left(1-\frac{1}{n+1}\right)\left(1-\frac{2}{n+1}\right)\cdots\left(1-\frac{(n+1)-1}{n+1}\right).
\end{aligned}
$$

比较 x_n 与 x_{n+1} 我们发现：

（1）它们所包含的各项都是正的，并且 x_{n+1} 比 x_n 多一项；

（2）由 $\dfrac{1}{n+1} < \dfrac{1}{n}$ 有 $1-\dfrac{1}{n+1} > 1-\dfrac{1}{n}$，因此 x_{n+1} 的前 n 项中除前两项与 x_n 的相同外，从第三项起，其他的每一项都比 x_n 的对应项大.

因此 $x_{n+1} > x_n$，即该数列是单调递增的.

再证明它有界，由于它是单调递增的，只需证有上界.

由于 $1-\dfrac{i}{n} < 1(i=1,2,\cdots,n-1)$，因此

> 单调递增数列一定有下界吗？对单调递减数列又将怎样？

$$
x_n \leqslant 1 + 1 + \frac{1}{2!} + \cdots + \frac{1}{n!} < 1 + 1 + \frac{1}{2} + \frac{1}{2^2} + \cdots + \frac{1}{2^{n-1}} = 1 + \frac{1-\dfrac{1}{2^n}}{1-\dfrac{1}{2}} = 3 - \frac{1}{2^{n-1}} < 3,
$$

故该数列是有界的.

由准则 2，数列 $\left\{\left(1+\dfrac{1}{n}\right)^n\right\}$ 收敛.将其极限记为 e，e 是一个无理数，从前面的证明过程可以看出，$2 < e < 3$.如果写出它的小数点后边的前 15 位，则有

$$
e = 2.718\,281\,828\,459\,045\cdots.
$$

常数 e 有着重要的应用.我们已经熟悉的自然对数 $y=\ln x$ 及指数函数 $y=e^x$ 都是以它为底数的.

关于两个重要极限的注记

将上述结论可以推广为一般的函数,得到

$$\lim_{x \to \infty} \left(1 + \frac{1}{x}\right)^x = \mathrm{e}.$$

证明从略.

如果令 $t = \frac{1}{x}$,利用复合函数求极限的法则,容易得到

$$\lim_{t \to 0} (1 + t)^{\frac{1}{t}} = \mathrm{e}.$$

例 4.9 求 $\lim\limits_{x \to \infty} \left(1 + \dfrac{1}{x}\right)^{3x-2}$.

解
$$\lim_{x \to \infty} \left(1 + \frac{1}{x}\right)^{3x-2} = \lim_{x \to \infty} \left(1 + \frac{1}{x}\right)^{3x} \cdot \lim_{x \to \infty} \left(1 + \frac{1}{x}\right)^{-2}$$

$$= \lim_{x \to \infty} \left[\left(1 + \frac{1}{x}\right)^x\right]^3 \cdot \lim_{x \to \infty} \frac{1}{\left(1 + \dfrac{1}{x}\right)^2}$$

$$= \left[\lim_{x \to \infty} \left(1 + \frac{1}{x}\right)^x\right]^3 \cdot \frac{1}{\left[\lim\limits_{x \to \infty} \left(1 + \dfrac{1}{x}\right)\right]^2}$$

$$= \mathrm{e}^3 \times \frac{1}{1^2} = \mathrm{e}^3.$$

例 4.10 求 $\lim\limits_{x \to 0} (1 - x)^{\frac{2}{x}}$.

解 令 $t = -x$,则当 $x \to 0$ 时,有 $t \to 0$.于是

$$\lim_{x \to 0} (1 - x)^{\frac{2}{x}} = \lim_{t \to 0} (1 + t)^{-\frac{2}{t}} = \lim_{t \to 0} \frac{1}{\left[(1 + t)^{\frac{1}{t}}\right]^2} = \frac{1}{\mathrm{e}^2}.$$

*3. 数列极限的柯西收敛准则

我们知道,若数列 $\{x_n\}$ 收敛,那么,当 n 充分大时,对应的点都聚集在其极限值附近.因此不难想象,这时任意两个点相距都将非常近,甚至可以说,要多近就能多近.同时反过来也是成立的,即具有这样的性质的数列一定是收敛的.这就是著名的柯西收敛准则,它是判定数列收敛的充分必要条件.下面我们来证明这一结论.

首先引进"柯西数列"的概念.

设 $\{x_n\}$ 是一实数列,若对于任给的 $\varepsilon > 0$,存在正整数 N,使得对任意的 $m > N, n > N$,恒有 $|x_n - x_m| < \varepsilon$,则称 $\{x_n\}$ 是柯西数列或基本数列.

定理 4.3(数列的柯西收敛准则) 数列 $\{x_n\}$ 收敛的充分必要条件是它是柯西数列.

证 必要性 设 $\lim\limits_{n \to \infty} x_n = a$,由数列极限的定义,任给 $\varepsilon > 0$,存在正整数 N,当 $n > N$ 时,有

$$|x_n - a| < \frac{\varepsilon}{2};$$

能利用 $[x] \le x < [x] + 1$ 证明左边的极限成立吗?

分析一下 $\lim\limits_{x \to 0} (1 + x)^{\frac{1}{x}}$ 中函数的特点,由此来看,利用该极限作"已知",可以求何种类型的函数极限?

同样,当 $m>N$ 时,同样有

$$\left| x_m - a \right| < \frac{\varepsilon}{2}.$$

因此,当 $m>N, n>N$ 时,有

$$\left| x_n - x_m \right| = \left| (x_n - a) - (x_m - a) \right| \leqslant \left| x_n - a \right| + \left| x_m - a \right| < \frac{\varepsilon}{2} + \frac{\varepsilon}{2} = \varepsilon.$$

必要性得证.

充分性的证明略去.

例 4.11　证明数列 $\{x_n\}$ 是发散的,其中

$$x_n = 1 + \frac{1}{2} + \frac{1}{3} + \cdots + \frac{1}{n}.$$

证　存在 $\varepsilon_0 = \frac{1}{2}$,不论正整数 N 怎样选取,对 $\forall n > N$,却有

$$\left| x_{2n} - x_n \right| = \frac{1}{n+1} + \frac{1}{n+2} + \cdots + \frac{1}{2n} \geqslant \frac{n}{2n} = \frac{1}{2} = \varepsilon_0.$$

所以,该数列不是柯西数列,因此它是发散的.

> 能用 $\varepsilon - N$ 语言叙述一数列不是柯西数列吗?

习题 1-4(A)

1. 判断下列论述是否正确,并说明理由:

(1) 利用夹挤准则求数列 $\{y_n\}$ 的极限需要两个条件:

① 从第 N 项之后,恒有 $x_n \leqslant y_n \leqslant z_n$;　② $\lim\limits_{n\to\infty} x_n$ 与 $\lim\limits_{n\to\infty} z_n$ 都存在;

(2) 单调有界是数列收敛的充分必要条件;

(3) 在利用准则 2 证明一个数列收敛时,如果该数列是单调递增的,只需证明它有上界;如果该数列是单调递减的,只需证明它有下界.

2. 求下列极限:

(1) $\lim\limits_{x\to 0} \dfrac{\sin \dfrac{x}{2}}{4x}$;

(2) $\lim\limits_{x\to 0} \dfrac{\tan 2x}{\sin 3x}$;

(3) $\lim\limits_{x\to 0} \dfrac{\sin(\sin x)}{x}$;

(4) $\lim\limits_{x\to\infty} x\sin \dfrac{3}{x}$;

(5) $\lim\limits_{x\to 1} \dfrac{\sin(x^2-1)}{x-1}$;

(6) $\lim\limits_{n\to\infty} 3^n \sin \dfrac{x}{3^n}$.

3. 求下列极限:

(1) $\lim\limits_{x\to 0} (1+4x)^{\frac{1}{x}}$;

(2) $\lim\limits_{x\to\infty} \left(1 - \dfrac{3}{x}\right)^{\frac{x}{3}}$;

(3) $\lim\limits_{x\to\infty} \left(\dfrac{2x+1}{2x}\right)^x$;

(4) $\lim\limits_{x\to 1} x^{\frac{1}{x-1}}$.

4. 用极限存在准则求 $\lim\limits_{n\to\infty} \left(\dfrac{1}{\sqrt{1+n^2}} + \dfrac{1}{\sqrt{2+n^2}} + \cdots + \dfrac{1}{\sqrt{n+n^2}} \right)$.

5. 设 $x_1 = \sqrt{10}$，$x_{n+1} = \sqrt{6+x_n}$（$n = 1,2,\cdots$），证明 $\lim\limits_{n\to\infty} x_n$ 存在，并求此极限.

习题 1-4(B)

1. 求下列极限：

（1）$\lim\limits_{x\to a}\dfrac{\cos x - \cos a}{x-a}$；

（2）$\lim\limits_{x\to 1}\dfrac{\sqrt{3x+1}-2}{\sin(x-1)}$；

（3）$\lim\limits_{x\to\infty}\left(\dfrac{x}{x-2}\right)^x$；

（4）$\lim\limits_{n\to\infty}\left(1+\dfrac{1}{n}+\dfrac{1}{n^2}\right)^n$.

2. 若 $\lim\limits_{x\to\infty}\left(\dfrac{x-3a}{x+a}\right)^x = 16$，求常数 a.

3. 用极限存在准则求 $\lim\limits_{n\to\infty}\left(\dfrac{1}{n^2+n+1}+\dfrac{2}{n^2+n+2}+\cdots+\dfrac{n}{n^2+n+n}\right)$.

4. 证明：$\lim\limits_{x\to+\infty}\dfrac{[x]}{2x-4}=\dfrac{1}{2}$.

5. 设数列 $\{x_n\}$ 满足 $x_1 > \sqrt{a}$（$a>0$），$x_{n+1}=\dfrac{1}{2}\left(x_n+\dfrac{a}{x_n}\right)$（$n=1,2,\cdots$），证明极限 $\lim\limits_{n\to\infty} x_n$ 存在，并求此极限.

第五节　无穷小量与无穷大量

我们知道，$\lim\limits_{x\to 0}\dfrac{\sin x}{x}=1$，但是 $\dfrac{\sin x}{x}\neq 1$（$x\neq 0$）.于是我们不禁要问，当 $x\to 0$ 时，$\dfrac{\sin x}{x}$ 与 1 之间有怎样的关系呢？要回答这个问题需要借助"无穷小量".无穷小量在微积分中占有非常重要的位置，在微积分的发展过程中，"无穷小量"曾经困扰了人们多年，甚至引发了第二次数学危机.直到 19 世纪，法国数学家柯西把无穷小量视为以零为极限的变量，才澄清了人们长期存在的模糊认识.

1. 无穷小量

1.1　无穷小量的概念

下面利用极限作"已知"给出无穷小量的概念.

定义 5.1　**如果函数 $f(x)$ 在 $x\to x_0$ 时极限为零，则称函数 $f(x)$ 为 $x\to x_0$ 时的无穷小量，通常简称为无穷小.**

这就是说，无穷小量是一个极限为零的变量.上面是在自变量 $x\to x_0$ 时给出无穷小量的定义，它同样适合于自变量以其他方式变化时的情形.

例如，$\lim\limits_{n\to\infty}\dfrac{1}{n+1}=0$，因此 $\dfrac{1}{n+1}$ 为 $n\to\infty$ 时的无穷小量；

$\lim\limits_{x\to\infty}\dfrac{1}{x^2}=0$，因此 $\dfrac{1}{x^2}$ 为 $x\to\infty$ 时的无穷小量.

> 定义 5.1 中有哪几个词是必不可缺的？有人说 $\dfrac{1}{n^2}$ 是无穷小量，对吗？

关于无穷小量,下边的两点需要特别注意:

(1)首先无穷小量是一个变量,绝不能把它与很小的数或绝对值很小的数混为一谈,任何一个非零常量,比如 $0.000\,000\,1$,$10^{-1\,000}$,-10^{100} 都是常数,如果把它们看作(常)函数,它们的极限都不为零,因此都不是无穷小量.常数"零"是唯一可以作为无穷小量的常量.

(2)还应注意,一个函数是否为无穷小量与其自变量的变化方式有关.在不指明自变量的变化方式时,不能说某函数是否为无穷小量.例如,不能笼统地说 $\dfrac{1}{x}$ 是否为无穷小量,它只有在 $x\to\infty$(或 $x\to+\infty$,$x\to-\infty$)时为无穷小量,而在 $x\to1$ 时它就不是无穷小量.

无穷小量之所以重要,是因为它与极限有着密切的联系.

一般说来,如果 $\lim\limits_{x\to x_0}f(x)=A$,并不一定有 $f(x)=A$.但是利用无穷小量却可以用 A 与一无穷小量的和来表示函数 $f(x)$,从而把函数从极限号内"解脱"出来,因此它有很重要的应用价值.

定理 5.1 在自变量的某一变化过程中,

$$\lim f(x)=A \text{ 的充分必要条件是 } f(x)=A+\alpha,$$

其中 α 是在自变量同一变化过程中的无穷小量.

证 必要性 以 $x\to x_0$ 时的情况为例.

令 $\alpha=f(x)-A$,由 $\lim\limits_{x\to x_0}f(x)=A$,得

$$\lim_{x\to x_0}\alpha=\lim_{x\to x_0}\left[f(x)-A\right]=\lim_{x\to x_0}f(x)-\lim_{x\to x_0}A=A-A=0,$$

因此 α 是当 $x\to x_0$ 时的无穷小量.再由 $\alpha=f(x)-A$,因此

$$f(x)=A+\alpha.$$

充分性 设 $f(x)=A+\alpha$,其中 A 为常数,α 是当 $x\to x_0$ 时的无穷小量.于是

$$\lim_{x\to x_0}f(x)=\lim_{x\to x_0}(A+\alpha)=\lim_{x\to x_0}A+\lim_{x\to x_0}\alpha=A.$$

证毕.

> 利用定理 5.1 可以把一个极限式中的函数从极限号内"解放"出来,你看出定理中特别强调"α 在自变量同一变化过程中的无穷小量"的意义了吗?

利用定理 5.1,就可以回答本节开始所提出的问题.即,当 $x\to0$ 时,有 $\dfrac{\sin x}{x}=1+\alpha$,其中 $\lim\limits_{x\to0}\alpha=0$.

1.2 无穷小量的运算与无穷小量的比较

既然无穷小量是极限存在的变量,因此它遵循函数极限运算的加、减、乘法法则,并有**有限个无穷小量的和、差、积仍为无穷小量**.

另外还有

定理 5.2 无穷小量与有界变量的乘积仍为无穷小量.

证 仍以自变量为 $x\to x_0$ 时的情形为例证明之.

> 这里利用极限的运算法则,只提到无穷小量的和、差、积,而未涉及商,为什么?要证定理 5.2,应该用什么作"已知"?

设 α 是 $x\to x_0$ 时的无穷小量,函数 $f(x)$ 在 $\overset{\circ}{U}(x_0,\delta)$ 内是有界的.即存在 $M>0$,使得当 $0<|x-x_0|<\delta$ 时,有 $|f(x)|<M$.由 $\lim\limits_{x\to x_0}\alpha=0$,因此对任给的 $\varepsilon>0$,$\exists\delta_0>0(\delta_0<\delta)$,当 $0<|x-x_0|<\delta_0$

时,恒有 $|\alpha|<\dfrac{\varepsilon}{M}$.于是,当 $0<|x-x_0|<\delta_0$ 时,有

$$|\alpha f(x)|=|\alpha|\cdot|f(x)|<\dfrac{\varepsilon}{M}\cdot M=\varepsilon,$$

这就是说,$\lim\limits_{x\to x_0}\alpha f(x)=0$,结论得证.

例如,由于在 $x\to\infty$ 时,$\dfrac{1}{x}$ 为无穷小,而 $\sin x$,$\arcsin x$ 与 $\arctan x$ 都是有界函数.因此,利用定理 5.2,在 $x\to\infty$ 时,$\dfrac{\sin x}{x}$,$\dfrac{\arcsin x}{x}$ 与 $\dfrac{\arctan x}{x}$ 均为无穷小量.

注意到上面所提到的无穷小量的运算只是加、减、乘法运算,而不包括相除时的情形.我们自然要问,两个无穷小量之比是否仍为无穷小量? 对这个问题我们不能作肯定的回答.首先,由于无穷小量的极限为零,而函数极限的除法法则要求除式的极限不能为零,因此,在计算两无穷小量相除的极限时,就不能简单地利用函数极限的除法法则作"已知"了.另外,下面的几个例子也说明,两无穷小量之比的极限确实是不能确定的.例如:

在 $x\to 0$ 时,$3x$,$\sin x$,$1-\cos x$ 都是无穷小量,但是把它们与 x 相比,却有

$$\lim_{x\to 0}\frac{3x}{x}=3,\ \lim_{x\to 0}\frac{\sin x}{x}=1,$$

$$\lim_{x\to 0}\frac{1-\cos x}{x}=\lim_{x\to 0}\frac{2\sin^2\dfrac{x}{2}}{x}=\lim_{x\to 0}\frac{\sin^2\dfrac{x}{2}}{\dfrac{x}{2}}=\lim_{x\to 0}\frac{\sin\dfrac{x}{2}}{\dfrac{x}{2}}\cdot\sin\dfrac{x}{2}=1\times 0=0$$

等不同的情况.一般地,有

定义 5.2　设 α,β 为同一过程下的无穷小量,且 $\alpha\neq 0$.如果

$\lim\dfrac{\beta}{\alpha}=0$,称 β 是比 α 高阶的无穷小量,记作 $\beta=o(\alpha)$(这时也称 α 是比 β 低阶的无穷小量);

$\lim\dfrac{\beta}{\alpha}=c\neq 0$,称 β 与 α 是同阶无穷小量;

$\lim\dfrac{\beta}{\alpha}=1$,称 β 与 α 是等价无穷小量,记作 $\alpha\sim\beta$;

> 怎么理解 $o(\alpha)$ 的意义? 当 $x\to 0$ 时,$\sin x=o(x)$ 吗? $1-\cos x=o(x)$ 吗?

$\lim\dfrac{\beta}{\alpha^k}=c\neq 0$,称 β 是关于 α 的 k 阶无穷小量(其中 k 是正实数).

根据定义 5.2,并利用上面讨论的结果,有

在 $x\to 0$ 时,x 与 $3x$ 是同阶无穷小量,$1-\cos x$ 是比 x 高阶的无穷小量,而 $\sin x\sim x$.

例 5.1　由上一节例 4.5 $\lim\limits_{x\to 0}\dfrac{1-\cos x}{x^2}=\dfrac{1}{2}$ 得 $\lim\limits_{x\to 0}\dfrac{1-\cos x}{\dfrac{1}{2}x^2}=1$,

> 例 5.1 的结论分别依据定义 5.2 中的哪一条得来的?

因此在 $x\to 0$ 时,$1-\cos x$ 是 x 的二阶无穷小量,是 x^2 的同阶无穷小量,是 $\dfrac{1}{2}x^2$ 的等价无穷小量.

例 5.2　证明:当 $x \to 0$ 时, $\sqrt[n]{1+x} - 1 \sim \dfrac{1}{n}x$.

证
$$\lim_{x \to 0} \frac{\sqrt[n]{1+x} - 1}{\dfrac{1}{n}x} = \lim_{x \to 0} \frac{(\sqrt[n]{1+x})^n - 1}{\dfrac{1}{n}x\left[\sqrt[n]{(1+x)^{n-1}} + \sqrt[n]{(1+x)^{n-2}} + \cdots + 1\right]}$$

$$= \lim_{x \to 0} \frac{n}{\sqrt[n]{(1+x)^{n-1}} + \sqrt[n]{(1+x)^{n-2}} + \cdots + 1} = 1,$$

因此,当 $x \to 0$ 时, $\sqrt[n]{1+x} - 1 \sim \dfrac{1}{n}x$.

综合前面的讨论,有下面的几组等价无穷小量,它们是以后经常要用到的,应当熟记:

当 $x \to 0$ 时,有

$\sin x \sim x$,　　　$\tan x \sim x$,　　　$\arcsin x \sim x$,

$\arctan x \sim x$,　　$1 - \cos x \sim \dfrac{1}{2}x^2$,　　$\sqrt[n]{1+x} - 1 \sim \dfrac{1}{n}x$.

若 α, β 是等价无穷小量,即 $\lim \dfrac{\alpha}{\beta} = 1$,这说明在自变量的变化过程中,二者趋近于零的速度几乎是相等的.但,这绝不是说二者是相同的.另外还有

如果 β 与 α 是同一过程下的无穷小量,且 $\alpha \neq 0$ 则

$$\beta = o(\alpha) \Leftrightarrow \beta = \gamma \cdot \alpha, \text{其中 } \gamma \text{ 是与 } \alpha, \beta \text{ 在同一过程下的无穷小量.}$$

事实上,若 $\beta = o(\alpha)$,则有 $\lim \dfrac{\beta}{\alpha} = 0$,由定理 5.1, $\dfrac{\beta}{\alpha} = 0 + \gamma = \gamma$,因此 $\beta = \gamma \cdot \alpha$,其中 γ 是与 α, β 在同一过程下的无穷小量;反过来,如果 $\beta = \gamma \cdot \alpha$,并且 γ 是与 α, β 在同一过程下的无穷小量,则有 $\lim \dfrac{\beta}{\alpha} = \lim \dfrac{\gamma \cdot \alpha}{\alpha} = \lim \gamma = 0$,因此, $\beta = o(\alpha)$.

1.3　等价无穷小量的应用

等价无穷小量在求极限时有着非常重要的应用,利用它往往可以大大简化计算.这主要基于下面的定理 5.3.

定理 5.3　设有无穷小量 α, α' ($\alpha' \neq 0$),并且 $\alpha \sim \alpha'$,

（1）若 $\lim \alpha' f(x)$ 存在,则 $\lim \alpha f(x)$ 也存在,并且

$$\lim \alpha f(x) = \lim \alpha' f(x).$$

（2）若 $\lim \dfrac{f(x)}{\alpha'}$ 存在,则 $\lim \dfrac{f(x)}{\alpha}$ 也存在,并且

$$\lim \frac{f(x)}{\alpha} = \lim \frac{f(x)}{\alpha'}.$$

> 能用语言叙述定理 5.3 的结论吗?

证　（1） $\lim \alpha f(x) = \lim \left[\alpha' f(x) \cdot \dfrac{\alpha}{\alpha'}\right] = \lim [\alpha' f(x)] \cdot \lim \dfrac{\alpha}{\alpha'} = \lim \alpha' f(x)$.

类似地可以证明（2）成立,留给读者完成.

利用上面的结论作"已知"易得

$$\text{若 } \alpha \sim \alpha', \beta \sim \beta', \text{且 } \lim \frac{\beta'}{\alpha'} \text{存在,则有 } \lim \frac{\beta}{\alpha} = \lim \frac{\beta'}{\alpha'}.$$

由定理 5.3,在求极限过程中,可以将其中的一个无穷小量因子或除式用其等价无穷小量替换.

例 5.3　求 $\lim\limits_{x \to \infty} x^2 \left(1 - \cos \dfrac{1}{x}\right).$

解　由于 $x \to 0$ 时,$1 - \cos x \sim \dfrac{1}{2} x^2$,因此,当 $x \to \infty$ 时,$1 - \cos \dfrac{1}{x} \sim \dfrac{1}{2} \left(\dfrac{1}{x}\right)^2 = \dfrac{1}{2x^2}$.由定理 5.3,有

$$\lim_{x \to \infty} x^2 \left(1 - \cos \frac{1}{x}\right) = \lim_{x \to \infty} x^2 \cdot \frac{1}{2x^2} = \frac{1}{2}.$$

例 5.4　求 $\lim\limits_{x \to 0} \dfrac{x}{\arctan 3x}.$

解　由于当 $x \to 0$ 时 $\arctan 3x \sim 3x$. 因此

$$\lim_{x \to 0} \frac{x}{\arctan 3x} = \lim_{x \to 0} \frac{x}{3x} = \lim_{x \to 0} \frac{1}{3} = \frac{1}{3}.$$

例 5.5　求 $\lim\limits_{x \to 0} \dfrac{\sqrt[3]{1 + x^2} - 1}{\sin x^2}.$

解　由于当 $x \to 0$ 时,$\sqrt[3]{1 + x^2} - 1 \sim \dfrac{1}{3} x^2$,$\sin x^2 \sim x^2$,因此

$$\lim_{x \to 0} \frac{\sqrt[3]{1 + x^2} - 1}{\sin x^2} = \lim_{x \to 0} \frac{\frac{1}{3} x^2}{x^2} = \frac{1}{3}.$$

例 5.6　求 $\lim\limits_{x \to 0} \dfrac{\tan x - \sin x}{(\arcsin x)^3}.$

解　由于当 $x \to 0$ 时,$\arcsin x \sim x$,因此

$$\lim_{x \to 0} \frac{\tan x - \sin x}{(\arcsin x)^3} = \lim_{x \to 0} \frac{\tan x - \sin x}{x^3} = \lim_{x \to 0} \frac{\tan x (1 - \cos x)}{x^3}.$$

又当 $x \to 0$ 时,$\tan x \sim x$,$1 - \cos x \sim \dfrac{1}{2} x^2$.将上式分子中的两个因式分别用其等价无穷小量作代换,得

$$\lim_{x \to 0} \frac{\tan x - \sin x}{x^3} = \lim_{x \to 0} \frac{\tan x (1 - \cos x)}{x^3} = \lim_{x \to 0} \frac{x \cdot \frac{1}{2} x^2}{x^3} = \frac{1}{2}.$$

需要注意的是,在上述求极限中,如果利用 $\sin x \sim x$,$\tan x \sim x$ 将分子的两项分别用其等价无穷小量代换,就会得到

$$\lim_{x \to 0} \frac{\tan x \sim \sin x}{(\arcsin x)^3} = \lim_{x \to 0} \frac{x - x}{x^3} = \lim_{x \to 0} \frac{0}{x^3} = 0$$

这一错误的结果.因此,**利用等价无穷小量代换时必须将一个因式"整体"作代换**.如果一个因式中含有若干项,即使这些项中有无穷小量或各项全部为无穷小量,也不能对其中的某一项或多项各自分别用其等价无穷小量代换!

> 若 $\alpha \sim \alpha'$,$\beta \sim \beta'$,下面的代换 $\lim[f(x)+\alpha]\beta=\lim[f(x)+\alpha']\beta$,$\lim[f(x)+\alpha]\beta=\lim[f(x)+\alpha]\beta'$ 中哪个正确?有何感想?

2. 无穷大量

2.1　无穷大量的概念

当自变量 $x \to 0$ 时,虽然函数 $y=\dfrac{1}{x}$ 的极限不存在,但它的变化却有一定的趋势——其绝对值 $\left|\dfrac{1}{x}\right|$ 无限增大.为此,称 $y=\dfrac{1}{x}$ 为当 $x \to 0$ 时的**无穷大量**.一般地,有

定义 5.3　设函数 $f(x)$ 在 x_0 的某去心邻域内有定义,若当 $x \to x_0$ 时 $|f(x)|$ 无限增大,即对任意给定的 $M>0$,总存在 $\delta>0$,当 $0<|x-x_0|<\delta$ 时,对应的函数值 $f(x)$ 总满足

$$|f(x)|>M.$$

则称 $f(x)$ 为当 $x \to x_0$ 时的**无穷大量**,通常也简称**无穷大**.

> 根据定义 5.3 来看,无穷大量是无界函数吗?无界函数是无穷大量吗?二者之间有怎样的关系?

同样地有自变量以其他方式变化(比如 $x \to +\infty$,$x \to \infty$ 等)时的无穷大量的定义,这里不再赘述,请读者仿照定义 5.3 自己给出.

依照函数极限的定义,显然无穷大量是极限不存在的量,但是它的变化却是很规则的,而不同于一般的极限不存在的量.因此为方便计,通常也称它的极限为无穷大,并记为 $\lim\limits_{x \to x_0}f(x)=\infty$ 或 $\lim\limits_{x \to \infty}f(x)=\infty$.比如,$\lim\limits_{x \to 0}\dfrac{1}{x}=\infty$.

在定义 5.3 中,如果 $f(x)$ 取正值(负值)而绝对值无限增大,则称 $f(x)$ 为 $x \to x_0$ 时的正(负)无穷大量,记作 $\lim\limits_{x \to x_0}f(x)=+\infty$($\lim\limits_{x \to x_0}f(x)=-\infty$).例如,当 $x \to 0$ 时,$\dfrac{1}{x^2}$ 为正无穷大量,$-\dfrac{1}{x^2}$ 为负无穷大量.

2.2　无穷小量与无穷大量的关系

当 $x \to 0$ 时,x^2 为无穷小量,而其倒数 $\dfrac{1}{x^2}$ 为无穷大量.一般地,有

定理 5.4　在自变量的某一变化过程中,如果 $f(x)$ 为无穷大量,那么 $\dfrac{1}{f(x)}$ 为无穷小量;反之,如果 $f(x)$ 为无穷小量且不等于零,那么 $\dfrac{1}{f(x)}$ 为无穷大量.

证　以自变量 $x \to x_0$ 的变化过程为例,其他情形可类似证明.

$\forall \varepsilon>0$,由 $\lim\limits_{x \to x_0}f(x)=\infty$,根据无穷大量的定义,对 $M=\dfrac{1}{\varepsilon}>0$,存在 $\delta>0$,当 $0<|x-x_0|<\delta$ 时,恒有

$$|f(x)|>M=\dfrac{1}{\varepsilon},$$

即有

$$\left|\frac{1}{f(x)}\right|<\varepsilon,$$

由无穷小量的定义, $\frac{1}{f(x)}$ 为 $x \to x_0$ 时的无穷小量.

反之, $\forall M>0$, 由 $\lim\limits_{x \to x_0} f(x)=0$, 根据无穷小量的定义, 则对于 $\varepsilon=\frac{1}{M}>0$, 存在 $\delta>0$, 当 $0<$ $|x-x_0|<\delta$ 时, 恒有 $|f(x)|<\varepsilon=\frac{1}{M}$.再由 $f(x)$ 不等于零, 因此 $\left|\frac{1}{f(x)}\right|>M$, 由无穷大量的定义, $\frac{1}{f(x)}$ 为 $x \to x_0$ 时的无穷大量.

> 注意到定理的条件"$f(x)$不等于零"的意义了吗? 它用在了何处?

例 5.7　由于 $\lim\limits_{x \to \frac{\pi}{2}}\cot x=\lim\limits_{x \to \frac{\pi}{2}}\frac{\cos x}{\sin x}=0$, 因此

$$\lim\limits_{x \to \frac{\pi}{2}}\tan x=\lim\limits_{x \to \frac{\pi}{2}}\frac{1}{\cot x}=\infty\,;$$

由于 $\lim\limits_{x \to 1}(x-1)=0$, 因此 $\lim\limits_{x \to 1}\frac{1}{x-1}=\infty$.

例 5.8　求下列各式的极限:

（1）$\lim\limits_{x \to \infty}\dfrac{5x^3+4x+2}{9x^3+3x^2+1}$;　　（2）$\lim\limits_{x \to \infty}\dfrac{5x^2+4x+2}{9x^3+3x^2+1}$;　　（3）$\lim\limits_{x \to \infty}\dfrac{9x^3+3x^2+1}{5x^2+4x+2}$.

解　易知, 当 $x \to \infty$ 时, 上述各题中的分子分母都是无穷大量.由于 $x \to \infty$, 因此可以认为在这个极限过程中, 始终有 x 不为零.

（1）由于 $x \neq 0$, 先用 x^3 去除分子和分母, 然后求极限, 得

$$\lim\limits_{x \to \infty}\frac{5x^3+4x+2}{9x^3+3x^2+1}=\lim\limits_{x \to \infty}\frac{5+\dfrac{4}{x^2}+\dfrac{2}{x^3}}{9+\dfrac{3}{x}+\dfrac{1}{x^3}}=\frac{5}{9}\,;$$

（2）采用与（1）相同的方法, 有

$$\lim\limits_{x \to \infty}\frac{5x^2+4x+2}{9x^3+3x^2+1}=\lim\limits_{x \to \infty}\frac{\dfrac{5}{x}+\dfrac{4}{x^2}+\dfrac{2}{x^3}}{9+\dfrac{3}{x}+\dfrac{1}{x^3}}=0\,;$$

（3）由（2）$\lim\limits_{x \to \infty}\dfrac{5x^2+4x+2}{9x^3+3x^2+1}=0$, 即 $\dfrac{5x^2+4x+2}{9x^3+3x^2+1}$ 是当 $x \to \infty$ 时的无穷小量, 由无穷小量与无穷大量之间的关系, 因此其倒数 $\dfrac{9x^3+3x^2+1}{5x^2+4x+2}$ 是 $x \to \infty$ 时的无穷大量, 即

> 看出（3）的解法的特点了吗? 能直接按照（1）（2）的方法来求吗?

$$\lim_{x\to\infty}\frac{9x^3+3x^2+1}{5x^2+4x+2}=\infty.$$

一般地,若 $a_0\neq0,b_0\neq0$,那么

$$\lim_{x\to\infty}\frac{a_0x^m+a_1x^{m-1}+\cdots+a_m}{b_0x^n+b_1x^{n-1}+\cdots+b_n}=\begin{cases}\dfrac{a_0}{b_0}, & n=m,\\[2mm] 0, & n>m,\\[2mm] \infty, & n<m.\end{cases}$$

能用简单的语言说明左边有理函数极限的特点吗?极限 $\lim\limits_{x\to\infty}\dfrac{5x^3+4x+2\sin x}{9x^3+3x+\cos x}$ 如何求?与左边的一般式有类似之处吗?有何感想?

例 5.9　求极限 $\lim\limits_{n\to\infty}\dfrac{1+2+\cdots+n}{n^2}$.

解　
$$\lim_{n\to\infty}\frac{1+2+\cdots+n}{n^2}=\lim_{n\to\infty}\frac{n(n+1)}{2n^2}$$
$$=\lim_{n\to\infty}\frac{n^2+n}{2n^2}=\frac{1}{2}.$$

能将例 5.9 利用分配律拆开从而利用加法法则来求该极限吗?为什么?

例 5.10　已知极限 $\lim\limits_{x\to\infty}\left(\dfrac{1+x^2}{1-x}-ax-b\right)=2$,求 a,b 的值.

解　由

$$\lim_{x\to\infty}\left(\frac{1+x^2}{1-x}-ax-b\right)=\lim_{x\to\infty}\frac{(1+a)x^2+(b-a)x+1-b}{-x+1}=2,$$

由例 5.8 所得到的一般结论知,必有

$$\begin{cases}1+a=0,\\[1mm]\dfrac{b-a}{-1}=2,\end{cases}$$

通过例 5.10,有何收获?

解这个方程组,得

$$a=-1,b=-3.$$

历史的回顾

历史人物简介

柯西

习题 1-5（A）

1. 判断下列论述是否正确,并说明理由:

(1) 0.000 001 不是无穷小量,x,$\sin x$,$\dfrac{1}{x}$ 才是无穷小量;

(2) 若 $\lim\limits_{x\to x_0} f(x)=A$,那么 $f(x)=A+\alpha$,其中 α 是一无穷小量;

(3) 若 β 与 α 是同阶无穷小量,或说 $\lim\limits_{x\to x_0}\dfrac{\beta}{\alpha}=c\neq 0$,那么当 $x\to x_0$ 时,$\beta\sim c\alpha$;

(4) 由于当 $x\to 0$ 时,$\sin x\sim x$,因此有 $\lim\limits_{x\to 0}\dfrac{x+\sin x}{x}=\lim\limits_{x\to 0}\dfrac{x+x}{x}=2$;

(5) 无穷大量一定是无界量,但是无界量不一定是无穷大量;

(6) 当 $x\to\infty$ 时,x^3 是无穷大量,因而 $\dfrac{1}{x^3}$ 是无穷小量,所以有

$$\lim_{x\to\infty}\frac{7x^3+3x^2+1}{3x^2+4x+2}=\lim_{x\to\infty}\frac{7+\dfrac{3}{x}+\dfrac{1}{x^3}}{\dfrac{3}{x}+\dfrac{4}{x^2}+\dfrac{2}{x^3}}=\lim_{x\to\infty}\frac{7}{0}=\infty.$$

2. 下列函数在自变量怎样的变化趋势下为无穷小量? 又在怎样的变化趋势下为无穷大量?

(1) $f(x)=\dfrac{x}{x+1}$; 　　(2) $f(x)=\dfrac{x^3+x^2}{(x-1)^2}$; 　　(3) $f(x)=\mathrm{e}^{\frac{1}{x-1}}$.

3. 比较下列各对无穷小量的阶:

(1) 当 $x\to 0$ 时,$\alpha(x)=3x+x^2$ 与 $\beta(x)=x$;

(2) 当 $x\to+\infty$ 时,$\alpha(x)=\dfrac{1+x}{x^2+1}$ 与 $\beta(x)=\dfrac{1}{x}$;

(3) 当 $x\to 0$ 时,$\alpha(x)=x+2x^2$ 与 $\beta(x)=x^2+x^3$.

4. 求下列极限:

(1) $\lim\limits_{x\to\infty}\dfrac{x^2+x+1}{2x^2-5}$;

(2) $\lim\limits_{x\to\infty}\dfrac{3x^4-2x^2-1}{x^5-x}$;

(3) $\lim\limits_{x\to 1}\dfrac{2x-3}{x^2-5x+4}$;

(4) $\lim\limits_{x\to 1}\left(\dfrac{1}{1-x}-\dfrac{2}{1-x^2}\right)$;

(5) $\lim\limits_{x\to+\infty}\left(\sqrt{x^2+1}-\sqrt{x^2-1}\right)$;

(6) $\lim\limits_{n\to\infty}\left(\dfrac{1+2+\cdots+n}{n+2}-\dfrac{n}{2}\right)$;

(7) $\lim\limits_{n\to\infty}\dfrac{(n-1)(n+2)(n+3)}{4n^3}$;

(8) $\lim\limits_{x\to+\infty}\dfrac{(3x-3)^{20}(5x+2)^{30}}{(2x+1)^{50}}$.

5. 用等价无穷小量替代法求下列极限:

(1) $\lim\limits_{x\to 0}\dfrac{\sin x^2}{(\tan 3x)^2}$;

(2) $\lim\limits_{x\to 0}\dfrac{1-\cos x^2}{\arcsin x^4}$;

(3) $\lim\limits_{x\to 0}\dfrac{\tan x-\sin x}{\sqrt{x^3+1}-1}$;

(4) $\lim\limits_{x\to 0}\dfrac{\sin^n x}{\sin x^m}$ $(m,n\in\mathbf{N}_+)$.

6. 要使当 $x\to\infty$ 时函数 $\dfrac{a_1x^2+a_2x+a_3}{b_1x^2+b_2x+b_3}$ 是无穷小量,其中的系数应满足什么条件?

7. 求常数 a,b 使 $\lim\limits_{x\to\infty}\left(\dfrac{x^2+1}{x+1}-ax-b\right)=0$.

习题 1-5(B)

1. 当 $x\to 0$ 时,证明:(1) $\sec^2 x-1\sim x^2$;　　(2) $\tan x-\sin x\sim\dfrac{x^3}{2}$.

2. 当 $x\to 0$ 时,若 $\sqrt[3]{1+ax}-1$ 与 $\sin 2x$ 是等价无穷小量,求常数 a.

3. 在极限过程中,将下列函数写成极限值与一个无穷小量之和:

(1) 当 $x\to 0$ 时, $f(x)=\dfrac{1-x}{1+x}$;　　(2) 当 $x\to\infty$ 时, $f(x)=\dfrac{1-x}{1+x}$.

4. 求下列极限:

(1) $\lim\limits_{x\to\infty}\left(\dfrac{\cos x}{x}+x\sin\dfrac{1}{x}\right)$;

(2) $\lim\limits_{x\to\infty}\dfrac{x^2+2x-\cos x}{3x^2+x+2\sin x}$;

(3) $\lim\limits_{x\to 0}\dfrac{\sqrt{1+\sin^2 x}-1}{x\tan x}$;

(4) $\lim\limits_{x\to 1}\dfrac{\arcsin(\sqrt{x}-1)}{\sqrt{3+x}-2}$;

(5) $\lim\limits_{x\to 0}\dfrac{\tan(\tan x)}{\sin 2x}$;

(6) $\lim\limits_{x\to 0}\dfrac{\sin x-\tan x}{(\sqrt{1+\tan x}-1)(\sqrt[3]{1+2x^2}-1)}$.

5. 若极限 $\lim\limits_{x\to -1}\dfrac{x^2+ax+4}{x+1}$ 存在,求 a 的值,并求此极限值.

6. 已知极限 $\lim\limits_{x\to +\infty}(\sqrt{x^2-x+1}-ax-b)=0$,求常数 a,b.

第六节　函数的连续性及间断点

1. 函数的连续性

客观世界中的万物时时都在变化,其中,连续现象是比较普遍的:

滚滚长江东逝水,奔腾**不息**地奔向大海;"和谐号"从北京南站开出,沿京津高铁**连续**行驶 30 分钟到达天津站;最近气温在连续**不断**地下降……总之,客观世界中有许多连续现象,如果这样的连续现象能用函数来描述,就有了函数的连续性.从文学角度上讲,作为文字的"连续"一词我们是熟悉的,但如何用数学的语言来刻画"连续"呢?

说"气温在**连续不断**地下降",是因为当时间发生**微小**变化时,气温的变化也很**微小**,用函数来描述就是,当自变量发生**微小**变化时,函数值的变化也很**微小**.

为了定量地刻画变量的改变,我们给出变量的增量的概念.

设有变量 u,起初取值为 u_1,后又取值 u_2,其取值所发生的改变 u_2-u_1 称为其**增量**,记作 Δu,即 $\Delta u=u_2-u_1$.对函数 $f(x)$,若自变量起初取值 x_0,获得一个增量 Δx 后取值为 $x=x_0+\Delta x$,这时相应的函数值也有一个增量,记为 Δy,即

一个变量获得一个增量之后一定变大了吗?或说增量一定为正值吗?

$$\Delta y = f(x_0 + \Delta x) - f(x_0) = f(x) - f(x_0).$$

显然，$\Delta x \to 0$ 等价于 $x \to x_0$，$\Delta y \to 0$ 等价于 $f(x) \to f(x_0)$.

由上面的分析可以看出，要讨论函数的连续性这一"未知"，需要用极限作"已知"．下面给出函数在一点连续的定义．

定义 6.1 设函数 $f(x)$ 在点 x_0 的某邻域 $U(x_0)$ 内有定义，若

$$\lim_{\Delta x \to 0} \Delta y = \lim_{\Delta x \to 0} \left[f(x_0 + \Delta x) - f(x_0) \right] = 0,$$

或

$$\lim_{x \to x_0} f(x) = f(x_0),$$

则称函数 $y = f(x)$ 在点 x_0 连续．

> 函数在一点连续与在这点有极限有何关联？验证函数在一点连续需考虑哪些方面？你能用"$\varepsilon\text{-}\delta$"语言来描述该定义吗？

由例 3.4、例 3.5、例 3.16、例 3.6，利用定义 6.1 易知，常函数 $f(x) = c$，正弦函数、余弦函数与指数函数在任意一点是连续的，函数 $f(x) = \sqrt{x}$ 在任意一点 $x > 0$ 都是连续的．

将图 1-28(1) 略加修改，就得到函数在点 x_0 连续的几何意义（图 1-34）．

连续是用极限来定义的，而极限有"单侧极限"的概念，利用"类比"的数学方法，我们给出单侧连续的概念．

> 由极限与连续的定义来分析，图 1-34 与图 1-28(1) 应有哪些不同？

若 $\lim_{x \to x_0^+} f(x) = f(x_0)$，则称 $f(x)$ 在 x_0 点右连续；若 $\lim_{x \to x_0^-} f(x) = f(x_0)$，则称 $f(x)$ 在 x_0 点左连续．

利用定义 6.1 及极限与单侧极限的关系，有

若 $f(x)$ 在 $U(x_0)$ 内有定义，则 $f(x)$ 在 x_0 点连续 $\Leftrightarrow$ $f(x)$ 在 x_0 点既右连续又左连续．

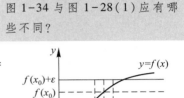

图 1-34

例 6.1 函数

$$f(x) = \begin{cases} x^3, & x > 0, \\ x+1, & x \leqslant 0 \end{cases}$$

在点 $x = 0$ 连续吗？

> 将在一点连续的充分必要条件与极限中相应的结论相对比，其叙述有何不同？为什么？

解 $f(0) = (x+1) \big|_{x=0} = 1$，而 $\lim_{x \to 0^+} x^3 = 0 \neq f(0)$，因此函数 $f(x)$ 在点 $x = 0$ 是非右连续的，于是函数在这点不连续．

上边讨论的是函数在一点的连续性问题．许多实际问题要求考虑函数在其定义域内，或在定义域内的某一个区间上的连续性．对此有

若函数在区间上的每一点处都连续，则称函数在该区间上连续．

这里需要注意的是，如果区间包括端点，那么在端点讨论函数的连续性只能是单侧连续．即在左端点右连续，在右端点左连续．

因此，常数函数、正弦函数、余弦函数、指数函数、函数 $f(x) = \sqrt{x}$ 在其定义域内都是连续的．

一个在区间上的连续函数，其图形是一条连绵不断的曲线．

例 6.2 设 a 为实数，当 a 为何值时，函数

$$f(x) = \begin{cases} x^3, & x > 0, \\ x+a, & x \leqslant 0 \end{cases}$$

在 $x=0$ 点连续.

解　$f(0)=(x+a)\Big|_{x=0}=a$. 由于

$$\lim_{x\to 0^-}(x+a)=a=f(0),$$

因此不论 a 为何值,函数在 $x=0$ 点都左连续;但 $\lim\limits_{x\to 0^+}x^3=0$,因此要使 $f(x)$ 在点 $x=0$ 右连续,需使 $0=f(0)=a$,即当 $a=0$ 时,$f(x)$ 在 $x=0$ 点右连续.

于是,当 $a=0$ 时该函数在 $x=0$ 点连续.

从例 6.1 及 6.2 来看,验证分段函数在分段点处是否连续,需怎么考虑?

2. 函数的间断点

自然界中的许多事物都"对偶"出现.即一个事物与其反面(否定)同时存在."连续"也是如此.若函数在一点不连续,则称它在这点处间断.因此要给出"间断"的定义,需要利用连续的定义作"已知".

如果函数 $f(x)$ 在点 x_0 的一个去心邻域内有定义,在点 x_0 不连续,则称 $f(x)$ 在点 x_0 **间断**,并称 x_0 为 $f(x)$ 的**间断点**.

既然"间断"是连续的否定,要探讨函数为什么会出现间断,需要利用连续的定义作"已知"去分析.由定义 6.1,函数 $f(x)$ 在点 x_0 连续必须同时满足三个条件:

(1) $f(x)$ 在点 x_0 有定义;

(2) 在 $x\to x_0$ 时,$f(x)$ 有极限;

(3) 极限 $\lim\limits_{x\to x_0}f(x)$ 的值等于 $f(x_0)$.

间断是连续的否定,因此若函数 $f(x)$ 在点 x_0 的某去心邻域内有定义,以上三个条件之中若有一个不满足,即有以下三条之一发生:

(1) $f(x)$ 在点 x_0 没有定义;

(2) 极限 $\lim\limits_{x\to x_0}f(x)$ 不存在;

(3) $f(x)$ 虽在点 x_0 有定义,极限 $\lim\limits_{x\to x_0}f(x)$ 也存在,但 $\lim\limits_{x\to x_0}f(x)$ 不等于 $f(x_0)$,

则函数 $f(x)$ 在点 x_0 间断,或说点 x_0 为 $f(x)$ 的间断点.

下面给出函数间断点的几个例子.由此会看到,根据导致函数间断的不同原因,函数有着明显的不同性态.

例 6.3　(1) 函数 $y=\dfrac{x^2-4}{x-2}$ 在点 $x=2$ 无定义,因此点 $x=2$ 为其间断点(图 1-35(1));

(2) 函数 $f(x)=\begin{cases}x+1,&x>0\\ \sin x,&x\le 0\end{cases}$ 在点 $x=0$ 有定义,并且当 $x\to 0$ 时左、右极限都存在,但

$$\lim_{x\to 0^+}f(x)=\lim_{x\to 0^+}(x+1)=1\ne\lim_{x\to 0^-}f(x)=\lim_{x\to 0^-}\sin x=0,$$

因此 $\lim\limits_{x\to 0}f(x)$ 不存在,故 $x=0$ 是其间断点(图 1-35(2));

(3) 对函数 $y=\cot x$,由 $\lim\limits_{x\to 0}\cot x=\infty$,因此点 $x=0$ 是函数 $y=\cot x$ 的间断点(图 1-35(3));

(4) 函数 $y=\sin\dfrac{1}{x}$ 在点 $x=0$ 没有定义,因此点 $x=0$ 是函数 $y=\sin\dfrac{1}{x}$ 的间断点,并且利用定

理 3.5 可以证明,$\lim\limits_{x\to 0}\sin\dfrac{1}{x}$ 不存在(图 1-35(4)).

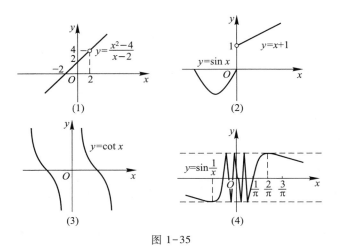

图 1-35

我们看到,虽然这四个函数都有间断点,但是形成间断的原因却是不同的.函数 $y=\dfrac{x^2-4}{x-2}$ 在

$x=2$ 点没有定义,因此在 $x=2$ 处间断.但 $\lim\limits_{x\to 2}\dfrac{x^2-4}{x-2}$ 存在,且为 4. (如果令 $F(x)=\begin{cases}\dfrac{x^2-4}{x-2}, & x\neq 2,\\ 4, & x=2,\end{cases}$ 则

$\lim\limits_{x\to 2}F(x)=F(2)$,因此 $x=2$ 是 $F(x)$ 的连续点.为此称 $F(x)$ 为

函数 $y=\dfrac{x^2-4}{x-2}$ 的连续延拓.)称这样的间断点为函数的**可去间**

断点;

> 你如何理解可去间断点的"可去"二字的含义?

函数 $f(x)=\begin{cases}x+1, & x>0,\\ \sin x, & x\leqslant 0\end{cases}$ 在 $x\to 0$ 时左、右极限都存在,但二者不相等.函数在这一点有一个

"跳跃"(图 1-35(2)),称这样的间断点为函数的**跳跃间断点**;

$x=0$ 是函数 $y=\cot x$ 的间断点,并且 $\lim\limits_{x\to 0}\cot x=\infty$,称 $x=0$ 是函数 $y=\cot x$ 的**无穷间断点**;

虽然在 $x\to 0$ 时函数 $\sin\dfrac{1}{x}$ 与 $\cot x$ 的极限都不存在,但二者却有很大的区别.当 $x\to 0$ 时,$\cot x$

有一个确定的变化趋势——趋于无穷大;而 $\sin\dfrac{1}{x}$ 的值在 -1 与 1 之间无穷次变化,称点 $x=0$ 是

函数 $y=\sin\dfrac{1}{x}$ 的**振荡间断点**.

通常也把间断点分成两大类:

函数 $f(x)$ 以点 x_0 为间断点,但左、右极限 $f(x_0^+)$, $f(x_0^-)$ 都存在,称 x_0 为 $f(x)$ 的

第一类间断点,比如可去间断点、跳跃间断点等;不是第一类间断点的间断点称为

第二类间断点,比如无穷间断点、振荡间断点等.

关于间断点
的注记

64

例 6.4　点 $x=0$ 是函数 $(1+x)^{\frac{1}{x}}$ 的间断点吗？如果是，指出它属于哪一类间断点．

解　该函数在点 $x=0$ 无定义，在它的去心邻域内有定义，故 $x=0$ 是该函数的间断点．由

$$\lim_{x\to 0}(1+x)^{\frac{1}{x}}=e,$$

因此，该间断点属于第一类间断点．事实上，它是可去间断点．

例 6.5　讨论函数 $f(x)=\begin{cases}\dfrac{1}{x-1}, & x>0,\\[2mm] \sin x, & -1<x\leqslant 0\end{cases}$　有哪些间断点？它们各属于哪种类型？

解　该函数是分段函数．先来考察函数在分段点 $x=0$ 的情形．由于

$$\lim_{x\to 0^+}f(x)=\lim_{x\to 0^+}\frac{1}{x-1}=-1,\quad \lim_{x\to 0^-}f(x)=\lim_{x\to 0^-}\sin x=0,\quad \lim_{x\to 0^+}f(x)\neq\lim_{x\to 0^-}f(x),$$

因此 $x=0$ 是该函数的间断点，并且是跳跃间断点，属于第一类间断点．

当 $-1<x<0$ 时，函数 $\sin x$ 显然是连续的；而当 $x>0$ 时，除在点 $x=1$ 外函数都是连续的，但在 $x=1$ 处函数无定义，因此 $x=1$ 也是函数 $f(x)$ 的间断点．再由

$$\lim_{x\to 1}\frac{1}{x-1}=\infty,$$

因此 $x=1$ 是它的无穷间断点，属于第二类间断点．

总之，该函数在点 $x=0,1$ 处间断，$x=0$ 是其第一类间断点，$x=1$ 是其第二类间断点．

历 史 的 回 顾

习题 1-6(A)

1. 判断下列论述是否正确，并说明理由：

（1）函数 $f(x)$ 在 $x\to x_0$ 有极限与在点 x_0 连续的唯一区别是：$f(x)$ 在点 x_0 连续时它必须在 x_0 有定义，但函数在 $x\to x_0$ 有极限时它在这点可以没有定义；

（2）函数 $f(x)$ 在 x_0 点连续的充分必要条件是在这点函数既左连续也右连续，函数 $f(x)$ 在 $x\to x_0$ 时有极限的充分必要条件是在这点函数的左、右极限都存在；

（3）若函数 $f(x)$ 在点 x_0 的去心邻域内有定义，但在 $x\to x_0$ 时 $f(x)$ 没有极限，则 x_0 必是函数 $f(x)$ 的间断点，并且是 $f(x)$ 的无穷间断点；

（4）当函数 $f(x)$ 以点 x_0 为第一类间断点时，$f(x)$ 可以延拓为在这点连续的函数；

（5）如果函数 $f(x)$ 在 $x=x_0$ 连续，那么 $|f(x)|$ 也在 $x=x_0$ 连续；

（6）如果函数 $|f(x)|$ 在 $x=x_0$ 连续，那么 $f(x)$ 也在 $x=x_0$ 连续．

2. 试确定常数 a,使下列函数在 $x=0$ 处连续:

(1) $f(x)=\begin{cases} a+x, & x\leqslant 0, \\ \sin x, & x>0; \end{cases}$

(2) $f(x)=\begin{cases} \arctan\dfrac{1}{x} & x<0, \\ a+\sqrt{x}, & x\geqslant 0. \end{cases}$

3. 求函数 $f(x)=\begin{cases} x, & |x|\leqslant 1, \\ 2-x, & |x|>1 \end{cases}$ 的连续区间.

4. 找出下列函数的间断点,并且说明它属于哪一类间断点.如果是可去间断点,补充或改变函数在该点的定义使其在该点连续.

(1) $f(x)=\dfrac{x^2-4}{x^2-5x+6}$;

(2) $f(x)=\dfrac{\sin x}{|x|}$;

(3) $f(x)=\dfrac{1}{\ln|x|}$;

(4) $f(x)=\arctan\dfrac{1}{x}$;

(5) $f(x)=\mathrm{e}^{-\frac{1}{x}}$;

(6) $f(x)=\begin{cases} \dfrac{x^2-16}{x-4}, & x\neq 4, \\ 6, & x=4. \end{cases}$

习题 1-6(B)

1. 设函数 $f(x)$ 在 **R** 上连续,且 $f(x)\neq 0$,$\varphi(x)$ 在 **R** 上有定义,且有间断点,则下列陈述中哪些是对的,哪些是错的? 如果是对的,试说明理由;如果是错的,试给出一个反例.

(1) $\varphi[f(x)]$ 必有间断点;

(2) $[\varphi(x)]^2$ 必有间断点;

(3) $f[\varphi(x)]$ 未必有间断点;

(4) $\dfrac{\varphi(x)}{f(x)}$ 必有间断点.

2. 讨论函数 $f(x)=\dfrac{x}{\tan x}$ 的间断点,说明间断点属于哪一类.如果是可去间断点,那么补充或改变函数的定义使之连续.

3. 找出函数 $f(x)=\dfrac{1}{1-3^{\frac{x}{1-x}}}$ 的间断点,并且说明它属于哪一类间断点.

4. 确定常数 a,b 的值,使下列函数连续:

(1) $f(x)=\begin{cases} \dfrac{\sin ax}{x}, & x>0, \\ 2, & x=0, \\ \dfrac{\ln(1+3x)}{bx} & x<0; \end{cases}$

(2) $f(x)=\begin{cases} x-a, & x<1, \\ b, & x=1, \\ \ln x, & x>1. \end{cases}$

第七节　连续函数的性质与初等函数的连续性

连续函数是微积分研究的基本对象.为此,本节来讨论连续函数的性质——运算性质与分析性质,它们有着重要的理论与应用价值.在此基础上讨论初等函数的连续性.

1. 连续函数的运算性质

1.1 四则运算性质

由于函数在一点连续是在一点收敛的特殊情况,因此,利用函数连续的定义及函数极限的四则运算法则作"已知",容易得到下面的连续函数的运算性质.

定理 7.1 若函数 $f(x),g(x)$ 在点 x_0 皆连续,那么函数 $f\pm g,f\cdot g,\dfrac{f}{g}(g(x_0)\neq 0)$ 在点 x_0 也是连续的.

可以将它推广为:有限个在点 x_0 连续的函数的和、差与积在点 x_0 还是连续的.

例 7.1 由

$$\tan x=\frac{\sin x}{\cos x},\cot x=\frac{\cos x}{\sin x},\sec x=\frac{1}{\cos x},\csc x=\frac{1}{\sin x}$$

及函数 $y=\sin x,y=\cos x$ 在 $(-\infty,+\infty)$ 内的任意一点都连续,因此正切函数、余切函数、正割函数与余割函数在其定义域内的任意一点都是连续的,即,它们都是各自定义域内的连续函数.

1.2 反函数的连续性

如图 1-36,设 $y=f(x)$ 是严格单调增加的连续函数,因此它的图形是一条连续上升的曲线 l.由于它与它的反函数 $x=f^{-1}(y)$ 的图形是同一条曲线,由此我们猜想,函数 $x=f^{-1}(y)$ 也必然是单调增加且连续的.事实上这个猜想是正确的,这就是下面的定理 7.2.

定理 7.2 若函数 $y=f(x)$ 在区间 I_x 上严格单调递增(递减)且连续,那么它在对应的区间 $I_y=\{y\mid y=f(x),x\in I_x\}$ 上存在具有相同严格单调性并且连续的反函数 $x=f^{-1}(y)$.

虽然直观上看结论是显然的,但严格的论证却要涉及更多的知识,这里略去.

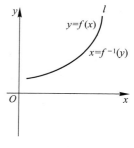

图 1-36

例 7.2 由于函数 $y=\sin x$ 在 $\left[-\dfrac{\pi}{2},\dfrac{\pi}{2}\right]$ 上严格单调增加且连续,由定理 7.2,它的反函数 $y=\arcsin x$ 在闭区间 $[-1,1]$ 上也是严格单调增加且连续的.

类似地,$y=\arccos x,y=\arctan x$ 及 $y=\text{arccot}\,x$ 在各自的定义域都是严格单调并且连续的.

由例 3.16,指数函数 $y=a^x(a>0$ 且 $a\neq 1)$ 在定义域内是连续的,同时它也是严格单调的.因此,由定理 7.2,它的反函数 $y=\log_a x$ 在 $(0,+\infty)$ 内也是连续且严格单调的.

总之,通过以上的讨论得到,三角函数、反三角函数、指数函数和对数函数在其定义域内都是连续的.

1.3 复合函数的连续性

仿照定理 3.7,容易证明,由连续函数复合所得到的复合函数也连续.即

定理 7.3 设函数 $y=f[g(x)]$ 是由函数 $y=f(u)$ 与函数 $u=g(x)$ 复合而成,并且在 x_0 的某邻域 $U(x_0)$ 内有定义.若

(1) 函数 $u=g(x)$ 在点 $x=x_0$ 连续,且 $g(x_0)=u_0$;

(2) 函数 $y=f(u)$ 在点 $u=u_0$ 连续.

则复合函数 $y = f[g(x)]$ **在** x_0 **点也连续,即有**

$$\lim_{x \to x_0} f[g(x)] = f[g(x_0)].$$

上式可以写成

$$\lim_{x \to x_0} f[g(x)] = f[\lim_{x \to x_0} g(x)] = f[g(\lim_{x \to x_0} x)]. \qquad (7.1)$$

定理 7.3 可以推广到三个或三个以上连续函数的情况.

例 7.3 函数 $y = \mathrm{arccot}(x^2+1)$,$y = \sin(x^2+1)^2$ 在实数域内都是连续的.

事实上,$y = \mathrm{arccot}(x^2+1)$ 是由两个在 $(-\infty, +\infty)$ 内皆连续的函数 $y = \mathrm{arccot}\,u$,$u = x^2+1$ 复合而成的,因此它在 $(-\infty, +\infty)$ 内连续;而函数 $y = \sin(x^2+1)^2$ 是由连续函数 $y = \sin u$,$u = t^2$,$t = x^2+1$ 复合而成的,它们都在 $(-\infty, +\infty)$ 内连续,因此 $y = \sin(x^2+1)^2$ 也是 $(-\infty, +\infty)$ 内的连续函数.

例 7.4 当 $x > 0$ 时,幂函数 $y = x^\mu = \mathrm{e}^{\mu\ln x}$ 可以看作是由指数函数 $y = \mathrm{e}^u$ 及对数函数 $u = \mu\ln x$ 复合而得.而函数 $y = \mathrm{e}^u$ 及 $u = \mu\ln x$ 在各自的定义域内都是连续的,由定理 7.3,幂函数 $y = x^\mu = \mathrm{e}^{\mu\ln x}$ 在区间 $(0, +\infty)$ 内连续.

利用定理 7.3 可以求由几个连续函数复合所得的复合函数的极限,但它有局限性,例如,利用它不能求 $\lim\limits_{x \to 0} \arctan\left(\dfrac{\sin x}{x}\right)$.事实上,该复合函数的"内层"函数 $\dfrac{\sin x}{x}$ 在 $x = 0$ 是间断的.为了便于以后的应用,我们将定理 7.3 作如下的推广:

定理 7.4 设复合函数 $y = f[g(x)]$ 在 x_0 点的某去心邻域内有定义,若 $\lim\limits_{x \to x_0} g(x) = u_0$,而函数 $f(u)$ 在点 u_0 连续,则有

$$\lim_{x \to x_0} f[g(x)] = f(u_0).$$

证 显然,应该用证明定理 3.7 的思想方法作"已知"来证明本定理.

由 $f(u)$ 在点 u_0 连续,因此,$\forall \varepsilon > 0$,$\exists \eta > 0$,使得当 $|u - u_0| < \eta$ 时,$|f(u) - f(u_0)| < \varepsilon$ 成立.

又由 $\lim\limits_{x \to x_0} g(x) = u_0$,因此,对上面的 $\eta > 0$,$\exists \delta > 0$,使得当 $0 < |x - x_0| < \delta$ 时,$|g(x) - u_0| < \eta$ 成立.

于是,当 $0 < |x - x_0| < \delta$ 时,有 $|g(x) - u_0| = |u - u_0| < \eta$,因此

$$|f(g(x)) - f(u_0)| < \varepsilon.$$

证毕.

由 $u_0 = \lim\limits_{x \to x_0} g(x)$,定理 7.4 的结论可以简单表述为:当复合函数的"外层"函数连续时,有

$$\lim_{x \to x_0} f(g(x)) = f(\lim_{x \to x_0} g(x)). \qquad (7.2)$$

把定理 7.4 中的 $x \to x_0$ 换为 $x \to \infty$,结论仍成立.有

$$\lim_{x \to \infty} f(g(x)) = f(\lim_{x \to \infty} g(x)). \qquad (7.3)$$

利用式 (7.2),有

$$\lim_{x \to 0} \arctan\left(\frac{\sin x}{x}\right) = \arctan\left(\lim_{x \to 0} \frac{\sin x}{x}\right)$$

$$= \arctan 1 = \frac{\pi}{4}.$$

定理 3.7 与定理 7.3、定理 7.4 都可以作为求复合函数极限的工具,具体用哪一个,要根据已知条件来确定.

> 对式 (7.1),可如何理解?

> 定理 7.4 与定理 7.3 有何差异与联系?在这里,式 (7.1) 还成立吗?

> 式 (7.2) 与式 (7.1) 有何异同?为什么?

> 求这个极限为什么要用式 (7.2) 而不用式 (7.1)?

例 7.5　设 $a>0,a\neq 1$,求下列极限:(1) $\lim\limits_{x\to 0}\dfrac{\log_a(1+x)}{x}$;(2) $\lim\limits_{x\to 0}\dfrac{a^x-1}{x}$;(3) $\lim\limits_{x\to 0}\dfrac{(1+x)^\alpha-1}{\alpha x}$,其中 α 为实数.

解　(1) 函数 $\dfrac{\log_a(1+x)}{x}=\dfrac{1}{x}\log_a(1+x)=\log_a(1+x)^{\frac{1}{x}}$ 可以看作是由函数 $y=\log_a u$ 及 $u=(1+x)^{\frac{1}{x}}$ 复合而得到的.由于 $\lim\limits_{x\to 0}(1+x)^{\frac{1}{x}}=\mathrm{e}$,而 $y=\log_a u$ 在点 $u=\mathrm{e}$ 连续,因此

$$\lim_{x\to 0}\frac{\log_a(1+x)}{x}=\lim_{x\to 0}\log_a(1+x)^{\frac{1}{x}}$$

这里利用的是哪个定理?

$$=\log_a\left[\lim_{x\to 0}(1+x)^{\frac{1}{x}}\right]=\log_a\mathrm{e}=\frac{1}{\ln a}.$$

当 $a=\mathrm{e}$ 时,有

$$\lim_{x\to 0}\frac{\ln(1+x)}{x}=1.$$

(2) 令 $a^x-1=t$,则 $x=\log_a(1+t)$,并且当 $x\to 0$ 时,$t\to 0$,于是

$$\lim_{x\to 0}\frac{a^x-1}{x}=\lim_{t\to 0}\frac{t}{\log_a(1+t)}=\lim_{t\to 0}\frac{1}{\dfrac{\log_a(1+t)}{t}}=\lim_{t\to 0}\frac{1}{\log_a(1+t)^{\frac{1}{t}}}$$

$$=\frac{1}{\lim\limits_{t\to 0}\log_a(1+t)^{\frac{1}{t}}}=\frac{1}{\log_a\lim\limits_{t\to 0}(1+t)^{\frac{1}{t}}}=\frac{1}{\log_a\mathrm{e}}.$$

由于 $\log_a\mathrm{e}=\dfrac{\ln\mathrm{e}}{\ln a}=\dfrac{1}{\ln a}$,于是有

$$\lim_{x\to 0}\frac{a^x-1}{x}=\frac{1}{\log_a\mathrm{e}}=\ln a.$$

特别地,

$$\lim_{x\to 0}\frac{\mathrm{e}^x-1}{x}=1.$$

(2) 的求解利用了什么作"已知"?

(3) 令 $(1+x)^\alpha-1=t$,则 $(1+x)^\alpha=t+1$,于是 $x=(1+t)^{\frac{1}{\alpha}}-1=\mathrm{e}^{\frac{1}{\alpha}\ln(1+t)}-1$,并且当 $x\to 0$ 时,$t\to 0$.由 $\lim\limits_{x\to 0}\dfrac{\mathrm{e}^x-1}{x}=1$,则有 $\mathrm{e}^x-1\sim x$,因此当 $t\to 0$ 时,$\mathrm{e}^{\frac{1}{\alpha}\ln(1+t)}-1\sim\dfrac{1}{\alpha}\ln(1+t)$,于是

$$\lim_{x\to 0}\frac{(1+x)^\alpha-1}{\alpha x}=\lim_{t\to 0}\frac{t}{\alpha\left[\mathrm{e}^{\frac{1}{\alpha}\ln(1+t)}-1\right]}=\lim_{t\to 0}\frac{t}{\alpha\left[\dfrac{1}{\alpha}\ln(1+t)\right]}=1.$$

综合例 7.5 的结果,又得到以下**无穷小量等价**,即

当 $x\to 0$ 时,$\ln(1+x)\sim x$,　$\mathrm{e}^x-1\sim x$,　$(1+x)^\alpha-1\sim\alpha x$.

它们都是以后经常要用到的.比如,利用它们求极限

$$\lim_{x\to 0}\frac{\left[(1+x)^\pi-1\right]\left(\mathrm{e}^{\frac{x}{2}}-1\right)}{\ln(1+x^2)}$$

时就会非常简单.留给读者课下练习.

例 7.6　求 $\lim\limits_{x\to 0}(1+4x)^{\frac{1}{\sin x}}$.

解
$$(1+4x)^{\frac{1}{\sin x}}=(1+4x)^{\frac{1}{4x}\cdot\frac{x}{\sin x}\cdot 4}=e^{4\cdot\frac{x}{\sin x}\ln(1+4x)^{\frac{1}{4x}}},$$

因此,函数 $(1+4x)^{\frac{1}{\sin x}}$ 可以看作是由函数 $y=e^u$, $u=4\cdot\dfrac{x}{\sin x}\ln(1+4x)^{\frac{1}{4x}}$ 复合而得.指数函数 $y=e^u$ 在

$(-\infty,+\infty)$ 内连续,而 $\lim\limits_{x\to 0}\left[4\cdot\dfrac{x}{\sin x}\ln(1+4x)^{\frac{1}{4x}}\right]$ 存在,因此,由式(7.2),有

$$\lim_{x\to 0}(1+4x)^{\frac{1}{\sin x}}=\lim_{x\to 0}e^{4\cdot\frac{x}{\sin x}\ln(1+4x)^{\frac{1}{4x}}}$$
$$=e^{\lim\limits_{x\to 0}\left(4\cdot\frac{x}{\sin x}\ln(1+4x)^{\frac{1}{4x}}\right)}=e^4.$$

> 左边求极限的过程中,各步分别利用了什么?

一般地,对形如 $u(x)^{v(x)}$ $(u(x)>0,u(x)\neq 1)$ 的幂指函数,如果
$$\lim u(x)=a>0,\lim v(x)=b,$$
那么,利用 $\lim u(x)^{v(x)}=\lim e^{\ln u(x)^{v(x)}}=\lim e^{v(x)\ln u(x)}=e^{\lim v(x)\ln u(x)}$ 容易求得
$$\lim u(x)^{v(x)}=a^b,$$
其中 $\lim u(x),\lim v(x),\lim u(x)^{v(x)}$ 都是在自变量的同一变化过程中的不同函数的极限.

2. 初等函数的连续性

由前面的讨论我们看到,三角函数、反三角函数、指数函数、对数函数及幂函数在其定义域内都是连续的.这就是说

基本初等函数在其定义域内都是连续的.

利用初等函数的定义以及定理 7.1、定理 7.3,有

一切初等函数在其定义区间内都是连续的.

这里所说的"定义区间"是指包含在其定义域内的一个区间.

> 这里为什么要强调"定义区间"?能举出定义域仅为孤立点集的初等函数吗?

利用连续的定义,若 $y=f(x)$ 在 x_0 点连续,如果要求函数 $y=f(x)$ 在 $x\to x_0$ 时的极限,那么由 $\lim\limits_{x\to x_0}f(x)=f(x_0)$,就把求极限的问题就转化为求函数值的问题了.

例如,欲求 $\lim\limits_{x\to 0}\sqrt{x^2-3x+4}$,根据复合函数的连续性,$\sqrt{x^2-3x+4}$ 在 $x=0$ 点是连续的,而且 $\sqrt{x^2-3x+4}\Big|_{x=0}=2$,因此有

$$\lim_{x\to 0}\sqrt{x^2-3x+4}=\sqrt{x^2-3x+4}\Big|_{x=0}=2.$$

关于初等函数连续性的注记

有些求极限的问题,表面看起来与连续函数无关.但,实际上它是求函数在可去间断点处的极限.如果能通过初等变形"去掉"间断点,那么就可以将要求的极限变成求另外一个函数在其连续点处的极限了.

> 如何理解这里所说的"求另外一个函数……"的含义?

例 7.7　求 $\lim\limits_{x\to 0}\dfrac{x}{\sqrt{1+x}-\sqrt{1-x}}$.

解
$$\lim_{x\to 0}\frac{x}{\sqrt{1+x}-\sqrt{1-x}}=\lim_{x\to 0}\frac{x(\sqrt{1+x}+\sqrt{1-x})}{(\sqrt{1+x})^2-(\sqrt{1-x})^2}$$
$$=\lim_{x\to 0}\frac{x(\sqrt{1+x}+\sqrt{1-x})}{2x}=\lim_{x\to 0}\frac{\sqrt{1+x}+\sqrt{1-x}}{2}=1.$$

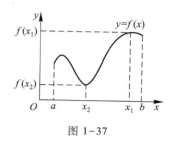

如果说例 7.7 的解题过程分为两步,是哪两步? 各步的意义是什么? 通过本题,对本例前面所说的“求另外一个函数……”有何理解?

3. 闭区间上连续函数的分析性质

前面讨论了连续函数的运算性质.下面再给出闭区间上连续函数的分析性质,它们有着极其重要的理论价值和应用价值.

3.1 最大值、最小值定理与有界性定理

如图 1-37,设函数 $y=f(x)$ 在闭区间 $[a,b]$ 上连续,从图中很容易直观地看出,下面的定理 7.5 是成立的.

定理 7.5 闭区间上的连续函数在该区间上有界,并且一定能取得最大值与最小值.

该定理包含闭区间上连续函数的两个重要性质:有界性定理与最值定理.我们知道,函数有界却未必有最大值与最小值.该定理告诉我们,闭区间上的连续函数在该区间上不仅有界,而且还取得最大值与最小值,因此,对连续函数来说,这是一个非常深刻的结果.

图 1-37

从图形上看该定理是直观的,但其严格的证明需要用较多的分析知识,这里不予证明.

请注意,虽然定理的条件是充分的而不是必要的,但

(1) 闭区间是不可缺的.例如函数 $y=x^3$ 在开区间 $(-1,1)$ 内是连续的,但在该区间内它既无最大值也无最小值;

(2) 函数连续也必不可缺.例如函数

$$y=\begin{cases}-x+2, & 0<x\leqslant\dfrac{1}{2},\\[2mm]\dfrac{3}{2}, & x=0,\\[2mm]-x+1, & -\dfrac{1}{2}\leqslant x<0\end{cases}$$

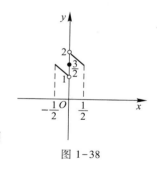

图 1-38

在闭区间 $\left[-\dfrac{1}{2},\dfrac{1}{2}\right]$ 上有定义,但在该区间上它有间断点 $x=0$,由图 1-38 看到,虽然函数在该区间上有界,但它却既无最大值也无最小值.

3.2 介值定理与零点定理

由图 1-39 看到,如果闭区间上的连续函数在两端点处的函数值分别为 A,B,那么对介于 A, B 之间的任何一个数 C,它一定是函数在开区间 (a,b) 内某一点(图 1-39 中的 ξ)处的函数值.这就是下面的介值定理.

定理 7.6 设函数 $y=f(x)$ 在闭区间 $[a,b]$ 上连续,在该区间的两端点处分别取值 A,B $(A\neq B)$,那么,对 A,B 之间的任意一个数 C,在开区间 (a,b) 内至少存在一点 ξ,使得 $f(\xi)=C$.

71

这个定理也不予证明.

我们再来看图 1-40,设函数 $y=f(x)$ 在闭区间 $[a,b]$ 上连续,C 是介于函数最大值 $f(x_1)$ 与最小值 $f(x_2)$ 之间的任意一个数.我们看到,直线 $y=C$ 与函数的图形一定相交,记交点的横坐标为 ξ,因此 $f(\xi)=C$.这就是下面的推论 1.

你注意到结论是"在开区间内"(至少存在一点)了吗?

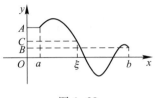

图 1-39　　　　　　　　图 1-40

推论 1　设函数 $y=f(x)$ 在闭区间 $[a,b]$ 上连续,M,m 分别是 $y=f(x)$ 在 $[a,b]$ 上的最大值与最小值,设有 $\eta,m\leqslant\eta\leqslant M$,则在 $[a,b]$ 上必至少存在一点 ξ,使得 $f(\xi)=\eta$.

证　设 $f(x)$ 在 $[a,b]$ 上的最大值点与最小值点分别为 x_1,x_2.

如果 $\eta=m$,即 η 为 $f(x)$ 的最小值,取 ξ 为 x_2;类似地,如果 $\eta=M$,则取 ξ 为 x_1.

如果 $m<\eta<M$,在以 x_1,x_2 为端点的闭区间上对函数 $f(x)$ 利用定理 7.6 即得.

推论 1 与定理 7.6 主要有哪些区别? 从其证明过程有何感想?

如果函数在闭区间的两端点处的值异号,那么数 0 必夹在两端点的函数值之间.因此,由定理 7.6 易得

推论 2(零点定理)　设函数 $y=f(x)$ 在闭区间 $[a,b]$ 上连续,且 $f(a)$ 和 $f(b)$ 异号(即 $f(a)\cdot f(b)<0$),那么在开区间 (a,b) 内至少存在一点 ξ,使得
$$f(\xi)=0.$$

如何理解其中"至少"二字的含义?

通常把满足方程 $f(x)=0$ 的 x 的值 ξ 称作函数 $y=f(x)$ 的**零点**.

例 7.8　证明方程 $x^4-x^2-1=0$ 在区间 $(0,\sqrt{2})$ 内至少有一个根.

证　令 $f(x)=x^4-x^2-1$,它在闭区间 $[0,\sqrt{2}]$ 上连续,且 $f(0)=-1<0$,$f(\sqrt{2})=1>0$,由推论 2,在开区间 $(0,\sqrt{2})$ 内至少存在一点 ξ,使得 $f(\xi)=0$.也就是
$$\xi^4-\xi^2-1=0.$$
即方程 $x^4-x^2-1=0$ 在区间 $(0,\sqrt{2})$ 内至少有一个根.

利用推论 2 求方程的根(求函数的零点),关键是构造一个函数及找到一个闭区间.通过例 7.8 对如何构造函数、选取区间有何感想?

例 7.9　设函数 $y=f(x)$ 在区间 $[0,1]$ 上连续,且
$$0\leqslant f(x)\leqslant 1,\quad \forall x\in[0,1].$$
证明:在 $[0,1]$ 上存在一点 t,使得
$$f(t)=t.$$

证　若 $f(0)=0$，则取 $t=0\in[0,1]$，它满足 $f(t)=t$；同样，若 $f(1)=1$，则取 $t=1\in[0,1]$，使得 $f(t)=t$. 即是说，当 $f(0)=0$ 或 $f(1)=1$ 时，结论一定成立.

若 $f(0)\neq 0$ 并且 $f(1)\neq 1$，根据题目所给的条件，则有
$$f(0)>0,\quad f(1)<1.$$
令函数 $F(x)=f(x)-x$，则 $F(x)$ 在区间 $[0,1]$ 上连续，并且
$$F(0)=f(0)-0=f(0)>0,\quad F(1)=f(1)-1<0.$$
由零点定理，在区间 $(0,1)$ 内至少存在一点 t，使得
$$F(t)=f(t)-t=0,$$
即
$$f(t)=t.$$
综上所述，在闭区间 $[0,1]$ 上一定存在一点 t，使得
$$f(t)=t.$$

例 7.9 也称为"不动点定理".

> 例 7.9 的证明可分两步：（一）$f(0)=0$ 或 $f(1)=1$；（二）$f(0)\neq 0$ 同时 $f(1)\neq 1$. 看出其中的原因了吗？

*4. 一致连续性

为认识"一致连续"这一"未知"，显然，与其相关的"已知"是"连续". 因此，让我们回过来再对函数在一点连续的定义做一分析. 设函数 $f(x)$ 在区间 I 上连续，$x_0\in I$. 由 $f(x)$ 在 x_0 连续，因此，任给 $\varepsilon>0$，存在 $\delta>0$，当 $|x-x_0|<\delta$ 时，恒有
$$|f(x)-f(x_0)|<\varepsilon.$$

一般说来，这里由给定的 $\varepsilon>0$ 找到的 $\delta>0$ 不仅与 ε 有关，同时也与点 x_0 有关. 即，对同一个 $\varepsilon>0$，选取不同的 x_0 就可能有不同的 δ. 比如，如果另取点 $x_1\in I$，对上述由 $\varepsilon>0$ 找到的 $\delta>0$，未必能使当 $|x-x_1|<\delta$ 时，有
$$|f(x)-f(x_1)|<\varepsilon$$
成立. 也就是说，对给定的 $\varepsilon>0$，由 $f(x)$ 在 x_0 点所找到的 δ，换作另外的点 x_1 就不一定适用了. 上述 δ 实际是与 ε 与 x_0 都是有关的，严格说来应该记作 $\delta=\delta(\varepsilon,x_0)$.

但是，确实也有这样的情况发生：若函数 $f(x)$ 在区间 I 上连续，对于任给的 $\varepsilon>0$，存在这样的 $\delta>0$，不论 x_0 在区间 I 上如何选取，只要 $|x-x_0|<\delta$，就有 $|f(x)-f(x_0)|<\varepsilon$. 或说，对任意的 $x_1,x_2\in I$，只要 $|x_1-x_2|<\delta$，就一定有 $|f(x_1)-f(x_2)|<\varepsilon$ 成立. 即，这样的 δ 只与 ε 有关，而与 x_0 在 I 上如何选取无关，它可表示为 $\delta=\delta(\varepsilon)$. 称这样的函数 $f(x)$ 在区间 I 上一致连续.

定义 7.1　设函数 $f(x)$ 在区间 I 上有定义，对于任给的 $\varepsilon>0$，存在 $\delta>0$，对任意的 $x_1,x_2\in I$，只要 $|x_1-x_2|<\delta$，就有 $|f(x_1)-f(x_2)|<\varepsilon$，则称 $f(x)$ 在区间 I 上一致连续.

由定义 7.1 可以看出，如果函数 $f(x)$ 在区间 I 上一致连续，那么它在区间 I 上一定连续. 但是，反过来却未必成立.

例 7.10　证明函数 $f(x)=\dfrac{1}{x}$ 在区间 $(0,+\infty)$ 内连续，但不一致连续.

> 定义 7.1 的反面应该怎么叙述？

证　函数 $f(x)=\dfrac{1}{x}$ 在区间 $(0,+\infty)$ 内有定义，因此它在该区间内连续是显然的. 下证它在这

个区间内不一致连续.由定义 7.1,需证明对给定的 $\varepsilon>0$,不论 $\delta>0$ 如何选取,总存在这样点 x_1, $x_2 \in (0,+\infty)$,虽然 $|x_1-x_2|<\delta$,但却不能使 $|f(x_1)-f(x_2)|<\varepsilon$ 成立.

不妨取 $0<\varepsilon<1$,取点 $x_1=\dfrac{1}{n}>0$,$x_2=\dfrac{1}{n+1}>0$,则 $|x_1-x_2|=\left|\dfrac{1}{n}-\dfrac{1}{n+1}\right|=\dfrac{1}{n(n+1)}$.我们看到,不论 $\delta>0$ 如何选取,总能找到充分大的 n,使得

$$|x_1-x_2|=\frac{1}{n(n+1)}<\delta,$$

但却有

$$|f(x_1)-f(x_2)|=\left|\frac{1}{x_1}-\frac{1}{x_2}\right|=\left|\frac{1}{\frac{1}{n}}-\frac{1}{\frac{1}{n+1}}\right|=|n-(n+1)|=1>\varepsilon.$$

因此函数 $f(x)=\dfrac{1}{x}$ 在区间 $(0,+\infty)$ 内不一致连续.

但,下面的定理说明,在闭区间上连续的函数却是一致连续的.

定理 7.7 在闭区间上连续的函数,它在该区间上一致连续.

对该定理我们不予证明.

例如,函数 $f(x)=\dfrac{1}{x}$ 在区间 $(0,+\infty)$ 内有定义,因此,在任意一个闭区间 $[a,b]\subset(0,+\infty)$ 上也有定义,由于"初等函数在其定义域内都是连续的",所以 $f(x)=\dfrac{1}{x}$ 在 $[a,b]$ 上连续.再由定理 7.7,它在该区间上一致连续.

5. 数学建模的实例

注意到生活中的这样一个现象了吗?即使在并不十分平整的地面上,四条腿的椅子总能够通过调整位置使它的四条腿同时着地,也就是总能够放稳,实际上,可以通过本节的零点定理来解释.

为更好地解释这个现象,做如下几个假设:

(1) 椅子的四条腿呈正方形;

(2) 地面为一个光滑曲面,不考虑台阶等具有跳跃性的情况;

(3) 相对地面的弯曲程度而言,椅子的腿是足够长的;

(4) 只要有一点着地就视为已经着地,即将与地面的接触视为几何上的点接触;

(5) 椅子的中心不动.

以正方形的中心 O 为原点建立如图 1-41 所示的坐标系,A,B,C,D 为椅子的四个脚的位置.记 OA 与水平方向的夹角为 θ,A,C 脚与地面距离之和为 $g(\theta)$,B,D 脚与地面距离之和为 $f(\theta)$,显然 $f(\theta)$ 和 $g(\theta)$ 均为非负的,同时由于任何时刻椅子都是至少有三条腿要着地的,因此对任何的角度 θ,$f(\theta)$,$g(\theta)$ 中至少有一个为零,记 $h(\theta)=f(\theta)-g(\theta)$,根据实际意义可知当 $h(\theta)=0$ 时即为椅子四条腿均为着地的状态,即椅子是平稳的.

对于 $\theta=0$ 的情况,不妨假设有 $f(0)=0$,如果此时同时有 $g(0)=0$,则 $h(0)=0$,说明椅子已

经四条腿同时着地了;如果 $g(0)>0$,则 $h(0)<0$.在 $\theta=\dfrac{\pi}{2}$ 时的情况,即

A,C 脚与 B,D 脚与 $\theta=0$ 的时候进行了互换,此时有 $g\left(\dfrac{\pi}{2}\right)=f(0)=0$,

$f\left(\dfrac{\pi}{2}\right)=g(0)>0,h\left(\dfrac{\pi}{2}\right)=f\left(\dfrac{\pi}{2}\right)-g\left(\dfrac{\pi}{2}\right)>0$,根据地面的光滑性很容易得

到函数 f,g,h 的连续性,因此对函数 $h(\theta)$ 使用零点存在定理,在 0 与 $\dfrac{\pi}{2}$

之间必存在这样一个角度 θ_0 满足 $h(\theta_0)=0$,此时 $f(\theta_0)=g(\theta_0)=0$,即
此时椅子的四条腿同时着地.

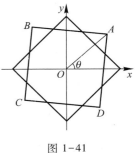

图 1-41

   对于假设(1)如果四个脚呈矩形,重复上述的过程讨论 $h(0)$ 和 $h(\pi)$ 也可以得到同样的结果. 对于呈等腰梯形或其他四边形的情况请读者自行思考和讨论.

习题 1-7(A)

1. 判断下列论述是否正确,并说明理由:

(1) 连续函数一定存在连续的反函数;

(2) 在例 7.6 中求极限 $\lim\limits_{x\to0}(1+4x)^{\frac{1}{\sin x}}$,既可以用定理 7.3,也可以用定理 7.4;

(3) 只有在闭区间上连续的函数才有最大值与最小值;

(4) 函数 $y=f(x)$ 在区间 $[a,b]$ 上连续,$x_1,x_2\in[a,b]$,并且 $f(x_1)\cdot f(x_2)<0$,那么在 x_1,x_2 之间必至少存在一点 ξ,使得 $f(\xi)=0$.

2. 求函数 $f(x)=\dfrac{x-1}{x^2+x-6}$ 的连续区间.

3. 求下列极限:

(1) $\lim\limits_{x\to0}\sqrt{x^2-3x+4}$;

(2) $\lim\limits_{x\to\infty}\ln\left(1+\dfrac{2x-1}{x^2}\right)$;

(3) $\lim\limits_{x\to4}\dfrac{\sqrt{1+2x}-3}{x-4}$;

(4) $\lim\limits_{x\to0}\dfrac{\ln(1+x^2)}{x\tan x}$;

(5) $\lim\limits_{x\to1}\dfrac{e^x-e}{x-1}$;

(6) $\lim\limits_{x\to0}(1+\sin x)^{\frac{1}{2x}}$;

(7) $\lim\limits_{x\to0}\left(\dfrac{1+3x}{1-2x}\right)^{\frac{1}{x+1}}$;

(8) $\lim\limits_{x\to+\infty}x[\ln(1+x)-\ln x]$.

4. 证明方程 $x^5-2x^2+x+1=0$ 在区间 $(-1,1)$ 内至少有一个实根.

5. 证明方程 $x^2\cos x-\sin x=0$ 在区间 $\left(\pi,\dfrac{3\pi}{2}\right)$ 内至少有一个实根.

6. 证明方程 $x=a\sin x+b(a>0,b>0)$ 至少有一个不超过 $a+b$ 的正根.

习题 1-7(B)

1. 证明下列各题:

（1）方程 $x2^x = 1$ 在（0，1）内至少有一个实根；

（2）方程 $\sin x + x + 1 = 0$ 在 $\left(-\dfrac{\pi}{2}, \dfrac{\pi}{2}\right)$ 内至少有一个实根.

2. 若函数 $f(x)$ 在闭区间 $[0, 2a]$ 上连续，且 $f(0) = f(2a)$，证明在闭区间 $[0, a]$ 上至少有一点 ξ 使 $f(\xi) = f(\xi + a)$.

3. 若函数 $f(x)$ 在闭区间 $[a, b]$ 上连续，且 $a < x_1 < x_2 < \cdots < x_n < b$，证明在闭区间 $[x_1, x_n]$ 上至少有一点 ξ，使得
$$f(\xi) = \frac{f(x_1) + f(x_2) + \cdots + f(x_n)}{n}.$$

* 4. 设函数 f 在 $(-\infty, +\infty)$ 内满足利普希茨条件：
$$\exists L > 0，使得 \forall x, y \in (-\infty, +\infty)，恒有 |f(x) - f(y)| \leq L|x - y|，$$
证明：$f(x)$ 在 $(-\infty, +\infty)$ 内一致连续.

第八节　利用数学软件求极限

Python 软件中的 sympy 是一个专门用于符号计算的库，支持符号计算、高精度计算、模式匹配、绘图、解方程等，与本章有关的就是极限计算，即 sympy 中的 limit 命令，通过 limit(f, x, x0) 计算极限 $\lim\limits_{x \to x_0} f(x)$. 下面通过几个实例来说明一下如何使用这个命令（以下所用命令均为 Python 3.7.1 版本，并在集成环境 spyder 3.3.2 中正常运行）.

例 8.1　求 $\lim\limits_{x \to 0} \dfrac{\sin x}{x}$.

```
In [1]: from sympy import limit, Symbol, sin, exp  #从 sympy 库中引入 limit(计算极限)和 symbol
(定义符号变量)命令以及正弦函数和指数函数
In [2]: x = Symbol("x")  #利用 Symbol 命令定义"x"为符号变量

In [3]: limit(sin(x)/x, x, 0)  #计算极限
Out[3]: 1
```

由输出结果可知 $\lim\limits_{x \to 0} \dfrac{\sin x}{x} = 1$.

例 8.2　求 $\lim\limits_{x \to \infty} e^x$.

```
In [4]: from sympy import oo  #用连续两个小写字母"o"，代表无穷，缺省为正无穷

In [5]: limit(exp(x), x, oo)
Out[5]: oo
In [6]: limit(exp(x), x, -oo)
Out[6]: 0
```

由输出结果可知 $\lim\limits_{x \to +\infty} e^x = +\infty$，$\lim\limits_{x \to -\infty} e^x = 0$.

例 8.3　求 $\lim\limits_{x\to 0}\dfrac{1}{x}$.

$>>$ limit$(1/x,x,0)$

In [7]: limit$(1/x,x,0)$#如果两个单侧极限不相同的话计算的是右极限

Out[7]: oo

In [8]: limit$(1/x,x,0,\text{dir}='+')$#dir 用于计算单侧极限,这里计算右极限

Out[8]: oo

In [9]: limit$(1/x,x,0,\text{dir}='-')$#指定计算左极限

Out[9]: $-$ooIn [6]: limit$(\exp(x),x,-\text{oo})$

由输出结果可知 $\lim\limits_{x\to 0}\dfrac{1}{x}=\infty$, $\lim\limits_{x\to 0^+}\dfrac{1}{x}=+\infty$, $\lim\limits_{x\to 0^-}\dfrac{1}{x}=-\infty$.

例 8.4　求 $\lim\limits_{x\to 0}\mathrm{e}^{\frac{1}{x}}$.

In [10]: limit$(\exp(1/x),x,0)$#默认计算右极限

Out[10]: oo

In [11]: limit$(\exp(1/x),x,0,\text{dir}='+')$ #指定计算右极限

Out[11]: oo

In [12]: limit$(\exp(1/x),x,0,\text{dir}='-')$ #指定计算左极限

Out[12]: 0

由输出结果可知 $\lim\limits_{x\to 0^+}\mathrm{e}^{\frac{1}{x}}=\infty$, $\lim\limits_{x\to 0^-}\mathrm{e}^{\frac{1}{x}}=0$.

例 8.5　求 $\lim\limits_{x\to 0}(\mathrm{e}^{x}+\sin x)^{\frac{1}{x}}$.

In [13]: from sympy import Pow #引入幂函数 Pow$(a,b)=$a^b

In [14]: limit$(\text{Pow}((\exp(x)+\sin(x)),(1/x)),x,0)$

Out[14]: exp(2)

由输出结果可知 $\lim\limits_{x\to 0}(\mathrm{e}^{x}+\sin x)^{\frac{1}{x}}=\mathrm{e}^{2}$.

例 8.6　求 $\lim\limits_{x\to 0}\sin\dfrac{1}{x}$.

In [15]: limit$(\sin(1/x),x,0)$

Out[15]: AccumBounds$(-1,1)$

由输出结果可知该极限不存在,且当 $x \to 0$ 时,函数值在区间 $[-1, 1]$ 内.

例 8.7 求 $\lim\limits_{x \to 0} \dfrac{1}{x} \sin \dfrac{1}{x}$.

In [16]: limit(1/x * sin(1/x) ,x,0)
Out[16]: AccumBounds($-\infty$, ∞)

由输出结果可知该极限不存在,且当 $x \to 0$ 时,函数值在 $(-\infty , +\infty)$ 内.

例 8.8 求 $\lim\limits_{x \to 0} \dfrac{\sin ax}{x}$.

In[17]: a = Symbol("a") #利用 Symbol 命令定义"a"为符号变量

In [18]: limit(sin(a * x)/x,x,0) #计算带有参数的极限
Out[4]: a

由输出结果可知 $\lim\limits_{x \to 0} \dfrac{\sin ax}{x} = a$.

总 习 题 一

1. 求下列各题:

(1) 若 $f\left(x - \dfrac{1}{x}\right) = x^2 + \dfrac{1}{x^2} + 4$,求 $f(x)$;

(2) 求 $\lim\limits_{n \to \infty}\left(\dfrac{\cos 2^n}{2^n} - 2^n \sin \dfrac{1}{2^n}\right)$;

(3) 求 $\lim\limits_{x \to -\infty}\left(\sqrt{x^2 + x} - \sqrt{x^2 - 1}\right)$;

(4) 若函数 $f(x) = \begin{cases} \dfrac{\sin 2x + \mathrm{e}^{2ax} - 1}{x}, & x \neq 0, \\ a, & x = 0 \end{cases}$ 在 $x = 0$ 点连续,求 a 的值.

2. 判断下列结论是否正确:

(1) $\lim\limits_{n \to \infty} a_n$ 存在是数列 $\{a_n\}$ 有界的必要条件;

(2) 当 $x \to 1$ 时,函数 $f(x) = \dfrac{x^2 - 1}{x - 1} \mathrm{e}^{\frac{1}{x-1}}$ 的极限是 ∞;

(3) 当 $x \to 0$ 时,$f(x) = 2^x + 3^x - 2$ 是 x 的同阶但不等价无穷小量;

(4) $x = 0$ 是函数 $f(x) = \arctan \dfrac{1}{|x|}$ 的无穷间断点;

(5) 如果对任何 $\varepsilon > 0$,落在邻域 $U(a, \varepsilon)$ 外的点只有有限个,则 $\lim\limits_{n \to \infty} x_n = a$;

（6）如果对任何 $\varepsilon>0$，落在邻域 $U(a,\varepsilon)$ 内的点有无穷多个，则 $\lim\limits_{n\to\infty}x_n=a$.

3. 设函数 $f(x)=\begin{cases}1-x, & x\leqslant 0,\\ 1+x, & x>0,\end{cases}$ 求 $f(-x)$ 及 $f(1+x)$.

4. 设 $f(x)$ 是在 $(-l,l)$ 内有定义的偶函数，若 $f(x)$ 在区间 $[0,l)$ 内单调减少，证明 $f(x)$ 在区间 $(-l,0]$ 内单调增加.

5. 设函数 $f(x)$ 是在 $(-\infty,+\infty)$ 内有定义的周期为 3 的偶函数，且它在区间 $[0,1]$ 上的表达式为 $f(x)=x+1$，求 $f(-6)$，$f(7)$ 及 $f(x)$ 在区间 $[-3,-2]$ 上的表达式.

6. 设 $x_1=2$，$x_{n+1}=\sqrt{x_n+12}$，证明极限 $\lim\limits_{n\to\infty}x_n$ 存在，并求之.

7. 设 $a_n=1+\dfrac{1}{1+2}+\dfrac{1}{1+2+3}+\cdots+\dfrac{1}{1+2+\cdots+n}$，求极限 $\lim\limits_{n\to\infty}a_n$.

8. 设 $f(x)=x^2+2x\cdot\lim\limits_{x\to 1}f(x)$，其中 $\lim\limits_{x\to 1}f(x)$ 存在，求 $f(x)$.

9. 求下列极限：

（1）$\lim\limits_{x\to +\infty}x(\sqrt{x^2+1}-x)$；

（2）$\lim\limits_{x\to 0}\dfrac{\sqrt{1+\tan x}-\sqrt{1+\sin x}}{\tan x^3}$；

（3）$\lim\limits_{x\to 1}(x-1)\tan\dfrac{\pi x}{2}$；

（4）$\lim\limits_{x\to\infty}\left(\dfrac{2x+3}{2x+1}\right)^{x+1}$：

（5）$\lim\limits_{x\to 0}(\cos x)^{\frac{1}{\ln(1-x^2)}}$；

（6）$\lim\limits_{x\to 0}(e^x+\sin x)^{\frac{1}{x}}$.

10. 设 $f(x)$ 为三次多项式，且 $\lim\limits_{x\to 1}\dfrac{f(x)}{x-1}=\lim\limits_{x\to 3}\dfrac{f(x)}{x-3}=2$，求 $\lim\limits_{x\to 2}\dfrac{f(x)}{x-2}$.

11. 确定 a,b 的值，使函数 $f(x)=\lim\limits_{n\to\infty}\dfrac{x^{2n-1}+ax^2+bx}{x^{2n}+1}$ 在 $(-\infty,+\infty)$ 内连续.

12. 讨论函数 $f(x)=\lim\limits_{u\to x}\left(\dfrac{x-1}{u-1}\right)^{\frac{u}{x-u}}$ 的连续区间、间断点，并求 $f(x)$ 在间断点处的左、右极限，其中 $(x-1)(u-1)>0$，$x\neq u$.

13. 设函数 $f(x)=\begin{cases}\dfrac{x^2+ax+b}{x^2+x-2}, & x\neq 1, x\neq -2,\\ 2, & x=1,\end{cases}$ 求 a,b 的值，使得函数 $f(x)$ 在 $x=1$ 点连续.

14. 证明函数 $f(x)=\lim\limits_{n\to\infty}\sqrt[n]{1+x^n+\left(\dfrac{x^2}{2}\right)^n}$ 在区间 $[0,+\infty)$ 内连续.

15. 若函数 $f(x)$ 在 $x=x_0$ 点连续，证明函数 $y=|f(x)|$ 在 $x=x_0$ 点也连续.反之是否成立？

16. 设 $f(x)=\begin{cases}e^{\frac{1}{x-1}}, & x>0, x\neq 1,\\ \ln(1+x)+1, & -1<x\leqslant 0,\end{cases}$ 求 $f(x)$ 的间断点，并说明类型.

17. 证明方程 $\ln x=\dfrac{1}{2}-x$ 至少有一个不超过 1 的正根.

18. 若函数 $f(x)$ 在开区间 (a,b) 内连续，又 $f(a^+)$ 与 $f(b^-)$ 存在，且异号，证明 $f(x)$ 在开区间 (a,b) 内至少有一个零点.

第二章 一元函数微分学

实际中有大量的问题需要研究在自变量变化的过程中函数值随自变量变化的"变化率".例如,"引论"中所提到的做变速直线运动的质点的瞬时速度;再如,为制定国民经济计划,需要考察人口的增长率等.这就需要利用本章所要研究的导数.

设有函数 $y=f(x)$,一般说来,当自变量 x 发生改变时函数值也会随之改变.但函数的改变量 $\Delta y=f(x+\Delta x)-f(x)$ 往往是不容易计算的.而线性函数相对是简单的,我们不禁要问,能否用 Δx 的线性函数来代替 $f(x+\Delta x)-f(x)$,从而把复杂问题变为简单问题? 这正是本章要讨论的函数的微分所研究的问题.

微积分主要包括微分学与积分学两大部分,本章要研究的导数与微分是微分学的两个最基本的概念,它们既有重要的理论价值,在实际中又有着重要的应用.

第一节 函数的导数的概念

1. 导数的概念

1.1 一个实际问题——变速直线运动的瞬时速度

在"引论"中提出了求变速直线运动的瞬时速度,现在学习了极限理论,有了它作"已知",就可以对"变速直线运动的瞬时速度"作严谨的讨论.

一质点沿直线做变速运动,质点所走过的路程与时间之间的关系为 $s=s(t)$(其中 t 表示时间,s 为时刻 t 时所走过的路程),求质点在时刻 t_0 的速度 $v(t_0)$(称为 t_0 时的**瞬时速度**).

正像在"引论"中所说,何谓变速运动的瞬时速度? 怎么计算? 这些都是"未知".为研究、解决这一"未知",我们自然想到"匀速直线运动的速度"这一"已知".下面我们就借助这一"已知"来研究变速直线运动的瞬时速度及其计算.

由于匀速运动的速度等于路程除以(相应的)时间.为此,在 t_0 附近另取一时刻 $t_0+\Delta t(\Delta t\neq 0)$,将从时刻 t_0 到 $t_0+\Delta t$ 这段时间内的非匀速运动近似看作匀速运动,质点在这段时间内移动的路程是 $s(t_0+\Delta t)-s(t_0)$,所用的时间是 Δt,因此这段时间内的速度为

$$\overline{v}(t)=\frac{s(t_0+\Delta t)-s(t_0)}{\Delta t}.$$

对匀速运动来说,$\overline{v}(t)$ 是**这段时间内任意时刻的"瞬时速度"**.对变速运动来说,$\overline{v}(t)$ 实际是这段时间内的平均速度,它可以看作 t_0 时的速度 $v(t_0)$ 的近似值.一般说来 $|\Delta t|$ 越小,近似程度越高.为此,当 $\Delta t\rightarrow 0$ 时对 $\overline{v}(t)$ 取极限,如果该极限存在,就把这个极限值称作 t_0 时的瞬时速度

$v(t_0)$. 即有

$$v(t_0) = \lim_{\Delta t \to 0} \frac{s(t_0 + \Delta t) - s(t_0)}{\Delta t}.$$

为定义质点在 t_0 时的瞬时速度,这里主要利用了两个"已知",是哪两个?

例如,做自由落体运动的质点的运动方程为 $s = \frac{1}{2}gt^2$(其中 g 为重力加速度),按照上面的说法,它在时刻 t(这时质点仍在下降过程中)的瞬时速度为

$$v(t) = \lim_{\Delta t \to 0} \frac{\frac{1}{2}g\,(t+\Delta t)^2 - \frac{1}{2}gt^2}{\Delta t} = \lim_{\Delta t \to 0} \frac{1}{2}g(2t+\Delta t) = gt.$$

这正是我们在物理课中所熟悉的结果.

1.2 导数的定义

上面研究的变速运动是非均匀变化问题.对此我们遵循"用'已知'研究'未知'"的思想,**局部采取"以匀代非匀"**——在局部小范围内近似看作均匀变化(匀速运动)——**将问题转化为初等问题**,从而用初等方法求出其近似值(平均速度),**再通过在"局部"无限变小时对近似值求极限得到其精确值**.这正是**微积分研究问题的基本思想方法**.

速度是路程对于时间的变化率.在实际中许多问题的解决都要归结为求变化率的问题.将上述具体问题抽象为"一般",下面一般性地研究函数 $y=f(x)$ 随自变量变化而非均匀变化时的"变化率"——函数的导数.

设函数 $y=f(x)$ 在 x_0 的某邻域 $U(x_0)$ 内有定义,当自变量在 x_0 获得一个增量 Δx($\Delta x \neq 0$)而变为 $x_0 + \Delta x$($x_0 + \Delta x$ 仍属于 $U(x_0)$)时,函数值相应地由 $f(x_0)$ 变为 $f(x_0 + \Delta x)$,称差商(两相关增量之比)

$$\frac{f(x_0+\Delta x) - f(x_0)}{\Delta x}$$

为函数 $y=f(x)$ 在以 x_0 与 $x_0+\Delta x$ 为端点的区间上的**平均变化率**.当 $\Delta x \to 0$ 时,若该平均变化率的极限存在,则称该极限值为函数 $y=f(x)$ **在 x_0 点的变化率**,或称该函数在 x_0 点的导数.

定义 1.1 **设函数 $y=f(x)$ 在点 x_0 的某邻域 $U(x_0)$ 内有定义,当自变量 x 在 x_0 获得增量 Δx**(点 $x_0+\Delta x$ 仍在 $U(x_0)$ 内)时,相应的函数值有一个增量 $\Delta y = f(x_0+\Delta x) - f(x_0)$,如果极限

$$\lim_{\Delta x \to 0} \frac{\Delta y}{\Delta x} = \lim_{\Delta x \to 0} \frac{f(x_0+\Delta x) - f(x_0)}{\Delta x}$$

存在,则称 $y=f(x)$ 在点 x_0 可导,并称该极限值为 $y=f(x)$ 在点 x_0 处的导数(微商),记作 $f'(x_0)$. 即

$$f'(x_0) = \lim_{\Delta x \to 0} \frac{\Delta y}{\Delta x} = \lim_{\Delta x \to 0} \frac{f(x_0+\Delta x) - f(x_0)}{\Delta x}.$$

$f'(x_0)$ 也记为 $\dfrac{\mathrm{d}f}{\mathrm{d}x}\bigg|_{x=x_0}$,$\dfrac{\mathrm{d}y}{\mathrm{d}x}\bigg|_{x=x_0}$ 或 $y'|_{x=x_0}$ 等.

分析一下定义 1.1,导数是用什么做"已知"来定义的?定义 1.1 中有哪几个关键词?如何理解定义中"相应的"三个字的含义?

如果上述极限不存在,则说函数在这点不可导.

如果令 $x = x_0 + \Delta x$,则有 $\Delta x = x - x_0$,并且 $\Delta x \to 0$ 等价于 $x \to x_0$.因此函数 $y=f(x)$ 在点 x_0 的导数也可写作

$$f'(x_0) = \lim_{x \to x_0} \frac{f(x) - f(x_0)}{x - x_0}.$$

例 1.1　求常函数 $f(x) = c$ 在任意一点 x_0 处的导数.

解　对于任意一点 x_0 及 $\Delta x \neq 0$，总有

$$f(x_0 + \Delta x) - f(x_0) = c - c = 0,$$

因而

$$\lim_{\Delta x \to 0} \frac{f(x_0 + \Delta x) - f(x_0)}{\Delta x} = 0,$$

也就是说，常函数 $f(x) = c$ 在任意一点 x_0 处的导数都为零.

> 由导数的定义来看，求函数在一点的导数大致可分几步？

例 1.2　证明：在任意点 x_0 处，有 $\left.\dfrac{\mathrm{d}\sin x}{\mathrm{d}x}\right|_{x=x_0} = \cos x_0$，$\left.\dfrac{\mathrm{d}\cos x}{\mathrm{d}x}\right|_{x=x_0} = -\sin x_0$.

证　由导数的定义得

$$(\sin x)'\big|_{x=x_0} = \lim_{\Delta x \to 0} \frac{\sin(x_0 + \Delta x) - \sin x_0}{\Delta x} = \lim_{\Delta x \to 0} \frac{2\sin \frac{\Delta x}{2} \cos\left(x_0 + \frac{\Delta x}{2}\right)}{\Delta x}$$

$$= \lim_{\Delta x \to 0} \frac{\sin \frac{\Delta x}{2}}{\frac{\Delta x}{2}} \cdot \lim_{\Delta x \to 0} \cos\left(x_0 + \frac{\Delta x}{2}\right) = \cos x_0.$$

类似地可以证明 $\left.\dfrac{\mathrm{d}\cos x}{\mathrm{d}x}\right|_{x=x_0} = -\sin x_0$，留给读者课后练习.

1.3　一般曲线的切线　导数的几何意义

从微积分的发展史来看，研究曲线的切线是刺激微积分发展的一个重要诱因.

（1）一般曲线的切线

在中学里学习了圆的切线——与圆只有一个交点的直线. 显然，用它来定义平面上任意曲线的切线是不可行的. 例如，虽然坐标平面 xOy 中的 y 轴与曲线 $y = x^2$ 只有一个交点，但是如果称 y 轴为曲线 $y = x^2$ 的切线，这是我们无论如何也无法接受的. 如何定义一般曲线在某一点处的切线？解决这个"未知"应该用什么作"已知"？这是下面要讨论的.

如图 2-1，设 M 为曲线 C 上的一点，在曲线上（点 M 外）任取一点 P，过 M，P 作直线 MP，我们称这样的直线 MP 为曲线过点 M 的**割线**. 由于两点能唯一地确定一条直线，因此曲线在某点处的割线是容易作出的，既然割线容易做出，我们就用割线及极限的思想作"已知"来定义一般曲线的切线这一"未知".

如图 2-1，固定点 M 不动，令点 P 沿曲线靠近点 M，这时割线 MP 相应地绕 M 点转动，如果当点 P 无限趋近于点 M（弦长 $|MP|$ 趋近于零）时，直线 MP 无限趋近于一确定的直线 MT（或说当弦长 $|MP|$ 趋近于零时，$\angle PMT$ 趋近于零），则称直线 MT 为曲线 C 在点 M 处的**切线**，点 M 称为**切点**.

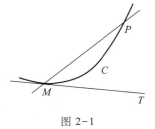

图 2-1

（2）切线的方程

如图 2-2，设曲线 C 的方程为 $y=f(x)$，点 $M(x_0,y_0)$（其中 $y_0 = f(x_0)$）在该曲线上，函数 $y=f(x)$ 在点 x_0 可导。下面写出曲线 C 的以 $M(x_0,y_0)$ 为切点的切线 MT 的方程.

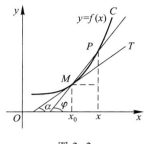

图 2-2

上面的叙述给出了直线 MT 的如下信息：（1）点 M 在已知曲线 C 上；（2）它是曲线 C 的切线，切点为 M.因此要写出它的方程，就必须从这两个已知条件入手.

确定直线需要两个条件，既然 M 在曲线上，如果再知道直线 MT 的斜率，那么利用平面直线的"点斜式方程"就容易写出它的方程.可是直线 MT 的斜率又是什么呢？

既然直线 MT 是曲线 C 的切线，切线是割线的极限位置，而割线的斜率是容易（根据两割点）求出的，因此应该利用割线的斜率以及极限的思想给出切线的斜率.下面来具体讨论之.

设 $P(x,f(x))$ 为曲线 C 上异于 M 的任意一点，则 MP 为曲线 C 的过 M 的割线.由切线的由来不难想象，应定义割线 MP 的斜率 $\dfrac{f(x)-f(x_0)}{x-x_0}$ 在 $x \to x_0$ 时的极限为切线 MT 的斜率，即

$$k_{MT} = \lim_{P \to M} k_{MP} = \lim_{x \to x_0} \frac{f(x)-f(x_0)}{x-x_0}.$$

由于 $y=f(x)$ 在 x_0 点可导，因此 $\lim\limits_{x \to x_0} \dfrac{f(x)-f(x_0)}{x-x_0}$ 存在且等于 $f'(x_0)$，即 $k_{MT} = f'(x_0)$.由直线的点斜式方程，曲线 $y=f(x)$ 在点 $M(x_0,y_0)$ 处**切线 MT 的方程**为

$$y-y_0 = f'(x_0)(x-x_0).$$

过点 M 且与切线垂直的直线称为曲线 $y=f(x)$ 在点 M 的**法线**.如果 $f'(x_0) \neq 0$，则该法线的斜率为 $-\dfrac{1}{f'(x_0)}$，因此，**该法线的方程**为

$$y-y_0 = -\frac{1}{f'(x_0)}(x-x_0).$$

> 若 $f'(x_0)=0$，法线的方程应是什么形式？

（3）导数的几何意义

由上面的讨论得到，若函数 $y=f(x)$ 在点 x_0 处可导，那么曲线 $y=f(x)$ 在点 $M(x_0,f(x_0))$ 处有切线，并且切线的斜率就是导数 $f'(x_0)$，这就是导数的**几何意义**.设切线 MT（关于 x 轴正向）的倾角为 α（图 2-2），因此有

$$f'(x_0) = \tan \alpha.$$

> 由 $f'(x_0) = \tan \alpha$ 及 α 的定义，函数 $x=g(y)$ 在一点的导数的几何意义应该怎么描述？

虽然由函数在一点可导，函数的曲线在相应点处就一定有切线，但反过来却是不成立的.

> 函数在开区间内处处可导与函数在该区间上的曲线处处有切线等价吗？

比如，若 $y=f(x)$ 在点 x_0 处不可导，但 $\lim\limits_{x \to x_0} \dfrac{f(x)-f(x_0)}{x-x_0} = \infty$（这时习惯上也称函数 $y=f(x)$ 在点 x_0 处的导数为无穷大，它是导数不存在的一种特殊情况），这时曲线 $y=f(x)$ 在点 M

的动割线以直线 $x=x_0$ 为极限位置.也就是说,虽然这时函数 $y=f(x)$ 在点 x_0 处不可导,但曲线 $y=f(x)$ 在点 $M(x_0,f(x_0))$ 处却有垂直于 x 轴的切线 $x=x_0$(图 2-3).

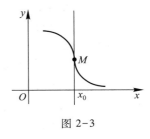

图 2-3

导数还有另外的几何解释:

我们知道,一元函数 $y=f(x)$,$x\in D$ 是 $D\subset \mathbf{R}$ 到 $\mathbf{R}$ 的映射.当自变量 x 在点 x_0 有一个改变量 Δx 时,通过映射 f,因变量 y 在点 $y_0=f(x_0)$ 有一个改变量 Δy.称 $\dfrac{\Delta y}{\Delta x}$ 为映射 f 在以 x_0 与 $x_0+\Delta x$ 为端点的区间上的"**平均伸缩商**".若 $f(x)$ 在 x_0 可导,即有

$$f'(x_0)=\lim_{\Delta x\to 0}\frac{\Delta y}{\Delta x},$$

则称 $f'(x_0)$ 为映射 f 在点 x_0 的"**伸缩商**".也可以这样来直观地理解所谓"伸缩商"的含义:由极限与无穷小量的关系,有

$$\frac{\Delta y}{\Delta x}=f'(x_0)+\alpha,$$

或

$$\Delta y=f'(x_0)\Delta x+\alpha\Delta x,$$

其中 α 是当 $\Delta x\to 0$ 时的无穷小量.如果忽略高阶无穷小量 $\alpha\Delta x$,可导函数 f 将 Δx 映射成的像可近似看作 $\Delta y\approx f'(x_0)\Delta x$.也就是说,在忽略高阶无穷小量 $\alpha\Delta x$ 的前提下,像 Δy 与原像 Δx 之比(近似)为 $f(x)$ 在点 x_0 处的导数 $f'(x_0)$(图 2-4).

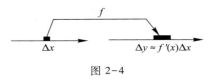

图 2-4

1.4 单侧导数

上面研究的是函数在一点处导数的定义.如果函数 $y=f(x)$ 在开区间 (a,b) 内的每一点都可导,则称该函数**在开区间 (a,b) 内可导**.

注意到导数定义中的极限

$$\lim_{\Delta x\to 0}\frac{f(x_0+\Delta x)-f(x_0)}{\Delta x}$$

是双侧极限,即 $x_0+\Delta x$ 既可以从 x_0 的左侧趋近于 x_0、也可以从 x_0 的右侧趋近于 x_0.但是,对有些点求双侧极限却是不可能的.比如,在闭区间的端点处就无法求双侧极限,也就无法谈函数的导数.因此,像连续函数在其定义区间的端点处(如果函数在该端点处是连续的)只能是单侧连续那样,考察函数在区间端点处的导数也应将上述极限改为求单侧极限,这就引出了"单侧导数"的概念.

若单侧极限

$$\lim_{\Delta x\to 0^+}\frac{f(x_0+\Delta x)-f(x_0)}{\Delta x}$$

存在,称该单侧极限为 $y=f(x)$ 在 x_0 点的**右导数**,记为 $f'_+(x_0)$;即

$$f'_+(x_0)=\lim_{\Delta x\to 0^+}\frac{f(x_0+\Delta x)-f(x_0)}{\Delta x}.$$

类似地,称

$$\lim_{\Delta x \to 0^-} \frac{f(x_0 + \Delta x) - f(x_0)}{\Delta x}$$

为 $y = f(x)$ 在 x_0 点的**左导数**,记为 $f'_-(x_0)$. 即

$$f'_-(x_0) = \lim_{\Delta x \to 0^-} \frac{f(x_0 + \Delta x) - f(x_0)}{\Delta x}.$$

左导数与右导数统称为**单侧导数**.

显然,由导数与单侧导数的定义及极限与单侧极限的关系,易得:

$y = f(x)$ 在 x_0 **点可导** $\Leftrightarrow y = f(x)$ **在** x_0 **点的左、右导数都存在,并且相等.**

例 1.3 考察函数 $f(x) = \begin{cases} 3x, & x < 0 \\ x^3, & x \geq 0 \end{cases}$ 在 $x = 0$ 点的可导性(图 2-5).

解 由 $f(x)$ 的定义, $f(0) = 0^3 = 0$. 因此

$$f'_+(0) = \lim_{h \to 0^+} \frac{f(0+h) - f(0)}{h} = \lim_{h \to 0^+} \frac{h^3 - 0}{h} = \lim_{h \to 0^+} h^2 = 0;$$

$$f'_-(0) = \lim_{h \to 0^-} \frac{f(0+h) - f(0)}{h} = \lim_{h \to 0^-} \frac{3h - 0}{h} = \lim_{h \to 0^-} 3 = 3.$$

$$f'_+(0) \neq f'_-(0),$$

因此 $f(x) = \begin{cases} 3x, & x < 0, \\ x^3, & x \geq 0 \end{cases}$ 在 $x = 0$ 点不可导.

相同的方法可以证明,函数 $y = |x|$ 在 $x = 0$ 点也不可导. 留给读者课后练习.

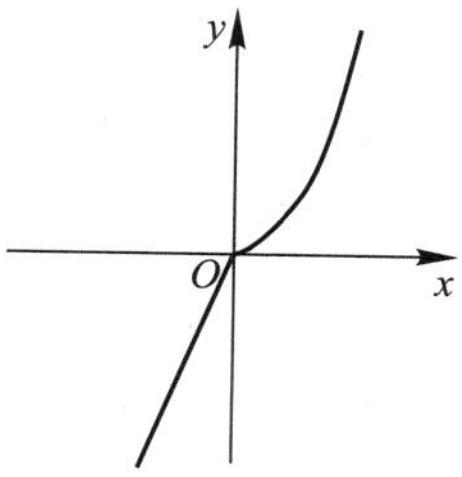

> 如果仅有函数在点 x_0 处的左、右导数都存在,能像"若函数在一点左、右连续就一定连续"那样,保证函数在这点可导吗?

> 请通过例 1.3 总结求一般分段函数
> $$f(x) = \begin{cases} \varphi(x), & x < a, \\ \phi(x), & x \geq a \end{cases}$$
> 在分段点 $x = a$ 处的导数的方法.

图 2-5

关于对分段函数求导数的注记

1.5 导函数

有了单侧导数的概念,就可以将函数在开区间内可导的定义推广到闭区间(或半开半闭区间).

若函数在开区间内可导,在区间的端点处有相应的单侧导数,则称**函数在该闭区间上可导**.类似地可定义函数在半开半闭区间上可导.

如果函数 $f(x)$ 在某区间 I 上可导,那么,对于任意一点 $x \in I$,都对应一个确定的导数值 $f'(x)$,这就得到了区间 I 上的一个函数,称为 $f(x)$ 在区间 I 上的**导函数**,记作 $f'(x)$,也记作 $\dfrac{\mathrm{d}f}{\mathrm{d}x}$,$\dfrac{\mathrm{d}y}{\mathrm{d}x}$ 或 y'.通常也将导函数简称为导数.

由例 1.2 中点 $x_0 \in (-\infty, +\infty)$ 的任意性,易得正弦函数、余弦函数在 $(-\infty, +\infty)$ 内的导函数分别为

$$(\sin x)' = \cos x, \quad (\cos x)' = -\sin x.$$

$f(x)$ 在其可导区间 I 上的任意一点 x_0 处的导数就是其导函数 $f'(x)$ 在该点处的函数值,即

$$f'(x_0) = f'(x)\big|_{x=x_0} = \frac{\mathrm{d}f}{\mathrm{d}x}\bigg|_{x=x_0}.$$

例 1.4　求函数 $y = x^n$(n 为正整数)的导函数,并求出函数 $y = x^2$ 在 $x = 4$ 处的导数.

解　对于任意的 x 及 $\Delta x \neq 0$,有

$$\Delta y = (x + \Delta x)^n - x^n = nx^{n-1}\Delta x + \frac{1}{2!}n(n-1)x^{n-2}(\Delta x)^2 + \cdots + (\Delta x)^n,$$

从而有

$$\frac{\Delta y}{\Delta x} = \frac{nx^{n-1}\Delta x + \dfrac{1}{2!}n(n-1)x^{n-2}(\Delta x)^2 + \cdots + (\Delta x)^n}{\Delta x}$$

$$= nx^{n-1} + \frac{1}{2!}n(n-1)x^{n-2}\Delta x + \cdots + (\Delta x)^{n-1}.$$

于是

$$(x^n)' = \lim_{\Delta x \to 0} \frac{\Delta y}{\Delta x} = \lim_{\Delta x \to 0}\left[nx^{n-1} + \frac{1}{2!}n(n-1)x^{n-2}\Delta x + \cdots + (\Delta x)^{n-1}\right] = nx^{n-1}.$$

由此易得函数 $y = x^2$ 的导函数为 $y' = 2x$,在 $x = 4$ 处的导数为

$$y'(x)\big|_{x=4} = (2x)\big|_{x=4} = 2 \times 4 = 8.$$

例 1.5　求函数 $f(x) = a^x$ 的导数,其中 $a > 0, a \neq 1$.

解
$$f'(x) = \lim_{h \to 0} \frac{f(x+h) - f(x)}{h} = \lim_{h \to 0} \frac{a^{x+h} - a^x}{h} = a^x \lim_{h \to 0} \frac{a^h - 1}{h}.$$

由第一章例 7.5 知 $\lim\limits_{h \to 0} \dfrac{a^h - 1}{h} = \ln a$,于是

$$(a^x)' = a^x \ln a.$$

特别地,

$$(\mathrm{e}^x)' = \mathrm{e}^x.$$

> 请根据例 1.1—例 1.5 总结一下求函数的导(函)数的一般步骤,求函数在某一点处的导数可以有几种方法?

例 1.6　求函数 $y = \dfrac{1}{x}$ 在任意一点 $x\,(x \neq 0)$ 处的导数及曲线 $y = \dfrac{1}{x}$ 在点 $\left(\dfrac{1}{2}, 2\right)$ 处的切线方程与法线方程(图 2-6).

解 $\dfrac{dy}{dx}=\lim\limits_{\Delta x\to 0}\dfrac{\dfrac{1}{x+\Delta x}-\dfrac{1}{x}}{\Delta x}=\lim\limits_{\Delta x\to 0}\dfrac{\dfrac{-\Delta x}{x(x+\Delta x)}}{\Delta x}$

$\qquad\quad =\lim\limits_{\Delta x\to 0}\dfrac{-1}{x(x+\Delta x)}=-\dfrac{1}{x^2}.$

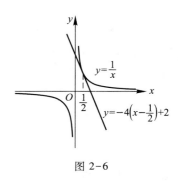

图 2-6

因此,在点 $x=\dfrac{1}{2}$ 处,$y=\dfrac{1}{x}$ 的导数为

$$\dfrac{dy}{dx}\Big|_{x=\frac{1}{2}}=\left(-\dfrac{1}{x^2}\right)\Big|_{x=\frac{1}{2}}=-4,$$

这就是说,曲线 $y=\dfrac{1}{x}$ 在点 $\left(\dfrac{1}{2},2\right)$ 处的切线斜率为-4.因此,要求的切线方程为

$$y-2=-4\left(x-\dfrac{1}{2}\right)$$

或

$$4x+y-4=0.$$

在点 $\left(\dfrac{1}{2},2\right)$ 处的法线方程为

$$y-2=-\dfrac{1}{-4}\left(x-\dfrac{1}{2}\right)$$

或

$$2x-8y+15=0.$$

2. 可导与连续之间的关系

由前面的讨论,作为映射 $y=f(x)$,若它在点 x_0 可导,则有 $\Delta y=f'(x_0)\Delta x+\alpha\Delta x$.由此容易看出,当函数在一点可导时它在这点必然连续.也就是有下面的定理 1.1 成立.

定理 1.1 若函数 $y=f(x)$ 在点 x_0 可导,那么它在点 x_0 必连续.

证 证明是简单的.$y=f(x)$ 在点 x_0 可导,即有

$$\lim\limits_{\Delta x\to 0}\dfrac{\Delta y}{\Delta x}=f'(x_0),$$

因此

$$\dfrac{\Delta y}{\Delta x}=f'(x_0)+\alpha,$$

由定理 1.1,函数在一点连续是在这点可导的什么条件?

其中 α 为当 $\Delta x\to 0$ 时的无穷小量.上式两边同乘 Δx,得

$$\Delta y=f'(x_0)\Delta x+\alpha\Delta x.$$

由此易得,当 $\Delta x\to 0$ 时,$\Delta y\to 0$.这正是函数在点 x_0 连续的定义.

请总结一下,函数在一点存在极限、连续、可导之间的关系.

虽然"若函数在一点可导,那么它在这点必然连续",但是反过来却未必成立.即**在一点连续的函数,在这点未必可导.**

87

例 1.3 就是一个很好的说明,虽然 $f(x)$ 在 $x=0$ 点不可导,但由图 2-5 容易看出(并可以证明)它在这一点却是连续的.函数 $y=|x|$ 在点 $x=0$ 也是一个连续却不可导的典型例子.德国数学家魏尔斯特拉斯甚至给出一个例子(见本节"历史人物简介")说明,一个处处连续的函数却处处不可导.这个例子震惊了当时的整个数学界,澄清了长期以来人们的模糊认识——连续函数必然可导.

例 1.7　求常数 a,b,使得函数

$$f(x)=\begin{cases} x^2+2x+b, & x\leqslant 0, \\ \arcsin ax, & x>0 \end{cases}$$

在点 $x=0$ 处可导.

解　由可导与连续的关系,要使 $f(x)$ 在 $x=0$ 处可导,它在该点处必连续.而

$$f(0^+)=\lim_{x\to 0^+}\arcsin ax=0,$$
$$f(0)=(0^2+2\cdot 0+b)=b,$$

因此要使 $f(x)$ 在 $x=0$ 处连续,必有

$$f(0^+)=f(0)=b,$$

即有

$$b=0.$$

又

$$f'_+(0)=\lim_{h\to 0^+}\frac{f(h)-f(0)}{h}=\lim_{h\to 0^+}\frac{\arcsin ah-0}{h}=\lim_{h\to 0^+}\frac{ah}{h}=a,$$

及

$$f'_-(0)=\lim_{h\to 0^-}\frac{f(h)-f(0)}{h}=\lim_{h\to 0^-}\frac{h^2+2h}{h}=\lim_{h\to 0^-}(h+2)=2.$$

要使 $f(x)$ 在 $x=0$ 处可导,必有

$$f'_+(0)=f'_-(0),$$

即有 $a=2$.

因此,当 $a=2$,$b=0$ 时函数 $f(x)$ 在 $x=0$ 处可导,这时

$$f(x)=\begin{cases} x^2+2x, & x\leqslant 0, \\ \arcsin 2x, & x>0. \end{cases}$$

> 在例 1.7 解题的过程中用了几个"已知"? 若将题目改为"求出 a,b 的值,使得函数在 $x=0$ 处连续"能求解吗? 由此,有何收获?

3. 原函数

通过上面的研究我们知道,若在区间 I 上,有 $F'(x)=f(x)$,则称函数 $f(x)$ 为 $F(x)$ 在 I 上的导函数.那么,$F(x)$ 又称作 $f(x)$ 的什么呢? 这就是下面的定义1.2所表述的问题.

定义 1.2　设在区间 I 上,有 $F'(x)=f(x)$,则称函数 $F(x)$ 为函数 $f(x)$ 在区间 I 上的**原函数**.

例如,由于 $(\sin x)'=\cos x$ 对任意的实数 x 成立,因此,在实数集上,$\sin x$ 是 $\cos x$ 的原函数.有的书中把原函数称为反导数,这个称谓更形象地反映了导数与原函数之间的关系.

不仅 $(\sin x)'=\cos x$ 成立,容易证明,对任意的常数 C,都有 $(\sin x+C)'=\cos x$ 成立.事实上,

$$(\sin x+C)'=\lim_{\Delta x\to 0}\frac{[\sin(x+\Delta x)+C]-(\sin x+C)}{\Delta x}=\lim_{\Delta x\to 0}\frac{\sin(x+\Delta x)-\sin x}{\Delta x},$$

利用例1.2,上式等于 $\cos x$.

也就是说,不仅 $\sin x$ 是 $\cos x$ 的原函数,而且对任意的常数 C,$\sin x + C$ 都是 $\cos x$ 的原函数. 一般地,仿照 $(\sin x + C)' = \cos x$ 的证明,易得

若函数 $F(x)$ 为函数 $f(x)$ 在区间 I 上的原函数,那么函数 $F(x) + C$(C 为任意常数)都是 $f(x)$ 在区间 I 上的原函数.

> 由这个结论能说 $F(x) + C$ 是 $f(x)$ 的所有原函数吗?

历史的回顾

历史人物简介

魏尔斯特拉斯

习题 2-1(A)

1. 判断下列论述是否正确,并说明理由:

(1)函数的导数是函数的平均变化率在自变量的增量趋近于零时的极限;

(2)函数 $y = f(x)$ 在 x_0 点连续是它在 x_0 点可导的充分必要条件.

(3)$y = f(x)$ 在 x_0 点可导的充分必要条件是 $y = f(x)$ 在 x_0 点的左、右导数都存在;

(4)求分段函数 $f(x) = \begin{cases} \varphi(x), & x < a, \\ \psi(x), & x \geq a \end{cases}$ 在分界点 $x = a$ 处的导数时,一般利用左、右导数的定义分别求该点处的左、右导数.如果二者都存在且相等,则在这一点处导数存在,且等于左、右导数,否则,在这点函数不可导;

(5)若函数 $f(x)$ 为可导的偶(奇)函数,则 $f'(x)$ 为奇(偶)函数.

2. 用导数定义求下列函数在指定点处的导数:

(1)$y = 4x^2$,$x_0 = -1$;

(2)$y = \sqrt{x}$,$x_0 = 1$;

(3)$y = \ln x$,x 为任意一点($x > 0$);

(4)$y = x|x|$,$x_0 = 0$.

3. 对函数 $f(x) = x^2 - 4x + 5$,分别求出满足下列条件的点 x_0:

(1)$f'(x_0) = 0$;

(2)$f'(x_0) = -4$.

4. 若函数 $f(x)$ 可导,求下列极限:

(1) $\lim\limits_{\Delta x \to 0} \dfrac{f(x_0-2\Delta x)-f(x_0)}{\Delta x}$;

(2) $\lim\limits_{h \to 0} \dfrac{f(x_0+h)-f(x_0-2h)}{h}$;

(3) $\lim\limits_{x \to 0} \dfrac{f(1)-f(1-x)}{2x}$;

(4) $\lim\limits_{x \to 0} \dfrac{f(x)}{x}(f(0)=0)$.

5. 求曲线 $y=2^x$ 在点 $(0,1)$ 处的切线方程与法线方程.

6. 设质点做直线运动,其运动规律为 $s=3t^2+2t+1$,求:

(1) 从 $t=2$ 到 $t=2.1$ 的平均速度;

(2) 从 $t=2$ 到 $t=2.01$ 的平均速度;

(3) 在 $t=2$ 时的瞬时速度.

7. 讨论下列函数在指定点的连续性和可导性:

(1) $y=\ln x$,在 $x=1$ 点;

(2) $y=\sqrt[3]{x^2}$,在 $x=0$ 点;

(3) $f(x)=\begin{cases} x\sin\dfrac{1}{x^2}, & x\neq 0, \\ 0, & x=0, \end{cases}$ 在 $x=0$ 点;

(4) $f(x)=\begin{cases} x^2+x, & x\geq 1, \\ 2x^3, & x<1, \end{cases}$ 在 $x=1$ 点.

8. 设函数 $f(x)=\begin{cases} e^x, & x\geq 0, \\ \sin x, & x<0, \end{cases}$ 求 $f'(x)$.

习题 2-1(B)

1. 已知 $f(0)=0,f'(0)=2$,求 $\lim\limits_{x\to 0}\dfrac{f(x)}{\sin 2x}$.

2. 已知函数 $f(x)$ 在 $x=0$ 处可导,且 $f'(0)=\dfrac{1}{3}$,又对任意的 x,有 $f(3+x)=3f(x)$,求 $f'(3)$.

3. 试确定 a,b 的值,使函数 $f(x)=\begin{cases} x^2, & x\leq 1, \\ ax+b, & x>1, \end{cases}$ 在 $x=1$ 处可导.

4. 设函数 $f(x)=\varphi(a+bx)-\varphi(a-bx)$,其中 $\varphi(x)$ 在 $x=a$ 点处可导,求 $f'(0)$.

5. 曲线 $y=\ln x$ 上与直线 $x+y=1$ 垂直的切线方程.

6. 设函数 $f(x),g(x)$ 均在点 x_0 的某一邻域内有定义,$f(x)$ 在 x_0 处可导,$f(x_0)=0$,$g(x)$ 在 x_0 处连续,试讨论 $f(x)\cdot g(x)$ 在 x_0 处的可导性.

第二节 函数的微分

上一节利用局部"以'匀'代'非匀'"讨论了变速运动的瞬时速度,从而引出了函数的导数的概念.本节给出微分学的另一基本概念——函数的微分.

1. 微分的概念

许多实际问题需要计算当自变量获得一个增量 Δx 后,函数值 $f(x)$ 相应的增量

$$\Delta y = f(x+\Delta x) - f(x).$$

例如,一块正方形金属薄片受温度变化的影响,边长由 x_0 变为 x_0+ Δx(图 2-7),我们来考察其面积相应的增量.

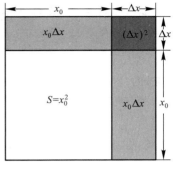

图 2-7

设该正方形的边长为 x,面积为 S,则有 $S=x^2$.在边长由 x_0 变为 $x_0+\Delta x$ 后,相应的面积有一个增量

$$\Delta S = (x_0+\Delta x)^2 - x_0^2 = 2x_0\Delta x + (\Delta x)^2.$$

由图 2-7 可以看到,ΔS 由两部分组成:第一部分为 $2x_0\Delta x$,它是 Δx 的线性函数(图 2-7 中浅灰色的两个矩形面积之和);第二部分为 $(\Delta x)^2$(图 2-7 中深灰色的小正方形面积),在 $\Delta x \to 0$ 时它是 Δx 的高阶无穷小量,即 $(\Delta x)^2 = o(\Delta x)$.从图 2-7 可以直观地看出,它要比两个浅灰色的小矩形面积之和小得多.因此,当边长的改变 Δx 很微小时,面积的改变量可近似地用 $2x_0\Delta x$ 来替代,所产生的误差要比 Δx 小得多.

比如,取 $x_0=3$,$\Delta x=0.01$,则 $x_0+\Delta x=3.01$,如果用 $2x_0\Delta x = 2 \times 3 \times 0.01 = 0.06$ 来代替

$$\Delta S = (3.01)^2 - 3^2,$$

所产生的误差仅为 $(0.01)^2 = 0.0001$.

一般地,对函数 $y=f(x)$,当自变量在 x_0 处获得一个增量 Δx 后,若函数的增量 Δy 能写成

$$\Delta y = A \cdot \Delta x + o(\Delta x),$$

或

$$f(x_0+\Delta x) - f(x_0) = A \cdot \Delta x + o(\Delta x)$$

的形式,其中 A 是与 Δx 无关的常数(在上面的正方形面积中,$A=2x_0$).那么就可以用 Δx 的线性函数 $A \cdot \Delta x$ 来近似表示函数值的增量,用 $f(x_0)+A \cdot \Delta x$ 来近似表示函数值 $f(x_0+\Delta x)$,所产生的误差是关于 Δx 的高阶无穷小量.

下面给出微分的定义.

定义 2.1　**设函数 $y=f(x)$ 在点 x_0 的某邻域内有定义,在点 x_0 给 x 一增量 Δx($x_0+\Delta x$ 仍属于该邻域).如果存在不依赖于 Δx 的常数 A,使得相应的函数值的增量能表示为**

$$\Delta y = A \cdot \Delta x + o(\Delta x), \tag{2.1}$$

则称 $y=f(x)$ 在点 x_0 可微(分),并称 $A \cdot \Delta x$ 为 $y=f(x)$ 在点 x_0 的微分,记作 $\mathrm{d}y$.即

$$\mathrm{d}y = A\Delta x.$$

> 从定义来看,微分是出于什么目的而引出的?该定义中哪几个地方是关键的?

显然,当 $A \neq 0$ 时,式(2.1)中的 $o(\Delta x)$ 满足 $\lim\limits_{\Delta x \to 0} \dfrac{o(\Delta x)}{A\Delta x} = 0$.因此,在 $\Delta x \to 0$ 时,函数的微分 $A\Delta x$ 不仅是 Δx 的线性函数,而且还是 Δy 的"主要"部分,于是也称它为增量的**线性主部**.

由于 $\lim\limits_{\Delta x \to 0} \dfrac{o(\Delta x)}{\Delta x} = 0$,若记 $\dfrac{o(\Delta x)}{\Delta x} = \alpha$,则 $\lim\limits_{\Delta x \to 0} \alpha = 0$,并且 $o(\Delta x) = \alpha \cdot \Delta x$,因此式(2.1)可写成下面的形式

$$\Delta y = A \cdot \Delta x + \alpha \cdot \Delta x, \tag{2.1)$'$}$$

其中 α 是当 $\Delta x \to 0$ 时的无穷小量.

2. 可导与可微的关系

从定义看,导数与微分似乎是两个完全无关的概念,但事实上它们却是等价的.并且若 $y=f(x)$ 在 x_0 处可微,其微分 $\mathrm{d}f=A\Delta x$ 中的常数 A 就是 $f(x)$ 在 x_0 处的导数.这就是下面的定理 2.1 所表述的.

定理 2.1 函数 $y=f(x)$ 在点 x_0 的某邻域 $U(x_0)$ 内有定义,则

$$y=f(x) \text{ 在点 } x_0 \text{ 可导} \Leftrightarrow y=f(x) \text{ 在点 } x_0 \text{ 可微};$$

并且,当 $y=f(x)$ 在点 x_0 可微时,有

$$\Delta y = f'(x_0)\Delta x + o(\Delta x).$$

证　必要性 设 $y=f(x)$ 在点 x_0 可导,因此有

$$f'(x_0) = \lim_{\Delta x \to 0} \frac{\Delta y}{\Delta x}.$$

由第一章定理 5.1,有

$$\frac{\Delta y}{\Delta x} = f'(x_0) + \alpha,$$

其中,α 是 $\Delta x \to 0$ 时的无穷小量.因此

$$\Delta y = f'(x_0)\Delta x + \alpha \cdot \Delta x,$$

这正符合式 $(2.1)'$ 的形式,因此 $y=f(x)$ 在点 x_0 可微,并且 $\mathrm{d}y = f'(x_0)\Delta x$.

充分性 若 $y=f(x)$ 在点 x_0 可微,则有

$$\Delta y = A\Delta x + o(\Delta x),$$

其中 A 是一个常数.因此

$$\lim_{\Delta x \to 0} \frac{\Delta y}{\Delta x} = \lim_{\Delta x \to 0} \frac{A\Delta x + o(\Delta x)}{\Delta x} = \lim_{\Delta x \to 0} \left[A + \frac{o(\Delta x)}{\Delta x} \right] = A.$$

> 分析定理的证明,在证明过程中,主要借助了哪些"已知"?

这说明 $y=f(x)$ 在点 x_0 可导,并且 $f'(x_0) = A$.

证毕.

由于函数在一点可导与可微是等价的,因此今后对二者不加区别,也称可导为可微.并且若函数 $y=f(x)$ 在点 x_0 可微,其微分即为

$$\mathrm{d}y = f'(x_0)\Delta x.$$

例 2.1 求函数 $y = \sin x$ 分别在 $x = \dfrac{\pi}{6}$ 及 $x = \dfrac{\pi}{3}$ 处的微分.

解 函数 $y = \sin x$ 在 $x = \dfrac{\pi}{6}$ 处的微分为

$$\mathrm{d}y = (\sin x)' \bigg|_{x=\frac{\pi}{6}} \Delta x = \left(\cos \frac{\pi}{6} \right) \Delta x = \frac{\sqrt{3}}{2}\Delta x;$$

在 $x = \dfrac{\pi}{3}$ 处的微分为

$$\mathrm{d}y = (\sin x)' \Big|_{x=\frac{\pi}{3}} \Delta x = \left(\cos \frac{\pi}{3}\right)\Delta x = \frac{\Delta x}{2}.$$

例 2.2　求函数 $y = x^3$ 当 $x = 3, \Delta x = 0.01$ 时的微分.

解　函数 $y = x^3$ 在任意一点 x 处的微分为

$$\mathrm{d}y = (x^3)'\Delta x = 3x^2\Delta x.$$

因此，当 $x = 3, \Delta x = 0.01$ 时它的微分为

$$3x^2\Delta x \Big|_{\substack{x=3 \\ \Delta x = 0.01}} = 3 \cdot 3^2 \cdot 0.01 = 0.27.$$

> 通过例 2.1 及例 2.2 来看，函数在某一点的微分是由哪些因素决定的？

通常把自变量 x 的增量 Δx 称为自变量的微分，记作 $\mathrm{d}x$，即有 $\mathrm{d}x = \Delta x$. 于是，函数 $y = f(x)$ 在任意可微点 x 处的微分（简称函数的微分）就可以写成

$$\mathrm{d}y = f'(x)\mathrm{d}x$$

的形式，用 $\mathrm{d}x$ 去除上式的两端即得

$$\frac{\mathrm{d}y}{\mathrm{d}x} = f'(x).$$

因此，导数也称作微商（微分之商）.

3. 用微分作近似计算及误差估计

3.1　用微分作近似计算

若函数 $y = f(x)$ 在点 x_0 可微，那么，根据上面的讨论，对 x_0 附近的点 x，有

$$f(x) - f(x_0) = f'(x_0)(x - x_0) + o((x - x_0))$$

或

$$f(x) = f(x_0) + f'(x_0)(x - x_0) + o((x - x_0)),$$

因此在点 x_0 附近，$y = f(x)$ 可以用线性函数

$$L(x) = f(x_0) + f'(x_0)(x - x_0)$$

来近似. 从几何上看（图 2-8）就是，在可微点附近的微小局部，曲线可以用在点 $(x_0, f(x_0))$ 处的切线 $L(x)$ 近似替代. 因此称 $L(x)$ 为 $f(x)$ 的（标准）**线性逼近**，也称它为函数 $y = f(x)$ 在点 x_0 的**局部线性化**. 利用函数的局部线性化，在点 x_0 的附近有

$$f(x) \approx f(x_0) + f'(x_0)(x - x_0). \tag{2.2}$$

利用式（2.2）可以比较方便地作近似计算.

例 2.3　证明当 $|x|$ 很小时，$\mathrm{e}^x \approx 1 + x, \sin x \approx x.$ 并由此计算 $\mathrm{e}^{-0.02}, \sin 0.001$ 的近似值.

解　取 $x_0 = 0$，由于 $\mathrm{e}^x \big|_{x=0} = 1, (\mathrm{e}^x)' \big|_{x=0} = \mathrm{e}^x \big|_{x=0} = 1$，由式（2.2），有

$$\mathrm{e}^x \approx \mathrm{e}^0 + (\mathrm{e}^x)' \big|_{x=0} \cdot (x - 0) = 1 + x.$$

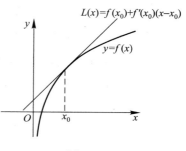

图 2-8

类似地,由于 $\sin 0 = 0$,$(\sin x)'\big|_{x=0} = (\cos x)\big|_{x=0} = 1$,因此,取 $x_0 = 0$,由式(2.2),有

$$\sin x \approx \sin 0 + (\sin x)'\big|_{x=0} \cdot (x-0) = 0 + 1 \cdot x = x.$$

关于函数局
部线性化
的注记

利用这两个近似表达式,易得

$$\mathrm{e}^{-0.02} \approx 1 - 0.02 = 0.98, \quad \sin 0.001 \approx 0.001.$$

例 2.4　计算 $\cos 60°30'$ 的近似值.

解　取 $x_0 = \dfrac{\pi}{3}$,由于 $y = \cos x$ 在点 $x = \dfrac{\pi}{3}$ 处的导数为 $-\sin \dfrac{\pi}{3} = -\dfrac{\sqrt{3}}{2}$,由式(2.2),有

$$\cos 60°30' = \cos\left(\frac{\pi}{3} + \frac{\pi}{360}\right) \approx \cos\frac{\pi}{3} + \left(-\sin\frac{\pi}{3}\right) \cdot \left[\left(\frac{\pi}{3} + \frac{\pi}{360}\right) - \frac{\pi}{3}\right] = \frac{1}{2} - \frac{\sqrt{3}}{2} \cdot \frac{\pi}{360}$$

$$\approx 0.500\,0 - 0.007\,6 = 0.492\,4.$$

当 $|x|$ 很小时,还可以证明下面的近似等式成立:

$$(1+x)^{\alpha} \approx 1 + \alpha x, \tan x \approx x, \ln(1+x) \approx x.$$

例 2.5　计算 $\sqrt{0.95}$ 的近似值.

解　$\sqrt{0.95} = \sqrt{1-0.05}$.将它与 $(1+x)^{\alpha} \approx 1 + \alpha x$ 比较,有 $\alpha = \dfrac{1}{2}$,$x = -0.05$,因此

$$\sqrt{0.95} = \sqrt{1-0.05} \approx 1 + \frac{1}{2} \cdot (-0.05) = 0.975.$$

*3.2　误差估计

在工程技术以及科学实验中,测量数据并根据这些数据计算其他相关的数据是经常发生的.但是,由于仪器及人的视角等各方面的因素,在测量时读出来的数据会存在误差,因此,依据这样有误差的数据计算出来的相关数据也就自然会有误差.我们称它为**间接测量误差**.下面来讨论如何用微分来估计间接测量误差.

先给出绝对误差、相对误差的概念.

如果某个量的精确值为 A,得到的近似值为 a,那么 $|A-a|$ 叫做 a 的绝对误差,而绝对误差与 $|a|$ 的比值 $\dfrac{|A-a|}{|a|}$ 称作 a 的相对误差.

在实际的具体问题中,一个量的精确值往往是无法知道的,于是绝对误差与相对误差无法求得.但是,根据测量仪器等能引起误差的各方面因素,往往可以确定误差在某个范围以内.比如,要测量某个量 A,测得的结果是 a,又知道它的误差不超过 δ_A,即有

$$|A-a| < \delta_A,$$

那么,δ_A 称作量 A 的**绝对误差限**,而 $\dfrac{\delta_A}{|a|}$ 叫做量 A 的**相对误差限**.通常称绝对误差限与相对误差限为**绝对误差与相对误差**.

例 2.6　要计算球体的体积,要求精确度在 2%,问这时测量的球体的直径 D 的相对误差不得超过多少?

解　由球的体积公式,体积 V 与直径 D 之间有下述关系

$$V = \frac{4}{3}\pi \left(\frac{D}{2} \right)^3 = \frac{1}{6}\pi D^3.$$

因此

$$\frac{\mathrm{d}V}{\mathrm{d}D} = \frac{1}{2}\pi D^2.$$

我们将测量 D 所产生的误差当作自变量 D 的增量 ΔD，由 $V = \frac{1}{6}\pi D^3$ 计算 V 时所产生的误差就是函数 V 的对应增量 ΔV.则有

$$\Delta V \approx \frac{\mathrm{d}V}{\mathrm{d}D}\Delta D = \frac{1}{2}\pi D^2 \Delta D.$$

根据题目要求

$$\left| \frac{\Delta V}{V} \right| \leqslant 2\%,$$

因此

$$\left| \frac{\frac{1}{2}\pi D^2 \Delta D}{\frac{1}{6}\pi D^3} \right| = 3 \left| \frac{\Delta D}{D} \right| \leqslant 2\%,$$

因此

$$\left| \frac{\Delta D}{D} \right| \leqslant \frac{0.02}{3} \approx 0.006\ 7 = 0.67\%.$$

即测量直径的相对误差不能超过 0.67%.

4. 可微与连续的关系

可导与可微是等价的,而在一点可导的函数在这点必然连续,因此
若函数 $y=f(x)$ 在点 x_0 可微,那么它在点 x_0 必连续.
我们知道,函数在一点连续并不能保证它在这点可导,同样由可导与可微的等价性,**函数在一点连续不能保证它在该点可微.**

5. 微分的几何意义

对函数 $y=f(x)$,若记 $y_0=f(x_0)$,那么函数 $y=f(x)$ 在 $x=x_0$ 点的导数 $f'(x_0)$ 即是平面 xOy 中的曲线 $y=f(x)$ 在点 $M(x_0,f(x_0))$ 处切线的斜率.因此 $\mathrm{d}y = f'(x)\Delta x = \tan\alpha \cdot \Delta x$($\alpha$ 为切线对 x 轴正向的倾角).

从图 2-9 看到,当自变量由 x_0 获得增量 Δx 后,这时曲线上的点 $M(x_0,y_0)$ 沿曲线在该点处的切线变为点 $N(x_0,y_0+\mathrm{d}y)$.因此,微分 $\mathrm{d}y$ 是从 M 沿切线到 N 的纵坐标的增量.

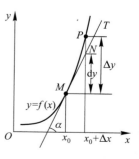

图 2-9

例 2.7 设有函数 $y = \dfrac{1}{x}$,在点 $\left(\dfrac{1}{2}, 2\right)$ 处作它的曲线的切线,若在点 $x = \dfrac{1}{2}$ 处给自变量一个增量 0.1,求沿该切线方向纵坐标的增量.

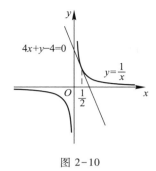

图 2-10

解 利用本章例 1.6 的结果,所求切线的斜率为

$$k = y' \Big|_{x=\frac{1}{2}} = \left(-\frac{1}{x^2} \right) \Big|_{x=\frac{1}{2}} = -4.$$

由微分的几何意义知,当给自变量一个增量 $\Delta x = 0.1$ 时,沿该切线方向纵坐标的增量(即函数的微分)(图 2-10)为

$$dy = y' \cdot \Delta x = (-4) \times 0.1 = -0.4.$$

习题 2-2(A)

1. 判断下列论述是否正确,并说明理由:

(1) 在自变量的增量比较小时,函数的微分近似等于函数值的增量,但二者是不会相等的;

(2) 函数 $y = f(x)$ 在一点 x 处的微分 $df(x) = f'(x)\Delta x$ 仅与函数在这点处的导数有关;

(3) 函数在一点可微与可导是等价的,在一点可微的函数在这点必然连续,但反过来不成立,即在一点连续的函数在这点未必可微.

2. 求下列函数的微分:

(1) $y = 3^x$;   (2) $y = 4\ln x$;

(3) $y = \dfrac{1}{\sqrt{x}}$,求 $dy \big|_{x=1}$;   (4) $y = \sin x$,求 $dy \big|_{x=\pi}$.

3. 设函数 $y = x^5$,求当 $x = 2, \Delta x = 0.01$ 时函数的增量 Δy 和微分 dy.

4. 用函数的局部线性化计算下列数值的近似值:

(1) $\sin 29°$;   (2) $\sqrt[3]{1.02}$.

5. 讨论下列函数在 $x = 0$ 点的可微性:

(1) $f(x) = \sqrt[3]{x}$;   (2) $f(x) = x|x|$;   (3) $f(x) = \begin{cases} x^2, & x < 0, \\ \ln(1+x), & x \geq 0. \end{cases}$

习题 2-2(B)

1. 有一批半径为 1 cm 的球,为了提高球面的光洁度,要镀上一层铜,厚度定为 0.01 cm.估计一下每只球需要多少 g 铜(铜的密度是 8.9 g/cm³)?

*2. 用卡尺测量圆钢的直径 D,如果测得 $D = 60.03$ mm,且产生的误差可能为 0.05 mm,求根据这样的结果所计算出来的圆钢截面积可能产生的误差的大小.

3. 若函数 $f(x)$ 在 $x = 0$ 点连续,且 $\lim\limits_{x \to 0} \dfrac{f(x)}{x} = 1$,求 $dy \big|_{x=0}$.

4. 设函数 $f(x)$ 在点 x_0 可微,且 $f'(x_0) = 4$,求极限 $\lim\limits_{\Delta x \to 0} \dfrac{\Delta y}{dy}$.

5. 当 $|x|$ 较小时,证明近似公式:

$$（1）\quad \sqrt{1+x} \approx 1+\dfrac{x}{2}; \qquad\qquad （2）\quad \ln(1+x) \approx x.$$

第三节　函数的求导法则

导数在生产与科学研究中有着广泛的应用.第一节借助导数的定义求出了几个基本初等函数的导数,但诸如正切函数、余切函数、反三角函数、对数函数及一般幂函数等基本初等函数的导数还未求出,更没求出一般初等函数的导数.由于导数的定义是用极限给出的,因此,试图利用导数的定义来求函数的导数是非常困难的,并且对绝大多数初等函数来说是不可能的.

注意到初等函数是由基本初等函数通过(有限次)有理运算及(有限次)复合运算得到的,上面提到的几个基本初等函数也是由相关的基本初等函数通过算术运算、复合运算或求逆运算而得到,因此,研究函数的这些运算的求导法则是十分必要的.本节就来讨论这个问题.同时在导数运算法则的基础上给出相应的微分运算法则.

1. 函数四则运算的求导法则

对导数的四则运算法则,我们有下面的定理.

定理 3.1　设函数 $f(x),g(x)$ 在 (a,b) 内可导,那么,它们的和、差、积、商在 (a,b) 内(除法时在分母不为零的点处)也可导,并且

（1）$[f(x)\pm g(x)]'=f'(x)\pm g'(x)$；

（2）$[f(x)g(x)]'=f'(x)g(x)+f(x)g'(x)$；

（3）$\left[\dfrac{f(x)}{g(x)}\right]'=\dfrac{f'(x)g(x)-f(x)g'(x)}{g^2(x)}\ (g(x)\neq 0)$.

> 左边关于函数和、差、积、商的导数运算法则与极限的相应的运算法则在形式上有何异同?依据用"已知"研究"未知"的思想,证明该定理应该用什么作"已知"?

证　显然,要证明上述等式成立必须用导数的定义作"已知".因此这里的几个公式的证明都是类似的,下面只对除法法则给出证明,其余留给读者作为课下练习.

设 $x\in(a,b)$,给自变量一个增量 $\Delta x\neq 0$ 使 $x+\Delta x\in(a,b)$.记 $y=\dfrac{f(x)}{g(x)}$,则有

$$\Delta y=\frac{f(x+\Delta x)}{g(x+\Delta x)}-\frac{f(x)}{g(x)}=\frac{f(x+\Delta x)g(x)-f(x)g(x+\Delta x)}{g(x)g(x+\Delta x)}$$

> 第三个等号前后发生了什么变化?其目的是什么?

$$=\frac{f(x+\Delta x)g(x)-f(x)g(x)-f(x)g(x+\Delta x)+f(x)g(x)}{g(x)g(x+\Delta x)}$$

$$=\frac{[f(x+\Delta x)-f(x)]g(x)-f(x)[g(x+\Delta x)-g(x)]}{g(x)g(x+\Delta x)}.$$

由于 $f(x),g(x)$ 在 (a,b) 内可导(因而 $g(x)$ 连续),因此

$$\lim_{\Delta x\to 0}\frac{\Delta y}{\Delta x}=\lim_{\Delta x\to 0}\left\{\frac{1}{g(x)g(x+\Delta x)}\left[\frac{f(x+\Delta x)-f(x)}{\Delta x}g(x)-f(x)\frac{g(x+\Delta x)-g(x)}{\Delta x}\right]\right\}$$

$$= \lim_{\Delta x \to 0} \frac{1}{g(x)g(x+\Delta x)} \left[\lim_{\Delta x \to 0} \frac{f(x+\Delta x)-f(x)}{\Delta x} g(x) - f(x) \lim_{\Delta x \to 0} \frac{g(x+\Delta x)-g(x)}{\Delta x} \right]$$

$$= \frac{f'(x)g(x)-f(x)g'(x)}{g^2(x)}.$$

证毕.

在上述乘积的求导法则(2)中令 $g(x)=k$（k 为常数），由常数的导数为零易得

$$[kf(x)]'=kf'(x). \tag{3.1}$$

并且，由导数的除法法则(3)易得

$$\left(\frac{1}{f(x)}\right)' = -\frac{f'(x)}{f^2(x)}. \tag{3.2}$$

利用定理 3.1 的结果与微分的定义，容易得到下面的微分的四则运算法则：

$$\mathrm{d}(f\pm g)=\mathrm{d}f\pm\mathrm{d}g, \quad \mathrm{d}(fg)=g\mathrm{d}f+f\mathrm{d}g, \quad \mathrm{d}\left(\frac{f}{g}\right)=\frac{g\mathrm{d}f-f\mathrm{d}g}{g^2}, \ g\neq 0,$$

当 k 为常数时，有 $\mathrm{d}(kf)=k\mathrm{d}f, \mathrm{d}\left(\frac{k}{g}\right)=\frac{-k\mathrm{d}g}{g^2}, \ g\neq 0.$

例 3.1　求 $f(x)=x^2+4\cos x-\sin 3$ 的导数.

解　$f'(x)=(x^2+4\cos x-\sin 3)'=(x^2)'+(4\cos x)'-(\sin 3)'$

$\qquad =2x-4\sin x-0=2x-4\sin x.$

例 3.2　设 $f(x)=\mathrm{e}^x(\sin x+x^2+1)$，求 $f'(x)$.

解　$f'(x)=(\mathrm{e}^x)'(\sin x+x^2+1)+\mathrm{e}^x(\sin x+x^2+1)'$

$\qquad =\mathrm{e}^x(\sin x+x^2+1)+\mathrm{e}^x(\cos x+2x)$

$\qquad =\mathrm{e}^x(\sin x+\cos x+x^2+2x+1).$

例 3.3　分别求 $f(x)=\tan x, g(x)=\sec x$ 的导数及微分.

解　$f'(x)=(\tan x)'=\left(\frac{\sin x}{\cos x}\right)'=\frac{(\sin x)'\cos x-\sin x(\cos x)'}{\cos^2 x}$

$\qquad =\frac{\cos x\cos x-\sin x(-\sin x)}{\cos^2 x}=\frac{1}{\cos^2 x}=\sec^2 x.$

$\qquad g'(x)=(\sec x)'=\left(\frac{1}{\cos x}\right)'=\frac{-(\cos x)'}{\cos^2 x}=\frac{\sin x}{\cos^2 x}=\sec x\tan x.$

由此可得

$$\mathrm{d}\tan x=\sec^2 x\mathrm{d}x, \mathrm{d}\sec x=\sec x\tan x\mathrm{d}x.$$

用类似的方法可分别求得余切函数及余割函数的导数

$$(\cot x)'=-\csc^2 x, \quad (\csc x)'=-\csc x\cot x$$

以及微分

$$\mathrm{d}\cot x=-\csc^2 x\mathrm{d}x, \quad \mathrm{d}\csc x=-\csc x\cot x\mathrm{d}x.$$

例 3.4　求 $y=\frac{(1+x)^2}{x}$ 的导数及微分.

在例 3.1—例 3.3 的计算中，分别利用了什么作"已知"？

解　$$y = \frac{(1+x)^2}{x} = \frac{1+2x+x^2}{x} = \frac{1}{x} + 2 + x,$$

因此

$$y' = \left(\frac{(1+x)^2}{x} \right)' = \left(\frac{1}{x} + 2 + x \right)' = 1 - \frac{1}{x^2}.$$

例 3.4 本是除式,求导数时却变成了求和式的导数,其中利用了什么技巧? 由此有何收获?

利用所求得的导数立即得到该函数的微分

$$dy = \left(1 - \frac{1}{x^2} \right) dx.$$

2. 反函数的求导法则

我们知道,当限定 $x \in \left[-\frac{\pi}{2}, \frac{\pi}{2} \right]$ 时,函数 $y = \sin x$ 存在反函数 $x = \arcsin y$.在第一节,我们求出了 $(\sin x)' = \cos x$,我们不禁要问,它的反函数 $x = \arcsin y$ 可导吗? 如果可导,我们猜想它的导数与其反函数 $y = \sin x$ 的导数之间必然应有联系,又有怎样的联系呢? 下面就来讨论这个问题.

将上述问题一般化,即要讨论:对区间 I_y 内(严格)单调、可导的函数 $x = f(y)$,它的反函数 $y = f^{-1}(x)$ 是否也可导? 如果可导,其导数与 $x = f(y)$ 在相应点的导数之间应该有什么样的关系?

先从图形上来直观地观察,以期发现其中的规律.

既然函数 $x = f(y)$ 在区间 I_y 内可导并且不为零,因此在区间 I_y 上它的曲线有不平行于 y 轴的切线;而曲线 $y = f^{-1}(x)$ 与曲线 $x = f(y)$ 是同一条曲线,因此曲线 $x = f(y)$ 在某点处的切线也是曲线 $y = f^{-1}(x)$ 在该点处的切线.该切线不平行于 y 轴,这说明函数 $y = f^{-1}(x)$ 在相应点也是可导的(图 2-11).

二者的导数又有怎样的关系呢?

根据导数的几何意义,函数 $x = f(y)$ 在点 y 处的导数 $\frac{dx}{dy}$ 是曲线 $x = f(y)$ 在相应点 (x, y) 处的切线 l 与 y 轴正向倾角 β 的正切 $\tan \beta$,其反函

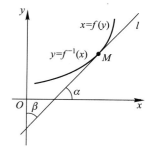

图 2-11

数 $y = f^{-1}(x)$ 在与 y 相应的 x 处的导数 $\frac{dy}{dx}$ 是该切线 l 与 x 轴正向倾角 α 的正切 $\tan \alpha$.从图 2-11 看到,$\alpha = \frac{\pi}{2} - \beta$,因此

$$\tan \alpha = \tan \left(\frac{\pi}{2} - \beta \right) = \cot \beta = \frac{1}{\tan \beta}.$$

这说明函数 $x = f(y)$ 与函数 $y = f^{-1}(x)$ 的导数互为倒数.

这就回答了我们上面提出的问题.

由图形观察得到的这一结论就是下面的定理 3.2 所表述的事实:

定理 3.2　若函数 $x = f(y)$ 在区间 I_y 内(严格)单调、可导且 $f'(y) \neq 0$,则 $x = f(y)$ 的反函数 $y = f^{-1}(x)$ 存在且在区间 $I_x = \{ x \mid x = f(y), y \in I_y \}$ 内也可导,并且有

$$[f^{-1}(x)]' = \frac{1}{f'(y)} = \frac{1}{f'(f^{-1}(x))} \text{ 或 } \quad \frac{\mathrm{d}y}{\mathrm{d}x} = \frac{1}{\left.\dfrac{\mathrm{d}x}{\mathrm{d}y}\right|_{y=f^{-1}(x)}}. \quad (3.3)$$

> 式(3.3)中的分母为什么还要加下标 $y=f^{-1}(x)$？

证　由函数 $x=f(y)$ 在区间 I_y 内(严格)单调、可导(从而连续)，根据第一章定理 7.2 知，其反函数 $y=f^{-1}(x)$ 存在，且在区间 $I_x = \{x \mid x=f(y), y \in I_y\}$ 内是(严格)单调的、连续的.

下面证明 $y=f^{-1}(x)$ 也是可导的.

为此，给自变量 x 一个增量 $\Delta x\,(\neq 0)$，由 $y=f^{-1}(x)$ 的(严格)单调性可知

$$\Delta y = f^{-1}(x+\Delta x) - f^{-1}(x) \neq 0,$$

于是可以对 $\dfrac{\Delta y}{\Delta x}$ 作初等变形，得

> 由左边的变换看出上面讨论"在 $\Delta x \neq 0$ 时 $\Delta y \neq 0$"的意义了吗？

$$\frac{\Delta y}{\Delta x} = \frac{1}{\dfrac{\Delta x}{\Delta y}}.$$

由 $y=f^{-1}(x)$ 的连续性，故在 $\Delta x \to 0$ 时，有 $\Delta y \to 0$，注意到 $f'(y) \neq 0$，从而

$$[f^{-1}(x)]' = \lim_{\Delta x \to 0} \frac{\Delta y}{\Delta x} = \lim_{\Delta x \to 0} \frac{1}{\dfrac{\Delta x}{\Delta y}} = \frac{1}{f'(y)} = \frac{1}{f'(f^{-1}(x))}.$$

> 左边第二个等号前后发生了哪些变化？看出为什么在这个式子的前面要强调"在 $\Delta x \to 0$ 时 $\Delta y \to 0$"了吗？

简言之：一个可导函数的反函数也可导，其导数等于该函数的导数的倒数.

例 3.5　求反正弦函数 $y=\arcsin x$，反余弦函数 $y=\arccos x$ 的导数及微分.

解　$y=\arcsin x$ 的反函数是 $x=\sin y$，而 $x=\sin y$ 在区间 $I_y = \left(-\dfrac{\pi}{2}, \dfrac{\pi}{2}\right)$ 内单调、可导，并且其导数

$$\frac{\mathrm{d}x}{\mathrm{d}y} = \frac{\mathrm{d}}{\mathrm{d}y}(\sin y) = \cos y \neq 0.$$

由定理 3.2，有

$$y' = (\arcsin x)' = \frac{1}{(\sin y)'} = \frac{1}{\cos y}\bigg|_{y=\arcsin x}.$$

由于 $x = \sin y$，所以

$$\cos y = \sqrt{1-\sin^2 y} = \sqrt{1-x^2},$$

因此

$$(\arcsin x)' = \frac{1}{\cos y}\bigg|_{y=\arcsin x} = \frac{1}{\sqrt{1-x^2}},$$

$$\mathrm{d}(\arcsin x) = \frac{1}{\sqrt{1-x^2}}\mathrm{d}x.$$

关于反函数求导公式的注记

类似地可以求得

$$(\arccos x)' = -\frac{1}{\sqrt{1-x^2}}, \quad \mathrm{d}(\arccos x) = -\frac{1}{\sqrt{1-x^2}}\mathrm{d}x.$$

例 3.6 求反正切函数 $y=\arctan x$,反余切函数 $y=\operatorname{arccot} x$ 的导数及微分.

解 $y=\arctan x$ 的反函数为 $x=\tan y$,它在 $I_y=\left(-\dfrac{\pi}{2},\dfrac{\pi}{2}\right)$ 内单调、可导,并且 $x=\tan y$ 的导数 $\sec^2 y\neq0$.由定理 3.2,有

$$(\arctan x)'=\frac{1}{(\tan y)'}\bigg|_{y=\arctan x}.$$

而

$$(\tan y)'=\frac{1}{\cos^2 y}=\sec^2 y=1+\tan^2 y=1+x^2\neq0.$$

因此

$$(\arctan x)'=\frac{1}{(\tan y)'}\bigg|_{y=\arctan x}=\frac{1}{1+x^2},\quad \mathrm{d}(\arctan x)=\frac{\mathrm{d}x}{1+x^2}.$$

类似地可以得到

$$(\operatorname{arccot} x)'=-\frac{1}{1+x^2},\quad \mathrm{d}(\operatorname{arccot} x)=-\frac{\mathrm{d}x}{1+x^2}.$$

例 3.7 求对数函数 $y=\log_a x$ ($x>0$) 的导数与微分.

解 对数函数 $y=\log_a x$ 的反函数为 $x=a^y$,由于指数函数 $x=a^y$ 是单调的、可导的,并且其导数 $a^y\ln a\neq0$(例 1.5).因此对数函数 $y=\log_a x$ 也是可导的.并且依据定理 3.2,有

$$(\log_a x)'=\frac{1}{a^y\ln a}\bigg|_{y=\log_a x}.$$

用 $x=a^y$ 作代换,则有

$$(\log_a x)'=\frac{1}{x\ln a}$$

及

$$\mathrm{d}\log_a x=\frac{\mathrm{d}x}{x\ln a}.$$

特别地,有

$$(\ln x)'=\frac{1}{x},\mathrm{d}\ln x=\frac{\mathrm{d}x}{x}.$$

通过例 3.5—例 3.7,请总结一下利用定理 3.2 求一个函数的反函数的导数的步骤.

3. 复合函数的导数

为研究复合函数的求导问题,我们还是像讨论定理 3.2 那样,先从直观上观察其特点,然后再用解析的方法进行论证,从而上升为一般规则.

在第一节我们称 $f'(x)$ 为函数 $y=f(x)$ 在点 x 处的"伸缩商".这是因为在忽略一个高阶无穷小量的前提下,可以认为函数(映射)$y=f(x)$ 把自变量的一个小的增量 Δx 映射为 $f'(x)\Delta x$.

设可导函数 $u=g(x)$ 及 $y=f(u)$ 复合成为函数 $y=f[g(x)]$,$x\in I$.由图 2-12 看到,对自变量 x 的一个小增量 Δx,通过 $u=g(x)$ 映射为 $\Delta u\approx g'(x)\Delta x$;对这样得到的 Δu,通过 $y=f(u)$ 又映射为 $\Delta y\approx f'(u)\Delta u$.因此,对 x 的一个小增量 Δx,通过 $y=f[g(x)]$ 最终将它映射为 $\Delta y\approx f'(u)g'(x)\Delta x$.

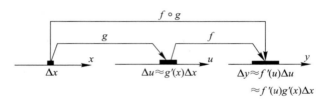

图 2-12

就是说,在忽略高阶无穷小量的前提下,**像** Δy **与原像** Δx **之比为** $f'(u)g'(x)$.由此我们猜想函数 $y=f[g(x)]$ 在点 x 处的伸缩商为 $f'(u)g'(x)$.也就是说,函数 $y=f[g(x)]$ 的导数应为 $y'(x)=f'(u)g'(x)=f'[g(x)]g'(x)$.事实上,这个猜想是正确的,这就是下面的定理 3.3.

定理 3.3 设函数 $u=g(x)$ 在点 x 处可导,而 $y=f(u)$ 在对应的点 $u=g(x)$ 处可导,则复合函数 $y=f[g(x)]$ 在点 x 处可导,并且

$$\frac{\mathrm{d}f[g(x)]}{\mathrm{d}x}=f'(u)g'(x)=f'[g(x)]g'(x)$$

或写成

$$\frac{\mathrm{d}f[g(x)]}{\mathrm{d}x}=\frac{\mathrm{d}y}{\mathrm{d}u}\frac{\mathrm{d}u}{\mathrm{d}x}. \tag{3.4}$$

证明 由于函数 $y=f(u)$ 在点 u 处可导,若 $\Delta u\neq0$,则

$$\frac{\Delta y}{\Delta u}=f'(u)+\alpha(\Delta u),$$

其中 $\lim\limits_{\Delta u\to0}\alpha(\Delta u)=0$,则有

$$\Delta y=f'(u)\Delta u+\alpha(\Delta u)\Delta u. \tag{3.5}$$

若 $\Delta u=0$,由于此时

$$\Delta y=f(u+\Delta u)-f(u)=f(u)-f(u)=0,$$

因此,这时只要规定 $\alpha(\Delta u)=0$,式(3.5)仍然成立.从而对 $\Delta x\neq0$,由式(3.5)有

$$\frac{\Delta y}{\Delta x}=f'(u)\frac{\Delta u}{\Delta x}+\alpha(\Delta u)\frac{\Delta u}{\Delta x}.$$

所以

$$\lim_{\Delta x\to0}\frac{\Delta y}{\Delta x}=f'(u)\lim_{\Delta x\to0}\frac{\Delta u}{\Delta x}+\lim_{\Delta x\to0}\left[\alpha(\Delta u)\frac{\Delta u}{\Delta x}\right].$$

又由 $u=g(x)$ 在点 x 处可导,所以它在 x 处连续,因此当 $\Delta x\to0$ 时必有 $\Delta u\to0$,从而有

$$\lim_{\Delta x\to0}\alpha(\Delta u)=\lim_{\Delta u\to0}\alpha(\Delta u)=0.$$

再由 $\lim\limits_{\Delta x\to0}\dfrac{\Delta u}{\Delta x}=g'(x)$,于是,上式变为

$$\lim_{\Delta x\to0}\frac{\Delta y}{\Delta x}=f'(u)g'(x)=\frac{\mathrm{d}y}{\mathrm{d}u}\frac{\mathrm{d}u}{\mathrm{d}x}=f'[g(x)]g'(x).$$

若函数 $y=f(u)$ 在点 u 处可导,会有 $\Delta u=0$ 吗?

若 $\Delta u=0$,为什么 $\alpha(\Delta u)$ 无意义?

看出这里为何要强调"当 $\Delta x\to0$ 时必有 $\Delta u\to0$"了吗?

证毕.

式(3.4)可以推广到任意有限个函数复合的情形.使用该公式时,关键在于搞清所讨论的复合函数是由哪些函数复合、怎么复合而成的,然后"由外向内,逐层求导",一环扣一环,不能脱节、遗漏.通常称该法则为"链式法则".

由三个或更多个函数复合而成的复合函数的导数应有什么形式?

例 3.8　分别求函数 $y=\sin x^2$,$y=e^{\frac{x}{2}}$ 的导数.

解　函数 $y=\sin x^2$ 是由 $y=\sin u$,$u=x^2$ 复合而得,它们在任意点处皆可导,由式(3.4),有

$$y'=\frac{dy}{du}\frac{du}{dx}=\cos u\cdot 2x=2x\cos x^2.$$

显然,求解例 3.8 需要用定理 3.3 作"已知",为此应做什么准备?

函数 $y=e^{\frac{x}{2}}$ 是由 $y=e^u$,$u=\frac{x}{2}$ 复合而成.它们在任意点处皆可导,由式(3.4),有

$$y'=\frac{dy}{du}\frac{du}{dx}=e^u\cdot\frac{1}{2}=\frac{1}{2}e^{\frac{x}{2}}.$$

例 3.9　求函数 $y=\cos\frac{2x}{1+x}$ 的导数.

解　函数 $y=\cos\frac{2x}{1+x}$ 可看作由函数 $y=\cos u$,$u=\frac{2x}{1+x}$ 复合而成.并且

$$\frac{dy}{du}=-\sin u,\quad \frac{du}{dx}=\left(\frac{2x}{1+x}\right)'=\frac{2(1+x)-2x\cdot 1}{(1+x)^2}=\frac{2}{(1+x)^2},$$

因此

$$\frac{dy}{dx}=(-\sin u)\cdot\frac{2}{(1+x)^2}=-\frac{2}{(1+x)^2}\sin\frac{2x}{1+x}.$$

例 3.10　求 $y=\ln(1+x)$ 及 $y=\ln|x|$ 的导数.

解　$y=\ln(1+x)$ 是由函数 $y=\ln u$,$u=x+1$ 复合而成的复合函数.由复合函数的求导法则,得

$$y'=\frac{1}{1+x}\cdot(1+x)'=\frac{1}{1+x}\cdot 1=\frac{1}{1+x}.$$

当 $x>0$ 时,$y=\ln|x|=\ln x$,因此 $y'=\frac{1}{x}$.下面对当 $x<0$ 时的情况进行讨论.这时

$$y=\ln|x|=\ln(-x),$$

于是

$$y'=(\ln|x|)'=(\ln(-x))'=\frac{1}{-x}\cdot(-x)'=\frac{1}{-x}\cdot(-1)=\frac{1}{x}.$$

这就是说,不论 $x>0$ 还是 $x<0$,总有

$$y'=(\ln|x|)'=\frac{1}{x}.$$

例 3.11　证明:设 $x>0$,则有 $(x^\alpha)'=\alpha x^{\alpha-1}$($\alpha$ 为实数).

证　因为 $x^\alpha=e^{\ln x^\alpha}=e^{\alpha\ln x}$,所以

这里为求得一般幂函数的导数公式,主要用了哪些"已知"?

$$(x^{\alpha})' = (e^{\alpha \ln x})' = e^{\alpha \ln x} \cdot (\alpha \ln x)'$$

$$= x^{\alpha} \cdot \alpha \cdot \frac{1}{x} = \alpha x^{\alpha-1}.$$

例 3.12　求 $\text{sh } x, \text{ch } x$ 的导数.

解
$$(\text{sh } x)' = \left(\frac{e^x - e^{-x}}{2}\right)' = \frac{(e^x)' - (e^{-x})'}{2} = \frac{e^x + e^{-x}}{2} = \text{ch } x,$$

$$(\text{ch } x)' = \left(\frac{e^x + e^{-x}}{2}\right)' = \frac{e^x - e^{-x}}{2} = \text{sh } x.$$

例 3.13　已知函数 $f(x)$ 可导, 求函数 $y = f(1+3x^2)$ 的导数及微分.

解　$y = f(1+3x^2)$ 是由函数 $y = f(u), u = 1+3x^2$ 复合而成的, 利用复合函数的求导法则, 有

$$y' = \frac{df(u)}{du} \cdot \frac{du}{dx} = f'(1+3x^2) \cdot (1+3x^2)' = 6xf'(1+3x^2),$$

因此

$$dy = 6xf'(1+3x^2)dx.$$

4. 微分形式的不变性　复合函数的微分法

我们知道, 若自变量为 u 的函数 $y = f(u)$ 可微, 则有 $dy = f'(u)du$.

现在考察由两可微函数 $y = f(u), u = g(x)$ 复合所得的复合函数 $f[g(x)]$ 的微分. 对这个复合函数来说, u 不再是自变量而是中间变量. 我们不禁要问, 这时 $dy = f'(u)du$ 还成立吗? 下面来讨论这个问题.

由于复合函数 $y = f[g(x)]$ 的导数为 $y' = f'[g(x)] \cdot g'(x)$, 因此函数 $y = f[g(x)]$ 的微分为

$$dy = f'[g(x)] \cdot g'(x)dx.$$

由 $u = g(x)$ 得 $du = g'(x)dx$, 所以, 上式可写为

$$dy = f'[g(x)] \cdot g'(x)dx = f'(u)du.$$

关于复合函数求导公式及微分形式的不变性的注记

这恰好就是 u 为自变量时函数 $y = f(u)$ 的微分.

上述事实说明, 对函数 $y = f(u)$ 来说, 不论 u 是自变量还是中间变量, 微分公式 $dy = f'(u)du$ 都是成立的, 称复合函数微分的这一性质为**微分形式的不变性**.

利用它, 我们可以比较方便地求复合函数的微分.

例 3.14　对 $y = \ln(1+\sin x)$, 先求出 dy, 并由此求 y'.

解　把 $1+\sin x$ 看作中间变量 u, 则有

$$dy = d\ln u = \frac{1}{u}du = \frac{1}{1+\sin x}d(1+\sin x)$$

$$= \frac{1}{1+\sin x} \cdot \cos x dx = \frac{\cos x}{1+\sin x}dx.$$

由 $dy = y'dx$, 与上边的结果相比较, 知

> 在例 3.14 求 dy 的演算过程中, 请说明各等号成立的理由. 通过例 3.14, 有何收获?

$$y' = \frac{\cos x}{1+\sin x}.$$

在求复合函数的微分时,中间变量通常不必写出.

例 3.15　已知函数 $f(x)$ 可微,求函数 $y=f(1+3x^2)$ 的微分及导数.

解　$dy=f'(1+3x^2)d(1+3x^2)=f'(1+3x^2)\cdot(1+3x^2)'dx=6xf'(1+3x^2)dx$,与 $dy=f'(x)dx$ 相比较得

$$y'=6xf'(1+3x^2).$$

与例 3.13 相比较我们看到,在求复合函数的微分时,可以不必先求出该复合函数的导数,而利用微分形式的不变性,采取"**层层扒皮**"、**逐次求微分**的方法,即可求出该复合函数的微分,同时还可以得到该复合函数的导数,实现"一箭双雕".

> 将例 3.15 与例 3.13 相比较,二者的提法与解法有何差异? 体会到一阶微分形式不变性的意义了吗?

5. 常见初等函数的导数公式与微分公式

为了今后使用的方便,现在把前面得到的基本初等函数的导数与微分总结如下,它们是需要熟记的:

(1) $(c)'=0$,　　　　　　　　　　$dc=0$;

(2) $(x^\alpha)'=\alpha x^{\alpha-1}$,　　　　　　$dx^\alpha=\alpha x^{\alpha-1}dx$;

(3) $(\sin x)'=\cos x$,　　　　　$d(\sin x)=\cos xdx$;

(4) $(\cos x)'=-\sin x$,　　　　$d(\cos x)=-\sin xdx$;

(5) $(\tan x)'=\sec^2 x$,　　　　$d(\tan x)=\sec^2 xdx$;

(6) $(\cot x)'=-\csc^2 x$,　　　$d(\cot x)=-\csc^2 xdx$;

(7) $(\sec x)'=\sec x\tan x$,　　$d(\sec x)=\sec x\tan xdx$;

(8) $(\csc x)'=-\csc x\cot x$,　$d(\csc x)=-\csc x\cot xdx$;

(9) $(a^x)'=a^x\ln a$,　　　　　$d a^x=a^x\ln adx$;

(10) $(e^x)'=e^x$,　　　　　　　$d e^x=e^xdx$;

(11) $(\log_a x)'=\dfrac{1}{x\ln a}$,　　　$d(\log_a x)=\dfrac{dx}{x\ln a}$;

(12) $(\ln x)'=\dfrac{1}{x}$,　　　　　$d(\ln x)=\dfrac{1}{x}dx$;

(13) $(\arcsin x)'=\dfrac{1}{\sqrt{1-x^2}}$,　$d(\arcsin x)=\dfrac{dx}{\sqrt{1-x^2}}$;

(14) $(\arccos x)'=-\dfrac{1}{\sqrt{1-x^2}}$,　$d(\arccos x)=-\dfrac{dx}{\sqrt{1-x^2}}$;

(15) $(\arctan x)'=\dfrac{1}{1+x^2}$,　$d(\arctan x)=\dfrac{dx}{1+x^2}$;

(16) $(\text{arccot } x)'=-\dfrac{1}{1+x^2}$,　$d(\text{arccot } x)=-\dfrac{dx}{1+x^2}$;

(17) $(\text{sh } x)'=\text{ch } x$,　　　　$d(\text{sh } x)=\text{ch } xdx$;

(18) $(\text{ch } x)'=\text{sh } x$,　　　　$d(\text{ch } x)=\text{sh } xdx$.

习题 2-3（A）

1. 判断下列叙述是否正确,并说明理由:

（1）在求复合函数的导数时,要根据复合关系,由"外"到"里"分别对各层函数求导,再把它们相乘;

（2）求任意函数的微分首先要求出该函数的导数,然后将该导数乘自变量的微分.

2. 求下列函数的导数:

（1）$y = x^3 - 2\sqrt{x} + \dfrac{1}{\sqrt[3]{x}} + \sin 1$;

（2）$y = \sec x \tan x$;

（3）$y = \dfrac{(1+x)^3}{x}$;

（4）$y = x^2 \sin x \ln x$;

（5）$y = 3^x + 2\arctan x - \dfrac{x-1}{x+1}$;

（6）$y = e^x \cot x$;

（7）$y = \dfrac{e^x}{x} + \ln 2$;

（8）$s = \dfrac{\sin t}{1+\cos t}$.

3. 求下列函数在指定点的导数或微分:

（1）$f(x) = 2^x \ln x, f'(1)$ 与 $f'(2)$;

（2）$y = \sin x \cos x + 3x^2, \mathrm{d}y \big|_{x=0}$ 与 $\mathrm{d}y \big|_{x=\pi}$.

4. 求下列函数的导数:

（1）$y = (3+2x)^6$;

（2）$y = \ln \sin(2-3x)$;

（3）$y = e^{x^2+x+1}$;

（4）$y = (\arctan 2x)^2$;

（5）$y = 2\arcsin \dfrac{\sqrt{x}}{2}$;

（6）$y = \cos(\cos x)$;

（7）$y = \dfrac{e^x + e^{-x}}{e^x - e^{-x}}$;

（8）$y = \sqrt{1+\sin 2x}$;

（9）$y = \ln(1-3x^2)$;

（10）$y = \sec^2(1-x)$.

5. 求下列函数的微分 $\mathrm{d}y$:

（1）$y = x^3 - 2^x + \dfrac{2}{x} + \log_2 x$;

（2）$y = e^{x^2} \sin 3x$;

（3）$y = \cos^2(1+\ln 2x)$;

（4）$y = \ln(x+2\sqrt{x})$;

（5）$y = \dfrac{1}{\sqrt{x-x^2}}$;

（6）$y = \arctan \dfrac{2x}{1-x^2}$;

（7）$y = \dfrac{\cos 3x}{x}$;

（8）$y = \ln(\sec x + \tan x)$.

6. 在括号内填入适当的函数,使下列等式成立:

（1）$\mathrm{d}(\quad) = 3\mathrm{d}x$;

（2）$\mathrm{d}(\quad) = \dfrac{2}{x}\mathrm{d}x$;

（3）$\mathrm{d}(\quad) = \cos x\mathrm{d}x$;

（4）$\mathrm{d}(\quad) = \dfrac{1}{2\sqrt{x}}\mathrm{d}x$;

（5）$\mathrm{d}(\quad) = 4x\mathrm{d}x$;

（6）$\mathrm{d}(\quad) = e^{-2x}\mathrm{d}x$;

（7）$\mathrm{d}(\quad) = \sec^2 3x\mathrm{d}x$;

（8）$\mathrm{d}(\quad) = \dfrac{1}{1+x^2}\mathrm{d}x$.

习题 2-3(B)

1. 求下列函数的导数:

(1) $y = e^{-2x} \cos(3x-2)$;

(2) $y = \ln \ln(1-\ln x)$;

(3) $y = \ln(x + \sqrt{x^2-4})$;

(4) $y = \sqrt[3]{x + \sqrt{x}}$;

(5) $y = e^{-\sin^2 \frac{1}{x}}$;

(6) $y = \sin mx \cdot \cos^n x$;

(7) $y = \arctan \dfrac{x-1}{1+x}$;

(8) $y = \dfrac{\cos^2 x}{\cos x^2}$.

2. 若函数 $f(x)$, $g(x)$ 可微,求下列函数的导数或微分:

(1) $y = \arctan \dfrac{f(x)}{g(x)} \, (g(x) \neq 0)$, $\dfrac{dy}{dx}$;

(2) $y = f(e^x) e^{f(x)}$, $\dfrac{dy}{dx}$;

(3) $y = \sqrt{f^2(x) + g^2(x)}$, $\dfrac{dy}{dx}$;

(4) $y = f(\sin^2 x) + f(\cos^2 x)$, $\dfrac{dy}{dx}$;

(5) $y = \ln f(2x)$, dy;

(6) $y = f^2[g(x)]$, dy.

3. 设可导函数 $f(x)$ 满足方程 $f(x) + 2f\left(\dfrac{1}{x}\right) = \dfrac{3}{x}$, 求 $f'(x)$.

4. 试写出与直线 $2x - 6y + 1 = 0$ 垂直且与曲线 $y = x^3 + 3x^2 - 5$ 相切的直线方程.

5. 确定 a, b, c, d 的值,使曲线 $y = ax^4 + bx^3 + cx^2 + d$ 与 $y = 11x - 5$ 在点 $(1,6)$ 相切,经过点 $(-1,8)$,并在点 $(0,3)$ 有一条水平的切线.

第四节　高阶导数

在中学物理中,对变速运动不仅讨论了瞬时速度而且还讨论了"加速度"——速度函数 $v(t)$ 对时间的变化率,或说是路程函数 $s = s(t)$ 对时间的变化率的变化率.从这个具体问题我们看到,不仅要考虑函数的变化率(导数),还需要考虑其变化率的变化率,即导数的导数,称为所给函数的二阶导数.例如,加速度就是路程函数 $s = s(t)$ 的二阶导数.

一般地,若函数 $y = f(x)$ 的导函数 $f'(x)$ 在点 x 可导,则称 $f(x)$ 在点 x 二阶可导;如果 $f'(x)$ 在区间 I 上处处可导,则称 $f'(x)$ 的导(函)数为 $f(x)$ 在区间 I 上的二阶导(函)数,记作

$$y'', \quad f''(x), \quad \frac{d^2 f}{dx^2} \text{或} \frac{d^2 y}{dx^2}.$$

由定义易知,求二阶导数需要有函数的(一阶)导数.

例 4.1　求 $y = \cos kx$ 的二阶导数,其中 k 为常数.

解　由 $y = \cos kx$ 得 $y' = -k\sin kx$,所以 $y'' = (-k\sin kx)' = -k^2 \cos kx$.

例 4.2　求 $y = 2x + 3$ 的二阶导数.

解　由于 $y' = 2$,所以 $y'' = (2)' = 0$.

称 $y = f(x)$ 的二阶导数的导数为 $y = f(x)$ 的三阶导数,……,一般地,称 $y = f(x)$ 的 $n-1$ 阶导数的导数为 $y = f(x)$ 的 n 阶导数.分别记作

$$y'''(y^{(3)}),\ y^{(4)},\ \cdots,\ y^{(n)}$$

或

$$\frac{\mathrm{d}^3 y}{\mathrm{d}x^3}, \frac{\mathrm{d}^4 y}{\mathrm{d}x^4},\ \cdots,\ \frac{\mathrm{d}^n y}{\mathrm{d}x^n}.$$

通过例 4.2 能猜测多项式函数的高阶导数有什么规律吗?

二阶及二阶以上的导数统称为**高阶导数**.相应地,称 $f'(x)$ 为 $f(x)$ 的一阶导数.

不要认为讨论函数的 $n(n>2)$ 阶导数仅是将函数的导数作形式的推广.在第三章研究函数用(泰勒)多项式表示时就会看到它的应用,下册要学习"无穷级数",高阶导数同样是不可缺少的.

关于函数的
高阶微分
的注记

例 4.3 求 $(\sin x)^{(n)}$.

解
$$(\sin x)' = \cos x = \sin\left(x + \frac{\pi}{2}\right),$$

$$(\sin x)'' = \left(\sin\left(x + \frac{\pi}{2}\right)\right)' = \cos\left(x + \frac{\pi}{2}\right) = \sin\left(x + 2 \cdot \frac{\pi}{2}\right),$$

$$\cdots\cdots\cdots\cdots$$

一般地有

$$(\sin x)^{(n)} = \sin\left(x + \frac{n\pi}{2}\right).$$

类似的方法可以得到

$$(\cos x)^{(n)} = \cos\left(x + \frac{n\pi}{2}\right).$$

例 4.4 由于 e^x 的一阶导数是它本身,因此 e^x 的任意阶导数还是它本身,即
$$(\mathrm{e}^x)^{(n)} = \mathrm{e}^x.$$

例 4.5 求幂函数 $y = x^\alpha$(α 是任意常数)的 n 阶导数.

解 设 $y = x^\alpha$(α 是任意常数),由例 3.11,有
$$y' = \alpha x^{\alpha-1},$$
于是
$$y'' = \alpha(\alpha-1)x^{\alpha-2},\ y''' = \alpha(\alpha-1)(\alpha-2)x^{\alpha-3},$$
$$\cdots\cdots\cdots\cdots$$
$$y^{(n)} = \alpha(\alpha-1)(\alpha-2)\cdots(\alpha-n+1)x^{\alpha-n}.$$

特别地,当 $\alpha = n$ 为正整数时,得
$$(x^n)^{(n)} = n \cdot (n-1) \cdot (n-2) \cdot \cdots \cdot 3 \cdot 2 \cdot 1 = n!,$$
$$(x^n)^{(n+1)} = 0.$$

显然,如果函数 $u(x),v(x)$ 在点 x 处都具有 n 阶导数,k 为常数,那么 $u(x) \pm v(x)$ 与 $ku(x)$ 在 x 点处也分别 n 阶可导,并且
$$(u(x) \pm v(x))^{(n)} = u^{(n)}(x) \pm v^{(n)}(x);$$
$$(ku(x))^{(n)} = ku^{(n)}(x).$$

例 4.6 求 $y = x^2 \mathrm{e}^x$ 的二阶导数.

解
$$y' = (x^2 \mathrm{e}^x)' = 2x\mathrm{e}^x + x^2\mathrm{e}^x,$$

因此

$$y'' = (2x\mathrm{e}^x + x^2\mathrm{e}^x)' = (2x\mathrm{e}^x)' + (x^2\mathrm{e}^x)'$$
$$= 2(\mathrm{e}^x + x\mathrm{e}^x) + 2x\mathrm{e}^x + x^2\mathrm{e}^x = 2\mathrm{e}^x + 4x\mathrm{e}^x + x^2\mathrm{e}^x.$$

例 4.7　（1）求函数 $y = \arcsin x$ 的二阶导数；

（2）已知 $x = \varphi(y)$ 是严格单调且二阶可导的函数，其反函数为 $y = f(x)$. 若 $f(1) = 3, f'(1) = 4, f''(1) = 1$，求 $\varphi''(3)$.

解　（1）由 $y = \arcsin x$ 的导数为

$$y' = \frac{1}{\sqrt{1-x^2}},$$

因此，$y = \arcsin x$ 的二阶导数为

$$y'' = \left(\frac{1}{\sqrt{1-x^2}}\right)' = -\frac{1}{2} \cdot (1-x^2)^{-\frac{3}{2}}(1-x^2)' = -\frac{-2x}{2\sqrt{(1-x^2)^3}} = \frac{x}{\sqrt{(1-x^2)^3}}.$$

（2）由于 $x = \varphi(y)$ 与 $y = f(x)$ 互为反函数，因此

$$\varphi'(y) = \frac{\mathrm{d}x}{\mathrm{d}y} = \frac{1}{f'[\varphi(y)]},$$

$$\varphi''(y) = \left(\frac{1}{f'[\varphi(y)]}\right)' = -\frac{f''[\varphi(y)]}{[f'[\varphi(y)]]^2} \cdot \varphi'(y) = -\frac{f''(x)}{[f'(x)]^2} \cdot \frac{1}{f'(x)}.$$

下面来求 $\varphi''(3)$.

由 $f(1) = 3$ 知，$y = 3$ 对应于 $x = 1$. 因此，由 $f(1) = 3, f'(1) = 4, f''(1) = 1$，得

$$\varphi''(3) = -\frac{f''(1)}{[f'(1)]^2} \cdot \frac{1}{f'(1)} = -\frac{1}{4^2} \cdot \frac{1}{4} = -\frac{1}{64}.$$

关于乘积的高阶导数，用数学归纳法可以证明下面的结果成立：

如果函数 $u(x), v(x)$ 在点 x 处都具有 n 阶导数，那么 $u(x) \cdot v(x)$ 也在点 x 处具有 n 阶导数，并且

$$(u \cdot v)^{(n)} = u^{(n)}v + nu^{(n-1)}v' + \frac{n(n-1)}{2!}u^{(n-2)}v'' + \cdots + \frac{n(n-1)\cdots(n-k+1)}{k!}u^{(n-k)}v^{(k)} + \cdots + uv^{(n)}$$

$$= \sum_{k=0}^{n} C_n^k u^{(n-k)} v^{(k)}.$$

通常也称上述公式为**莱布尼茨公式**. 这个公式可以这样记忆：将两函数和的 n 次幂 $(u+v)^n$ 按二项式定理展开为

$$(u+v)^n = u^n v^0 + nu^{n-1}v + \frac{n(n-1)}{2!}u^{n-2}v^2 + \cdots + \frac{n(n-1)\cdots(n-k+1)}{k!}u^{n-k}v^k + \cdots + u^0 v^n$$

$$= \sum_{k=0}^{n} C_n^k u^{n-k} v^k,$$

把 $u+v$ 换成 $u \cdot v$，然后再将 k 次幂换为 k 阶导数——零阶导数理解为函数本身（简言之，加换乘，乘幂换导数），即得莱布尼茨公式.

例 4.8　$y = x^2\mathrm{e}^x$，求 $y^{(18)}$.

解　设 $u(x) = \mathrm{e}^x, v(x) = x^2$，则

$$u^{(k)} = e^x \ (k=1,2,\cdots,18);$$

$$v' = 2x, v'' = 2, v''' = 0, v^{(k)} = 0 \ (k=4,\cdots,18).$$

代入莱布尼茨公式,得

> 如果设 $u = x^2, v = e^x$,上边形式的莱布尼茨公式将会怎样? 由此有何体会?

$$y^{(18)} = (x^2 e^x)^{(18)} = e^x \cdot x^2 + 18 \cdot e^x \cdot 2x + \frac{18 \cdot 17}{2!} \cdot e^x \cdot 2$$

$$= x^2 e^x + 36x e^x + 306 e^x = e^x (x^2 + 36x + 306).$$

例 4.9　沿坐标轴做变速直线运动的运动方程为 $s = \sqrt{1+4t}$, s 的计量单位为 m, t 的单位为 s, 求质点在 $t=6$ s 时的运动速度和加速度.

解　由于
$$\frac{\mathrm{d}s}{\mathrm{d}t} = (\sqrt{1+4t})' = \frac{1}{2} \cdot \frac{(1+4t)'}{\sqrt{1+4t}} = \frac{2}{\sqrt{1+4t}},$$

$$\frac{\mathrm{d}^2 s}{\mathrm{d}t^2} = \left(\frac{2}{\sqrt{1+4t}}\right)' = -\frac{1}{2} \cdot 2 \cdot (1+4t)^{-\frac{3}{2}} (1+4t)' = -\frac{4}{\sqrt{(1+4t)^3}}.$$

于是,当 $t=6$ s 时质点运动的速度和加速度分别为

$$v = \frac{\mathrm{d}s}{\mathrm{d}t}\bigg|_{t=6} = \frac{2}{\sqrt{1+4t}}\bigg|_{t=6} = \frac{2}{5} \ (\mathrm{m/s}),$$

$$a = \frac{\mathrm{d}^2 s}{\mathrm{d}t^2}\bigg|_{t=6} = -\frac{4}{\sqrt{(1+4t)^3}}\bigg|_{t=6} = -\frac{4}{125} \ (\mathrm{m/s}^2).$$

习题 2-4(A)

1. 判断下列论述是否正确,并说明理由:

(1) 如果 $y = f(x)$ 的导数 $f'(x)$ 大于零,那么 $y = f(x)$ 的二阶导数也一定大于零;

(2) 若变速直线运动的加速度大于零,该变速运动一定是加速运动.

2. 求下列函数的二阶导数:

(1) $y = x^4 + \sqrt{x} - 2\ln x$;　　　　(2) $y = \dfrac{(x^2+1)^2}{x}$;

(3) $y = x \arcsin x$;　　　　(4) $y = \cos(x^2 - 2x + 3)$;

(5) $y = (1+x^2)\arctan x$;　　　　(6) $y = e^{-2x}\cos 3x$;

(7) $y = x\sin \ln x$;　　　　(8) $y = \ln\sqrt{1+x^2}$;

(9) $y = \ln(x + \sqrt{x^2 + a^2})$;　　　　(10) $y = x^2 e^{-x}$.

3. 求下列函数的导数值:

(1) $f(x) = 3 + x - 2x^2 + x^4$, $f'''(1)$;

(2) $f(x) = x^2 \sin 3x$, $f''(0)$;

(3) $f(x) = \dfrac{e^x}{x}$, $f''(2)$.

4. 计算下列各题:

(1) $f(x) = e^{3x-2}$, $f^{(5)}(x)$;

(2) $y = (x^2 + 5)^{10}$, $\dfrac{\mathrm{d}^3 y}{\mathrm{d}x^3}$;

(3) $y=\ln\dfrac{x+2}{x+1}$,y'''.

5. 已知物体的运动规律为 $s=A\sin\omega t$(A,ω是常数),求物体运动速度的加速度,并验证:$\dfrac{d^2s}{dt^2}+\omega^2 s=0$.

6. 验证函数 $y=(C_1+C_2 x)\,e^{6x}$ 满足关系式 $y''-12y'+36y=0$.

习题 2-4(B)

1. 当密度大的陨星进入大气层时,它离地心距离为 s 时的速度与 $\sqrt{s}$ 成反比.试证明其运行的加速度与 s^2 成反比.

2. 设函数 $y=\sqrt{4x-x^2}-4\arcsin\dfrac{\sqrt{x}}{2}$,求 y''.

3. 求下列函数的 $n(n\geqslant 3)$ 阶导数:

(1) $y=\dfrac{1}{x(1-x)}$;　　　(2) $y=\sin^2 x$;　　　(3) $y=x^2\ln x$;

(4) $y=a_n x^n+a_{n-1}x^{n-1}+\cdots+a_1 x+a_0$(其中 a_i($i=1,2,\cdots,n$)为常数,$a_n\neq 0$).

4. 若函数 $f(x)$ 满足 $f'(\cos x)=\cos 2x+\sec x$,求 $f''(x)$.

5. 若函数 $f(x)$ 存在二阶导数,求下列函数的二阶导数 $\dfrac{d^2 y}{dx^2}$:

(1) $y=f^2(x)$;　　　　　(2) $y=f(x^3)$;

(3) $y=\ln[f(x)-1]$;　　　(4) $y=e^{f(2x)}$.

6. 若函数 $f(x)$ 有任意阶导数,且 $f'(x)=f^2(x)$,证明 $f^{(n)}(x)=n!\,f^{n+1}(x)$.

第五节　隐函数及由参数方程所确定的函数的导数

前面讨论的函数中,自变量与因变量之间的对应关系大都能用自变量 x 的解析式 $f(x)$ 来表示因变量 y,即能明显地写成 $y=f(x)$ 的形式,称之为**显函数**.下面将看到,函数关系还可能为下面的两种形式:(1) 由因变量与自变量所满足的方程来确定(例如,自变量 x 与因变量 y 满足的方程 $x^2+y^3+1=0$);(2) 自变量与因变量都能写成由第三个变量的解析式来表示,从而通过第三个变量建立起对应关系.本节来讨论这两类函数的求导问题.

1. 隐函数的导数

1.1　隐函数的概念
函数是两数集之间的一种对应法则,像第一章第一节所说的那样,这种对应法则可以有各种表现方式,并不一定要由自变量的解析式来表示.

例如,从方程 $x^2+y^3+\sin y=2$ 的图形(图 2-13)可以直观看到,对任意的实数 x,都有唯一的 y 与之对应.因此,方程 $x^2+y^3+\sin y=2$ 确定了实数集上的一个函数 $y=f(x)$,称这样的函数为**隐函数**.

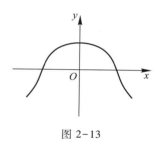

图 2-13

一般地,如果变量 x,y 满足方程 $F(x,y)=0$,并且在一定条件下,对区间 I 上的任意一个值 x,总有满足这个方程的唯一的实数 y 存在,则称方程 $F(x,y)=0$ 在区间 I 上确定了一个**隐函数**.

对于由方程所确定的隐函数,有的能从该方程解出因变量,从而把隐函数化成显函数(称作隐函数的显化).比如,从方程 $x^2-y+3=0$ 容易得到显函数 $y=x^2+3$;但有的从方程(比如 $x^2+y^3+\sin y=2$)却解不出 y,称不能将由这个方程所确定的隐函数 $y=f(x)$ 显化.

> 在隐函数的定义中,哪几个词语是比较关键的?

1.2　隐函数的求导

需要注意的是,并不是任意一个方程都能确定一个隐函数(比如,由方程 $x^2+y^2=1$ 就不能确定一个隐函数 $y=f(x)$,$x\in(-1,1)$).一个方程在满足什么条件时能确定一个隐函数,这是一个复杂的问题,将在下册第八章再作介绍.现在关心的是,若方程 $F(x,y)=0$ 在某区间内确定了一个可导的隐函数 $y=f(x)$,能否直接由方程 $F(x,y)=0$ 求出这个隐函数的导数?

设二元方程 $F(x,y)=0$ 确定了隐函数 $y=y(x)$,不管该函数能否写成显式的形式,我们都用抽象的函数表达式 $y(x)$ 替换方程中的变量 y,就得到一个恒等式 $F(x,y(x))\equiv0$.其左端是复合函数 $F(x,y(x))$,而复合函数的导数是我们熟悉的,右边是常数零,当然也可以求导.这提示我们,可以利用复合函数的微分法作"已知"来研究隐函数的求导这一"未知".

为此,对恒等式 $F(x,y(x))\equiv0$ 的两边分别对 x 求导,左端利用复合函数求导的链式法则,就得到了该隐函数的导数 $y'(x)$ 所满足的恒等式,进而通过解方程即可求出要求的导数 $y'(x)$.下面通过具体例子说明之.

例 5.1　求方程 $x^2+y^3+\sin y=2$ 所确定的隐函数 $y=y(x)$ 的导数.

解　既然隐函数 $y=y(x)$ 是由方程 $x^2+y^3+\sin y=2$ 所确定,因此,用 $y=y(x)$ 替换该方程中的 y,得恒等式

$$x^2+y^3(x)+\sin y(x)=2.$$

将其两边同时对 x 求导数(左端利用复合函数的求导法则),得

$$2x+3y^2(x)\cdot y'(x)+\cos y(x)\cdot y'(x)=0,$$

整理,得

$$[3y^2(x)+\cos y(x)]y'(x)=-2x,$$

于是

$$y'(x)=-\frac{2x}{3y^2(x)+\cos y(x)},$$

即

$$y'(x)=-\frac{2x}{3y^2+\cos y}.$$

> 通过例 5.1 的解法来看,如果说求隐函数的导数的过程可分为两步,应是哪两步?

以后在对隐函数求导时,一般不必像上边那样把 y 换成 $y(x)$,而直接将方程两边同时对 x 求导数,只要注意 y 是 x 的函数就可以了.

例 5.2　求方程 $x^2y+x^3-3y-9=0$ 确定的隐函数 $y=y(x)$ 在 $x=0$ 点的导数.

解　将方程 $x^2y+x^3-3y=9$ 的两端分别对 x 求导,注意到其中的 y 是由该方程所确定的隐函数 $y(x)$,左端利用复合函数的求导法则,得

$$2xy+x^2y'+3x^2-3y'=0,$$

解这个关于 y' 的方程,得 $y' = \dfrac{x(3x+2y)}{3-x^2}$.

当 $x=0$ 时,由方程 $x^2 y + x^3 - 3y - 9 = 0$ 可得 $y = -3$,因此

$$y'(0) = \frac{x(3x+2y)}{3-x^2} \bigg|_{\substack{x=0 \\ y=-3}} = 0.$$

例 5.3　求椭圆 $\dfrac{x^2}{4} + \dfrac{y^2}{3} = 1$ 上一点 $\left(1, \dfrac{3}{2}\right)$ 处的切线方程.

解　由导数的几何意义,所求切线的斜率为该方程所确定的隐函数 $y = y(x)$ 在 $x=1, y=\dfrac{3}{2}$ 时的导数.原方程两边分别对 x 求导(将 y 直接看成由此方程所确定的隐函数 $y(x)$),得

$$\left(\frac{x^2}{4} + \frac{y^2}{3}\right)' = (1)',$$

即

$$\frac{2x}{4} + \frac{2yy'}{3} = 0.$$

解得 $y' = -\dfrac{3x}{4y}$.因此,所求切线斜率 $k = -\dfrac{3x}{4y} \bigg|_{\substack{x=1 \\ y=\frac{3}{2}}} = -\dfrac{3 \cdot 1}{4 \cdot \dfrac{3}{2}} = -\dfrac{1}{2}$.

> 通过以上各例总结一下,求隐函数的一阶导数可分哪几步?

从而,所求的切线方程为

$$y - \frac{3}{2} = -\frac{1}{2}(x-1).$$

即

$$x + 2y = 4.$$

例 5.4　求由方程 $x + y + \sin y = 0$ 所确定的隐函数 $y = y(x)$ 的二阶导数 $\dfrac{\mathrm{d}^2 y}{\mathrm{d} x^2}$.

解　将原方程的两边分别对 x 求导,得

$$1 + y' + \cos y \cdot y' = 0,$$

于是 $y' = -\dfrac{1}{1+\cos y}$.

将上式两边分别再对 x 求导,注意到 y 是 x 的函数,得

$$y'' = \left(-\frac{1}{1+\cos y}\right)'_x = \frac{(1+\cos y)'_x}{(1+\cos y)^2} = -\frac{\sin y \cdot y'}{(1+\cos y)^2}.$$

把上面求得的 y' 代入,得

> 由例 5.4 的解法来看,求隐函数的二阶导数可分几步?其中需要特别注意什么?

$$y'' = -\frac{\sin y \cdot \left(-\dfrac{1}{1+\cos y}\right)}{(1+\cos y)^2} = \frac{\sin y}{(1+\cos y)^3}.$$

1.3　隐函数求导的应用——对数求导法

有意思的是,隐函数求导法可以用于求某些显函数的导数,甚至能使某些复杂的求导变得简单.

例 5.5　求 $y=x^x$ ($x>0$) 的导数.

对例 5.5, 如果不将其变成隐函数, 能有办法把它变成"已知"从而进行求导吗?

分析　虽然该函数是显函数, 但是由于 x^x 中的底数与指数都含有自变量, 所以它既不是幂函数也不是指数函数, 通常称它为幂指函数. 如何对它求导? 这是一"未知". 但是, 如果对其取对数, 就变成 $x\ln x$, 这就避开了其指数与底数都是变量的矛盾. 为此, 对 $y=x^x$ 两边分别取对数得到一个二元方程, 从而变成上面讨论的隐函数求导这一"已知".

解　将方程的两边分别取对数, 得

$$\ln y = x\cdot\ln x.$$

上式两边对 x 求导, 注意到 x 是自变量, y 是因变量, 得

$$\frac{1}{y}y' = \ln x + x\cdot\frac{1}{x} = \ln x+1,$$

于是

$$y' = y\cdot(\ln x+1) = x^x(\ln x+1).$$

通常称例 5.5 所采用的求导方法为对数求导法.

例 5.6　求 $y=\sqrt{\dfrac{(x-1)(x-2)}{(x-3)(x-5)}}$ 的导数.

你能写出该函数的定义域吗?

分析　该函数也是显函数, 但右边解析式中含有多个因式的乘除运算及开方运算, 因此对它直接求导是相当烦琐的. 根据对数的性质, 如果采用对数求导法能把乘除变成加减, 变开方为乘常数, 这样求导就比较简单了.

解　先假定 $x>5$, 方程两边分别取对数, 得

$$\ln y = \ln\sqrt{\frac{(x-1)(x-2)}{(x-3)(x-5)}}.$$

于是

$$\ln y = \frac{1}{2}\left[\ln(x-1)+\ln(x-2)-\ln(x-3)-\ln(x-5)\right],$$

上式两边分别对 x 求导, 注意到 x 是自变量, y 是因变量, 得

$$\frac{1}{y}y' = \frac{1}{2}\left(\frac{1}{x-1}+\frac{1}{x-2}-\frac{1}{x-3}-\frac{1}{x-5}\right).$$

于是

$$y' = \frac{y}{2}\left(\frac{1}{x-1}+\frac{1}{x-2}-\frac{1}{x-3}-\frac{1}{x-5}\right)$$
$$= \frac{1}{2}\left(\frac{1}{x-1}+\frac{1}{x-2}-\frac{1}{x-3}-\frac{1}{x-5}\right)\sqrt{\frac{(x-1)(x-2)}{(x-3)(x-5)}}.$$

在该函数定义域内的其他区间中, 例如, 当 $x<1$ (这时 $y=\sqrt{\dfrac{(1-x)(2-x)}{(3-x)(5-x)}}$) 或 $2<x<3$ (这时 $y=\sqrt{\dfrac{(x-1)(x-2)}{(3-x)(5-x)}}$) 时, 用同样的方法可得与上面相同的结果.

通过例 5.5 与例 5.6 来看, 利用"对数求导法"求哪些函数的导数比较方便?

另外,对幂指函数 $y=u^v(u>0)$,若 $u=u(x)$,$v=v(x)$ 都可导,对它求导数时,既可以像例 5.5 那样用"对数求导法",也可采用下面的方法.

由于

$$y=u^v=\mathrm{e}^{v\ln u},$$

利用复合函数的求导法,得

$$y'=\mathrm{e}^{v\ln u}(v\ln u)'=u^v\left(v'\ln u+\frac{vu'}{u}\right).$$

例 5.7 求 $y=x^{\cos x}(x>0)$ 的导数.

解 $y'=(x^{\cos x})'=(\mathrm{e}^{\cos x\cdot\ln x})'=\mathrm{e}^{\cos x\cdot\ln x}\cdot(\cos x\cdot\ln x)'$

$=\mathrm{e}^{\cos x\cdot\ln x}\left(-\sin x\ln x+\cos x\cdot\frac{1}{x}\right)$

$=x^{\cos x}(x^{-1}\cos x-\sin x\ln x).$

分析例 5.7 与例 5.5 两题解法的区别与联系?

2. 由参数方程所确定的函数的导数

在中学物理课中,我们讨论了斜抛运动的轨迹方程如图 2-14,v_1,v_2 分别表示抛射体初速度的水平、铅直分速度,以抛射点为坐标原点 $O(0,0)$,点 (x,y) 表示抛射体飞行过程中在铅直平面上的位置.用 t 表示飞行的时间,g 为重力加速度,如果不计空气的阻力,那么抛射体的运动轨迹可表示为

$$\begin{cases}x=v_1t,\\y=v_2t-\dfrac{1}{2}gt^2.\end{cases}$$

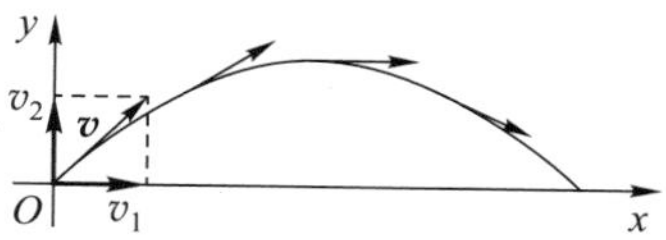

图 2-14

我们看到,x,y 都是 t 的函数.因此,对于满足该方程组的任一 x,通过方程 $x=v_1t$ 可得到一个 t,再通过方程 $y=v_2t-\dfrac{1}{2}gt^2$ 可得到相应的 y.因此,如果将由这个方程(组)所对应于 t 的同一取值的 y 与 x 看作对应的,那么该方程组确定了 y 与 x 之间的函数关系.

一般地,把由方程组

$$\begin{cases}x=\varphi(t),\\y=\psi(t),\end{cases}\alpha\leqslant t\leqslant\beta \tag{5.1}$$

所确定的变量 y 与 x 间的函数关系,称为**由参数方程(5.1)所确定的函数**,并称方程组(5.1)为该函数的**参数方程**.

如何求由参数方程所确定的函数的导数? 这就是下面要研究的问题.

有些参数方程所确定的函数很容易变成一般的显函数.比如,上边给出的斜抛运动的参数方程,对这个方程组来说,容易消去其中的变量 t,得显函数

$$y=\frac{v_2}{v_1}x-\frac{1}{2v_1^2}gx^2.$$

但是,对有些参数方程直接消去参数却是比较困难的甚至是不可能的.下面一般性地来讨论:不通过消去参数,如何求这种函数的导数?

在式(5.1)中,如果 $x=\varphi(t)$ 存在单调连续的反函数 $t=\varphi^{-1}(x)$(不管能否将该反函数表示出来),且此函数与 $y=\psi(t)$ 能够构成复合函数,那么由参数方程(5.1)所确定的函数可以看作由函数 $y=\psi(t)$,$t=\varphi^{-1}(x)$ 复合而成的函数 $y=\psi[\varphi^{-1}(x)]$.假设 $y=\psi(t)$ 与 $x=\varphi(t)$ 都可导,并且 $\varphi'(t)\neq0$,利用复合函数及反函数的求导法则,有

$$\frac{\mathrm{d}y}{\mathrm{d}x}=\frac{\mathrm{d}y}{\mathrm{d}t}\cdot\frac{\mathrm{d}t}{\mathrm{d}x}=\frac{\mathrm{d}y}{\mathrm{d}t}\cdot\frac{1}{\dfrac{\mathrm{d}x}{\mathrm{d}t}}=\frac{\psi'(t)}{\varphi'(t)},$$

即

$$\frac{\mathrm{d}y}{\mathrm{d}x}=\frac{\psi'(t)}{\varphi'(t)}. \tag{5.2}$$

例 5.8　求由参数方程

$$\begin{cases}x=\arctan t,\\ y=\ln(1+t^2)\end{cases}$$

所确定的函数 $y=y(x)$ 的微商 $\dfrac{\mathrm{d}y}{\mathrm{d}x}$.

关于公式(5.2)的注记

解　由式(5.2)得

$$\frac{\mathrm{d}y}{\mathrm{d}x}=\frac{[\ln(1+t^2)]'}{(\arctan t)'}=\frac{\dfrac{2t}{1+t^2}}{\dfrac{1}{1+t^2}}=2t.$$

例 5.9　求圆周 $\rho=2a\cos\theta(a>0)$ 上对应 $\theta=\dfrac{\pi}{6}$ 的点处的切线方程.

解　该圆周的方程是由极坐标给出的,为了求该曲线上一点处的切线的斜率,我们将该方程化为参数方程,从而利用式(5.2)来解决这个"未知".由

$$\begin{cases}x=\rho\cos\theta,\\ y=\rho\sin\theta.\end{cases}$$

及圆周的极坐标方程 $\rho=2a\cos\theta$,得该圆周的参数方程为

$$\begin{cases}x=2a\cos^2\theta,\\ y=2a\cos\theta\sin\theta=a\sin 2\theta.\end{cases}$$

曲线在对应于 $\theta=\dfrac{\pi}{6}$ 的点 $M_0(x_0,y_0)$ 处切线的斜率为

$$\left.\frac{\mathrm{d}y}{\mathrm{d}x}\right|_{\theta=\frac{\pi}{6}}=\left.\frac{(a\sin 2\theta)'}{(2a\cos^2\theta)'}\right|_{\theta=\frac{\pi}{6}}=\left.\frac{2a\cos 2\theta}{-2a\sin 2\theta}\right|_{\theta=\frac{\pi}{6}}=-\frac{\sqrt{3}}{3}.$$

圆周上对应于 $\theta=\dfrac{\pi}{6}$ 的点 $M_0(x_0,y_0)$ 的坐标为

$$x_0=\frac{3a}{2},\quad y_0=\frac{\sqrt{3}a}{2}.$$

因此,由直线的点斜式方程可得所求的切线方程为

为求极坐标下曲线的切线方程,这里利用什么作"已知"?如果题目改为"求过圆周上的点 $\left(\dfrac{3a}{2},\dfrac{\sqrt{3}a}{2}\right)$ 处的切线方程",又应该怎么办?

$$y - \frac{\sqrt{3}}{2}a = -\frac{\sqrt{3}}{3}\left(x - \frac{3a}{2}\right)$$

或

$$2\sqrt{3}\,x + 6y - 6\sqrt{3}\,a = 0.$$

关于极坐标下
求曲线切线的
斜率的注记

例 5.10 根据前面所给的抛射体的运动轨迹方程

$$\begin{cases} x = v_1 t, \\ y = v_2 t - \dfrac{1}{2}gt^2. \end{cases}$$

试求抛射体在时刻 t 时的运动方向与水平线间的夹角 φ（图 2–15）.

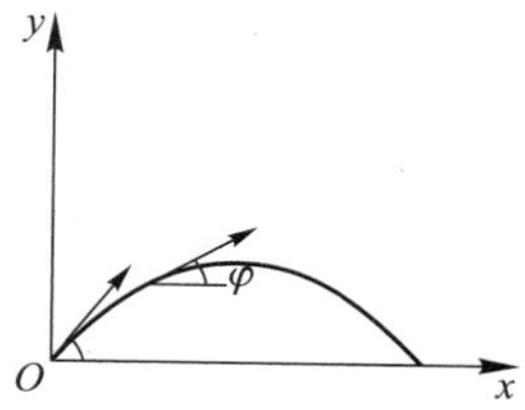

解 所求夹角 φ 的正切 $\tan\varphi = \dfrac{\mathrm{d}y}{\mathrm{d}x}$, 首先求 $\dfrac{\mathrm{d}y}{\mathrm{d}x}$.

$$\frac{\mathrm{d}y}{\mathrm{d}x} = \frac{\left(v_2 t - \dfrac{1}{2}gt^2\right)'}{(v_1 t)'} = \frac{v_2 - gt}{v_1}.$$

因此

$$\varphi = \arctan \frac{\mathrm{d}y}{\mathrm{d}x} = \arctan\left(\frac{v_2 - gt}{v_1}\right).$$

图 2–15

像需要求炮弹飞行过程中的加速度那样，有时需要求参数方程所确定的函数的二阶或二阶以上的高阶导数. 为了利用上面所讨论的结果求其二阶导数, 注意到 y' 仍然是 t 的函数, 因此, 首先写出 $y'(x)$ 所满足的参数方程

$$\begin{cases} x = \varphi(t), \\ y' = \dfrac{\psi'(t)}{\varphi'(t)}. \end{cases} \tag{5.3}$$

然后对参数方程 (5.3) 继续施用式 (5.2), 得

$$\frac{\mathrm{d}y'}{\mathrm{d}x} = \frac{\left(\dfrac{\psi'(t)}{\varphi'(t)}\right)'}{\varphi'(t)},$$

即有

$$\frac{\mathrm{d}^2 y}{\mathrm{d}x^2} = \frac{\left(\dfrac{\psi'(t)}{\varphi'(t)}\right)'}{\varphi'(t)}. \tag{5.4}$$

通过计算式 (5.4) 的右端, 得

$$\frac{\mathrm{d}^2 y}{\mathrm{d}x^2} = \frac{\psi''(t)\varphi'(t) - \psi'(t)\varphi''(t)}{\varphi'^3(t)}. \tag{5.5}$$

式 (5.4) 给出了计算二阶导数的方法, 式 (5.5) 给出的是计算的结果.

例 5.11 求由参数方程 $\begin{cases} x = a(1 - \cos t), \\ y = b(t - \sin t) \end{cases}$, 所确定的函数 $y = y(x)$ 的二阶导数.

解 由于

$$\frac{\mathrm{d}y}{\mathrm{d}x}=\frac{[\,b(t-\sin t)\,]'}{[\,a(1-\cos t)\,]'}=\frac{b}{a}\cdot\frac{1-\cos t}{\sin t}=\frac{b}{a}\tan\frac{t}{2},$$

又 $x=a(1-\cos t)$，因此得一阶导数的参数方程

$$\begin{cases}\dfrac{\mathrm{d}y}{\mathrm{d}x}=\dfrac{b}{a}\tan\dfrac{t}{2},\\[3mm] x=a(1-\cos t).\end{cases}$$

由式(5.4)，得

$$\frac{\mathrm{d}^2y}{\mathrm{d}x^2}=\frac{\dfrac{b}{a}\left(\tan\dfrac{t}{2}\right)'}{(a(1-\cos t))'}=\frac{b}{a^2}\frac{1}{2\cos^2\dfrac{t}{2}}\cdot\frac{1}{\sin t}=\frac{b}{a^2\sin t(1+\cos t)}.$$

3. 相关变化率

欲测量当火箭发射时火箭上升的速度，显然不可能站在发射点（火箭的脚下）去测量，而要站在距发射点有一定距离（设为 d）的地方观测（图 2-16）．通过图 2-16 容易看到，火箭上升的高度 h 随仰角 θ 的变化而变化，二者之间有函数关系

$$h=d\cdot\tan\theta.$$

显然，火箭上升的高度 h 与观测火箭的仰角 θ 都是时间 t 的函数

$$h=h(t),\qquad \theta=\theta(t).$$

在观测点测量仰角 θ（随时间 t）的变化率 $\dfrac{\mathrm{d}\theta}{\mathrm{d}t}$ 是相对容易的．那么能否由 $\dfrac{\mathrm{d}\theta}{\mathrm{d}t}$ 计算出火箭上升的速度 $\dfrac{\mathrm{d}h}{\mathrm{d}t}$？

既然变量 h 与 θ 分别是时间 t 的函数，因此 h,θ 之间的函数关系也可以写成参数方程

$$\begin{cases}h=h(t),\\ \theta=\theta(t)\end{cases}$$

的形式．要由 θ 对于 t 的变化率 $\dfrac{\mathrm{d}\theta}{\mathrm{d}t}$ 求出 h 对于 t 的变化率 $\dfrac{\mathrm{d}h}{\mathrm{d}t}$．由这个参数方程我们自然想到参数方程所确定的函数的导数公式．

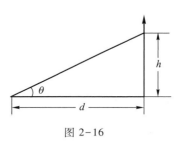

图 2-16

由式(5.2)，$\dfrac{\mathrm{d}h}{\mathrm{d}\theta}=\dfrac{h'(t)}{\theta'(t)}$，因此有

$$h'(t)=\frac{\mathrm{d}h}{\mathrm{d}\theta}\cdot\theta'(t).$$

由 $h=d\cdot\tan\theta$ 有 $\dfrac{\mathrm{d}h}{\mathrm{d}\theta}=d\cdot\sec^2\theta$，上式即为

$$\frac{\mathrm{d}h}{\mathrm{d}t}=d\cdot\sec^2\theta\,\frac{\mathrm{d}\theta}{\mathrm{d}t}.$$

利用这个等式及仰角 θ(对时间 t)的变化率 $\dfrac{\mathrm{d}\theta}{\mathrm{d}t}$,即可以求出火箭上升的速度 $\dfrac{\mathrm{d}h}{\mathrm{d}t}$.

上述问题也可以这样来看:由 $h=h(t)$,$\theta=\theta(t)$,h,θ 之间的函数关系,$h=f(\theta)$ 也可以写为

$$h(t)=f[\theta(t)].$$

等式两端分别对 t 求导数(右端利用复合函数微分法),也可得到与上面相同的关系式

$$\frac{\mathrm{d}h}{\mathrm{d}t}=f'(\theta)\cdot\frac{\mathrm{d}\theta}{\mathrm{d}t}.$$

一般说来,若 $y=f(x)$ 表示两变量 y 与 x 之间存在的函数关系,又 x,y 分别是变量 t 的函数 $x=x(t)$,$y=y(t)$,则有

$$y(t)=f[x(t)].$$

若函数 $y=f(x)$,$x=x(t)$,$y=y(t)$ 都分别(对各自的自变量)可导,将 $y(t)=f[x(t)]$ 两边分别对 t 求导,右边利用复合函数求导法则,得

$$\frac{\mathrm{d}y}{\mathrm{d}t}=\frac{\mathrm{d}y}{\mathrm{d}x}\cdot\frac{\mathrm{d}x}{\mathrm{d}t}.$$

也就是说,变量 x,y 分别对变量 t 的变化率 $\dfrac{\mathrm{d}x}{\mathrm{d}t}$,$\dfrac{\mathrm{d}y}{\mathrm{d}t}$ 之间存在着关系

$$\frac{\mathrm{d}y}{\mathrm{d}t}=f'(x)\frac{\mathrm{d}x}{\mathrm{d}t}.$$

> 求相关变化率的问题可分为几步?各步分别做什么?

总之,设 $x=x(t)$,$y=y(t)$ 都是可导函数,并且 x,y 之间存在着依赖关系 $y=f(x)$(称它们为两相关的量),那么它们相对于第三个变量 t 的变化率 $x'(t)$,$y'(t)$ 之间也存在着依赖关系,称这两个相互依赖的变化率为**相关变化率**.上边的讨论说明,求这样的变化率之间的依赖关系,既可以利用参数方程确定的函数的导数公式,也可以利用复合函数微分法来研究.

例 5.12　落在平静水面上一块石头,水面泛起一个个同心波纹向外延伸.如果最外一圈波纹半径的增大速率总是 6 m/s.问在 2 s 末时,扰动水面面积增大的速率是多少?

解　用 r,s 分别表示圆的半径与相应的面积,则有 $s=\pi r^2$.又 r,s 都是时间 t 的函数,$r=r(t)$,$s=s(t)$,因此有

$$s(t)=\pi r^2(t),$$

两边分别关于变量 t 求导数,得

$$s'(t)=2\pi r(t)r'(t).$$

在 $t=2$ s 时,$r(t)=2\times 6=12$ m,再由 $r'(t)=6$ m/s.因此,在 2 s 末时,扰动水面面积增大的速率是

$$s'(t)\Big|_{t=2}=2\pi r(t)r'(t)\Big|_{t=2}$$
$$=2\pi\times 12\times 6=144\pi\ \mathrm{m}^2/\mathrm{s}.$$

> 通过例 5.12,有何感想与收获?

4. 数学建模的实例

在经济学中,常常需要去研究多个量之间的关联.一般地,对于两个量 x,y,如果他们之间的关系由可导函数 $y=f(x)$ 确定(可以是显示函数,也可以是由方程确定的隐函数),则该函数的导函数 $f'(x)$ 称为 $f(x)$ 的**边际函数**,在 x_0 点的导数值 $f'(x_0)$ 称为**边际函数值**,它表示当 $x=x_0$ 时,

如果 x 改变一个单位则 y 相应地改变 $f'(x_0)$ 个单位.当 $f(x)$ 分别代表成本、收益、利润、需求的时候，$f'(x)$ 则相应地称为边际成本、边际收益、边际利润、边际需求.

例如，某工厂经过大量地统计分析后得出公司产品的年度产量 Q 与总成本 $C(Q)$ 的关系为

$$C(Q)=c_1+c_2Q+c_3Q^{\frac{1}{2}},$$

其中 c_1,c_2,c_3 为与 Q 无关的常数.于是，其相对于年度产量的边际成本即为

$$C'(Q)=c_2+\frac{1}{2}c_3Q^{-\frac{1}{2}}.$$

说明如果年度的产量增加一个单位，需要增加的成本为 $c_2+\frac{1}{2}c_3Q^{-\frac{1}{2}}$，进一步分析边际成本的公式可见，$Q$ 越大增加的成本就越小，反之则越大.

边际的概念能够反映某经济量的绝对变化率，但有时相对改变量更能说明经济领域的问题，这种相对改变量称为**弹性**.如果函数 $y=f(x)$ 在 x_0 点可导，当自变量 x 有一个增量 Δx 时，其相对增量为 $\frac{\Delta x}{x_0}$，由因变量 y 的增量 $\Delta y=f(x_0+\Delta x)-f(x_0)$，得相对增量为 $\frac{\Delta y}{f(x_0)}$.以自变量的相对增量和因变量的相对增量之比 $\dfrac{\frac{\Delta y}{f(x_0)}}{\frac{\Delta x}{x_0}}$ 表示自变量从 x_0 变到 $x_0+\Delta x$ 时的平均相对变化率，也称为两点间的弹性.当 $\Delta x\to 0$ 时，该平均相对变化率的极限(如果存在的话)称为 $f(x)$ 在 x_0 处的相对变化率，也叫相对导数，或称为弹性.记作 $\dfrac{\mathrm{E}y}{\mathrm{E}x}\Big|_{x=x_0}$ 或 $\dfrac{\mathrm{E}}{\mathrm{E}x}f(x_0)$.简单地计算即有

$$\frac{\mathrm{E}}{\mathrm{E}x}f(x_0)=\lim_{\Delta x\to 0}\frac{\frac{\Delta y}{f(x_0)}}{\frac{\Delta x}{x_0}}=\lim_{\Delta x\to 0}\frac{\Delta y}{\Delta x}\frac{x_0}{f(x_0)}=f'(x_0)\frac{x_0}{f(x_0)}.$$

对于一般的 x，如果函数 $y=f(x)$ 可导且 $f(x)\neq 0$，称 $\dfrac{\mathrm{E}y}{\mathrm{E}x}=y'\dfrac{x}{y}$ 为 $f(x)$ 的**弹性函数**.弹性函数反映了 x 的变化幅度 $\frac{\Delta x}{x}$ 对 $f(x)$ 的变化幅度 $\frac{\Delta y}{y}$ 的影响，也就是 $f(x)$ 对于 x 变化反映的强烈程度或灵敏度.

例如，某产品的需求量 Q 关于价格 p 的函数为 $Q=M-p^2$，则其在 $p=p_0$ 时的价格弹性为

$$\eta=\frac{\mathrm{d}Q}{\mathrm{d}p}\frac{p}{Q}\Big|_{p=p_0}=\frac{-2p_0^2}{M-p_0^2}.$$

这个结果说明当价格增加 1% 时相应地需求量变化 $\frac{-2p_0^2}{M-p_0^2}\%$，即减少 $\frac{2p_0^2}{M-p_0^2}\%$.

习题 2-5(A)

1. 判断下列论述是否正确,并说明理由:

(1) 求由方程 $F(x,y)=0$ 所确定的隐函数 $y=y(x)$ 的导数时,所得到的 $y'(x)$ 是 x 的一元函数,若再求 $y=y(x)$ 的二阶导数,直接对 x 的函数 $y'(x)$ 求导即得;

(2) 求由参数方程 $\begin{cases} x=\varphi(t), \\ y=\psi(t) \end{cases}$ 所确定的函数的导数时,在 $\varphi'(t)\neq 0$ 的条件下,若再求 $\dfrac{d^2y}{dx^2}$,只需将所求得的 $\dfrac{dy}{dx}$ 对 t 再继续求导数即可;

(3) 在知道两相关变量 x,y 中的一个对第三个变量 t 的变化率,求另一变量对 t 的变化率时,应首先建立两变量 x,y 之间满足的解析式(假设这样的解析式存在),从而通过求导得到 x,y 对变量 t 的变化率之间的关系.

2. 设函数 $y=y(x)$ 由下列方程确定,求 $\dfrac{dy}{dx}$:

(1) $y^2-3xy+4=0$;
　　　　　　　　(2) $x^2+y^3-6xy=0$;

(3) $e^{x+y}+\cos(xy)=0$;
　　　　　　　　(4) $\ln y=xy+\cos x$.

3. 求曲线 $xe^y-y+2=0$ 上对应于 $x=0$ 点处的切线方程.

4. 设函数 $y=y(x)$ 由下列方程确定,求 $\dfrac{d^2y}{dx^2}$:

(1) $x^2-xy+y^2=1$;
　　　　　　　　(2) $y=\tan(x+y)$.

5. 用对数求导法求下列函数的导数 $\dfrac{dy}{dx}$:

(1) $y=(1+x)^{\frac{1}{x}}$;
　　　　　　　　(2) $y=\dfrac{x^2}{1-x}\cdot\sqrt[3]{\dfrac{3-x}{(3+x)^2}}$;

(3) $y=\dfrac{\sqrt{1+x}}{e^{x^2}\sin x}$;
　　　　　　　　(4) $y=\sqrt{x\sin x\sqrt{1-e^x}}$.

6. 求由下列参数方程所确定的函数 $y=y(x)$ 的导数 $\dfrac{dy}{dx}$:

(1) $\begin{cases} x=\theta(1-\sin\theta), \\ y=\theta\cos\theta; \end{cases}$
　　　　　　　　(2) $\begin{cases} x=1+t^2, \\ y=(1+t^2)^2; \end{cases}$

(3) $\begin{cases} x=(3-2\sin\theta)\cos\theta, \\ y=(3-2\sin\theta)\sin\theta; \end{cases}$
　　　　　　　　(4) $\begin{cases} x=t-\ln(1+t), \\ y=t^3+t^2. \end{cases}$

7. 写出下列曲线在所指定点处的切线方程:

(1) $\begin{cases} x=\dfrac{3at}{1+t^2}, \\ y=\dfrac{3at^2}{1+t^2}, \end{cases}$ 在 $t=2$ 处;
　　　　　　　　(2) $\begin{cases} x=e^t\sin 2t, \\ y=e^t\cos t, \end{cases}$ 在 $t=0$ 处;

(3) $\begin{cases} x=a(t-\sin t), \\ y=a(1-\cos t), \end{cases}$ 在 $t=\dfrac{\pi}{2}$ 处.

8. 求由下列参数方程所确定的函数 $y=y(x)$ 的二阶导数 $\dfrac{d^2y}{dx^2}$:

(1) $\begin{cases} x=2t-t^2, \\ y=3t-t^3; \end{cases}$
　　　　　　　　(2) $\begin{cases} x=\ln(1+t^2), \\ y=t-\arctan t; \end{cases}$

（3）$\begin{cases} x = \cos t, \\ y = \sin t - t\cos t; \end{cases}$ 　　　　（4）$\begin{cases} x = f'(t), \\ y = tf'(t) - f(t), \end{cases}$ 设 $f''(t)$ 存在且不为零.

9. 有一长度为 5 m 的梯子铅直地靠在墙上.假设其下端以 3 m/min 的速率沿地板离开墙脚而滑动.问当其下端离开墙脚 2 m 时,梯子上端下滑的速率为多少?

10. 一气球从距观察员 500 m 处离开地面铅直上升,其上升速率为 120 m/min,当气球升高到 500 m 时,求观察员视线的仰角 α 的增加速率.

习题 2-5(B)

1. 溶液自深为 18 cm、顶直径为 12 cm 的正圆锥形漏斗中漏入一直径为 10 cm 的圆柱形筒中.开始时漏斗中盛满了溶液.已知当溶液在漏斗中深为 12 cm 时,其表面下降的速率为 1 cm/min.问此时圆柱形筒中溶液表面上升的速率为多少?

2. 设函数 $u = f[\varphi(x) + y^2]$,其中函数 $f(v)$,$\varphi(x)$ 均可微.又函数 $y = y(x)$ 由方程 $y + e^y = x$ 确定,求 $\dfrac{du}{dx}$.

3. 设函数 $y = y(x)$ 由方程 $x = y - \varphi(y)$ 确定,其中 $\varphi(y)$ 可导,且 $\varphi'(y) \neq 1$,求 $\dfrac{d^2 y}{dx^2}$.

4. 设函数 $y = y(x)$ 由方程 $\begin{cases} x = \arctan t, \\ 2y - ty^2 + e^t = 5 \end{cases}$ 确定,求 $\dfrac{dy}{dx}$.

第六节　利用数学软件求导数

Python 软件中与本章有关的就是导数的计算,即 sympy 中的 diff 命令,通过 diff(f,x,n) 计算导数 $\dfrac{d^n f(x)}{dx^n}$,其中在缺少第三个参数 n 的情况下,默认计算一阶导数,并可进一步通过 subs('x',v) 命令实现求值,即将结果中的 x 替换为值 v 后的结果;参数方程 $\begin{cases} x = x(t), \\ y = y(t) \end{cases}$ 的导数 $\dfrac{dy}{dx}$ 可通过两个变量导数的商,即 $\dfrac{dy}{dx} = \dfrac{y'(t)}{x'(t)}$ 完成计算.下面通过几个实例来说明一下如何使用这个命令.

例 6.1　求 $\dfrac{d}{dx}\sin x$,$\dfrac{d^3}{dx^3}\sin x$.

```
In [1]: from sympy import * #从 sympy 库中引入所有的函数及变量

In [2]: x,y,t = symbols('x,y,t') #利用 Symbol 命令定义"x,y,t"为符号变量
In [3]: y = sin(x) #定义因变量 y 与自变量 x 的函数关系

In [4]: diff(y,x) #计算导数
Out[4]: cos(x)
In [5]: diff(y,x,3) #计算三阶导数
Out[5]: -cos(x)
```

由输出结果可知 $\dfrac{\mathrm{d}}{\mathrm{d}x}\sin x = \cos x$，$\dfrac{\mathrm{d}^3}{\mathrm{d}x^3}\sin x = -\cos x$.

例 6.2　已知 $f(x) = \mathrm{e}^x \sin x$，求 $f'''(0)$.

```
In[6]: y = exp(x) * sin(x)    #定义因变量 y 与自变量 x 的函数关系

In[7]: z = diff(y,x,3)    #令变量 z 等于 y 对 x 的三阶导函数

In[8]: print(z) #输出 z 的表达式,即 y 对 x 的三阶导数的表达式
2 * (-sin(x) + cos(x)) * exp(x)
In[9]: z.subs('x',0)
Out[9]: 2
```

由输出结果可知 $\dfrac{\mathrm{d}^3}{\mathrm{d}x^3} f(x) = 2\mathrm{e}^x(\cos x - \sin x)$，$f'''(0) = 2$.

例 6.3　求 $\dfrac{\mathrm{d}}{\mathrm{d}x}\mathrm{e}^{ax}\cos(bx)$.

```
In [10]: a,b = symbols('a,b')    #引入符号变量 a,b

In [11]: y = exp(a * x) * cos(b * x)    #定义 y 为含参变量 a,b 的 x 的函数

In [12]: diff(y,x)    #计算 y 对 x 的导数,结果含有参数 a,b
Out[12]: a * exp(a * x) * cos(b * x) - b * exp(a * x) * sin(b * x)
```

由输出结果可知 $\dfrac{\mathrm{d}}{\mathrm{d}x}\mathrm{e}^{ax}\cos(bx) = a\mathrm{e}^{ax}\cos(bx) - b\mathrm{e}^{ax}\sin(bx)$.

例 6.4　已知 $y = \sin(ax - b\ln x + \mathrm{e}^{\cos x^x})$，求 $\dfrac{\mathrm{d}y}{\mathrm{d}x}$，及 $\left.\dfrac{\mathrm{d}y}{\mathrm{d}x}\right|_{x=2}$.

```
In [13]: y = sin(a * x - b * ln(x) + exp(cos(pow(x,x))))    #定义函数

In [14]: print(y) #输出 y 的表达式
sin(a * x - b * log(x) + exp(cos(x ** x)))

In [15]: z = diff(y,x) #令 z 为 y 对 x 的导数

In [16]: print(z) #输出求导结果
(a - b/x - x ** x * (log(x) + 1) * exp(cos(x ** x)) * sin(x ** x)) * cos(a * x - b * log(x) + exp
(cos(x ** x)))
```

In［17］：z.subs(x,2) #将 2 代入导函数,求值
Out［17］：(a − b/2 − 4 ∗ (log(2) + 1) ∗ exp(cos(4)) ∗ sin(4)) ∗ cos(2 ∗ a − b ∗ log(2) + exp(cos(4)))

由输出结果可知

$$\frac{\mathrm{d}y}{\mathrm{d}x}=\left(a-\frac{b}{x}-x^x(\ln x+1)\,\mathrm{e}^{\cos x^x}\sin x^x\right)\cos(ax-b\ln x+\mathrm{e}^{\cos x^x}),$$

$$\left.\frac{\mathrm{d}y}{\mathrm{d}x}\right|_{x=2}=\left(a-\frac{b}{2}-4(1+\ln 2)\,\mathrm{e}^{\cos 4}\sin 4\right)\cos(2a-b\ln 2+\mathrm{e}^{\cos 4}).$$

例 6.5 已知参数方程 $\begin{cases}x=\sqrt{1+t^2},\\ y=\arctan t,\end{cases}$ 求 $\dfrac{\mathrm{d}y}{\mathrm{d}x}$.

In［18］：x = sqrt(1+pow(t,2)) #定义变量 x 与参数 t 的关系

In［19］：y = atan(t) #定义变量 y 与参数 t 的关系

In［20］：print(x,y) #输出变量 x 和 y 的表达式
sqrt(t ∗∗ 2 + 1) atan(t)
In［21］：diff(y,t)/diff(x,t) #通过参数方程求导法计算 y 对 x 的导数
Out［21］：1/(t ∗ sqrt(t ∗∗ 2 + 1))

由输出结果可知 $\dfrac{\mathrm{d}y}{\mathrm{d}x}=\dfrac{1}{t\sqrt{t^2+1}}$.

练习(试用 Python 软件求下列导数)

1. 已知 $y=x^5+2\sin x-\ln x+\mathrm{e}^2$,求 y',y''.

2. 已知 $y=\arcsin x+x^x-\tan x$,求 y',y''.

3. 已知 $y=f(x^{\sin x})+\mathrm{e}^{g(x)}$,求 y',y''.

4. 已知 $y=x^2\ln x+x^3\sin ax$,求 $y^{(10)},y^{(30)}$.

5. 已知 $y=(1+x^2)\arctan x$,求 $y'(0),y''(1)$.

6. 已知 $y=x^2\cos ax+x^3\sin bx$,求 $y^{(5)}(0),y^{(10)}(1)$.

7. 已知 $y=\dfrac{1}{x(1+x)}$,求 $y^{(15)}(0),y^{(30)}(1)$.

8. 求下列参数方程所确定的函数 $y=y(x)$ 的一阶及二阶导数:

(1) $\begin{cases}x=at^3,\\ y=bt^3;\end{cases}$ 　　(2) $\begin{cases}x=\theta(1+\sin\theta),\\ y=\theta\cos\theta;\end{cases}$

(3) $\begin{cases}x=\mathrm{e}^t\sin t,\\ y=\mathrm{e}^t\cos t;\end{cases}$ 　　(4) $\begin{cases}x=1+\sqrt{1+t},\\ y=1-\sqrt{1-t}.\end{cases}$

124

总 习 题 二

1. 判断下列论述是否正确:

(1) $f(x)$ 在点 x_0 可导是 $f(x)$ 在点 x_0 连续的必要条件;

(2) $f(x)$ 在点 x_0 的左导数 $f'_-(x_0)$ 及右导数 $f'_+(x_0)$ 都存在且相等是 $f(x)$ 在点 x_0 可导的必要条件;

(3) $f(x)$ 在点 x_0 可导是 $f(x)$ 在点 x_0 可微的充分条件;

(4) 设 $f(x)$ 在 $x=a$ 的某个邻域内有定义,则 $f(x)$ 在 $x=a$ 处可导的一个充分条件是 $\lim\limits_{h\to a}\dfrac{f(a)-f(a-h)}{h}$ 存在;

(5) 函数 $f(x)=\begin{cases} x, & x<0, \\ \sqrt{x}, & x\geq 0 \end{cases}$ 在点 $x=0$ 处连续且可导;

(6) 若函数 $f(x)$ 在 $x=a$ 点可导,则 $|f(x)|$ 在 $x=a$ 点不可导的充分条件是 $f(a)=0$ 且 $f'(a)\neq 0$;

(7) 设曲线 $y=f(x)$ 与曲线 $y=\sin x$ 在原点相切,则极限 $\lim\limits_{n\to\infty}\sqrt{nf\left(\dfrac{2}{n}\right)}$ 为 1;

(8) 设函数 $f(x)=x^2|x|$,使得 $f^{(n)}(0)$ 存在的最大自然数 $n=1$.

2. 解下列各题:

(1) 若 $f(1)=0, f'(1)=3$,求极限 $\lim\limits_{x\to 1}\dfrac{f(x)}{1-x}$;

(2) 若 $f(x)$ 是可导的偶函数,且 $f'(x_0)=a$,求 $f'(-x_0)$;

(3) 若函数 $f(x)$ 可微,求极限 $\lim\limits_{\Delta x\to 0}\dfrac{\Delta y-\mathrm{d}y}{\Delta x}$;

(4) 若曲线 $y=f(x)=x^n$ 在点 $(1,1)$ 处的切线与 x 轴的交点为 $(\xi_n,0)$,求 $\lim\limits_{n\to\infty}f(\xi_n)$;

(5) 设 $\begin{cases} x=f(t)-\pi, \\ y=f(\mathrm{e}^{3t}-1), \end{cases}$ 其中函数 $f(u)$ 可微,$f'(0)\neq 0$,求 $\left.\dfrac{\mathrm{d}y}{\mathrm{d}x}\right|_{t=0}$.

3. 若函数 $f(x)$ 可导,试求极限 $\lim\limits_{x\to 0}\dfrac{f(1+\sin^2 x)-f(1)}{\tan^2 x}$.

4. 设以 2 为周期的函数 $f(x)$ 在 $(-\infty,+\infty)$ 内可导,且 $\lim\limits_{x\to 0}\dfrac{f(1)-f(1-x)}{2x}=-1$,求函数 $y=f(x)$ 在点 $(3,f(3))$ 处的切线斜率.

5. 设函数 $f(x)=|x-a|\varphi(x)$,其中函数 $\varphi(x)$ 在 $x=a$ 点连续,讨论 $f(x)$ 在 $x=a$ 点处的可导性,并研究函数 $f(x)=x|x^2-x|$ 的可导性.

6. 设函数 $f(x)=\begin{cases} x^\lambda\cos\dfrac{1}{x}, & x>0, \\ 0, & x\leq 0, \end{cases}$ 其导函数 $f'(x)$ 在 $x=0$ 点连续,求 λ 的取值范围.

7. 若函数 $y=f(x)(x>0)$ 在 x 点的增量 $\Delta y=f(x+\Delta x)-f(x)$ 可以写为 $\Delta y=\dfrac{\Delta x}{x}+o(\Delta x)$, 且 $f(1)=1$, 求函数 $y=f(x)$.

8. 求下列函数的导数 $\dfrac{dy}{dx}$:

(1) $y=x^2\sqrt{1+\sqrt{x}}$;

(2) $y=x\sqrt{a^2-x^2}+a^2\arcsin\dfrac{x}{a}$;

(3) $y=\ln\tan\dfrac{x}{2}-\cos x\cdot\ln\cot x$;

(4) $y=\lim\limits_{n\to\infty}\left(1-\dfrac{\sin x}{n}\right)^n$;

(5) $\sqrt[x]{y}=\sqrt[y]{x}(x>0,y>0)$;

(6) $y=\ln(e^x+\sqrt{1+e^{2x}})$.

9. 设函数 $y=y(x)$ 由方程 $e^y+xy=e$ 确定, 求 $y'(0)$ 及 $y''(0)$.

10. 已知 $y=f\left(\dfrac{3x-2}{3x+2}\right)$, $f'(x)=\arctan x^2$, 求 $\dfrac{dy}{dx}\Big|_{x=0}$.

11. 设可微函数 $f(x)$ 满足方程 $y^2f(x)+x^2f(y)=x$, 求 dy.

12. 若函数 $f(u)$ 有二阶导数, 且 $f'(u)\neq 1$. 设 $y=f(x+y)$, 求 $\dfrac{d^2y}{dx^2}$.

13. 计算由摆线 $\begin{cases}x=a(t-\sin t),\\ y=a(1-\cos t)\end{cases}$ 所确定的函数 $y=f(x)$ 的二阶导数 $\dfrac{d^2y}{dx^2}$.

14. 设函数 $y=f(x)$ 由参数方程 $\begin{cases}x=t^2+2t,\\ t^2-y+\dfrac{1}{2}\sin y=1\end{cases}$ 确定, 求 $\dfrac{dy}{dx}$ 及 $\dfrac{d^2y}{dx^2}$.

15. 求曲线 $\begin{cases}x=\ln(t^2+1),\\ y=\dfrac{\pi}{2}-\arctan t\end{cases}$ 上一点的坐标, 使得在该点处的切线平行于直线 $x+2y=0$.

16. 证明双曲线 $xy=a^2$ 上任一点的切线与两坐标轴围成的三角形的面积为定值 $2a^2$.

17. 试求经过原点且与曲线 $y=e^x$ 相切的直线方程.

18. 设函数 $f(x)$ 在 $(-\infty,+\infty)$ 内有定义, 且对任意 $x,y\in(-\infty,+\infty)$ 恒有 $f(x+y)=f(x)f(y)$, $f(x)=1+xg(x)$, 其中 $\lim\limits_{x\to 0}g(x)=1$. 证明: $f(x)$ 在 $(-\infty,+\infty)$ 内处处可导.

19. 设 $y=\dfrac{x+2}{x^2-2x-3}$, 求 $y^{(n)}$.

20. 设 $f(x)$ 在 $(-\infty,+\infty)$ 内有定义, 对任意的 x 有 $f(x)=kf(x+2)$, 且当 $x\in[0,2]$ 时, $f(x)=x(x^2-4)$, 问当 k 为何值时, $f(x)$ 在点 $x=0$ 处可导?

21. 设 $y=f(x)$ 与 $x=\varphi(y)$ 互为反函数, 且 $y=f(x)$ 三阶可导, 证明: $\dfrac{d^3x}{dy^3}=\dfrac{3y''^2-y'y'''}{y'^5}$.

第三章　微分中值定理与导数的应用

导数与微分不论在理论上还是在实际中都有着重要的应用.本章来讨论导数在研究函数性态(包括函数的图形)方面的应用.首先讨论微分中值定理,它是本章的理论支撑,是研究导数的应用所必不可缺的"已知".

第一节　微分中值定理

学校举行百米竞赛,某人用 12.5 s 跑完了全程,易知他的平均速度为 8 m/s.我们不禁要问:在整个赛程中是否存在某一时刻,在这一时刻他的瞬时速度恰好等于全程的平均速度?

这是个有意思的问题,我们将它稍加抽象:设一做直线运动的质点的运动方程为 $s = s(t)$,因此,从时刻 a 到时刻 b 的这段时间内其平均速度为 $\dfrac{s(b)-s(a)}{b-a}$.问:在这段运动过程中是否存在某一时刻 ξ,在这一时刻的瞬时速度 $s'(\xi)$ 恰好等于这期间的平均速度? 即有

$$s'(\xi) = \frac{s(b)-s(a)}{b-a}, \quad \xi \in (a,b).$$

微分中值定理对这个问题给出了肯定的回答:能.

这一有趣的问题唤起我们研究微分中值定理的强烈兴趣,下面我们就来研究微分中值定理.本节主要研究罗尔定理、拉格朗日中值定理及柯西中值定理.首先介绍罗尔定理.

1. 罗尔定理

为了得出罗尔定理,让我们先从几何直观上去发现特点,然后再上升为一般理论.

如图 3-1,设区间 $[a,b]$ 上的连续曲线 $y=f(x)$ 在两端点 A,B 处纵坐标相等,并且除端点外处处有不垂直于 x 轴的切线(即函数 $y=f(x)$ 在开区间 (a,b) 内处处可导).我们看到,在曲线的最高点 C(或最低点 D)处曲线有平行于 x 轴的切线.若记 C 点的横坐标为 ξ,即有

$$f'(\xi) = 0.$$

这一几何直观所反映的事实用数学语言来表述就是罗尔定理.下面,先将其中的所谓曲线的"最高点""最低点"等朴素的生活语言用数学语言来描述.于是就有了函数极值的概念.

> 如果函数的曲线在某点处有垂直于 x 轴的切线,反映在函数上将是怎样的?

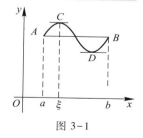

图 3-1

127

1.1　函数的极值

设函数 $f(x)$ 在点集 I 上有定义,如果存在点 x_0 的某邻域 $U(x_0) \subset I$,使得对任意的 $x \in U(x_0)$,都有

$$f(x) \leqslant f(x_0)\,(\text{或 } f(x) \geqslant f(x_0)),$$

则称 $f(x_0)$ 是 $f(x)$ 在 I 上的**极大(小)值**,x_0 称为该函数的**极大(小)值点**.函数的极大值与极小值统称为函数的**极值**,极大值点与极小值点统称为函数的**极值点**.如图 3-2,x_1,x_2,x_3,x_4 都是函数 $f(x)$ 的极值点,并且 x_1,x_3 是极大值点,x_2,x_4 是极小值点.

由此看到,罗尔定理刻画的是可导函数在极值点处的性态.

> 极大(小)值与最大(小)值有何差异?极值点能否是区间的端点?最值点能是极值点吗?极值点一定是最值点吗?极大(小)值点唯一吗?结合图 3-2 来看,极大值一定大于极小值吗?请解释其原因.

1.2　费马引理

如图 3-2,假设函数 $y = f(x)$ 在该区间内的 x_1,x_3,x_4 处可导并且取得极值,我们看到,在这些点所对应的曲线上的相应点处,曲线有水平切线.这一几何直观正是费马引理所揭示的事实.

费马引理　设函数 $f(x)$ 在点 x_0 处取得极值,并且在点 x_0 处可导.那么

$$f'(x_0) = 0.$$

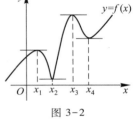

图 3-2

证　不妨设 x_0 是 $f(x)$ 的极大值点(极小值点时证明类似).因此存在 x_0 的邻域 $U(x_0)$,对任意的 $x_0 + \Delta x \in U(x_0)$,有 $f(x_0 + \Delta x) \leqslant f(x_0)$,于是,当 $\Delta x > 0$ 时,有

$$\frac{f(x_0 + \Delta x) - f(x_0)}{\Delta x} \leqslant 0;$$

而当 $\Delta x < 0$ 时,有

$$\frac{f(x_0 + \Delta x) - f(x_0)}{\Delta x} \geqslant 0.$$

由于 $f(x)$ 在 x_0 点可导,因此,$f(x)$ 在点 x_0 的左、右导数都存在,并且都等于 $f'(x_0)$.再由极限的保号性,有

$$f'(x_0) = f'_+(x_0) = \lim_{\Delta x \to 0^+} \frac{f(x_0 + \Delta x) - f(x_0)}{\Delta x} \leqslant 0,$$

$$f'(x_0) = f'_-(x_0) = \lim_{\Delta x \to 0^-} \frac{f(x_0 + \Delta x) - f(x_0)}{\Delta x} \geqslant 0.$$

> 费马引理主要有几个条件?在证明中用在了何处?请举例说明这些条件都不可缺。

因此必有

$$f'(x_0) = 0.$$

通常称导数等于零的点为函数的**驻点**.费马引理说明,对可导函数来说,其极值点必是驻点.

1.3　罗尔定理

下面用费马引理作"已知",来证明罗尔定理.

定理 1.1(**罗尔定理**)　若函数 $f(x)$ 满足

（1）在闭区间$[a,b]$上连续；

（2）在开区间(a,b)内可导；

（3）$f(a)=f(b)$，

则至少存在一点 $\xi\in(a,b)$，使得

$$f'(\xi)=0.$$

从图 3-1 能理解定理 1.1 的结论中"至少"二字的意义吗？

由图 3-1，罗尔定理的结论是显然的，下面给出严格的解析证明.

证 $f(x)$在闭区间$[a,b]$上连续，由闭区间上连续函数的性质知，$f(x)$在$[a,b]$上必取得最大值 M 与最小值 m，即存在$\xi_1,\xi_2\in[a,b]$，使得

$$f(\xi_1)=M,f(\xi_2)=m.$$

若利用费马引理作"已知"来证罗尔定理这个"未知"，应首先考虑什么？

依ξ_1,ξ_2在闭区间$[a,b]$所处的位置分以下两种情况讨论：

（1）若ξ_1,ξ_2同为区间$[a,b]$的端点，不妨设$\xi_1=a$，$\xi_2=b$.由定理的假设（3），有 $M=f(a)=f(b)=m$，即$f(x)$的最大值与最小值相等，易知这样的函数必恒为常数.因此，对任意的$x\in(a,b)$，都有$f'(x)=0$.也就是说，(a,b)内的每一点都可以作为ξ，使得$f'(\xi)=0$.

（2）若ξ_1,ξ_2至少有一个不是区间的端点.不妨设$\xi_1\in(a,b)$，这时最大值点ξ_1必是$f(x)$的极大值点，依费马引理有

$$f'(\xi_1)=0.$$

定理证毕.

虽然定理的条件是充分的，但能通过图形说明这些条件都是不可缺的吗？

若将罗尔定理的条件（3）换成"两端点处函数值皆为零"，就得到下面的推论：

推论 可导函数$f(x)$的任意两个零点之间一定存在其导函数$f'(x)$的零点.

该推论可以用来研究方程的根的存在性.

例 1.1 不求函数$f(x)=(x+1)(x-1)(x-2)$的导数，说明方程$f'(x)=0$有几个实根，并指出这些实根所在的区间.

解 显然函数$f(x)$在整个实数集上是可导的，并且$f(-1)=0,f(1)=0,f(2)=0$，也就是说点$x=-1,x=1,x=2$都是$f(x)$的零点.由定理 1.1 的推论，至少存在点$\xi\in(-1,1)$及$\eta\in(1,2)$，使得

$$f'(\xi)=0,f'(\eta)=0.$$

又$f'(x)$为二次多项式，因此方程$f'(x)=0$最多有两个实根.

综上所述，方程$f'(x)=0$有且只有两个实根，它们分别位于区间$(-1,1)$及$(1,2)$内.

罗尔定理（及推论）与连续函数的介值定理都可以证明满足一定条件的函数有零点（方程有实根），两种方法有何差异？例 1.1 的解法分几步？各步有何意义？

例 1.2 证明方程$x^3+2x+1=0$在开区间$(-1,0)$内有且只有一个根.

证 （1）先证明该方程在区间$(-1,0)$内至少有一个根.

令$f(x)=x^3+2x+1$，则有$f(-1)=-2<0,f(0)=1>0$.由于$f(x)$在闭区间$[-1,0]$上连续，因此在开区间$(-1,0)$内至少一点x_1，使得$f(x_1)=0$，这说明所给方程在开区间$(-1,0)$内至少有一个根.

（2）再证该方程在区间$(-1,0)$内至多有一个根.

用反证法.假设在区间$(-1,0)$内除x_1外另有$x_2(x_2\neq x_1)$满足$f(x_2)=0$,由罗尔定理,在x_1,x_2之间至少有一点ξ,使得$f'(\xi)=0$.但对任意的实数x,恒有

$$f'(x)=3x^2+2>0,$$

因此$f'(\xi)=0$不可能有实根,假设方程在区间$(-1,0)$内另有一个根是错误的.

综合（1）与（2）的讨论,所给方程在区间$(-1,0)$内有且只有一个根.

例 1.3　函数$f(x)$在闭区间$[0,a]$上连续,在开区间$(0,a)$内可导,且$f(a)=0$,证明:在开区间$(0,a)$内至少存在一点ξ,使得

$$f(\xi)+\xi f'(\xi)=0.$$

证　构造辅助函数$F(x)=xf(x)$.显然$F(x)$在区间$[0,a]$上连续,在$(0,a)$内可导,并且

$$F(0)=0\cdot f(0)=0,$$
$$F(a)=a\cdot f(a)=a\cdot 0=0.$$

因此,$F(x)$在区间$[0,a]$上满足罗尔定理的条件.由罗尔定理,在开区间$(0,a)$内至少存在一点ξ,使得

$$F'(\xi)=0.$$

由$F'(x)=f(x)+xf'(x)$,在开区间$(0,a)$内至少存在一点ξ,使得

$$f(\xi)+\xi f'(\xi)=0.$$

2. 拉格朗日中值定理

2.1 拉格朗日中值定理

罗尔定理表明,对满足罗尔定理条件的函数$f(x)$,其曲线上一定至少有一点C,在该点处曲线有水平切线.注意到在条件$f(a)=f(b)$下,连接曲线两端点的弦AB也是水平的.因此罗尔定理告诉我们,曲线上至少有一条切线平行于连接曲线两端点的弦（图3-1）.

条件$f(a)=f(b)$是苛刻的,若条件$f(a)=f(b)$不成立,那么弦AB就不再是水平的了,但是从图3-3可以看出,依然存在切线l,与连接曲线两端点A,B的弦平行.把这一几何直观所反映的事实用数学的语言来表述,就是下面的拉格朗日中值定理.

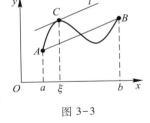

图 3-3

定理 1.2（拉格朗日中值定理）设函数$f(x)$满足

（1）在闭区间$[a,b]$上连续;

（2）在开区间(a,b)内可导.

则至少存在一点$\xi\in(a,b)$,使得

$$f'(\xi)=\frac{f(b)-f(a)}{b-a}. \tag{1.1}$$

分析　从式（1.1）看到,当$f(a)=f(b)$时,$f'(\xi)=0$.由此知,罗尔定理是拉格朗日中值定理的

（右侧批注）

这里说存在点x_1,使得$f(x_1)=0$,用的什么作"已知"?

例1.2的解法中的两步都不可缺吗?通过例1.2,有何体会?

题目的已知条件与要证的结果中都含有导数,应该利用什么作"已知"?为此应该首先做什么?

怎么理解定理1.2的结论中"至少"二字的含义?

特例(两端点处函数值相等),而拉格朗日中值定理是罗尔定理的推广.因此,为证明拉格朗日中值定理自然应考虑用罗尔定理作"已知".为此,构造一个满足罗尔定理的函数是证明该定理的关键.由于要证明的式(1.1)即是

$$\frac{f(b)-f(a)}{b-a}-f'(\xi)=0,$$

而函数

$$\left[\frac{f(b)-f(a)}{b-a}x-f(x)\right]'\bigg|_{x=\xi}=\frac{f(b)-f(a)}{b-a}-f'(\xi),$$

因此,只需证明函数

$$F(x)=\frac{f(b)-f(a)}{b-a}x-f(x)$$

在$[a,b]$上满足罗尔定理的条件即可.

证 构造辅助函数

$$F(x)=\frac{f(b)-f(a)}{b-a}x-f(x),$$

显然,它在闭区间$[a,b]$上连续,在(a,b)内可导,并且

$$F(a)=\frac{f(b)-f(a)}{b-a}\cdot a-f(a)=\frac{af(b)-bf(a)}{b-a},$$

$$F(b)=\frac{f(b)-f(a)}{b-a}\cdot b-f(b)=\frac{af(b)-bf(a)}{b-a},$$

故有$F(a)=F(b)$.由罗尔定理,在(a,b)内至少存在一点ξ,使得$F'(\xi)=0$,即有

$$\frac{f(b)-f(a)}{b-a}-f'(\xi)=0,$$

因此

$$f'(\xi)=\frac{f(b)-f(a)}{b-a}.$$

定理证毕.

$\dfrac{f(b)-f(a)}{b-a}$为连接曲线$y=f(x)$两端点的弦的斜率,$f'(\xi)$为曲线$y=f(x)$上点$(\xi,f(\xi))$处切线的斜率.因此,拉格朗日中值定理的几何意义是:在曲线$y=f(x)$上至少有一点,该点处的切线平行于连接曲线两端点的弦.

$\dfrac{f(b)-f(a)}{b-a}$为函数$y=f(x)$在区间$[a,b]$上的平均变化率,$f'(\xi)$为函数$y=f(x)$在点ξ处的瞬时变化率,因此,拉格朗日中值定理告诉我们,在区间(a,b)内至少存在这样的一点,在该点处的瞬时变化率等于函数在区间$[a,b]$上的平均变化率.由此,本节开始所提出的"百米竞赛"问题的答案就是显然的了:在整个赛程中,至少存在某一时刻,这时的瞬时速度恰好等于整个百米赛程的平均速度.

由于$a\neq b$,式(1.1)可写为

$$f(b)-f(a)=f'(\xi)(b-a),\xi\in(a,b). \tag{1.2}$$

通常称式(1.1)或式(1.2)为拉格朗日中值公式.

设 $x, x+\Delta x$ 为 $[a,b]$ 内任意不相同的两点,在以 $x, x+\Delta x$ 为端点的区间上式(1.2)即为

$$f(x+\Delta x)-f(x)=f'(\xi) \cdot \Delta x,$$

其中 ξ 介于 x 与 $x+\Delta x$ 之间. 位于点 $x, x+\Delta x$ 之间的 ξ 也可以写作 $\xi=x+\theta\Delta x (0<\theta<1)$.因此上式也可写为

$$f(x+\Delta x)-f(x)=f'(x+\theta\Delta x) \cdot \Delta x \quad (0<\theta<1). \tag{1.3}$$

再利用 $\Delta y=f(x+\Delta x)-f(x)$,式(1.3)即是

$$\Delta y=f'(x+\theta\Delta x) \cdot \Delta x \quad (0<\theta<1). \tag{1.4}$$

习惯上也称式(1.3)、式(1.4)为**有限增量公式**.

式(1.3)或式(1.4)的重要意义在于,它们给出了函数的改变量与函数的导数之间的等式联系,这为利用导数研究函数提供了坚实的理论支撑,下面定理 1.2 的推论就是一个很好的说明.虽然它的证明是简单的,但是其结果却是十分重要的.

推论　函数 $f(x)$ 在区间 I 上的导数恒为零的充分必要条件是 $f(x)$ 在 I 上恒为常数.

证　充分性是显而易见的.下证必要性.

对任意的 $x_1, x_2 \in I$,在以 x_1, x_2 为端点的闭区间上应用式(1.2),有

$$f(x_1)-f(x_2)=f'(\xi)(x_1-x_2),$$

ξ 为介于 x_1, x_2 之间的一个数.由定理的假设,$f'(\xi)=0$.因此

$$f(x_1)-f(x_2)=0,$$

即 $f(x_1)=f(x_2)$.由 $x_1, x_2 \in I$ 的任意性,$f(x)$ 在 I 上是一个常数.

2.2　原函数的一般表示式

在第二章第一节关于原函数的概念我们有:如果函数 $F(x)$ 是函数 $f(x)$ 在区间 I 上的一个原函数,那么对任意的常数 C,$F(x)+C$ 都是 $f(x)$ 在 I 上的原函数;但 $F(x)+C$ 是否能表示 $f(x)$ 在 I 上的所有原函数? 或说,$f(x)$ 在 I 上的任意一个原函数是否都能表示成为 $F(x)+C$ 的形式? 有了上面的推论作"已知",我们就可以来讨论这个问题.

由于 $F(x)$ 是 $f(x)$ 在区间 I 上的原函数,因此

$$F'(x)=f(x), x \in I.$$

另设函数 $G(x)$ 也是 $f(x)$ 在区间 I 上的原函数,因此,有

$$G'(x)=f(x), x \in I.$$

令 $\Phi(x)=G(x)-F(x)$,则有

$$\Phi'(x)=[G(x)-F(x)]'=G'(x)-F'(x)=f(x)-f(x)=0, \quad x \in I.$$

由定理 1.2 的推论,$\Phi(x)=G(x)-F(x)=C$ (C 为常数),即

$$G(x)=F(x)+C,$$

其中 C 为常数.这说明 $f(x)$ 在 I 上的任意一个原函数都能写成 $F(x)+C$ 的形式,

综合第二章第一节关于原函数的重要结论与上述结果,就有下面的定理 1.3.

定理 1.3　若函数 $F(x)$ 是函数 $f(x)$ 在区间 I 上的一个原函数,那么,$f(x)$ 在 I 上的任意一个原函数都能写成 $F(x)+C$ 的形式,其中 C 为任意常数.

定理 1.3 说明,如果 $F(x)$ 为 $f(x)$ 在区间 I 上的一个原函数,不仅 $F(x)+C$ 是 $f(x)$ 的原函数,并且它代表了 $f(x)$ 在区间 I 上的所有原函数.或说,$f(x)$ 的全体原函数可以用函数簇

$$\{F(x)+C \mid C \text{ 为任意常数}\}$$

来表示.这为我们求函数的原函数提供了重要的理论依据,因此它是第四章的重要的理论基础.

比如,由于$(\sin x)'=\cos x$,因此$\cos x$在实数集上的全体原函数可表示为

$$\{\sin x+C \mid C \text{ 为任意常数}\}.$$

2.3　拉格朗日中值定理在证明不等式中的应用

虽然拉格朗日中值公式用等式刻画了函数的改变量与函数的导数之间的联系,但是还应看到,公式中仅仅给出了ξ的存在范围$(a<\xi<b)$,而并没有指出ξ的具体取值.然而正是利用ξ的取值范围以及$f'(x)$的性质,可以对$f'(\xi)$的大小给出估计,从而将式(1.2)变为不等式.不要低估了它的价值,利用它证明某些不等式往往是非常方便的.

例 1.4　证明当$0<\alpha<\beta$时,不等式

$$\frac{\beta-\alpha}{1+\beta^2}<\arctan \beta-\arctan \alpha<\frac{\beta-\alpha}{1+\alpha^2}$$

成立.

> 分析拉格朗日中值公式的特点,若利用它证例1.4成立,应该构造怎样的函数,在哪个区间上讨论?

证　令$f(x)=\arctan x$,则函数$f(x)$在闭区间$[\alpha,\beta]$上连续,在开区间(α,β)内可导.应用拉格朗日中值定理,得

$$f(\beta)-f(\alpha)=f'(\xi)(\beta-\alpha),\quad \alpha<\xi<\beta,$$

即

$$\arctan \beta-\arctan \alpha=\frac{1}{1+\xi^2}(\beta-\alpha).$$

又由$\alpha<\xi<\beta$,因此$\dfrac{1}{1+\beta^2}<\dfrac{1}{1+\xi^2}<\dfrac{1}{1+\alpha^2}$,再由$\beta-\alpha>0$,得

$$\frac{\beta-\alpha}{1+\beta^2}<\frac{\beta-\alpha}{1+\xi^2}<\frac{\beta-\alpha}{1+\alpha^2}.$$

因此

$$\frac{\beta-\alpha}{1+\beta^2}<\arctan \beta-\arctan \alpha<\frac{\beta-\alpha}{1+\alpha^2}.$$

例 1.5　证明,当$x>0$时,

$$\frac{x}{1+x}<\ln(1+x)<x.$$

> 例1.5与例1.4在形式上看有何差别?根据其特点,若用拉格朗日中值公式来证明,应怎么构造函数及确定讨论的区间?

证　设$f(t)=\ln(1+t)$,对任意的$x>0$,易知函数f在区间$[0,x]$上满足拉格朗日中值定理的条件.在区间$[0,x]$上对f应用拉格朗日中值公式,有

$$f(x)-f(0)=f'(\xi)(x-0),\quad 0<\xi<x.$$

由于$f(0)=0,f'(t)=\dfrac{1}{1+t}$,因此上式即为

$$\ln(1+x)=\frac{x}{1+\xi},\quad 0<\xi<x.$$

由$0<\xi<x$,于是

> 在利用拉格朗日中值公式证明不等式时,有两个问题是关键的:构造函数、选定区间.通过这两个例子,对这两个问题有何理解?

$$\frac{x}{1+x}<\frac{x}{1+\xi}<\frac{x}{1+0}=x,$$

也就是

$$\frac{x}{1+x}<\ln(1+x)<x.$$

3. 柯西中值定理

通过前面的讨论我们知道,从几何上看(图 3-3),拉格朗日中值定理所描述的是:如果一条连续曲线 $\overset{\frown}{AB}$ 除端点外处处具有不垂直于 x 轴的切线,那么

在曲线上至少有一点 C,曲线在 C 处的切线 l 平行于连接曲线两端点的弦 AB.

显然,曲线的这一性态与曲线用什么形式的方程来表示无关.如果曲线用方程 $y=f(x)$ 表示,即有式(1.1)所示的拉格朗日中值公式;如果用参数方程

$$\begin{cases} x=g(t), \\ y=f(t) \end{cases} \tag{1.5}$$

来表示,根据"**曲线在点 C 处的切线 l 平行于连接曲线两端点的弦 AB**"这一"已知",又会有怎样的结论呢? 下面来讨论这个问题.

设曲线的参数方程为式(1.5)所给,其两端点分别对应参数 $t=a,b$,则两端点分别为 $A(g(a),f(a)),B(g(b),f(b))$,因此,弦 AB 的斜率为

$$\frac{f(b)-f(a)}{g(b)-g(a)}.$$

设曲线在点 C 处的切线为 l,C 所对应的参数 $t=\xi$.由参数方程 $\begin{cases} x=g(t), \\ y=f(t) \end{cases}$ 所确定的函数的导数公式 $\dfrac{\mathrm{d}y}{\mathrm{d}x}=\dfrac{f'(t)}{g'(t)}$ 知,切线 l 的斜率为

$$k=\frac{f'(\xi)}{g'(\xi)},$$

由弦 AB 与 l 平行得

$$\frac{f(b)-f(a)}{g(b)-g(a)}=\frac{f'(\xi)}{g'(\xi)}.$$

抛开上面讨论的几何意义,而把它看作是对两个抽象的函数 f,g 而言,就得到了柯西中值定理:

定理 1.4(柯西中值定理)　设函数 $f(x),g(x)$ 满足

(1) 在区间 $[a,b]$ 上连续;

(2) 在区间 (a,b) 内可导;

(3) 对任意 $x\in(a,b),g'(x)\neq 0$,

那么至少存在一点 $\xi\in(a,b)$,使得

$$\frac{f(b)-f(a)}{g(b)-g(a)}=\frac{f'(\xi)}{g'(\xi)}. \tag{1.6}$$

134

在式（1.6）中，若令 $g(x)=x$，这时式（1.6）就成为式（1.1）.因此拉格朗日中值定理是柯西中值定理的特例,柯西中值定理可以看作拉格朗日中值定理的推广.

分析　既然柯西中值定理可以看作拉格朗日中值定理的推广,因此我们用证明拉格朗日中值定理的思想方法来证明该定理.

证　首先 $g(b)-g(a)\neq 0$,否则 $g(x)$ 在区间 $[a,b]$ 上满足罗尔定理的条件,因此在区间 (a,b) 内必至少存在一点 η,使得 $g'(\eta)=0$,这与定理的条件（3）相矛盾.

构造函数

$$F(x)=\frac{f(b)-f(a)}{g(b)-g(a)}g(x)-f(x),$$

显然,它在区间 $[a,b]$ 上连续,在区间 (a,b) 内可导,并且

$$F(b)=\frac{f(b)-f(a)}{g(b)-g(a)}g(b)-f(b)=\frac{f(b)g(a)-f(a)g(b)}{g(b)-g(a)},$$

$$F(a)=\frac{f(b)-f(a)}{g(b)-g(a)}g(a)-f(a)=\frac{f(b)g(a)-f(a)g(b)}{g(b)-g(a)},$$

即有 $F(a)=F(b)$.这样一来,$F(x)$ 在区间 $[a,b]$ 上满足罗尔定理的条件,因此在 (a,b) 内至少有一点 ξ,使得 $F'(\xi)=0$,即

$$F'(\xi)=\frac{f(b)-f(a)}{g(b)-g(a)}g'(\xi)-f'(\xi)=0,$$

于是有

$$\frac{f(b)-f(a)}{g(b)-g(a)}=\frac{f'(\xi)}{g'(\xi)}.$$

定理证毕.

有人对柯西中值定理作如下证明:

由于 $f(x)$,$g(x)$ 皆满足拉格朗日中值定理的条件,因此运用拉格朗日中值定理,有

$$f(b)-f(a)=f'(\xi)(b-a),$$
$$g(b)-g(a)=g'(\xi)(b-a),$$

两式相比,约分即得柯西中值定理的结论。这样证可以吗?为什么?

关于微分中值定理的几点注记

历史人物简介

罗尔

费马

拉格朗日

习题 3-1(A)

1. 判断下列论述是否正确,并说明理由:

（1）函数的极值与最值是不同的,最值一定是极值,但极值未必是最值;

（2）函数的图形在极值点处一定存在着水平的切线;

（3）连续函数的零点定理与罗尔定理都可以用来判断函数是否存在零点,二者没有差别;

（4）虽然拉格朗日中值公式是一个等式,但将 $f'(\xi)$ 进行放大或缩小就可以用拉格朗日中值公式证明不等式,不过这类不等式中一定要含（或隐含）有 $f(x)$ 的两个值的差.

2. 验证下列结论成立,并求满足相应定理的 ξ.

（1）函数 $y = \lg \cos x$ 在区间 $\left[-\dfrac{\pi}{3}, \dfrac{\pi}{3}\right]$ 上满足罗尔定理,并求出定理中的 ξ;

（2）函数 $y = \dfrac{x+1}{x}$ 在区间 $[1,2]$ 上满足拉格朗日中值定理,并求出定理中的 ξ;

（3）函数 $f(x) = x^3, g(x) = x^2 + 1$ 在区间 $[1,2]$ 上满足柯西中值定理,并求出定理中的 ξ.

3. 在 $(-1,1)$ 内证明 $\arcsin x + \arccos x$ 恒为常数,并验证 $\arcsin x + \arccos x \equiv \dfrac{\pi}{2}$.

4. 不求出函数 $f(x) = (x-1)(x-2)(x-3)$ 的导数,说明 $f'(x) = 0$ 有几个实根,并指出所在区间.

5. 证明下列不等式:

（1）$|\sin a - \sin b| \leqslant |a-b|$;

（2）当 $a > b > 0, n > 1$ 时,$nb^{n-1}(a-b) < a^n - b^n < na^{n-1}(a-b)$.

6. 若函数 $f(x)$ 在区间 (a,b) 内具有二阶导数,且 $f(x_1) = f(x_2) = f(x_3)$,其中 $a < x_1 < x_2 < x_3 < b$,证明在区间 (x_1, x_3) 内至少有一点 ξ,使得 $f''(\xi) = 0$.

习题 3-1(B)

1. 证明方程 $x^3 + x - 1 = 0$ 只有一个正根.

2. 若在 $(-\infty, +\infty)$ 内恒有 $f'(x) = k$,证明 $f(x) = kx + b$.

3. 若函数 $f(x)$ 在区间 $(0, +\infty)$ 内可导,且满足 $xf'(x) - f(x) \equiv 0, f(1) = 1$,证明 $f(x) = x$.

4. 设 $a > b > 0$,证明:$\dfrac{a-b}{a} < \ln \dfrac{a}{b} < \dfrac{a-b}{b}$.

5. 若函数 $f(x)$ 在闭区间 $[-1,1]$ 上连续,在开区间 $(-1,1)$ 内可导,$f(0) = M$（其中 $M > 0$）,且 $|f'(x)| < M$.在闭区间 $[-1,1]$ 上证明 $|f(x)| < 2M$.

6. 若函数 $f(x)$ 在闭区间 $[0,a]$ 上连续,在开区间 $(0,a)$ 内可导,且 $f(a) = 0$,证明在开区间 $(0,a)$ 内至少存在一点 ξ,使得 $3f(\xi) + \xi f'(\xi) = 0$.

第二节　洛必达法则

虽然函数的极限有加、减、乘、除四则运算法则,但是由于求两函数之商的极限是有条件的——除式的极限不能为零,因此在求两个无穷小量之商的极限时就不能利用极限的除法法则.事实上,由第一章第五节"两个无穷小量的比较"我们知道,两个无穷小量之比的极限会出现多种不同的情形.比如:

$$\lim_{x \to 0} \frac{x^2}{\sin x} = 0, \ \lim_{x \to 0} \frac{\tan x}{x} = 1, \ \lim_{x \to -1} \frac{x^2 - 1}{(x+1)^2} = \infty,$$

而

$$\lim_{x\to 0}\frac{x\cos\dfrac{1}{x}}{\sin x}$$

不存在也不等于 ∞.

下列函数的分子、分母在 $x\to\infty$ 时皆趋于 ∞,或说分子、分母的极限都不存在,因此也不能用极限的除法运算法则.但却有(见第一章第五节对无穷大量的讨论)

$$\lim_{x\to\infty}\frac{x^2+1}{x-1}=\infty,\ \lim_{x\to\infty}\frac{x-\cos x}{x^3+2x-7}=0,\ \lim_{x\to\infty}\frac{3x^3-1}{x^3+2x-7}=3$$

等不同的情况.

在上述各式中,按照自变量的指定的变化方式,$f(x)$ 与 $g(x)$ 同为无穷小量或同为无穷大量,$\dfrac{f(x)}{g(x)}$ 的极限会有多种不同的情况发生,称这种类型的极限为**不定式**(也称未定式).并且把两个无穷小量之比的极限记为" $\dfrac{0}{0}$ ";而把两个无穷大量之比的极限记为" $\dfrac{\infty}{\infty}$ ".还有其他类型的不定式,它们将在下面给出.需要注意的是,这里的 $\dfrac{0}{0}$ 与 $\dfrac{\infty}{\infty}$ 仅仅是记号而已,绝不能理解为零与零、或无穷大与无穷大相除(何况无穷大也仅是个记号,而不是具体的数).

正像上面所说,不论是何种类型的不定式,都不符合极限运算法则的条件,因此不能运用极限的运算法则来计算.有了微分中值定理,利用它作"已知"就可以得到求这类极限的一种简单而比较有效的方法——**洛必达法则**.

1. $\dfrac{0}{0}$ 型不定式

定理 2.1(洛必达法则) 设函数 $f(x),g(x)$ 在 $\mathring{U}(a)$ 内皆可导, $g'(x)\neq 0$;并且

(1) $\lim\limits_{x\to a}f(x)=\lim\limits_{x\to a}g(x)=0$;

(2) $\lim\limits_{x\to a}\dfrac{f'(x)}{g'(x)}$ 存在(或为 ∞),

那么

$$\lim_{x\to a}\frac{f(x)}{g(x)}=\lim_{x\to a}\frac{f'(x)}{g'(x)}.$$

即,当 $\lim\limits_{x\to a}\dfrac{f'(x)}{g'(x)}$ 存在时, $\lim\limits_{x\to a}\dfrac{f(x)}{g(x)}$ 也存在,且二者相等;若 $\lim\limits_{x\to a}\dfrac{f'(x)}{g'(x)}$ 为无穷大时, $\lim\limits_{x\to a}\dfrac{f(x)}{g(x)}$ 也为无穷大.

分析 为将要证的"未知"与微分中值定理建立联系,由所给的条件(1)我们设想,如果 $f(x),g(x)$ 在点 a 处都连续,则应有 $f(a)=g(a)=0$.因此要证的结果就可以写成

$$\lim_{x\to a}\frac{f(x)-f(a)}{g(x)-g(a)}=\lim_{x\to a}\frac{f'(x)}{g'(x)},$$

> $f(x),g(x)$ 在点 a 处连续吗?根据要证等式左端含有两个函数之比的特点,为证明该式成立,应利用微分中值定理中的哪一个?

其形式符合柯西中值定理的形式,因此应考虑用柯西中值定理作"已知"来证明该定理.

证 注意到在 $x \to a$ 时求 $f(x), g(x)$ 的极限是与 $f(x), g(x)$ 在点 a 处的值无关的. 由 $\lim\limits_{x \to a} f(x) = \lim\limits_{x \to a} g(x) = 0$,因此不妨假设 $f(a) = g(a) = 0$,在这样的假设下 $f(x), g(x)$ 在点 a 处连续.

在 $\overset{\circ}{U}(a)$ 内任取一点 $x, f(x), g(x)$ 在以 x, a 为端点的区间上满足柯西中值定理的条件,因此,利用柯西中值定理得

$$\frac{f(x)}{g(x)} = \frac{f(x) - f(a)}{g(x) - g(a)} = \frac{f'(\xi)}{g'(\xi)} \quad (\xi \text{ 介于 } x \text{ 与 } a \text{ 之间}).$$

显然,当 $x \to a$ 时,介于 x 与 a 之间的 ξ 也必然趋于 a,因此

$$\lim_{x \to a} \frac{f(x)}{g(x)} = \lim_{\xi \to a} \frac{f'(\xi)}{g'(\xi)} = \lim_{x \to a} \frac{f'(x)}{g'(x)}.$$

> 为利用柯西中值定理来推出定理 2.1,证明中哪一步是关键的?

例 2.1 求 $\lim\limits_{x \to 1} \dfrac{x^m - 1}{x^n - 1}$($m, n$ 为常数且 $mn \neq 0$).

解 显然,函数 $f(x) = x^m - 1, g(x) = x^n - 1$ 在点 $x = 1$ 的附近满足洛必达法则的条件,因此

$$\lim_{x \to 1} \frac{x^m - 1}{x^n - 1} = \lim_{x \to 1} \frac{m x^{m-1}}{n x^{n-1}} = \frac{m}{n}.$$

由例 2.1 看到,利用洛必达法则可以大大简化计算.

例 2.2 求 $\lim\limits_{x \to 0} \dfrac{\sin x - x}{x^3}$.

解 $\lim\limits_{x \to 0} \dfrac{\sin x - x}{x^3} = \lim\limits_{x \to 0} \dfrac{\cos x - 1}{3x^2} = \lim\limits_{x \to 0} \dfrac{-\dfrac{1}{2} x^2}{3x^2} = -\dfrac{1}{6}$.

> 左边第二个等号前后发生了怎样的变化?有何收获?

若 $\lim\limits_{x \to a} \dfrac{f'(x)}{g'(x)}$ 仍属于 $\dfrac{0}{0}$ 型的不定式,且 $f'(x), g'(x)$ 满足定理 2.1 中 $f(x), g(x)$ 所要求的条件,可对它继续使用洛必达法则.

例 2.3 求 $\lim\limits_{x \to 0} \dfrac{2e^{2x} - e^x - 3x - 1}{x(e^x - 1)}$.

解 $\lim\limits_{x \to 0} \dfrac{2e^{2x} - e^x - 3x - 1}{x(e^x - 1)} = \lim\limits_{x \to 0} \dfrac{2e^{2x} - e^x - 3x - 1}{x^2}$

$$= \lim_{x \to 0} \frac{4e^{2x} - e^x - 3}{2x}$$

$$= \lim_{x \to 0} \frac{8e^{2x} - e^x}{2} = \frac{8 - 1}{2} = \frac{7}{2}.$$

> 左边第一个等号前后发生了怎样的变化?根据是什么?

例 2.4 求 $\lim\limits_{x \to 0} \dfrac{\tan x - x}{\tan^3 x}$.

解 $\lim\limits_{x \to 0} \dfrac{\tan x - x}{\tan^3 x} = \lim\limits_{x \to 0} \dfrac{\tan x - x}{x^3} = \lim\limits_{x \to 0} \dfrac{\sec^2 x - 1}{3x^2}$

$$= \lim_{x \to 0} \frac{\tan^2 x}{3x^2} = \frac{1}{3} \lim_{x \to 0} \frac{\tan^2 x}{x^2} = \frac{1}{3}.$$

> 说出例 2.4 的解法中各等号成立的理由及意义. 总结以上各例,有何收获?

通过以上各个例子我们看到,在使用洛必达法则时应注意:

(1) 先验证所讨论的式子满足定理 2.1 的条件,否则不能用洛必达法则;

(2) 若 $\lim\limits_{x\to a}\dfrac{f'(x)}{g'(x)}$ 仍为 $\dfrac{0}{0}$ 型不定式,且满足定理的条件,可对它继续使用洛必达法则;

(3) 洛必达法则与等价无穷小量代换等技巧应结合起来使用;

另外还需要特别注意的是:

(4) 若 $\lim\limits_{x\to a}\dfrac{f'(x)}{g'(x)}$ 不存在,并不能断定 $\lim\limits_{x\to a}\dfrac{f(x)}{g(x)}$ 也不存在.例如对 $f(x)=x^2\cos\dfrac{1}{x}$,$g(x)=x$,有

$$\frac{f'(x)}{g'(x)}=2x\cos\frac{1}{x}+\sin\frac{1}{x},$$

在 $x\to 0$ 时它的极限不存在.但是却有

$$\lim_{x\to 0}\frac{f(x)}{g(x)}=\lim_{x\to 0}\frac{x^2\cos\dfrac{1}{x}}{x}=\lim_{x\to 0}x\cos\frac{1}{x}=0.$$

定理 2.1 是对 $x\to a$ 时给出的,如果在 $x\to\infty$ 或 x 以其他方式变化时求 $\dfrac{0}{0}$ 型不定式,将定理 2.1 中有关部分作相应的修改,就得到相应形式的洛必达法则,这里不再一一赘述.

例 2.5 求 $\lim\limits_{x\to+\infty}\dfrac{\arctan x-\dfrac{\pi}{2}}{\sin\dfrac{1}{x}}$.

解 $\lim\limits_{x\to+\infty}\dfrac{\arctan x-\dfrac{\pi}{2}}{\sin\dfrac{1}{x}}=\lim\limits_{x\to+\infty}\dfrac{\arctan x-\dfrac{\pi}{2}}{\dfrac{1}{x}}=\lim\limits_{x\to+\infty}\dfrac{\dfrac{1}{1+x^2}}{-\dfrac{1}{x^2}}=\lim\limits_{x\to+\infty}\left(-\dfrac{x^2}{1+x^2}\right)=-1.$

2. $\dfrac{\infty}{\infty}$ 型不定式

当 $x\to\dfrac{\pi}{2}^+$ 时,$\ln\left(x-\dfrac{\pi}{2}\right)\to\infty$,$\tan x\to\infty$.因此 $\lim\limits_{x\to\frac{\pi}{2}^+}\dfrac{\ln\left(x-\dfrac{\pi}{2}\right)}{\tan x}$ 为 $\dfrac{\infty}{\infty}$ 型不定式.下面给出求这种类型的不定式的洛必达法则.与 "$\dfrac{0}{0}$" 型类似,也有 $x\to a$ 或 $x\to\infty$ 等自变量的不同的变化方式,下面仅以 $x\to a$ 为例叙述如下:

定理 2.2 设 $y=f(x)$,$y=g(x)$ 在 $\mathring{U}(a)$ 内皆可导,$g'(x)\neq 0$,并且

(1) $\lim\limits_{x\to a}f(x)=\lim\limits_{x\to a}g(x)=\infty$;

（2）$\lim\limits_{x \to a} \dfrac{f'(x)}{g'(x)}$ 存在（或为 ∞）.

则有

$$\lim_{x \to a} \frac{f(x)}{g(x)} = \lim_{x \to a} \frac{f'(x)}{g'(x)}.$$

其证明略去.

例 2.6　求 $\lim\limits_{x \to \frac{\pi}{2}^+} \dfrac{\ln\left(x - \dfrac{\pi}{2}\right)}{\tan x}$.

解　当 $x \to \dfrac{\pi}{2}^+$ 时，分子、分母均趋近于 ∞，由定理 2.2，得

$$\lim_{x \to \frac{\pi}{2}^+} \frac{\ln\left(x - \dfrac{\pi}{2}\right)}{\tan x} = \lim_{x \to \frac{\pi}{2}^+} \frac{\dfrac{1}{x - \dfrac{\pi}{2}}}{\sec^2 x} = \lim_{x \to \frac{\pi}{2}^+} \frac{\cos^2 x}{x - \dfrac{\pi}{2}} = \lim_{x \to \frac{\pi}{2}^+} \frac{-\sin 2x}{1} = 0.$$

例 2.7　求下列极限：

（1）$\lim\limits_{x \to +\infty} \dfrac{\ln x}{x^\mu}$（$\mu > 0$）；

（2）$\lim\limits_{x \to +\infty} \dfrac{x^n}{\mathrm{e}^{\lambda x}}$（$\lambda > 0$，$n$ 为正整数）.

解　（1）利用洛必达法则，得

$$\lim_{x \to +\infty} \frac{\ln x}{x^\mu} = \lim_{x \to +\infty} \frac{\dfrac{1}{x}}{\mu x^{\mu-1}} = \lim_{x \to +\infty} \frac{1}{\mu x^\mu} = 0.$$

（2）连续运用 n 次洛必达法则，则有

$$\lim_{x \to +\infty} \frac{x^n}{\mathrm{e}^{\lambda x}} = \lim_{x \to +\infty} \frac{n x^{n-1}}{\lambda \mathrm{e}^{\lambda x}} = \lim_{x \to +\infty} \frac{n(n-1) x^{n-2}}{\lambda^2 \mathrm{e}^{\lambda x}} = \cdots$$

$$= \lim_{x \to +\infty} \frac{n(n-1)\cdots(n-n+1) x^{n-n}}{\lambda^n \mathrm{e}^{\lambda x}} = \lim_{x \to +\infty} \frac{n!}{\lambda^n \mathrm{e}^{\lambda x}} = 0.$$

事实上，将函数 $\dfrac{x^n}{\mathrm{e}^{\lambda x}}$ 中的正整数 n 换为任意的实数 $\mu > 0$，这里的结果仍成立，即有

$$\lim_{x \to +\infty} \frac{x^\mu}{\mathrm{e}^{\lambda x}} = 0 （\lambda > 0, \mu > 0 \text{ 为任意实数}）.$$

我们知道，当 $x \to +\infty$ 时，$\ln x$，x^μ（$\mu > 0$），$\mathrm{e}^{\lambda x}$（$\lambda > 0$）都趋近于 $+\infty$，例 2.7 说明，x^μ 是 $\ln x$ 的高阶无穷大量，$\mathrm{e}^{\lambda x}$ 又是 x^μ 的高阶无穷大量. 这说明，在 $x \to +\infty$ 时，它们是数量级不同的无穷大量：$\mathrm{e}^{\lambda x}$

（$\lambda>0$）的数量级最高,幂函数 x^{μ}（$\mu>0$）的数量级次之,$\ln x$ 的数量级最低,这从图 3-4 能直观地看出来.

3. 其他类型的不定式

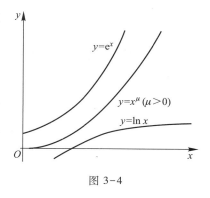

图 3-4

除了"$\dfrac{0}{0}$"和"$\dfrac{\infty}{\infty}$"两类基本类型的不定式外,另外还有"$0\cdot\infty$""$\infty-\infty$""0^{0}""1^{∞}""∞^{0}"等类型的不定式.求这五类不定式都要利用"$\dfrac{0}{0}$"和"$\dfrac{\infty}{\infty}$"这两种基本类型作"已知".因此,解这类题目的**关键是如何将这几种不同类型的"未知"转化为"已知"**.下面举例说明之.

例 2.8　求 $\lim\limits_{x\to 0^{+}}x^{\alpha}\ln x$（$\alpha>0$）.

解　由于当 $\alpha>0$ 时,$\lim\limits_{x\to 0^{+}}x^{\alpha}=0$,$\lim\limits_{x\to 0^{+}}\ln x=\infty$,因此它为"$0\cdot\infty$"型不定式,由无穷小量与无穷大量之间的关系,可以将它化为"$\dfrac{\infty}{\infty}$"型不定式:

> 例 2.8 为"$0\cdot\infty$"型,它是乘积的形式,而两种基本类型是除式形式,这里是怎么将乘积化为除式的?还能化为其他形式吗?如果把 $\ln x$ 放在分母中又将怎样?有何体会?

$$\lim_{x\to 0^{+}}x^{\alpha}\ln x=\lim_{x\to 0^{+}}\frac{\ln x}{x^{-\alpha}}=\lim_{x\to 0^{+}}\frac{\dfrac{1}{x}}{-\alpha x^{-\alpha-1}}=-\lim_{x\to 0^{+}}\frac{x^{\alpha}}{\alpha}=0.$$

例 2.9　求极限:(1) $\lim\limits_{x\to 0}\left(\dfrac{1}{x}-\dfrac{1}{e^{x}-1}\right)$;(2) $\lim\limits_{x\to\frac{\pi}{2}}(\sec x-\tan x)$.

解　按照指定的自变量的变化方式,这两个题目括号内的两个函数都趋近于无穷大,称该极限为 $\infty-\infty$ 型的不定式.首先把它们变形成"已知"的形式.

> 例 2.9 的两题皆为差式的形式,为求该极限现在有哪些"已知"可以利用?为此解法中首先各自作了怎样的初等变形?

(1) $\lim\limits_{x\to 0}\left(\dfrac{1}{x}-\dfrac{1}{e^{x}-1}\right)=\lim\limits_{x\to 0}\dfrac{e^{x}-x-1}{x(e^{x}-1)}=\lim\limits_{x\to 0}\dfrac{e^{x}-x-1}{x^{2}}$

$\qquad =\lim\limits_{x\to 0}\dfrac{e^{x}-1}{2x}=\dfrac{1}{2}\lim\limits_{x\to 0}\dfrac{e^{x}-1}{x}=\dfrac{1}{2}.$

(2) $\lim\limits_{x\to\frac{\pi}{2}}(\sec x-\tan x)=\lim\limits_{x\to\frac{\pi}{2}}\sec x(1-\sin x)=\lim\limits_{x\to\frac{\pi}{2}}\dfrac{1-\sin x}{\cos x}=\lim\limits_{x\to\frac{\pi}{2}}\dfrac{-\cos x}{-\sin x}=0.$

例 2.10　求 $\lim\limits_{x\to 0^{+}}(\sin x)^{x}$.

解　它是"0^{0}"型不定式.由

$$(\sin x)^{x}=e^{\ln(\sin x)^{x}}=e^{x\ln\sin x}$$

> 现在所能利用的"已知"有哪些类型?如何才能把它变成"已知"形式?

及指数函数的连续性,有

$$\lim_{x\to 0^{+}}(\sin x)^{x}=e^{\lim\limits_{x\to 0^{+}}x\ln\sin x},$$

问题就转化为求极限 $\lim\limits_{x\to 0^{+}}x\ln\sin x$.也就是把求 0^{0} 型极限转换为求 $0\cdot\infty$ 型的极限了.由于

$$\lim_{x \to 0^+} x \ln \sin x = \lim_{x \to 0^+} \frac{\ln \sin x}{\frac{1}{x}} = \lim_{x \to 0^+} \frac{\frac{\cos x}{\sin x}}{-\frac{1}{x^2}}$$

$$= \lim_{x \to 0^+} \left(-\frac{x}{\sin x} \cdot x \cos x \right) = 0,$$

因此

$$\lim_{x \to 0^+} (\sin x)^x = \lim_{x \to 0^+} e^{\ln (\sin x)^x} = e^{\lim\limits_{x \to 0^+} \ln (\sin x)^x} = e^0 = 1.$$

例 2.11 求 $\lim\limits_{x \to 0} (\cos x)^{\frac{1}{x}}$.

解 这是"1^∞"型不定式. 由于 $(\cos x)^{\frac{1}{x}} = e^{\ln (\cos x)^{\frac{1}{x}}}$,而

$$\lim_{x \to 0} \ln (\cos x)^{\frac{1}{x}} = \lim_{x \to 0} \frac{\ln \cos x}{x} = \lim_{x \to 0} \frac{-\sin x}{1 \cdot \cos x} = 0.$$

所以

$$\lim_{x \to 0} (\cos x)^{\frac{1}{x}} = e^{\lim\limits_{x \to 0} \ln (\cos x)^{\frac{1}{x}}} = e^0 = 1.$$

例 2.12 求极限 $\lim\limits_{x \to \frac{\pi}{2}^-} (\tan x)^{\cos x}$.

解 这是"∞^0"型不定式. 由于 $(\tan x)^{\cos x} = e^{\ln (\tan x)^{\cos x}} = e^{\cos x \ln \tan x}$,而

$$\lim_{x \to \frac{\pi}{2}^-} \cos x \ln \tan x = \lim_{x \to \frac{\pi}{2}^-} \frac{\ln \tan x}{\sec x}$$

$$= \lim_{x \to \frac{\pi}{2}^-} \frac{(\tan x)^{-1} \cdot \sec^2 x}{\sec x \tan x}$$

$$= \lim_{x \to \frac{\pi}{2}^-} \frac{\sec x}{\tan^2 x} = \lim_{x \to \frac{\pi}{2}^-} \frac{\cos x}{\sin^2 x} = 0.$$

因此

$$\lim_{x \to \frac{\pi}{2}^-} (\tan x)^{\cos x} = e^{\lim\limits_{x \to \frac{\pi}{2}^-} \cos x \ln \tan x} = e^0 = 1.$$

> 通过例 2.10 的解法,有何收获?

> 关于洛必达法则的注记

> 分析例 2.10—例 2.12 的解法,它们有何共性?有何体会?

历史人物简介

洛必达

习题 3-2(A)

1. 判断下列论述是否正确,并说明理由:

(1) 洛必达法则是利用函数的柯西中值定理得到的,因此不能利用洛必达法则直接求数列极限;

(2) 凡属"$\dfrac{0}{0}$""$\dfrac{\infty}{\infty}$"型不定式,都可以用洛必达法则来求其极限值;

(3) 形如"$0 \cdot \infty$""$\infty - \infty$""0^0""1^∞""∞^0"型的不定式,要想用洛必达法则,需先通过变形.比如"$0 \cdot \infty$"型要变形成"$\dfrac{0}{0}$""$\dfrac{\infty}{\infty}$"型,"$\infty - \infty$""0^0""1^∞""∞^0"型要先通过变形,转化为"$0 \cdot \infty$"型的不定式,然后再化为基本类型.

2. 用洛必达法则求下列极限:

(1) $\lim\limits_{x \to 2} \dfrac{2^x - x^2}{x - 2}$;

(2) $\lim\limits_{x \to \frac{\pi}{2}} \dfrac{\ln \sin x}{(\pi - 2x)^2}$;

(3) $\lim\limits_{x \to 0} \dfrac{\tan ax}{\sin bx}$;

(4) $\lim\limits_{x \to 0} \dfrac{1 - \cos x}{e^x + \sin x - 1}$;

(5) $\lim\limits_{x \to 0} \dfrac{\ln(1 + x^2)}{\sec x - \cos x}$;

(6) $\lim\limits_{x \to 0^+} \dfrac{\ln \sin 3x}{\ln \sin 4x}$;

(7) $\lim\limits_{x \to \frac{\pi}{2}} \dfrac{x \tan x}{\tan 3x}$;

(8) $\lim\limits_{x \to 1} (1 - x) \tan \dfrac{\pi x}{2}$;

(9) $\lim\limits_{x \to +\infty} \dfrac{\ln\left(1 + \dfrac{1}{x}\right)}{\operatorname{arccot} x}$;

(10) $\lim\limits_{x \to 0} \left(\dfrac{1}{x} - \dfrac{1}{\sin x}\right)$;

(11) $\lim\limits_{x \to 1} \left(\dfrac{x}{x - 1} - \dfrac{1}{\ln x}\right)$;

(12) $\lim\limits_{x \to 0^+} (\cot x)^{\sin x}$;

(13) $\lim\limits_{x \to +\infty} \left(1 + \dfrac{1}{x^2}\right)^x$;

(14) $\lim\limits_{n \to \infty} \dfrac{\ln n}{\sqrt{n}}$.

3. 验证下面两个极限存在,并说明不能用洛必达法则求:

(1) $\lim\limits_{x \to \infty} \dfrac{2x + \sin x}{x - 2\cos x}$;

(2) $\lim\limits_{x \to 0} \dfrac{x^2 \sin\left(\dfrac{1}{x}\right)}{\sin x}$.

4. 证明:当 $x \to 0$ 时, $f(x) = x - \sin x$ 是 x^3 的同阶无穷小量.

习题 3-2(B)

1. 用洛必达法则求下列极限:

(1) $\lim\limits_{x \to 0} \dfrac{\tan x - x}{x - \sin x}$;

(2) $\lim\limits_{x \to 0} \dfrac{e^{x^2} - 1 - x^2}{x^3 \sin x}$;

(3) $\lim\limits_{x \to 0} \left(\dfrac{1}{x^2} - \dfrac{1}{\tan^2 x}\right)$;

(4) $\lim\limits_{x \to \infty} \left[(1 + x) e^{\frac{1}{x}} - x\right]$;

(5) $\lim\limits_{x \to 0} \left(\dfrac{\sin x}{x}\right)^{\frac{3}{x^2}}$;

(6) $\lim\limits_{n \to \infty} \left(\dfrac{\sqrt[n]{a} + \sqrt[n]{b} + \sqrt[n]{c}}{3}\right)^n$ $(a > 0, b > 0, c > 0)$.

2. 当 $x \to 0$ 时,若 $f(x) = e^x - (ax^2 + bx + c)$ 是比 x^2 高阶的无穷小量,求常数 a, b, c.

3. 若函数 $f(x)$ 有二阶导数,且 $f(0) = 0$, $f'(0) = 1$, $f''(0) = 2$,求极限 $\lim\limits_{x \to 0} \dfrac{f(x) - x}{x^2}$.

4. 下面求极限过程中两次应用了洛必达法则,做法正确吗? 如果错误,找出原因.
设函数 $f(x)$ 在 $x = x_0$ 处二阶可导,则

$$\lim_{h \to 0} \frac{f(x_0 + h) - 2f(x_0) + f(x_0 - h)}{h^2} = \lim_{h \to 0} \frac{f'(x_0 + h) - f'(x_0 - h)}{2h}$$

$$= \lim_{h \to 0} \frac{f''(x_0 + h) + f''(x_0 - h)}{2} = f''(x_0).$$

第三节　泰勒中值定理

由函数微分的定义知,若函数 $f(x)$ 在 x_0 点可微,则对任意充分接近 x_0 的 x,有

$$f(x) = f(x_0) + f'(x_0)(x - x_0) + o(x - x_0),$$

因此在 x_0 附近就可以用它的局部线性化

$$P_1(x) = f(x_0) + f'(x_0)(x - x_0) \tag{3.1}$$

来近似代替 $f(x)$(图 3-5 分别给出了抛物线 $y = x^2$ 与正弦曲线 $y = \sin x$ 在点 x_0 附近的局部线性化).

局部线性化具有形式简单、计算方便的优点.但它也存在着明显的不足:首先是精确度较差,这从图 3-5 能明显地看出,本来是曲线而用直线来近似其误差当然会比较大;另外,所产生的误差 $o(x - x_0)$ 仅是对误差的定性估计,而不能作定量的估计.这不禁使我们想到,能否用简单的曲线来代替一般的曲线,从而弥补这些不足?

> 用式(3.1)近似表示 $f(x)$,所产生的误差应怎么表述? 怎么理解这里说"仅是对误差的定性估计"?

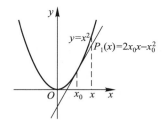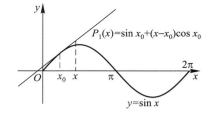

图 3-5

一般曲线是非线性函数的图形,在非线性函数中多项式是我们比较熟悉的.多项式中只含有加、减、乘(乘方)运算,因此其计算也是相对简单的,从某种意义上来说,它可以看作是一次函数的推广.函数一阶可导时可以用一次多项式(一次函数)来近似,我们不禁要问:如果 $f(x)$ 在点 x_0 有 $n(n > 1)$ 阶导数,在 x_0 附近用一个相应的 n 次多项式替代它,能否使精确度更高? 从几何上来看,多项式的图形是曲线,在局部范围内用较简单的曲线来近似代替一般的曲线,其误差应该比

用直线代替时更小.所以,这一设想应该是可行的.本节就来探讨这个问题.

1. 泰勒多项式

仍然采用"从简单到一般"的思想来研究这个问题.

我们看到,在点 x_0 处 $P_1(x)$ 与 $f(x)$ 有相同的函数值($P_1(x_0)=f(x_0)$)及相同的变化率($P_1'(x_0)=f'(x_0)$).若 $f(x)$ 在点 x_0 有二阶导数,是否存在 $(x-x_0)$ 的二次多项式 $P_2(x)$,使得 $P_2(x)$ 在点 x_0 与 $f(x)$ 的值相同,变化率相同,变化率的变化率也相同? 即有

$$P_2(x_0)=f(x_0),P_2'(x_0)=f'(x_0),P_2''(x_0)=f''(x_0). \tag{3.2}$$

如果这样的多项式 $P_2(x)$ 存在,它应具有什么样的形式? 我们来探讨这个问题.仿照式(3.1),先假设 $P_2(x)$ 具有

$$P_2(x)=a_0+a_1(x-x_0)+a_2(x-x_0)^2$$

的形式.易得

$$P_2(x_0)=a_0,P_2'(x_0)=a_1,P_2''(x_0)=2!\,a_2.$$

为使在点 x_0 处 $P_2(x)$ 与 $f(x)$ 的值相同,变化率相同,变化率的变化率也相同,就应有

$$a_0=P_2(x_0)=f(x_0),a_1=P_2'(x_0)=f'(x_0),a_2=\frac{P_2''(x_0)}{2!}=\frac{f''(x_0)}{2!}.$$

这就是说,满足上面要求的 $P_2(x)$ 必须具有下面的形式:

$$P_2(x)=f(x_0)+f'(x_0)(x-x_0)+\frac{f''(x_0)}{2!}(x-x_0)^2. \tag{3.3}$$

仿照式(3.3)得出的思路,我们进一步设想:如果 $f(x)$ 在点 x_0 有 $n(n>1)$ 阶导数,在点 x_0 附近能否用一个与式(3.3)类似的 n 次多项式

$$P_n(x)=f(x_0)+f'(x_0)(x-x_0)+\frac{1}{2!}f''(x_0)(x-x_0)^2+\cdots+\frac{1}{n!}f^{(n)}(x_0)(x-x_0)^n \tag{3.4}$$

来近似替代它,以使计算简单、误差更小,并且还能较方便地估算误差大小? 下面就来研究这个问题.

首先引入函数的泰勒多项式的概念.

若 $f(x)$ 在点 x_0 处 n 阶可导,称形如式(3.4)的多项式 $P_n(x)$ 为函数 $f(x)$ 在点 x_0 的(n 次)**泰勒多项式**.

容易验证

$$P_n(x_0)=f(x_0),P_n'(x_0)=f'(x_0),\cdots,P_n^{(n)}(x_0)=f^{(n)}(x_0). \tag{3.5}$$

式(3.5)表明,在点 x_0 处多项式 $P_n(x)$ 与函数 $f(x)$ 不仅值相同,而且直到 n 阶的导数也相同.

既然 $P_n(x)$ 与 $f(x)$ 之间有着如此多的相同性质,我们猜想:用 $P_n(x)$ 来替代 $f(x)$ 有望实现上面的设想. 这正是下面的泰勒中值定理所回答的问题.

2. 泰勒中值定理

2.1 泰勒中值定理

定理 3.1(带佩亚诺型余项的泰勒中值定理) 若函数 $f(x)$ 在点 x_0 有 n 阶导数,那么存在点

x_0 的邻域 $U(x_0)$，对任意的 $x \in U(x_0)$，有

$$f(x) = f(x_0) + f'(x_0)(x - x_0) + \frac{1}{2!}f''(x_0)(x - x_0)^2 + \cdots +$$

$$\frac{1}{n!}f^{(n)}(x_0)(x - x_0)^n + R_n(x), \tag{3.6}$$

其中

$$R_n(x) = o((x-x_0)^n). \tag{3.7}$$

称式 (3.6) 为函数 $f(x)$ 在点 x_0 处的 n 阶**泰勒公式**，其中的 $R_n(x)$ 称作**余项**. 式 (3.7) 称为**佩亚诺型余项**；用式 (3.7) 代换式 (3.6) 中的 $R_n(x)$ 得到的泰勒公式称为**带佩亚诺型余项的泰勒公式**.

下面来证明这个定理.

证　设 $P_n(x)$ 为式 (3.4) 所示. 令

$$f(x) - P_n(x) = R_n(x), \tag{3.8}$$

由 $f(x)$ 在点 x_0 处有 n 阶导数，因此由式 (3.8) 及式 (3.4)，$R_n(x)$ 在 x_0 也具有 n 阶导数，在 x_0 的某邻域 $U(x_0)$ 内必具有 $(n-1)$ 阶导数，并且，由式 (3.5) 有

$$R_n(x_0) = R_n'(x_0) = R_n''(x_0) = \cdots = R_n^{(n)}(x_0) = 0. \tag{3.9}$$

由式 (3.9)，极限 $\lim\limits_{x \to x_0} \dfrac{R_n(x)}{(x-x_0)^n}$ 及 $\lim\limits_{x \to x_0} \dfrac{R_n^{(k)}(x)}{(x-x_0)^{n-k}}$（$k \leq n-1$ 为正整数）为 "$\dfrac{0}{0}$" 型的未定式，对 $\lim\limits_{x \to x_0} \dfrac{R_n(x)}{(x-x_0)^n}$ 连续施用 $n-1$ 次洛必达法则，得

$$\lim_{x \to x_0} \frac{R_n(x)}{(x-x_0)^n} = \lim_{x \to x_0} \frac{R_n'(x)}{n(x-x_0)^{n-1}} = \lim_{x \to x_0} \frac{R_n''(x)}{n(n-1)(x-x_0)^{n-2}} = \cdots = \lim_{x \to x_0} \frac{R_n^{(n-1)}(x)}{n!\,(x-x_0)},$$

由 $R_n(x)$ 在 x_0 有 n 阶导数，并且 $R_n^{(n-1)}(x_0) = R_n^{(n)}(x_0) = 0$，因此

$$\lim_{x \to x_0} \frac{R_n(x)}{(x-x_0)^n} = \lim_{x \to x_0} \frac{R_n^{(n-1)}(x)}{n!\,(x-x_0)} = \frac{1}{n!}\lim_{x \to x_0} \frac{R_n^{(n-1)}(x) - R_n^{(n-1)}(x_0)}{(x-x_0)} = \frac{1}{n!}R_n^{(n)}(x_0) = 0,$$

即有

$$R_n(x) = o((x-x_0)^n).$$

证毕.

定理 3.1 告诉我们，满足该定理条件的函数 $f(x)$ 可以用它的泰勒多项式来近似，其误差是当 $x \to x_0$ 时关于 $(x-x_0)^n$ 的高阶无穷小量. 显然，当 n 较大时，其近似度要比用 $f(x)$ 的局部线性化来代替好得多.

虽然这样得到的佩亚诺型余项达到了精确度高的目的，但是，它仍然只是对误差进行定性描述，而不能给出定量的估计. 为此，下面给出另外形式的泰勒定理.

定理 3.2（带拉格朗日型余项的泰勒中值定理）　若函数 $f(x)$ 在点 x_0 的某

> $f(x)$ 的泰勒公式与它的泰勒多项式之间有何区别与联系？泰勒公式的阶数与其泰勒多项式的次数有关吗？

> 怎么理解 $R_n(x)$ 在 x_0 有 n 阶导数而在它的一个小邻域内有 $n-1$ 阶导数？

> 上边在求极限时，倒数第二个等号怎么得来的？为什么不直接用 n 次洛必达法则？

关于函数在一点 n 阶可导的注记

邻域 $U(x_0)$ 内有 $(n+1)$ 阶导数,那么对任意的 $x \in U(x_0)$,有

$$f(x) = f(x_0) + f'(x_0)(x-x_0) + \frac{1}{2!}f''(x_0)(x-x_0)^2 + \cdots +$$

$$\frac{1}{n!}f^{(n)}(x_0)(x-x_0)^n + R_n(x), \tag{3.10}$$

其中

看出定理 3.1 与定理 3.2 对函数 $f(x)$ 要求的差别是什么了吗?

$$R_n(x) = \frac{f^{(n+1)}(\xi)(x-x_0)^{n+1}}{(n+1)!}. \tag{3.11}$$

$R_n(x)$ 称为**拉格朗日型余项**,用式(3.11)代换式(3.10)中的 $R_n(x)$ 所得到的泰勒公式,称为**带拉格朗日型余项的泰勒公式**.

下面来证明这个定理.

证　如定理 3.1 所证,设 $P_n(x)$ 为式(3.4)所示.令

$$f(x) - P_n(x) = R_n(x), \quad x \in U(x_0). \tag{3.12}$$

显然由定理的假设可知, $R_n(x)$ 在 $U(x_0)$ 内具有直到 $n+1$ 阶的导数,并且由式(3.5)有

$$R_n(x_0) = 0, R_n'(x_0) = 0, R_n''(x_0) = 0, \cdots, R_n^{(n)}(x_0) = 0; R_n^{(n+1)}(x) = f^{(n+1)}(x). \tag{3.13}$$

令 $G(x) = (x-x_0)^{n+1}$,显然,

$$G(x_0) = 0, G'(x_0) = 0, G''(x_0) = 0, \cdots, G^{(n)}(x_0) = 0; G^{(n+1)}(x) = (n+1)!. \tag{3.14}$$

由 $R_n(x_0) = 0, G(x_0) = 0$,可知

$$\frac{R_n(x)}{G(x)} = \frac{R_n(x) - R_n(x_0)}{G(x) - G(x_0)} \tag{3.15}$$

成立. 对式(3.15)的右端施用柯西中值定理,得

$$\frac{R_n(x)}{G(x)} = \frac{R_n(x) - R_n(x_0)}{G(x) - G(x_0)} = \frac{R_n'(\xi_1)}{G'(\xi_1)}, \text{其中} \xi_1 \text{介于} x \text{及} x_0 \text{之间}. \tag{3.16}$$

由于 $R_n'(x_0) = 0$ 及 $G'(x_0) = 0$,因此,可以在以 ξ_1 与 x_0 为端点的区间上对式(3.16)重复上面的做法,得

$$\frac{R_n(x)}{G(x)} = \frac{R_n'(\xi_1)}{G'(\xi_1)} = \frac{R_n'(\xi_1) - R_n'(x_0)}{G'(\xi_1) - G'(x_0)} = \frac{R_n''(\xi_2)}{G''(\xi_2)}, \tag{3.17}$$

其中 ξ_2 介于 ξ_1 与 x_0 之间,因而位于 x 及 x_0 之间.

由式(3.13)及式(3.14),仿照上边的做法继续施用柯西中值定理直到 $n+1$ 次,则有

$$\frac{R_n(x)}{G(x)} = \frac{R_n''(\xi_2)}{G''(\xi_2)} = \cdots = \frac{R_n^{(n)}(\xi_n)}{G^{(n)}(\xi_n)} = \frac{R_n^{(n)}(\xi_n) - R_n^{(n)}(x_0)}{G^{(n)}(\xi_n) - G^{(n)}(x_0)} = \frac{R_n^{(n+1)}(\xi)}{G^{(n+1)}(\xi)} = \frac{f^{(n+1)}(\xi)}{(n+1)!},$$

其中 ξ 位于 ξ_n 与 x_0 之间,因而位于 x 及 x_0 之间.

用 $G(x) = (x-x_0)^{n+1}$ 代换 $\dfrac{R_n(x)}{G(x)} = \dfrac{f^{(n+1)}(\xi)}{(n+1)!}$ 中的 $G(x)$,则有

$$R_n(x) = \frac{f^{(n+1)}(\xi)(x-x_0)^{n+1}}{(n+1)!},$$

其中 ξ 介于 x 及 x_0 之间.定理得证.

2.2　泰勒中值定理的几点补充说明

下面对泰勒定理作几点补充说明,以利于读者对这两个定理的认识.

(1) 带佩亚诺型余项的泰勒公式及带拉格朗日型余项的泰勒公式都是用 $f(x)$ 的 n 次泰勒多项式 $P_n(x)$ 来替代 $f(x)$,但对 $f(x)$ 的要求却有很大的不同.前者要求 $f(x)$ 在点 x_0 有 n 阶导数,因而,在点 x_0 附近有 $n-1$ 阶导数;而后者要求 $f(x)$ 在点 x_0 的附近有 $n+1$ 阶导数. 其差别是很大的. 正是由于对 $f(x)$ 要求的明显不同,所得到的结论也显著不同.

(2) 两种泰勒公式中所含有的余项 $R_n(x)$ 在形式上有很大的差别.定理 3.1 中的 $R_n(x)$ 表示当 $x \to x_0$ 时误差是相对 $(x-x_0)^n$ 的高阶无穷小量,是对误差的定性描述,一般不能利用它估算出误差的大小;而定理 3.2 的 $R_n(x)$ 是用 $f(x)$ 的 $n+1$ 阶导数来表示的,因此利用它可以对误差给出定量的估计.正是二者形式的显著不同,其应用也有明显的差异,这在下面的"泰勒公式的应用举例"中将会看到.务请读者注意.

(3) 这两个定理分别与函数的微分及拉格朗日中值定理有着密切的联系.

若函数 $f(x)$ 在点 x_0 有一阶导数,利用定理 3.1,有

$$f(x) = f(x_0) + f'(x_0)(x-x_0) + o(x-x_0)$$

或

$$f(x) - f(x_0) = f'(x_0)(x-x_0) + o(x-x_0).$$

这就是函数可微分的定义.

若定理 3.2 中的 $n=0$,就得到拉格朗日中值公式

$$f(x) = f(x_0) + f'(\xi)(x-x_0), \quad \xi \text{ 介于 } x \text{ 与 } x_0 \text{ 之间}.$$

因此,拉格朗日中值定理可以看作泰勒中值定理的特例,泰勒中值定理可以看作拉格朗日中值定理的推广.

(4) 若取点 $x_0 = 0$,这时带佩亚诺型余项的泰勒公式与带拉格朗日型余项的泰勒公式分别为

$$f(x) = f(0) + f'(0)x + \frac{1}{2!}f''(0)x^2 + \cdots + \frac{1}{n!}f^{(n)}(0)x^n + o(x^n) \tag{3.18}$$

及

$$f(x) = f(0) + f'(0)x + \frac{1}{2!}f''(0)x^2 + \cdots +$$
$$\frac{1}{n!}f^{(n)}(0)x^n + \frac{f^{(n+1)}(\theta x)x^{n+1}}{(n+1)!}, \quad 0 < \theta < 1 \tag{3.19}$$

的形式.式(3.18)、式(3.19)分别称为 $f(x)$ 的带佩亚诺型余项及带拉格朗日型余项的**麦克劳林公式**.

3. 几个初等函数的麦克劳林公式

下面给出几个函数的麦克劳林公式,它们有着重要的应用.

例 3.1　分别写出函数 $y = e^x$ 的带有佩亚诺型余项及拉格朗日型余项的麦克劳林公式.

解　由于 $y = e^x$ 有任意阶导数,并且对任意的正整数 n,都有 $(e^x)^{(n)} = e^x$,因此

$$e^x \big|_{x=0} = (e^x)' \big|_{x=0} = \cdots = (e^x)^{(n)} \big|_{x=0} = 1,$$

将它们代入式(3.18),有 $y = e^x$ 的带有佩亚诺型余项的麦克劳林公式

$$e^x = 1 + x + \frac{1}{2!}x^2 + \cdots + \frac{1}{n!}x^n + o(x^n).$$

由于

$$y^{(n+1)}\Big|_{\theta x} = e^{\theta x},$$

关于 e 为无理
数的证明

因此，$y = e^x$ 的带有拉格朗日型余项的麦克劳林公式为

$$e^x = 1 + x + \frac{1}{2!}x^2 + \cdots + \frac{1}{n!}x^n + \frac{e^{\theta x}}{(n+1)!}x^{n+1} \quad (0 < \theta < 1).$$

例 3.2 分别写出函数 $f(x) = \sin x$ 与 $f(x) = \cos x$ 的带有佩亚诺型余项及拉格朗日型余项的麦克劳林公式.

解 $f(x) = \sin x$ 有任意阶导数，并且

$$f'(x) = \cos x, f''(x) = -\sin x, f'''(x) = -\cos x,$$

$$f^{(4)}(x) = \sin x, \cdots, f^{(n)}(x) = \sin\left(x + \frac{n\pi}{2}\right),$$

因此

$$f(0) = 0, f'(0) = 1, f''(0) = 0, f'''(0) = -1, f^{(4)}(0) = 0.$$

我们看到，$\sin x$ 在点 $x = 0$ 处的各阶导数顺次循环地取 $0, 1, 0, -1$ 这四个数.即所有偶次项的系数（包括常数项）都为零，因此，$\sin x$ 的麦克劳林公式中只有奇次项.于是（令 $n = 2k$），有

$$\sin x = x - \frac{1}{3!}x^3 + \cdots + (-1)^{k-1}\frac{1}{(2k-1)!}x^{2k-1} + o(x^{2k}).$$

由于

$$\sin^{(2k+1)}(\theta x) = \sin\left[\theta x + (2k+1)\frac{\pi}{2}\right] = (-1)^k \cos\theta x,$$

因此 $\sin x$ 的带有拉格朗日型余项的麦克劳林公式为

$$\sin x = x - \frac{1}{3!}x^3 + \cdots + (-1)^{k-1}\frac{1}{(2k-1)!}x^{2k-1} + (-1)^k\frac{\cos\theta x}{(2k+1)!}x^{2k+1} \quad (0 < \theta < 1).$$

取 $n = 2k+1$，类似的方法可以得到

$$\cos x = 1 - \frac{1}{2!}x^2 + \frac{1}{4!}x^4 - \cdots +$$

$$(-1)^k\frac{1}{(2k)!}x^{2k} + o(x^{2k+1})$$

> 这里的 $\sin x$ 的泰勒多项式是 $2k-1$ 次，为什么其余项是 $2k+1$ 次？这里的 n 等于什么？

或

$$\cos x = 1 - \frac{1}{2!}x^2 + \frac{1}{4!}x^4 - \cdots + (-1)^k\frac{1}{(2k)!}x^{2k} + \frac{\cos[\theta x + (k+1)\pi]}{(2k+2)!}x^{2k+2}$$

$$= 1 - \frac{1}{2!}x^2 + \frac{1}{4!}x^4 - \cdots + (-1)^k\frac{1}{(2k)!}x^{2k} + (-1)^{k+1}\frac{\cos\theta x}{(2k+2)!}x^{2k+2} \quad (0 < \theta < 1).$$

图 3-6 给出了函数 $y = \sin x$ 及其一次、三次、五次泰勒多项式的曲线.从图中看到，泰勒多项式的幂次越高，它在 $x = 0$ 附近就与正弦曲线"贴近"的程度越高.

例 3.3 求函数 $y = \ln(1+x)$ 的麦克劳林公式.

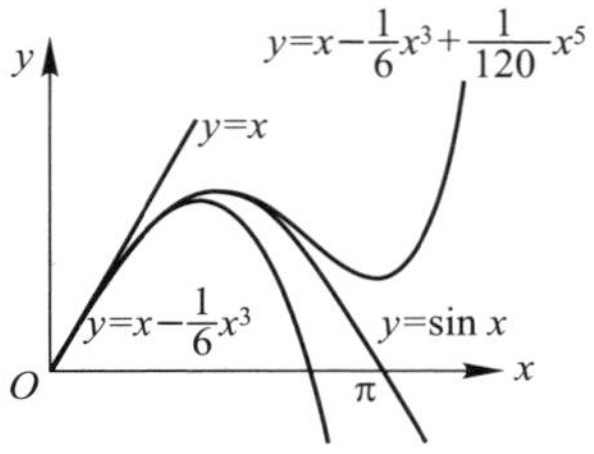

图 3-6

解 由 $y=\ln(1+x)$ 得

$$y'=\frac{1}{1+x}, y''=-\frac{1}{(1+x)^2}, \cdots, y^{(n)}=\frac{(-1)^{n-1}(n-1)!}{(1+x)^n}.$$

所以,它的带有佩亚诺型余项的麦克劳林公式为

$$\ln(1+x)=x-\frac{1}{2}x^2+\frac{1}{3}x^3-\cdots+(-1)^{n-1}\frac{1}{n}x^n+o(x^n);$$

带有拉格朗日型余项的麦克劳林公式为

$$\ln(1+x)=x-\frac{1}{2}x^2+\frac{1}{3}x^3-\cdots+(-1)^{n-1}\frac{1}{n}x^n+\frac{(-1)^n}{(n+1)(1+\theta x)^{n+1}}x^{n+1}\ (0<\theta<1).$$

类似地还可得到幂函数 $(1+x)^\alpha$ 的带有佩亚诺型余项的麦克劳林公式

$$(1+x)^\alpha=1+\frac{\alpha}{1!}x+\frac{\alpha(\alpha-1)}{2!}x^2+\cdots+\frac{\alpha(\alpha-1)\cdots(\alpha-n+1)}{n!}x^n+o(x^n)$$

及带有拉格朗日型余项的麦克劳林公式

$$(1+x)^\alpha=1+\frac{\alpha}{1!}x+\frac{\alpha(\alpha-1)}{2!}x^2+\cdots+$$

$$\frac{\alpha(\alpha-1)\cdots(\alpha-n+1)}{n!}x^n+\frac{\alpha(\alpha-1)\cdots(\alpha-n)}{(n+1)!}(1+\theta x)^{\alpha-n-1}x^{n+1}\ (0<\theta<1).$$

> 将幂函数中的 α 换为正整数 n,其麦克劳林公式将怎样?

上面将几个初等函数展开成泰勒公式都是依据定理 3.1 或 3.2 通过计算系数而得到的,称为"直接展开".但是有了这几个初等函数的麦克劳林公式作"已知",一些相关函数的麦克劳林公式就未必再通过逐个地计算系数("直接展开")而求得.

例 3.4 求函数 $y=e^{2x}$ 与 $y=xe^x$ 的带佩亚诺型余项的 n 阶麦克劳林公式.

解 函数 $y=e^x$ 的带佩亚诺型余项的 n 阶麦克劳林公式为

$$e^x=1+x+\frac{1}{2!}x^2+\cdots+\frac{1}{(n-1)!}x^{n-1}+\frac{1}{n!}x^n+o(x^n).$$

用 $2x$ 代换上式中的 x,得 $y=e^{2x}$ 的带佩亚诺型余项的 n 阶麦克劳林公式

$$\begin{aligned}e^{2x}&=1+(2x)+\frac{1}{2!}(2x)^2+\cdots+\frac{1}{n!}(2x)^n+o((2x)^n)\\&=1+2x+\frac{2^2}{2!}x^2+\cdots+\frac{2^n}{n!}x^n+o(x^n).\end{aligned}$$

> 你能证明
> $$\lim_{x\to0}\frac{o((2x)^n)}{x^n}=0,$$
> 从而说明 $o((2x)^n)=o(x^n)$ 吗?

$y=xe^x$ 的带佩亚诺型余项的 n 阶麦克劳林公式为

$$\begin{aligned}xe^x&=x\left[1+x+\frac{1}{2!}x^2+\cdots+\frac{1}{(n-1)!}x^{n-1}+o(x^{n-1})\right]\\&=x+x^2+\frac{1}{2!}x^3+\cdots+\frac{1}{(n-1)!}x^n+xo(x^{n-1})\\&=x+x^2+\frac{1}{2!}x^3+\cdots+\frac{1}{(n-1)!}x^n+o(x^n).\end{aligned}$$

> 分析例 3.1—例 3.3 及例 3.4,比较一下直接展开法与间接展开法,你看间接展开法的特点是什么?

例 3.4 中写出函数的泰勒公式的方法称为"间接展开"法.

4. 泰勒公式的应用举例

*4.1　泰勒公式在近似计算中的应用

由带拉格朗日型余项的泰勒中值定理可以看出,在用函数 $f(x)$ 的泰勒多项式替代 $f(x)$ 时,其误差为 $|R_n(x)|$. 对确定的 n,若 $|f^{(n+1)}(x)| \leqslant M$,则有(取 $x_0 = 0$)

$$|R_n(x)| = \left| \frac{f^{(n+1)}(\xi)}{(n+1)!} x^{n+1} \right| \leqslant \frac{M}{(n+1)!} |x|^{n+1}.$$

利用这个不等式,不仅可以对误差作出估计,而且我们看到,随着 n 的增大误差可以变得任意的小. 因此根据预先要求的精确度,可以利用上式来选取 n,然后再作近似计算就可满足对精确度的要求.

例 **3.5**　设 $x \in \left(-\dfrac{\pi}{4}, \dfrac{\pi}{4} \right)$,在计算 $\sin x$ 的近似值时,为使误差不超过 5×10^{-7},应在泰勒公式中取多少项?

解　函数 $\sin x$ 带拉格朗日型余项的麦克劳林公式为

$$\sin x = x - \frac{1}{3!} x^3 + \cdots + (-1)^{k-1} \frac{1}{(2k-1)!} x^{2k-1} + (-1)^k \frac{\cos \theta x}{(2k+1)!} x^{2k+1} \quad (0 < \theta < 1).$$

在区间 $\left(-\dfrac{\pi}{4}, \dfrac{\pi}{4} \right)$ 内,其误差

$$\left| (-1)^k \frac{\cos \theta x}{(2k+1)!} x^{2k+1} \right| < \frac{|x^{2k+1}|}{(2k+1)!} < \frac{\left(\frac{\pi}{4} \right)^{2k+1}}{(2k+1)!} < \frac{1}{(2k+1)!}.$$

要使误差不超过 5×10^{-7},由

$$\frac{1}{(2k+1)!} < 5 \times 10^{-7},$$

取 $k = 5$,即取多项式

$$x - \frac{1}{3} x^3 + \frac{1}{5!} x^5 - \frac{1}{7!} x^7 + \frac{1}{9!} x^9$$

进行计算,其误差不超过

$$\frac{1}{11!} < \frac{1}{6 \times 7 \times 8 \times 9 \times 10^4} < \frac{1}{10^7} < 5 \times 10^{-7},$$

即可满足要求.

4.2　泰勒公式在求极限中的应用

由第一章我们知道,求有理分式函数——分子、分母都是多项式的函数——的极限是比较容易的. 既然用泰勒公式可以将超越函数表示成多项式,不难想象,在求函数的极限时,若该函数中含有超越函数,用泰勒公式作"已知",首先将其中的超越函数用多项式来表示,然后再求极限应该比较简便.

例 **3.6**　求 $\lim\limits_{x \to 0} \dfrac{\cos x - \mathrm{e}^{\frac{-x^2}{2}}}{\sin^4 x}$.

解

$$\cos x = 1 - \frac{x^2}{2!} + \frac{x^4}{4!} + o(x^4),$$

$$e^{-\frac{1}{2}x^2} = 1 + \left(-\frac{1}{2}x^2\right) + \frac{1}{2!}\left(-\frac{1}{2}x^2\right)^2 + o\left(-\frac{1}{2}x^2\right)^2 = 1 - \frac{1}{2}x^2 + \frac{1}{8}x^4 + o(x^4),$$

因此，

$$\lim_{x\to 0}\frac{\cos x - e^{\frac{-x^2}{2}}}{\sin^4 x} = \lim_{x\to 0}\frac{\cos x - e^{\frac{-x^2}{2}}}{x^4} = \lim_{x\to 0}\frac{\left(1 - \frac{1}{2!}x^2 + \frac{1}{4!}x^4 + o(x^4)\right) - \left(1 - \frac{1}{2}x^2 + \frac{1}{8}x^4 + o(x^4)\right)}{x^4}$$

$$= \lim_{x\to 0}\frac{-\frac{1}{12}x^4 + o(x^4)}{x^4}$$

$$= -\frac{1}{12}.$$

> 在例 3.6 中，为什么分子中的两个函数都展开到 x^4 项？有何体会？

例 3.7 求 $\lim\limits_{x\to 0}\dfrac{x - \sin x}{\sin x - x\cos x}$.

解 由于

$$\sin x = x - \frac{1}{3!}x^3 + o(x^3),$$

$$x\cos x = x\left[1 - \frac{1}{2!}x^2 + o(x^2)\right] = x - \frac{1}{2!}x^3 + o(x^3),$$

关于高阶无穷小量的运算的注记

因此，

$$x - \sin x = x - \left[x - \frac{1}{3!}x^3 + o(x^3)\right] = \frac{1}{3!}x^3 + o(x^3),$$

$$\sin x - x\cos x = x - \frac{1}{3!}x^3 + o(x^3) - \left[x - \frac{1}{2!}x^3 + o(x^3)\right] = \left(\frac{1}{2!} - \frac{1}{3!}\right)x^3 + o(x^3),$$

于是

$$\lim_{x\to 0}\frac{x - \sin x}{\sin x - x\cos x} = \lim_{x\to 0}\frac{\frac{1}{3!}x^3 + o(x^3)}{\left(\frac{1}{2!} - \frac{1}{3!}\right)x^3 + o(x^3)}$$

$$= \lim_{x\to 0}\frac{\frac{1}{3!} + \frac{o(x^3)}{x^3}}{\left(\frac{1}{2!} - \frac{1}{3!}\right) + \frac{o(x^3)}{x^3}}$$

$$= \frac{\frac{1}{3!} + 0}{\left(\frac{1}{2!} - \frac{1}{3!}\right) + 0} = \frac{1}{2}.$$

> 通过例 3.6 与例 3.7 有何体会？当用泰勒公式求函数的极限时其关键是什么？将一般函数展开成泰勒公式时，怎么确定展开成几次多项式？

历史人物简介

泰勒

习题 3-3(A)

1. 判断下列叙述是否正确,并说明理由:

(1) 只要函数在点 x_0 有 n 阶导数,就一定能写出该函数的泰勒多项式;一个函数的泰勒多项式永远都不会与这个函数恒等,二者相差一个不恒为零的余项;

(2) 一个函数在某点附近展开的带拉格朗日型余项的 n 阶泰勒公式是它的 n 次泰勒多项式加上与该函数的 n 阶导数有关的所谓拉格朗日型的余项;

(3) 在应用泰勒公式时,一般用带拉格朗日型余项的泰勒公式比较方便.

2. 写出函数 $f(x) = \sqrt{x}$ 按 $(x-1)$ 的幂展开的带有佩亚诺型余项的二阶泰勒公式.

3. 按 $(x+1)$ 的幂次展开多项式 $f(x) = 1+3x+5x^2-2x^3$.

4. 写出函数 $f(x) = \tan x$ 的带有佩亚诺型余项的三阶麦克劳林公式.

5. 写出函数 $f(x) = xe^x$ 的带有拉格朗日型余项的 n 阶麦克劳林公式.

6. 将函数 $f(x) = \dfrac{1}{x}$ 按 $(x+1)$ 的幂展开为带有拉格朗日型余项的 n 阶泰勒公式.

7. 已知 $f(0) = 0, f'(0) = 1, f''(0) = 2$,求 $\lim\limits_{x \to 0}\dfrac{f(x)-x}{x^2}$.

习题 3-3(B)

1. 写出函数 $f(x) = e^x \sin x$ 的带佩亚诺型余项的三阶麦克劳林公式.

2. 写出函数 $f(x) = \sin^2 x$ 的带佩亚诺型余项的 $2m$ 阶麦克劳林公式.

*3. 应用三阶泰勒公式计算下列各数的近似值,并估计误差:

(1) $\sqrt[3]{30}$；　　　　　　　　　　(2) $\sin 18°$.

4. 利用泰勒公式求下列极限:

(1) $\lim\limits_{x \to \infty}\left[x - x^2 \ln\left(1+\dfrac{1}{x}\right)\right]$；　　　　(2) $\lim\limits_{x \to 0}\dfrac{e^x \sin x - x(1+x)}{x^3}$.

5. 设函数 $f(x)$ 在区间 $[a,b]$ 上有二阶连续导数,证明存在一点 $\xi \in (a,b)$ 使得

$$f(a) + f(b) - 2f\left(\frac{a+b}{2}\right) = \frac{(b-a)^2}{4}f''(\xi).$$

6. 若函数 $f(x)$ 有二阶导数, $f''(x) > 0$,且 $\lim\limits_{x \to 0}\dfrac{f(x)}{x} = 1$,用泰勒公式证明 $f(x) \geqslant x$.

7. 设函数 $f(x)$ 在区间 $[0,2]$ 上二阶可导,$f(0)=f(2)$,且 $|f''(x)|\leqslant M$,对任意 $x\in[0,2]$,证明 $|f'(x)|\leqslant M$.

第四节 利用导数研究函数(一)
——函数的单调性与极值

研究函数及其图形的性态,不论在理论上还是在实际应用中都有其重要的意义.现在有了拉格朗日中值定理及泰勒中值定理等微分中值定理,下面就用它们作"已知"来研究函数的变化性态.本节主要用导数来研究函数的单调性、极值与最值.

1. 函数单调性的判别法

函数的单调性反映了函数的变化性态,而微分中值公式建立了函数的改变量与函数的导数之间的联系.利用微分中值定理作"桥梁",可以建立函数的导数与函数的单调性之间的联系.下面来研究这个问题.

设函数 $f(x)$ 在闭区间 $[a,b]$ 上连续,在开区间 (a,b) 内可导,在闭区间 $[a,b]$ 上单调递增.由图 3-7 看到,曲线随着 x 的增大而上升,曲线上任意一点 $(x,f(x))$ 处切线的倾角 $\alpha(x)$ 都小于 $\dfrac{\pi}{2}$,因此,相应的斜率 $f'(x)=\tan\alpha(x)\geqslant 0$.也就是说,由函数的单调性可以确定其导数的符号.下面的定理 4.1 说明,不仅可以由函数的单调性判别其导数的符号,而且反过来也是可行的.

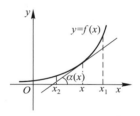

图 3-7

定理 4.1 设函数 $f(x)$ 在区间 $[a,b]$ 上连续,在 (a,b) 内可导.则

(1) $f(x)$ 在区间 $[a,b]$ 上单调递增(递减)的充分必要条件是,对任意的 $x\in(a,b)$,$f'(x)\geqslant 0(f'(x)\leqslant 0)$;

定理 4.1 中(1)与(2)有哪些差别?(2)的条件仅是充分的,看出什么问题?

(2) 若对任意的 $x\in(a,b)$,$f'(x)>0(f'(x)<0)$,那么,$f(x)$ 在区间 $[a,b]$ 上严格单调递增(递减).

证 (1) 仅就当 $f(x)$ 单调递增时给出证明,当 $f(x)$ 单调递减时的证明类似.

充分性 设 x_1,x_2 为 $[a,b]$ 上的任意两点,不妨假设 $x_1>x_2$,利用拉格朗日中值定理有

$$f(x_1)-f(x_2)=f'(\xi)(x_1-x_2),x_2<\xi<x_1. \tag{4.1}$$

由于在 (a,b) 内 $f'(x)\geqslant 0$,因此 $f'(\xi)\geqslant 0$,又 $x_1-x_2>0$,于是由式 (4.1),$f(x_1)-f(x_2)\geqslant 0$,或说 $f(x_1)\geqslant f(x_2)$.由 x_1,x_2 在 $[a,b]$ 上的任意性,$f(x)$ 在 $[a,b]$ 上单调递增.

定理 4.1 是由开区间内导数的符号得出函数在闭区间上的单调性,从证明中能看出来吗?

必要性 对任意的 $x\in[a,b]$,取 $\Delta x\neq 0$(当 x 为左端点 a 时,$\Delta x>0$,当 x 为右端点 b 时,$\Delta x<0$),由 $f(x)$ 在 $[a,b]$ 上单调递增,因此

$$\frac{f(x+\Delta x)-f(x)}{\Delta x}\geqslant 0,$$

于是

左边的不等式成立,与 Δx 的符号无关吗?为什么?

$$f'(x) = \lim_{\Delta x \to 0} \frac{f(x+\Delta x) - f(x)}{\Delta x} \geq 0.$$

证毕.

(2) 其证明与(1)的充分性的证明类似,这里从略,读者可仿照证明之.

需要指出的是,与(1)的条件是充分必要的不同,(2)的条件仅是充分的而并不必要.也就是说,即使 $f(x)$ 在 $[a,b]$ 上严格单调递增(递减),$f'(x)$ 也未必处处为正(负).函数 $y=x^3$ 就是这样的例子,它在 $(-\infty, +\infty)$ 内是严格单调递增的(图3-8),但在 $x=0$ 时却有 $y'(0) = 3x^2 \big|_{x=0} = 0$.由此看出,(2)的条件可以放宽.事实上有

如果函数 $f(x)$ 在区间 $[a,b]$ 上连续,在 (a,b) 内可导.若
$$f'(x) \geq 0(f'(x) \leq 0),$$
而且等号只在有限个点处成立,那么 $f(x)$ 在区间 $[a,b]$ 上严格单调递增(递减).

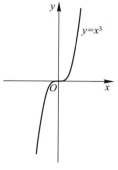

图 3-8

可以将上面讨论中的区间放宽为其他各种区间,对无穷区间,只要在其任意有限的子区间上都满足定理的条件即可.

例 4.1 讨论函数 $(1) y = e^x - 1$,$(2) y = e^x - x - 1$ 的单调性.

关于判别函数单调性的注记

解 (1)函数 $y = e^x - 1$ 的定义域为 $(-\infty, +\infty)$,且 $y' = e^x$.对任意的 $x \in (-\infty, +\infty)$,$y' = e^x > 0$,由定理4.1,函数 $y = e^x - 1$ 在其定义域 $(-\infty, +\infty)$ 内是严格单调递增的.

(2)函数 $y = e^x - x - 1$ 的定义域为 $(-\infty, +\infty)$,$y'(0) = e^0 - 1 = 0$,由(1)知 $y' = e^x - 1$ 是严格单调递增的,因此,

当 $x \in (-\infty, 0)$ 时,有 $y' < y'(0) = 0$;当 $x \in (0, +\infty)$ 时,有 $y' > y'(0) = 0$.

> 在(2)的解法中,为判定 y' 的符号,做了怎样的工作?有何收获?

因此,当 $x \in (-\infty, 0]$ 时,函数 $y = e^x - x - 1$ 严格单调递减;当 $x \in [0, +\infty)$ 时,函数 $y = e^x - x - 1$ 严格单调递增.

函数 $y = e^x - x - 1$ 在其定义域上有不同的单调区间,称它在定义域内**按区间单调**.

例 4.2 讨论函数 $y = 3\sqrt[3]{x^2} + 2$ 的单调性.

解 该函数的定义域为 $(-\infty, +\infty)$.当 $x \neq 0$ 时,函数的导数为 $y' = 3 \cdot \dfrac{2}{3\sqrt[3]{x}} = \dfrac{2}{\sqrt[3]{x}}$,当 $x = 0$ 时,导数不存在.

当 $x \in (-\infty, 0)$ 时,$y' < 0$;当 $x \in (0, +\infty)$ 时,$y' > 0$,因此函数 $y = 3\sqrt[3]{x^2} + 2$ 在 $(-\infty, 0]$ 上严格单调递减;在 $[0, +\infty)$ 上严格单调递增.

> 在导数为零的点或导数不存在的点两侧,函数一定具有不同的单调性吗?能举出反例吗?

我们看到,例4.1中(2)与例4.2所讨论的函数在其定义域内是按区间单调的.其单调区间是由导数为零的点或导数不存在的点来将定义域划分.

讨论按区间单调的函数的单调性时,可通过列表来讨论.

例 4.3 讨论函数 $y = \dfrac{1}{4}x^4 - 2x^3 + \dfrac{5}{2}x^2 - 11$ 的单调性.

解　该函数的定义域为$(-\infty,+\infty)$,求导

$$y'=x^3-6x^2+5x=x(x-1)(x-5),$$

令 $y'=0$ 得 $x=0,x=1,x=5$,这三点将该函数的定义域划分成了 4 个区间,如下讨论该函数在各区间上的单调性:

x	$(-\infty,0)$	$(0,1)$	$(1,5)$	$(5,+\infty)$
y'	$-$	$+$	$-$	$+$
y	$\searrow$	$\nearrow$	$\searrow$	$\nearrow$

因此,该函数在区间$(-\infty,0]$,$[1,5]$上严格单调递减,在区间$[0,1]$,$[5,+\infty)$上严格单调递增.

函数的单调性是用不等式定义的,因此,不难想象利用函数的单调性可以证明不等式.

例 4.4　证明:当 $x>0$ 时,$1+\dfrac{1}{2}x>\sqrt{1+x}$.

证　令 $f(x)=1+\dfrac{1}{2}x-\sqrt{1+x}$,则该函数在$[0,+\infty)$上连续,在$(0,+\infty)$内可导,且

$$f'(x)=\frac{1}{2}-\frac{1}{2\sqrt{1+x}}=\frac{1}{2}\left(1-\frac{1}{\sqrt{1+x}}\right)>0, x\in(0,+\infty).$$

因此 $f(x)=1+\dfrac{1}{2}x-\sqrt{1+x}$ 在$[0,+\infty)$上严格单调递增.又

$$f(0)=1+\frac{1}{2}\cdot0-\sqrt{1+0}=0,$$

因此,当 $x>0$ 时,

$$f(x)=1+\frac{1}{2}x-\sqrt{1+x}>f(0)=0,$$

即当 $x>0$ 时,

$$1+\frac{1}{2}x>\sqrt{1+x}.$$

例 4.5　证明:当 $0<x<1$ 时,$e^{2x}<\dfrac{1+x}{1-x}$.

证　当 $0<x<1$ 时,$1-x>0$,故只需证明与其等价的不等式

$$e^{2x}(1-x)-(1+x)<0.$$

令 $f(x)=e^{2x}(1-x)-(1+x)$,则有 $f(0)=0$.求导,得

$$f'(x)=e^{2x}(1-2x)-1,$$

有 $f'(0)=0$. 下面来讨论当 $0<x<1$ 时 $f'(x)$ 的符号.由于

$$f''(x)=-4xe^{2x},$$

因此,当 $0<x<1$ 时,$f''(x)<0$,即 $f'(x)$ 在$[0,1]$上严格单调递减,又 $f'(0)=0$,因此,

$$f'(x)<0, x\in(0,1).$$

利用函数的导数证明不等式的关键:(1)恰当地构造函数;(2)选定适当的区间.通过例 4.4 对这两点有何考虑?截至现在学了哪些证明不等式的方法?各自有何特点?

例 4.5 的解法可以分几步?哪些是必不可缺的?由例 4.5 的解法有何收获?

这就是说,$f(x)$ 在 $[0,1]$ 上严格单调递减,又 $f(0)=0$,因此,当 $x \in (0,1)$ 时,$f(x)<0$. 由此,当 $0<x<1$ 时

$$e^{2x}(1-x)-(1+x)<0, \text{即 } e^{2x}<\frac{1+x}{1-x}.$$

2. 函数极值的求法

大量的实际问题需要研究:在一定条件下,怎样才能使用料最省、产量最大、成本最低、时间最短、效益最高等最优化问题,反映到函数上就是求函数的最大值或最小值.最值与极值密切相关,为此先讨论如何求函数的极值.

2.1　极值存在的必要条件

显然,找极值点是求函数极值的关键.为此先来讨论函数在极值点处的性质.

由本章第一节的费马引理知:若函数 $y=f(x)$ 在可导点 x_0 处取得极值,那么必有 $f'(x_0)=0$.这正是函数在可导点取得极值的必要条件.为方便后面的讨论,我们把它叙述成下面的定理.

定理 4.2(必要条件) 设函数 $f(x)$ 在点 x_0 可导并且取得极值,那么 x_0 必是 $f(x)$ 的驻点,即有 $f'(x_0)=0$.

有了极值存在的这一必要条件,我们不禁要问:

(1)定理 4.2 反过来成立吗? 即

驻点一定是极值点吗?

(2)定理 4.2 是在函数可导的前提下得出的.函数在不可导点处是否可以取得极值? 或说

极值点必须是驻点吗?

下面的两个例子分别对上述问题给出了否定的回答:

(1)函数 $y=x^3$ 以 $x=0$ 为驻点,但是 $y=x^3$ 在 $(-\infty, +\infty)$ 内是单调递增的,没有极值,因此 $x=0$ 不是其极值点.该例子说明,驻点未必是极值点.

(2)由图 3-9,函数 $y=f(x)$ 在 x_2 处不可导,但在这点取得极(小)值,因此极小值点 x_2 并不是该函数的驻点.另外,$x=0$ 是函数 $y=|x|$ 的极值点(图 3-10),但函数 $y=|x|$ 在 $x=0$ 处不可导,因此 $x=0$ 不是函数 $y=|x|$ 的驻点.这两个例子告诉我们,函数的极值点未必是其驻点,也可能是函数的不可导点.

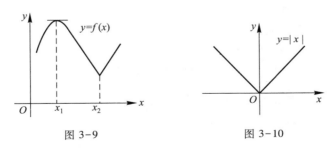

图 3-9　　　　　　　　　　　图 3-10

2.2　极值存在的充分条件

上面的讨论说明,仅仅由函数在一点处的导数的性态还不足以断定函数在该点是否取得极

值.要判断其驻点或不可导点是否为函数的极值点,还需要给它附加另外的条件.

从图 3-9 看到,函数 $y=f(x)$ 在其极值点两侧的单调性不同.如果在该点的一侧曲线单调上升,在另一侧曲线单调下降,则函数在这点必取得极值.既然极值与单调性密切相关,而定理 4.1 又是利用导数研究函数的单调性,这使我们猜想:用判别函数单调性的定理 4.1 作"已知"可以研究"函数极值点的判别"这一"未知".事实上这个猜想是正确的,这就是下面的定理.

定理 4.3(第一充分条件)　**设函数 $y=f(x)$ 在 x_0 处连续,并且在 x_0 的某去心邻域 $\mathring{U}(x_0,r)$ 内可导,**

> 在定理 4.3 中,点 x_0 必须是函数 $f(x)$ 的驻点吗?

（1）若当 $x_0-r<x<x_0$ 时,$f'(x)>0$;而当 $x_0<x<x_0+r$ 时,$f'(x)<0$,那么 $y=f(x)$ 在 x_0 处取得极大值;

（2）若当 $x_0-r<x<x_0$ 时,$f'(x)<0$;而当 $x_0<x<x_0+r$ 时,$f'(x)>0$,那么 $y=f(x)$ 在 x_0 处取得极小值.

定理 4.3 的正确性容易从下面得到验证,下面第一、二行所表述的事实即是定理 4.3 所给的条件($x_0^{(1)}$,$x_0^{(2)}$ 分别表示定理 4.3(1)、(2)中的 x_0). 由第一、二行所给的条件及函数在 x_0 连续,利用定理 4.1,第三行所表述的事实显然成立.

	$x_0^{(1)}$ 左侧附近	$x_0^{(1)}$	$x_0^{(1)}$ 右侧附近	$x_0^{(2)}$ 左侧附近	$x_0^{(2)}$	$x_0^{(2)}$ 右侧附近
y'	+		−	−		+
y	↗	极大值	↘	↘	极小值	↗

总之,由定理 4.3 我们看到:**如果连续函数在其驻点或不可导点的两侧导数存在且异号,那么该点是函数的极值点.**

如果在函数的驻点或不可导点的两侧导数有相同的符号,那么该函数在这点两侧有相同的单调性.因此这时驻点或不可导点一定不是极值点.

从上面的讨论看到,要求一个函数的极值,应:

（1）求出函数的导数,并确定函数的驻点及导数不存在的点;

（2）考察这两类点两侧的导数的符号,依据

"左正右负为极大,左负右正为极小,两边同号非极值"

的原则来确定该点是否为极值点.

例 4.6　求函数 $f(x)=x^3(3x-5)^2$ 的极值.

解　函数的定义域为 $(-\infty,+\infty)$,并且由

$$f'(x)=3x^2(3x-5)^2+6x^3(3x-5)=15x^2(3x-5)(x-1)$$

知,它在该定义域内处处可导;令 $f'(x)=0$,解方程得函数的三个驻点:$0,1,\dfrac{5}{3}$. 讨论如下:

	$(-\infty,0)$	0	$(0,1)$	1	$\left(1,\dfrac{5}{3}\right)$	$\dfrac{5}{3}$	$\left(\dfrac{5}{3},+\infty\right)$
$f'(x)$	+	0	+	0	−	0	+
$f(x)$	↗	不取极值	↗	极大值	↘	极小值	↗

可以看到,函数 $f(x) = x^3(3x-5)^2$ 的极值点为 1 与 $\frac{5}{3}$,且 $x = 1$ 是函数的极大值点,$x = \frac{5}{3}$ 是函数的极小值点;极大值为 $f(1) = 4$,极小值为 $f\left(\frac{5}{3}\right) = 0$.

通过例 4.5 的求解过程我们发现,根据 $f''(x)$ 的符号可以判断 $f'(x)$ 的符号.在利用定理 4.3 来判断驻点是否为函数的极值点时,利用了 $f'(x)$ 在这点两侧的符号.这不禁使我们猜想:有望通过 $f''(x)$ 在驻点处的符号来判断该点是否为极值点.下面来研究这个问题.

若 x_0 是 $f(x)$ 的驻点,并且在 x_0 附近有 $f''(x) > 0$,这表明在点 x_0 附近 $f'(x)$ 是严格单调上升的,再由 $f'(x_0) = 0$,因此,存在 $r > 0$,

当 $x_0 - r < x < x_0$ 时,有 $f'(x) < f'(x_0) = 0$;

当 $x_0 < x < x_0 + r$ 时,有 $f'(x) > f'(x_0) = 0$.

再由定理 4.3,x_0 必是该函数的极小值点.

由此看到,利用函数的二阶导数的符号可以判定函数的驻点是否为极值点.事实上,可以将上面的条件"在点 x_0 附近有 $f''(x) > 0$"进一步弱化,只考虑在驻点处二阶导数 $f''(x_0)$ 的符号.这就是下面的定理 4.4.

定理 4.4(第二充分条件)　设函数 $y = f(x)$ 在 $x_0 \in (a, b)$ 处二阶可导,并且 $f'(x_0) = 0, f''(x_0) \neq 0$.那么

(1) 当 $f''(x_0) < 0$ 时,函数在 x_0 处取得极大值;

(2) 当 $f''(x_0) > 0$ 时,函数在 x_0 处取得极小值.

> 比较定理 4.4 与定理 4.3,二者适用的前提有无差异?欲证该定理所能利用的"已知"是什么?

分析　由于条件中含有函数的二阶导数,因此,我们考虑用泰勒公式来证明这个定理.

证　由函数 $y = f(x)$ 在 $x_0 \in (a, b)$ 处二阶可导,故由函数的带佩亚诺型余项的泰勒公式得

$$f(x) = f(x_0) + f'(x_0)(x - x_0) + \frac{f''(x_0)}{2!}(x - x_0)^2 + o\left((x - x_0)^2\right).$$

再由 $f'(x_0) = 0$,因此

$$f(x) - f(x_0) = \frac{f''(x_0)}{2!}(x - x_0)^2 + o\left((x - x_0)^2\right).$$

由于右端第二项是第一项的高阶无穷小量,因此,在 x_0 的充分小的邻域内,$f(x) - f(x_0)$ 的符号取决于第一项,当 $f''(x_0) < 0$ 时,$f(x) - f(x_0) < 0$,即 $f(x) < f(x_0)$,所以函数在 x_0 处取得极大值.类似可证当 $f''(x_0) > 0$ 时的情形.

> 在利用定理 4.4 求函数极值时大体应分几步?

值得注意的是当 $f''(x_0) = 0$ 时,由该定理不能断定 x_0 是否为函数的极值点.但是,定理 4.4 的证明给我们提供了一个思路:当 $f''(x_0) = 0$ 时,如果函数还有更高阶的导数,可以考虑用更高阶的导数的符号来判定(参见右边二维码).

关于求函数极值的注记

例 4.7　求函数 $y = \frac{1}{3}x^3 - 2x^2 + 3x + 6$ 的极值.

解　该函数定义域为 $(-\infty, +\infty)$,并且 $y' = x^2 - 4x + 3$,$y'' = 2x - 4$.令 $y' = 0$,求出方程 $x^2 - 4x + 3 = 0$ 的解为 $x = 1, x = 3$.即 $x = 1, x = 3$ 是函数的驻点.

$y''(1) = -2 < 0, y''(3) = 2 > 0$,因此 $x = 1$ 是函数的极大值点,而 $x = 3$ 是函数的极小值点.又

$$y|_{x=1} = \frac{22}{3}, \; y|_{x=3} = 6,$$

因此,函数 $y = \frac{1}{3}x^3 - 2x^2 + 3x + 6$ 的极大值为 $\frac{22}{3}$,极小值为 6.

3. 函数最值的求法

有了求函数极值的方法做"已知",下面来讨论如何求函数的最大值与最小值.

设函数 $f(x)$ 在闭区间 $[a,b]$ 上连续,在开区间 (a,b) 内除有限个点外都可导,并且仅有有限个驻点.由闭区间上连续函数的性质,$f(x)$ 在 $[a,b]$ 上一定能取得最大值 M 与最小值 m.也就是说,一定存在点 $x_1, x_2 \in [a,b]$,使得

$$f(x_1) = M, f(x_2) = m.$$

显然,为了求函数的最值,关键在于求它的最值点.

> 函数的极值与最值之间有什么差异与联系?

最值点 x_1, x_2 可能是区间的端点,也可能在开区间内.如果它们(或其中之一)在开区间内,由假设该最值点必是函数的极值点,从而必是函数的不可导点或驻点.因此,函数 $y = f(x)$ 的最值点可能并只可能发生在区间的端点、函数的驻点及不可导点处.因而,函数的最大值是函数在**区间的端点、函数的驻点及不可导点**处的各值中的最大者,而最小值是函数在这三类点处的各值中的最小者.

因此,**求函数在闭区间上最值的步骤如下:**

（1）求导找出函数的驻点以及不可导点;

（2）求驻点、不可导点及区间端点处的函数值;

（3）比较这三类值的大小,最大者为最大值,最小者为最小值.

> 还需要判定函数的驻点或不可导点是否是其极值点吗?

例 4.8　求函数 $y = \frac{1}{3}x^3 - 2x^2 + 3x + 6$ 在 $[0,6]$ 上的最大值与最小值.

解　显然,该函数在开区间 $(0,6)$ 内可导,由例 4.7 知,该函数在区间 $(0,6)$ 内有驻点 $x = 1$ 及 $x = 3$. 因此为求它在该区间上的最大值与最小值,只需求出函数在驻点 $x = 1, 3$ 及区间端点 $x = 0, 6$ 处的函数值. 易求得

$$y(0) = 6, y(1) = \frac{22}{3}, y(3) = 6, y(6) = 24,$$

比较上述各函数值的大小知,函数的最大值为 24,最小值为 6.

例 4.9　设有一段(直线)铁路 CB,其长度为 20 km,B 处为火车(货运)站.在过 C 且垂直于 CB 的直线上有一座工厂 A,A 距该铁路 12 km.为了运输的需要,要在该铁路线上选定一点 D,将 A 与 B 用公路 AD 与铁路 DB 连接起来(图3-11). 如果公路运输成本为每吨每千米 50 元,铁路为每吨每千米 30 元.问:如何选择 D,才能使运输成本最省?

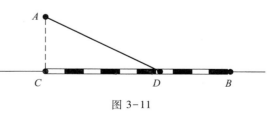

图 3-11

解　如图 3-11,$AC \perp BC$,垂足为 C. 设 CD 长为 x km,那么

$$DB = 20 - x, \quad AD = \sqrt{12^2 + x^2} = \sqrt{144 + x^2}.$$

从而运送一吨货物总的运输成本为

$$y = 50\sqrt{144 + x^2} + 30(20 - x), \quad 0 \le x \le 20.$$

显然该函数处处可导,并且

$$y' = \frac{50x}{\sqrt{144 + x^2}} - 30.$$

令 $y' = 0$ 解得 $x = 9$,也就是函数 $y = 50\sqrt{144 + x^2} + 30(20 - x)$ 只有一个驻点 $x = 9$.

计算函数在区间 $[0,20]$ 的两端点与驻点处的值,得

$$y(0) = 1\,200, \quad y(20) \approx 1\,166, \quad y(9) = 1\,080.$$

比较知,当 $x = 9$ 时函数 $y = 50\sqrt{144 + x^2} + 30(20 - x)$ 取得最小值.因此,当 D 到 C 的距离为 9 km 时,运输成本最省.

在研究求函数的最值问题时,下列三种特殊情况可以适当简化求解的步骤:

(1) 如果函数在闭区间上严格单调,那么函数的最大值与最小值一定在区间的端点处取到,而不必再讨论极值点.

(2) 若函数 $f(x)$ 在区间 I(可是开的、闭的或半开半闭的有限的或无限的区间)内可导,并且只有一个驻点 x_0.若 x_0 是 $f(x)$ 的极大值点,那么,它必是该函数在 I 上的最大值点;若 x_0 是 $f(x)$ 的极小值点,那么,它必是该函数在 I 上的最小值点.上述结论从图 3-12(a) 与 (b) 可分别直观看出.

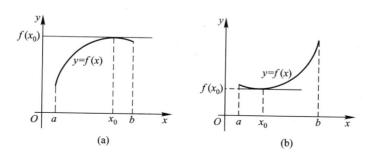

图 3-12

(3) 在实际问题中,当 $f(x)$ 在所讨论的闭区间上连续,在对应的开区间内可导并只有一个驻点时,若根据问题的实际意义可以断定所讨论的函数 $f(x)$ 在该开区间一定有最大值或者最小值.该驻点就一定是 $f(x)$ 的最大值点或最小值点,而不必再判定该驻点是否为极值点.

> 看出这里的(2)与(3)两种情况之间有何差别了吗?

例 4.10　一个质量为 m_0 的雨滴,受重力的作用自高空下降,在下降过程中均匀挥发.设挥发的速度为 v_0,不计空气阻力,问何时雨滴动能最大?

解　根据题目所给条件,该雨滴做自由落体运动.记雨滴开始降落时的时刻为 $t = 0$,它在下

落过程的任一时刻 t 的速度为 $v=gt$,质量为 m_0-v_0t.用 $E(t)$ 表示雨滴在这时刻的动能.利用动能的计算公式,得

$$E(t)=\frac{1}{2}(m_0-v_0t)(gt)^2,\ t\in[0,T],$$

其中 T 为自开始降落到落地所用的时间.对 $E(t)$ 求一阶、二阶导数:

$$E'(t)=\frac{1}{2}g^2(2m_0t-3v_0t^2),$$

$$E''(t)=g^2(m_0-3v_0t).$$

令 $E'(t)=0$,解得$(0,T)$内有唯一驻点 $t=\dfrac{2m_0}{3v_0}$,代入 $E''(t)=g^2(m_0-3v_0t)$ 之中,得

$$E''\left(\frac{2m_0}{3v_0}\right)=g^2\left(m_0-3v_0\cdot\frac{2m_0}{3v_0}\right)<0.$$

所以 $t=\dfrac{2m_0}{3v_0}$ 是 $E(t)$ 的极大值点,由驻点的唯一性,可以断定,

$t=\dfrac{2m_0}{3v_0}$ 是 $E(t)$ 的最大值点.所以当雨滴下降 $t=\dfrac{2m_0}{3v_0}$ s 时,它的

动能最大.

分析一下例 4.10 的解法大体可分哪几步?

例 4.11 要造一个体积为 V 的圆柱形无盖水桶,当底面半径 r 和高 h 各等于多少时,才能使所用材料最省?

解 这实际就是在体积一定时求表面积的最小值.显然,圆柱形水桶的表面积为

$$S=2\pi rh+\pi r^2,\quad r\in(0,+\infty).$$

由 $V=\pi r^2h$,得 $h=\dfrac{V}{\pi r^2}$.因此,有

$$S=2\pi rh+\pi r^2=2\pi r\frac{V}{\pi r^2}+\pi r^2=\frac{2V}{r}+\pi r^2.$$

对 $S=\dfrac{2V}{r}+\pi r^2$ 的两端关于 r 求导,得

$$S'=-\frac{2V}{r^2}+2\pi r.$$

令 $S'=0$ 求得唯一的驻点

$$r=\sqrt[3]{\frac{V}{\pi}}.$$

对 $r\in(0,+\infty)$,所求的面积的最小值一定存在.而在$(0,+\infty)$内,函数 $S=2\pi rh+\pi r^2$ 只有一个驻点,因此这唯一的驻点就是要找的最小值点.这时

$$h=\frac{V}{\pi\left(\sqrt[3]{\frac{V}{\pi}}\right)^2}=\sqrt[3]{\frac{V}{\pi}}.$$

我们看到,这时圆柱的高与底面半径恰好相等.因此,当圆柱的高与底面半径相等时,材料最省.

4. 数学建模的实例

蜜蜂家族是纪律性、组织性非常强的.在每一个蜜蜂家族中,都有严格的分工,各司其职,有条不紊.它们所营造的蜂巢是非常优美的,同时里面也蕴含着丰富的数学原理.

每一个蜂巢单元的结构都是如图 3-13 所示的曲顶柱体,其中正六边形 $ABCDEF$ 为底面(实际上就是蜂巢的入口),O 为底面中心,各个侧面均垂直于底面,该曲顶柱体的顶由三个与 $A'B'C'O'$ 完全相同的菱形组成,有 $|AA'|=|CC'|=|EE'|$,$|BB'|=|DD'|=|FF'|$,$|BB'|<|AA'|<|OO'|$.很显然,在筑巢的过程中,蜜蜂所付出的劳动量由蜂巢的表面积所决定,而蜂巢的结构,恰好符合表面积最小的情况.

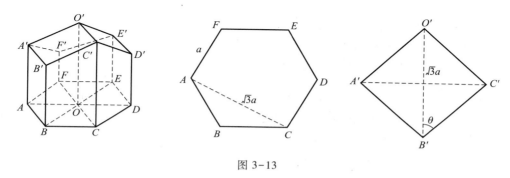

图 3-13

设底面正六边形 $ABCDEF$ 的边长为 a,$CC'=h$,$\angle A'B'C'=2\theta$.

下面先建立蜂巢的表面积 S 与 θ 的函数关系.

设顶端的菱形 $A'B'C'O'$ 的面积为 S_1,梯形 $AA'B'B$ 的面积为 S_2,则蜂巢的表面积

$$S=3S_1+6S_2.$$

简单计算可得 $A'C'=AC=\sqrt{3}\,a$,根据余弦定理,$B'C'=\dfrac{\sqrt{3}}{2}a\csc\theta$,从而

$$S_1=\frac{3}{2}a^2\cot\theta,\quad S_2=ah-\frac{a^2}{4}\sqrt{3\cot^2\theta-1}.$$

故

$$S=6ah+\frac{9}{2}a^2\cot\theta-\frac{3}{2}a^2\sqrt{3\cot^2\theta-1}\,,\ \theta\in\left(0,\frac{\pi}{3}\right).$$

下面讨论 θ 为何值时 S 最小.

记 $\cot\theta=x$,则

$$S=6ah+\frac{9}{2}a^2x-\frac{3}{2}a^2\sqrt{3x^2-1}\,,\quad x\in\left(\frac{1}{\sqrt{3}},+\infty\right).$$

有

$$\frac{\mathrm{d}S}{\mathrm{d}x}=\frac{9}{2}a^2-\frac{9}{2}a^2\frac{x}{\sqrt{3x^2-1}}=\frac{9}{2}a^2\frac{2x^2-1}{\sqrt{3x^2-1}\left(\sqrt{3x^2-1}+x\right)}.$$

令 $\dfrac{\mathrm{d}S}{\mathrm{d}x}=0$,解得唯一驻点 $x=\dfrac{1}{\sqrt{2}}$.

当 $\dfrac{1}{\sqrt{3}}<x<\dfrac{1}{\sqrt{2}}$ 时, $\dfrac{\mathrm{d}S}{\mathrm{d}x}<0$,当 $\dfrac{1}{\sqrt{2}}<x<+\infty$ 时, $\dfrac{\mathrm{d}S}{\mathrm{d}x}>0$,故当 $x=\dfrac{1}{\sqrt{2}}$ 时 S 取得最小值,也就是当 $\cot\theta=\dfrac{1}{\sqrt{2}}$

或 $\theta=\operatorname{arccot}\dfrac{1}{\sqrt{2}}\approx 55°$ 时, S 最小.

实际测量的结果表明,蜂巢的 θ 角与上述计算所得的55°非常接近,误差不超过 2°.

习题 3-4(A)

1. 判断下列论述是否正确,并说明理由:

(1) 设函数 $f(x)$ 在区间 $[a,b]$ 上连续,在 (a,b) 内可导,那么 $f(x)$ 在区间 $[a,b]$ 上单调递增(递减)的充分必要条件是对任意的 $x\in(a,b)$,有 $f'(x)>0(f'(x)<0)$;

(2) 函数的极大值点与极小值点都可能不唯一,并且在其驻点与不可导点处均取得极值;

(3) 判定极值存在的第一充分条件是根据驻点两侧导数的符号来确定该驻点是否为极值点,第二充分条件是根据函数在其驻点处二阶导数的符号来判定该驻点是否为极值点;

(4) 在区间 I 上连续的函数,其最大值点或最小值点一定是它的极值点.

2. 判断函数 $f(x)=\arcsin x-x$ 在 $[-1,1]$ 上的单调性.

3. 求下列函数的单调区间:

(1) $y=x^3-3x$;　　　　　　　　　(2) $y=x^3\mathrm{e}^x$;

(3) $y=\dfrac{\ln x}{x}$;　　　　　　　　　(4) $y=2\cdot\sqrt[3]{x}+\sqrt[3]{x^2}$;

(5) $y=\ln(x+\sqrt{2+x^2})$;　　　　(6) $y=\arctan x-x$.

4. 求下列函数的极值:

(1) $y=x^3-6x^2+9x-5$;　　　　(2) $y=\dfrac{x^2+1}{x}$;

(3) $y=(x-4)\sqrt[3]{(x+1)^2}$;　　　(4) $y=\dfrac{\mathrm{e}^x}{x^2}$;

(5) $y=\ln(1+x)-x$;　　　　　　(6) $y=5-2(x-1)^{\frac{1}{3}}$.

5. 求下列函数在指定区间的最大值 M 和最小值 m :

(1) $f(x)=2x^3+3x^2,x\in[-2,1]$;

(2) $f(x)=x+\sqrt{1-x},x\in[-5,1]$;

(3) $f(x)=\dfrac{x-1}{x+1},x\in[0,4]$;

(4) $f(x)=x-2\sqrt{x},x\in(0,4)$;

(5) $f(x)=x^{\frac{1}{x}},x\in(0,+\infty)$;

(6) $f(x)=|x^2-3x+2|,x\in[-3,4]$.

6. 把一个截面圆直径为 d 的圆柱体锯成截面为矩形的梁,如题图 3-1.问矩形截面的高 h 和宽 b 应如何选择才能使梁的抗弯截面的模量 $W = \dfrac{1}{6}bh^2$ 最大?

7. 某铁路隧道的截面拟建成矩形加半圆的形状,如题图 3-2,截面积为 a,问当底宽 x 为多少时,才能使截面的周长最小?

题图 3-1　　　　　　　　题图 3-2

8. 已知某企业的总收入函数为 $R(x) = 26x - 2x^2 - 4x^3$,总成本函数为 $C(x) = 8x + x^2$,其中 x 表示产品的产量,求当产品的产量 x 为多少时所获得的利润最大? 最大利润是多少?

9. 欲用围墙围成面积为 $216\ \mathrm{m}^2$ 的一块矩形土地,并在正中用一堵墙将其隔成两个矩形块. 求这块土地的长和宽各为多少时,才能使所用建筑材料最省?

10. 证明下列不等式:

(1) 当 $x > 1$ 时, $2\sqrt{x} > 3 - \dfrac{1}{x}$;

(2) 当 $x > 0$ 时, $\cos x > 1 - \dfrac{x^2}{2}$;

(3) 当 $x > 0$ 时, $\ln(1+x) > x - \dfrac{1}{2}x^2$.

11. 证明方程 $x = \arcsin x$ 在 $(-1, 1)$ 内有且只有一个实根.

12. 设常数 $k > 0$,试确定 $f(x) = \ln x - \dfrac{x}{e} + k$ 在 $(0, +\infty)$ 内零点的个数.

习题 3-4(B)

1. 用铁皮做成一个容积一定的圆柱形无盖的容器,问应当如何设计,才能使用料最省?

2. 试证明:如果函数 $y = ax^3 + bx^2 + cx + d$ 满足条件 $b^2 - 3ac < 0$,那么该函数没有极值.

3. 已知函数 $f(x) = ax^2 + 2x + b$ 在点 $x = 1$ 处取得极大值 2,求 a 与 b 的值.

4. 求数列 $\{\sqrt[n]{n}\}$ 的最大项.

5. 若函数 $f(x)$ 在区间 $[0, +\infty)$ 内有二阶导数,且 $f''(x) > 0$,$f(0) = 0$.证明函数 $g(x) = \dfrac{f(x)}{x}$ 在区间 $(0, +\infty)$ 内单调增加.

6. 求函数 $f(x) = nx(1-x)^n$ 在区间 $[0, 1]$ 上的最大值 $M(n)$,并求极限 $\lim\limits_{n \to \infty} M(n)$.

7. 曲线 $y = 4 - x^2$ 与 $y = 2x + 1$ 相交于 A,B 两点,C 为弧段 AB 上的一点.问点 C 在何处时 $\triangle ABC$ 的面积最大? 并求此最大面积.

8. 求直线 $x - y - 2 = 0$ 与抛物线 $y = x^2$ 的最近距离.

9. 求椭圆 $x^2 - xy + y^2 = 3$ 上纵坐标的最大值和最小值.

10. 证明下列不等式:

（1）当 $0<x<\dfrac{\pi}{2}$ 时，$\dfrac{2}{\pi}x<\sin x<x$；

（2）当 $x>1$ 时，$e^{x-1}-1>x\ln x$；

（3）当 $0<x_1<x_2<\dfrac{\pi}{2}$ 时，$\dfrac{\tan x_2}{\tan x_1}>\dfrac{x_2}{x_1}$.

11. 讨论方程 $\ln x=ax$（其中 $a>0$）的实根个数.

12. 证明方程 $a_0+a_1x+a_2x^2+\cdots+a_nx^n=x^{n+1}$（其中 $a_i>0,i=0,1,2,\cdots,n$），在区间 $(0,+\infty)$ 内有且仅有一个实根.

第五节　利用导数研究函数（二）
——曲线的凹凸性、渐近线及函数图形的描绘

本节继续讨论用导数来研究函数图形的性态，以及如何根据图形的性态较准确地描绘出函数的图形.

1. 曲线的凹凸性与拐点

1.1　曲线的凹凸性

图 3-14 给出了两条曲线，我们看到，（1）图中的曲线是向下凹的，而（2）图中的曲线是向上凸的，分别称为曲线的凹、凸性，曲线的凹凸性刻画了曲线变化的性态.下面来讨论如何用数学的语言给出其严谨的定义，并研究其判别法.

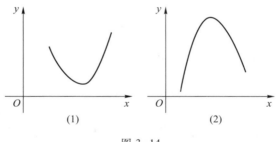

图 3-14

凹凸性描述的是曲线的几何性态，因此我们仍然"先由几何直观发现特点，然后通过解析的方法上升为一般"来给出曲线凹凸性的定义.

图 3-15（1）中的曲线在区间 I 上是凹的，我们发现，连接曲线上任意两点的弦总位于这两点间的弧段之上；（2）图中的曲线在区间 I 上是凸的，连接曲线上任意两点的弦总位于这两点间的弧段之下.这就是说，对曲线上的任意两点，记它们的横坐标分别为 x_1,x_2，连接这两点得到一条弦（图 3-15），该弦的中点与曲线上的相应点（x_1,x_2 的中点 $\dfrac{x_1+x_2}{2}$ 所对应的曲线上的点）之间不同的位置关系对应着曲线的不同的凹凸性.于是有下面的定义.

定义 5.1　设函数 $y=f(x)$ 在区间 I 上连续，如果对于 I 上的任意两点 x_1,x_2，恒有

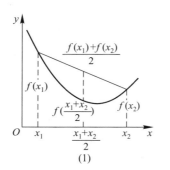 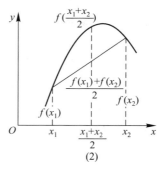

图 3-15

$$f\left(\frac{x_1+x_2}{2}\right) < \frac{f(x_1)+f(x_2)}{2},$$

则称曲线 $y=f(x)$ 在区间 I 上是凹的,区间 I 称为曲线 $y=f(x)$ 的凹区间;如果对于 I 上的任意两点 x_1,x_2,恒有

$$f\left(\frac{x_1+x_2}{2}\right) > \frac{f(x_1)+f(x_2)}{2},$$

则称曲线 $y=f(x)$ 在区间 I 上是凸的,区间 I 称为曲线 $y=f(x)$ 的凸区间.

　　利用定义来判定函数曲线的凹凸性是困难的.下面来研究曲线凹凸性的判别法.我们期望能像利用函数的一阶导数的符号来判定函数的单调性那样,也可以利用函数的导数来判定曲线的凹凸性.

关于曲线凹凸性的注记

　　事实上,如果函数 $y=f(x)$ 在区间 I 内有连续的导数,其凹凸性可以通过曲线上任意点处的切线与曲线的相对位置关系来刻画.如图 3-16,左图中的曲线在区间 I 上是凹的,我们看到,这段曲线上任意一点处的切线(除切点外)总在曲线的下方;右图中的曲线是凸的,该曲线上任意一点处的切线(除切点外)总在曲线的上方.既然对光滑曲线来说,曲线的凹凸性与其切线密切相关,而函数可导与其曲线有切线密切相关,由此看来,用函数的导数来研究其曲线的凹凸性是可行的.事实上,有下面的判定曲线凹凸性的判别法.

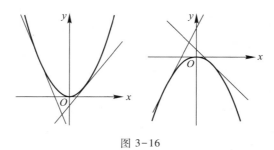

图 3-16

　　定理 5.1　设函数 $y=f(x)$ 在闭区间 $[a,b]$ 上连续,在开区间 (a,b) 内二阶可导.则

167

（1）**若对任意的 $x \in (a,b)$，都有 $f''(x)>0$，那么 $y=f(x)$ 在 $[a,b]$ 上的图形是凹的；**

（2）**若对任意的 $x \in (a,b)$，都有 $f''(x)<0$，那么 $y=f(x)$ 在 $[a,b]$ 上的图形是凸的.**

证 （1）在区间 $[a,b]$ 上任取两点 x_1,x_2，不妨设 $x_1<x_2$，记 $x_0=\dfrac{x_1+x_2}{2}$，即 x_0 是 x_1,x_2 的中点.

记 $x_2-x_0=x_0-x_1=h$.在区间 $[x_1,x_0]$，$[x_0,x_2]$ 上分别应用拉格朗日中值定理，得

$$f(x_0)-f(x_1)=f'(\xi_1)h,$$
$$f(x_2)-f(x_0)=f'(\xi_2)h.$$

其中 ξ_1,ξ_2 分别位于区间 (x_1,x_0)，(x_0,x_2) 内，显然 $\xi_1<\xi_2$.两式相减，得

$$f(x_2)+f(x_1)-2f(x_0)=[f'(\xi_2)-f'(\xi_1)]h.$$

由于函数在 (a,b) 内二阶可导，对右边再实施拉格朗日中值定理，得

$$f(x_2)+f(x_1)-2f(x_0)=f''(\xi)(\xi_2-\xi_1)h,$$

其中 ξ 位于区间 (ξ_1,ξ_2) 之内.由于 $\xi_2-\xi_1>0$，$h>0$，因此当 $f''(x)>0$ 时，

$$f(x_2)+f(x_1)-2f(x_0)>0,$$

即有

$$\frac{f(x_2)+f(x_1)}{2}>f(x_0)=f\left(\frac{x_2+x_1}{2}\right),$$

根据定义 5.1，函数 $f(x)$ 在 $[a,b]$ 上的曲线是凹的.

（2）将上述的证明略加修改，就得到（2）的结论，这里略去.

> 注意到定理 5.1 的条件与结论对区间的要求有什么不同吗？

> 定理 5.1 的证明用了哪些"已知"？总结一下定理的证明，它是怎么利用二阶导数来研究函数的？有何体会？

例 5.1 讨论曲线 $y=\ln x$ 的凹凸性.

解 函数 $y=\ln x$ 的定义域为 $(0,+\infty)$，并且 $y'=\dfrac{1}{x}$，因此 $y''=-\dfrac{1}{x^2}$.于是，对任意的 x，都有 $y''<0$，由定理 5.1，曲线 $y=\ln x$ 在 $(0,+\infty)$ 内是凸的.

例 5.2 设曲线的方程为 $y=x^3+3x^2+5$，试讨论该曲线的凹凸性.

解 由 $y=x^3+3x^2+5$ 得 $y'=3x^2+6x$，于是 $y''=6x+6$. 因此在函数的定义域 $(-\infty,+\infty)$ 内，当 $x>-1$ 时，$y''>0$，当 $x<-1$ 时，$y''<0$.由定理 5.1，在区间 $[-1,+\infty)$ 内，曲线是凹的，在区间 $(-\infty,-1]$ 内，曲线是凸的.

例 5.3 证明曲线 $f(x)=x^n$ $(n>1)$ 当 $x>0$ 时是凹的，并由此证明

$$\frac{1}{2}(x^n+y^n)>\left(\frac{x+y}{2}\right)^n \quad (x>0,y>0,x\neq y,n>1).$$

证 对函数 $f(x)=x^n$ $(n>1)$，当 $x>0$ 时 $f''(x)=n(n-1)x^{n-2}>0$，因此在区间 $[0,+\infty)$ 内，其图形是凹的.由定义 5.1，对任意的 $x>0,y>0,x\neq y$，有

$$f\left(\frac{x+y}{2}\right)<\frac{f(x)+f(y)}{2},$$

即

> 利用函数的单调性、拉格朗日中值公式、曲线的凹凸性都可以证明不等式，请比较这三种方法各自的特点，它们在证明不等式时有什么主要的异同？

$$\frac{1}{2}(x^n+y^n)>\left(\frac{x+y}{2}\right)^n \quad (x>0,y>0,x\neq y,n>1).$$

用导数证明不等式的小结

1.2 曲线的拐点

例5.2 的曲线 $y=x^3+3x^2+5$ 的凹、凸区间分别是 $[-1,+\infty)$，$(-\infty,-1]$. 又 $y''|_{x=-1}$ $=7$，因此点 $(-1,7)$ 是曲线凹凸性的分界点. 一般地，若函数 $y=f(x)$ 在点 x_0 连续，在点 $(x_0,f(x_0))$ 两侧曲线有不同的凹凸性，则称点 $(x_0,f(x_0))$ 为曲线 $y=f(x)$ 的**拐点**. 于是，点 $(-1,7)$ 是曲线 $y=x^3+3x^2+5$ 的拐点.

既然判断曲线的凹凸性是用函数的二阶导数，由拐点的定义不难想象，求曲线 $y=f(x)$ 的拐点也应利用 $f(x)$ 的二阶导数. 事实上，像求函数的极值点那样，在函数的定义域内求使 $f''(x)=0$ 的点或二阶导数不存在的点，比如记为 x_0. 若在 x_0 点的两侧 $f''(x)$ 的符号发生变化，曲线上的点 $(x_0,f(x_0))$ 就是曲线的拐点；若在 x_0 点的两侧 $f''(x)$ 的符号不变化，点 $(x_0,f(x_0))$ 就不是该曲线的拐点.

> 函数的驻点与曲线的拐点在定义的表述上有何不同？由拐点的定义，求曲线的拐点需要做哪些工作？

例5.4 求曲线 $y=x^3+3x^2-12x+8$ 的拐点.

解 函数 $y=x^3+3x^2-12x+8$ 的定义域为 $(-\infty,+\infty)$，其一阶、二阶导数为
$$y'=3x^2+6x-12, \quad y''=6x+6=6(x+1).$$
解方程 $y''=0$ 得 $x=-1$，并且当 $x<-1$ 时，$y''<0$；当 $x>-1$ 时，$y''>0$. 这就是说，在区间 $(-\infty,-1]$ 与 $[-1,+\infty)$ 内，该函数的图形具有不同的凹凸性. 再由 $y|_{x=-1}=22$，因此点 $(-1,22)$ 是该曲线的拐点.

例5.5 讨论曲线 $y=x^4$ 的凹凸性及拐点.

解 函数 $y=x^4$ 的定义域为 $(-\infty,+\infty)$，其一阶、二阶导数分别为
$$y'=4x^3, \quad y''=12x^2.$$
显然，只有 $x=0$ 是 y'' 的零点，对任意的 $x\neq 0$，都有 $y''>0$. 因此曲线 $y=x^4$ 在区间 $(-\infty,0]$ 及 $[0,+\infty)$ 内都是凹的，在 $(-\infty,+\infty)$ 内没有拐点.

> 由例5.4你认为应该怎么求曲线的拐点？由例5.5有什么发现？

例5.6 讨论曲线 $y=\sqrt[3]{x}$ 的凹凸性及拐点.

解 函数 $y=\sqrt[3]{x}$ 的定义域为 $(-\infty,+\infty)$，其一阶、二阶导数为
$$y'=\frac{1}{3\sqrt[3]{x^2}}, \quad y''=-\frac{2}{9\sqrt[3]{x^5}}.$$

> 由例5.6来看，拐点的横坐标一定满足 $y''=0$ 吗？

y'，y'' 在 $x=0$ 点都没有定义. 但是，当 $x<0$ 时 $y''>0$，当 $x>0$ 时 $y''<0$. 于是，曲线 $y=\sqrt[3]{x}$ 在 $(-\infty,0]$ 内是凹的，在 $[0,+\infty)$ 内是凸的. 因此，$x=0$ 对应的曲线上的点 $(0,0)$ 是曲线的拐点.

例5.7 讨论函数 $y=\dfrac{x^2+3}{x+1}$ 在定义域内的单调性及其曲线的凹凸性，该曲线有无拐点？

解 函数 $y=\dfrac{x^2+3}{x+1}$ 的定义域为 $(-\infty,-1)\cup(-1,+\infty)$. 并且
$$y'=\frac{(x+3)(x-1)}{(x+1)^2}, \quad y''=\frac{8}{(x+1)^3}.$$
易知函数有两个驻点 $x=-3$ 及 $x=1$. 这两个驻点将函数的定义域划分为 $(-\infty,-3)$，$(-3,-1)$，

$(-1,1)$ 及 $(1,+\infty)$ 四个区间.可以如下来表述函数在各区间的性质:

x	$(-\infty,-3)$	-3	$(-3,-1)$	$(-1,1)$	1	$(1,+\infty)$
y'	+	0	−	−	0	+
y''	−	−1	−	+	1	+
y	↗		↘	↘		↗

其中"↗"表示曲线弧上升而且是凸的,"↘"表示曲线弧下降而且是凸的,"↘"表示曲线弧下降而且是凹的,"↗"表示曲线弧上升而且是凹的.可以看到,函数在区间 $[-3,-1),(-1,1]$ 内单调递减,在 $(-\infty,-3],[1,+\infty)$ 内单调递增;曲线在区间 $(-\infty,-1)$ 内是凸的,在 $(-1,+\infty)$ 内是凹的.虽然在 $x=-1$ 的两侧对应的曲线有不同的凹凸性,但是,函数 $y=\dfrac{x^2+3}{x+1}$ 在 $x=-1$ 处无定义,因此曲线 $y=\dfrac{x^2+3}{x+1}$ 无拐点.

> 拐点两侧曲线有不同的凹凸性.但由例 5.7 来看,曲线不同的凹凸性一定是由拐点分开的吗?综合例 5.4—例 5.7,能总结一下求曲线的拐点的大致步骤吗?

2. 函数图形的描绘

利用函数的图形可以对函数有一个直观的了解.前面讨论了函数的单调性、极值、最值及曲线的凹凸性、拐点等,利用函数的这些性态就能比较准确地描绘函数的图形.另外,曲线的渐近线能比较直观地反映函数的因变量随自变量变化的趋势,因此对描绘函数的图形也会有直接帮助.

2.1 函数图形的渐近线

图 3-17 给出了某函数 $y=f(x)$ 的图形.从图上看到,当 $x\to x_0^+$ 时,函数值 $f(x)$ 趋近于无穷大,曲线上相应的点无限靠近于直线 $x=x_0$,称直线 $x=x_0$ 为曲线 $y=f(x)$ 的铅直渐近线;当 $x\to-\infty$ 时,曲线上相应的点无限靠近于 x 轴(直线 $y=0$),称直线 $y=0$ 为曲线 $y=f(x)$ 的水平渐近线.

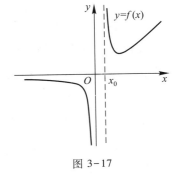

图 3-17

一般地,若 $\lim\limits_{x\to x_0}f(x)=\infty$(或 x 从 x_0 的一侧趋于 x_0 时,$f(x)\to\infty$),则称直线 $x=x_0$ 为曲线 $y=f(x)$ 的**铅直渐近线**;若 $\lim\limits_{x\to\infty}f(x)=a$(或 x 仅趋近于 $+\infty$ 或 $-\infty$ 时,$f(x)\to a$),则称直线 $y=a$ 为曲线 $y=f(x)$ 的**水平渐近线**.

有的曲线还可能有斜渐近线:

斜渐近线:当 $x\to\infty$(或 $x\to+\infty$,$x\to-\infty$)时,点 $(x,f(x))$ 与直线 $y=kx+b$ 的距离趋近于零,则称直线 $y=kx+b$ 为曲线 $y=f(x)$ 的斜渐近线(图 3-18).

设函数 $y=f(x)$ 在 $(c,+\infty)$ 内有定义,(若函数在区间 $(-\infty,c)$ 上有定义时可类似讨论之),不难证明(这里略去),当 x 趋于 $+\infty$ 时,直线 $y=kx+b$ 为 $y=f(x)$ 的斜渐近线的充分必要条件为

$$k = \lim_{x \to +\infty} \frac{f(x)}{x}, \quad b = \lim_{x \to +\infty} [f(x) - kx].$$

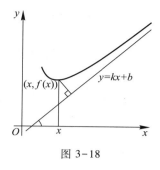

图 3-18

2.2　函数图形的描绘

一般描绘函数的图形可大致分为以下几步:

(1) 考察函数的定义域、奇偶性、周期性;

(2) 求出函数的一阶导数,确定出函数的单调区间、驻点、不可导点及极值点;

(3) 求出函数的二阶导数,得出二阶导数的零点及不存在的点,确定出曲线的凹凸区间;

(4) 考察曲线的渐近线;

(5) 计算函数在驻点,二阶导数为零的点,一阶、二阶导数不存在的点(如果函数在该点有定义)以及容易计算函数值的点(比如与坐标轴的交点等)处的函数值,描绘出它们对应的点,然后结合上面所得到的函数的性态,用光滑的曲线描绘出函数的图形.

例 5.8　描绘函数 $y = e^{-x^2}$ 的图形.

解　(1) 该函数的定义域为 $(-\infty, +\infty)$,并且它是偶函数,因此函数的图形是关于 y 轴对称的.据此,下面只需对 $x \geqslant 0$ 时的情况进行讨论.

> 为什么首先要考察函数的定义域、奇偶性、周期性?

(2) 由于 $y' = -2x e^{-x^2}$,$y'' = 2(2x^2 - 1) e^{-x^2}$,解方程 $y' = 0$ 得函数的驻点 $x = 0$,解方程 $y'' = 0$ 得其正根为 $x = \dfrac{1}{\sqrt{2}}$.

(3) 如下讨论函数在 $[0, +\infty)$ 上的单调性、极值及其图形的凹凸性、拐点:

x	0	$\left(0, \dfrac{1}{\sqrt{2}}\right)$	$\dfrac{1}{\sqrt{2}}$	$\left(\dfrac{1}{\sqrt{2}}, +\infty\right)$
y'	0	$-$	$-$	$-$
y''	$-$	$-$	0	$+$
$y = f(x)$ 的图形	函数在定义域内的极大值点	↘	对应拐点	↘

(4) 由于 $\lim\limits_{x \to \infty} y = 0$,因此直线 $y = 0$ 是该函数图形的一条水平渐近线.

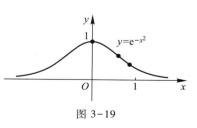

图 3-19

由计算知 $f(0) = 1$,$f\left(\dfrac{1}{\sqrt{2}}\right) = e^{-\frac{1}{2}}$,$f(1) = e^{-1}$,因此点 $(0, 1)$,$\left(\dfrac{1}{\sqrt{2}}, e^{-\frac{1}{2}}\right)$,$(1, e^{-1})$ 在曲线上.再根据上边对函数性态的讨论,首先描绘出函数在第一象限内的图形,然后再由对称性绘出在第二象限内的图形,就得到函数的图形(图 3-19).

例 5.9　描绘函数 $f(x) = \dfrac{x^2}{2x-1}$ 的图形.

解　（1）该函数的定义域为 $\left(-\infty, \dfrac{1}{2}\right) \cup \left(\dfrac{1}{2}, +\infty\right)$，$x_1 = \dfrac{1}{2}$ 是其无穷间断点.

（2）求导得 $f'(x) = \dfrac{2x(x-1)}{(2x-1)^2}\left(x \neq \dfrac{1}{2}\right)$. 令 $f'(x) = \dfrac{2x(x-1)}{(2x-1)^2} = 0$ 得驻点 $x_2 = 0, x_3 = 1$. 又

$$f''(x) = \dfrac{2}{(2x-1)^3} \neq 0 \left(x \neq \dfrac{1}{2}\right).$$

（3）由于 $0, \dfrac{1}{2}, 1$ 将其定义域分成了 $(-\infty, 0), \left(0, \dfrac{1}{2}\right), \left(\dfrac{1}{2}, 1\right), (1, +\infty)$ 四个区间，于是如下在函数的定义域内讨论它的单调性、凹凸性、极值及拐点：

x	$(-\infty, 0)$	0	$\left(0, \dfrac{1}{2}\right)$	$\dfrac{1}{2}$	$\left(\dfrac{1}{2}, 1\right)$	1	$(1, +\infty)$
$f'(x)$	+	0	−		−	0	+
$f''(x)$	−	−	−		+	+	+
$y = f(x)$	↗	极大值 0	↘	无定义	↘	极小值 1	↗

（4）由于 $\lim\limits_{x \to \frac{1}{2}} \dfrac{x^2}{2x-1} = \infty$，因此，直线 $x = \dfrac{1}{2}$ 是其铅直渐近线；由

$$a = \lim_{x \to \infty} \dfrac{f(x)}{x} = \lim_{x \to \infty} \dfrac{x}{2x-1} = \dfrac{1}{2},$$

$$b = \lim_{x \to \infty} \left[f(x) - \dfrac{x}{2}\right] = \lim_{x \to \infty} \dfrac{x}{2(2x-1)} = \dfrac{1}{4},$$

所以，该曲线有斜渐近线 $y = \dfrac{1}{2}x + \dfrac{1}{4}$.

（5）在平面坐标系 xOy 中画出渐近线，点 $(0,0), (1,1)$，并根据函数在各相应区间上的单调性、凹凸性，参照渐近线等即可画出函数的图形（图 3-20）.

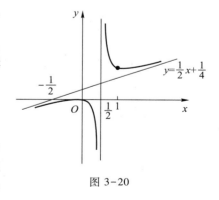

图 3-20

*3. 方程的近似解

在解决实际问题中往往会遇到求方程的解的问题. 我们知道，大部分高次方程不能用求根公式求出其解. 但利用与方程有关的函数的图形，通过解析的方法却能求出其近似解. 下面介绍三种求满足一定精确度要求的方程的近似解的方法.

首先确定根的大体位置. 由于方程 $f(x) = 0$ 的实根是曲线 $y = f(x)$ 与 x 轴交点的横坐标，因此，比较精确地画出曲线 $y = f(x)$ 的图形将对确定根的位置提供有力的帮助. 根据图形，可以基本确定曲线与 x 轴交点的大体位置，从而确定一个区间，使得在这个区间内曲线与 x 轴只有一个交

点,这个区间称为根的**隔离区间**.当然该区间的长度越小,计算越精确.

以隔离区间的端点作为根的初始近似值,并逐步缩小根的隔离区间的长度,就能求得满足精确度要求的根的近似值.下边通过三种不同的方法介绍如何实现这一目的.

3.1 二分法

设在区间 $[a,b]$ 内,曲线 $y=f(x)$ 与 x 轴只有一个交点,即可确定在该区间内方程 $f(x)=0$ 只有一个实根 ξ.若在区间 $[a,b]$ 上 $y=f(x)$ 连续,且 $f(a)\cdot f(b)<0$,于是就可将区间 $[a,b]$ 作为隔离区间.

取 $[a,b]$ 的中点 $\xi_1=\dfrac{a+b}{2}$,计算 $f(\xi_1)$ 的值.如果 $f(\xi_1)=0$,则 ξ_1 就是要找的根 ξ;否则看 $f(a)$,$f(b)$ 中谁与 $f(\xi_1)$ 同号.假如 $f(a)$ 与 $f(\xi_1)$ 同号,取 $a_1=\xi_1,b_1=b$,则有 $f(a_1)\cdot f(b_1)<0$,并知 $,f(x)=0$ 的实根 $\xi\in[a_1,b_1]$.因此可以将 $[a_1,b_1]$ 作为隔离区间,这就把隔离区间的长度缩小为原来的二分之一.

在区间 $[a_1,b_1]$ 上,如果 $\xi_2=\dfrac{a_1+b_1}{2}$ 满足方程 $f(x)=0$,则 ξ_2 就是要找的根 ξ.否则继续重复上述过程.如此重复 n 次,可得到隔离区间 $[a_n,b_n]$,$\xi\in[a_n,b_n]$,这时,$b_n-a_n=\dfrac{1}{2^n}(b-a)$.由此可知,以 a_n,b_n 之一作为 ξ 的近似值,其误差小于 $\dfrac{1}{2^n}(b-a)$.

例 5.10 试证明方程 $x^3-3x^2+6x-1=0$ 在区间 $(0,1)$ 内有唯一的实根;并用二分法求出这个根的近似值,使误差不超过 10^{-3}.

解 令 $f(x)=x^3-3x^2+6x-1$,显然该函数在区间 $[0,1]$ 上连续,并且 $f(0)=-1<0,f(1)=3>0$,因此方程在区间 $(0,1)$ 内至少有一个实根.又

$$f'(x)=3x^2-6x+6=3(x-1)^2+3>0,$$

因此,函数 $f(x)=x^3-3x^2+6x-1$ 在区间 $[0,1]$ 上单调递增,所以 $f(x)=0$ 在区间 $(0,1)$ 内有唯一的实根.

下面用二分法求出这个根的近似值.

$a_0=0,b_0=1$,$\xi_1=0.5,f(\xi_1)=(0.5)^3-3\times(0.5)^2+6\times0.5-1>0$,令 $b_1=\xi_1$;

$a_1=0,b_1=0.5,\xi_2=0.25$,计算知 $,f(\xi_2)>0$,令 $b_2=\xi_2$;

$a_2=0,b_2=0.25,\xi_3=0.125$,计算知 $,f(\xi_3)<0$,令 $a_3=\xi_3$;

$a_3=0.125,b_3=0.25,\xi_4\approx0.188$,计算知 $,f(\xi_4)>0$,令 $b_4=\xi_4$;

$a_4=0.125,b_4=0.188,\xi_5\approx0.157$,计算知 $,f(\xi_5)<0$,令 $a_5=\xi_5$;

$a_5=0.157,b_5=0.188,\xi_6\approx0.173$,计算知 $,f(\xi_6)<0$,令 $a_6=\xi_6$;

$a_6=0.173,b_6=0.188,\xi_7\approx0.181$,计算知 $,f(\xi_7)<0$,令 $a_7=\xi_7$;

$a_7=0.181,b_7=0.188,\xi_8\approx0.185$,计算知 $,f(\xi_8)>0$,令 $b_8=\xi_8$;

$a_8=0.181,b_8=0.185,\xi_9\approx0.183$,计算知 $,f(\xi_9)>0$,令 $b_9=\xi_9$;

$a_9=0.181,b_9=0.183,\xi_{10}=0.182$,计算知 $,f(\xi_{10})<0$,令 $a_{10}=\xi_{10}$;

$a_{10}=0.182,b_{10}=0.183,\xi_{11}=0.183$,计算知 $,f(\xi_{11})>0$,令 $b_{11}=\xi_{11}$;

$a_{11}=0.182,b_{11}=0.183,\xi_{12}=0.183.$

所以,取 $\xi = 0.183$.

3.2　切线法

设 $y = f(x)$ 在 $[a,b]$ 上具有二阶导数,且 $f(a) \cdot f(b) < 0$,并且 $f'(x)$ 及 $f''(x)$ 在 $[a,b]$ 上符号不变.上述条件说明,方程 $f(x) = 0$ 在 $[a,b]$ 上有唯一的实根 ξ.取 $[a,b]$ 为根的隔离区间.

在该区间对应的弧上作曲线的切线,使曲线弧的一个端点作切点.用这段切线代替曲线弧,求出该切线与 x 轴交点的横坐标,将它作为方程的实根的近似值.这种方法称为切线法,其具体做法如下:

不妨设 $f(a) < 0$,$f(b) > 0$,$f'(x) > 0$,$f''(x) < 0$.比较 $f(a)$,$f(b)$ 与 $f''(x)$ 的符号.将与 $f''(x)$ 同号的 $f(a)$ 对应的 a 取作 x_0,即有 $x_0 = a$.以弧的端点 $(x_0, f(x_0))$ 为切点作弧的切线

$$y - f(x_0) = f'(x_0)(x - x_0).$$

在切线方程中令 $y = 0$,解出该方程的根 $x_1 = x_0 - \dfrac{f(x_0)}{f'(x_0)}$.即该切线与 x 轴的交点为 $(x_1, 0)$,x_1 比 $x_0 = a$ 更接近 ξ.

再以弧上的点 $(x_1, f(x_1))$ 作切点作曲线的切线,可求得根的近似值 x_2.如此继续下去,一般地,在点 $(x_n, f(x_n))$ 作切线,求得根的近似值的递推公式

$$x_{n+1} = x_n - \frac{f(x_n)}{f'(x_n)}. \tag{5.1}$$

若 $f(b)$ 与 $f''(x)$ 同号,则记 $b = x_0$,讨论与上同.

例 5.11　用切线法求方程 $x^3 + 1.1x^2 + 0.9x - 1.4 = 0$ 的实根的近似值,使误差不超过 10^{-3}.

解　令 $f(x) = x^3 + 1.1x^2 + 0.9x - 1.4$,易知 $[0,1]$ 是根的隔离区间.$f(0) = -1.4 < 0$,$f(1) = 1.6 > 0$.在 $[0,1]$ 上,$f'(x) = 3x^2 + 2.2x + 0.9 > 0$,$f''(x) = 6x + 2.2 > 0$,即 $f(x)$ 在 $x = 1$ 处与 $f''(x)$ 同号.所以,令 $x_0 = 1$.连续应用根的近似值的递推公式

$$x_{n+1} = x_n - \frac{f(x_n)}{f'(x_n)},$$

得

$$x_1 = 1 - \frac{f(1)}{f'(1)} \approx 0.738,$$

$$x_2 = 0.738 - \frac{f(0.738)}{f'(0.738)} \approx 0.674,$$

$$x_3 = 0.674 - \frac{f(0.674)}{f'(0.674)} \approx 0.671,$$

$$x_4 = 0.671 - \frac{f(0.671)}{f'(0.671)} \approx 0.671.$$

我们看到,已经不必再继续计算下去了.计算知 $f(0.671) > 0$,$f(0.670) < 0$.因此 $0.670 < \xi < 0.671$.故取 0.670 作为根的不足近似值,0.671 作为根的过剩近似值,其误差都小于 10^{-3}.

3.3　割线法

用曲线在某点处的切线来代替这点附近的曲线,是微积分研究问题的基本思想方法"以匀代非匀".因此,用切线法求方程的近似解能较快地求出要找的解.从上面的例 5.10 及例 5.11 的解

法也可看出这一点.但是,对有些比较复杂的函数来说,求其导数绝非易事.为了简化计算,可用某一小段区间内的平均变化率近似代替这一段内某点的变化率,这也是微积分研究问题常用的方法.具体到这里求方程的近似解,就是用

$$\frac{f(x_n)-f(x_{n-1})}{x_n-x_{n-1}}$$

来代替式(5.1)中的 $f'(x_n)$,则相应地,迭代公式成为

$$x_{n+1}=x_n-\frac{x_n-x_{n-1}}{f(x_n)-f(x_{n-1})}\cdot f(x_n),\qquad\qquad(5.2)$$

其中 x_0,x_1 为初始值.由上述推导过程易知,式(5.2)是由过两点 $(x_{n-1},f(x_{n-1}))$,$(x_n,f(x_n))$ 的割线方程

$$y-f(x_n)=\frac{f(x_n)-f(x_{n-1})}{x_n-x_{n-1}}(x-x_n);$$

令 $y=0$ 而求得的 x.因而,这实际是用割线与 x 轴交点的横坐标作为新的近似值,所以也将这种方法称为**割线法**或**弦截法**.

下面用割线法来对上面的例 5.11 中的方程求近似解.

取 $x_0=1,x_1=0.8$ 连续应运用式(5.2),得

$$x_2=x_1-\frac{x_1-x_0}{f(x_1)-f(x_0)}\cdot f(x_1)\approx0.699,$$

$$x_3=x_2-\frac{x_2-x_1}{f(x_2)-f(x_1)}\cdot f(x_2)\approx0.673,$$

$$x_4=x_3-\frac{x_3-x_2}{f(x_3)-f(x_2)}\cdot f(x_3)\approx0.671,$$

$$x_5=x_4-\frac{x_4-x_3}{f(x_4)-f(x_3)}\cdot f(x_4)\approx0.671.$$

我们看到,根据计算所得的结果,如果再继续下去就会重复上述结果,所以用 0.671 作为根的近似值,其误差小于 0.001.

习题 3-5(A)

1. 判断下列论述是否正确,并说明理由:

(1) 根据定理 5.1,只有对二阶可导的函数的曲线才讨论凹凸性;

(2) 曲线 $y=f(x)$ 的拐点是 $f''(x)$ 的零点;

(3) 如果 $\lim\limits_{x\to x_0}f(x)=\infty$,则直线 $x=x_0$ 就一定是曲线 $y=f(x)$ 的铅直渐近线;

(4) 如果 $\lim\limits_{x\to\infty}f(x)=a$,则直线 $y=a$ 就一定是曲线 $y=f(x)$ 的水平渐近线.

2. 证明曲线 $y=x\arctan x$ 在区间 $(-\infty,+\infty)$ 内都是凹的.

3. 求下列曲线的凹凸区间及拐点:

(1) $y=x^3-6x^2+9x-5$; (2) $y=\ln(1+x^2)$;

（3）$y = x e^{-x}$；　　　　　　　　　　（4）$y = \dfrac{x}{1 + x^2}$.

4. 问 a, b 为何值时，点 $(1, 2)$ 是曲线 $y = ax^3 + bx^2$ 的拐点？

5. 求下列曲线的渐近线：

（1）$y = 1 + \dfrac{36x}{(x+3)^2}$；　　　　　（2）$y = \dfrac{\ln x}{x}$；　　　　　*（3）$y = \dfrac{(x-1)^3}{(x+1)^2}$.

6. 作下列函数的图形：

（1）$y = \dfrac{x}{x^2 + 1}$；　　　　　　　　（2）$y = \dfrac{2x-1}{(x-1)^2}$.

7. 当 $x \neq y$ 时，证明不等式 $\dfrac{e^x + e^y}{2} > e^{\frac{x+y}{2}}$.

习题 3-5（B）

1. 已知点 $(1, 3)$ 是曲线 $y = x^3 + ax^2 + bx + c$ 的拐点，并且曲线在 $x = 2$ 处有极值，求 a, b, c 的值.

2. 当 $x > 0, y > 0, x \neq y$ 时，证明以下不等式：

（1）$\dfrac{1}{2}(x^n + y^n) > \left(\dfrac{x+y}{2}\right)^n$，$n \geqslant 2$ 为正整数；

（2）$x \ln x + y \ln y > (x+y) \ln \dfrac{x+y}{2}$.

3. 设函数 $f(x)$ 在 $x = x_0$ 的某一个邻域内有三阶连续导数，如果 $f''(x_0) = 0, f'''(x_0) \neq 0$，试问点 $(x_0, f(x_0))$ 是否为曲线 $y = f(x)$ 的拐点？ 为什么？

4. 设函数 $f(x) = (x - x_0)^n g(x)$，n 为正整数，$g(x)$ 在 x_0 处连续，且 $g(x_0) \neq 0$，讨论 $f(x)$ 在 x_0 处的极值情况.

*5. 求方程 $x^3 + 3x - 1 = 0$ 的根的近似值，使其误差不超过 0.01.

第六节　曲　　率

上一节的讨论告诉我们，一条连续曲线在不同的区间可能有不同的弯曲方式，或说不同的凹凸性.不仅如此，图 3-21 所示的是一个机械构件，我们看到，该曲线不仅有弯曲方向的不同，同时还有弯曲程度的差别.弧 $\overparen{AB}$ 与 $\overparen{CD}$ 都是凸的，但弧 $\overparen{AB}$ 比弧 $\overparen{CD}$ 凸得"厉害"；$\overparen{BC}, \overparen{DE}$ 都是凹的，但弧 $\overparen{BC}$ 比弧 $\overparen{DE}$ 凹得"厉害".在实际问题中，比如工人在加工如图 3-21 所示的构件时，弯曲程度会给操作带来较大的影响.因此，我们希望探讨能否用数学的方法来刻画曲线的弯曲程度.特别是在数字化的时代更有着重要的意义.本节就来建立刻画曲线弯曲程度的量——曲率.

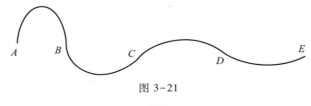

图 3-21

1. 光滑曲线

本节所讨论的曲线主要是"光滑曲线",为此,首先给出光滑曲线的概念.设曲线的参数方程为

$$\begin{cases} x = x(t), \\ y = y(t), \end{cases} \alpha \leqslant t \leqslant \beta,$$

若导数 $x'(t)$, $y'(t)$ 在区间 $[\alpha, \beta]$ 上连续且不同时为零,即有 $[x'(t)]^2 + [y'(t)]^2 \neq 0$,这时,导数

$$\frac{dy}{dx} = \frac{y'(t)}{x'(t)} \quad \text{或} \quad \frac{dx}{dy} = \frac{x'(t)}{y'(t)}$$

中必至少有一个存在并且连续,称这样的曲线为**光滑曲线**.

显然,如果曲线方程为直角坐标方程 $y = f(x)$,将它看作以 x 为参数的参数方程

$$\begin{cases} x = x, \\ y = f(x), \end{cases}$$

易知,当 $f'(x)$ 连续时曲线为光滑曲线.

> 明白为什么当 $f'(x)$ 连续时,曲线 $y = f(x)$ 就称为光滑曲线的原因了吗?

从几何上直观看,光滑曲线上每一点处都有切线,并且当切点在曲线上连续移动时,相应的切线也连续转动.

如果一条连续曲线除去个别点外都是光滑的,则称该曲线为分段光滑曲线.

关于光滑曲线的注记

2. 曲率的概念

如图 3-22,直觉告诉我们,直线不弯曲,抛物线 $y = x^2$ 在原点附近要比远离原点时更加弯曲,圆上各部分弯曲的程度都相同.那么,曲线的弯曲程度与哪些量有关?或者说怎样用数学的语言刻画曲线的弯曲程度?

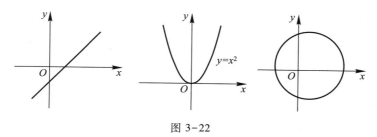

图 3-22

我们仍然先从直观上去寻找其特点,然后再用解析的方法上升为一般.

图 3-23 表示一质点沿一条弯曲的曲线从点 M_1 经点 M_2 向 M_3 运行.它在曲线上任一点处的运行方向正是图 3-23 中曲线在该点切线的箭头所指的方向.我们看到,当质点从点 M_1 行驶到点 M_2 时,运行的方向改变了一个角度 φ_1,从点 M_2 运行到点 M_3 时,运行的方向改变的角度为 φ_2.我们看到,曲线上从点 M_2 到点 M_3 的一段要比从点 M_1 到点 M_2 的一段弯曲得厉害,反映在切线方向的改变角度上,有 $\varphi_2 > \varphi_1$.

但是,仅由曲线的切线转过的角度大小还不能准确刻画曲线的弯曲程度.例如,图 3-24 中有

两段弧$\overset{\frown}{M_1M_2}$及$\overset{\frown}{N_1N_2}$,当点在弧$\overset{\frown}{M_1M_2}$上从M_1转到M_2及在弧$\overset{\frown}{N_1N_2}$上从N_1转到N_2时,切线转过的角度都是φ,但短弧段$\overset{\frown}{N_1N_2}$要比长弧段$\overset{\frown}{M_1M_2}$弯曲得厉害.

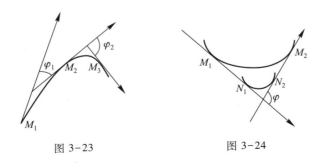

图 3-23　　　　　　　　　图 3-24

这就是说,一段弧的弯曲程度不仅与在该弧段上切线转过的角度大小有关,而且也与弧的长度有关.于是,我们引入曲线的曲率的概念.

如图 3-25,设有光滑曲线 C,$M(x,y)$,$M'(x+\Delta x,y+\Delta y)$为其上任意两点,弧$\overset{\frown}{MM'}$的长度为$|\Delta s|$,当动点从点 M 移动到点 M'时,相应的切线转过的角度为$|\Delta\alpha|$.定义$|\Delta\alpha|$与$|\Delta s|$的比

$$\overline{K}=\left|\frac{\Delta\alpha}{\Delta s}\right| \tag{6.1}$$

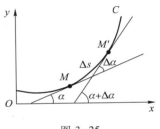

图 3-25

为弧$\overset{\frown}{MM'}$上各点处的**平均曲率**.如果弧$\overset{\frown}{MM'}$上各点处的弯曲程度是均匀的,该平均曲率即为弧$\overset{\frown}{MM'}$上任意一点处的曲率,当然也是点 M 处的曲率.假设弧$\overset{\frown}{MM'}$上各点处的弯曲程度是不均匀的,这时我们用引进瞬时速度的思想方法作"已知"来讨论这段弧上各点处的曲率.

当弧$\overset{\frown}{MM'}$的长度很小时,采取"以匀代非匀"把它近似看作各点处的弯曲程度是相同的,那么,由式(6.1)所得到的平均曲率就可以近似看作这段弧上各点处的曲率.弧段的长度越小,近似程度越高.为此,令 $M'\to M$,也即当 $\Delta s\to0$ 时,对平均曲率取极限,该极限称为曲线 C 在 M 处的曲率,记作 K,即

> 为利用由平均速度得到瞬时速度的思想方法作"已知"得到式(6.2),这里主要分几步?

$$K=\lim_{\Delta s\to0}\left|\frac{\Delta\alpha}{\Delta s}\right|. \tag{6.2}$$

直线是不弯曲的,因此它的曲率应该为零.事实上,当点沿直线运动时,任意一点处的切线始终与该直线平行,即 $\Delta\alpha=0$.于是,

$$K=\lim_{\Delta s\to0}\left|\frac{\Delta\alpha}{\Delta s}\right|=0.$$

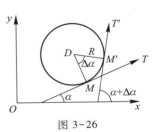

图 3-26

例 6.1　求半径为 R 的圆周上任意一点处的曲率.

解　如图 3-26,设圆的半径为 R,M 为圆周上的任意一点.设点在

圆上从 M 移动到 M' 时所转过的角度为 $|\Delta\alpha|$,那么它在曲线上所走过的长度为 $|\Delta s|=R|\Delta\alpha|$,显然,$\Delta s\to0\Leftrightarrow\Delta\alpha\to0$.因此,

$$K=\lim_{\Delta s\to0}\left|\frac{\Delta\alpha}{\Delta s}\right|=\lim_{\Delta\alpha\to0}\left|\frac{\Delta\alpha}{R\Delta\alpha}\right|=\frac{1}{R}.$$

3. 曲率的计算公式

有了曲线上一点的曲率的定义,下边用它作"已知"来一般性地讨论其计算方法.

如图 3-27,设光滑曲线 C 的方程为

$$y=f(x),a\leqslant x\leqslant b,$$

并且函数 $y=f(x)$ 在区间 (a,b) 内二阶可导.设 $x,x+\Delta x(\Delta x\neq0)$ 是 (a,b) 内的任意两点,它们分别对应于曲线上两点 $M(x,y),M'(x+\Delta x,y+\Delta y)$,弧 $\overparen{MM'}$ 的长度记为 $|\Delta s|$.显然 $|\Delta\alpha|$ 与 $|\Delta s|$ 都是 Δx 的函数,并且 $\Delta x\to0$ 等价于 $\Delta s\to0$.因此,由式(6.2)得

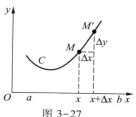

图 3-27

$$K=\lim_{\Delta s\to0}\frac{|\Delta\alpha|}{|\Delta s|}=\lim_{\Delta x\to0}\frac{\left|\dfrac{\Delta\alpha}{\Delta x}\right|}{\left|\dfrac{\Delta s}{\Delta x}\right|}=\frac{\lim\limits_{\Delta x\to0}\dfrac{|\Delta\alpha|}{|\Delta x|}}{\lim\limits_{\Delta x\to0}\dfrac{|\Delta s|}{|\Delta x|}}=\frac{\left|\dfrac{\mathrm{d}\alpha}{\mathrm{d}x}\right|}{\left|\dfrac{\mathrm{d}s}{\mathrm{d}x}\right|}. \tag{6.3}$$

下面分别求 $\dfrac{\mathrm{d}\alpha}{\mathrm{d}x}$ 与 $\dfrac{\mathrm{d}s}{\mathrm{d}x}$,从而得出曲率 K 的计算公式.

设曲线上任一点处切线的倾角为 α,则 $\tan\alpha=y'$,两边关于 x 求导数,得

$$\sec^2\alpha\cdot\frac{\mathrm{d}\alpha}{\mathrm{d}x}=y''.$$

> 如何理解对 $\tan\alpha=y'$ 的两边关于 x 求导数?

因此,

$$\frac{\mathrm{d}\alpha}{\mathrm{d}x}=\frac{y''}{\sec^2\alpha}=\frac{y''}{1+\tan^2\alpha}=\frac{y''}{1+y'^2}. \tag{6.4}$$

再来计算 $\dfrac{\mathrm{d}s}{\mathrm{d}x}$.由式(6.3),需求出 $\lim\limits_{\Delta x\to0}\left|\dfrac{\Delta s}{\Delta x}\right|$.

如图 3-27,将以 M,M' 为端点的弧 $\overparen{MM'}$ 的长度 $|\Delta s|$ 仍用 $\overparen{MM'}$ 来表示,而将以 M,M' 为端点的弦的长度记为 $|MM'|$.显然 $|MM'|=\sqrt{(\Delta x)^2+(\Delta y)^2}$,于是

$$\frac{|\Delta s|}{|\Delta x|}=\frac{\overparen{MM'}}{|\Delta x|}=\frac{\overparen{MM'}}{|MM'|}\cdot\frac{|MM'|}{|\Delta x|}$$

$$=\frac{\overparen{MM'}}{|MM'|}\cdot\frac{\sqrt{(\Delta x)^2+(\Delta y)^2}}{|\Delta x|}=\frac{\overparen{MM'}}{|MM'|}\cdot\sqrt{1+\left(\frac{\Delta y}{\Delta x}\right)^2}.$$

当 $\Delta x\to0$ 时,$M'\to M$,这时弧的长度与其所对弦的长度之比在弧长趋近于零时的极限为 1,即有

$$\lim_{M'\to M}\frac{\overparen{MM'}}{|MM'|}=1.$$

由于 $\Delta x \to 0$ 时,弧长 $\overset{\frown}{MM'} \to 0$.因此,

$$\lim_{\Delta x \to 0} \frac{|\Delta s|}{|\Delta x|} = \lim_{\Delta x \to 0}\left(\frac{\overset{\frown}{MM'}}{|MM'|} \cdot \sqrt{1+\left(\frac{\Delta y}{\Delta x}\right)^2}\right)$$

$$= \lim_{\Delta s \to 0}\frac{\overset{\frown}{MM'}}{|MM'|} \cdot \lim_{\Delta x \to 0}\sqrt{1+\left(\frac{\Delta y}{\Delta x}\right)^2} = \sqrt{1+y'^2}. \tag{6.5}$$

将式(6.4)、式(6.5)代入式(6.3)得

$$K = \frac{|y''|}{(1+y'^2)^{\frac{3}{2}}}. \tag{6.6}$$

> 注意到式(6.5)第二个等号前后在表示上有什么不同了吗? 根据什么? 为何目的?

式(6.6)即是曲线 $y=f(x)$ 上任意一点处的曲率的计算公式.

例 6.2　求曲线 $y=\ln(1+x)$ 在点 $(0,0)$ 处的曲率.

解　$y'=\dfrac{1}{x+1},y''=-\dfrac{1}{(x+1)^2}$.因此在点 $(0,0)$ 处,$y'=1,y''=-1$.由式(6.6)得

$$K = \frac{|-1|}{(1+1^2)^{\frac{3}{2}}} = \frac{1}{2\sqrt{2}}.$$

例 6.3　求抛物线 $y=x^2+px+q$ 上曲率最大的点.

解　$y'=2x+p,y''=2$.代入式(6.6)得

$$K = \frac{|2|}{\left[1+(2x+p)^2\right]^{\frac{3}{2}}}.$$

当 $2x+p=0$,即 $x=-\dfrac{p}{2}$ 时,K 取最大值,这时 $y=\dfrac{4q-p^2}{4}$.因此,抛物线 $y=x^2+px+q$ 在点 $\left(-\dfrac{p}{2},\dfrac{4q-p^2}{4}\right)$ 处曲率最大,也即顶点处曲率最大.

例 6.4　求椭圆 $\begin{cases} x=a\cos t, \\ y=b\sin t \end{cases}$ $(a,b>0)$ 上点 $(0,b)$ 处的曲率.

解　根据参数方程求导公式,得

$$\frac{dy}{dx} = \frac{(b\sin t)'}{(a\cos t)'} = \frac{b}{a} \cdot \frac{\cos t}{-\sin t} = -\frac{b}{a}\cot t,$$

$$\frac{d^2 y}{dx^2} = \frac{\left(-\dfrac{b}{a}\cot t\right)'}{(a\cos t)'} = \frac{\dfrac{b}{a}\csc^2 t}{-a\sin t} = -\frac{b}{a^2}\csc^3 t.$$

点 $(0,b)$ 对应的参数为 $t=\dfrac{\pi}{2}$,因此在点 $(0,b)$ 处,

$$\frac{dy}{dx}=0, \quad \frac{d^2 y}{dx^2}=-\frac{b}{a^2}.$$

于是,该椭圆在点 $(0,b)$ 处的曲率为

> 由例 6.4 来看,对由极坐标方程所给出的曲线,能求其曲率吗?

$$K = \frac{\left| -\dfrac{b}{a^2} \right|}{(1+0^2)^{\frac{3}{2}}} = \frac{b}{a^2}.$$

4. 曲率圆与曲率半径

在曲线族中,圆是我们最熟悉的,而圆的曲率又是容易求得的(例 6.1).因此本着用"已知"研究"未知"的思想,我们试图用圆的曲率来刻画一般曲线在某一点处的曲率.

如图 3-28,设曲线 $C:y=f(x)$ 在点 $M(x,y)$ 处的曲率 $K \neq 0$.在曲线过 M 点的法线上且位于曲线凹向一侧取一点 D,使 $|MD| = \dfrac{1}{K}$,记 $\dfrac{1}{K} = \rho$.以 D 为圆心,ρ 为半径作圆,称这个圆为曲线 C 在点 M 处的**曲率圆**,点 D 称为该曲线在点 M 处的**曲率中心**,曲率圆的半径 ρ 称为该曲线在点 M 处的**曲率半径**.按照上述规定,曲线在一点处的曲率与该点处的曲率半径之间互为倒数关系:

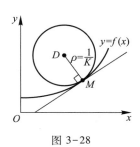

图 3-28

$$\rho = \frac{1}{K},\, K = \frac{1}{\rho}.$$

因此,曲线在一点 M 处的曲率半径等于这点处的曲率圆的半径,并与其曲率圆有相同的凹凸性.因此实际中常用在这点的曲率圆的弧近似代替曲线弧,以达到化繁为简的目的.

例 6.5　欲用砂轮磨削表面截线为抛物线 $y=4x^2$ 的工件,需用直径为多大的砂轮才合适?

解　为在磨削时不使削去得太多,砂轮的半径应不大于抛物线上各点处的曲率半径最小者.由例 6.3 知,抛物线在顶点处的曲率最大,也就是说,抛物线在其顶点处的曲率半径最小.因此砂轮的半径应不大于顶点 $(0,0)$ 处的曲率半径.

由于 $y'=8x$,$y''=8$,因此在 $(0,0)$ 处有 $y'=0$,$y''=8$.故

$$K = \frac{8}{(1+0^2)^{\frac{3}{2}}} = 8.$$

$$\rho = \frac{1}{K} = \frac{1}{8} = 0.125.$$

所以所选取的砂轮半径不得超过 0.125.

*5. 曲率中心的计算公式　渐屈线与渐伸线

曲率圆对研究与应用曲线的凹凸性带来很大方便.下边来研究如何用解析的方法求曲率圆的圆心,即曲线的曲率中心,从而得出曲率中心的坐标计算公式.

设曲线 C 为函数 $y=f(x)$ 的图像,若该曲线上任意一点 $M(x,y)$ 处的曲率中心为 $D(\alpha,\beta)$,则 $M(x,y)$ 与 $D(\alpha,\beta)$ 的距离等于曲率半径,因此有

$$(x-\alpha)^2 + (y-\beta)^2 = \rho^2, \tag{6.7}$$

其中 $\rho^2 = \dfrac{1}{K^2} = \dfrac{(1+y'^2)^3}{y''^2}$.又曲率圆的半径 DM 与过 $M(x,y)$ 的切线垂直,因此二者的斜率互为负倒数,于是

$$y' = -\frac{x-\alpha}{y-\beta}. \tag{6.8}$$

欲由式(6.7)、式(6.8)求出 α,β,为此从这两式中先消去 $x-\alpha$,从而解出

$$(y-\beta)^2 = \frac{\rho^2}{1+y'^2} = \frac{(1+y'^2)^2}{y''^2}.$$

当曲线 C 在点 M 处为凹弧时,$y<\beta$,即有 $y-\beta<0$,同时还有 $y''>0$;若曲线在点 M 处为凸弧时,既有 $y-\beta>0$,又有 $y''<0$.总之,不论曲线在点 M 处的凹凸性如何,总有 $y-\beta$ 与 y'' 异号,于是

$$y-\beta = -\frac{1+y'^2}{y''}$$

再由式(6.8),得

$$x-\alpha = -y'(y-\beta) = \frac{y'(1+y'^2)}{y''},$$

于是得曲线 $C:y=f(x)$ 的曲率中心的坐标的计算公式

$$\alpha = x - \frac{y'(1+y'^2)}{y''}, \beta = y + \frac{1+y'^2}{y''}.$$

当点 M 在沿曲线 C 移动时,一般说来,曲率中心也随之移动,其轨迹曲线 G 称为曲线 C 的**渐屈线**,而曲线 C 称为曲线 G 的**渐伸线**(图3-29).因此,方程

$$\begin{cases} \alpha = x - \dfrac{y'(1+y'^2)}{y''}, \\ \beta = y + \dfrac{1+y'^2}{y''} \end{cases} \tag{6.9}$$

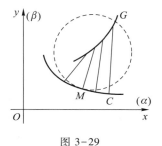

图 3-29

即是该渐屈线的以 x 为参数($y=f(x)$)的参数方程(两直角坐标系 xOy,$\alpha O\beta$ 重合).

例 6.6　求摆线 $\begin{cases} x = a(t-\sin t), \\ y = a(1-\cos t) \end{cases}$ 的渐屈线方程.

解　由 $\dfrac{\mathrm{d}x}{\mathrm{d}t} = a(1-\cos t),\dfrac{\mathrm{d}y}{\mathrm{d}t} = a\sin t$,因此

$$\frac{\mathrm{d}y}{\mathrm{d}x} = \frac{\sin t}{1-\cos t}, \frac{\mathrm{d}^2 y}{\mathrm{d}x^2} = \frac{\dfrac{\mathrm{d}}{\mathrm{d}t}\left(\dfrac{\sin t}{1-\cos t}\right)}{\dfrac{\mathrm{d}x}{\mathrm{d}t}} = \frac{\dfrac{\cos t - 1}{(1-\cos t)^2}}{a(1-\cos t)} = -\frac{1}{a(1-\cos t)^2}.$$

将它们代入曲线的渐屈线方程(6.9),化简得

$$\begin{cases} \alpha = a(t+\sin t), \\ \beta = a(\cos t - 1). \end{cases} \tag{6.10}$$

它就是摆线的渐屈线方程,其中 t 为参数,直角坐标系 $\alpha O\beta$ 与坐标系 xOy 重合.为了作出渐屈线 (6.10),令 $t=\pi+\tau$ 代入式(6.10)得

$$\begin{cases} \alpha - \pi a = a(\tau - \sin \tau), \\ \beta + 2a = a(1 - \cos \tau), \end{cases}$$

再令 $\alpha - \pi a = \xi, \beta + 2a = \eta$，则得

$$\begin{cases} \xi = a(\tau - \sin \tau), \\ \eta = a(1 - \cos \tau). \end{cases} \qquad (6.11)$$

我们看到，在新坐标系 $\xi O_1 \eta$ 中，式(6.11)为摆线的方程，其中坐标系 $\xi O_1 \eta$ 是由坐标系 xOy 平移到新原点 $O_1(\pi a, -2a)$ 得到，由此可知，摆线的渐屈线仍为一摆线（图 3-30）.

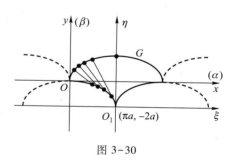

图 3-30

习题 3-6(A)

1. 判断下列叙述是否正确，并说明理由：

(1) 若函数 $y = f(x)$ 在区间 I 上有二阶导数，那么曲线 $y = f(x)$ 在区间 I 上是光滑曲线；

(2) 导数 $f'(x)$ 的符号决定曲线 $y = f(x)$ 是上升还是下降，$f''(x)$ 的符号决定了曲线弯曲的方向，而曲线弯曲的程度由 $f''(x)$ 的大小来决定；

(3) 只要一条曲线在某点的曲率不为零也不为无穷大，在该点它就一定有曲率圆与曲率半径，而且该曲线与其曲率圆在该点附近有相同的凹凸性与相同的曲率半径.

2. 求下列曲线在指定点处的曲率及曲率半径：

(1) $y = (x-1)e^{-2x}$，点 $(0, -1)$；　　(2) $y = \ln \sec x$，点 $(0, 0)$.

3. 对数曲线 $y = \ln x$ 上哪一点处的曲率半径最小？求出曲率半径的最小值.

4. 求三次抛物线 $y = \dfrac{1}{3}x^3$ 在点 $\left(1, \dfrac{1}{3}\right)$ 处的曲率及曲率半径.

习题 3-6(B)

1. 飞机沿抛物线 $y = \dfrac{x^2}{10\,000}$（y 轴铅直向上，单位：m）作俯冲飞行，在原点处飞机的速度为 $v = 200$ m/s，飞行员的体重 $G = 70$ kg. 求飞机俯冲到原点处时座椅对飞行员的反作用力.

2. 求曲线 $x = a\cos^3 t, y = a\sin^3 t$ 在 $t = t_0$ 相应点处的曲率（其中 $a > 0$）.

3. 证明曲线 $y = a\,\mathrm{ch}\,\dfrac{x}{a}$ 在点 (x, y) 处的曲率半径为 $\dfrac{y^2}{a}$.

4. 曲线 $y = x^2 - 4x + 3$ 在哪点处的曲率最大？并对结果做出解释.

5. 求曲线 $\begin{cases} x(t) = a(t - \sin t), \\ y(t) = a(1 - \cos t) \end{cases}$ $(a > 0)$ 在 $t = \dfrac{\pi}{2}$ 相应的点处的曲率.

*6. 求抛物线 $y^2 = 2px$ 的渐屈线方程.

总 习 题 三

1. 判断下列论述是否正确：

（1）若 $f(x)$ 在闭区间 $[0,1]$ 上有二阶导数，且 $f''(x)>0$，则有 $f'(1)>f(1)-f(0)>f'(0)$；

（2）设函数 $f(x)=4-(x+1)^{\frac{2}{3}}$，则点 $x=-1$ 是 $f(x)$ 的极小值点；

（3）若定义在 $(-\infty,+\infty)$ 内的函数 $f(x)$ 满足 $f(x)=-f(-x)$，且在 $(0,+\infty)$ 内 $f'(x)>0$，$f''(x)>0$，则在 $(-\infty,0)$ 内也有 $f'(x)>0$，$f''(x)>0$；

（4）设函数 $f(x)$ 有二阶连续导数，且 $f'(0)=0$，$\lim\limits_{x\to 0}\dfrac{f''(x)}{1-\cos x}=1$，则 $f(0)$ 是函数 $f(x)$ 的一个极小值；

（5）设函数 $f(x)$ 有二阶连续导数，且 $f'(0)=0$，$\lim\limits_{x\to 0}\dfrac{f''(x)}{|x|}=1$，则 $(0,f(0))$ 是曲线 $y=f(x)$ 的拐点；

（6）若连续函数 $y=f(x)$ 的导函数图形如总习题图 3-1 所示，则 $f(x)$ 有 3 个极大值，3 个极小值；

（7）点 $(3,0)$ 是曲线 $f(x)=(x-1)(x-2)^2(x-3)^3(x-4)^4$ 的拐点；

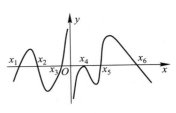

总习题图 3-1

（8）设函数 $f(x)$ 有二阶连续导数，且 $f(x)>0$，$f'(0)=0$，则函数 $y=f(x)\ln f(x)$ 在点 $x=0$ 处取得极小值的充分条件是 $f(0)>1$，$f''(0)>0$.

2. 计算下列各题：

（1）若 n 次多项式 $P_n(x)$ 有 n 个不同的零点，求 $P''_n(x)$ 的零点个数；

（2）设 $\lim\limits_{x\to +\infty}f(x)=+\infty$，$\lim\limits_{x\to +\infty}g(x)=+\infty$，且 $\lim\limits_{x\to +\infty}\dfrac{f'(x)}{g'(x)}=k(k>0)$，求极限 $\lim\limits_{x\to +\infty}\dfrac{\ln f(x)}{\ln g(x)}$；

（3）求函数 $f(x)=x^2e^{-x}$ 在区间 $(0,+\infty)$ 内的最大值；

（4）求曲线 $y=e^{-x^2}$ 的拐点.

3. 设 $a_1,a_2,\cdots,a_n$ 为 n 个常数，并满足：$a_1-\dfrac{a_2}{3}+\cdots+(-1)^{n-1}\dfrac{a_n}{2n-1}=0$，证明：

方程 $a_1\cos x+a_2\cos 3x+\cdots+a_n\cos(2n-1)x=0$ 在 $\left(0,\dfrac{\pi}{2}\right)$ 内至少有一个实根.

4. 证明方程 $4ax^3+3bx^2+2cx=a+b+c$ 在开区间 $(0,1)$ 内至少有一个实根.

5. 设函数 $f(x)$ 在闭区间 $[a,b]$ 上连续，在开区间 (a,b) 内可导，且 $f(a)=f(b)=0$. 对任何实数 λ，证明在开区间 (a,b) 内至少有一点 ξ，使得 $f'(\xi)+\lambda f(\xi)=0$.

6. 证明：（1）在 $(-\infty,+\infty)$ 内，$\arctan x=\arcsin\dfrac{x}{\sqrt{1+x^2}}$；

（2）在 $x\in\left(\dfrac{\pi}{2},\dfrac{3\pi}{2}\right)$ 内，$x-2\arctan(\sec x+\tan x)=\dfrac{3\pi}{2}$.

7. 若函数 $f(x)$ 在区间 $(a,+\infty)$ 内可导，且 $\lim\limits_{x\to +\infty}f(x)=A$，证明 $\lim\limits_{x\to +\infty}f'(x)=0$.

8. 求下列极限：

（1）$\lim\limits_{x\to +\infty}\left(\dfrac{2}{\pi}\arctan x\right)^x$；　　　　　　（2）$\lim\limits_{x\to 0}\dfrac{a^x-a^{\sin x}}{x\sin^2 x}(a>0)$；

（3）$\lim\limits_{x\to 1}\dfrac{x-x^x}{1-x+\ln x}$；

（4）$\lim\limits_{x\to 0}\dfrac{\sqrt{1+\tan x}-\sqrt{1+\sin x}}{x\ln(1+x)-x^2}$；

（5）$\lim\limits_{x\to 0}x^6\mathrm{e}^{\frac{1}{x^2}}$；

（6）$\lim\limits_{x\to -\infty}(\sqrt{x^2+x-1}+x\mathrm{e}^{\frac{1}{x}})$；

（7）$\lim\limits_{x\to 0}\dfrac{\sqrt{1+x}+\sqrt{1-x}-2}{x^2}$；

（8）$\lim\limits_{x\to \frac{\pi}{2}^-}(\tan x)^{2x-\pi}$；

（9）$\lim\limits_{x\to 0}\dfrac{\sqrt{1+2\sin x}-x-1}{x\ln(1+x)}$；

（10）$\lim\limits_{x\to +\infty}\left[x-x^2\ln\left(1+\dfrac{1}{x}\right)\right]$.

9. 已知当 $x\to 0$ 时，$\mathrm{e}^x-1-\sin x$ 与 ax^b 为等价无穷小量，求 a,b 的值.

10. 已知极限 $\lim\limits_{x\to 0}\dfrac{\sin 6x+xf(x)}{x^3}=0$，试求极限 $\lim\limits_{x\to 0}\dfrac{6+f(x)}{x^2}$.

11. 求常数 a,b 的值，使得 $f(x)=x-(a+b\cos x)\sin x$ 为当 $x\to 0$ 时关于 x 的 5 阶无穷小量.

12. 证明下列不等式：

（1）当 $b>a>\mathrm{e}$ 时，$a^b>b^a$；

（2）当 $x>1$ 时，$\dfrac{\ln(1+x)}{\ln x}>\dfrac{x}{1+x}$；

（3）当 $0\leqslant x_1<x_2<x_3\leqslant \pi$ 时，$\dfrac{\sin x_2-\sin x_1}{x_2-x_1}>\dfrac{\sin x_3-\sin x_2}{x_3-x_2}$；

（4）当 $0<x<\dfrac{\pi}{2}$ 时，$\sin x+\tan x>2x$；

（5）当 $x>0$ 时，$1+x\ln(x+\sqrt{1+x^2})>\sqrt{1+x^2}$.

13. 当 $x>0$ 时，证明 $\ln(1+x)>x-\dfrac{x^2}{2}$，由此比较 $\sqrt{2}-1$ 与 $\ln(1+\sqrt{2})$ 的大小.

14. 设函数 $f(x)$ 对一切 $x\in(-\infty,+\infty)$，满足方程 $(x-1)f''(x)+2(x-1)[f'(x)]^3=1-\mathrm{e}^{1-x}$.

（1）若 $f'(a)=0(a\neq 1)$，证明 $x=a$ 为函数 $f(x)$ 的极小值点；

（2）若函数 $f(x)$ 在 $x=1$ 点取得极值，问 $f(1)$ 是极大值还是极小值？

15. 设 $a>1,f(x)=a^x-ax$ 在 $(-\infty,+\infty)$ 内的驻点为 $x(a)$. 问 a 为何值时，$x(a)$ 最小？并求最小值.

16. 求曲线 $y=\mathrm{e}^x$ 的切线与两坐标轴围成的三角形面积的最值.

17. 将正数 a 分成两个正数之和，使它们的倒数之和最小.

18. 设函数 $f(x)$ 在 $[a,b]$ 上连续，在 (a,b) 内可导，且 $f(a)=f(b)=1$，证明存在 $\xi,\eta\in(a,b)$，使得 $\mathrm{e}^{\eta-\xi}[f(\eta)+f'(\eta)]=1$.

19. 设 $f(x)$ 在 $[0,3]$ 上连续，在 $(0,3)$ 内可导，$f(0)+2f(1)+3f(2)=6,f(3)=1$，证明存在 $\xi\in(0,3)$，使得 $f'(\xi)=0$.

20. 设奇函数 $f(x)$ 在 $[-1,1]$ 上具有二阶导数，且 $f(1)=1$. 证明：

（1）存在 $\xi\in(0,1)$，使得 $f'(\xi)=1$；

（2）存在 $\eta\in(-1,1)$，使得 $f''(\eta)+f'(\eta)=1$.

第四章　不 定 积 分

在第二章与第三章我们讨论了原函数的概念,但是怎样的函数一定存在原函数? 如何求出一个函数的原函数? 本章就来研究这些问题.

第一节　不定积分的概念及其性质

1. 不定积分

我们知道,若在区间 I 上函数 $F(x)$ 与 $f(x)$ 之间满足
$$F'(x) = f(x),$$
则称函数 $F(x)$ 是函数 $f(x)$ 在区间 I 上的原函数.并且
$$\{F(x) + C \mid C \text{ 为任意常数}\}$$
是 $f(x)$ 的所有原函数所组成的函数族.

下面给出不定积分的概念:

定义 1.1　函数 $f(x)$ 在区间 I 上的所有原函数所组成的函数族称为 $f(x)$ 的不定积分,记作
$$\int f(x)\,\mathrm{d}x,$$
其中 $\int$ 称作积分符号,$f(x)$ 称作被积函数,$f(x)\,\mathrm{d}x$ 称作积分表达式,x 称为积分变量.

若 $F(x)$ 为 $f(x)$ 在区间 I 上的一个原函数,则 $f(x)$ 在 I 上的不定积分为
$$\int f(x)\,\mathrm{d}x = F(x) + C.$$

例如,由于 $(\arcsin x)' = \dfrac{1}{\sqrt{1-x^2}}$,因此 $\dfrac{1}{\sqrt{1-x^2}}$ 在区间 $(-1,$

$1)$ 内的不定积分为
$$\int \frac{1}{\sqrt{1-x^2}}\mathrm{d}x = \arcsin x + C,$$
其中 C 为任意常数.

例 1.1　求 $\int \dfrac{1}{x}\mathrm{d}x$.

> 怎么理解"若 $F(x)$ 为 $f(x)$ 在区间 I 上的一个原函数"一句话的含义? 由 $(-\arccos x)' = \dfrac{1}{\sqrt{1-x^2}}$ 应
> 有 $\int \dfrac{1}{\sqrt{1-x^2}}\mathrm{d}x = -\arccos x + C$,
> 这与左边的结果矛盾吗?

186

解　当 $x>0$ 时，由 $(\ln x)'=\dfrac{1}{x}$，因此这时 $\ln x$ 是 $\dfrac{1}{x}$ 的一个原函数，也就是说，当 $x>0$ 时，

$$\int \frac{1}{x}\mathrm{d}x = \ln x + C.$$

当 $x<0$ 时，由于

$$(\ln|x|)'=(\ln(-x))'=\frac{1}{-x}\cdot(-1)=\frac{1}{x},$$

因此 $\displaystyle\int \frac{1}{x}\mathrm{d}x=\ln|x|+C.$

由于当 $x>0$ 时，也有 $\displaystyle\int \frac{1}{x}\mathrm{d}x=\ln x+C=\ln|x|+C$ 成立，于是对任意 $x\neq0$，有

$$\int \frac{1}{x}\mathrm{d}x=\ln|x|+C.$$

函数 $f(x)$ 的原函数的图形称为 $f(x)$ 的**积分曲线**.

由于 $f(x)$ 的原函数是一个函数族，其不同的原函数之间彼此相差一个常数.因此，如果知道了 $f(x)$ 的一条积分曲线，那么由这条积分曲线沿 y 轴上下平移就得到它的其他任意一条积分曲线（图 4-1）.

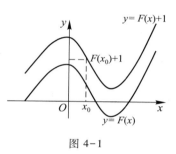

图 4-1

例 1.2　平面 xOy 内有一条曲线 $y=f(x)$，该曲线除端点外处处有不垂直于 x 轴的切线.若曲线上点 (x,y) 处的切线的斜率为 $\dfrac{1}{1+x^2}$，并且曲线过点 $\left(1,\dfrac{\pi}{4}\right)$，写出该曲线的方程.

解　由题意知，函数 $y=f(x)$ 为可导函数，并且 $y'=\dfrac{1}{1+x^2}.$ 由于

$$(\arctan x)'=\frac{1}{1+x^2},$$

因此，$\arctan x$ 是 $\dfrac{1}{1+x^2}$ 的一个原函数.于是

$$y=\int \frac{1}{1+x^2}\mathrm{d}x=\arctan x+C.$$

即，所求的曲线是曲线族 $y=\arctan x+C$ 中的某一条.又该曲线过点 $\left(1,\dfrac{\pi}{4}\right)$，即当 $x=1$ 时，$y=\dfrac{\pi}{4}$，由此有

例 1.2 中有两个重要条件，它们分别用在何处？

$$\frac{\pi}{4}=\arctan 1+C.$$

而 $\arctan 1=\dfrac{\pi}{4}$，于是 $C=0$.因此，该曲线的方程为

$$y=\arctan x.$$

2. 基本不定积分表

既然积分运算是微分运算的逆运算,利用第二章的导数公式表作为"已知",容易得到下面的基本不定积分表:

(1) $\int x^n \mathrm{d}x = \dfrac{1}{n+1}x^{n+1} + C(n \neq -1)$,　　(2) $\int \dfrac{1}{x}\mathrm{d}x = \ln|x| + C$,

(3) $\int \dfrac{1}{1+x^2}\mathrm{d}x = \arctan x + C$,　　(4) $\int \dfrac{1}{\sqrt{1-x^2}}\mathrm{d}x = \arcsin x + C$,

(5) $\int \cos x\mathrm{d}x = \sin x + C$,　　(6) $\int \sin x\mathrm{d}x = -\cos x + C$,

(7) $\int \sec^2 x\mathrm{d}x = \tan x + C$,　　(8) $\int \csc^2 x\mathrm{d}x = -\cot x + C$,

(9) $\int \sec x\tan x\mathrm{d}x = \sec x + C$,　　(10) $\int \csc x\cot x\mathrm{d}x = -\csc x + C$,

(11) $\int a^x\mathrm{d}x = \dfrac{1}{\ln a}a^x + C(a > 0, a \neq -1)$,　　(12) $\int \mathrm{e}^x\mathrm{d}x = \mathrm{e}^x + C$,

(13) $\int \operatorname{sh} x\mathrm{d}x = \operatorname{ch} x + C$,　　(14) $\int \operatorname{ch} x\mathrm{d}x = \operatorname{sh} x + C$.

例 1.3　求下列不定积分:

(1) $\int \dfrac{1}{x^2}\mathrm{d}x$;　　　　(2) $\int \dfrac{1}{x^3\sqrt{x}}\mathrm{d}x$.

> 计算例 1.3 的不定积分,应该用积分表中的哪个公式作"已知"? 由例 1.3 的解法你有何收获?

解　(1) $\int \dfrac{1}{x^2}\mathrm{d}x = \int x^{-2}\mathrm{d}x = \dfrac{x^{-2+1}}{-2+1} + C$

$$= -x^{-1} + C = -\dfrac{1}{x} + C;$$

(2) $\int \dfrac{1}{x^3\sqrt{x}}\mathrm{d}x = \int x^{-3}\cdot x^{-\frac{1}{2}}\mathrm{d}x = \int x^{-\frac{7}{2}}\mathrm{d}x = -\dfrac{2}{5}x^{-\frac{5}{2}} + C = -\dfrac{2}{5x^2\sqrt{x}} + C$.

例 1.4　求 $\int 2^x\mathrm{e}^x\mathrm{d}x$.

> 例 1.4 与上述积分表中哪个相似?

解　$\int 2^x\mathrm{e}^x\mathrm{d}x = \int(2\mathrm{e})^x\mathrm{d}x = \dfrac{(2\mathrm{e})^x}{\ln(2\mathrm{e})} + C$

$$= \dfrac{2^x\mathrm{e}^x}{1 + \ln 2} + C.$$

3. 不定积分的性质

需要说明的是,并不是任意一个函数都有原函数,但是,**在一个区间上连续的函数在该区间上一定存在原函数**,这将在第五章第二节给出证明.下面在假设原函数存在的前提下来研究不定积分的性质.当然,研究某事物的性质离不开该事物的定义("已知").由不定积分的定义,下面四个等式成立是显然的:

$$\frac{\mathrm{d}}{\mathrm{d}x}\left[\int f(x)\,\mathrm{d}x\right] = f(x),$$

$$\mathrm{d}\int f(x)\,\mathrm{d}x = f(x)\,\mathrm{d}x;$$

$$\int F'(x)\,\mathrm{d}x = F(x) + C,$$

$$\int \mathrm{d}F(x) = F(x) + C.$$

左边的一组等式反映了怎样的规律？请用简单的语言叙述之.

另外,还有下面的关于不定积分的运算性质:

定理 1.1　设 $f(x)$, $g(x)$ 的原函数都存在,则

$$\int[f(x) + g(x)]\,\mathrm{d}x = \int f(x)\,\mathrm{d}x + \int g(x)\,\mathrm{d}x.$$

证　显然,其左边是 $f(x)+g(x)$ 的不定积分,因此只需证其右端也是 $f(x)+g(x)$ 的不定积分.为此对右端求导,得

$$\left(\int f(x)\,\mathrm{d}x + \int g(x)\,\mathrm{d}x\right)' = \left(\int f(x)\,\mathrm{d}x\right)' + \left(\int g(x)\,\mathrm{d}x\right)' = f(x) + g(x).$$

这说明 $\int f(x)\,\mathrm{d}x + \int g(x)\,\mathrm{d}x$ 是 $f(x) + g(x)$ 的原函数,而且它也含有任意常数.因此它也是 $f(x) + g(x)$ 的不定积分,故两端是相同的.

类似地可以证明下面的定理 1.2 也是成立的.

定理 1.2　设 $f(x)$ 的原函数存在,k 为非零常数,则

$$\int kf(x)\,\mathrm{d}x = k\int f(x)\,\mathrm{d}x.$$

怎么理解"而且它也含有任意常数"一句话的含义？

设 $f(x)$, $g(x)$ 在 I 上都存在原函数,a, b 是不同时为零的常数,综合定理1.1与定理1.2,有

$$\int[af(x) + bg(x)]\,\mathrm{d}x = a\int f(x)\,\mathrm{d}x + b\int g(x)\,\mathrm{d}x.$$

例 1.5　求 $\int \sqrt{x}\,(x - 5)\,\mathrm{d}x$.

解
$$\int \sqrt{x}\,(x - 5)\,\mathrm{d}x = \int \left(x^{\frac{3}{2}} - 5x^{\frac{1}{2}}\right)\mathrm{d}x$$
$$= \int x^{\frac{3}{2}}\mathrm{d}x - \int 5x^{\frac{1}{2}}\mathrm{d}x$$
$$= \frac{2}{5}x^{\frac{5}{2}} - 5\cdot\frac{2}{3}x^{\frac{3}{2}} + C$$
$$= \frac{2}{5}x^{\frac{5}{2}} - \frac{10}{3}x^{\frac{3}{2}} + C = \frac{2}{5}x^2\sqrt{x} - \frac{10}{3}x\sqrt{x} + C.$$

例 1.5 是求乘积的不定积分,不定积分的运算法则中有乘法法则吗？这里是怎么解决的？

例 1.6　求 $\int \dfrac{x^2 - 1}{1 + x}\,\mathrm{d}x$.

解
$$\int \frac{x^2 - 1}{1 + x}\,\mathrm{d}x = \int \frac{(x - 1)(x + 1)}{1 + x}\,\mathrm{d}x$$
$$= \int (x - 1)\,\mathrm{d}x$$

例 1.6 与例 1.5 的解法有什么共同之处？为什么都采用这种方法？

$$= \frac{1}{2}x^2 - x + C.$$

欲解例 1.7,例 1.6 对你有启发吗?

例 1.7 求 $\int \frac{x^2 - x + 1}{x(1 + x^2)}dx.$

解 $\int \frac{x^2 - x + 1}{x(1 + x^2)}dx = \int \frac{(x^2 + 1) - x}{x(1 + x^2)}dx = \int \frac{x^2 + 1}{x(1 + x^2)}dx - \int \frac{x}{x(1 + x^2)}dx$

$$= \int \frac{1}{x}dx - \int \frac{1}{1 + x^2}dx = \ln|x| - \arctan x + C.$$

例 1.8 求 $\int \frac{(x + 2)^3}{x^2}dx.$

解 $\int \frac{(x + 2)^3}{x^2}dx = \int \frac{x^3 + 6x^2 + 12x + 8}{x^2}dx = \int \left(x + 6 + \frac{12}{x} + \frac{8}{x^2}\right)dx$

$$= \int x dx + \int 6 dx + 12 \int \frac{1}{x}dx + 8 \int \frac{1}{x^2}dx$$

$$= \frac{x^2}{2} + 6x + 12\ln|x| - \frac{8}{x} + C.$$

例 1.9 求 $\int \cot^2 x dx.$

解 $\int \cot^2 x dx = \int (\csc^2 x - 1)dx = \int \csc^2 x dx - \int dx = -\cot x - x + C.$

例 1.10 求 $\int \sin^2 \frac{x}{2}dx.$

解 $\int \sin^2 \frac{x}{2}dx = \int \frac{1 - \cos x}{2}dx = \frac{1}{2}\left(\int dx - \int \cos x dx\right) = \frac{1}{2}(x - \sin x) + C.$

由于不定积分的运算法则中只有线性运算法则,而没有乘积的法则.并且对任意的一般函数 $f(x), g(x)$ 来说,

$$\int f(x) \cdot g(x)dx \neq \int f(x)dx \cdot \int g(x)dx.$$

例 1.5—例 1.10 都可以看作求乘积的不定积分,对这些不定积分,我们利用"积化和差"的技巧将**乘积形式的被积函数转化为和差的形式**,从而利用不定积分的线性运算法则来解决.

习题 4-1(A)

1. 判断下列论述是否正确,并说明理由:

(1) 不定积分 $\int f(x)dx$ 是 $f(x)$ 的一个原函数;

(2) 在不定积分的运算性质中,只有加法运算和数乘运算法则而没有乘法运算法则,因而遇到求乘积的不定积分时,可考虑将被积函数"积化和差",从而用加法法则分别求不定积分;

(3) 积分运算与微分运算是互逆运算,因此对一个函数求导一次,积分一次,不论两种运算的先后顺序如何,最后的结果还是原来的函数;

（4）切线斜率同为 $f'(x)$ 的曲线有无数条,这些曲线的方程可以写成 $y = f(x) + C$（C 为任意常数）的形式,要想有唯一解,还必须另外有能确定任意常数的条件;

（5）函数 $y_1 = \sin^2 x$, $y_2 = -\cos^2 x$, $y_3 = -\dfrac{1}{2}\cos 2x$ 都是同一个函数的原函数.

2. （1）若 $\displaystyle\int f(x)\,dx = x\ln x + C$,求函数 $f(x)$;

（2）若函数 $f(x) = \sin x$,求 $\displaystyle\int f(x)\,dx$;

（3）若函数 $f(x)$ 的一个原函数为 xe^{-x},求 $\displaystyle\int f(x)\,dx$.

3. 设一曲线过点 $A(1,6)$, $B(2,-9)$,且在任一点 $M(x,y)$ 处的切线斜率与 x^3 成正比,求该曲线方程.

4. 求下列不定积分:

（1）$\displaystyle\int \left(2x^3 - 5x^2 + 7x - 3 + \dfrac{1}{x}\right) dx$;
（2）$\displaystyle\int (\cos x + \sec x \tan x)\,dx$;

（3）$\displaystyle\int \left(\dfrac{1}{\sqrt{1-x^2}} - \dfrac{1}{1+x^2}\right) dx$;
（4）$\displaystyle\int (\tan^2 x + e^x + 1)\,dx$;

（5）$\displaystyle\int \sqrt{x}(x^2 - 3)\,dx$;
（6）$\displaystyle\int (2^x - 3^x)^2\,dx$;

（7）$\displaystyle\int \dfrac{dx}{x^2(1+x^2)}$;
（8）$\displaystyle\int \dfrac{(1-x)^2}{\sqrt{x}}\,dx$;

（9）$\displaystyle\int \dfrac{3x+5}{x^2}\,dx$;
（10）$\displaystyle\int (\sqrt{x} + 1)(\sqrt[3]{x} - 1)\,dx$;

（11）$\displaystyle\int e^x\left(1 - \dfrac{e^{-x}}{\sqrt[3]{x}}\right) dx$;
（12）$\displaystyle\int \dfrac{2^{x+1} - 3x}{x \cdot 2^x}\,dx$.

习题 4-1(B)

1. 一质点做直线运动,已知其加速度为 $a(t) = 12t^2 - 3\sin t$,如果 $v(0) = 5$, $s(0) = -3$,求速度 $v(t)$ 和路程 $s(t)$.

2. 求下列不定积分:

（1）$\displaystyle\int \sec x(\tan x - \sec x)\,dx$;
（2）$\displaystyle\int \left(\sin \dfrac{x}{2} - \cos \dfrac{x}{2}\right)^2 dx$;

（3）$\displaystyle\int \cos^2 \dfrac{x}{2}\,dx$;
（4）$\displaystyle\int \dfrac{dx}{\cos 2x - 1}$;

（5）$\displaystyle\int \dfrac{\cos 2x}{\sin x - \cos x}\,dx$;
（6）$\displaystyle\int \dfrac{\cos 2x}{\cos^2 x \cdot \sin^2 x}\,dx$;

（7）$\displaystyle\int \dfrac{1 + 3x^2 + 3x^4}{1 + x^2}\,dx$;
（8）$\displaystyle\int \dfrac{dx}{x^4(1+x^2)}$;

（9）$\displaystyle\int \sqrt{x\sqrt{x\sqrt{x}}}\,dx$;
（10）$\displaystyle\int \dfrac{e^{2x} - 1}{e^x + 1}\,dx$.

3. 若函数 $f(x)$ 满足 $f'(\sqrt{x}) = x + \dfrac{1}{x}$,求 $f(x)$.

4. 若函数 $f(x)$ 满足 $f'(x) = \cos x - \dfrac{2}{x^2}$,求不定积分 $\displaystyle\int f(x)\,dx$.

第二节　不定积分的换元积分法（一）

上一节利用基本积分表及不定积分的线性运算法则,采取"积化和差"的技巧,求出了一些不定积分.但是有些看似很简单的积分,比如 $\int 2e^{2x}dx$ 就无法利用上面的方法求出,因此,还需要继续探寻另外的方法.

1. 第一换元积分法（凑微分换元法）

我们采取"从具体到一般"——先由具体的例子发现特点,再用解析的方法上升为一般规律——的思想来寻找另外的求不定积分的方法.为此先来考察积分

$$\int 2e^{2x}dx.$$

该积分不仅不包含在基本积分表中,而且也不能利用上节所采用的"积化和差"的技巧求出.因此,我们只有从最基本的"已知"——定义——去寻找思路.由于 $(e^{2x})'=2e^{2x}$,由不定积分的定义,有

$$\int 2e^{2x}dx = e^{2x} + C.$$

对该等式的得来可以这样理解:由于 $d(2x)=2dx$,于是

$$\int 2e^{2x}dx = \int e^{2x} \cdot 2dx = \int e^{2x}d(2x).$$

如果把 $2x$ 看作一个新的变量,比如是 u,那么就得

$$\int e^{2x}d(2x) = \int e^{u}du.$$

它是第一节积分表中已包含的积分,因此利用积分表,有

$$\int e^{2x}d(2x) = \int e^{u}du = e^{u} + C.$$

再将 u 换回原来的 $2x$,就得

$$\int 2e^{2x}dx = \int e^{2x}d(2x) = \int e^{u}du = e^{u} + C = e^{2x} + C.$$

注意到 $\int 2e^{2x}dx$ 中被积函数的特点:（1）它是乘积的形式;（2）其中的一个因式 e^{2x} 是一个复合函数,而另一个因式 2 恰为该复合函数的"内函数" $2x$ 的导数.

将这个具体的例子抽象为一般形式就是 $\int f[\varphi(x)]\varphi'(x)dx$,上面所采用的引入新的变量 u 的积分方法称为换元积分法.将其一般化就是下面的求不定积分的**第一换元积分法**,也称**凑微分换元法**,简称**凑微分法**.

定理 2.1　**设 $f(u)$ 具有原函数 $F(u)$,并且 $u=\varphi(x)$ 可导,那么**

$$\int f(\varphi(x))\varphi'(x)dx = \left[\int f(u)du\right]_{u=\varphi(x)} = \left[F(u)+C\right]_{u=\varphi(x)} = F(\varphi(x)) + C. \tag{2.1}$$

它是容易证明的.事实上,左端为 $f(\varphi(x))\varphi'(x)$ 的不定积分是明显的,因此只需验证右边的 $F(\varphi(x))$ 也是 $f(\varphi(x))\varphi'(x)$ 的一个原函数.

> 在利用式(2.1)时需要做哪些事?

对 $F(\varphi(x))$ 求导,有 $[F(\varphi(x))]'=f(\varphi(x))\varphi'(x)$,即 $F(\varphi(x))$ 是 $f(\varphi(x))\varphi'(x)$ 的一个原函数.这就是说,式(2.1)的右端也表示 $f(\varphi(x))\varphi'(x)$ 的不定积分,因此式(2.1)是成立的.

2. 凑微分换元法应用举例

例 2.1　求下列不定积分:

(1) $\int a\cos(ax+b)\mathrm{d}x$,其中 $a\neq 0$;

(2) $\int (2x-3)^n\mathrm{d}x$,n 为整数.

> 例 2.1 中的两个被积函数满足定理 2.1 中被积函数的形式吗?怎么办?

解　(1) $\int a\cos(ax+b)\mathrm{d}x=\int\cos(ax+b)\cdot(ax+b)'\mathrm{d}x.$

令 $u=ax+b$,则

$$\int a\cos(ax+b)\mathrm{d}x=\int\cos u\,\mathrm{d}u=\sin u+C=\sin(ax+b)+C.$$

(2) $\int(2x-3)^n\mathrm{d}x=\dfrac{1}{2}\int 2(2x-3)^n\mathrm{d}x=\dfrac{1}{2}\int(2x-3)^n(2x-3)'\mathrm{d}x,$

令 $u=2x-3$,则有

$$\int(2x-3)^n\mathrm{d}x=\frac{1}{2}\int u^n\mathrm{d}u.$$

因此,当 $n=-1$ 时,

$$\int(2x-3)^n\mathrm{d}x=\frac{1}{2}\int\frac{1}{u}\mathrm{d}u=\frac{1}{2}\ln|u|+C=\frac{1}{2}\ln|2x-3|+C.$$

当 $n\neq-1$ 时,则有

$$\int(2x-3)^n\mathrm{d}x=\frac{1}{2}\int u^n\mathrm{d}u=\frac{1}{2(n+1)}u^{n+1}+C$$

$$=\frac{1}{2(n+1)}(2x-3)^{n+1}+C.$$

> 通过例 2.1 总结一下,如何求形如 $\int f(ax+b)\mathrm{d}x$ 的不定积分?

当对变量代换比较熟练之后,设中间变量的过程可以不必写出来.

例 2.2　求下列不定积分:

(1) $\int 2x\sin x^2\mathrm{d}x$;　　(2) $\int x^3\sqrt{x^4+1}\,\mathrm{d}x$;　　(3) $\int\dfrac{\mathrm{e}^{\sqrt{x}}}{\sqrt{x}}\mathrm{d}x$;

(4) $\int\dfrac{1}{x\ln x}\mathrm{d}x$;　　(5) $\int\dfrac{\mathrm{e}^{\arcsin x}}{\sqrt{1-x^2}}\mathrm{d}x$.

解　(1) 被积函数是乘积形式,其中,因式 $\sin x^2$ 是由 $\sin u$,$u=x^2$ 复合而成的复合函数,

$u' = (x^2)' = 2x$，而另一因式恰好是 $2x$，所以被积函数符合 $f(\varphi(x))\varphi'(x)$ 的形式，于是有

$$\int 2x\sin x^2 \mathrm{d}x = \int \sin x^2 \mathrm{d}x^2 = -\cos x^2 + C.$$

（2）$\displaystyle\int x^3\sqrt{x^4+1}\,\mathrm{d}x = \int \frac{1}{4}\sqrt{x^4+1}\,\mathrm{d}x^4 = \frac{1}{4}\int (x^4+1)^{\frac{1}{2}}\mathrm{d}(x^4+1)$

$$= \frac{1}{6}\sqrt{(x^4+1)^3} + C.$$

（3）被积函数的一个因式 $e^{2\sqrt{x}}$ 是由 $e^u, u = 2\sqrt{x}$ 复合而成的复合函数，而 $u' = (2\sqrt{x})' = \dfrac{1}{\sqrt{x}}$ 正是被积函数的另一因式，因此被积函数符合 $f(\varphi(x))\varphi'(x)$ 的形式，于是有

$$\int \frac{e^{2\sqrt{x}}}{\sqrt{x}}\mathrm{d}x = \int e^{2\sqrt{x}}(2\sqrt{x})'\mathrm{d}x = \int e^{2\sqrt{x}}\mathrm{d}(2\sqrt{x}) = e^{2\sqrt{x}} + C.$$

（4）显然有 $x > 0$，因此，

$$\int \frac{1}{x\ln x}\mathrm{d}x = \int \frac{1}{\ln x}\mathrm{d}(\ln x) = \ln|\ln x| + C.$$

（5）$\displaystyle\int \frac{e^{\arcsin x}}{\sqrt{1-x^2}}\mathrm{d}x = \int e^{\arcsin x}\mathrm{d}(\arcsin x)$

$$= e^{\arcsin x} + C.$$

> 总结一下例 2.2 的解法，有何收获？

例 2.3　求下列不定积分：

（1）$\displaystyle\int \frac{1}{\sqrt{a^2-x^2}}\mathrm{d}x\,(a > 0)$；

（2）$\displaystyle\int \frac{1}{\sqrt{1+x-x^2}}\mathrm{d}x.$

> 例 2.3 的（1）应借用哪个公式作"已知"？（2）中的被积函数与（1）有关联吗？

解　（1）$\displaystyle\int \frac{1}{\sqrt{a^2-x^2}}\mathrm{d}x = \int \frac{1}{a\sqrt{1-\left(\dfrac{x}{a}\right)^2}}\mathrm{d}x$

$$= \int \frac{1}{\sqrt{1-\left(\dfrac{x}{a}\right)^2}}\mathrm{d}\left(\frac{x}{a}\right) = \arcsin\frac{x}{a} + C.$$

（2）$\displaystyle\int \frac{1}{\sqrt{1+x-x^2}}\mathrm{d}x = \int \frac{1}{\sqrt{\left(\dfrac{\sqrt{5}}{2}\right)^2 - \left(x-\dfrac{1}{2}\right)^2}}\mathrm{d}\left(x-\frac{1}{2}\right)$

$$= \arcsin\frac{x-\dfrac{1}{2}}{\dfrac{\sqrt{5}}{2}} + C = \arcsin\frac{2x-1}{\sqrt{5}} + C.$$

例 2.4　求下列不定积分：

(1) $\displaystyle\int \frac{1}{a^2 + x^2}\mathrm{d}x \,(a \neq 0)$;

(2) $\displaystyle\int \frac{1}{x^2 - 2x + 5}\mathrm{d}x$.

解　(1) $\displaystyle\int \frac{1}{a^2 + x^2}\mathrm{d}x = \int \frac{1}{a^2}\frac{1}{1 + \left(\dfrac{x}{a}\right)^2}\mathrm{d}x = \frac{1}{a}\int \frac{1}{1 + \left(\dfrac{x}{a}\right)^2}\mathrm{d}\left(\frac{x}{a}\right)$

$$= \frac{1}{a}\arctan\frac{x}{a} + C.$$

(2) $\displaystyle\int \frac{1}{x^2 - 2x + 5}\mathrm{d}x = \int \frac{1}{2^2 + (x - 1)^2}\mathrm{d}(x - 1)$

$$= \frac{1}{2}\arctan\frac{x-1}{2} + C.$$

例 2.5　求下列不定积分:

(1) $\displaystyle\int \frac{2x - 5}{x^2 - 5x + 7}\mathrm{d}x$;

(2) $\displaystyle\int \frac{x + 1}{x^2 - 2x + 7}\mathrm{d}x$.

解　(1) $\displaystyle\int \frac{2x - 5}{x^2 - 5x + 7}\mathrm{d}x = \int \frac{\mathrm{d}(x^2 - 5x + 7)}{x^2 - 5x + 7}$

$$= \ln(x^2 - 5x + 7) + C.$$

(2) $\displaystyle\int \frac{x + 1}{x^2 - 2x + 7}\mathrm{d}x = \frac{1}{2}\int \frac{2x - 2 + 4}{x^2 - 2x + 7}\mathrm{d}x$

$$= \frac{1}{2}\int \frac{2x - 2}{x^2 - 2x + 7}\mathrm{d}x + \frac{1}{2}\int \frac{4}{x^2 - 2x + 7}\mathrm{d}x$$

$$= \frac{1}{2}\int \frac{\mathrm{d}(x^2 - 2x + 7)}{x^2 - 2x + 7} + 2\int \frac{1}{(\sqrt{6})^2 + (x - 1)^2}\mathrm{d}x$$

$$= \frac{1}{2}\ln(x^2 - 2x + 7) + \frac{2}{\sqrt{6}}\arctan\frac{x - 1}{\sqrt{6}} + C.$$

例 2.6　求下列不定积分:

(1) $\displaystyle\int \frac{1}{a^2 - x^2}\mathrm{d}x \,(a \neq 0)$;

(2) $\displaystyle\int \frac{x + 1}{x^2 - 5x + 6}\mathrm{d}x$;

(3) $\displaystyle\int \frac{1}{(1 + x)(1 + x^2)}\mathrm{d}x$.

解　(1) $\displaystyle\int \frac{1}{a^2 - x^2}\mathrm{d}x$

$$= \frac{1}{2a} \int \left(\frac{1}{a-x} + \frac{1}{a+x} \right) dx$$

$$= \frac{1}{2a} \int \frac{1}{a-x} dx + \frac{1}{2a} \int \frac{1}{a+x} dx$$

$$= -\frac{1}{2a} \ln|a-x| + \frac{1}{2a} \ln|a+x| + C$$

$$= \frac{1}{2a} \ln \left| \frac{a+x}{a-x} \right| + C.$$

（2）由于

$$x^2 - 5x + 6 = (x-2)(x-3),$$

我们可以设想，$\dfrac{x+1}{x^2-5x+6}$ 可以分解成为形如 $\dfrac{A}{x-2}$ 与 $\dfrac{B}{x-3}$ 的两个真分式之和，即有

$$\frac{x+1}{x^2-5x+6} = \frac{A}{x-2} + \frac{B}{x-3},$$

其中 A,B 为待定常数，为了具体写出这两个分式，需要确定 A,B，它可以用两种方法：

① 比较系数法

两端去分母，得

$$x + 1 = A(x-3) + B(x-2)$$

或

$$x + 1 = (A+B)x - (3A+2B).$$

比较两边同次幂项的系数，得

$$\begin{cases} A + B = 1, \\ -(3A+2B) = 1. \end{cases}$$

解这个方程组，得

$$A = -3, B = 4.$$

② 赋值法

对 $x+1 = A(x-3) + B(x-2)$，令 $x=2$，得 $A=-3$；再令 $x=3$，得 $B=4$. 因此，有 $\dfrac{x+1}{x^2-5x+6} = \dfrac{-3}{x-2} + \dfrac{4}{x-3}$. 于是

$$\int \frac{x+1}{x^2-5x+6} dx = \int \frac{-3}{x-2} dx + \int \frac{4}{x-3} dx$$

$$= -3\ln|x-2| +$$

$$4\ln|x-3| + C$$

$$= \ln \left| \frac{(x-3)^4}{(x-2)^3} \right| + C.$$

> 为什么能断定 $\dfrac{x+1}{x^2-5x+6}$ 分解后的两个分式的分子必须是常数而不会是一次多项式？

> "比较系数法"与"赋值法"各自有怎样的特点？在用赋值法时，应依据怎样的原则来"赋值"？

> 由例2.6的（1），（2）来看，求形如
> $$\int \frac{ax+b}{x^2+px+q} dx \ (其中 p^2-4q>0)$$
> 的积分应该采用什么样的技巧？

（3）仿照（2）我们可以设想，$\dfrac{1}{(1+x)(1+x^2)}$可以分解成为形如$\dfrac{A}{1+x}$与$\dfrac{Bx+C}{1+x^2}$的两个真分式之和，即有

$$\frac{1}{(1+x)(1+x^2)}=\frac{A}{1+x}+\frac{Bx+C}{1+x^2},$$

两端去分母，得

$$1=A(1+x^2)+(Bx+C)(1+x),$$

整理得

$$1=(A+B)x^2+(B+C)x+C+A.$$

比较两端同次幂项的系数，得

$$\begin{cases}A+B=0,\\B+C=0,\\A+C=1.\end{cases}$$

解之得 $A=\dfrac{1}{2}$，$B=-\dfrac{1}{2}$，$C=\dfrac{1}{2}$，于是

$$\frac{1}{(1+x)(1+x^2)}=\frac{\dfrac{1}{2}}{1+x}+\frac{-\dfrac{1}{2}x+\dfrac{1}{2}}{1+x^2}.$$

要求的积分即是

$$\int\frac{1}{(1+x)(1+x^2)}\mathrm{d}x=\frac{1}{2}\int\frac{1}{1+x}\mathrm{d}x-\frac{1}{2}\int\frac{x-1}{1+x^2}\mathrm{d}x$$

$$=\frac{1}{2}\int\frac{1}{1+x}\mathrm{d}x-\frac{1}{2}\int\frac{x}{1+x^2}\mathrm{d}x+\frac{1}{2}\int\frac{\mathrm{d}x}{1+x^2}$$

$$=\frac{1}{2}\int\frac{1}{1+x}\mathrm{d}(1+x)-\frac{1}{4}\int\frac{\mathrm{d}(x^2+1)}{1+x^2}+\frac{1}{2}\int\frac{\mathrm{d}x}{1+x^2}$$

$$=\frac{1}{2}\ln|1+x|-\frac{1}{4}\ln(1+x^2)+\frac{1}{2}\arctan x+C.$$

例 2.7 求下列不定积分：

（1）$\displaystyle\int\tan x\mathrm{d}x$；　　（2）$\displaystyle\int\csc x\mathrm{d}x$.

解　（1）$\displaystyle\int\tan x\mathrm{d}x=\int\frac{\sin x}{\cos x}\mathrm{d}x=-\int\frac{\mathrm{d}\cos x}{\cos x}=-\ln|\cos x|+C.$

类似的方法可得

$$\int\cot x\mathrm{d}x=\ln|\sin x|+C.$$

（2）　$\displaystyle\int\csc x\mathrm{d}x=\int\frac{1}{\sin x}\mathrm{d}x=\int\frac{1}{2\sin\dfrac{x}{2}\cos\dfrac{x}{2}}\mathrm{d}x=\int\frac{1}{2\tan\dfrac{x}{2}\cos^2\dfrac{x}{2}}\mathrm{d}x$

第 2 个分式的分子可以写成常数或更高次多项式吗？

通过例 2.6 你有何收获？若求积分

$$\int\frac{1}{1+x+x^2+x^3}\mathrm{d}x,$$

首先应如何办？能将它推广为更一般的情况吗？

$$= \int \frac{1}{\tan \frac{x}{2} \cos^2 \frac{x}{2}} d\left(\frac{x}{2}\right) = \int \frac{d\tan \frac{x}{2}}{\tan \frac{x}{2}} = \ln \left| \tan \frac{x}{2} \right| + C$$

$$= \ln \left| \frac{1 - \cos x}{\sin x} \right| + C = \ln | \csc x - \cot x | + C.$$

利用（2），有

$$\int \sec x dx = \int \csc \left(\frac{\pi}{2} + x\right) dx$$

$$= \int \csc \left(\frac{\pi}{2} + x\right) d\left(\frac{\pi}{2} + x\right)$$

$$= \ln \left| \csc \left(\frac{\pi}{2} + x\right) - \cot \left(\frac{\pi}{2} + x\right) \right| + C = \ln | \sec x + \tan x | + C.$$

在例 2.7（2）的解法中，各等号前后发生变化的根据与意义各是什么？

例 2.8　求下列不定积分：

（1）$\int \sin^3 x dx$；　　（2）$\int \sin x \cos^3 x dx$.

解　（1）$\int \sin^3 x dx = \int \sin^2 x \cdot \sin x dx = \int (1 - \cos^2 x) d(-\cos x)$

$$= \int \cos^2 x d\cos x - \int d\cos x = \frac{1}{3} \cos^3 x - \cos x + C.$$

（2）$\int \sin x \cos^3 x dx = \int \sin x \cos^2 x d(\sin x)$

$$= \int \sin x (1 - \sin^2 x) d(\sin x) = \int (\sin x - \sin^3 x) d(\sin x)$$

$$= \frac{1}{2} \sin^2 x - \frac{1}{4} \sin^4 x + C.$$

通过例 2.8 的解法你发现了什么规律？

例 2.9　求下列不定积分：

（1）$\int \cos^2 x dx$；　　（2）$\int \sin^4 x dx$.

解　（1）$\int \cos^2 x dx = \int \frac{1 + \cos 2x}{2} dx = \int \frac{1}{2} dx + \int \frac{\cos 2x}{2} dx$

$$= \frac{1}{2} x + \frac{1}{4} \int \cos 2x d(2x) = \frac{1}{2} x + \frac{1}{4} \sin 2x + C.$$

（2）　$\int \sin^4 x dx = \int (\sin^2 x)^2 dx = \int \left(\frac{1 - \cos 2x}{2}\right)^2 dx$

$$= \frac{1}{4} \int (1 - 2\cos 2x + \cos^2 2x) dx = \frac{1}{4} \int \left(1 - 2\cos 2x + \frac{1 + \cos 4x}{2}\right) dx$$

$$= \frac{3}{8} \int dx - \frac{1}{2} \int \cos 2x dx + \frac{1}{8} \int \cos 4x dx$$

$$= \frac{3}{8}x - \frac{1}{4}\sin 2x + \frac{1}{32}\sin 4x + C.$$

例 2.10 求下列不定积分:

$(1) \int \tan^3 x \sec x \mathrm{d}x;$ $(2) \int \sec^4 x \mathrm{d}x.$

解 $(1) \int \tan^3 x \sec x \mathrm{d}x = \int \tan^2 x \cdot \tan x \sec x \mathrm{d}x$

$$= \int \tan^2 x \mathrm{d}\sec x = \int (\sec^2 x - 1) \mathrm{d}\sec x$$

$$= \int \sec^2 x \mathrm{d}\sec x - \int \mathrm{d}\sec x = \frac{1}{3}\sec^3 x - \sec x + C.$$

$(2) \int \sec^4 x \mathrm{d}x = \int \sec^2 x \cdot \sec^2 x \mathrm{d}x$

$$= \int (1 + \tan^2 x) \mathrm{d}\tan x$$

$$= \tan x + \frac{1}{3}\tan^3 x + C.$$

> 由例 2.9 又有何收获? 通过例 2.8、例 2.9 各题的解法,能总结出求形如
>
> $$\int \sin^m x \cos^n x \mathrm{d}x$$
>
> 的一类不定积分的解法的特点吗?

例 2.11 求不定积分 $\int \sin 3x \sin 2x \mathrm{d}x.$

解 $\int \sin 3x \sin 2x \mathrm{d}x = \frac{1}{2}\int [\cos(3-2)x - \cos(3+2)x] \mathrm{d}x$

$$= \frac{1}{2}\int \cos x \mathrm{d}x - \frac{1}{2}\int \cos 5x \mathrm{d}x$$

$$= \frac{1}{2}\left(\sin x - \frac{1}{10}\sin 5x\right) + C.$$

> 例 2.11 中的被积函数有什么特点? 利用类似的方法还可以求哪些不定积分?

本节得到的一些结果可以看作对积分表的补充,以后可以直接应用:

$(1) \int \frac{1}{\sqrt{a^2 - x^2}}\mathrm{d}x = \arcsin \frac{x}{a} + C;$

$(2) \int \tan x \mathrm{d}x = -\ln|\cos x| + C;$

$(3) \int \cot x \mathrm{d}x = \ln|\sin x| + C;$

$(4) \int \sec x \mathrm{d}x = \ln|\sec x + \tan x| + C;$

$(5) \int \csc x \mathrm{d}x = \ln|\csc x - \cot x| + C;$

$(6) \int \frac{1}{a^2 + x^2}\mathrm{d}x = \frac{1}{a}\arctan \frac{x}{a} + C;$

$(7) \int \frac{1}{a^2 - x^2}\mathrm{d}x = \frac{1}{2a}\ln\left|\frac{a+x}{a-x}\right| + C.$

用凑微分法
求不定积分
的小结

199

习题 4-2(A)

1. 判断下列论述是否正确,并说明理由:

(1) 用凑微分法所求的不定积分,被积函数必须具备或能化成 $f(\varphi(x))\varphi'(x)$ 的形式;

(2) 在用凑微分法求不定积分 $\int f(x)\mathrm{d}x$ 时,$\mathrm{d}x$ 中可以任意添加常数项或改变 x 的系数而成为 $\mathrm{d}(ax+b)(a\neq 0)$ 的形式,需要注意的是,这样变换后被积函数需乘一个常数因子 $\dfrac{1}{a}$;

(3) 形如 $\int \dfrac{ax+b}{x^2+px+q}\mathrm{d}x$ 的积分,积分结果一般为对数函数与反正切函数之和.

2. 在下列各题中的横线上填入适当数值,使得等号成立:

(1) $\mathrm{d}x = $ _____ $\mathrm{d}(3x-1)$;

(2) $\cos(9-2x)\mathrm{d}x = $ _____ $\mathrm{d}\sin(9-2x)$;

(3) $\mathrm{e}^{-x}\mathrm{d}x = $ _____ $\mathrm{d}\mathrm{e}^{-x}$;

(4) $\dfrac{\mathrm{d}x}{1+\dfrac{x^2}{2}} = $ _____ $\mathrm{d}\arctan\dfrac{x}{\sqrt{2}}$;

(5) $\int x^{n-1}f(x^n)\mathrm{d}x = $ _____ $\int f(x^n)\mathrm{d}x^n$;

(6) $\int \dfrac{1}{\sqrt{x}}f(\sqrt{x})\mathrm{d}x = $ _____ $\int f(\sqrt{x})\mathrm{d}\sqrt{x}$.

3. 求下列不定积分:

(1) $\int (3x-2)^8\mathrm{d}x$;

(2) $\int \dfrac{x^2}{x+2}\mathrm{d}x$;

(3) $\int 3x\sqrt{1-x^2}\mathrm{d}x$;

(4) $\int \dfrac{\mathrm{d}x}{\sqrt{1-4x^2}}$;

(5) $\int \dfrac{x^2\mathrm{d}x}{1+x^6}$;

(6) $\int \dfrac{2^x}{1-4^x}\mathrm{d}x$;

(7) $\int \dfrac{\mathrm{e}^{2\sqrt{x}+1}}{\sqrt{x}}\mathrm{d}x$;

(8) $\int \dfrac{1}{t^2}\left(t-\cos\dfrac{1}{t}\right)\mathrm{d}t$;

(9) $\int \dfrac{1}{x(\ln x-1)}\mathrm{d}x$;

(10) $\int \dfrac{1}{\sqrt{1-x^2}\arcsin x}\mathrm{d}x$;

(11) $\int \dfrac{\mathrm{e}^{2\arctan x}}{1+x^2}\mathrm{d}x$;

(12) $\int \mathrm{e}^{\cos x}\sin x\mathrm{d}x$;

(13) $\int \cos^5 x\mathrm{d}x$;

(14) $\int \dfrac{\mathrm{e}^{2x}}{1+\mathrm{e}^x}\mathrm{d}x$;

(15) $\int \cos 2x\cdot\cos 4x\mathrm{d}x$;

(16) $\int \tan^5 x\sec^3 x\mathrm{d}x$;

(17) $\int \dfrac{\mathrm{d}x}{x^2-6x+10}$;

(18) $\int \dfrac{\mathrm{d}x}{x^2+2x-3}$;

(19) $\int \dfrac{2x}{x^2+4x+6}\mathrm{d}x$;

(20) $\int \dfrac{x^3+1}{x^3+x}\mathrm{d}x$.

习题 4-2(B)

1. 求下列不定积分:

$(1)\displaystyle\int\frac{(2-x)^2}{2-x^2}\mathrm{d}x;$
$\qquad\qquad$
$(2)\displaystyle\int\frac{3\mathrm{d}x}{1-x^3};$

$(3)\displaystyle\int\cos^6x\mathrm{d}x;$
$\qquad\qquad$
$(4)\displaystyle\int\frac{\mathrm{d}x}{(\mathrm{e}^x+\mathrm{e}^{-x})^4};$

$(5)\displaystyle\int\frac{\arcsin\sqrt{x}}{\sqrt{x-x^2}}\mathrm{d}x;$
$\qquad\qquad$
$(6)\displaystyle\int\frac{\ln\tan x}{\sin x\cos x}\mathrm{d}x;$

$(7)\displaystyle\int\frac{\sin x-\cos x}{\sqrt{\sin x+\cos x}}\mathrm{d}x;$
$\qquad\qquad$
$(8)\displaystyle\int\frac{1+\ln x}{x\ln x}\mathrm{d}x.$

2.若函数 $f(x)$ 有连续导数, $f'(\mathrm{e}^x)=\mathrm{e}^{2x}+\mathrm{e}^{\frac{x}{2}}$,且 $f(1)=\dfrac{2}{3}$,求 $f(x)$.

第三节　不定积分的换元积分法(二)

虽然第一换元法能比较方便地求形如 $f[\varphi(x)]\varphi'(x)$ 的函数的不定积分,但是它的应用也有其局限性.例如,函数 $\sqrt{a^2-x^2}$ 就不属于这种形式,因此求 $\displaystyle\int\sqrt{a^2-x^2}\mathrm{d}x$ 就不能用凑微分法.为此,我们继续探讨另外的求不定积分的方法.

1. 第二换元积分法

$\displaystyle\int\sqrt{a^2-x^2}\mathrm{d}x$ 的特点是被积函数为无理根式.这正是求该不定积分的困难所在,因此求该不定积分的关键是如何"去掉"根号.为此我们再来分析已熟悉的"已知"——"凑微分"法.

我们发现,如果交换凑微分法的公式

$$\int f[\varphi(x)]\varphi'(x)\mathrm{d}x=\int f(u)\mathrm{d}u$$

两端的位置,就得到

$$\int f(u)\mathrm{d}u=\int f[\varphi(x)]\varphi'(x)\mathrm{d}x.$$

将两个等式相比较,凑微分法是用一个新变量 u 代换被积函数中的"内"函数 $\varphi(x)$;而后面的等式从左到右可以看作是将左端的积分变量 u 用一个可微函数 $\varphi(x)$ 代换,从而将它变为一个复合函数与其"内"函数导数的乘积,这就成了我们所熟悉的"已知",有望利用已有的方法或结果求出该积分.事实上这也是一种常用的换元积分法,与第一换元积分法相呼应,称它为第二换元积分法.

1.1　第二换元积分法

首先来看下面的例子.

例 3.1　求 $\displaystyle\int\sqrt{a^2-x^2}\mathrm{d}x(a>0)$.

分析　容易看到求该积分的关键是如何通过作变换去掉被积式中的根号.注意到根号下被开方式的特点,如果令 $x=a\sin t\left(-\dfrac{\pi}{2}<t<\dfrac{\pi}{2}\right)$,则有

$$\sqrt{a^2 - x^2} = \sqrt{a^2 - (a\sin t)^2} = \sqrt{a^2(1 - \sin^2 t)} = a\cos t,$$

这就达到了去掉根号从而化被积函数为有理式的目的.

解　令 $x = a\sin t\left(-\dfrac{\pi}{2} < t < \dfrac{\pi}{2}\right)$，则 $dx = a\cos t \, dt$，于是

$$\int \sqrt{a^2 - x^2} \, dx = \int a\cos t \cdot a\cos t \, dt,$$

被积函数化成了上节的例2.9(1)中的被积函数.对等式右端继续积分得

$$\int \sqrt{a^2 - x^2} \, dx = \int a\cos t \cdot a\cos t \, dt = a^2 \int \frac{1 + \cos 2t}{2} dt = a^2\left(\frac{t}{2} + \frac{\sin 2t}{4}\right) + C$$

$$= \frac{a^2}{2}t + \frac{a^2}{2}\sin t\cos t + C.$$

显然需要把 t 换回为原来的自变量 x，这需要利用关系式 $x = a\sin t$.

由于 $-\dfrac{\pi}{2} < t < \dfrac{\pi}{2}$，因此 $x = a\sin t$ 存在反函数，即由 $\sin t = \dfrac{x}{a}$，得 $t = \arcsin \dfrac{x}{a}$.并且

$$\cos t = \sqrt{1 - \sin^2 t} = \sqrt{1 - \left(\frac{x}{a}\right)^2} = \frac{\sqrt{a^2 - x^2}}{a}.$$

于是

$$\int \sqrt{a^2 - x^2} \, dx = \frac{a^2}{2}t + \frac{a^2}{2}\sin t\cos t + C = \frac{a^2}{2}\arcsin \frac{x}{a} + \frac{1}{2}x\sqrt{a^2 - x^2} + C.$$

将这一具体的实例抽象为一般，就有：

定理 3.1　设 $x = \varphi(u)$ 是单调的可导函数，并且 $\varphi'(u) \neq 0$，又 $f(\varphi(u))\varphi'(u)$ 具有原函数，则有

$$\int f(x) \, dx = \left[\int f[\varphi(u)]\varphi'(u) \, du\right] \Bigg|_{u = \varphi^{-1}(x)}, \tag{3.1}$$

其中 $u = \varphi^{-1}(x)$ 是 $x = \varphi(u)$ 的反函数.

证　左边是 $f(x)$ 的不定积分，因此只需证明右边也是 $f(x)$ 的不定积分.为此将右边对 x 求导，注意到在定理的条件下，$x = \varphi(u)$ 存在反函数 $u = \varphi^{-1}(x)$，并且 $\dfrac{du}{dx} = \dfrac{1}{\varphi'(u)}$.因此，

> 请分析定理中各条件的意义分别是什么？（3.1）式两端积分所得到的结果分别是哪个变量的函数？

$$\frac{d\int f[\varphi(u)]\varphi'(u) \, du}{dx} = \frac{d\int f[\varphi(u)]\varphi'(u) \, du}{du} \cdot \frac{du}{dx}$$

$$= f[\varphi(u)]\varphi'(u) \cdot \frac{1}{\varphi'(u)} = f[\varphi(u)] = f(x).$$

即，式(3.1)的右边也是 $f(x)$ 的不定积分，因此式(3.1)是成立的.

应该特别注意，式(3.1)中作变换 $x = \varphi(u)$ 是有条件的.首先，代换后所得到的函数 $f[\varphi(u)]\varphi'(u)$ 的原函数能够求出，否则代换就失去意义；其次，由于 $\int f[\varphi(u)]\varphi'(u) \, du$ 是引入的新变量 u 的函数，正像定理前面的例子那样，需要代换回原来的积分变量 x，这就需要用 $x = \varphi(u)$ 的反函数 $u = \varphi^{-1}(x)$ 进行代换.因此需要保证 $x = \varphi(u)$ 存在可导的反函数.定理中附加的条件

“$x=\varphi(u)$是单调的可导函数,并且$\varphi'(u)\neq 0$”就保证了这一点.

1.2　第二换元积分法举例——三角代换法

在例3.1中,为去掉被积函数中的根号,我们用三角函数代换了原来的积分变量,通常把这种换元法称为**三角代换法**.

例 3.2　求$\int \frac{1}{\sqrt{a^2+x^2}}\mathrm{d}x\ (a>0)$.

分析　我们看到它与例3.1相似,也应该想办法去掉被积函数中的根号.为此,仍然作三角代换.

解　设$x=a\tan t\left(-\frac{\pi}{2}<t<\frac{\pi}{2}\right)$,则$\mathrm{d}x=\mathrm{d}(a\tan t)=a\sec^2 t\mathrm{d}t$,因此,

$$\int \frac{1}{\sqrt{a^2+x^2}}\mathrm{d}x=\int \frac{a\sec^2 t}{a\sec t}\mathrm{d}t=\int \sec t\mathrm{d}t=\ln|\sec t+\tan t|+C.$$

再换回原来的变量x.由$x=a\tan t$,代换$\tan t$是容易的.为较方便地代换$\sec t$,我们采用下面的方法.

图 4-2

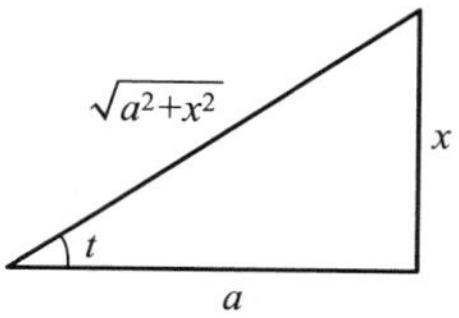

如图4-2,作一直角三角形,令其一锐角为t,根据$\tan t=\frac{x}{a}$,将该锐角所对的直角边设为x,相邻的直角边设为a,由勾股定理,其斜边为$\sqrt{a^2+x^2}$.因此

$$\sec t=\frac{\sqrt{a^2+x^2}}{a}.$$

于是

$$\begin{aligned}\int \frac{1}{\sqrt{a^2+x^2}}\mathrm{d}x&=\ln|\sec t+\tan t|+C\\&=\ln\left(\frac{\sqrt{a^2+x^2}}{a}+\frac{x}{a}\right)+C\\&=\ln(x+\sqrt{a^2+x^2})+C_1,\end{aligned}$$

其中$C_1=C-\ln a$.

请由图4-2写出t的其他三角函数.

例 3.3　求$\int \frac{1}{\sqrt{x^2-a^2}}\mathrm{d}x\ (a>0)$.

解　先设$x>a$,为此令$x=a\sec t\left(0<t<\frac{\pi}{2}\right)$,那么

$$\sqrt{x^2-a^2}=\sqrt{a^2\sec^2 t-a^2}=a\tan t,\mathrm{d}x=a\sec t\tan t\mathrm{d}t,$$

于是

$$\int \frac{1}{\sqrt{x^2-a^2}}\mathrm{d}x=\int \frac{a\sec t\tan t}{a\tan t}\mathrm{d}t=\int \sec t\mathrm{d}t=\ln|\sec t+\tan t|+C.$$

利用$\sec t=\frac{x}{a}$作辅助三角形(图4-3),容易得到$\tan t=\frac{\sqrt{x^2-a^2}}{a}$.因此,

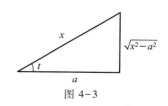

图 4-3

$$\int \frac{1}{\sqrt{x^2 - a^2}} dx = \ln |\sec t + \tan t| + C$$

$$= \ln \left| \frac{x}{a} + \frac{\sqrt{x^2 - a^2}}{a} \right| + C$$

$$= \ln | x + \sqrt{x^2 - a^2} | + C_1,$$

其中 $C_1 = C - \ln a$.

当 $x < -a$ 时，令 $x = -u$，则有 $u > a$. 类似的方法可以得到相同的结果.

上面三个例题所得到的结果可以作为积分表的补充：

（1）$\displaystyle\int \sqrt{a^2 - x^2} \, dx = \frac{a^2}{2} \arcsin \frac{x}{a} + \frac{1}{2} x \sqrt{a^2 - x^2} + C$；

（2）$\displaystyle\int \frac{1}{\sqrt{a^2 + x^2}} dx = \ln (x + \sqrt{a^2 + x^2}) + C$；

（3）$\displaystyle\int \frac{1}{\sqrt{x^2 - a^2}} dx = \ln \left| x + \sqrt{x^2 - a^2} \right| + C$.

例 3.4　求：（1）$\displaystyle\int \frac{dx}{\sqrt{3 + 2x - x^2}}$；　　　（2）$\displaystyle\int \frac{dx}{\sqrt{x^2 + 2x - 3}}$.

解　（1）$\displaystyle\int \frac{dx}{\sqrt{3 + 2x - x^2}} = \int \frac{dx}{\sqrt{4 - (1 - 2x + x^2)}} = \int \frac{dx}{\sqrt{2^2 - (x - 1)^2}}$，

利用第二节的补充公式（1），有

$$\int \frac{dx}{\sqrt{3 + 2x - x^2}} = \int \frac{dx}{\sqrt{2^2 - (x - 1)^2}}$$

$$= \arcsin \frac{x - 1}{2} + C.$$

（2）利用上面的补充公式（3）得

$$\int \frac{dx}{\sqrt{x^2 + 2x - 3}} = \int \frac{dx}{\sqrt{(x + 1)^2 - 2^2}}$$

$$= \ln \left| x + 1 + \sqrt{x^2 + 2x - 3} \right| + C.$$

2. 其他常见换元积分法举例

2.1 被积函数含有 $\sqrt[n]{\dfrac{ax+b}{cx+d}}$ $(ad - bc \neq 0)$ 的情形

前面讨论的根式的共同特点是被开方式都是二次式. 下面再来看被开方式为有理分式函数 $\dfrac{ax+b}{cx+d}$（c, d 不同时为零）的情形.

例 3.1— 例 3.3 都采用了三角代换. 你认为可以作三角代换的被积函数有何特点？各用何函数代换？

关于三角代换的注记

注意到例 3.4 中两个题目结果的显著差异了吗？分析一下这两个被积函数有何差异因而引起结果的差异？上述各题也可采用双曲函数作代换，请自己试一试.

在这个有理分式函数中，如果 $c = 0, d = 1$，该函数将是什么形式？

例 3.5 求下列不定积分：

（1）$\int \dfrac{\mathrm{d}x}{\sqrt{x+1}+2}(x>-1)$； （2）$\int \sqrt{\dfrac{x}{1+x}}\cdot\dfrac{\mathrm{d}x}{x}$.

解 （1）这里的关键是去掉分母中的根号，为此，令 $\sqrt{x+1}=t$，那么
$$x=t^2-1,\ \mathrm{d}x=2t\mathrm{d}t,$$
于是

$$\int \frac{\mathrm{d}x}{\sqrt{x+1}+2}=\int\frac{2t}{t+2}\mathrm{d}t$$
$$=2\int\left(1-\frac{2}{t+2}\right)\mathrm{d}t$$
$$=2(t-2\ln|t+2|)+C$$
$$=2\sqrt{x+1}-4\ln(\sqrt{x+1}+2)+C.$$

从被积函数来看，例 3.5 与例 3.1—例 3.4 有何显著不同？作代换的目的有什么共同之处？

（2）本题的关键也是去掉根号.为此设 $\sqrt{\dfrac{x}{1+x}}=t$，那么
$$\frac{x}{1+x}=t^2,\ x=\frac{t^2}{1-t^2},\ \mathrm{d}x=\frac{2t\mathrm{d}t}{(1-t^2)^2}.$$
因而

$$\int\sqrt{\frac{x}{1+x}}\cdot\frac{\mathrm{d}x}{x}$$
$$=\int t\cdot\frac{1-t^2}{t^2}\frac{2t}{(1-t^2)^2}\mathrm{d}t=2\int\frac{1}{1-t^2}\mathrm{d}t=\int\left(\frac{1}{1-t}+\frac{1}{1+t}\right)\mathrm{d}t$$
$$=\ln\left|\frac{t+1}{t-1}\right|+C=\ln\left|\frac{\sqrt{\frac{x}{1+x}}+1}{\sqrt{\frac{x}{1+x}}-1}\right|+C$$
$$=\ln\left|\frac{\sqrt{x}+\sqrt{1+x}}{\sqrt{x}-\sqrt{1+x}}\right|+C$$
$$=2\ln(\sqrt{x}+\sqrt{1+x})+C.$$

例 3.5 中两题所含的根式的共同特点是什么？求这类积分的共性是什么？

例 3.6 求 $\int\dfrac{\mathrm{d}x}{(\sqrt[3]{x}-1)\sqrt{x}}$.

解 为了同时去掉所有的根号，令 $t=\sqrt[6]{x}$，则 $t^2=\sqrt[3]{x}$，$t^3=\sqrt{x}$，$x=t^6$，$\mathrm{d}x=6t^5\mathrm{d}t$，从而有
$$\int\frac{\mathrm{d}x}{(\sqrt[3]{x}-1)\sqrt{x}}=\int\frac{6t^5\mathrm{d}t}{(t^2-1)t^3}=6\int\frac{t^2\mathrm{d}t}{t^2-1}$$
$$=6\int\mathrm{d}t+6\int\frac{\mathrm{d}t}{t^2-1}$$

例 3.6 中有几个不同的根式？其共同点是什么？差别是什么？由例 3.5 与例 3.6 有何体会？

$$= 6t + 3\ln\left|\frac{t-1}{t+1}\right| + C$$

$$= 6\sqrt[6]{x} + 3\ln\left|\frac{\sqrt[6]{x}-1}{\sqrt[6]{x}+1}\right| + C.$$

2.2 万能代换法

我们来看下面的例子.

例 3.7 求 $\displaystyle\int \frac{\cot x}{\sin x + \cos x - 1}\mathrm{d}x$.

解 由

$$\sin x = \frac{2\tan\dfrac{x}{2}}{1+\tan^2\dfrac{x}{2}}, \quad \cos x = \frac{1-\tan^2\dfrac{x}{2}}{1+\tan^2\dfrac{x}{2}}, \quad \cot x = \frac{1-\tan^2\dfrac{x}{2}}{2\tan\dfrac{x}{2}},$$

如果令 $t = \tan\dfrac{x}{2}$,则有

$$\sin x = \frac{2t}{1+t^2}, \quad \cos x = \frac{1-t^2}{1+t^2}, \quad \cot x = \frac{1-t^2}{2t}.$$

再由 $x = 2\arctan t$,有

$$\mathrm{d}x = \mathrm{d}(2\arctan t) = \frac{2}{1+t^2}\mathrm{d}t.$$

因此

$$\int \frac{\cot x}{\sin x + \cos x - 1}\mathrm{d}x = \int \frac{\dfrac{1-t^2}{2t}\cdot\dfrac{2}{1+t^2}\mathrm{d}t}{\dfrac{2t}{1+t^2} + \dfrac{1-t^2}{1+t^2} - 1}$$

$$= \int \frac{1+t}{2t^2}\mathrm{d}t = \frac{1}{2}\int\frac{1}{t^2}\mathrm{d}t + \frac{1}{2}\int\frac{1}{t}\mathrm{d}t = -\frac{1}{2t} + \frac{1}{2}\ln|t| + C$$

$$= -\frac{1}{2}\cot\frac{x}{2} + \frac{1}{2}\ln\left|\tan\frac{x}{2}\right| + C.$$

通常称上述换元法为万能代换法.利用万能代换法可以将任意一个三角函数的有理式转换为新变量的有理分式函数,从而利用第二节介绍的有理分式函数的积分方法("已知")进行积分.

> 总结例 3.7 的解法,它是如何将"未知"化为"已知"的? 这是解决所有三角函数有理式积分的最好方法吗?

2.3 倒代换

例 3.8 求 $\displaystyle\int \frac{1}{x(2+x^3)}\mathrm{d}x \ (x>0)$.

解 我们看到,该被积函数的分母为 x 的幂次较高的多项式,因此给解题带来困难.我们先

想办法降低分母中 x 的次数.为此令 $x=\dfrac{1}{t}(t>0)$,那么 $\mathrm{d}x=-\dfrac{1}{t^2}\mathrm{d}t$,于是

$$\int\frac{1}{x(2+x^3)}\mathrm{d}x=\int\frac{-\dfrac{1}{t^2}\mathrm{d}t}{\dfrac{1}{t}\left(2+\dfrac{1}{t^3}\right)}=-\int\frac{\dfrac{1}{t^2}}{\dfrac{1}{t}\left(\dfrac{2t^3+1}{t^3}\right)}\mathrm{d}t$$

$$=-\int\frac{t^2}{2t^3+1}\mathrm{d}t=-\frac{1}{3}\int\frac{1}{2t^3+1}\mathrm{d}t^3$$

$$=-\frac{1}{6}\int\frac{1}{2t^3+1}\mathrm{d}(2t^3+1)$$

$$=-\frac{1}{6}\ln(2t^3+1)+C$$

$$=-\frac{1}{6}\ln\left(\frac{2}{x^3}+1\right)+C$$

$$=\frac{1}{6}\ln\left(\frac{x^3}{x^3+2}\right)+C.$$

例 3.8 中所作的代换通常称作"倒代换".

> 请通过例 3.8 的解法分析何时用倒代换较好?

习题 4-3(A)

1. 判断下列叙述是否正确,并说明理由:

(1) 在求形如 $\int\dfrac{1}{\sqrt{x^2-a^2}}\mathrm{d}x$,$\int\dfrac{1}{\sqrt{a^2+x^2}}\mathrm{d}x$,$\int\sqrt{a^2-x^2}\,\mathrm{d}x$ 的积分时都是采取令 $x=a\sin t$ 作变量代换的三角代换法,从而把无理函数的积分转化为求三角函数有理式的积分;

(2) 若被积函数含有 $\sqrt[n]{\dfrac{ax+b}{cx+d}}$,为了变无理式为有理式,通常将 $\sqrt[n]{\dfrac{ax+b}{cx+d}}$ 看作一个新的变元.

2. 求下列不定积分:

(1) $\int\dfrac{x^2}{\sqrt{4-x^2}}\mathrm{d}x$;

(2) $\int\dfrac{\mathrm{d}x}{\sqrt{(x^2+1)^3}}$;

(3) $\int\dfrac{\mathrm{d}x}{\sqrt{3x^2-9}}$;

(4) $\int\dfrac{1-x}{\sqrt{9-x^2}}\mathrm{d}x$;

(5) $\int\dfrac{\mathrm{d}x}{\sqrt{x^2-4x+7}}$;

(6) $\int\dfrac{x}{\sqrt{2-x}}\mathrm{d}x$;

(7) $\int\dfrac{\mathrm{d}x}{\sqrt{x}+\sqrt[4]{x}}$;

(8) $\int\dfrac{\sqrt{1+x}+1}{\sqrt{1+x}-1}\mathrm{d}x$;

(9) $\int\dfrac{1}{x^4(x^2+1)}\mathrm{d}x$;

(10) $\int\dfrac{1}{x}\sqrt{\dfrac{1-x}{1+x}}\mathrm{d}x$.

1. 求下列不定积分:

(1) $\displaystyle\int \frac{\mathrm{d}x}{1+\sqrt{1-x^2}}$;

(2) $\displaystyle\int \frac{\mathrm{d}x}{\sqrt{x^2-4x}}$;

(3) $\displaystyle\int \frac{x^3}{(1+x^8)^2}\mathrm{d}x$;

(4) $\displaystyle\int \frac{1}{\sqrt{\mathrm{e}^x-1}}\mathrm{d}x$;

(5) $\displaystyle\int \frac{\mathrm{d}x}{\sqrt[3]{(x+1)^2(x-1)^4}}$;

(6) $\displaystyle\int \frac{\mathrm{d}x}{2+2\cos x+3\sin x}$;

(7) $\displaystyle\int \frac{\mathrm{d}x}{x\sqrt{x^2-1}}$;

(8) $\displaystyle\int \frac{\mathrm{d}x}{x+\sqrt{1-x^2}}$.

2. 如果函数 $y=f(x)$ 在 x 点的增量 $\Delta y=\sqrt{\dfrac{1-\sqrt{x}}{1+\sqrt{x}}}\cdot\Delta x+o(\Delta x)$,求 $f(x)$.

第四节　不定积分的分部积分法

当被积函数为 $f[\varphi(x)]\varphi'(x)$ 型的乘积时,我们采用凑微分法来计算该积分.再看下面的乘积形式的不定积分

$$\int x\sin x\mathrm{d}x.$$

它的被积函数是 x 与 $\sin x$ 的乘积,不属于 $f[\varphi(x)]\varphi'(x)$ 类型;也无法利用积化和差的技巧把它化为和差的形式.那么如何计算该乘积的不定积分呢?

面对这一"未知"我们通过"追根求源"——从定义——去寻找"已知".注意到不定积分与导数之间的互逆关系,因此我们回过来再来分析一下两个函数乘积的导数这一"已知".

设 u,v 分别是两个可微函数,由于

$$(uv)'=u'v+uv',$$

因此有

$$uv'=(uv)'-u'v.$$

上式两边分别求不定积分,就有

$$\int uv'\mathrm{d}x = uv - \int u'v\mathrm{d}x \qquad (4.1)$$

或

$$\int u\mathrm{d}v = uv - \int v\mathrm{d}u. \qquad (4.2)$$

我们看到,式(4.1)或式(4.2)从左到右实现了一个转化:将求 $\int uv'\mathrm{d}x$ 或 $\int u\mathrm{d}v$ 转化为求 $\int u'v\mathrm{d}x$

或 $\int v\mathrm{d}u$. 作为抽象的函数符号, uv' 与 $u'v$ 从形式上看似乎没有什么区别, 这样做似乎是在做数学游戏. 但下面将看到, 正是由于这个转化, 往往能将无法积分的 $\int uv'\mathrm{d}x$ 变成容易积分的 $\int u'v\mathrm{d}x$, 从而使问题"起死回生".

下面利用它们求本节一开始所给的不定积分.

例 4.1 求 $\int x\sin x\mathrm{d}x$.

分析 根据上面的分析, 首先要确定这两个函数谁作为 u, 谁作为 v'. 这需要看哪个函数作为 v' 使得 v 的形式比较简单 (当然更要使 $\int u'v\mathrm{d}x$ 易计算). 如果将 x 作为 v', 那么 $v=\dfrac{1}{2}x^2$, 若把 $\sin x$ 作为 v', 那么 $v=-\cos x$. 二者比较, 显然应取 $v'=\sin x$, 这时 $v=-\cos x$.

解 将 x 看作 u, $\sin x$ 看作 v', 则 $v=-\cos x$, 于是

$$\int x\sin x\mathrm{d}x = x(-\cos x) - \int(-\cos x)\mathrm{d}x$$
$$= -x\cos x + \sin x + C.$$

若把 x 作为 v' 又将怎样? 请读者自己练习.

我们看到, 这种转化确实是行之有效的. 称这种积分法为不定积分的**分部积分法**, 式 (4.1) 或式 (4.2) 为不定积分的**分部积分公式**. 下面利用分部积分法来求几个不定积分.

例 4.2 求 $\int x^2\mathrm{e}^x\mathrm{d}x$.

解 像例 4.1 那样分析, 选取 e^x 作为 v', 那么 $v=\mathrm{e}^x$, 于是

$$\int x^2\mathrm{e}^x\mathrm{d}x = x^2\mathrm{e}^x - \int\mathrm{e}^x\mathrm{d}x^2 = x^2\mathrm{e}^x - \int 2x\mathrm{e}^x\mathrm{d}x$$
$$= x^2\mathrm{e}^x - 2\int x\mathrm{d}\mathrm{e}^x = x^2\mathrm{e}^x - 2\left(x\mathrm{e}^x - \int\mathrm{e}^x\mathrm{d}x\right)$$
$$= x^2\mathrm{e}^x - 2(x\mathrm{e}^x - \mathrm{e}^x) + C.$$

例 4.3 求 $\int x\arcsin x\mathrm{d}x$.

> 为使用分部积分法计算定积分, 首先应该做什么工作? 当被积函数具备什么特点时, 考虑用分部积分法?

> 例 4.1、4.2 分别为幂函数与三角函数或指数函数乘积的积分, 解决它们的共性是什么? 把幂函数取作 u, 利用分部积分公式后, 将发生怎样的变化? 有何体会?

分析 与例 4.2 不同的是, 如果将 v' 取作 $\arcsin x$, 不单是 v 的形式简单与复杂的问题, 而是我们还不知 v 是什么. 为此将 x 取作 v', 那么 $v=\dfrac{1}{2}x^2$.

解
$$\int x\arcsin x\mathrm{d}x = \int\arcsin x\mathrm{d}\left(\frac{x^2}{2}\right)$$
$$= \frac{x^2}{2}\arcsin x - \int\frac{x^2}{2}\mathrm{d}\arcsin x$$
$$= \frac{x^2}{2}\arcsin x - \int\frac{x^2}{2}\cdot\frac{1}{\sqrt{1-x^2}}\mathrm{d}x$$
$$= \frac{x^2}{2}\arcsin x + \frac{1}{2}\int\frac{1-x^2-1}{\sqrt{1-x^2}}\mathrm{d}x$$

$$= \frac{x^2}{2}\arcsin x + \frac{1}{2}\int \sqrt{1 - x^2}\,\mathrm{d}x - \frac{1}{2}\int \frac{1}{\sqrt{1 - x^2}}\mathrm{d}x$$

$$= \frac{x^2}{2}\arcsin x + \frac{1}{4}\left(\arcsin x + x\sqrt{1 - x^2}\right) - \frac{1}{2}\arcsin x + C$$

$$= \left(\frac{x^2}{2} - \frac{1}{4}\right)\arcsin x + \frac{1}{4}x\sqrt{1 - x^2} + C.$$

例 4.4　求 $\int x^2 \ln x\,\mathrm{d}x$.

解　与例 4.3 类似, 将 x^2 取作 v', 那么 $v = \frac{1}{3}x^3$. 于是

$$\int x^2 \ln x\,\mathrm{d}x = \int \ln x\,\mathrm{d}\left(\frac{x^3}{3}\right)$$

$$= \frac{x^3}{3}\ln x - \int \frac{x^3}{3}\mathrm{d}\ln x = \frac{x^3}{3}\ln x - \int \frac{x^3}{3}\cdot\frac{1}{x}\mathrm{d}x$$

$$= \frac{x^3}{3}\ln x - \frac{1}{3}\int x^2\,\mathrm{d}x = \frac{x^3}{3}\ln x - \frac{1}{9}x^3 + C.$$

例 4.5　求 $\int \arccos x\,\mathrm{d}x$.

解　虽然被积函数仅为 $\arccos x$, 似乎不是乘积, 但它可以看作是 $\arccos x$ 与 1 的乘积, 或者该积分就是 $\int u\mathrm{d}v$ 的形式, 这里 $u = \arccos x, v = x$. 利用 $\int u\mathrm{d}v = uv - \int v\mathrm{d}u$, 有

$$\int \arccos x\,\mathrm{d}x = x\arccos x - \int x\mathrm{d}\arccos x$$

$$= x\arccos x - \int x\cdot\left(-\frac{1}{\sqrt{1 - x^2}}\right)\mathrm{d}x$$

$$= x\arccos x + \left(-\frac{1}{2}\right)\int \frac{1}{\sqrt{1 - x^2}}\mathrm{d}(1 - x^2)$$

$$= x\arccos x - \frac{1}{2}\cdot 2\sqrt{1 - x^2} + C = x\arccos x - \sqrt{1 - x^2} + C.$$

例 4.6　求 $\int \ln x\,\mathrm{d}x$.

解　$\int \ln x\,\mathrm{d}x = (\ln x)\cdot x - \int x\mathrm{d}\ln x = x\ln x - \int x\cdot\frac{1}{x}\mathrm{d}x$

$$= x\ln x - \int \mathrm{d}x$$

$$= x\ln x - x + C.$$

例 4.7　求 $\int \mathrm{e}^x \sin x\,\mathrm{d}x$.

> 从例 4.3— 例 4.6 来看, 当乘积中含有对数函数或反三角函数时, 应该如何使用分部积分法?

解
$$\int e^x \sin x \, dx = \int \sin x \, de^x = e^x \sin x - \int e^x \, d\sin x$$
$$= e^x \sin x - \int e^x \cos x \, dx.$$

又出现了与原题相类似的积分,因此仍然继续采用相同的方法,得

$$\int e^x \sin x \, dx = e^x \sin x - \int e^x \cos x \, dx$$

$$= e^x \sin x - \int \cos x \, de^x$$

$$= e^x \sin x - e^x \cos x + \int e^x \, d\cos x$$

$$= e^x \sin x - e^x \cos x - \int e^x \sin x \, dx.$$

> 如果把 e^x 取作 u,$\cos x$ 作为 v' 又将怎样?通过该题有何体会?

这里又出现了要求的积分 $\int e^x \sin x \, dx$. 由于等号右边的其他部分不再含有积分,因此把上式的最后一项移项,两边再同除以 2,得

$$\int e^x \sin x \, dx = \frac{1}{2} e^x (\sin x - \cos x) + C.$$

换元积分法与分部积分法都是常用的积分法.它们既可以单独使用,也可以结合使用.

例 4.8　求 $\int \cos \sqrt{x} \, dx$.

解　由于被积函数中含有根式,因此应首先利用换元法消去根号.为此令 $\sqrt{x} = t$,则 $x = t^2$,$dx = 2t \, dt$,于是

$$\int \cos \sqrt{x} \, dx = \int \cos t \cdot 2t \, dt = 2 \int t \cos t \, dt.$$

对等式右端的积分,显然应采取分部积分法,有

$$\int \cos \sqrt{x} \, dx = 2 \int t \cos t \, dt$$

$$= 2 \int t \, d\sin t = 2 \left(t \sin t - \int \sin t \, dt \right)$$

$$= 2 (t \sin t + \cos t) + C$$

$$= 2 (\sqrt{x} \sin \sqrt{x} + \cos \sqrt{x}) + C.$$

> 分析凑微分法与分部积分法,二者分别适用于什么样的两个函数的乘积的积分?通过本章的学习,要计算一个给定的不定积分,通常应该怎么考虑?

虽然当被积函数为两类不同类型函数之积并且不适合用凑微分法时常考虑能否用分部积分法,但通过下面的例子看出,可以将分部积分法适用的范围进行拓广.

例 4.9　求 $\int \sec^3 x \, dx$.

解

$$\int \sec^3 x \, dx = \int \sec x \, d\tan x = \sec x \tan x - \int \sec x \tan^2 x \, dx$$

$$= \sec x \tan x - \int \sec x (\sec^2 x - 1) \, dx$$

$$= \sec x\tan x - \int \sec^3 x\,\mathrm{d}x + \int \sec x\,\mathrm{d}x$$

$$= \sec x\tan x + \ln|\sec x + \tan x| - \int \sec^3 x\,\mathrm{d}x.$$

把右端的 $-\int \sec^3 x\,\mathrm{d}x$ 移至左端,两边再分别除以 2 便得

$$\int \sec^3 x\,\mathrm{d}x = \frac{1}{2}(\sec x\tan x + \ln|\sec x + \tan x|) + C.$$

*例 4.10　求 $I_n = \int \dfrac{\mathrm{d}x}{(x^2 + a^2)^n}$,其中 n 为正整数.

用分部积分
法计算不定
积分的小结

解　当 $n = 1$ 时即是例 2.4(1).因此只需对 $n>1$ 进行讨论,用分部积分法.

$$I_{n-1} = \int \frac{\mathrm{d}x}{(x^2 + a^2)^{n-1}} = \frac{x}{(x^2 + a^2)^{n-1}} + 2(n-1)\int \frac{x^2}{(x^2 + a^2)^n}\mathrm{d}x$$

$$= \frac{x}{(x^2 + a^2)^{n-1}} + 2(n-1)\int\left[\frac{1}{(x^2 + a^2)^{n-1}} - \frac{a^2}{(x^2 + a^2)^n}\right]\mathrm{d}x,$$

即

$$I_{n-1} = \frac{x}{(x^2 + a^2)^{n-1}} + 2(n-1)(I_{n-1} - a^2 I_n),$$

于是

$$I_n = \frac{1}{2a^2(n-1)}\left[\frac{x}{(x^2 + a^2)^{n-1}} + (2n-3)I_{n-1}\right].$$

以此作为递推公式,并注意到 $I_1 = \dfrac{1}{a}\arctan\dfrac{x}{a} + C$,即可求得 I_n.

以上我们讨论了关于求不定积分的有关问题,对此,还需要作如下几点说明:

(1) 虽然在第一节我们说过,连续函数一定存在原函数,但是它的原函数却未必都能用初等函数表示出来,哪怕看似很简单的函数,比如 $\int e^{-x^2}\mathrm{d}x, \int \sin x^2\,\mathrm{d}x, \int \dfrac{\sin x}{x}\mathrm{d}x$ 等.习惯上把被积函数的原函数能用初等函数表示的积分称为**积得出来**,否则称作**积不出来**.

(2) 第二节的例 2.4—例 2.6 及本节的例 4.10 有一个共同特点:它们的被积函数都是有理分式函数——分子与分母都是多项的函数.若其分子的次数小于分母的次数,称它们为真有理分式.事实上,利用多项式的除法(或利用配方等技巧),任何一个有理分式函数都可以写成一个多项式(特殊情况可以是一个常数)与真有理分式的和的形式.并且任何真有理分式函数都可以按照例 2.6 所介绍的方法拆成形如例 2.4—例 2.6 及例 4.10 所讨论的有理分式函数(称为拆成部分分式),这些函数的积分都是可求出来的.因此可以说,**有理分式函数的不定积分都是可以求出的**.

能想象出怎样的有理分式函数
能分解出一个多项式? 怎样的
有理分式函数能分解出一个常
数吗?

由例 3.7 看到,利用万能代换 $t = \tan \dfrac{x}{2}$ 可以将三角函数的有理式换成 t 的有理分式函数,从而利用有理分式函数积分的方法作"已知"进行积分(虽然对有些三角函数的有理式并不一定是最佳选择).因此,**三角函数的有理式的不定积分也是可以求出的**.

有理分式函数不定积分的小结

(3) 我们看到,求积分要比求微分困难得多.并且即使原函数存在,也未必能用前边介绍的方法求出.实际中可以通过积分表或数学软件求得帮助.

习题 4-4(A)

1. 判断下列叙述是否正确,并说明理由:

(1) 当被积函数为幂函数与其他函数乘积时,若把幂函数当作 u 采用分部积分法,将降低幂函数的指数从而使问题变得简单,因此当对含有幂函数作因子的乘积采用分部积分法时,应将幂函数取作 u;

(2) 若被积函数含有对数函数或反三角函数作为因子,采用分部积分法时,通常要将它们作为 u.

2. 求下列不定积分:

(1) $\displaystyle\int (x + 1)\cos x\,\mathrm{d}x$;

(2) $\displaystyle\int x\sec^2 x\,\mathrm{d}x$;

(3) $\displaystyle\int x^2\cos 2x\,\mathrm{d}x$;

(4) $\displaystyle\int x\mathrm{e}^{-2x+1}\,\mathrm{d}x$;

(5) $\displaystyle\int x\ln(1 + x)\,\mathrm{d}x$;

(6) $\displaystyle\int \sqrt{x}\ln^2 x\,\mathrm{d}x$;

(7) $\displaystyle\int x^3\ln x\,\mathrm{d}x$;

(8) $\displaystyle\int \dfrac{\ln^3 x}{x^2}\,\mathrm{d}x$;

(9) $\displaystyle\int \arcsin x\,\mathrm{d}x$;

(10) $\displaystyle\int x^2\arctan x\,\mathrm{d}x$;

(11) $\displaystyle\int \sin^2\sqrt{x}\,\mathrm{d}x$;

(12) $\displaystyle\int \mathrm{e}^{2x}\sin x\,\mathrm{d}x$;

(13) $\displaystyle\int \left(\ln x + \dfrac{1}{x}\right)\mathrm{e}^x\,\mathrm{d}x$;

(14) $\displaystyle\int (\arccos x)^2\,\mathrm{d}x$.

3. 若 $f(x)$ 有二阶连续导函数,求不定积分 $\displaystyle\int xf''(x)\,\mathrm{d}x$.

4. 若 $f(x)$ 的一个原函数为 $\ln^2 x$,求不定积分 $\displaystyle\int xf'(x)\,\mathrm{d}x$.

习题 4-4(B)

1. 求下列不定积分:

(1) $\displaystyle\int x(\arctan x)^2\,\mathrm{d}x$;

(2) $\displaystyle\int x\cos\sqrt{x}\,\mathrm{d}x$;

(3) $\displaystyle\int \mathrm{e}^{2x}\sin^2 x\,\mathrm{d}x$;

(4) $\displaystyle\int \sin x\ln\tan x\,\mathrm{d}x$;

(5) $\displaystyle\int \dfrac{x\sin x}{\cos^3 x}\,\mathrm{d}x$;

(6) $\displaystyle\int \dfrac{x\mathrm{e}^x}{(1 + x)^2}\,\mathrm{d}x$;

（7）$\int \dfrac{\arcsin \sqrt{x}}{\sqrt{1-x}} \mathrm{d}x$；

（8）$\int \ln(x + \sqrt{1+x^2}) \mathrm{d}x$.

2. 记 $I_n = \int x^n \mathrm{e}^x \mathrm{d}x$，证明 $I_n = x^n \mathrm{e}^x - n I_{n-1}$.

3. 已知函数 $f(x)$ 有连续导数，$f''(\cos^2 x) = \tan^2 x + \sec^2 x$，且 $f(1) = \dfrac{1}{2}$，$f'(1) = -1$，求 $f(x)$.

总 习 题 四

1. 填空题

（1）若 $f(x)$ 的一个原函数为 $\dfrac{x}{\sqrt{1-x^2}}$，则 $\int f(x) \mathrm{d}x = $ _____；

（2）若 $\int f(x) \mathrm{d}x = F(x) + C$，则 $\int \dfrac{1}{\sqrt{x}} f(\sqrt{x}) \mathrm{d}x = $ _____；

（3）若 $\int x f'(x) \mathrm{d}x = x^2 \arctan x + C$，则函数 $f(x) = $ _____；

（4）若 $f(x)$ 的一个原函数为 $\dfrac{\sin x}{x}$，则 $\int x^3 f'(x) \mathrm{d}x = $ _____.

2. 单项选择题

（1）若 $f(x)$ 有连续的导函数，则下列式子中正确的是（　　）；

（A）$\dfrac{\mathrm{d}}{\mathrm{d}x} \int f(x) \mathrm{d}x = f(x)$

（B）$\mathrm{d}\left(\int f(x) \mathrm{d}x \right) = f(x)$

（C）$\int f'(x) \mathrm{d}x = f(x)$

（D）$\int \mathrm{d}f(x) = f(x)$

（2）若当 $x > 0$ 时有 $f'(x^2) = \dfrac{1}{x}$，则函数 $f(x) = $（　　）；

（A）$\ln \sqrt{x} + C$

（B）$\dfrac{1}{2x\sqrt{x}} + C$

（C）$\ln x + C$

（D）$2\sqrt{x} + C$

（3）若函数 $f'(x) = \begin{cases} 1, & x \leqslant 0, \\ \mathrm{e}^x, & x > 0, \end{cases}$ 则 $f(x) = $（　　）.

（A）$f(x) = \begin{cases} x + C, & 0 < x \leqslant 1, \\ \mathrm{e}^x + C, & x > 1 \end{cases}$

（B）$f(x) = \begin{cases} x + 1 + C, & 0 < x \leqslant 1, \\ \mathrm{e}^x + C, & x > 1 \end{cases}$

（C）$f(x) = \begin{cases} x + C, & x \leqslant 0, \\ \mathrm{e}^x + C, & x > 0 \end{cases}$

（D）$f(x) = \begin{cases} x + 1 + C, & x \leqslant 0, \\ \mathrm{e}^x + C, & x > 0 \end{cases}$

3. 求下列不定积分：

（1）$\int \dfrac{x^2}{(1+x^2)^2}\mathrm{d}x$；

（2）$\int \dfrac{\mathrm{d}x}{x(1+x^9)}$；

（3）$\int \dfrac{3x+1}{x^2+3x-10}\mathrm{d}x$；

（4）$\int \sqrt{x-x^2}\,\mathrm{d}x$；

（5）$\int \dfrac{\mathrm{d}x}{\sqrt{x}+\sqrt{x+1}}$；

（6）$\int \dfrac{\mathrm{d}x}{\sqrt{x+x\sqrt{x}}}$；

（7）$\int \dfrac{\mathrm{d}x}{\sqrt{x}(1+\sqrt[4]{x})}$；

（8）$\int \dfrac{1}{x}\cdot\sqrt{\dfrac{1+x}{x}}\,\mathrm{d}x$；

（9）$\int \dfrac{\mathrm{d}x}{\sqrt{(1-x^2)^3}}$；

（10）$\int \dfrac{\mathrm{d}x}{x^2\sqrt{x^2-4}}$；

（11）$\int \dfrac{\mathrm{d}x}{x\sqrt{x^2+9}}$；

（12）$\int \dfrac{x+1}{x(xe^x+1)}\mathrm{d}x$；

（13）$\int \dfrac{xe^x}{(e^x+1)^2}\mathrm{d}x$；

（14）$\int \sqrt{x}\sin\sqrt{x}\,\mathrm{d}x$；

（15）$\int \dfrac{x\ln(1+\sqrt{1+x^2})}{\sqrt{1+x^2}}\mathrm{d}x$；

（16）$\int x^2\ln(1+x)\,\mathrm{d}x$；

（17）$\int \dfrac{x\ln x}{(1+x^2)^2}\mathrm{d}x$；

（18）$\int \sin x\cdot\sin 2x\cdot\sin 3x\,\mathrm{d}x$；

（19）$\int \dfrac{\sin x\cdot\cos x}{1+\sin^4 x}\mathrm{d}x$；

（20）$\int \dfrac{\sin^2 x+\tan x}{\cos^4 x}\mathrm{d}x$；

（21）$\int \dfrac{\sin^2 x}{1+\sin^2 x}\mathrm{d}x$；

（22）$\int \dfrac{\mathrm{d}x}{\sin 2x+2\cos x}$；

（23）$\int \sqrt{1+\sin x}\,\mathrm{d}x$；

（24）$\int \dfrac{\mathrm{d}x}{\sin 2x\cos x}$；

（25）$\int \dfrac{\mathrm{d}x}{\sin^4 x+\cos^4 x}$；

（26）$\int \dfrac{1}{1+\tan x}\mathrm{d}x$；

（27）$\int e^{\sin x}\dfrac{x\cos^3 x-\sin x}{\cos^2 x}\mathrm{d}x$；

（28）$\int \cos x\cdot\ln\cot x\,\mathrm{d}x$；

（29）$\int x\sqrt{1-x^2}\arcsin x\,\mathrm{d}x$；

（30）$\int \dfrac{\arctan x}{x^2(1+x^2)}\mathrm{d}x$；

（31）$\int (e^x-\cos x)^2\mathrm{d}x$；

（32）$\int e^{|x|}\mathrm{d}x$；

（33）$\int \dfrac{f'(x)-f(x)}{e^x}\mathrm{d}x$；

（34）$\int \dfrac{f(x)+xf'(x)}{x^2f^2(x)}\mathrm{d}x$.

4. 已知$\dfrac{\sin x}{1+x\sin x}$为$f(x)$的一个原函数，求$\int xf'(x)\,\mathrm{d}x$.

5. 若函数 $f(x)$ 有连续导数, 且 $f'(\sqrt{x}) = \dfrac{\ln(1+x)}{x}$, 求 $f(x)$.

6. 设函数 $f(x)$ 单调可导, 记反函数为 $f^{-1}(x)$. 若 $f(x)$ 的原函数为 $F(x)$, 证明:

$$\int f^{-1}(x)\,\mathrm{d}x = x f^{-1}(x) - F[f^{-1}(x)] + C.$$

7. 设 $f(x^2-1) = \ln \dfrac{x^2}{x^2-2}$, $f[\varphi(x)] = \ln x$, 求 $\int \varphi(x)\,\mathrm{d}x$.

第五章　定积分及其应用

导数和微分是微积分最基本的概念,同样,定积分也是微积分最基本的概念.不论是理论的研究还是实际的应用,定积分都有着重要的应用.

本章主要讨论定积分的概念、性质、计算与应用.作为定积分的推广,在第五节将讨论反常(广义)积分,它在理论及实际中也都有着重要的意义.

第一节　定积分的概念与性质

1. 两个实例

实例一　变速直线运动的路程

在"引论"中我们曾简单讨论了计算变速直线运动的路程问题.现在学习了极限理论,就可以对它做比较严谨的讨论.

设某质点以速度 $v(t)$ 做变速直线运动,这里的 $v(t)$ 随时间 t 的变化而非均匀变化,求该质点从时刻 a 到时刻 b 所走过的路程,其中 $v(t)$ 为 $[a,b]$ 上的连续函数.

一说到计算"路程",我们自然联想到匀速直线运动路程的计算公式——路程=速度×时间.但这里要计算的是做变速直线运动的质点所走过的路程,注意到在这段时间内,由于速度的不均匀变化导致路程的分布不均匀——任意相同的时间段所走过的路程不都是相等的,因此不能简单地像计算匀速直线运动的路程那样用"速度×时间"来计算.但是,注意到它是"变速"运动,不由使我们联想到第二章为引入导数所讨论的求变速直线运动的质点的瞬时速度问题.二者看似是截然不同的两类问题,但它们却"同根同源"——都源于速度的非均匀变化.因此,研究它们所遵循的思想与采用的方法应是相同的,求变速运动的质点的路程也应遵循微积分的基本思想方法:"局部"以"匀"代"非匀",把非匀速运动这一"未知"转化为"已知"的初等问题(匀速运动),从而利用初等方法(匀速运动的路程计算公式)求出路程的近似值,然后在"局部"的长度趋于零时对近似值取极限,就得到在这段时间内路程的精准值.

现在要计算质点在整个时间区间 $[a,b]$ 走过的路程,如何才能实现"局部"以"匀"代"非匀"? 注意到路程是 $[a,b]$ 上的可加量(若将 $[a,b]$ 分割成若干个小区间,那么要求的路程等于各小区间上路程的和,详见本章第四节中"关于微元法的注记"),为实现"局部"以"匀"代"非匀",我们将 $[a,b]$ 划分为若干个小区间,将每个小区间都当作"局部",由速度的连续性,在每个小区间上把变速运动近似看作匀速运动,求出每个小区间段内路程的近似值.由路程的可加性,把它们相累加就得到在整个运动过程中路程的近似值,然后令"局部"(所有小区间的长度)趋于零对

217

该整体近似值取极限,就得到要求的路程.即:

(1) 分割,整体变"局部"

在区间$[a,b]$上任意插入一串分点$\{t_i\}$:

$$a = t_0 < t_1 < t_2 < \cdots < t_{n-1} < t_n = b,$$

把$[a,b]$分成n个小区间:$[t_0,t_1]$,$[t_1,t_2]$,$\cdots$,$[t_{n-1},t_n]$,记$\Delta t_i = t_i - t_{i-1}(i=1,2,\cdots,n)$.

(2) 局部以"匀"代"非匀"

在$[t_{i-1},t_i](i=1,2,\cdots,n)$上任取一点$\xi_i$,以$\xi_i$处的速度$v(\xi_i)$近似代替$[t_{i-1},t_i]$这段时间内各点处的速度.

(3) 初等方法求近似

显然,在$[t_{i-1},t_i]$这段时间间隔内质点所走过的路程近似等于$v(\xi_i) \cdot \Delta t_i(i=1,2,\cdots,n)$.将这$n$个小时间间隔内路程的近似值累加起来就得到整个路程的近似值

$$\sum_{i=1}^{n} v(\xi_i)\Delta t_i.$$

(4) 求极限得精准值

分割越细,$\sum_{i=1}^{n} v(\xi_i)\Delta t_i$就越接近所要求的路程.为此,令$\lambda = \max\{\Delta t_i \mid 1 \leqslant i \leqslant n\} \to 0$,对该和式取极限

$$\lim_{\lambda \to 0} \sum_{i=1}^{n} v(\xi_i)\Delta t_i,$$

设极限值为s,则称s为要求的路程,即

$$s = \lim_{\lambda \to 0} \sum_{i=1}^{n} v(\xi_i)\Delta t_i.$$

下面再来讨论定积分中的另一个比较典型的问题——曲边梯形面积的计算.

实例二　曲边梯形的面积

在小学阶段我们就开始学习平面图形面积的计算,但是直到现在,我们所能计算面积的图形主要是直边形.虽然在中小学时期我们已经熟悉了圆的面积计算公式,但那时却是采

能回忆起在小学里是如何得到的圆面积计算公式吗?

用近似的方法(但其结果却是正确的)得到的,更不必说如何计算在风平浪静的静止状态下水库水面的面积了.

下面一般性地讨论平面曲边形面积的计算问题.

如图5-1所示的由连续曲线$y=f(x)(f(x)>0)$、直线$x=a$、$x=b$及x轴所围成的图形称为曲边梯形(曲线弧段$y=f(x)$称为它的曲边).任何一个由封闭曲线所围成的平面图形都可以通过分割化成若干个曲边梯形,因而计算一般平面曲边形面积可转化为计算曲边梯形的面积,因此研究曲边梯形面积的计算有着重要的实际意义.那么何谓曲边梯形的面积? 它又如何计算? 下面我们来讨论之.

由于它有一条曲线段作边,因此,其面积在区间$[a,b]$上的分布是非均匀的——区间$[a,b]$上任意长度相同的小区间所对应的矩形的面

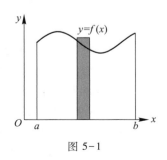

图5-1

积不都是相等的,因此,要研究的问题像实例一那样,是"非均匀"分布的可加量的整体求和问题.解决它也要像实例一那样遵循微积分的基本思想方法,局部将面积分布"不均匀"这一"未知"转化为面积分布"均匀"这一"已知".这使我们联想到矩形.矩形的面积分布是均匀的——矩形底边上任意长度相同的线段所对应的矩形的面积都相等,其面积的计算也是我们非常熟悉的.因此,由曲边 $y=f(x)$ 的连续性,我们将计算面积分布不均匀的曲边梯形面积"局部"转化为计算面积分布均匀的矩形的面积,求出曲边梯形面积的近似值,再取极限得精准值.

为此,我们仍然利用实例一所采取的方法:

（1）**分割,整体变局部**　在区间 $[a,b]$ 内任意插入一串分点 $\{x_i\}$:

$$a = x_0 < x_1 < x_2 < \cdots < x_{n-1} < x_n = b,$$

将 $[a,b]$ 分成 n 个小区间: $[x_0,x_1],[x_1,x_2],\cdots,[x_{n-1},x_n]$.记每个小区间的长度为 Δx_i,即

$$\Delta x_i = x_i - x_{i-1} \quad (i=1,2,\cdots,n).$$

过 $x_i(i=1,2,\cdots,n)$ 作垂直于 x 轴的直线 $x=x_i$,把该曲边梯形分割成 n 个小曲边梯形（图 5-2）.记第 i 个小曲边梯形的面积为 $\Delta A_i(i=1,2,\cdots,n)$.

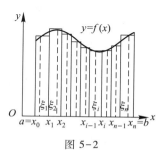

图 5-2

（2）**局部以"匀"代"非匀"**　在小区间 $[x_{i-1},x_i](i=1,2,\cdots,n)$ 上任取一点 ξ_i,用以 $f(\xi_i)$ 为高、线段 $[x_{i-1},x_i]$ 为底的小矩形来近似替代第 i 个小曲边梯形.

（3）**用初等方法求近似**　易知,第 i 个小矩形面积为 $f(\xi_i)\Delta x_i$,将它作为 $\Delta A_i(i=1,2,\cdots,n)$ 的近似值,把这样得到的每个 ΔA_i 的近似值累加起来所得的和就是整个曲边梯形面积的近似值,即有

$$\sum_{i=1}^{n} \Delta A_i \approx f(\xi_1)\Delta x_1 + f(\xi_2)\Delta x_2 + \cdots + f(\xi_n)\Delta x_n = \sum_{i=1}^{n} f(\xi_i)\Delta x_i.$$

（4）**求极限得精准值**　由图 5-2 可以直观看出,将区间 $[a,b]$ 分割越细,所得到的各个小矩形区域的并就越接近原来的曲边梯形,这些小矩形面积之和也就越接近于曲边梯形的面积.为此,令

> （4）这里在取极限时能否令分点的个数无限增大?能确定 Δx_i 的符号吗?

$$\lambda = \max\{\Delta x_i \mid 1 \leqslant i \leqslant n\} \to 0,$$

对上述和式取极限

$$\lim_{\lambda \to 0} \sum_{i=1}^{n} f(\xi_i)\Delta x_i,$$

设极限值为 A,则称 A 为该曲边梯形的面积,即

$$A = \lim_{\lambda \to 0} \sum_{i=1}^{n} f(\xi_i)\Delta x_i.$$

我们看到,上述两个实例是性质截然不同的两类问题,但是解决它们所遵循的思想、采用的方法却是相同的.诸如此类的例子还有很多.比如,欲求一质量分布不均匀的细棒的质量,它在 x 轴上所占区间为 $[a,b]$、其线密度为 $[a,b]$ 上的连续函数 $\rho(x)$;再如,求变力 $F(x)$ 沿 x 轴从一点 a 移动到另一点 $b(a<b)$ 所做的功等,都属于这类变量数学问题——非均匀分布的可加量的整体求和,都要利用前面两个实例所采用的微积分的基本思想方法,分别得到与上述两实例形式完全

相同的极限:

$$M = \lim_{\lambda \to 0} \sum_{i=1}^{n} \rho(\xi_i) \Delta x_i (细棒的质量)$$

与

$$W = \lim_{\lambda \to 0} \sum_{i=1}^{n} F(\xi_i) \Delta x_i (变力做功).$$

我们看到,像把初等数学中为研究均匀变化的量的变化率所做的除法延伸到研究非均匀变化的量的变化率得到导数那样,研究在一个区间非均匀分布的量的整体求和,需要将初等数学中为计算均匀分布的量的整体求和所做的乘法进行延伸,这就是本章要学习的"定积分".因此,导数与定积分可以分别看作初等数学中处理均匀量的商和积在处理相应的非均匀量中的发展延伸.

2. 定积分的定义

上边讨论的几个问题,有几何问题、运动学问题,还有求质量与求变力做功问题.虽然它们是性质完全不同的实际问题,但在解决问题时所采用的思想方法却是完全相同的,而且最终都归结为求结构完全相同的和式的极限.不仅如此,还有许多实际问题也需要采用相同的思想方法——将整体分割(分);局部"以匀代非匀",将要讨论的"变量数学"问题转化为已知的初等(常量)数学问题(匀),用初等方法求出(局部)近似值;再将各局部近似值相加得到整体近似值(合);对整体近似值(在"局部"无限变小的过程中)求极限(精),就得到要求的量.抽去上述问题的具体实际意义而将其一般化,就得到"定积分"的定义.

定义 1.1 设 $f(x)$ 是定义在区间 $[a,b]$ 上的有界函数,

(1) **分** 在 $[a,b]$ 中任意插入 $n-1$ 个分点,
$$a = x_0 < x_1 < x_2 < \cdots < x_{n-1} < x_n = b.$$
将 $[a,b]$ 分成 n 个小区间 $[x_0,x_1]$, $[x_1,x_2]$, $\cdots$, $[x_{n-1},x_n]$,记每一个小区间的长度为 $\Delta x_i = x_i - x_{i-1}$($i = 1, 2, \cdots, n$);

(2) **匀** 在每一个小区间 $[x_{i-1}, x_i]$ 上任意取一点 ξ_i,作乘积 $f(\xi_i) \Delta x_i$($i = 1, 2, \cdots, n$);

> 注意到这里 Δx_i 的符号了吗?

(3) **合** 将(2)所得的各值累加起来,得 $\sum_{i=1}^{n} f(\xi_i) \Delta x_i$;

(4) **精** 记 $\lambda = \max_{1 \leqslant i \leqslant n} \{\Delta x_i\}$,若存在常数 I,不论对 $[a,b]$ 怎么分割,也不论 ξ_i 在 $[x_{i-1}, x_i]$ 上怎样选取,总有
$$\lim_{\lambda \to 0} \sum_{i=1}^{n} f(\xi_i) \Delta x_i = I$$
成立,则称 $f(x)$ 在区间 $[a,b]$ 上可积,并称极限值 I 为 $f(x)$ 在区间 $[a,b]$ 上的定积分,记为
$$\int_a^b f(x) \, \mathrm{d}x.$$
即有

> 定义中为得到极限共分四步,如何理解各步的意义?
> 定义中有哪几个词是关键的?你看出它们的意义了吗?
> 定积分与不定积分有什么差异?

$$\int_a^b f(x)\,\mathrm{d}x = \lim_{\lambda \to 0} \sum_{i=1}^{n} f(\xi_i)\Delta x_i,$$

其中 $f(x)$ 称为被积函数,$f(x)\,\mathrm{d}x$ 称为积分式,x 称为积分变量,$[a,b]$ 称为积分区间,a,b 分别称为积分的下限与上限,和式 $\sum\limits_{i=1}^{n} f(\xi_i)\Delta x_i$ 称作积分和式,也称作黎曼和(定积分也称为黎曼积分).

关于积分和
与达布和的
注记

依照定积分的定义,上述曲边梯形的面积为 $\int_a^b f(x)\,\mathrm{d}x$,质点以速度 $v(x)$ 沿直线从时刻 a 移动到时刻 b 的位移为 $\int_a^b v(x)\,\mathrm{d}x$,在数轴上所占区间为 $[a,b]$、密度为 $\rho(x)$ 的细棒的质量为 $\int_a^b \rho(x)\,\mathrm{d}x$,在变力 $F(x)$ 作用下,物体沿直线从点 a 移动到点 b,变力所做的功为 $\int_a^b F(x)\,\mathrm{d}x$.

对定义 1.1 再作两点说明或补充:

(1)由定义 1.1 看到,当 $\lim\limits_{\lambda \to 0} \sum\limits_{i=1}^{n} f(\xi_i)\Delta x_i$ 存在时,该极限仅与被积函数 f 及积分区间有关,而与积分变量所采用的哪个字母无关.即有

$$\int_a^b f(x)\,\mathrm{d}x = \int_a^b f(u)\,\mathrm{d}u = \int_a^b f(t)\,\mathrm{d}t.$$

(2)由定义 1.1,$\int_a^b f(x)\,\mathrm{d}x$ 的积分上限 b 要大于积分下限 a.为了以后研究问题的方便,我们约定:

① 当 $a=b$ 时,积分为零,即 $\int_a^a f(x)\,\mathrm{d}x = 0$;

② $\int_a^b f(x)\,\mathrm{d}x = -\int_b^a f(x)\,\mathrm{d}x.$

这两个约定从物理上看是合理的.比如,变速直线运动的质点在时间没有发生改变的情况下所通过的位移为零,这就是①所表示的意义;变力沿同一路径从 a 到 b 所做的功与从 b 到 a 所做的功是相反数,这正是②所表示的意义.

3. 定积分存在的条件与几何意义

3.1　定积分存在的条件

定积分中的一个重要问题是对一个定义在区间 $[a,b]$ 上的函数 $f(x)$,具备怎样的条件它在 $[a,b]$ 上一定可积?下面给出定积分存在的必要条件与充分条件,其证明略去.

定理 1.1(可积的必要条件)　若函数 $f(x)$ 在区间 $[a,b]$ 上可积,那么它在 $[a,b]$ 上必然有界.

事实上,由定积分的定义可以看出,这正是研究定积分的前提.离开这个前提,定积分就无从谈起,所以对此是容易理解的.

定理 1.2(可积的充分条件)　若函数 $f(x)$ 在区间 $[a,b]$ 上连续,或是只有有限个第一类间断点的有界函数,则 $f(x)$ 在区间 $[a,b]$ 上可积.

例 1.1 利用定积分的定义计算定积分 $\int_0^1 x^2 \mathrm{d}x$.

解 由于函数 $y = x^2$ 在区间 $[0,1]$ 上连续,因而该定积分是存在的,而且与将积分区间 $[0,1]$ 如何分割、点 ξ_i 在小区间 $[x_{i-1}, x_i]$ 上如何选取无关. 因此为便于计算,我们将区间 $[0,1]$ 用点 $x_i = \dfrac{i}{n}$ $(i = 1, 2, \cdots, n-1)$ 分成 n 等份,因此每个

关于闭区间上的连续函数一定可积的注记

区间的长度为 $\dfrac{1}{n}$;取 $\xi_i = x_i = \dfrac{i}{n}$ $(i = 1, 2, \cdots, n)$. 于是,得积分和式

$$\sum_{i=1}^n \xi_i^2 \Delta x_i = \sum_{i=1}^n \left(\frac{i}{n}\right)^2 \cdot \frac{1}{n} = \frac{1}{n^3} \sum_{i=1}^n i^2$$

$$= \frac{1}{n^3} \cdot \frac{n(n+1)(2n+1)}{6} = \frac{1}{6}\left(1 + \frac{1}{n}\right)\left(2 + \frac{1}{n}\right).$$

令 $n \to \infty$ 就有 $\lambda \to 0$,因此,

$$\int_0^1 x^2 \mathrm{d}x = \lim_{n \to \infty} \frac{1}{6}\left(1 + \frac{1}{n}\right)\left(2 + \frac{1}{n}\right) = \frac{1}{3}.$$

3.2 定积分的几何意义

当 $[a,b]$ 上的连续函数 $f(x) \geqslant 0$ 时,根据本节的实例二,定积分 $I = \int_a^b f(x)\mathrm{d}x$ 就表示由曲线 $y = f(x)$,直线 $x = a, x = b$ 以及坐标轴 $y = 0$ 所围成的曲边梯形 T 的面积;

当 $f(x) \leqslant 0$ 时,T 位于 x 轴的下方(图 5-3). 为计算曲边梯形 T 的面积,我们采用实例一(计算曲边梯形面积)所采用的方法将该曲边梯形进行分割. 将第 i 个小曲边梯形的面积用以 Δx_i 为底、以 $-f(\xi_i)$ 为高的小矩形的面积 $(-f(\xi_i))\Delta x_i$ $(i = 1, 2, \cdots, n)$ 来近似(图 5-3),于是,曲边梯形 T 的面积

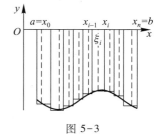

图 5-3

$$A = \lim_{\lambda \to 0} \sum_{i=1}^n (-f(\xi_i))\Delta x_i$$

$$= -\lim_{\lambda \to 0} \sum_{i=1}^n f(\xi_i)\Delta x_i = -\int_a^b f(x)\mathrm{d}x,$$

即

$$\int_a^b f(x)\mathrm{d}x = -A.$$

就是说,当 $f(x) \leqslant 0$ 时,$\int_a^b f(x)\mathrm{d}x$ 等于曲边梯形 T 的面积的相反数;

当 $f(x)$ 在 $[a,b]$ 上有正有负时,该定积分等于在 x 轴上方的图形面积减去 x 轴下方的图形面积所得的差.

如图 5-4 所示,定积分

$$I = \int_a^b f(x)\mathrm{d}x = A_1 - A_2 + A_3,$$

其中 A_1, A_2, A_3 分别代表图中相应曲边梯形的面积.

例 1.2 利用定积分的几何意义,写出定积分 $\int_0^1 2x\mathrm{d}x$ 的值.

解 由定积分的几何意义,该定积分为直线 $y = 2x$, $x = 1$, $y = 0$ 所围成的直角三角形的面积(图 5-5).该三角形的面积为 $\frac{1}{2} \times 1 \times 2 = 1$,因此,

$$\int_0^1 2x\mathrm{d}x = 1.$$

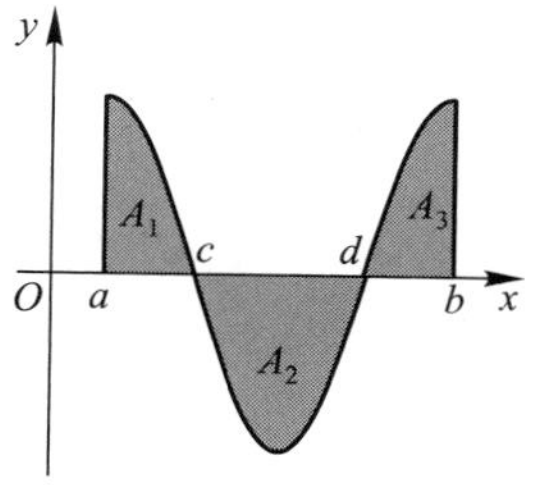

图 5-4

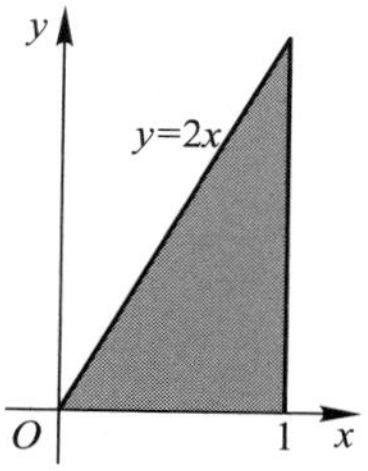

图 5-5

4. 定积分的性质

假定下面所讨论的定积分都是存在的.

既然定积分是一个极限,因此利用定积分的定义及极限的相应性质作"已知",下面的性质是容易证明的.

性质 1 $\int_a^b c\mathrm{d}x = c(b - a)$ (c 为常数);特别地,若 $c \equiv 1$,则有

能借助定积分的几何意义来验证性质 1 的正确性吗?

$$\int_a^b 1 \cdot \mathrm{d}x = \int_a^b \mathrm{d}x = b - a.$$

性质 2 $\int_a^b [f(x) \pm g(x)]\mathrm{d}x = \int_a^b f(x)\mathrm{d}x \pm \int_a^b g(x)\mathrm{d}x.$

性质 3 $\int_a^b kf(x)\mathrm{d}x = k\int_a^b f(x)\mathrm{d}x$ (k 为常数).

由性质 2,3 来看,积分运算与线性运算之间有何关系?

综合性质 2 与 3,有 $\int_a^b [cf(x) + dg(x)]\mathrm{d}x = c\int_a^b f(x)\mathrm{d}x + d\int_a^b g(x)\mathrm{d}x$ (c, d 为常数).

性质 4(区间可加性) 设 a, b, c 为三个实数,则有

$$\int_a^b f(x)\mathrm{d}x = \int_a^c f(x)\mathrm{d}x + \int_c^b f(x)\mathrm{d}x.$$

证 首先假设 $c \in (a, b)$.由于函数在区间 $[a, b]$ 上可积,因此不论把区间 $[a, b]$ 如何分割,积分和的极限都等于 $\int_a^b f(x)\mathrm{d}x$.为此在分割时把 c 取作分点,这样一来,函数 $f(x)$ 在 $[a, b]$ 上的积分和就等于在 $[a, c]$ 上的积分和加上在 $[c, b]$ 上的积分和,记为

$$\sum_{[a,b]} f(\xi_i)\Delta x_i = \sum_{[a,c]} f(\xi_i)\Delta x_i + \sum_{[c,b]} f(\xi_i)\Delta x_i.$$

令 $\lambda \to 0$(λ 的意义见定义 1.1)对该等式的两边分别取极限即得要证的等式.

若 $c \notin (a,b)$,不妨设 $a<b<c$(当 $c<a<b$ 时证明方法相同),由上面的证明,则有

$$\int_a^c f(x)\,dx = \int_a^b f(x)\,dx + \int_b^c f(x)\,dx,$$

于是,$\int_a^b f(x)\,dx = \int_a^c f(x)\,dx - \int_b^c f(x)\,dx$,利用上面关于定积分定义的补充约定 2,有

$$-\int_b^c f(x)\,dx = \int_c^b f(x)\,dx,$$

因此仍有

$$\int_a^b f(x)\,dx = \int_a^c f(x)\,dx + \int_c^b f(x)\,dx.$$

对可积函数 $f(x)$,$g(x)$,若在区间 $[a,b]$ 上除个别点外均有 $f(x)=g(x)$,容易得到

你能利用性质 4,说明左边的等式成立吗?

$$\int_a^b f(x)\,dx = \int_a^b g(x)\,dx.$$

性质 5（比较原理）　若在区间 $[a,b]$ 上 $f(x) \geqslant g(x)$,则 $\int_a^b f(x)\,dx \geqslant \int_a^b g(x)\,dx(a<b)$.

证　不论将区间 $[a,b]$ 如何分割,也不论在分割后所得的小区间 $[x_{i-1},x_i]$ 上如何取点 $\xi_i(i=1,2,\cdots,n)$,由于 $f(x) \geqslant g(x)$,因此总有

$$f(\xi_i) \geqslant g(\xi_i) \quad (i=1,2,\cdots,n).$$

又 $\Delta x_i \geqslant 0(i=1,2,\cdots,n)$,因此

$$\sum_{i=1}^n f(\xi_i)\Delta x_i \geqslant \sum_{i=1}^n g(\xi_i)\Delta x_i.$$

令 $\lambda = \max_{1 \leqslant i \leqslant n}\{\Delta x_i\} \to 0$,对两边分别求极限,即得要证的不等式.

特别地,若 $f(x)$,$g(x)$ 在 $[a,b]$ 上皆连续,满足 $f(x) \geqslant g(x)$,并且至少存在某一点 $x \in [a,b]$,使得在 x 处 $f(x)>g(x)$,则有

$$\int_a^b f(x)\,dx > \int_a^b g(x)\,dx(a<b).$$

*证　设在 $x_0 \in [a,b]$ 处有 $f(x_0)>g(x_0)$,即有 $f(x_0)-g(x_0)=c>0$.由 $f(x)$,$g(x)$ 在 $[a,b]$ 上连续,因此存在 x_0 的小 δ 邻域 $U(\delta)=(x_0-\delta,x_0+\delta)$(或半邻域 $U(\delta)=(x_0-\delta,x_0)$,$U(\delta)=(x_0,x_0+\delta)$),在该小邻域内,有

$$f(x)-g(x)>\frac{c}{2}.$$

因此

$$\sum_{i=1}^n [f(\xi_i)-g(\xi_i)]\Delta x_i = \sum_{[a,b]\setminus U(\delta)} [f(\xi_i)-g(\xi_i)]\Delta x_i + \sum_{U(\delta)} [f(\xi_i)-g(\xi_i)]\Delta x_i$$

$$\geqslant \sum_{U(\delta)} \frac{c}{2}\Delta x_i \geqslant \frac{c \cdot 2\delta}{2}.$$

令 $\lambda = \max\limits_{1 \le i \le n}\{\Delta x_i\} \to 0$ 取极限,即得要证的不等式.

推论 1(保号性)　若在区间 $[a,b]$ 上 $f(x) \ge 0$,则 $\int_a^b f(x)\mathrm{d}x \ge 0 (a < b)$.

特别地,若 $f(x)$ 在 $[a,b]$ 上连续,$f(x) \ge 0$ 且不恒为零,则有

$$\int_a^b f(x)\mathrm{d}x > 0.$$

推论 2(估值不等式)　设 M,m 分别为函数 $f(x)$ 在区间 $[a,b]$ 上的最大值与最小值,则有

$$m(b-a) \le \int_a^b f(x)\mathrm{d}x \le M(b-a).$$

推论 3(绝对值可积性)　若函数 $f(x)$ 在 $[a,b]$ 上可积,则 $|f(x)|$ 在 $[a,b]$ 上也可积,并有

$$\left|\int_a^b f(x)\mathrm{d}x\right| \le \int_a^b |f(x)|\mathrm{d}x.$$

证明是容易的,由于 $-|f(x)| \le f(x) \le |f(x)|$,由性质 5 和性质 3,我们有

$$-\int_a^b |f(x)|\mathrm{d}x \le \int_a^b f(x)\mathrm{d}x \le \int_a^b |f(x)|\mathrm{d}x.$$

因此,由 $-a \le x \le a \Leftrightarrow |x| \le a\ (a>0)$,推论 3 得证.

性质 6(定积分中值定理)　如果函数 $f(x)$ 在区间 $[a,b]$ 上连续,则在 $[a,b]$ 上至少存在一点 ξ,使得

$$\int_a^b f(x)\mathrm{d}x = f(\xi)(b-a)\quad(a \le \xi \le b).$$

证　由 $f(x)$ 在区间 $[a,b]$ 上连续,故它在 $[a,b]$ 上有最大值 M 与最小值 m.因此由性质 5 的推论 2,得

$$m(b-a) \le \int_a^b f(x)\mathrm{d}x \le M(b-a).$$

上式各端同除以 $b-a$,得到

$$m \le \frac{1}{b-a}\int_a^b f(x)\mathrm{d}x \le M.$$

这就是说 $\dfrac{1}{b-a}\int_a^b f(x)\mathrm{d}x$ 是介于 $f(x)$ 在区间 $[a,b]$ 上的最大值 M 与最小值 m 之间的一个数.由连续函数的介值定理(第一章定理 7.6 的推论 1),存在 $\xi \in [a,b]$,使得

$$f(\xi) = \frac{1}{b-a}\int_a^b f(x)\mathrm{d}x,$$

去分母即得要证的结论.

积分中值定理有着明显的几何意义:

在区间 $[a,b]$ 上至少存在一点 ξ,使得以 $[a,b]$ 为底、曲线 $y=f(x)(f(x)>0)$ 为顶的曲边梯形的面积等于底不变、高为 $f(\xi)$ 的矩形的面积(图 5-6).因

你能证明左边的不等式吗?其中的条件"连续"可以去掉吗?

你能利用性质 5 证明估值不等式成立吗?如果 M,m 分别是函数的上、下界,该不等式成立吗?有何感想?

你理解该不等式两边各自的几何意义吗?能用定积分的几何意义来解释该不等式的正确性吗?

关于可积函数类及可积函数一定绝对可积的注记

由函数在闭区间上连续,你有何联想?

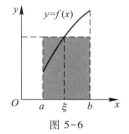

图 5-6

此 $f(\xi)$ 可视为 $f(x)$ 在区间 $[a,b]$ 上的平均高度.因而称 $\dfrac{1}{b-a}\displaystyle\int_a^b f(x)\,\mathrm{d}x$ 为 $f(x)$ 在区间 $[a,b]$ 上的平均值.

例 1.3 证明 $1\leqslant\displaystyle\int_0^1\sqrt{1+x-x^2}\,\mathrm{d}x\leqslant\dfrac{\sqrt5}{2}$.

证 当 $x\in[0,1]$ 时,$x\geqslant x^2$,且等号只在端点处成立,因此,

$$\sqrt{1+x-x^2}\geqslant\sqrt1=1,x\in[0,1].$$

又

$$1+x-x^2=\frac54-\left(x-\frac12\right)^2\leqslant\frac54,$$

这就证明了

$$1\leqslant\sqrt{1+x-x^2}\leqslant\sqrt{\frac54}=\frac{\sqrt5}{2},$$

由估值不等式,得

$$\int_0^1 1\,\mathrm{d}x\leqslant\int_0^1\sqrt{1+x-x^2}\,\mathrm{d}x\leqslant\int_0^1\frac{\sqrt5}{2}\,\mathrm{d}x.$$

因此,

$$1\leqslant\int_0^1\sqrt{1+x-x^2}\,\mathrm{d}x\leqslant\frac{\sqrt5}{2}.$$

例 1.4 比较 $\displaystyle\int_1^2 2\sqrt x\,\mathrm{d}x$ 与 $\displaystyle\int_1^2\left(1+\dfrac1x\right)\mathrm{d}x$ 的大小.

解 令 $f(x)=2\sqrt x-1-\dfrac1x$,则

$$f'(x)=\frac{1}{\sqrt x}+\frac{1}{x^2}.$$

因此,在区间 $[1,2]$ 上,$f'(x)>0$.这就是说,函数 $f(x)$ 在区间 $[1,2]$ 上是单调递增的,又

$$f(1)=2\sqrt1-1-\frac11=0.$$

因此,当 $x>1$ 时,$f(x)>f(1)=0$,即 $2\sqrt x-1-\dfrac1x>0$,于是 $2\sqrt x>1+\dfrac1x$.由函数的连续性,所以

$$\int_1^2 2\sqrt x\,\mathrm{d}x>\int_1^2\left(1+\frac1x\right)\mathrm{d}x.$$

例 1.5 证明不等式

$$\frac12<\int_{\frac\pi4}^{\frac\pi2}\frac{\sin x}{x}\,\mathrm{d}x<\frac{\sqrt2}{2}.$$

要证左边的不等式成立,应该用定积分的哪条性质?为此要先做什么工作?

这两个积分有何相同点?要比较它们的大小,应该用什么作"已知",为此应首先考虑什么?

从例 1.4 来看,要比较两个积分的大小,一般应与什么联系起来?

证　显然,要证明该不等式(组),应该用估值不等式作"已知".为此,首先求出函数 $f(x) = \dfrac{\sin x}{x}$ 在区间 $\left[\dfrac{\pi}{4}, \dfrac{\pi}{2}\right]$ 上的最大值与最小值.由于

$$f'(x) = \frac{x\cos x - \sin x}{x^2} = \frac{\cos x(x - \tan x)}{x^2} < 0, \quad x \in \left(\frac{\pi}{4}, \frac{\pi}{2}\right).$$

因此 $f(x)$ 在区间 $\left[\dfrac{\pi}{4}, \dfrac{\pi}{2}\right]$ 上是单调递减的.从而它的最大值与最小值分别为 $f\left(\dfrac{\pi}{4}\right)$, $f\left(\dfrac{\pi}{2}\right)$.又

$$f\left(\frac{\pi}{4}\right) = \frac{\sin \dfrac{\pi}{4}}{\dfrac{\pi}{4}} = \frac{2\sqrt{2}}{\pi}, \; f\left(\frac{\pi}{2}\right) = \frac{\sin \dfrac{\pi}{2}}{\dfrac{\pi}{2}} = \frac{2}{\pi}.$$

由定积分的估值不等式,得

$$\frac{2}{\pi} \cdot \left(\frac{\pi}{2} - \frac{\pi}{4}\right) \leqslant \int_{\frac{\pi}{4}}^{\frac{\pi}{2}} \frac{\sin x}{x} \mathrm{d}x \leqslant \frac{2\sqrt{2}}{\pi} \cdot \left(\frac{\pi}{2} - \frac{\pi}{4}\right),$$

即

$$\frac{1}{2} < \int_{\frac{\pi}{4}}^{\frac{\pi}{2}} \frac{\sin x}{x} \mathrm{d}x < \frac{\sqrt{2}}{2}.$$

历史的回顾

历史人物简介

黎曼

习题 5-1(A)

1. 判断下列论述是否正确,并说明理由:

(1) 如果函数 $f(x)$ 仅在区间 $[a,b]$ 上有界,它在 $[a,b]$ 上未必可积,要使其可积,它在 $[a,b]$ 上必须连续;

(2) 如果积分 $\int_a^b f(x)\,dx\,(a < b)$ 存在,那么 $\int_a^b f(x)\,dx = \lim\limits_{n\to\infty} \sum\limits_{i=1}^n f\left(a + \dfrac{(b-a)i}{n}\right) \cdot \dfrac{b-a}{n}$;

(3) 性质 5 也常称为积分不等式,利用它(包括推论)结合第三章的有关知识,可以估计积分的值、判别定积分的符号,也可证明关于定积分的某些不等式;

(4) 定积分的中值定理是一个非常重要的定理,利用它能去掉积分号,同时该"中值" $f(\xi)$ 还是被积函数在积分区间上的平均值;

(5) 如果 $\int_a^b f(x)\,dx \geq 0$,则在 $[a,b]$ 上必有 $f(x) \geq 0$;

(6) 如果 $f(x)$ 与 $g(x)$ 在 $[a,b]$ 上都不可积,则 $f(x)+g(x)$ 在 $[a,b]$ 上不可积.

2. 一细棒占数轴上的 $[a,b]$ 区间,其密度为 $[a,b]$ 上的连续函数 $\rho(x)$,请利用"分、匀、合、精"这四步写出细棒的质量 M 的定积分表示.

3. 一物体在力 $F=F(x)$ 作用下,沿 x 轴从 $x=a$ 点移动到 $x=b$ 点,请利用"分、匀、合、精"这四步写出力 $F(x)$ 所做功 W 的定积分表示.

4. 用定积分的几何意义求下列积分值:

(1) $\int_0^2 \sqrt{4 - x^2}\,dx$;   (2) $\int_1^2 (2x + 1)\,dx$.

5. 若函数 $y=f(x)$ 在区间 $[-a,a]$ 上连续,用定积分的几何意义说明:

(1) 当 $f(x)$ 为奇函数时,$\int_{-a}^a f(x)\,dx = 0$;

(2) 当 $f(x)$ 为偶函数时,$\int_{-a}^a f(x)\,dx = 2\int_0^a f(x)\,dx$.

6. 比较下列各组定积分的大小:

(1) $I_1 = \int_1^2 x^2\,dx$ 与 $I_2 = \int_1^2 x^3\,dx$;   (2) $I_1 = \int_0^1 \sqrt{1 + x^3}\,dx$ 与 $I_2 = \int_0^1 \sqrt{1 + x^4}\,dx$;

(3) $I_1 = \int_0^{\frac{\pi}{2}} \sin x\,dx$ 与 $I_2 = \int_0^{\frac{\pi}{2}} x\,dx$;   (4) $I_1 = \int_3^4 \ln x\,dx$ 与 $I_2 = \int_3^4 (\ln x)^2\,dx$.

7. 估计下列定积分的值:

(1) $I = \int_0^{2\pi} (1 + \cos x)\,dx$;   (2) $I = \int_0^1 \ln(1 + x)\,dx$;

(3) $I = \int_1^2 \dfrac{2x}{1 + x^2}\,dx$;   (4) $I = \int_0^2 (x^2 - x + 5)\,dx$.

8. 证明下列不等式:

(1) $\int_0^1 e^x\,dx \geq \int_0^1 e^{-x}\,dx$;   (2) $84 < \int_{-6}^8 \sqrt{100 - x^2}\,dx < 140$.

1. 设有一直的金属丝位于 x 轴上从 $x=0$ 到 $x=a$ 处,其上各点 x 处的密度与 x 成正比,比例系数为 k,求该金属丝的质量.

2. 用定积分中值定理求极限 $\lim\limits_{n\to\infty}\int_2^8 \dfrac{x^n}{2x^n+x}\mathrm{d}x$.

3. 设函数 $f(x)$ 在区间 $[a,b]$ 上连续,

(1) 如果在 $[a,b]$ 上 $f(x)\geqslant 0$,且 $f(x)\not\equiv 0$,证明 $\int_a^b f(x)\mathrm{d}x>0$;

(2) 如果在 $[a,b]$ 上 $f(x)\geqslant 0$,且 $\int_a^b f(x)\mathrm{d}x=0$,证明 $f(x)\equiv 0$.

4. 证明下列不等式:

(1) $\dfrac{1}{2}\leqslant\int_1^4 \dfrac{\mathrm{d}x}{2+x}\leqslant 1$;

(2) $-2\mathrm{e}^2\leqslant\int_2^0 \mathrm{e}^{x^2-x}\mathrm{d}x\leqslant -2\mathrm{e}^{-\frac{1}{4}}$.

第二节　微积分基本定理与基本公式

利用定积分的定义计算定积分,需要求一个复杂的和式的极限,这对一般函数来说是非常困难的,甚至是不可能的.因此研究定积分的计算,给出简单易行的计算方法是十分必要的.下面来讨论这个问题.首先研究一个具体的实例,希望从中发现规律.

做变速直线运动的质点的路程函数为 $s=s(t)$(其中 t 为相应的时间),当它从时刻 T_1 移动到时刻 T_2 时,显然,在这段时间内它所走过的路程为 $s(T_2)-s(T_1)$.另一方面,由第一节的讨论知,若质点的速度 $v(t)$ 为 $[T_1,T_2]$ 上的连续函数,在这段时间内它所走过的路程为 $s=\int_{T_1}^{T_2}v(t)\mathrm{d}t$. 将上述两种方法讨论的结果相比较,有

$$\int_{T_1}^{T_2}v(t)\mathrm{d}t=s(T_2)-s(T_1).$$

注意到 $s'(t)=v(t)$,即路程函数 $s=s(t)$ 是速度函数 $v=v(t)$ 的原函数.上式说明,该定积分 $\int_{T_1}^{T_2}v(t)\mathrm{d}t$ 的值等于被积函数 $v(t)$ 的原函数 $s(t)$ 在区间 $[T_1,T_2]$ 上的增量.

这是一个非常有意义的结果.我们自然期望:如果舍去它的具体的物理意义,这一结论对任意的定积分都成立. 或说,若函数 $F(x)$ 是 $f(x)$ 在区间 $[a,b]$ 上的一个原函数,那么有

$$\int_a^b f(x)\mathrm{d}x=F(b)-F(a)$$

成立.

还应看到,不仅等式 $\int_{T_1}^{T_2} v(t)\,\mathrm{d}t = s(T_2) - s(T_1)$ 成立,而且对任意的 $t \in [T_1, T_2]$,都有

$$\int_{T_1}^{t} v(\tau)\,\mathrm{d}\tau = s(t) - s(T_1)$$

成立.注意到该等式的右端 $s(t)-s(T_1)$ 是 t 的函数,并且它的导数为 $v(t)$,因此左端也必然是 t 的函数,并且其导数为 $v(t)$,即

$$\frac{\mathrm{d}}{\mathrm{d}t}\left(\int_{T_1}^{t} v(\tau)\,\mathrm{d}\tau\right) = v(t).$$

由此,我们猜想:

若将连续函数 $v(t)$ 换为任意一个在 $[a,b]$ 上连续的函数 $f(x)$,那么对任意的 $x \in [a,b]$ 有

$$\frac{\mathrm{d}}{\mathrm{d}x}\left(\int_{a}^{x} f(t)\,\mathrm{d}t\right) = f(x)$$

成立.

事实上,这两个猜想(期望)都是正确的.下面来证明之.

先来证明第二个猜想的正确性,这就引出了积分上限函数的概念.

1. 积分上限函数

将上面讨论的问题一般化.设函数 $f(x)$ 是区间 $[a,b]$ 上的连续函数,对 $[a,b]$ 上的任意一点 x,显然 $f(x)$ 在区间 $[a,x]$ 上也连续,因此定积分

$$\int_{a}^{x} f(t)\,\mathrm{d}t \quad (x \in [a,b])$$

存在.这就是说,在 $[a,b]$ 上任意取定一点 x,该定积分都唯一地对应一个确定的数,因此它是上限 x 的函数,记为 $F(x)$.即有

> 注意到该积分的积分变量是用 t 表示了吗? 能想到这样做的原因与根据吗?

$$F(x) = \int_{a}^{x} f(t)\,\mathrm{d}t \quad (x \in [a,b]),$$

称它为**积分上限函数**.

利用定积分的几何意义可以直观地看出积分上限函数所表示的意义:如图 5-7,当 $f(x) \geqslant 0$ 时,积分 $\int_{a}^{x} f(t)\,\mathrm{d}t$ 表示图 5-7 中阴影的面积(即图中的 $F(x)$),该面积的值随上限 x 的取定而确定,随 x 的变化而变化,它是上限 x 的函数.

下面的定理说明上面提出的第二个猜想是正确的.

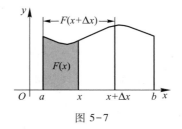

图 5-7

定理 2.1　如果函数 $f(x)$ 在区间 $[a,b]$ 上连续,则其积分上限函数

$$F(x) = \int_{a}^{x} f(t)\,\mathrm{d}t \quad (x \in [a,b])$$

在 $[a,b]$ 上可导,并且其导数等于被积函数在积分上限处的值,即

$$F'(x) = f(x), \quad x \in [a,b]. \tag{2.1}$$

证 (1) 当 $x \in (a,b)$ 时,给 x 一个增量 Δx,使得 $x+\Delta x \in (a,b)$,则

> 按照 $F(x)$ 的定义,欲求 $F(x)$ 的导数,你认为应该怎么求?

$$F(x) = \int_a^x f(t)\,dt, \quad F(x+\Delta x) = \int_a^{x+\Delta x} f(t)\,dt,$$

因此(参见图 5-7),

$$F(x+\Delta x) - F(x) = \int_a^{x+\Delta x} f(t)\,dt - \int_a^x f(t)\,dt$$

$$= \int_a^x f(t)\,dt + \int_x^{x+\Delta x} f(t)\,dt - \int_a^x f(t)\,dt = \int_x^{x+\Delta x} f(t)\,dt.$$

由 $f(x)$ 在区间上的连续性,对 $\int_x^{x+\Delta x} f(t)\,dt$ 利用积分中值定理,得

$$F(x+\Delta x) - F(x) = \int_x^{x+\Delta x} f(t)\,dt = f(x+\theta \Delta x) \cdot \Delta x \ (0 < \theta < 1),$$

因此,利用导数的定义及 $f(x)$ 的连续性,得

$$\lim_{\Delta x \to 0} \frac{F(x+\Delta x) - F(x)}{\Delta x} = \lim_{\Delta x \to 0} \frac{f(x+\theta \Delta x) \cdot \Delta x}{\Delta x} = f(x).$$

由 $x \in (a,b)$ 的任意性,因此 $F(x)$ 在 (a,b) 中每一点都可导,并且有

> 分析一下在定理 2.1 的整个证明过程中主要利用了哪些"已知"? 条件"$f(x)$ 在区间 $[a,b]$ 上连续"用在了哪些地方?

$$F'(x) = f(x).$$

(2) 当 x 为端点时的情形.

需要证 $F(x)$ 在 a 点有右导数,在 b 点有左导数.

为此,对 $x = a$,取 $\Delta x > 0$,仿照上面的证明可得 $F'_+(a) = f(a)$;对 $x = b$,取 $\Delta x < 0$,同样可以证得 $F'_-(b) = f(b)$.

总之,对任意的 $x \in [a,b]$,都有式(2.1)成立,定理 2.1 得证.

定理 2.1 将微分(导数)与积分之间建立起联系.它告诉我们这样一个事实:连续函数 $f(x)$ 一定存在原函数,其中 $F(x) = \int_a^x f(t)\,dt$ 就是它的一个原函数.因此有:

区间 I 上的连续函数 $f(x)$ 一定存在原函数,并且 $\int f(x)\,dx = \int_a^x f(t)\,dt + C$,其中 a 为 I 上的任意一点,C 为任意常数.

这就解决了第四章第一节所遗留的问题——为什么说连续函数一定存在原函数.

例 2.1 设 $F(x) = \int_0^x e^{2t}\cos 5t\,dt$,求 $F'(x)$.

解 由定理 2.1,$F'(x) = e^{2x}\cos 5x$.

例 2.2 设 $F(x) = \int_0^{2x+1} t^2 \cos 5t\,dt$,求 $F'(x)$.

> 将例 2.2 与例 2.1 相比较,二者的差别是什么? 欲把例 2.2 转化为例 2.1 这一"已知",应该怎么办?

解 将 $F(x)$ 看作函数 $G(y) = \int_0^y t^2 \cos 5t\,dt$ 与 $y = 2x+1$

的复合函数.于是由复合连续函数的求导法则,得

$$F'(x) = G'(y) \cdot y'_x = y^2 \cos 5y \cdot 2 = 2(2x+1)^2 \cos 5(2x+1).$$

例 2.3 求函数 $F(x) = \displaystyle\int_x^{\sin x} \sqrt{1+2t}\,dt$ 的导数.

解
$$F(x) = \int_x^{\sin x} \sqrt{1+2t}\,dt = \int_x^0 \sqrt{1+2t}\,dt + \int_0^{\sin x} \sqrt{1+2t}\,dt$$

$$= -\int_0^x \sqrt{1+2t}\,dt + \int_0^{\sin x} \sqrt{1+2t}\,dt.$$

仿照例 2.2,于是

$$F'(x) = \left(-\int_0^x \sqrt{1+2t}\,dt\right)' + \left(\int_0^{\sin x} \sqrt{1+2t}\,dt\right)'$$

$$= (-\sqrt{1+2x}) + \sqrt{1+2\sin x} \cdot (\sin x)'$$

$$= \sqrt{1+2\sin x} \cdot \cos x - \sqrt{1+2x}.$$

> 第二、三个等号的前后发生了什么变化?目的是什么?

> 请仿照例 2.3,求
> $$F(x) = \int_{\varphi(x)}^{\psi(x)} f(t)\,dt$$
> 的导数,其中 $f(x)$ 连续,$\varphi(x)$,$\psi(x)$ 可导.其规律是什么?

例 2.4 求极限 $I = \displaystyle\lim_{x \to 0} \dfrac{x^2 - \int_0^{x^2} \cos t\,dt}{\tan^6 x}$.

解 这是一个"$\dfrac{0}{0}$"型的未定式,采用洛必达法则,首先作等价无穷小代换,得

$$I = \lim_{x \to 0} \frac{x^2 - \int_0^{x^2} \cos t\,dt}{\tan^6 x} = \lim_{x \to 0} \frac{x^2 - \int_0^{x^2} \cos t\,dt}{x^6}$$

$$= \lim_{x \to 0} \frac{2x - 2x\cos x^2}{6x^5} = \frac{1}{3} \lim_{x \to 0} \frac{1 - \cos x^2}{x^4} = \frac{1}{3} \lim_{x \to 0} \frac{\frac{1}{2}(x^2)^2}{x^4} = \frac{1}{6}.$$

2. 牛顿-莱布尼茨公式

有了定理 2.1,利用它作"已知"很容易实现上面所提出的第一个期望,得到著名的牛顿-莱布尼茨公式.

定理 2.2(微积分基本定理) **如果函数 $f(x)$ 在区间 $[a,b]$ 上连续,函数 $F(x)$ 是 $f(x)$ 在 $[a,b]$ 上的一个原函数,则有**

$$\int_a^b f(x)\,dx = F(b) - F(a). \tag{2.2}$$

称式(2.2)为牛顿-莱布尼茨公式.它告诉我们,连续函数在一区间上的定积分等于它的任一原函数在该区间上的增量.这样一来,用牛顿-莱布尼茨公式计算定积分的关键就是求被积函数 $f(x)$ 在区间 $[a,b]$ 上的一个原函数,而求原函数是求导运算的逆运算,因此式(2.2)将求定积分与求导运算建立起联系,称它为**微积分基本公式**.由它被冠以微积分基本公式的美名,可见它在微积分学中所占有的位置.

证 由于 $f(x)$ 在区间 $[a,b]$ 上连续,因此由定理 2.1,$f(x)$ 在 $[a,b]$ 上存在原函数 $G(x) = \displaystyle\int_a^x f(t)\,dt$.又 $F(x)$ 也是 $f(x)$ 的原函数,因此

$$G(x) - F(x) = C \text{（}C\text{ 是常数）},$$

即

$$\int_a^x f(t)\,\mathrm{d}t - F(x) = C. \tag{2.3}$$

在上式中令 $x=a$，由 $\int_a^a f(t)\,\mathrm{d}t = 0$，因此有 $F(a)=-C$，或 $C=-F(a)$. 将它代入式 (2.3)，得

关于微积分基本定理的注记

$$\int_a^x f(t)\,\mathrm{d}t = F(x) - F(a). \tag{2.4}$$

在式 (2.4) 中令 $x=b$，即得

$$\int_a^b f(x)\,\mathrm{d}x = F(b) - F(a).$$

通常把 $F(b)-F(a)$ 记作 $F(x)\Big|_a^b$（或 $[F(x)]_a^b$），因此牛顿-莱布尼茨公式又常写作

$$\int_a^b f(x)\,\mathrm{d}x = F(x)\Big|_a^b \text{（或 } [F(x)]_a^b\text{）}.$$

3. 用牛顿-莱布尼茨公式计算定积分

下面利用牛顿-莱布尼茨公式来计算几个定积分.

例 2.5　计算 $\int_0^1 \left(\dfrac{2}{\sqrt{1-x^2}} - \dfrac{3}{1+x^2} \right)\mathrm{d}x$.

解　由定积分的运算性质得

$$\int_0^1 \left(\frac{2}{\sqrt{1-x^2}} - \frac{3}{1+x^2} \right) = 2\int_0^1 \frac{\mathrm{d}x}{\sqrt{1-x^2}} - 3\int_0^1 \frac{\mathrm{d}x}{1+x^2}$$

$$= 2\arcsin x\Big|_0^1 - 3\arctan x\Big|_0^1$$

$$= 2\left(\frac{\pi}{2}-0\right) - 3\left(\frac{\pi}{4}-0\right) = \pi - \frac{3\pi}{4} = \frac{\pi}{4}.$$

例 2.6　计算 $\int_0^{\frac{\pi}{4}} \tan^2 x\,\mathrm{d}x$.

解　由 $\tan^2 x = \sec^2 x - 1$，利用定积分的性质及牛顿-莱布尼茨公式，得

$$\int_0^{\frac{\pi}{4}} \tan^2 x\,\mathrm{d}x = \int_0^{\frac{\pi}{4}} (\sec^2 x - 1)\,\mathrm{d}x = (\tan x - x)\Big|_0^{\frac{\pi}{4}} = 1 - \frac{\pi}{4}.$$

例 2.7　计算 $\int_{-4}^{-2} \dfrac{1}{x}\,\mathrm{d}x$，并求函数 $\dfrac{1}{x}$ 在区间 $[-4,-2]$ 上的平均值.

解　$\dfrac{1}{x}$ 在区间 $[-4,-2]$ 上连续，$\ln|x|$ 为其一个原函数. 因此，

在例 2.7 中，如果将积分上限换成 2，这种做法还可以吗？为什么？

$$\int_{-4}^{-2} \frac{1}{x}\,\mathrm{d}x = [\ln|x|]_{-4}^{-2} = \ln|-2| - \ln|-4| = \ln\frac{1}{2} = -\ln 2.$$

由积分中值定理,函数 $\dfrac{1}{x}$ 在区间 $[-4,-2]$ 上的平均值为

$$\frac{-\ln 2}{(-2)-(-4)} = -\frac{\ln 2}{2}.$$

例 2.8 计算 $\displaystyle\int_{-1}^{1} f(x)\,\mathrm{d}x$,其中 $f(x)=\begin{cases} x, & -1 \leqslant x \leqslant 0, \\ \cos x, & 0 < x \leqslant 1. \end{cases}$

解 由被积函数的特点,利用"区间可加性",得

$$\int_{-1}^{1} f(x)\,\mathrm{d}x = \int_{-1}^{0} f(x)\,\mathrm{d}x + \int_{0}^{1} f(x)\,\mathrm{d}x = \int_{-1}^{0} x\,\mathrm{d}x + \int_{0}^{1} \cos x\,\mathrm{d}x$$

$$= \frac{1}{2}x^2 \Big|_{-1}^{0} + \sin x \Big|_{0}^{1} = \frac{1}{2}\left[0 - (-1)^2\right] + (\sin 1 - \sin 0)$$

$$= -\frac{1}{2} + \sin 1 = \sin 1 - \frac{1}{2}.$$

从此题你有何收获与体会?

*4. 定积分的近似计算

我们看到,只有在知道了被积函数的原函数才能利用牛顿-莱布尼茨公式计算定积分.但是,在第四章已经知道,并不是所有函数的原函数都能用初等函数表示出来(即使它的原函数一定存在),因而并不是所有的定积分都能利用牛顿-莱布尼茨公式进行计算.因此建立有效的定积分的近似计算方法在实际中是十分必要的.

如何对定积分作近似计算?这是一"未知",但若结合定积分的几何意义来看定积分的定义,这一"未知"其实包含在其定义这一"已知"之中.

事实上,依照定积分的定义,通过"分、匀、合、精"得到定积分,解决了两大问题:定积分是什么?怎么计算?如果舍去最后的一步"精",即不求极限,得到的就是近似值.结合其几何意义,近似计算定积分可以看作是近似计算曲边梯形的面积.因此,为求其近似值,只需对曲边梯形进行"分、匀、合"三步.即,将积分区间 $[a,b]$ 分成 n 个小区间 $[x_{i-1},x_i]$,从而相应地将整个曲边梯形分成 n 个小曲边梯形,对定积分作近似计算问题就是如何近似求出这些小曲边梯形的面积.遵循用"已知"解决"未知"的思想,我们用所熟悉的图形近似代替小曲边梯形.为此,考虑用不同的直线段或抛物线来替代小曲边梯形的曲线弧,相应地就有了矩形法、梯形法与辛普森法等近似计算定积分的不同方法.下面分别对这几种方法作一简单介绍.

4.1 矩形法

第一节的实例二为将曲边梯形这一"未知"转化为"已知",采取局部"以矩形代小曲边梯形".即通过插入分点将积分区间分割后,在每个小区间 $[x_{i-1},x_i]$ 上任意取一点 ξ_i,将该小区间上所对应的小曲边梯形用以线段 $[x_{i-1},x_i]$ 为底、$f(\xi_i)$ 为高的矩形近似,从而得到该小曲边梯形面积的近似值 $f(\xi_i)\Delta x_i$,因而 $\displaystyle\sum_{i=1}^{n} f(\xi_i)\Delta x_i$ 就是整个曲边梯形面积的近似值.第一节的例 1.1 实际就是这一做法的特例.我们再来分析一下例 1.1.

计算定积分 $\displaystyle\int_{0}^{1} x^2\,\mathrm{d}x$,将积分区间 $[0,1]$ n 等分,在每个小区间 $[x_{i-1},x_i]$ 上取点 ξ_i 为小区间的某一个端点,比如 $\xi_i = x_i = \dfrac{i}{n}$($i=1,2,\cdots,n$),于是,得积分和式

$$\sum_{i=1}^{n} \xi_i^2 \Delta x_i = \sum_{i=1}^{n} \left(\frac{i}{n}\right)^2 \cdot \frac{1}{n} = \frac{1}{n^3} \sum_{i=1}^{n} i^2 = \frac{1}{6}\left(1+\frac{1}{n}\right)\left(2+\frac{1}{n}\right).$$

对于任意不同的 n，$\frac{1}{6}\left(1+\frac{1}{n}\right)\left(2+\frac{1}{n}\right)$ 是定积分 $\int_0^1 x^2 \mathrm{d}x$ 的不同的近似值.一般说来，n 取得越大，近似程度越好.

称上述采用小矩形的面积求定积分的近似值的方法为"**矩形法**".

一般地，为求连续函数 $f(x)$ 的定积分 $\int_a^b f(x)\mathrm{d}x$ 的近似值，首先将区间 $[a,b]$ 等分为 n 个长度为 $\frac{b-a}{n}$ 的小区间，在每个小区间 $[x_{i-1}, x_i]$ 上取点 $\xi_i = x_{i-1}$（图 5-8）.记 $y_{i-1} = f(x_{i-1})$，分别计算以 $[x_{i-1}, x_i]$ 为底、y_{i-1} 为高的 n 个小矩形的面积，再累加，就得到近似公式

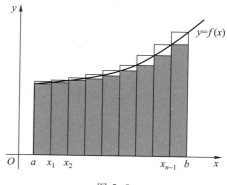

$$\int_a^b f(x)\mathrm{d}x \approx \frac{b-a}{n}(y_0 + y_1 + \cdots + y_{n-1}).$$

如果取 $\xi_i = x_i$，则有近似公式

$$\int_a^b f(x)\mathrm{d}x \approx \frac{b-a}{n}(y_1 + y_2 + \cdots + y_n).$$

图 5-8

4.2 梯形法

在矩形法中是用小直线段 $y_i = f\left(\frac{i}{n}\right)$ 来代替小区间 $[x_{i-1}, x_i]$ 上的小曲线弧，从而实现"以直（线）代曲（线）".不难想象，也可以将小区间 $[x_{i-1}, x_i]$ 对应的小曲线弧的两个端点 M_{i-1}, M_i 连接起来，得到直线段 $\overline{M_{i-1} M_i}$（图 5-9），从而用小梯形近似代替相应的小曲边梯形，利用梯形面积的计算公式就得到第 i 个小曲边梯形的面积近似为

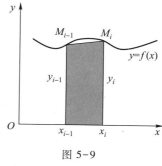

$$\frac{b-a}{n} \cdot \frac{y_{i-1} + y_i}{2},$$

将它们累加，有

$$\int_a^b f(x)\mathrm{d}x \approx \frac{b-a}{n}\left(\frac{y_0 + y_1}{2} + \frac{y_1 + y_2}{2} + \cdots + \frac{y_{n-1} + y_n}{2}\right)$$

$$= \frac{b-a}{n}\left(\frac{y_0 + y_n}{2} + y_1 + y_2 + \cdots + y_{n-1}\right).$$

图 5-9

4.3 辛普森法

用直线段代替曲线段往往误差会比较大.利用第三章第三节中在建立泰勒公式时的思想——用简单代替一般——采取用抛物线这种较为简单的曲线代替一般的曲线，从而将"未知"转化为计算抛物线函数在小区间上的积分这一"已知".

取 $a = x_0, b = x_n$，用一组分点 x_i（$i = 1, 2, \cdots, n-1$，n 取偶数）将区间 $[a,b]$ 进行 n 等分，把这 n

个区间中的小区间 $[x_{2k}, x_{2k+2}]$ $\left(k=0,1,2,\cdots,\dfrac{n-2}{2}\right)$ 分别作为一个小区间,并将 x_i 所对应的曲线上的点记为 $M_i(i=0,1,2,\cdots,n)$,在每个这样的小区间上用过 M_{2k},M_{2k+1},M_{2k+2} 三点的抛物线 $y=px^2+qx+r$ 代替一般的曲线弧(图5-10),利用牛顿-莱布尼茨公式求得以 $[x_{2k}, x_{2k+2}]$ 为底 $\left($其长度为$\dfrac{2(b-a)}{n}\right)$、抛物线 $y=px^2+qx+r$ 为曲边的曲边梯形面积为

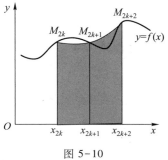

图 5-10

$$\int_{x_{2k}}^{x_{2k+2}} (px^2+qx+r)\,\mathrm{d}x = \int_{x_{2k}}^{x_{2k+2}} px^2\mathrm{d}x + \int_{x_{2k}}^{x_{2k+2}} qx\mathrm{d}x + \int_{x_{2k}}^{x_{2k+2}} r\mathrm{d}x$$

$$= \frac{p}{3}(x_{2k+2}^3 - x_{2k}^3) + \frac{q}{2}(x_{2k+2}^2 - x_{2k}^2) + r(x_{2k+2} - x_{2k})$$

$$= (x_{2k+2} - x_{2k})\left[\frac{p}{3}(x_{2k+2}^2 + x_{2k+2}\cdot x_{2k} + x_{2k}^2) + \frac{q}{2}(x_{2k+2}+x_{2k}) + r\right]$$

$$= \frac{x_{2k+2} - x_{2k}}{6}\left[y_{2k+2} + y_{2k} + p(x_{2k+2}+x_{2k})^2 + 2q(x_{2k+2}+x_{2k}) + 4r\right]$$

$$= \frac{x_{2k+1} - x_{2k-1}}{6}(y_{2k+2} + y_{2k} + 4y_{2k+1})$$

$$= \frac{b-a}{3n}(y_{2k} + 4y_{2k+1} + y_{2k+2}).$$

用它代替小区间 $[x_{2k}, x_{2k+2}]$ 所对应的曲边梯形的面积,其中 $y_i=px_i^2+qx_i+r$.

这样计算出来的近似值共有 $\dfrac{n}{2}$ 组,将它们相累加,得到定积分的近似值为

$$\int_a^b f(x)\,\mathrm{d}x$$

$$\approx \frac{b-a}{3n}\big[(y_0 + 4y_1 + y_2) + (y_2 + 4y_3 + y_4) + \cdots + (y_{n-2} + 4y_{n-1} + y_n)\big]$$

$$= \frac{b-a}{3n}\big[y_0 + y_n + 4(y_1 + y_3 + \cdots + y_{n-1}) + 2(y_2 + y_4 + \cdots + y_{n-2})\big].$$

在实际问题中,这些公式是有着重要的实际意义的.例如,为了测定一条河的水流量,除去需要测量水的流速外,还要计算河道在某点的横断面积.但是,随着时间的流逝河道的横断面是在变化的,不可能随时把河道在某点处的横断面用函数表示出来,从而再计算面积.但测出在若干点处水深的值是可行的.利用测量的这些数据与上述近似计算公式,就可以求出河道的横断面积.

历史的回顾

历史人物简介

　　　　牛顿　　　　　　　　　莱布尼茨

习题 5-2(A)

1. 判断下列叙述是否正确,并说明理由:

(1) 在定理 2.1 的证明中,被积函数连续的条件是不可缺少的;

(2) 若 $f(x)$ 连续,$\varphi(x)$ 可导,$F(x) = \int_0^{\varphi(x)} f(t)\,dt$ 的导数等于被积函数在积分上限处的值;

(3) 在 $f(x)$ 连续,$\varphi(x)$ 及 $\psi(x)$ 可导时,通过将 $F(x) = \int_{\psi(x)}^{\varphi(x)} f(t)\,dt$ 化成两个积分上限函数,可求得 $F'(x) = f(\varphi(x))\varphi'(x) - f(\psi(x))\psi'(x)$;

(4) 使用牛顿–莱布尼茨公式计算定积分,首先要找到被积函数在积分区间上的一个原函数,然后求该原函数在积分区间上的增量.

2. 求下列函数 $y = y(x)$ 的导数 $\dfrac{dy}{dx}$:

(1) $y = \int_x^6 e^{t^2}\,dt$;

(2) $y = \int_0^x \arctan(t^2 + 1)\,dt$;

(3) $y = \int_0^{x^2} \sin t^2\,dt$;

(4) $y = \int_{\sqrt[3]{x}}^{\sin x^2} f(t)\,dt$, 其中 $f(t)$ 连续.

3. 求下列极限:

(1) $\displaystyle\lim_{x\to 0} \dfrac{\int_0^{\sin x} e^{-t^2}\,dt}{e^x - 1}$;

(2) $\displaystyle\lim_{x\to 0} \dfrac{\int_0^x (t^2 + 3\sin t)\,dt}{3x^2}$;

$(3)\ \lim\limits_{x\to 0}\dfrac{\displaystyle\int_0^x \sin t^2\,\mathrm{d}t}{x\displaystyle\int_0^x t\,\mathrm{d}t}$;

$(4)\ \lim\limits_{x\to 0}\dfrac{\left(\displaystyle\int_0^x \dfrac{\sin t}{t}\,\mathrm{d}t\right)^2}{\displaystyle\int_0^{x^2}\cos t^2\,\mathrm{d}t}$.

4. 计算下列定积分：

$(1)\ \displaystyle\int_1^2\left(x - x^2 + \dfrac{1}{x}\right)\mathrm{d}x$;

$(2)\ \displaystyle\int_a^b (x-a)(x-b)\,\mathrm{d}x$;

$(3)\ \displaystyle\int_0^{\frac{\pi}{4}}\cos^2 t\,\mathrm{d}t$;

$(4)\ \displaystyle\int_1^2\dfrac{1}{x^2(1+x^2)}\,\mathrm{d}x$;

$(5)\ \displaystyle\int_0^1\dfrac{\mathrm{d}x}{\sqrt{1-x^2}}$;

$(6)\ \displaystyle\int_0^{\frac{\pi}{2}}(a\sin x + b\cos x)\,\mathrm{d}x$;

$(7)\ \displaystyle\int_0^{\frac{\pi}{4}}\sec x\tan x\,\mathrm{d}x$;

$(8)\ \displaystyle\int_0^5 |x-4|\,\mathrm{d}x$;

$(9)\ \displaystyle\int_0^2\sqrt{x^2-2x+1}\,\mathrm{d}x$;

$(10)\ \displaystyle\int_0^2 f(x)\,\mathrm{d}x$，其中 $f(x) = \begin{cases} x+1, & x < 1, \\ \dfrac{x^2}{2}, & x \geqslant 1. \end{cases}$

习题 5-2(B)

1. 设函数 $y = y(x)$ 由方程 $\displaystyle\int_0^y e^{-t^2}\,\mathrm{d}t + \int_x^0 \cos t^2\,\mathrm{d}t = 1$ 确定，求 $\dfrac{\mathrm{d}y}{\mathrm{d}x}$.

2. 若函数 $f(x)$ 连续，$y = \displaystyle\int_0^{\frac{1}{x}} xf(t)\,\mathrm{d}t\,(x \neq 0)$，求 $\dfrac{\mathrm{d}y}{\mathrm{d}x}$.

3. 若函数 $\varphi(x)$ 连续，$y = \displaystyle\int_{x^2}^{x^3}(x+1)\varphi(t)\,\mathrm{d}t$，求 $\dfrac{\mathrm{d}y}{\mathrm{d}x}$.

4. 求由参数方程 $x = \displaystyle\int_0^t \sin^2 u\,\mathrm{d}u, y = \int_0^{t^2}\cos\sqrt{u}\,\mathrm{d}u\,(t > 0)$ 所确定的函数 $y = y(x)$ 的一阶导数.

5. 若函数 $f(x)$ 在区间 $[a,b]$ 上连续，在 (a,b) 内可导，且 $f'(x) < 0$，设

$$F(x) = \dfrac{1}{x-a}\int_a^x f(t)\,\mathrm{d}t,$$

证明：函数 $F(x)$ 在区间 (a,b) 内单调递减.

6. 若函数 $f(x)$ 可导，且 $f(0)=0, f'(0)=2$，求极限 $\lim\limits_{x\to 0}\dfrac{\displaystyle\int_0^x f(t)\,\mathrm{d}t}{x^2}$.

7. 求函数 $y = \displaystyle\int_0^x \sqrt{t}(t-1)(t+1)^2\,\mathrm{d}t$ 的定义域、单调区间和极值点.

8. 若函数 $f(x) = \begin{cases} x^2, & x \leqslant 0, \\ \sin x, & x > 0, \end{cases}$

(1) 求函数 $F(x) = \displaystyle\int_0^x f(t)\,\mathrm{d}t$ 在 $(-\infty, +\infty)$ 内的表达式；

(2) 求函数 $F(x)$ 的连续性和可导性.

第三节 定积分的换元法与分部积分法

利用牛顿-莱布尼茨公式计算定积分,就是求被积函数的原函数在积分区间上的增量.因此,利用牛顿-莱布尼茨公式计算定积分一般应分为两步:(1)求被积函数的原函数(不定积分);(2)计算原函数在积分区间上的增量.

在上一节,虽然我们利用牛顿-莱布尼茨公式计算了几个定积分,但是,那里的原函数都是直接利用积分表得到的.这不禁使我们想到:如果求被积函数的原函数需要利用换元法或分部积分法等积分的技巧,那么,利用牛顿-莱布尼茨公式求这样的函数的定积分又将怎样? 先看一个具体例子:

求 定积分 $\int_0^a x^2 \sqrt{a^2 - x^2} \, dx (a > 0)$ 的值.

解 首先求 $x^2 \sqrt{a^2 - x^2}$ 的一个原函数,为此先求不定积分 $\int x^2 \sqrt{a^2 - x^2} \, dx$.令 $x = a\sin t$, $t \in \left[0, \dfrac{\pi}{2}\right]$,则

$$\int x^2 \sqrt{a^2 - x^2} \, dx = \int a^2 \sin^2 t \cdot a^2 \cos^2 t \, dt = \frac{a^4}{4} \int \sin^2 2t \, dt$$

$$= \frac{a^4}{4} \int \frac{1 - \cos 4t}{2} \, dt = \frac{a^4}{8} \left(\int dt - \int \cos 4t \, dt \right) = \frac{a^4}{8} \left(t - \frac{\sin 4t}{4} \right) + C$$

$$= \frac{a^4}{8} (t - \sin t \cos t \cos 2t) + C = \frac{a^4}{8} \left[t - \sin t \cos t (2\cos^2 t - 1) \right] + C$$

$$= \frac{a^4}{8} \left\{ \arcsin \frac{x}{a} - \frac{x}{a} \sqrt{1 - \left(\frac{x}{a}\right)^2} \left[2\left(1 - \left(\frac{x}{a}\right)^2\right) - 1 \right] \right\} + C.$$

因此,

$$\int_0^a x^2 \sqrt{a^2 - x^2} \, dx = \frac{a^4}{8} \left\{ \arcsin \frac{x}{a} - \frac{x}{a} \sqrt{1 - \left(\frac{x}{a}\right)^2} \left[2\left(1 - \left(\frac{x}{a}\right)^2\right) - 1 \right] \right\} \Bigg|_0^a = \frac{\pi a^4}{16}.$$

我们看到,整个计算是相当烦琐的,烦琐的主要原因在于求不定积分的过程比较复杂.

上面在求不定积分时也分了两步:一是积分,即利用换元法求出关于新变量的原函数 $\dfrac{a^4}{8}\left(t - \dfrac{\sin 4t}{4}\right)$(记为 $\Psi(t)$);二是代换,即把引入的新变量 t 换回原来的变量 x,得到 x 的函数 $F(x)$.我们看到,恰恰是第二步相当麻烦.

但是,对应 x 的上、下界 a,0,利用所作的变量代换 $x = a\sin t$ 很容易求出新变量 t 的对应值分别为 $\beta = \dfrac{\pi}{2}$, $\alpha = 0$. 由此我们不禁要问:能否求出 $\Psi(t)$ 后,不再代换回原来的变量,而直接求出 $\Psi(\beta) - \Psi(\alpha)$,就是要求的定积分呢? 这就省去上述求不定积分的第二步,从而大大简化计算.

回答是:在附加一定的条件下,上述设想是可以实现的.这就是下面的定积分的换元法.

1. 定积分的换元积分法

1.1 换元积分法的公式

定理 3.1 设函数 $f(x)$ 在区间 $[a,b]$ 上连续,函数 $x = \varphi(t)$ 满足下面两个条件:

(1) 其值域为 $[a,b]$,并且 $\varphi(\alpha) = a, \varphi(\beta) = b$;

(2) 在以 α, β 为端点的区间上有连续的导数 $\varphi'(t)$,

则有

$$\int_a^b f(x)\,\mathrm{d}x = \int_\alpha^\beta f[\varphi(t)]\varphi'(t)\,\mathrm{d}t. \tag{3.1}$$

证 由 $f(x)$, $\varphi(t)$, $\varphi'(t)$ 都连续,因此 $f(x)$ 及 $f(\varphi(t))\varphi'(t)$ 都可积,并且原函数都存在.设 $F(x)$ 是 $f(x)$ 在 I 上的一个原函数,由牛顿-莱布尼茨公式,式(3.1)的左端为

$$\int_a^b f(x)\,\mathrm{d}x = F(b) - F(a). \tag{3.2}$$

> 式(3.1)中 a 与 b 谁大谁小?α 与 β 呢? 等号右端定积分的上、下限是依什么原则来设置的?

记 $F(x)$ 与 $x = \varphi(t)$ 复合后的函数为 $\Psi(t)$,则有 $\Psi(t) = F(\varphi(t))$,于是

$$\Psi'(t) = F'(\varphi(t))\varphi'(t) = f(\varphi(t))\varphi'(t),$$

即 $\Psi(t) = F(\varphi(t))$ 是 $f(\varphi(t))\varphi'(t)$ 的一个原函数.由牛顿-莱布尼茨公式,式(3.1)的右端为

$$\int_\alpha^\beta f(\varphi(t))\varphi'(t)\,\mathrm{d}t = \Psi(\beta) - \Psi(\alpha) = F(\varphi(\beta)) - F(\varphi(\alpha)), \tag{3.3}$$

由定理的条件(1),有

$$F(\varphi(\beta)) - F(\varphi(\alpha)) = F(b) - F(a). \tag{3.4}$$

综合式(3.2)、式(3.3)及式(3.4),得

$$\int_a^b f(x)\,\mathrm{d}x = \int_\alpha^\beta f(\varphi(t))\varphi'(t)\,\mathrm{d}t.$$

式(3.1)称为定积分的积分换元公式.

> 从定理的证明过程能看出在换元时积分的上、下限应如何相应替换吗?

我们看到,在实施换元积分法时要同时作三个替换:将被积函数 $f(x)$ 的变量 x 换成 $\varphi(t)$,用 $\mathrm{d}\varphi(t) = \varphi'(t)\mathrm{d}t$ 替换 $\mathrm{d}x$,并依条件(1)中的 $\varphi(\alpha) = a, \varphi(\beta) = b$ 替换相应的积分限.

下面用定积分的换元积分法计算上面所给的定积分.

例 3.1 求定积分 $\displaystyle\int_0^a x^2 \sqrt{a^2 - x^2}\,\mathrm{d}x \ (a > 0)$.

关于定积分的换元积分法的注记

解 令 $x = a\sin t$,因此 $\mathrm{d}x = a\cos t\,\mathrm{d}t$,并且当 $x = 0$ 时 $t = 0$,$x = a$ 时,$t = \dfrac{\pi}{2}$. 利用式(3.1),有

$$\int_0^a x^2 \sqrt{a^2 - x^2}\,\mathrm{d}x = \int_0^{\frac{\pi}{2}} a^2 \sin^2 t \cdot a^2 \cos^2 t\,\mathrm{d}t = \frac{a^4}{4}\int_0^{\frac{\pi}{2}} \sin^2 2t\,\mathrm{d}t$$

$$= \frac{a^4}{4}\int_0^{\frac{\pi}{2}} \frac{1 - \cos 4t}{2}\,\mathrm{d}t = \frac{a^4}{8}\left(t - \frac{\sin 4t}{4}\right)\bigg|_0^{\frac{\pi}{2}} = \frac{\pi a^4}{16}.$$

我们看到,利用定积分的换元法要比本节开始所采用的方法简便得多.

1.2　换元积分法举例

例 3.2　求半径为 a 的圆的面积.

解　设以圆的圆心为坐标原点,以一条半径所在的射线作 x 轴建立直角坐标系,则该圆的方程为
$$x^2 + y^2 = a^2.$$
由该圆关于坐标轴的对称性,其面积为
$$A = 4\int_0^a \sqrt{a^2 - x^2}\,\mathrm{d}x.$$

令 $x = a\sin t$,则 $\mathrm{d}x = a\cos t\,\mathrm{d}t$,且当 $x=0$ 时,$t=0$;当 $x=a$ 时,$t=\dfrac{\pi}{2}$.于是
$$\int_0^a \sqrt{a^2 - x^2}\,\mathrm{d}x = a^2\int_0^{\frac{\pi}{2}} \cos^2 t\,\mathrm{d}t = \frac{a^2}{2}\int_0^{\frac{\pi}{2}}(1 + \cos 2t)\,\mathrm{d}t$$
$$= \frac{a^2}{2}\left[t + \frac{1}{2}\sin 2t\right]_0^{\frac{\pi}{2}} = \frac{\pi a^2}{4}.$$

因此,该圆的面积为
$$4 \times \frac{\pi a^2}{4} = \pi a^2.$$

这正是我们所熟悉的圆面积计算公式.

例 3.3　计算 $\displaystyle\int_0^4 \frac{x\,\mathrm{d}x}{\sqrt{1+2x}}$.

解　设 $\sqrt{1+2x} = t$,则 $x = \dfrac{t^2-1}{2}$,$\mathrm{d}x = t\,\mathrm{d}t$,并且,当 $x=0$ 时 $t=1$,当 $x=4$ 时 $t=3$.于是
$$\int_0^4 \frac{x\,\mathrm{d}x}{\sqrt{1+2x}} = \int_1^3 \frac{t^2-1}{2t}t\,\mathrm{d}t = \frac{1}{2}\int_1^3 (t^2-1)\,\mathrm{d}t = \frac{1}{2}\left[\frac{t^3}{3} - t\right]_1^3 = \frac{10}{3}.$$

换元公式(3.1)也可以反过来使用,对形如 $\displaystyle\int_a^b f(\varphi(x))\varphi'(x)\,\mathrm{d}x$ 的定积分,可用 $t=\varphi(x)$ 作代换,若 $\alpha = \varphi(a)$,$\beta = \varphi(b)$,则
$$\int_a^b f(\varphi(x))\varphi'(x)\,\mathrm{d}x = \int_\alpha^\beta f(t)\,\mathrm{d}t. \tag{3.5}$$

例 3.4　计算 $\displaystyle\int_0^{\frac{\pi}{2}} \sin^5 x\cos x\,\mathrm{d}x$.

解　设 $t = \sin x$,则 $\mathrm{d}t = \cos x\,\mathrm{d}x$,并且当 $x=0$ 时 $t=0$,当 $x=\dfrac{\pi}{2}$ 时 $t=1$,于是

> 式(3.1)与式(3.5)分别与不定积分的换元积分法的哪一个相对应?

$$\int_0^{\frac{\pi}{2}} \sin^5 x\cos x\,\mathrm{d}x = \int_0^1 t^5\,\mathrm{d}t = \frac{1}{6}t^6\Big|_0^1 = \frac{1}{6}.$$

对比较简单的变换,也可以不明显地写出新的变量,因此积分限也就不必变更.例如,
$$\int_0^{\frac{\pi}{2}} \sin^5 x\cos x\,\mathrm{d}x = \int_0^{\frac{\pi}{2}} \sin^5 x\,\mathrm{d}\sin x = \frac{1}{6}(\sin^6 x)\Big|_0^{\frac{\pi}{2}} = \frac{1}{6}.$$

例 3.5　计算 $\displaystyle\int_0^\pi \sqrt{\sin^3 x - \sin^5 x}\,\mathrm{d}x$.

解
$$\sqrt{\sin^3 x - \sin^5 x} = \sqrt{\sin^3 x(1-\sin^2 x)} = \sin^{\frac{3}{2}}x \cdot |\cos x|.$$

当 $x \in \left[0, \dfrac{\pi}{2}\right]$ 时，$|\cos x| = \cos x$；当 $x \in \left[\dfrac{\pi}{2}, \pi\right]$ 时，$|\cos x| = -\cos x$，因此，

$$
\begin{aligned}
\int_0^\pi \sqrt{\sin^3 x - \sin^5 x}\,\mathrm{d}x &= \int_0^{\frac{\pi}{2}} \sqrt{\sin^3 x - \sin^5 x}\,\mathrm{d}x + \int_{\frac{\pi}{2}}^\pi \sqrt{\sin^3 x - \sin^5 x}\,\mathrm{d}x \\
&= \int_0^{\frac{\pi}{2}} \sin^{\frac{3}{2}}x\cos x\,\mathrm{d}x + \left(-\int_{\frac{\pi}{2}}^\pi \sin^{\frac{3}{2}}x\cos x\,\mathrm{d}x\right) \\
&= \int_0^{\frac{\pi}{2}} \sin^{\frac{3}{2}}x\,\mathrm{d}\sin x - \int_{\frac{\pi}{2}}^\pi \sin^{\frac{3}{2}}x\,\mathrm{d}\sin x \\
&= \left[\frac{2}{5}\sin^{\frac{5}{2}}x\right]_0^{\frac{\pi}{2}} - \left[\frac{2}{5}\sin^{\frac{5}{2}}x\right]_{\frac{\pi}{2}}^\pi \\
&= \frac{2}{5} - \left(-\frac{2}{5}\right) = \frac{4}{5}.
\end{aligned}
$$

例 3.6　若函数 $f(x)$ 在区间 $[0,1]$ 上连续，证明

$$\int_0^\pi x f(\sin x)\,\mathrm{d}x = \frac{\pi}{2}\int_0^\pi f(\sin x)\,\mathrm{d}x,$$

并由此计算

$$\int_0^\pi \frac{x\sin x}{1 + \cos^2 x}\,\mathrm{d}x.$$

> 观察左边要证的等式，它有怎样的特点？由此计算左端的定积分应作怎样的变量代换？为什么？

证　设 $x = \pi - t$，则 $\mathrm{d}x = -\mathrm{d}t$，且当 $x = 0$ 时，$t = \pi$，当 $x = \pi$ 时，$t = 0$. 于是

$$
\int_0^\pi x f(\sin x)\,\mathrm{d}x = -\int_\pi^0 (\pi - t)f[\sin(\pi - t)]\,\mathrm{d}t = \int_0^\pi (\pi - t)f(\sin t)\,\mathrm{d}t
$$
$$
= \pi\int_0^\pi f(\sin t)\,\mathrm{d}t - \int_0^\pi t f(\sin t)\,\mathrm{d}t = \pi\int_0^\pi f(\sin x)\,\mathrm{d}x - \int_0^\pi x f(\sin x)\,\mathrm{d}x,
$$

移项整理得

$$\int_0^\pi x f(\sin x)\,\mathrm{d}x = \frac{\pi}{2}\int_0^\pi f(\sin x)\,\mathrm{d}x.$$

利用这一结论，有

$$
\begin{aligned}
\int_0^\pi \frac{x\sin x}{1 + \cos^2 x}\,\mathrm{d}x &= \frac{\pi}{2}\int_0^\pi \frac{\sin x}{1 + \cos^2 x}\,\mathrm{d}x = -\frac{\pi}{2}\int_0^\pi \frac{\mathrm{d}\cos x}{1 + \cos^2 x} \\
&= -\frac{\pi}{2}\big[\arctan(\cos x)\big]_0^\pi = -\frac{\pi}{2}\big[\arctan(\cos \pi) - \arctan(\cos 0)\big] \\
&= -\frac{\pi}{2}\left(-\frac{\pi}{4} - \frac{\pi}{4}\right) = \frac{\pi^2}{4}.
\end{aligned}
$$

例 3.7　计算

$$\int_2^4 f(x - 3)\,\mathrm{d}x,$$

其中

$$f(x) = \begin{cases} \dfrac{1}{\sqrt{1-x^2}}, & -2 \leqslant x < 0, \\ xe^{x^2}, & x \geqslant 0. \end{cases}$$

解　设 $t = x-3$，则当 $x=2$ 时，$t=-1$，当 $x=4$ 时，$t=1$，并且有 $\mathrm{d}x = \mathrm{d}t$. 于是

$$\int_2^4 f(x-3)\,\mathrm{d}x = \int_{-1}^1 f(t)\,\mathrm{d}t = \int_{-1}^0 f(t)\,\mathrm{d}t + \int_0^1 f(t)\,\mathrm{d}t$$

$$= \int_{-1}^0 \frac{1}{\sqrt{1-t^2}}\,\mathrm{d}t + \int_0^1 te^{t^2}\,\mathrm{d}t = \arcsin t \Big|_{-1}^0 + \frac{1}{2}e^{t^2}\Big|_0^1$$

$$= \left[0-\left(-\frac{\pi}{2}\right)\right] + \frac{1}{2}(e-1) = \frac{1}{2}(e-1) + \frac{\pi}{2}.$$

像例 3.6 那样，下面借助定积分的换元积分法来证明几个有趣并且实用的结论.

1.3　奇、偶函数的定积分

图 5-11 的曲线是偶函数 $f(x)$ 的图像，曲线关于 y 轴对称，我们看到，整个图形（灰度部分）的面积等于其位于第一象限部分面积的 2 倍；图 5-12 中的曲线是奇函数 $f(x)$ 的图像，曲线关于坐标原点对称，分别位于 x 轴上、下方两部分图形的面积是相等的，但是它们分别对应的定积分的符号却相反. 于是，根据定积分的几何意义我们有：

在区间 $[-a, a]$ 上的偶函数的积分等于它在 $[0, a]$ 上积分的 2 倍；在区间 $[-a, a]$ 上的奇函数的积分为零.

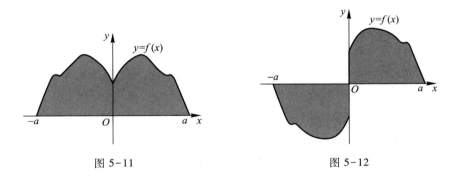

图 5-11　　　　　　　　　　　图 5-12

事实上，可以通过定积分的换元积分法来证明该结论是成立的. 这就是下面的例 3.8.

例 3.8（关于奇、偶函数的积分）　若函数 $f(x)$ 在区间 $[-a, a]$ 上连续，

（1）当 $f(x)$ 为 $[-a, a]$ 上的偶函数时，$\displaystyle\int_{-a}^a f(x)\,\mathrm{d}x = 2\int_0^a f(x)\,\mathrm{d}x$；

（2）当 $f(x)$ 为 $[-a, a]$ 上的奇函数时，$\displaystyle\int_{-a}^a f(x)\,\mathrm{d}x = 0$.

证　由于 $f(x)$ 在区间 $[-a, a]$ 上连续，因此 $f(x)$ 在区间 $[-a, a]$ 上可积. 并且

$$\int_{-a}^a f(x)\,\mathrm{d}x = \int_{-a}^0 f(x)\,\mathrm{d}x + \int_0^a f(x)\,\mathrm{d}x.$$

对积分 $\int_{-a}^{0} f(x)\,\mathrm{d}x$ 作代换 $x=-t$,则得

$$\int_{-a}^{0} f(x)\,\mathrm{d}x = -\int_{a}^{0} f(-t)\,\mathrm{d}t = \int_{0}^{a} f(-t)\,\mathrm{d}t.$$

于是

$$\int_{-a}^{a} f(x)\,\mathrm{d}x = \int_{0}^{a} f(-x)\,\mathrm{d}x + \int_{0}^{a} f(x)\,\mathrm{d}x = \int_{0}^{a} [f(-x)+f(x)]\,\mathrm{d}x.$$

（1）当 $f(x)$ 为偶函数时,$f(-x)+f(x)=2f(x)$,因此这时

$$\int_{-a}^{a} f(x)\,\mathrm{d}x = 2\int_{0}^{a} f(x)\,\mathrm{d}x.$$

（2）当 $f(x)$ 为奇函数时,$f(-x)+f(x)=0$,于是

$$\int_{-a}^{a} f(x)\,\mathrm{d}x = 0.$$

例 3.9　计算定积分 $\int_{-\pi}^{\pi} \dfrac{\sin^3 x}{x^2\sqrt{1+x^4}}\,\mathrm{d}x$.

解　函数 $\dfrac{\sin^3 x}{x^2\sqrt{1+x^4}}$ 在 $[-\pi,\pi]$ 上是一个连续的奇函数,根据例 3.8 的结果,有

$$\int_{-\pi}^{\pi} \frac{\sin^3 x}{x^2\sqrt{1+x^4}}\,\mathrm{d}x = 0.$$

例 3.10　计算定积分 $\int_{-1}^{1} \dfrac{(\arctan x)^2}{1+x^2}\,\mathrm{d}x$.

> 由例 3.8 的证明过程来看,为解决要证的"未知"主要用到哪些"已知"? 要想利用该题作"已知"来计算定积分,必须满足哪几个条件?

解　函数 $\dfrac{(\arctan x)^2}{1+x^2}$ 在 $[-1,1]$ 上是偶函数,因此

$$
\begin{aligned}
\int_{-1}^{1} \frac{(\arctan x)^2}{1+x^2}\,\mathrm{d}x &= 2\int_{0}^{1} \frac{(\arctan x)^2}{1+x^2}\,\mathrm{d}x \\
&= 2\int_{0}^{1} (\arctan x)^2\,\mathrm{d}\arctan x \\
&= \frac{2}{3}(\arctan x)^3 \Big|_{0}^{1} = \frac{2}{3}\left(\frac{\pi}{4}\right)^3 = \frac{\pi^3}{96}.
\end{aligned}
$$

1.4　周期函数的定积分

图 5-13 给出的是周期为 T 的周期函数的图形,我们看到,图中两个不同阴影的面积是相等的.由定积分的几何意义不难想象,周期函数在任何一个周期上的积分都是相等的.这正是例 3.11 所要证明的.

例 3.11（周期函数的定积分）　设 $f(x)$ 为在实数集上连续的周期函数,周期为 T,证明:对任意的实数 a,有

$$\int_{a}^{a+T} f(x)\,\mathrm{d}x = \int_{0}^{T} f(x)\,\mathrm{d}x.$$

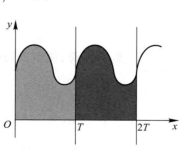

图 5-13

并由此计算定积分 $\int_{3.1\pi}^{5.1\pi} \dfrac{\sin x}{1 + \cos^2 x}\mathrm{d}x.$

证　利用定积分的区间可加性,有

$$\int_a^{a+T} f(x)\,\mathrm{d}x = \int_a^0 f(x)\,\mathrm{d}x + \int_0^T f(x)\,\mathrm{d}x + \int_T^{a+T} f(x)\,\mathrm{d}x.$$

对其中的 $\int_T^{a+T} f(x)\,\mathrm{d}x$ 利用 $x = t + T$ 实施换元法,并利用 $f(x)$ 的周期性,有

$$\int_T^{T+a} f(x)\,\mathrm{d}x = \int_0^a f(t + T)\,\mathrm{d}t = \int_0^a f(t)\,\mathrm{d}t.$$

于是

$$\int_a^{a+T} f(x)\,\mathrm{d}x = \int_a^0 f(x)\,\mathrm{d}x + \int_0^T f(x)\,\mathrm{d}x + \int_T^{a+T} f(x)\,\mathrm{d}x$$

$$= \int_a^0 f(x)\,\mathrm{d}x + \int_0^T f(x)\,\mathrm{d}x + \int_0^a f(x)\,\mathrm{d}x = \int_0^T f(x)\,\mathrm{d}x.$$

由于 $\dfrac{\sin x}{1+\cos^2 x}$ 是一个以 2π 为周期的周期函数,而积分区间的长度为 2π,因此

$$\int_{3.1\pi}^{5.1\pi} \dfrac{\sin x}{1 + \cos^2 x}\mathrm{d}x = \int_{-\pi}^{\pi} \dfrac{\sin x}{1 + \cos^2 x}\mathrm{d}x = 0.$$

> 注意到左边的等式中,不化成在区间 $[0, 2\pi]$ 上的积分而化成了在区间 $[-\pi, \pi]$ 上的积分了吗?有何感想?

2. 定积分的分部积分法

2.1　分部积分法的公式

由定积分与不定积分都有换元积分法,我们猜想,定积分也应该有分部积分法.事实上,这就是下面的定理 3.2.

定理 3.2　设 $u(x), v(x)$ 在 $[a,b]$ 上有连续的导函数,则有

$$\int_a^b u(x)v'(x)\,\mathrm{d}x = [u(x)v(x)]\,\Big|_a^b - \int_a^b u'(x)v(x)\,\mathrm{d}x.$$

这是非常明显的.事实上,$u(x)v(x)$ 在 $[a,b]$ 上可导,并且

$$[u(x)v(x)]' = u(x)v'(x) + u'(x)v(x),$$

由牛顿-莱布尼茨公式,有

$$\int_a^b [u(x)v'(x) + u'(x)v(x)]\,\mathrm{d}x = [u(x)v(x)]\,\Big|_a^b,$$

移项即得要证.定积分的分部积分公式可简记为

$$\int_a^b uv'\,\mathrm{d}x = (uv)\,\Big|_a^b - \int_a^b u'v\,\mathrm{d}x, \quad \text{或} \quad \int_a^b u\,\mathrm{d}v = (uv)\,\Big|_a^b - \int_a^b v\,\mathrm{d}u. \tag{3.6}$$

2.2　分部积分法举例

例 3.12　计算定积分 $\int_0^\pi x\cos x\,\mathrm{d}x.$

解　由定积分的分部积分公式(3.6),有

$$\int_0^\pi x\cos x\,\mathrm{d}x = \int_0^\pi x\,\mathrm{d}\sin x = (x\sin x)\,\Big|_0^\pi - \int_0^\pi \sin x\,\mathrm{d}x$$

$$= \pi \cdot \sin \pi - 0\sin 0 + \cos x \Big|_0^\pi = \cos \pi - \cos 0 = -2.$$

例 3.13　计算定积分 $\displaystyle\int_0^{\frac{1}{2}} \frac{x\arcsin x}{\sqrt{1-x^2}}\mathrm{d}x$.

解　由于 $\dfrac{x}{\sqrt{1-x^2}}\mathrm{d}x = \mathrm{d}(-\sqrt{1-x^2})$,因此,令 $u = \arcsin x, v = -\sqrt{1-x^2}$. 由式(3.6),得

$$\int_0^{\frac{1}{2}} \frac{x\arcsin x}{\sqrt{1-x^2}}\mathrm{d}x = \int_0^{\frac{1}{2}} \arcsin x \, \mathrm{d}(-\sqrt{1-x^2})$$

$$= -\sqrt{1-x^2}\arcsin x \Big|_0^{\frac{1}{2}} - \int_0^{\frac{1}{2}} (-\sqrt{1-x^2})\mathrm{d}(\arcsin x)$$

$$= -\frac{\sqrt{3}}{2} \cdot \frac{\pi}{6} + \int_0^{\frac{1}{2}} \mathrm{d}x = \frac{1}{2}\left(\frac{-\sqrt{3}\pi}{6} + 1\right).$$

例 3.14　计算定积分 $\displaystyle\int_0^{\frac{\pi^2}{4}} \sin\sqrt{x}\,\mathrm{d}x$.

> 例 3.14 的被积函数中含有根号,由此,有何考虑?

解　先用换元法.令 $\sqrt{x} = t$,则 $x = t^2, \mathrm{d}x = 2t\mathrm{d}t$,并且当 $x = 0$ 时,$t = 0$;当 $x = \dfrac{\pi^2}{4}$ 时,$t = \dfrac{\pi}{2}$.于是

$$\int_0^{\frac{\pi^2}{4}} \sin\sqrt{x}\,\mathrm{d}x = 2\int_0^{\frac{\pi}{2}} t\sin t\,\mathrm{d}t.$$

按照不定积分的积分法,求 $t\sin t$ 的不定积分应采用分部积分法.于是,这里采用定积分的分部积分法:

$$\int_0^{\frac{\pi^2}{4}} \sin\sqrt{x}\,\mathrm{d}x = 2\int_0^{\frac{\pi}{2}} t\sin t\,\mathrm{d}t = -2\int_0^{\frac{\pi}{2}} t\mathrm{d}\cos t$$

$$= -2\left(t\cos t \Big|_0^{\frac{\pi}{2}} - \int_0^{\frac{\pi}{2}} \cos t\,\mathrm{d}t\right)$$

$$= 2\sin t \Big|_0^{\frac{\pi}{2}} = 2.$$

> 通过本题的解法有何收获?在什么情况下应该用定积分的分部积分法?

例 3.15　计算定积分 $I_n = \displaystyle\int_0^{\frac{\pi}{2}} \sin^n x\,\mathrm{d}x$ 及 $I_n = \displaystyle\int_0^{\frac{\pi}{2}} \cos^n x\,\mathrm{d}x$.

解　显然

$$I_n = \int_0^{\frac{\pi}{2}} \sin^n x\,\mathrm{d}x = \int_0^{\frac{\pi}{2}} \sin^{n-1} x\,\mathrm{d}(-\cos x)$$

$$= -(\sin^{n-1} x\cos x)\Big|_0^{\frac{\pi}{2}} + \int_0^{\frac{\pi}{2}} \cos x\,\mathrm{d}\sin^{n-1} x = (n-1)\int_0^{\frac{\pi}{2}} \sin^{n-2} x\cos^2 x\,\mathrm{d}x$$

$$= (n-1)\int_0^{\frac{\pi}{2}} \sin^{n-2} x(1-\sin^2 x)\,\mathrm{d}x = (n-1)I_{n-2} - (n-1)I_n.$$

移项并整理可得递推公式

$$I_n = \frac{n-1}{n}I_{n-2}(n=2,3,\cdots). \tag{3.7}$$

对式(3.7)中的 I_{n-2} 逐次利用递推公式,则有

当 $n = 2k+1$ 为奇数时,有

$$I_{2k+1} = \frac{2k}{2k+1} \cdot \frac{2k-2}{2k-1} \cdot \cdots \cdot \frac{6}{7} \cdot \frac{4}{5} \cdot \frac{2}{3} I_1;$$

当 $n = 2k$ 为偶数时,有

$$I_{2k} = \frac{2k-1}{2k} \cdot \frac{2k-3}{2k-2} \cdot \cdots \cdot \frac{5}{6} \cdot \frac{3}{4} \cdot \frac{1}{2} I_0.$$

由于

$$I_0 = \int_0^{\frac{\pi}{2}} \mathrm{d}x = \frac{\pi}{2}, \quad I_1 = \int_0^{\frac{\pi}{2}} \sin x \, \mathrm{d}x = 1,$$

因此,

$$I_{2k+1} = \frac{(2k) \cdot (2k-2) \cdot \cdots \cdot 4 \cdot 2}{(2k+1) \cdot (2k-1) \cdot \cdots \cdot 5 \cdot 3}, \quad I_{2k} = \frac{(2k-1) \cdot (2k-3) \cdot \cdots \cdot 3 \cdot 1}{(2k) \cdot (2k-2) \cdot \cdots \cdot 4 \cdot 2} \cdot \frac{\pi}{2}. \quad (3.8)$$

利用定积分的换元法令 $t = \frac{\pi}{2} - x$,很容易证明 $\int_0^{\frac{\pi}{2}} \cos^n x \mathrm{d}x = \int_0^{\frac{\pi}{2}} \sin^n x \mathrm{d}x$,因此若记 $I_n = \int_0^{\frac{\pi}{2}} \cos^n x \mathrm{d}x$,上述结论亦然成立.

利用式(3.8)可以比较简单地进行有关计算.例如,

$$\int_0^{\frac{\pi}{2}} \sin^4 x \cos^2 x \mathrm{d}x = \int_0^{\frac{\pi}{2}} \sin^4 x (1 - \sin^2 x) \, \mathrm{d}x = \int_0^{\frac{\pi}{2}} \sin^4 x \mathrm{d}x - \int_0^{\frac{\pi}{2}} \sin^6 x \mathrm{d}x$$

$$= \frac{3}{4} \cdot \frac{1}{2} \cdot \frac{\pi}{2} - \frac{5}{6} \cdot \frac{3}{4} \cdot \frac{1}{2} \cdot \frac{\pi}{2} = \frac{\pi}{32}.$$

习题 5-3(A)

1. 判断下列叙述是否正确? 并说明理由:

(1) 在定积分的换元积分法中,要求被积函数 $f(x)$ 在区间 I 上连续,函数 $x = \varphi(t)$ 在以 α, β 为端点的区间上有连续的导数,以保证 $f[\varphi(t)]\varphi'(t)$ 在 $[\alpha, \beta]$ 或 $[\beta, \alpha]$ 上可积;

(2) 对定积分进行换元时,需要注意的是换元的同时要换积分限,这时还要特别注意换元后积分的下限要小于上限;

(3) 定积分也有与不定积分类似的凑微分法与三角代换法等换元法,具体采取哪种换元法,其依据与不定积分是相同的;

(4) 在利用奇、偶函数的积分性质时,不仅要注意被积函数的奇偶性,而且还要注意积分区间关于坐标原点必须是对称的.

2. 计算下列定积分:

(1) $\int_4^9 \frac{1}{\sqrt{x} - 1} \mathrm{d}x$;

(2) $\int_0^3 \frac{x}{\sqrt{1 + x}} \mathrm{d}x$;

(3) $\int_0^{\frac{\pi^2}{4}} \frac{\sin\sqrt{x}}{2\sqrt{x}} \mathrm{d}x$;

(4) $\int_0^{\sqrt{2}} x \sqrt{2 - x^2} \mathrm{d}x$;

(5) $\displaystyle\int_{1}^{\sqrt{3}} \frac{\mathrm{d}x}{x^2 \sqrt{1+x^2}}$;

(6) $\displaystyle\int_{1}^{2} \frac{\sqrt{x^2-1}}{x^2}\mathrm{d}x$;

(7) $\displaystyle\int_{0}^{\frac{1}{2}} \frac{x^3}{\sqrt{1-x^2}}\mathrm{d}x$;

(8) $\displaystyle\int_{0}^{1} x^2 \sqrt{1-x^2}\,\mathrm{d}x$;

(9) $\displaystyle\int_{1}^{2} \frac{\mathrm{d}x}{(1-2x)^3}$;

(10) $\displaystyle\int_{-\frac{\pi}{2}}^{\frac{\pi}{2}} \cos x \cos 2x\,\mathrm{d}x$;

(11) $\displaystyle\int_{0}^{\ln 2} \mathrm{e}^x(1+\mathrm{e}^x)^3\mathrm{d}x$;

(12) $\displaystyle\int_{0}^{\frac{1}{2}} \frac{\arcsin x}{\sqrt{1-x^2}}\mathrm{d}x$;

(13) $\displaystyle\int_{1}^{\mathrm{e}^2} \frac{\mathrm{d}x}{x \sqrt{1+\ln x}}$;

(14) $\displaystyle\int_{\frac{2}{\pi}}^{\frac{3}{\pi}} \frac{\sin \dfrac{1}{x}}{x^2}\mathrm{d}x$;

(15) $\displaystyle\int_{-1}^{0} \frac{\mathrm{d}x}{x^2-3x+2}$;

(16) $\displaystyle\int_{0}^{\pi} \sqrt{1+\cos 2x}\,\mathrm{d}x$.

3. 计算下列定积分:

(1) $\displaystyle\int_{0}^{2\pi} x\cos^2 x\,\mathrm{d}x$;

(2) $\displaystyle\int_{0}^{1} x\mathrm{e}^{-x}\mathrm{d}x$;

(3) $\displaystyle\int_{0}^{1} x\ln(1+x)\,\mathrm{d}x$;

(4) $\displaystyle\int_{0}^{1} \arctan x\,\mathrm{d}x$;

(5) $\displaystyle\int_{0}^{1} \mathrm{e}^{\sqrt{x}}\mathrm{d}x$;

(6) $\displaystyle\int_{0}^{\frac{\pi}{3}} \frac{x}{\cos^2 x}\mathrm{d}x$;

(7) $\displaystyle\int_{0}^{\frac{\pi}{2}} \mathrm{e}^x\cos x\,\mathrm{d}x$;

(8) $\displaystyle\int_{1}^{\mathrm{e}} \sin(\ln x)\,\mathrm{d}x$.

4. 试选择简便的方法计算下列定积分:

(1) $\displaystyle\int_{-5}^{5} \frac{x^7\sin^2 x}{1+x^2\sin^4 x}\mathrm{d}x$;

(2) $\displaystyle\int_{-2}^{2} (\,|x|+x\,)\mathrm{e}^{-|x|}\mathrm{d}x$;

(3) $\displaystyle\int_{-1}^{1} |x|\left(\frac{1}{\sqrt{1+x^2}} + \sin^3 x \right)\mathrm{d}x$;

(4) $\displaystyle\int_{2.3\pi}^{4.3\pi} \frac{\sin x\cos^3 x}{1+\cos^4 x}\mathrm{d}x$.

5. 若函数 $f(x)$ 连续,证明下列定积分等式:

(1) $\displaystyle\int_{0}^{a} f(x)\mathrm{d}x = \int_{0}^{a} f(a-x)\mathrm{d}x$;

(2) $\displaystyle\int_{a}^{b} f(x)\mathrm{d}x = \int_{a}^{b} f(a+b-x)\mathrm{d}x$;

(3) $\displaystyle\int_{0}^{a} x^3 f(x^2)\mathrm{d}x = \frac{1}{2}\int_{0}^{a^2} xf(x)\mathrm{d}x$;

(4) $\displaystyle\int_{a}^{b} f(x)\mathrm{d}x = (b-a)\int_{0}^{1} f[\,a+(b-a)x\,]\mathrm{d}x$.

习题 5-3(B)

1. 计算下列定积分:

(1) $\displaystyle\int_{\frac{1}{\mathrm{e}}}^{\mathrm{e}} |\ln x|\,\mathrm{d}x$;

(2) $\displaystyle\int_{-1}^{1} (x+\sqrt{4-x^2})^2\mathrm{d}x$;

（3）$\int_0^2 f(x-1)\mathrm{d}x$，其中 $f(x)=\begin{cases}\sqrt{1+x}, & -1\leqslant x<0,\\ \dfrac{1}{1+x}, & x\geqslant 0;\end{cases}$

（4）设 $f''(x)$ 连续，且 $f(\pi)=1,f(0)=2$，求 $\int_0^\pi [f(x)+f''(x)]\sin x\mathrm{d}x$.

2. 若 $f(x)$ 是以 T 为周期的连续函数，a 为常数，n 为正整数，证明 $\int_a^{a+nT} f(t)\mathrm{d}t = n\int_0^T f(t)\mathrm{d}t$. 并计算 $\int_0^{100\pi}\sqrt{1-\cos 2x}\,\mathrm{d}x$.

3. 证明 $\int_0^{\frac{\pi}{2}} f(\sin x)\mathrm{d}x = \int_0^{\frac{\pi}{2}} f(\cos x)\mathrm{d}x$，并由此计算 $\int_0^{\frac{\pi}{2}}\dfrac{\sin x}{\sin x+\cos x}\mathrm{d}x$.

4. 若函数 $f(x)$ 连续，设 $F(x)=\int_1^2 f(t+\ln x)\mathrm{d}t$，求 $F'(x)$.

5. 若函数 $f(x)$ 连续，证明 $\int_0^{2a} f(x)\mathrm{d}x = \int_0^a [f(x)+f(2a-x)]\mathrm{d}x$.

6. 设函数 $f(x)$ 在区间 $[-1,1]$ 上连续，且满足 $f(x)=3x-\sqrt{1-x^2}\int_0^1 f^2(x)\mathrm{d}x$，求 $f(x)$.

第四节　定积分的应用

科学技术、生产实践中的许多问题要借助定积分来解决.本节首先介绍将实际问题表达成为定积分的基本思想方法——微元法，然后利用它解决几何、物理上的一些具体问题.

1. 微元法

为了讨论定积分在实际中的应用，遵循"由直观到一般"的原则，下面我们以曲边梯形面积为例进行讨论，所得到的方法对利用定积分解决其他实际问题也是适用的.

在本章第一节讨论计算由连续曲线 $y=f(x)$（$f(x)>0$），直线 $x=a,x=b$ 及 x 轴所围成的曲边梯形面积时，遵循"用'已知'研究'未知'"的认知规则，主要实施了"分、匀、合、精"四步，其中第二步"匀"是非常关键的.它不仅利用微积分"以'匀'代'非匀'"的基本思想将"未知"（小曲边梯形面积计算）转化为"已知"（矩形面积计算），求出各小曲边梯形面积的近似值 $f(\xi_i)\Delta x_i$（$i=1,2,\cdots,n$）（图 5-14）；而且，如果不考虑"合、精"的具体过程只注重最后的结果——定积分 $\int_a^b f(x)\mathrm{d}x$，该定积分中的被积式 $f(x)\mathrm{d}x$ 可以认为是由局部近似值 $f(\xi_i)\Delta x_i$ 进一步"抽象"——将具体的点 ξ_i 换成一般的点 x，将小区间的长度（或说自变量的增量）Δx_i 用自变量的微分 $\mathrm{d}x$ 代换——而得到的.有了被积式，就容易（或粗略地说把它放在积分号 $\int_a^b$ 内）得出相应的定积分，这就是面积的精准值.

注意到在每一个小区间 $[x_{i-1},x_i]$（$i=1,2,\cdots,n$）上所得到的近似值 $f(\xi_i)\Delta x_i$ 都具有相同的形式.因此，在实际计算时只需在这 n 个小区间中任取某一个作"代表"进行讨论.再注意到为了得到所要的定积分，还要将 $f(\xi_i)\Delta x_i$ 抽象为 $f(x)\mathrm{d}x$，因此，我们可以不去具体将区间 $[a,b]$ 进行分割，而只需在 $[a,b]$ 上任取一个小区间 $[x,x+\mathrm{d}x]$（作代表），利用微积分的基本思想在该区间

（局部）上"以匀代非匀"，以其左端点 x 处的函数值 $f(x)$ 为高、$\mathrm{d}x$ 为底的矩形面积 $f(x)\mathrm{d}x$ 作为相应小曲边梯形面积的近似值（图 5-15），也就是要找的被积式.

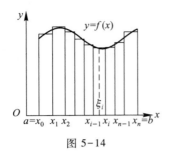

图 5-14

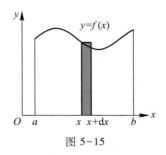

图 5-15

正如前面所说，上述的讨论虽然是对计算曲边梯形面积进行的，但由定积分的几何意义可以得到，在计算某区间 $[a,b]$ 上非均匀分布的量 Q 时，如果

（1）Q 是区间 $[a,b]$ 上的"可加量"．即 Q 等于将 $[a,b]$ 分割后所得各子区间上对应局部量 ΔQ_i 的和，即 $Q = \sum\limits_{i=1}^{n} \Delta Q_i$；

（2）由连续函数（比如对曲边梯形来说就是其曲边对应的函数 $y=f(x)$）在 $[a,b]$ 上非均匀变化而导致 Q 是在 $[a,b]$ 上非均匀分布的连续量，

则上述讨论对 Q 都是适用的．所以，下面讨论中所涉及的问题都具备这两点.

称这种建立积分式的方法为**微元法**，$f(x)\mathrm{d}x$ 称为要求的整体量 Q 的**微元** $\mathrm{d}Q$．利用"微元法"建立定积分的具体步骤如下：

（1）**确定积分区间**　首先确定要求的量 Q 是在哪个区间上非均匀分布的可加量，该区间就是要讨论的积分区间，比如记为 $[a,b]$.

（2）**局部求近似值——求微元**　在 $[a,b]$ 上任取一微小区间 $[x,x+\mathrm{d}x]$，在 $[x,x+\mathrm{d}x]$ 上"**以'匀'代'非匀'**"，从而将所研究的问题变成"已知"的初等问题，然后用初等方法求出 ΔQ 的形如 $\mathrm{d}Q = f(x)\mathrm{d}x$ 的近似值（实则是 Q 的微分），这里 $f(x)$ 在 $[a,b]$ 上连续.

（3）**写出定积分**　以 $f(x)\mathrm{d}x$ 为被积式在 $[a,b]$ 上作积分（简言之，将 $\mathrm{d}Q = f(x)\mathrm{d}x$ 作为被积式放在"$\int_a^b$"内），就得到要计算的精准值

$$Q = \int_a^b f(x)\,\mathrm{d}x.$$

这种方法之所以是可行的，是因为只要导致 Q 在 $[a,b]$ 上非均匀分布的函数 $f(x)$ 在 $[a,b]$ 上连续，那么，在小区间 $[x,x+\mathrm{d}x]$ 上以 $f(x)\mathrm{d}x$ 作为 Q 在该区间上的局部量 ΔQ 的近似值，实则是由函数 $Q(x) = \int_a^x f(t)\mathrm{d}t\,(x \in (a,b))$ 的微分 $f(x)\mathrm{d}x$ 来代替它的增量 ΔQ，因此，所产生的误差恰是小区间长度 $\mathrm{d}x$ 的高阶无穷小，对这样的近似值无限累加（取极限）就得到精准值.

为直观起见，我们利用定积分的几何意义求曲边梯形的面积为例来说明这个问题.

设 $f(x)$ 在区间 $[a,b]$ 上连续，且 $f(x)>0$．对任意的 $x \in (a,b)$，函数 $Q(x) = \int_a^x f(t)\mathrm{d}t$ 是定义在

区间$[a,b]$上的面积函数,小区间$[x,x+\mathrm{d}x]$上对应的小曲边梯形的面积正是该面积函数在自变量(积分上限)由x获得增量$\mathrm{d}x$之后的增量$\Delta Q(x)$(图5-16).由$f(x)$在$[a,b]$上连续,利用积分上限函数的性质,得$Q'(x)=f(x)$,因此

$$\mathrm{d}Q(x)=f(x)\mathrm{d}x.$$

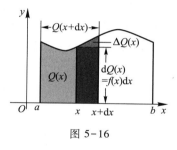

图 5-16

也就是说,$f(x)\mathrm{d}x$正是函数$Q(x)$的微分$\mathrm{d}Q(x)$(这正是为什么称这种方法为"微元"法的原因).因此由微分的定义,用微分$f(x)\mathrm{d}x$表示相应的增量——区间$[x,x+\mathrm{d}x]$上对应的小曲边梯形的面积$\Delta Q(x)$,误差相差一个关于区间长度$\mathrm{d}x$的高阶无穷小,对它在$[a,b]$上积分就得到要求的精准值.

下面用微元法来讨论如何用定积分来求解几何、物理中的一些问题.通过这里的练习,不仅希望读者能利用微元法得到要找的相关积分表达式,更希望通过这些问题的解决,能熟悉掌握"微元法"的思想与具体做法.这不仅是用定积分解决实际问题的需要,而且在第六章用微分方程解决某些实际问题以及在下册讨论"多元函数积分学"时,也要应用微元法,**所采用的思想与方法与这里的是相同的**,因此在那里就不再做详细地讨论.

2. 平面图形面积的计算

2.1　直角坐标系下图形面积的计算

例 4.1　求由抛物线$y=x^2-1$与$y=11-2x^2$所围成的平面图形(图5-17)的面积.

分析　根据前面的讨论,应首先找到该平面图形在某坐标轴上的投影,从而确定该面积是定义在哪个区间上的量,然后再找面积微元.

解　解由$y=x^2-1$及$y=11-2x^2$所组成的方程组,得x的两个值$x_1=-2,x_2=2$.因此,所求的面积是定义在区间$[-2,2]$上的可加量.

在区间$[-2,2]$上任取小区间$[x,x+\mathrm{d}x]$,将区间$[x,x+\mathrm{d}x]$所对应的小曲边梯形近似看作以区间$[x,x+\mathrm{d}x]$为底,以点x处的两函数值之差

$$(11-2x^2)-(x^2-1)=3(4-x^2)$$

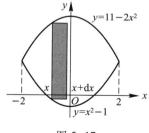

图 5-17

为高的小矩形(图5-17),该小矩形的面积$3(4-x^2)\mathrm{d}x$就是要求面积的微元$\mathrm{d}A$.再注意x的取值区间$[-2,2]$就是定积分的积分区间.于是所求面积为

$$A=\int_{-2}^{2}3(4-x^2)\mathrm{d}x=3\int_{-2}^{2}(4-x^2)\mathrm{d}x=6\int_{0}^{2}(4-x^2)\mathrm{d}x=32.$$

例 4.2　计算由抛物线$y^2=2x$及直线$y=x-4$所围成的图形的面积(图5-18).

分析　将图形投影到x轴上,注意到这时该图形的下边界是由两条曲线$y=-\sqrt{2x}$及$y=x-4$衔接而成(图5-18),因此,需要将图形分割为两部分,分别求其面积.为简便起见,也可以把所求的面积看作与变量y有关的量,因此我们把该图形向y轴投影.

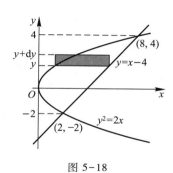

图 5-18

解　解由方程$y^2=2x$及$y=x-4$所组成的方程组,求得两曲线的

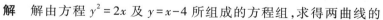

交点$(2,-2)$及$(8,4)$,因此该图形在y轴上的投影为区间$[-2,4]$,所求的面积是区间$[-2,4]$上的可加量.在区间$[-2,4]$上任取小区间$[y,y+dy]$,在该区间上"以直代曲",即将区间$[y,y+dy]$所对应的小曲边梯形近似看作以线段$[y,y+dy]$为高,以点y处的两函数值之差

$$(y+4)-\frac{1}{2}y^2$$

为底的小矩形（图5-18的灰度部分）,该小矩形的面积

由这里的解法,有哪些感想?

$\left[(y+4)-\frac{1}{2}y^2\right]dy$ 就是要求面积的微元 dA.再注意到y的取值区间为$[-2,4]$,它就是定积分的积分区间.于是所求面积为

$$A = \int_{-2}^{4}\left[(y+4)-\frac{1}{2}y^2\right]dy = \left[\frac{y^2}{2}+4y-\frac{y^3}{6}\right]_{-2}^{4} = 18.$$

一般说来,利用微元法可以得到如图5-19所示的由曲线$y=f(x)$,$y=g(x)$($f(x) \geqslant g(x)$)及直线$x=a$,$x=b$($a<b$)所围成的图形的面积

$$A = \int_{a}^{b}[f(x)-g(x)]dx$$

以及图5-20所示的由曲线$x=\psi(y)$,$x=\varphi(y)$($\psi(y) \geqslant \varphi(y)$)及直线$y=c$,$y=d$($c<d$)所围成的图形的面积

$$A = \int_{c}^{d}[\psi(y)-\varphi(y)]dy.$$

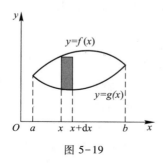

图 5-19

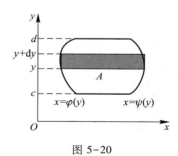

图 5-20

例 4.3　求由星形线$\begin{cases}x=a\cos^3\theta,\\ y=a\sin^3\theta\end{cases}$所围图形（图5-21）的面积.

解　如图5-21所示,该星形线所围成的图形关于两个坐标轴都是对称的.因此整个图形的面积等于该曲线在第一象限内的部分与x,y轴所围面积的4倍.第一象限内的面积是x的变化区间$[0,a]$上的可加量.在$[0,a]$上任取小区间$[x,x+dx]$,记x对应的曲线上点的纵坐标为y,因此面积微元为$dA=ydx$（图5-21）,于是第一象限内的面积为

$$A = \int_{0}^{a}ydx.$$

由于题目所给的曲线方程是参数方程,x,y都是参变量t的函数.因此利用其参数方程对该定积分实施换元法,即令$x=a\cos^3\theta$,则 $dx=-3a \cdot$

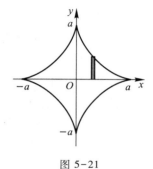

图 5-21

$\cos^2\theta\sin\theta\mathrm{d}\theta, y = a\sin^3\theta$;并且当 $x = 0$ 时 $\theta = \dfrac{\pi}{2}$,当 $x = a$ 时 $\theta = 0$,于是

$$A = \int_0^a y\mathrm{d}x = \int_{\frac{\pi}{2}}^0 a\sin^3\theta \cdot 3a\cos^2\theta(-\sin\theta)\mathrm{d}\theta$$

$$= 3a^2\int_0^{\frac{\pi}{2}}\sin^4\theta\cos^2\theta\mathrm{d}\theta = 3a^2\int_0^{\frac{\pi}{2}}\sin^4\theta(1-\sin^2\theta)\mathrm{d}\theta$$

$$= 3a^2\left(\int_0^{\frac{\pi}{2}}\sin^4\theta\mathrm{d}\theta - \int_0^{\frac{\pi}{2}}\sin^6\theta\mathrm{d}\theta\right)$$

$$= 3a^2\left(\frac{3}{4}\cdot\frac{1}{2}\cdot\frac{\pi}{2} - \frac{5}{6}\cdot\frac{3}{4}\cdot\frac{1}{2}\cdot\frac{\pi}{2}\right) = \frac{3}{32}\pi a^2.$$

因此,所求的星形线所围图形的面积为

$$4\times\frac{3}{32}\pi a^2 = \frac{3}{8}\pi a^2.$$

> 通过例 4.3 你认为,当图形的边界方程为参数方程时,计算该图形的面积时需要做哪些工作?

2.2　极坐标系下图形面积的计算

用极坐标方程来描述曲线是比较常用的方法.图 5-22 中的曲边形(简称为曲边扇形)是由曲线 $\rho = \rho(\theta)$ 及射线 $\theta = \alpha, \theta = \beta$ 所围成,下面来讨论如何用定积分来求其面积 A.

该图形曲边上点的极角 θ 的取值范围为 $[\alpha, \beta]$,所求面积是 $[\alpha, \beta]$ 上的非均匀分布的可加量,所以采用微元法.为此,在 $[\alpha, \beta]$ 上任取一个小区间 $[\theta, \theta+\mathrm{d}\theta]$,在该小区间上"以匀(不变)代非匀(变)"——将该区间对应的曲线上各点的极径认为是从 θ 起不变的.即将该区间对应的曲边用以极点为圆心、以 θ 处的极径 $\rho = \rho(\theta)$ 为半径的圆周来近似(图 5-22),它所对应的圆扇形的面积 $\dfrac{1}{2}\rho^2(\theta)\mathrm{d}\theta$ 就是要找的面积微元.积分区间是 θ 的取值范围 $[\alpha, \beta]$,因此,要求的曲边扇形的面积为

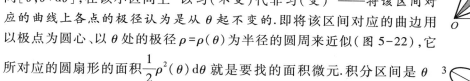

图 5-22

$$A = \frac{1}{2}\int_\alpha^\beta \rho^2(\theta)\mathrm{d}\theta. \tag{4.1}$$

例 4.4　计算由三叶玫瑰线 $\rho = a\sin 3\theta$ 所围成图形的面积.

解　该三叶玫瑰线所围成的图形如图 5-23 所示.由图形的对称性

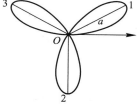

图 5-23

可知,所求面积 A 等于 $0\leqslant\theta\leqslant\dfrac{\pi}{6}$ 时所对应图形的面积的 6 倍.因此利用式(4.1),所求面积为

$$A = 6\cdot\int_0^{\frac{\pi}{6}}\frac{1}{2}a^2\sin^2 3\theta\mathrm{d}\theta = \frac{\pi}{4}a^2.$$

> 怎么断定这里的定积分上限为 $\dfrac{\pi}{6}$?

3. 定积分在几何学中的其他应用

3.1　平行截面面积为已知的立体的体积

如图 5-24,设一立体在 x 轴上的投影为区间 $[a, b]$,易知该立体的体积 V 是区间 $[a, b]$ 上的非均匀分布的可加量.我们采用微元法求该体积.

为求其"微元",在 $[a, b]$ 上任取一个微小区间 $[x, x+\mathrm{d}x]$,过点 $x, x+\mathrm{d}x$ 分别作垂直于 x 轴的

平面截该立体,得到该小区间所对应的局部立体 $\Delta\Omega$(图 5-24).记点 x 所对应的截面为 $A(x)$(其面积也记为 $A(x)$,其中 $A(x)$ 为 x 的连续函数).在区间 $[x,x+\mathrm{d}x]$ 上"以匀(不变)代非匀(变)"——将 $\Delta\Omega$ 近似看作以截面 $A(x)$ 为底、高为 $\mathrm{d}x$ 的柱体,其体积

图 5-24

$$\mathrm{d}V(x) = A(x)\,\mathrm{d}x$$

就是要求的体积微元.注意到 x 的取值区间为 $[a,b]$,因此有

$$V = \int_a^b A(x)\,\mathrm{d}x. \tag{4.2}$$

下面用式(4.2)作"已知"来求解几个具体问题.我们看到,应用式(4.2)的关键是求出截面面积 $A(x)$.

> 公式(4.2)是利用微元法得出的计算立体体积的方法.利用它需要注意什么?

例 4.5 证明:底面积为 Q,高为 h 的锥体的体积是

$$V = \frac{1}{3}Qh.$$

证 如图 5-25,取锥体的顶点为坐标原点 O,取过顶点 O 垂直于底面的直线为 z 轴(正方向为指向底面的方向).过 z 轴上的任意一点 $z(0 \le z \le h)$ 作垂直于 z 轴的平面截锥体,记所得截面的面积为 $A(z)$.

由初等几何的知识知,平行于锥体底面的截面,其面积与底面面积之比等于二者分别距顶点距离的平方比,即

$$\frac{A(z)}{Q} = \frac{z^2}{h^2} \text{或} A(z) = \frac{z^2}{h^2}Q, \ 0 \le z \le h.$$

由式(4.2),所求的体积为

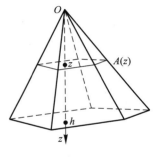

图 5-25

$$V = \int_0^h A(z)\,\mathrm{d}z = \int_0^h \frac{z^2}{h^2}Q\,\mathrm{d}z.$$

计算这个定积分得

$$V = \int_0^h \frac{z^2}{h^2}Q\,\mathrm{d}z = \frac{Q}{h^2}\int_0^h z^2\,\mathrm{d}z = \frac{1}{3}Qh.$$

例 4.6 如图 5-26 所示的空间立体是以半径为 R 的圆为底,以平行且长度等于底面圆直径的线段为顶,高为 h 的正劈锥体,计算该立体的体积.

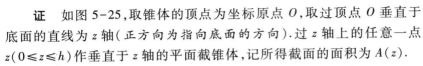

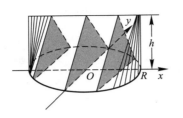

图 5-26

解 如图 5-26,在底面圆所在的平面上以其圆心为坐标原点,x 轴与正劈锥体的顶平行,建

立直角坐标系 xOy，则底面圆周的方程为 $x^2+y^2=R^2$，它在 x 轴上的投影为 $[-R,R]$.该立体是区间 $[-R,R]$ 上的非均匀分布的可加量.过 x 轴上的任意一点 $x\in(-R,R)$ 作垂直于 x 轴的平面截该立体，所得的截面是一个等腰三角形，其面积为

$$A(x)=h\cdot y=h\sqrt{R^2-x^2}.$$

于是由式(4.2)，所求立体的体积为

$$V=\int_{-R}^{R}A(x)\,\mathrm{d}x=2h\int_{0}^{R}\sqrt{R^2-x^2}\,\mathrm{d}x=2R^2h\int_{0}^{\frac{\pi}{2}}\cos^2\theta\,\mathrm{d}\theta=\frac{\pi R^2h}{2}.$$

3.2　旋转体的体积

利用上面关于平行截面面积为已知的立体的体积的计算方法作"已知"，很容易计算旋转体的体积.

设有如图 5-27 所示的旋转体，它是由连续曲线 $y=f(x)$ $(a\leqslant x\leqslant b)$，直线 $x=a,x=b$ 及 x 轴所围成的平面图形绕 x 轴旋转一周而得到的.其体积是非均匀分布在区间 $[a,b]$ 上的可加量.过任意一点 $x\in[a,b]$ 作垂直于 x 轴的平面截该旋转体，显然截面是一个以 x 为中心、以 x 点处的函数值 $f(x)$ $(f(x)>0)$ 为半径的一个圆，因此它的面积为

$$A(x)=\pi f^2(x).$$

利用式(4.2)，得

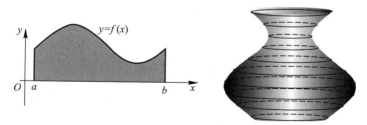

图 5-27

$$V=\int_{a}^{b}\pi f^2(x)\,\mathrm{d}x=\pi\int_{a}^{b}f^2(x)\,\mathrm{d}x. \tag{4.3}$$

类似地，由连续曲线 $x=g(y)$ $(c\leqslant y\leqslant d)$，直线 $y=c,y=d$ 及 y 轴所围成的平面图形绕 y 轴旋转一周所得的旋转体的体积为

> 请仿照推导式(4.3)的方法，推导出式(4.4).

$$V=\pi\int_{c}^{d}g^2(y)\,\mathrm{d}y. \tag{4.4}$$

例 4.7　计算由曲线 $y=\sin x$ $\left(0\leqslant x\leqslant\dfrac{5\pi}{6}\right)$ 与 x 轴所围成的平面图形（图5-28）绕 x 轴旋转一周所得立体的体积.

解　利用式(4.3)容易得到

$$V=\pi\int_{0}^{\frac{5\pi}{6}}\sin^2x\,\mathrm{d}x=\pi\int_{0}^{\frac{5\pi}{6}}\frac{1-\cos 2x}{2}\,\mathrm{d}x=\frac{\pi}{2}\left(x-\frac{\sin 2x}{2}\right)\Bigg|_{0}^{\frac{5\pi}{6}}=\frac{5\pi^2}{12}+\frac{\sqrt{3}\,\pi}{8}.$$

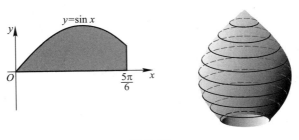

图 5-28

例 4.8　计算由椭圆 $\dfrac{x^2}{a^2}+\dfrac{y^2}{b^2}=1$ 所围成的图形绕 y 轴旋转所形成的旋转体（图 5-29）的体积.

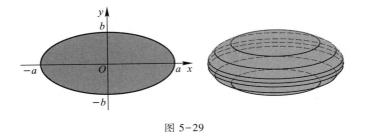

图 5-29

解　它可以看作由椭圆的右半支绕 y 轴旋转一周而形成的. 由 $\dfrac{x^2}{a^2}+\dfrac{y^2}{b^2}=1$ 得右半椭圆周的方程为

$$x=a\sqrt{1-\frac{y^2}{b^2}}=\frac{a}{b}\sqrt{b^2-y^2}\ \ (-b\leqslant y\leqslant b),$$

因此由式（4.4），得

$$V=\pi\int_{-b}^{b}\frac{a^2}{b^2}(b^2-y^2)\,\mathrm{d}y=\frac{2\pi a^2}{b^2}\int_{0}^{b}(b^2-y^2)\,\mathrm{d}y$$

$$=\frac{2\pi a^2}{b^2}\left[b^2y-\frac{1}{3}y^3\right]_{0}^{b}=\frac{4}{3}\pi a^2b.$$

当 $a=b$ 时，旋转椭球就变成半径为 a 的球，它的体积为 $\dfrac{4}{3}\pi a^3$.

例 4.9　求由圆形区域 $D:(x-a)^2+y^2\leqslant r^2(a>r>0)$（图 5-30 左）绕 y 轴旋转一周所得旋转体（图 5-30 右）的体积.

解　所求旋转体（图 5-30）的体积可看作由曲边梯形 *ABCED* 与 *ABCFD* 分别绕 y 轴（图 5-30 中）旋转而得到的旋转体的体积之差.

记 $\overset{\frown}{CFD}$ 的方程为 $x=x_1(y)$，$\overset{\frown}{CED}$ 的方程为 $x=x_2(y)$.

由 $(x-a)^2+y^2=r^2$ 解得 $x=x_2(y)=a+\sqrt{r^2-y^2}$ 与 $x=x_1(y)=a-\sqrt{r^2-y^2}$. 因此所求体积为

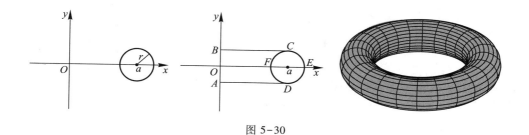

图 5-30

$$V = \pi \int_{-r}^{r} x_2^2(y)\,\mathrm{d}y - \pi \int_{-r}^{r} x_1^2(y)\,\mathrm{d}y = \pi \int_{-r}^{r} \left[x_2^2(y) - x_1^2(y) \right]\mathrm{d}y$$

$$= \pi \int_{-r}^{r} \left[\left(a + \sqrt{r^2 - y^2} \right)^2 - \left(a - \sqrt{r^2 - y^2} \right)^2 \right]\mathrm{d}y$$

$$= \pi \int_{-r}^{r} 4a\sqrt{r^2 - y^2}\,\mathrm{d}y = 4a\pi \cdot \frac{\pi}{2} r^2 = 2a\pi^2 r^2.$$

例 4.10　计算由摆线(也称旋轮线)$x = a(t - \sin t)$，$y = a(1 - \cos t)$ 相应于 $0 \le t \le 2\pi$ 的一拱与 x 轴所围成的图形分别绕(1)x 轴；(2)y 轴旋转所成的旋转体的体积.

解　(1) 当 $t = 0$ 时，$x = 0$；当 $t = 2\pi$ 时，$x = 2\pi a$，因此，由式(4.3)，该图形绕 x 轴旋转所成的旋转体的体积为

$$V_x = \pi \int_0^{2\pi a} y^2(x)\,\mathrm{d}x = \pi \int_0^{2\pi} a^2(1 - \cos t)^2 \cdot a(1 - \cos t)\,\mathrm{d}t$$

$$= \pi a^3 \int_0^{2\pi} (1 - 3\cos t + 3\cos^2 t - \cos^3 t)\,\mathrm{d}t = 5\pi^2 a^3.$$

(2) 如图 5-31，所要求的体积在区间 $[0, 2\pi a]$ 上具有可加性．它等于将区间 $[0, 2\pi a]$ 分割后各小区间所对应的曲边梯形分别绕 y 轴旋转所得到的旋转体体积之和．因此我们用微元法来求所要求的体积．为求出体积微元，在区间 $[0, 2\pi a]$ 上任取小区间 $[x, x + \mathrm{d}x]$．将该小区间上对应的曲边梯形近似看作以 x 点处对应的 $y = y(x)$ 为高、以线段 $[x, x + \mathrm{d}x]$ 为底的小矩形．该小矩形绕 y 轴旋转所成的旋转

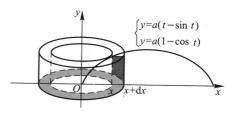

图 5-31

体是以 y 轴为对称轴、厚度为 $\mathrm{d}x$，内半径为 x，高为 $y = y(x)$ 的圆筒．其体积为

$$\Delta V = \pi\,(x + \mathrm{d}x)^2 \cdot y(x) - \pi x^2 \cdot y(x) = 2\pi x \cdot y(x)\,\mathrm{d}x + \pi y(x)(\mathrm{d}x)^2,$$

忽略其中的 $\mathrm{d}x$ 的高阶无穷小量，其体积近似等于 $2\pi x \cdot y(x)\,\mathrm{d}x$，它就是要求的体积微元．注意到 $x \in [0, 2\pi a]$，因此，摆线绕 y 轴旋转所成的旋转体的体积为

$$V_y = \int_0^{2\pi a} 2\pi x \cdot y(x)\,\mathrm{d}x.$$

利用参数方程进行换元，得

$$V_y = \int_0^{2\pi a} 2\pi x \cdot y(x)\,\mathrm{d}x = 2\pi \int_0^{2\pi} a(t - \sin t) \cdot a(1 - \cos t) \cdot a(1 - \cos t)\,\mathrm{d}t$$

$$= 2\pi a^3 \int_0^{2\pi} (t - \sin t)(1 - \cos t)^2\,\mathrm{d}t$$

$$= 2\pi a^3 \int_0^{2\pi} (t - 2t\cos t + t\cos^2 t - \sin t + \sin 2t - \cos^2 t\sin t)\,\mathrm{d}t$$

$$= 2\pi a^3 \cdot 3\pi^2 = 6\pi^3 a^3.$$

3.3 平面曲线的弧长

设 l 是以 A,B 为端点的光滑曲线,其参数方程为

$$\begin{cases} x = x(t), \\ y = y(t), \end{cases} \alpha \leqslant t \leqslant \beta,$$

$t = \alpha, \beta$ 分别对应端点 A, B(图 5-32).由于曲线是光滑的,因此 $x'(t)$,
$y'(t)$ 存在且连续,并且 $x'^2(t) + y'^2(t) \neq 0$(参见第三章第六节).

光滑曲线的长度总是可以求出的,简称可求长.

显然要求的弧长是 $[\alpha, \beta]$ 上的非均匀分布的可加量.下面用微元
法来求它的弧长.以参数 t 为积分变量.在 $[\alpha, \beta]$ 上任取一小区间 $[t, t+\mathrm{d}t]$,设 $t, t+\mathrm{d}t$ 分别对应于曲线上的点 $M_t(x(t), y(t))$,
$M_{t+\mathrm{d}t}(x(t+\mathrm{d}t), y(t+\mathrm{d}t))$(图 5-32),由 l 是光滑曲线,将 $[t, t+\mathrm{d}t]$ 所对
应的 l 上的小弧段 $\overparen{M_t M_{t+\mathrm{d}t}}$ 用弦 $\overline{M_t M_{t+\mathrm{d}t}}$ 来近似(以直代曲).由于弦
$\overline{M_t M_{t+\mathrm{d}t}}$ 的长度为

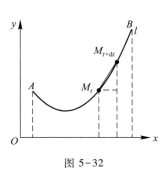

图 5-32

$$\Delta s = \sqrt{[x(t+\mathrm{d}t) - x(t)]^2 + [y(t+\mathrm{d}t) - y(t)]^2}$$

$$\approx \sqrt{[x'(t)\mathrm{d}t]^2 + [y'(t)\mathrm{d}t]^2} = \sqrt{x'^2(t) + y'^2(t)}\,\mathrm{d}t,$$

因此弧长的微元为

> 约等号"$\approx$"是怎么得来的?

$$\mathrm{d}s = \sqrt{x'^2(t) + y'^2(t)}\,\mathrm{d}t, \tag{4.5}$$

于是所求的弧长为

$$s = \int_\alpha^\beta \sqrt{x'^2(t) + y'^2(t)}\,\mathrm{d}t. \tag{4.6}$$

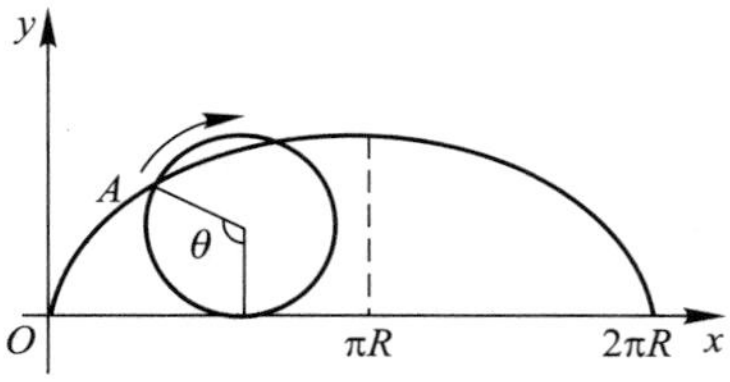

例 4.11 计算旋轮线 $\begin{cases} x = R(\theta - \sin\theta), \\ y = R(1 - \cos\theta), \end{cases}$ 在 θ 从 0 变到 2π 时,
所对应的一拱的长度(图 5-33).

图 5-33

解 利用参数方程下的弧长公式(4.6),得

$$s = \int_0^{2\pi} \sqrt{x'^2(\theta) + y'^2(\theta)}\,\mathrm{d}\theta$$

$$= \int_0^{2\pi} \sqrt{R^2(1 - \cos\theta)^2 + R^2\sin^2\theta}\,\mathrm{d}\theta$$

$$= R\int_0^{2\pi} \sqrt{2(1 - \cos\theta)}\,\mathrm{d}\theta = 2R\int_0^{2\pi} \left|\sin\frac{\theta}{2}\right|\mathrm{d}\theta$$

$$= 2R\int_0^{2\pi} \sin\frac{\theta}{2}\,\mathrm{d}\theta = 4R\left(-\cos\frac{\theta}{2}\right)\Big|_0^{2\pi} = 8R.$$

> 不利用图形,能看出旋轮线一拱所对应的参数的取值范围吗?

若曲线是由方程 $y = f(x)$($a \leqslant x \leqslant b$)给出,其中 $f(x)$ 在 $[a, b]$ 上具有连续的导数,这时曲线方
程可写为参数方程

$$\begin{cases} x = x, \\ y = f(x) \end{cases} \quad (a \leqslant x \leqslant b),$$

的形式,利用式(4.5)得弧长微元为

$$\mathrm{d}s = \sqrt{1 + f'^2(x)}\,\mathrm{d}x, \tag{4.7}$$

于是,弧长公式就成为

$$s = \int_a^b \sqrt{1 + f'^2(x)}\,\mathrm{d}x. \tag{4.8}$$

类似地,当曲线方程为 $x = f(y)$ $(c \leqslant y \leqslant d)$ 时,$f'(y)$ 存在且连续,有

$$s = \int_c^d \sqrt{1 + f'^2(y)}\,\mathrm{d}y. \tag{4.9}$$

例 4.12　计算曲线 $y = \dfrac{2}{3}x^{\frac{3}{2}}$ 上相应于 $3 \leqslant x \leqslant 7$ 的一段弧的弧长(图 5-34).

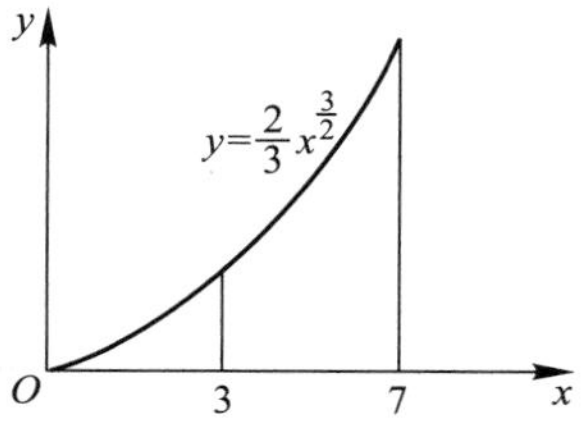

解　由 $y' = \sqrt{x}$,从而弧长微元为

$$\mathrm{d}s = \sqrt{1 + (\sqrt{x})^2}\,\mathrm{d}x = \sqrt{1 + x}\,\mathrm{d}x.$$

因此由式(4.8),所求的弧长为

$$s = \int_3^7 \sqrt{1 + x}\,\mathrm{d}x = \left[\frac{2}{3}(1 + x)^{\frac{3}{2}} \right]_3^7 = \frac{2}{3}\left[(1 + 7)^{\frac{3}{2}} - (1 + 3)^{\frac{3}{2}} \right]$$

$$= \frac{2}{3}(16\sqrt{2} - 8) = \frac{16}{3}(2\sqrt{2} - 1).$$

图 5-34

如果曲线方程是以极坐标方程

$$r = \rho(\theta) \quad (\alpha \leqslant \theta \leqslant \beta)$$

给出,并且 $\rho'(\theta)$ 存在且连续,这时将该方程化为以 θ 为参数的参数方程

$$\begin{cases} x(\theta) = \rho(\theta)\cos\theta, \\ y(\theta) = \rho(\theta)\sin\theta \end{cases} \quad (\alpha \leqslant \theta \leqslant \beta).$$

由于 $x'^2(\theta) + y'^2(\theta) = \rho^2(\theta) + \rho'^2(\theta)$,因此由式(4.5)得弧长微元

$$\mathrm{d}s = \sqrt{\rho^2(\theta) + \rho'^2(\theta)}\,\mathrm{d}\theta.$$

于是,相应的弧长为

$$s = \int_\alpha^\beta \sqrt{\rho^2(\theta) + \rho'^2(\theta)}\,\mathrm{d}\theta. \tag{4.10}$$

例 4.13　求对数螺线 $\rho = 2\mathrm{e}^\theta$ 在极角 $\theta = \alpha$ 与 $\theta = \beta$ 之间的弧长.

解　由 $\rho = 2\mathrm{e}^\theta$ 得 $\rho' = 2\mathrm{e}^\theta$,于是

$$\rho^2 + (\rho')^2 = 2^2(\mathrm{e}^{2\theta} + \mathrm{e}^{2\theta}) = 8\mathrm{e}^{2\theta},$$

利用极坐标下的弧长计算公式(4.10),有

$$s = \int_\alpha^\beta \sqrt{\rho^2 + (\rho')^2}\,\mathrm{d}\theta = 2\sqrt{2}\int_\alpha^\beta \mathrm{e}^\theta\,\mathrm{d}\theta = 2\sqrt{2}(\mathrm{e}^\beta - \mathrm{e}^\alpha).$$

设图 5-35 中的曲线方程为 $y = f(x)$ $(a \leqslant x \leqslant b)$,$A$ 为曲线的一个端点,容易看出,图 5-35 中

的变弧 $\overset{\frown}{AP}$ 的弧长可用积分上限函数

$$s(x) = \int_a^x \sqrt{1 + f'^2(t)}\, dt$$

来表示.曲线是光滑的,所以 f' 连续,因此可以对该积分上限函数求导,得

$$\frac{ds}{dx} = \sqrt{1 + y'^2(x)},$$

于是

$$ds = \sqrt{1 + y'^2(x)}\, dx. \tag{4.11}$$

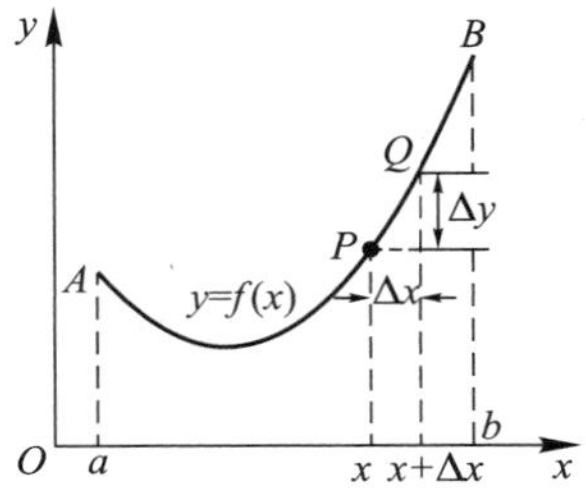

式(4.11)称为弧微分公式.

图 5-35

4. 定积分在物理学上的应用

4.1　变力沿直线做功

变力做功是日常中所经常见到的.下面用定积分的微元法来研究变力做功问题.显然应利用"以匀代非匀"的微积分基本思想将局部看作常力做功.

关于微元
法的注记

例 4.14　把一个带电荷量 $+q$ 的点电荷放在坐标原点 O 处,它产生一个电场,该电场对周围的电荷有作用力.如图 5-36,一单位正电荷在电场力的作用下从点 a 沿 r 轴移动到点 $b(b>a>0)$ 处,求电场力对它所做的功.

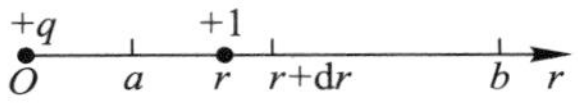

解　由电学知识知,带电荷量 $+q$ 的点电荷所产生的电场对距离它为 r 处的单位正电荷所产生的作用力为

图 5-36

$$F = k\frac{q}{r^2} \ (k\ 为常数).$$

F 与距离 r 有关,因此,在单位正电荷从点 a 沿 r 轴移动到点 b 处的过程中,电场对它的作用力随距离的变化而变化,即该作用力是一个变力.

取 r 为积分变量,它的变化区间为 $[a,b]$.所求的功在 $[a,b]$ 上是非均匀分布的可加量. 为求功的微元,在区间 $[a,b]$ 上任取一个小的区间 $[r,r+dr]$.在 $[r,r+dr]$ 上,近似看作电场力是均匀的(以匀代非匀),恒为 r 处的电场力 $F = k\dfrac{q}{r^2}$,该恒力将单位正电荷从点 r 移动到 $r+dr$ 处所做的功为

$$dW = k\frac{q}{r^2}dr,$$

这就是要求的功的微元.因此,要求的变电场力所做的功为

$$W = \int_a^b k\frac{q}{r^2}dr = kq\left(-\frac{1}{r}\right)\Big|_a^b = kq\left(\frac{1}{a} - \frac{1}{b}\right).$$

例 4.15　在底面积为 S 的圆柱形容器中盛有一定量的气体.在等温状态下,由于气体的膨胀,把容器中的一个活塞(面积为 S)从点 a 处推移到点 b 处(图 5-37),计算在移动过程中气体所做的功.

解　该气体在膨胀过程中对活塞的压强(力)随体积增大而变小,因此,活塞在从点 a 处推

移到点 b 处的过程中所受的力是"变力".由于所求的功在区间 $[a,b]$ 上具有可加性,为此用微元法.

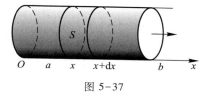

取坐标系如图 5-37 所示.活塞在移动过程中的位置可以用变量 x 来表示,$x\in[a,b]$.由物理学知,一定量的气体在等温条件下压强 p 与体积 V 成反比,即

图 5-37

$$p=\frac{k}{V},\text{其中常数 }k\text{ 为比例系数}.$$

又 $V=xS$,所以

$$p=\frac{k}{xS}.$$

于是,在点 x 处,活塞所受的力

$$F=p\cdot S=\frac{k}{xS}\cdot S=\frac{k}{x}.$$

由此看到,在活塞的移动过程中,作用在活塞上的力随 x 的增大而小.为求功的微元,在区间 $[a,b]$ 上任取一个小区间 $[x,x+\mathrm{d}x]$,在这个小区间上近似看作活塞所受的力是不变的(以匀代非匀),都是在点 x 处所受的力 $\frac{k}{x}$.这个力将活塞从 x 移动到 $x+\mathrm{d}x$ 处所做的功为

$$\mathrm{d}W=\frac{k}{x}\mathrm{d}x,$$

它就是要求的功的微元.于是,所求的功为

$$W=\int_a^b\frac{k}{x}\mathrm{d}x=k\ln x\Big|_a^b=k\ln\frac{b}{a}.$$

例 4.16　一圆柱形的贮水桶,其高为 10 m,底圆半径为 4 m,桶内盛满了水.现在要把桶内的水全部抽出来,需要做多少功?

解　如图 5-38 作 x 轴,建立坐标系.所求的功在区间 $[0,10]$ 上具有可加性,因此用微元法来计算所求的功.

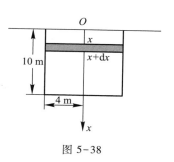

图 5-38

在区间 $[0,10]$ 上任取一个小的区间 $[x,x+\mathrm{d}x]$,相应这个小区间的一薄层水的高度为 $\mathrm{d}x$.若用 g 表示重力加速度(可取为 10 m/s^2),那么这薄层水的重力为 $10\pi\cdot4^2\mathrm{d}x$.把这薄层的水到桶表面的距离认为是不变的(以匀代非匀),都为 x,把它吸出来所需要做的功近似为

$$\mathrm{d}W=160\pi x\mathrm{d}x,$$

它就是要求的功的微元.于是所求的功为

$$W=\int_0^{10}160\pi x\mathrm{d}x=80\pi x^2\Big|_0^{10}=8\,000\pi(\mathrm{kJ}).$$

4.2　水压力

在水中深度为 h 处水平放置一块面积为 A 的平板,由于在该深度压强为 $p=gh$(其中 g 为重力加速度,水的密度取作 1),因此该平板的一侧所受压力为 $P=pA=ghA$.这就是下面研究问题所借助的"已知".

现在考虑竖直放置在水中的一块平板,欲求它的一侧所受的压力.这时压强不再是常量,而是在水深不同的点处具有不同的压强,下面通过一个例子来说明计算该平板的一侧所受压力的方法.

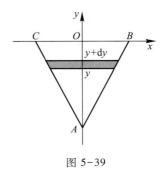

图 5-39

例 4.17　有一块高为 a,底边长为 b 的等腰三角形薄板,将其顶点在下,竖直置于水中,并使底边正好与水面相齐(图 5-39),求该薄板的一侧所受的压力.

解　该薄板的各个高度所受的水的压强 p 随水的深度而变化.取三角形薄板的底边为 x 轴,底边的中点为坐标原点,并使得 y 轴指向向上,建立如图 5-39 所示的平面坐标系 xOy.则其一腰 AB 的方程为

$$\frac{x}{\frac{b}{2}}+\frac{y}{-a}=1,$$

或

$$x=\frac{b}{2}\left(1+\frac{y}{a}\right).$$

显然,整个薄板所受的压力在区间 $[-a,0]$ 上具有可加性.在区间 $[-a,0]$ 上任取小区间 $[y,y+\mathrm{d}y]$,在它所对应的小窄条上"**以匀代非匀**",即近似看作各点处所受的压强都是相同的,都为点 y 处的压强 $p=-gy$(取水的密度为 1).而小窄条的面积近似为 $2x\mathrm{d}y$,因此小窄条所受的压力为

$$\mathrm{d}P=(-gy)\cdot 2x\mathrm{d}y.$$

由 $x=\frac{b}{2}\left(1+\frac{y}{a}\right)$,因此,压力微元为

$$\mathrm{d}P=(-gy)b\left(1+\frac{y}{a}\right)\mathrm{d}y.$$

薄板的一侧所受的压力为

$$P=\int_{-a}^{0}(-gy)b\left(1+\frac{y}{a}\right)\mathrm{d}y=-\frac{bg}{a}\int_{-a}^{0}y(a+y)\mathrm{d}y=\frac{1}{6}a^2bg.$$

4.3　引力

由万有引力定律,相距为 r、质量分别为 m_1,m_2 的两质点之间的引力大小为

$$f=k\frac{m_1m_2}{r^2},$$

其中 k 为引力系数,引力的方向沿两质点的连线方向.

如果将其中的一个质点换成细棒,细棒上各点与棒外的质点的距离是不同的,因此它们之间的引力是不同的.现在来研究整个细棒对棒外质点的引力.

例 4.18　有一长为 l,线密度为 μ 的均匀细直棒,细棒所在的直线上另有一点 O,O 与细棒最近距离为 a($a>0$)(图 5-40),求细棒对点 O 处质量为 m 的质点的引力.

解　细棒上各点对点 O 处的质点的引力是非均匀的,随着细棒上点的位置的不同而不同,但它们的方向是相同的.由于引力的大小具有可加性,因此采用微元法.

以点 O 为坐标原点,细棒所在的直线作坐标轴建立坐标系(图 5-40).以细棒上的点到点 O

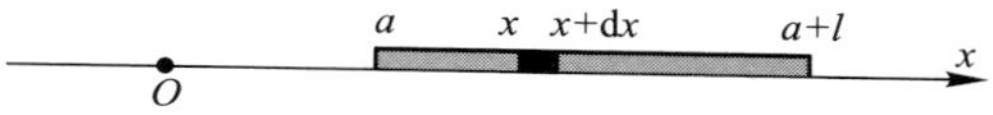

图 5-40

的距离 x 作积分变量,它的变化范围为 $[a,a+l]$.在 $[a,a+l]$ 上任取一个小区间 $[x,x+dx]$,该区间上细棒的质量为 μdx,并且我们认为该质量集中在点 x 处.那么,可以按照两质点的引力计算公式求出这一小段细棒对质点的引力近似为

$$df = k\frac{m\mu dx}{x^2},$$

它就是要求引力的微元.于是,整个细棒对该质点的引力为

$$f = \int_a^{a+l} k\frac{m\mu}{x^2}dx = km\mu\left(\frac{1}{a}-\frac{1}{a+l}\right) = \frac{km\mu l}{a(a+l)}.$$

5. 数学建模的实例

存储问题广泛存在于原材料储备、商品销售等实际生活和工作中.订购的货物(或原材料)除正常消耗外还需要进行存储,从而有存储费用的支出,因此单次订货量过大会导致存储费用增加,而单次订货量过小则会由于订货次数的增多而导致总订货费用的增加,因此,单次订货量及订货周期是有一个最优点的.下面建立一个不允许缺货的数学模型来讨论这个问题.首先做如下的简化和假设:

(1)单位时间内货物需求量(或消耗量)为 r;

(2)两次订货时间间隔(即订货周期)为 T,单次订货量为 Q,且当存储量为 0 时新的一批货物刚好到达;

(3)每次订货需支付订货费 C_1 与订货量大小无关;

(4)单位时间单位货物存储费用为 C_2.

根据假设(1)和假设(2),订货量 Q 和订货周期 T 以及单位时间的需求量 r 之间的关系为

$$Q = rT.$$

记时刻 t 需要存储的货物量为 $q(t)$,则 $q(t)$ 是一个以 T 为最小正周期的周期函数($t>0$),在每个周期上为 t 的线性单调递减函数(图 5-41),其中

$$q(t) = Q-\frac{Q}{T}t, \quad t \in [0,T].$$

利用微元法并由定积分的几何意义可得在一个订货周期内所需要的总存储费用为

$$C_2\int_0^T q(t)dt = \frac{C_2rT^2}{2},$$

则在一个周期内所需要的总费用 C 由订货费和存储费组成,即

$$C = C_1+\frac{C_2rT^2}{2}.$$

显然最优的订货方式不能以一个周期的费用来衡量,而应以单位时间的平均费用 $\bar{C}$ 最小为目标,而

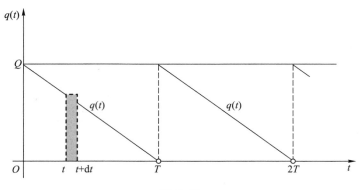

图 5-41

$$\bar{C} = \frac{C}{T} = \frac{C_1}{T} + \frac{C_2 rT}{2}.$$

利用求最值的方法可得到当 $T = \sqrt{\dfrac{2C_1}{rC_2}}$ 时,单位时间的费用最小,且每次订货的总量 $Q = rT = \sqrt{\dfrac{2C_1 r}{C_2}}$,这个结果就是经济学中著名的**经济订货批量公式(EOQ 公式)**.

历史人物简介

祖冲之

习题 5-4(A)

1. 判断下面的论述是否正确,并说明理由:

在利用微元法时首先要确定所求的量 Q 可以看作是定义在哪个区间上的非均匀分布的可加量,在该区间上任取一微小区间 $[x, x+dx]$,在 $[x, x+dx]$ 上**以匀代非匀**.即,将区间 $[x, x+dx]$ 对应的 Q 的局部量 ΔQ 看作从 x 起是连续均匀变化的,从而用初等方法求出 ΔQ 的近似值,即 Q 的微元 $dQ = f(x)dx$.

2. 求下列各平面图形的面积 A:

(1) 由抛物线 $y = 4x^2 - x^4$ 与 x 轴的正半轴围成;

(2) 由曲线 $y = e^x, y = e$ 与直线 $x = 0$ 围成;

(3) 由抛物线 $x = y^2$ 与直线 $y = 2x - 3$ 围成;

(4) 由双曲线 $xy = 1$ 及直线 $y = x, x = 2$ 围成;

（5）椭圆周 $x=4\cos t, y=9\sin t$ 所围的内部；

（6）位于圆周 $x^2+y^2=a^2$ 外部及圆周 $x^2+y^2=2ax$ 内部；

（7）心形线 $\rho=1+\cos\theta$ 所围的内部.

3. 求下列各平面图形绕指定坐标轴旋转一周所产生的旋转体的体积：

（1）由 $y=2x+1, y=0, x=0, x=1$ 围成，分别绕 x 轴、y 轴旋转；

（2）由 $y=\arcsin x, x=1, y=0$ 围成，绕 x 轴旋转；

（3）由 $x^2+(y-5)^2=16$ 围成，绕 x 轴旋转；

（4）由星形线 $x=a\cos^3 t, y=a\sin^3 t$ 在 x 轴的上方部分与 x 轴围成，绕 x 轴旋转.

4. 一立体以抛物线 $y^2=x$ 与直线 $x=4$ 围成的区域为底，用垂直于 x 轴的平面截得的截面都是正方形，求该立体的体积.

5. 计算下列平面曲线的弧长：

（1）曲线 $y=\dfrac{1}{3}\sqrt{x}(3-x)$ 上从 $x=1$ 到 $x=3$ 的一段；

（2）曲线 $y=\ln(1-x^2)$ 上从 $x=0$ 到 $x=\dfrac{1}{2}$ 的一段；

（3）星形线 $x=a\cos^3 t, y=a\sin^3 t$ 的全长；

（4）阿基米德螺线 $\rho=3\theta$ 上对应于从 $\theta=0$ 到 $\theta=2\pi$ 的一段；

（5）曲线 $\rho\theta=1$ 上，从 $\theta=1$ 到 $\theta=2$ 的一段.

6. 质点在力 $F(x)=x^3+\sqrt{x}$ 的作用下，从 $x=2$ 处移动到 $x=0$ 处，求力 $F(x)$ 所做的功.

7. 由物理实验知道：弹簧在拉伸过程中，需要的力 F（单位：N）与伸长量 s（单位：cm）成正比，即 $F=ks$（k 为比例系数），如果把弹簧由原长拉伸 6 cm，计算力 F 所做的功.

8. 半径为 R 的半球形水池已经装满水，现将水全部吸出水池，求克服重力所做的功.

9. 一个盛满水的圆锥形贮水池，深 15 m，口径 20 m，要将水全部吸出需要做多少功？

10. 有一矩形板垂直水面浸在水中，其底为 8 m，高为 12 m，上沿与水面平行，并距水面 5 m，求矩形板的一侧所受的水压力.

11. 有一条横截面边缘为抛物线 $y=\dfrac{x^2}{4}(0<y<4)$（单位：m）的水渠，渠内有一个铅直的闸门，就下列两种情形分别计算闸门一侧受到的水的压力：

（1）当渠内水深 2 m 时；（2）当渠内水满时.

习题 5-4（B）

1. 求下列各平面图形的面积：

（1）由抛物线 $y=\dfrac{x^2}{4}$ 与直线 $3x-2y=4$ 围成；

（2）由曲线 $y=e^x, y=e^{2x}$ 与直线 $y=2$ 围成；

（3）双纽线 $\rho^2=2\cos 2\theta$ 与圆 $\rho=1$ 围成的图形的公共部分.

2. 过点 $(0,0),(1,2)$ 求一条开口向下的抛物线，使它与 x 轴围成区域面积最小.

3. 求下列各平面图形绕指定轴旋转一周所产生的旋转体的体积：

（1）由 $y=\sin x(0\leqslant x\leqslant\pi)$ 与 x 轴所围成，分别绕 x 轴、y 轴旋转；

（2）由 $x^2+y^2=1$ 围成，绕直线 $x=-2$ 旋转.

4. 将半径为 R 的球体沿一条直径打一个直径为 R 的圆孔，求剩余部分的体积.

5. 设直线 $y = ax\,(a<1)$ 与抛物线 $y = x^2$ 围成的图形面积记作 A_1;由直线 $y = ax\,(a<1)$,抛物线 $y = x^2$ 及直线 $x = 1$ 围成的图形面积记作 A_2.(1) 求 a 值,使 $A_1 + A_2$ 最小;(2) 求当 $A_1 + A_2$ 取最小值时对应的图形绕 x 轴旋转一周所得的旋转体体积 V.

6. 两个半径为 R 的圆柱体的中心线垂直相交,求这两个圆柱体公共部分的体积.

7. 求由在区间 $\left[0, \dfrac{\pi}{4}\right]$ 上定义的两条曲线 $y = \sin x,y = \cos x$ 及 y 轴所围成的图形分别绕 x 轴、y 轴旋转一周所得的旋转体体积.

8. 求曲线 $y^2 = \dfrac{2}{3}(x-1)^3$ 被抛物线 $y^2 = \dfrac{x}{3}$ 截得的一段弧的弧长.

9. 将长、短半轴分别为 a,b 的一椭圆形板铅直放入水中,长为 $2a$ 的轴与水面平行,分别求下列两种情况下薄板受的水压力:

（1）水面刚好淹没薄板的一半;（2）水面刚好淹没该薄板.

10. 一颗人造地球卫星的质量为 $173\,\mathrm{kg}$,在高于地面 $630\,\mathrm{km}$ 处进入轨道.问把这颗卫星从地面送到 $630\,\mathrm{km}$ 的高空处,克服地球引力要做多少功?

11. 以下各种容器中均装满水,分别把各容器中的水全部从容器口抽出,求克服重力所做的功:

（1）容器为圆柱形,高为 h,底半径为 r;

（2）容器为圆台形,高为 h,上底半径为 r,下底半径为 $R(r<R)$;

（3）容器表面为抛物线 $y = x^2\,(0 \leqslant x \leqslant 2)$ 的弧段绕 y 轴旋转所产生的旋转面.

12. 设有一半径为 r,中心角为 θ 的圆弧形细棒,其线密度为常数 μ,在圆心处有一质量为 m 的质点,求该细棒对质点的引力.

第五节　反常积分

　　第四节的例 4.14 讨论了在带电量 $+q$ 的点电荷所产生的电场中,电场力将一单位正电荷从点 a 沿 r 轴移动到点 b 所做的功 W 的计算问题,得出了

$$W = \int_a^b k\,\frac{q}{r^2}\,\mathrm{d}r.$$

我们知道,依照对电场中某点的电势之规定,电场中某点的电势为电场力将单位正电荷自该点移至无穷远点所做的功.因此,计算电场中某点的电势也是计算电场力做功问题,但这却不是定积分所能解决的! 因为定积分所讨论的问题必须是在(有限)闭区间上,超出了定积分所讨论的范围.

　　由此看出,定积分的定义要求:(1) 积分区间是一个(有限)闭区间;(2) 被积函数在该区间上有界,这两个条件是苛刻的.理论中与实际中的许多有意义的问题都满足不了这两个条件.为此,需要将对定积分的上述两个要求放开,将它从两个方面加以推广:

　　（1）将积分区间推广为无穷区间;

　　（2）将被积函数推广为无界函数,

从而有下面要研究的**反常积分**,也称作**广义积分**.

1. 无穷区间上的反常积分

　　首先将积分区间由(有限)闭区间推广为无穷区间.不难想象,这需要利用定积分的概念与极

限作"已知"来认识与研究它.下面正是基于这一思想来讨论无穷(限)积分.首先来看下面的问题.

例 5.1　在由带电量为 q 的点电荷所形成的电场中,求某一点 a 处的电势.

解　不妨设点电荷 q 位于坐标原点,单位正电荷位于 x 轴右半轴上,与坐标原点相距为 $a(a>0)$.则当单位正电荷在 x 轴上由 x 移至 $x+\Delta x$ 时,电场力所做的功近似等于

$$dW = F(x)dx = k\frac{q}{x^2}dx.$$

我们知道,它就是功的微元.根据上一节的讨论知,将该电荷从 a 移至 $b(b>a)$ 处,电场力所做的功为

$$W_b = \int_a^b k\frac{q}{x^2}dx.$$

不难想象,为求将单位正电荷从点 a 移至无穷远点处电场力所做的功,应令上式在 $b\to+\infty$ 时求极限,即有

$$W = \lim_{b\to+\infty} W_b = \lim_{b\to+\infty}\int_a^b k\frac{q}{x^2}dx = \lim_{b\to+\infty} kq\left(\frac{1}{a}-\frac{1}{b}\right) = \frac{kq}{a}.$$

将上述问题一般化,就有下面的无穷(区间上的)积分的定义.

定义 5.1(无穷积分)　设函数 $f(x)$ 在区间 $[a,+\infty)$ 内有定义,且对任意的 $b>a$,$f(x)$ 在区间 $[a,b]$ 上可积,称

$$\lim_{b\to+\infty}\int_a^b f(x)dx$$

为 $f(x)$ 在无穷区间 $[a,+\infty)$ 内的反常积分,简称无穷积分,记作 $\int_a^{+\infty} f(x)dx$,即

$$\int_a^{+\infty} f(x)dx = \lim_{b\to+\infty}\int_a^b f(x)dx.$$

> 从定义来看,定义无穷(限)积分收敛或发散主要用了哪些"已知"?

若极限 $\lim\limits_{b\to+\infty}\int_a^b f(x)dx$ 存在,则称该无穷积分收敛,并称该极限值为这个无穷积分的值;若上述极限不存在,则称该无穷积分发散.

设 $f(x)$ 在区间 $[a,+\infty)$ 上连续,并且 $F(x)$ 是 $f(x)$ 在该区间上的一个原函数,依定义 5.1 及定积分的牛顿-莱布尼茨公式,有

$$\int_a^{+\infty} f(x)dx = \lim_{b\to+\infty}\int_a^b f(x)dx = \lim_{b\to+\infty}[F(b)-F(a)]. \qquad (5.1)$$

因此,判断无穷积分 $\int_a^{+\infty} f(x)dx$ 是否收敛或在收敛时计算其值,可先判断极限 $\lim\limits_{b\to+\infty} F(b)$ 或 $\lim\limits_{x\to+\infty} F(x)$ 是否存在.若 $\lim\limits_{x\to+\infty} F(x)$ 存在则该无穷积分收敛,并且其值为 $\lim\limits_{x\to+\infty} F(x)-F(a)$;否则无穷积分 $\int_a^{+\infty} f(x)dx$ 发散.

例 5.2　考察无穷积分 $\int_0^{+\infty}\cos xdx$ 及 $\int_0^{+\infty}e^{-x}dx$ 的敛散性,并对收敛者求其值.

解　$\cos x$ 在区间 $[a,+\infty)$ 上的原函数为 $\sin x$,由于

$$\lim_{x \to +\infty} \sin x$$

不存在, 因此无穷积分 $\int_0^{+\infty} \cos x \mathrm{d}x$ 是发散的;

e^{-x} 在区间 $[a, +\infty)$ 上的原函数为 $-\mathrm{e}^{-x}$, 由于

$$\lim_{x \to +\infty} (-\mathrm{e}^{-x}) = 0,$$

因此无穷积分 $\int_0^{+\infty} \mathrm{e}^{-x} \mathrm{d}x$ 是收敛的, 并且

$$\int_0^{+\infty} \mathrm{e}^{-x} \mathrm{d}x = \lim_{x \to +\infty} (-\mathrm{e}^{-x}) - (-\mathrm{e}^{-0}) = 0 + 1 = 1.$$

通常引入记号 $F(+\infty) = \lim_{x \to +\infty} F(x)$, 而将式 (5.1) 写为

$$\int_a^{+\infty} f(x)\mathrm{d}x = F(x)\Big|_a^{+\infty} = F(+\infty) - F(a). \tag{5.2}$$

例 5.3   计算 $\int_2^{+\infty} \dfrac{1}{x^2 + x - 2}\mathrm{d}x$.

解

$$\int_2^{+\infty} \frac{1}{x^2 + x - 2}\mathrm{d}x = \frac{1}{3}\int_2^{+\infty}\left(\frac{1}{x-1} - \frac{1}{x+2}\right)\mathrm{d}x = \frac{1}{3}\ln\left|\frac{x-1}{x+2}\right|\Big|_2^{+\infty} = \frac{1}{3}\ln 4.$$

例 5.4   无穷积分 $\int_1^{+\infty} \dfrac{1}{x^p}\mathrm{d}x$ 在 p 取何值时收敛? 取何值时发散?

> 请通过例 5.3 总结一下计算这类无穷积分的步骤.

解   先设 $p = 1$, 则

$$\int_1^{+\infty} \frac{1}{x^p}\mathrm{d}x = \int_1^{+\infty}\frac{1}{x}\mathrm{d}x = \ln x\Big|_1^{+\infty} = +\infty,$$

因此, 这时该无穷积分发散;

下面讨论 $p \neq 1$ 时的情形.

由于当 $p < 1$ 时, $\lim_{x \to +\infty} x^{1-p} = +\infty$, 而当 $p > 1$ 时, $\lim_{x \to +\infty} x^{1-p} = 0$, 因而

$$\int_1^{+\infty} \frac{1}{x^p}\mathrm{d}x = \frac{x^{1-p}}{1-p}\Big|_1^{+\infty} = \begin{cases} +\infty, & p < 1, \\ \dfrac{1}{p-1}, & p > 1. \end{cases}$$

综上所述, 有

当 $p \leqslant 1$ 时, $\int_1^{+\infty} \dfrac{1}{x^p}\mathrm{d}x$ 发散; 当 $p > 1$ 时, $\int_1^{+\infty} \dfrac{1}{x^p}\mathrm{d}x$ 收敛, 其值为 $\dfrac{1}{p-1}$.

依据定义 5.1 的思想与方法, 我们将上述无穷积分作如下两种推广:

(1) 设 $f(x)$ 在区间 $(-\infty, b]$ 上有定义, 如果对任意的 $a \in (-\infty, b)$, $f(x)$ 在区间 $[a, b]$ 上皆可积, 则可以将定义 5.1 平移到区间 $(-\infty, b]$ 上, 得到 $f(x)$ 在区间 $(-\infty, b]$ 上的无穷积分的定义

> 函数在区间 $(-\infty, b]$ 上的无穷积分的敛散性应如何表述?

$$\int_{-\infty}^b f(x)\mathrm{d}x = \lim_{a \to -\infty}\int_a^b f(x)\mathrm{d}x \tag{5.3}$$

及其敛散性的意义.若 $f(x)$ 区间 $(-\infty, b]$ 上连续并且 $F(x)$ 为其一个原函数,该无穷积分收敛与否归结为判断 $\lim\limits_{x \to -\infty} F(x)$ 的敛散性问题.若 $\lim\limits_{x \to -\infty} F(x)$ 存在,并记 $\lim\limits_{x \to -\infty} F(x) = F(-\infty)$,则该无穷积分收敛并且其值为

$$\int_{-\infty}^{b} f(x)\,\mathrm{d}x = F(x)\,\Big|_{-\infty}^{b} = F(b) - F(-\infty),$$

否则该积分发散.

（2）当区间为 $(-\infty, +\infty)$ 时,若对任意的 $a, b \in (-\infty, +\infty)$ 且 $a < b$,$f(x)$ 在区间 $[a, b]$ 上皆可积.根据上面的讨论,遵循用"已知"认识"未知"、研究"未知"的认知准则,将 $f(x)$ 在区间 $(-\infty, +\infty)$ 上的无穷积分定义为

$$\int_{-\infty}^{+\infty} f(x)\,\mathrm{d}x = \int_{-\infty}^{c} f(x)\,\mathrm{d}x + \int_{c}^{+\infty} f(x)\,\mathrm{d}x \tag{5.4}$$

（c 为任意常数,通常取作 0）,若无穷积分

$$\int_{-\infty}^{c} f(x)\,\mathrm{d}x \; 与 \int_{c}^{+\infty} f(x)\,\mathrm{d}x$$

皆收敛,则称 $\int_{-\infty}^{+\infty} f(x)\,\mathrm{d}x$ 收敛,并且其值为两个无穷积分的和,如果其中至少有一个不收敛,则称 $\int_{-\infty}^{+\infty} f(x)\,\mathrm{d}x$ 发散.

设 $f(x)$ 在区间 $(-\infty, +\infty)$ 上连续并且 $F(x)$ 为其一原函数,则记

$$\int_{-\infty}^{+\infty} f(x)\,\mathrm{d}x = F(x)\,\Big|_{-\infty}^{+\infty} = F(+\infty) - F(-\infty).$$

例 5.5　计算 $\int_{-\infty}^{0} x\mathrm{e}^{x}\,\mathrm{d}x.$

解　$\int_{-\infty}^{0} x\mathrm{e}^{x}\,\mathrm{d}x = (x\mathrm{e}^{x} - \mathrm{e}^{x})\,\Big|_{-\infty}^{0} = -1 - \lim\limits_{x \to -\infty}(x\mathrm{e}^{x} - \mathrm{e}^{x}) = -1 - 0 = -1.$

例 5.6　判断无穷积分 $\int_{-\infty}^{+\infty} \dfrac{1}{1+x^{2}}\,\mathrm{d}x$ 是否收敛,若收敛求出其值.

解　在区间 $(-\infty, +\infty)$ 内,$\arctan x$ 为 $\dfrac{1}{1+x^{2}}$ 的原函数,由于

$$\arctan(+\infty) = \lim\limits_{x \to +\infty} \arctan x = \frac{\pi}{2}, \quad \arctan(-\infty) = \lim\limits_{x \to -\infty} \arctan x = -\frac{\pi}{2},$$

因此,$\int_{-\infty}^{+\infty} \dfrac{1}{1+x^{2}}\,\mathrm{d}x$ 收敛,并且

$$\int_{-\infty}^{+\infty} \frac{1}{1+x^{2}}\,\mathrm{d}x = \arctan x\,\Big|_{-\infty}^{+\infty} = \frac{\pi}{2} - \left(-\frac{\pi}{2}\right) = \pi.$$

该无穷积分的几何意义为:它表示位于曲线 $y = \dfrac{1}{1+x^{2}}$ 下方,x 轴上方的图形面积（图 5-42）.

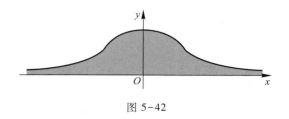

图 5-42

2. 瑕积分（无界函数的积分）

下面再对定积分的定义做第二种推广——将被积函数在积分区间"有界"的要求撤销,研究被积函数在积分区间无界时的情形.首先给出瑕点的定义.

如果函数 $f(x)$ 在点 a 的任意邻域内都无界,则称 a 为 $f(x)$ 的**瑕点**.

例如,点 $x=0$ 是函数 $\dfrac{1}{x^p}$ ($p>0$) 的瑕点.

类似于无穷积分的定义,不难想象,仍然要利用定积分与极限作"已知"来讨论被积函数为无界函数的情形这一"未知".即有下面的瑕积分的定义.

定义 5.2（瑕积分） **设函数 $f(x)$ 在区间 $(a,b]$ 上有定义,a 为其瑕点.若对任意的 $A,a<A<b$,$f(x)$ 在区间 $[A,b]$ 上皆可积,则称**

$$\lim_{A \to a^+} \int_A^b f(x)\,\mathrm{d}x$$

为函数 $f(x)$ 在区间 $(a,b]$ 上的瑕积分,记作 $\displaystyle\int_a^b f(x)\,\mathrm{d}x$,即

定义瑕积分这一"未知",主要用了哪些"已知"?

$$\int_a^b f(x)\,\mathrm{d}x = \lim_{A \to a^+} \int_A^b f(x)\,\mathrm{d}x;$$

如果极限 $\displaystyle\lim_{A \to a^+} \int_A^b f(x)\,\mathrm{d}x$ 存在,则称该瑕积分收敛,并称此极限值为瑕积分的值;如果极限不存在,则称该瑕积分发散.

类似地,若点 b 为函数 $f(x)$ 的瑕点,任取 $B<b$ ($B>a$),则定义 $f(x)$ 在区间 $[a,b)$ 上的瑕积分为

$$\int_a^b f(x)\,\mathrm{d}x = \lim_{B \to b^-} \int_a^B f(x)\,\mathrm{d}x \quad (a<B<b).$$

类似于定义 5.2,可以定义该瑕积分的收敛与发散.

无穷积分与瑕积分统称为反常积分.

例 5.7 讨论积分 $\displaystyle\int_0^1 \dfrac{\mathrm{d}x}{x}$ 是否收敛.

解 因为 $\displaystyle\lim_{x \to 0^+} \dfrac{1}{x} = +\infty$,所以点 0 是被积函数的瑕点,积分 $\displaystyle\int_0^1 \dfrac{\mathrm{d}x}{x}$ 是瑕积分.对任意的 $A>0$ ($A<1$),由于

$$\lim_{A \to 0^+} \int_A^1 \dfrac{\mathrm{d}x}{x} = \lim_{A \to 0^+} (\ln 1 - \ln A) = \infty,$$

270

因此,瑕积分 $\displaystyle\int_0^1 \frac{\mathrm{d}x}{x}$ 发散.

设 $f(x)$ 在区间 $(a,b]$ 上连续,若 $F(x)$ 为 $f(x)$ 在区间 $(a,b]$ 上的一个原函数,a 为 $f(x)$ 的瑕点,类似于对无穷积分的讨论,为方便起见,我们形式性地将其记为

$$\int_a^b f(x)\,\mathrm{d}x = F(x)\,\Big|_{a^+}^{b},$$

其中

$$F(x)\,\Big|_{a^+}^{b} = F(b) - F(a^+) = F(b) - \lim_{x\to a^+} F(x).$$

类似地,当 b 为瑕点时,有

$$\int_a^b f(x)\,\mathrm{d}x = F(x)\,\Big|_a^{b^-} = F(b^-) - F(a) = \lim_{x\to b^-} F(x) - F(a).$$

在这样的记法下,判断无界函数的积分的敛散性归结为判断 $F(x)$ 在 $x\to a^+$ 或 $x\to b^-$ 时极限存在与否.

例 5.8　计算瑕积分 $\displaystyle\int_0^a \frac{\mathrm{d}x}{\sqrt{a^2-x^2}}(a>0)$.

解　由 $\displaystyle\lim_{x\to a^-} \frac{1}{\sqrt{a^2-x^2}} = \infty$,因此 $x=a$ 是其瑕点,$\displaystyle\int_0^a \frac{\mathrm{d}x}{\sqrt{a^2-x^2}}$ 是瑕积分.函数 $\arcsin\dfrac{x}{a}$ 为 $\dfrac{1}{\sqrt{a^2-x^2}}$ 在区间 $[0,a)$ 上的一个原函数.由于 $\displaystyle\lim_{x\to a^-}\arcsin\dfrac{x}{a} = \dfrac{\pi}{2}$,　于是

$$\int_0^a \frac{\mathrm{d}x}{\sqrt{a^2-x^2}} = \arcsin\frac{x}{a}\,\Big|_0^{a^-} = \frac{\pi}{2} - 0 = \frac{\pi}{2}.$$

这个反常积分的值是有实际意义的:它是位于曲线 $y=\dfrac{1}{\sqrt{a^2-x^2}}$ 之下、x 轴之上、直线 $x=0$ 与 $x=a$ 之间的图形的面积(图 5–43).

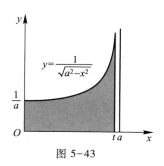

图 5–43

例 5.9　验证瑕积分 $\displaystyle\int_a^b \frac{1}{(x-a)^q}\mathrm{d}x$(其中 $q>0$ 为常数)在 $q\geqslant 1$ 时发散;在 $q<1$ 时收敛.

证　易知 $x=a$ 为被积函数的瑕点.

当 $q=1$ 时,由于瑕积分 $\displaystyle\int_a^b \frac{1}{x-a}\mathrm{d}x = \ln(x-a)\,\Big|_{a^+}^{b} = \infty$,因此这时该瑕积分发散.

当 $q\neq 1$ 时,$\dfrac{1}{1-q}(x-a)^{1-q}$ 是 $\dfrac{1}{(x-a)^q}$ 在 $(a,b]$ 上的原函数.

由于当 $q>1$ 时,$\displaystyle\lim_{x\to a^+}(x-a)^{1-q} = \lim_{x\to a^+}\frac{1}{(x-a)^{q-1}} = +\infty$,当 $q<1$ 时,$\displaystyle\lim_{x\to a^+}(x-a)^{1-q} = 0$,因而

$$\int_a^b \frac{1}{(x-a)^q}\mathrm{d}x = \left[\frac{1}{1-q}(x-a)^{1-q}\right]_{a^+}^{b} = \begin{cases} \dfrac{(b-a)^{1-q}}{1-q}, & 0<q<1, \\[2mm] +\infty, & q>1. \end{cases}$$

271

综上所述,瑕积分 $\int_a^b \dfrac{1}{(x-a)^q}\mathrm{d}x$ 在 $q \geq 1$ 时发散;在 $q < 1$ 时收敛.

若函数 $f(x)$ 在区间 $[a,b]$ 除点 $c(a<c<b)$ 外皆连续,c 为其瑕点,联想到上边对形如 $\int_{-\infty}^{+\infty} f(x)\mathrm{d}x$ 的无穷积分的讨论,显然,应利用上面讨论的两类瑕积分作"已知"来研究 $f(x)$ 在区间 $[a,b]$ 上的瑕积分.因此,定义 $f(x)$ 在区间 $[a,b]$ 上的瑕积分 $\int_a^b f(x)\mathrm{d}x$ 为

$$\int_a^b f(x)\mathrm{d}x = \int_a^c f(x)\mathrm{d}x + \int_c^b f(x)\mathrm{d}x.$$

若两个瑕积分

$$\int_a^c f(x)\mathrm{d}x \text{ 与 } \int_c^b f(x)\mathrm{d}x$$

都收敛,则称瑕积分 $\int_a^b f(x)\mathrm{d}x$ 收敛,并且其值为两瑕积分值的和,否则称该瑕积分发散.

> 怎么理解这里"否则"的含义?

例 5.10 讨论 $\int_{-1}^1 \dfrac{1}{x^3}\mathrm{d}x$ 的敛散性.

解 被积函数 $\dfrac{1}{x^3}$ 以 $x=0$ 为瑕点,因此该积分是瑕积分.瑕积分 $\int_0^1 \dfrac{1}{x^3}\mathrm{d}x$ 是例 5.9 在 $q=3$,$a=0$ 时的特例,利用例 5.9 的结果 $\int_0^1 \dfrac{1}{x^3}\mathrm{d}x$ 发散,因此瑕积分 $\int_{-1}^1 \dfrac{1}{x^3}\mathrm{d}x$ 是发散的.

如果 $f(x)$ 在区间 $(a,+\infty)$ 内连续,并且点 a 为其瑕点,那么 $\int_a^{+\infty} f(x)\mathrm{d}x$ 为集无穷限积分与瑕积分为一体的反常积分.要同时用无穷积分与瑕积分作"已知"来研究它.为此任取一点 b($b>a$),分别讨论瑕积分 $\int_a^b f(x)\mathrm{d}x$ 与无穷积分 $\int_b^{+\infty} f(x)\mathrm{d}x$ 的敛散性,只有当二者都收敛时,反常积分 $\int_a^{+\infty} f(x)\mathrm{d}x$ 才收敛,并且当收敛时有 $\int_a^{+\infty} f(x)\mathrm{d}x = \int_a^b f(x)\mathrm{d}x + \int_b^{+\infty} f(x)\mathrm{d}x$.如果二者之中有一个发散,则 $\int_a^{+\infty} f(x)\mathrm{d}x$ 发散.

例 5.11 试证反常积分 $\int_0^{+\infty} \dfrac{1}{x^2}\mathrm{d}x$ 是发散的.

解 积分区间是无穷区间,并且积分下限是被积函数的瑕点.因此将它分成两部分:

$$\int_0^{+\infty} \frac{1}{x^2}\mathrm{d}x = \int_0^1 \frac{1}{x^2}\mathrm{d}x + \int_1^{+\infty} \frac{1}{x^2}\mathrm{d}x.$$

关于反常积分的注记

$\int_0^1 \dfrac{1}{x^2}\mathrm{d}x$ 是例 5.9 的特例,由例 5.9 的结论知,$\int_0^1 \dfrac{1}{x^2}\mathrm{d}x$ 是发散的,

> 通过本题有何感想?

因此 $\int_0^{+\infty} \dfrac{1}{x^2}\mathrm{d}x$ 发散.

设有函数 $f(x)$,如果在求该函数的原函数时需要并且能用换元积分法,并且所需要的换元

函数是单调的,那么计算相应的反常积分时可以像计算定积分时那样作换元.

例 5.12 计算反常积分

$$\int_1^e \frac{\mathrm{d}x}{x\sqrt{1-(\ln x)^2}}.$$

解 当 $x=\mathrm{e}$ 时,$\ln x=1$,因此,点 $x=\mathrm{e}$ 是被积函数的瑕点.令 $t=\ln x$,则 $\dfrac{\mathrm{d}x}{x}=\mathrm{d}(\ln x)=\mathrm{d}t.$ 并且,当 $x=1$ 时 $t=0$,当 $x=\mathrm{e}$ 时 $t=1.$ 于是

$$\int_1^e \frac{\mathrm{d}x}{x\sqrt{1-(\ln x)^2}} = \int_0^1 \frac{\mathrm{d}t}{\sqrt{1-t^2}} = \arcsin t \,\big|_0^{1^-} = \frac{\pi}{2} - 0 = \frac{\pi}{2}.$$

类似地,对反常积分也可应用分部积分法.

例 5.13 计算反常积分 $\displaystyle\int_0^1 \ln x\,\mathrm{d}x.$

解 容易求得 $\ln x$ 的原函数为 $x\ln x - x.$ 由洛必达法则 $\displaystyle\lim_{x\to 0^+} x\ln x=0$,因此

$$\int_0^1 \ln x\,\mathrm{d}x = (x\ln x - x)_{0^+}^1 = (1\cdot\ln 1 - 1) - \lim_{x\to 0^+}(x\ln x - x) = -1 - 0 = -1.$$

*3. 反常积分的审敛法

我们知道,判断反常积分的敛散性是重要的.因此对给定的反常积分,如何判定其敛散性是值得研究的问题.当然从理论上说,利用定义来判别是行得通的.可是这需要求被积函数的原函数再对原函数求极限,这往往是比较困难的,特别是当被积函数的原函数不能用初等函数表示时,这种方法就更是无能为力了.因此,寻求简便的判定反常积分敛散性的方法是必要的.下面来研究这个问题.

先给出反常积分的两条线性运算性质,下面的讨论中将会用到.这里只给出结论不予证明.

若 $\displaystyle\int_a^{+\infty} g(x)\,\mathrm{d}x$ 与 $\displaystyle\int_a^{+\infty} f(x)\,\mathrm{d}x$ 收敛,k 为常数,则

$$\int_a^{+\infty} [f(x)\pm g(x)]\,\mathrm{d}x, \qquad \int_a^{+\infty} kf(x)\,\mathrm{d}x$$

也收敛,并有

$$\int_a^{+\infty} [f(x)\pm g(x)]\,\mathrm{d}x = \int_a^{+\infty} f(x)\,\mathrm{d}x \pm \int_a^{+\infty} g(x)\,\mathrm{d}x;$$

$$\int_a^{+\infty} kf(x)\,\mathrm{d}x = k\int_a^{+\infty} f(x)\,\mathrm{d}x.$$

对瑕积分也有类似的运算法则.

3.1 无穷积分的审敛法

利用反常积分敛散的定义及极限的有关知识作"已知",下面的定理 5.1 的正确性是不难理解的.

定理 5.1 设函数 $f(x)$ 在区间 $[a,+\infty)$ 上连续,且 $f(x)\geq 0$,若函数

$$F(x) = \int_a^x f(t)\,\mathrm{d}t$$

在区间$[a,+\infty)$上有上界,则反常积分$\int_a^{+\infty}f(x)\mathrm{d}x$**收敛**.

事实上,由$f(x)\geqslant0$,因此$F(x)$在$[a,+\infty)$上单调增加.又它在$[a,+\infty)$有上界,这就是说,$F(x)=\int_a^xf(t)\mathrm{d}t$在$[a,+\infty)$上是单调增加且有上界的.根据极限存在判定准则知,$\lim\limits_{x\to+\infty}F(x)$存在,即反常积分$\int_a^{+\infty}f(x)\mathrm{d}x$收敛.

由这个定理作"已知",有下面的定理5.2.

定理5.2(比较审敛法1)　设函数$f(x),g(x)$在区间$[a,+\infty)$上连续,且$0\leqslant f(x)\leqslant g(x)$,$x\in[a,+\infty)$,则

(1) 当$\int_a^{+\infty}g(x)\mathrm{d}x$**收敛**时,$\int_a^{+\infty}f(x)\mathrm{d}x$**也收敛**;

(2) 当$\int_a^{+\infty}f(x)\mathrm{d}x$**发散**时,$\int_a^{+\infty}g(x)\mathrm{d}x$**也发散**.

证　(1) 对$a<x<+\infty$,由$0\leqslant f(x)\leqslant g(x)$,因此

$$0\leqslant\int_a^xf(t)\mathrm{d}t\leqslant\int_a^xg(t)\mathrm{d}t\leqslant\int_a^{+\infty}g(x)\mathrm{d}x,$$

而$\int_a^{+\infty}g(x)\mathrm{d}x$是收敛的,这说明积分上限函数$F(x)=\int_a^xf(t)\mathrm{d}t$有上界,由定理5.1,$\int_a^{+\infty}f(x)\mathrm{d}x$也收敛.

(2) 由(1),用反证法易证(2)成立.其详细证明留给读者.

例5.14　证明反常积分$\int_0^{+\infty}\mathrm{e}^{-x^2}\mathrm{d}x$收敛.

证　当$x>1$时,$0<\mathrm{e}^{-x^2}<\mathrm{e}^{-x}$,而积分

> 本题的解决采用了哪些技巧?有何收获?

$$\int_1^{+\infty}\mathrm{e}^{-x}\mathrm{d}x=-\mathrm{e}^{-x}\Big|_1^{+\infty}=\mathrm{e}^{-1},$$

也就是说它是收敛的.由比较审敛法,$\int_1^{+\infty}\mathrm{e}^{-x^2}\mathrm{d}x$收敛.而$\int_0^1\mathrm{e}^{-x^2}\mathrm{d}x$是连续函数的定积分,因而

$$\int_0^{+\infty}\mathrm{e}^{-x^2}\mathrm{d}x=\int_0^1\mathrm{e}^{-x^2}\mathrm{d}x+\int_1^{+\infty}\mathrm{e}^{-x^2}\mathrm{d}x$$

收敛.

由于$\int_1^{+\infty}\dfrac{1}{x^p}\mathrm{d}x$的敛散性为"已知",因此若取$g(x)=\dfrac{1}{x^p}$,定理5.2就为下述形式:

推论　设函数$f(x)$在区间$[a,+\infty)$($a>0$)上连续,且$f(x)\geqslant0$,

(1) 如果存在$p>1,M>0,f(x)\leqslant\dfrac{M}{x^p}(a\leqslant x<+\infty)$,则$\int_a^{+\infty}f(x)\mathrm{d}x$**收敛**;

(2) 如果存在$N>0,f(x)\geqslant\dfrac{N}{x}(a\leqslant x<+\infty)$,则$\int_a^{+\infty}f(x)\mathrm{d}x$**发散**.

例5.15　讨论反常积分$\int_1^{+\infty}\dfrac{1}{x\sqrt[4]{x^3+1}}\mathrm{d}x$的敛散性.

解 由于 $\dfrac{1}{x\sqrt[4]{x^3+1}}\leqslant\dfrac{1}{x\cdot x^{\frac{3}{4}}}=\dfrac{1}{x^{\frac{7}{4}}}$，对比定理 5.2 的推论，这里 $p=\dfrac{7}{4}>1$，因此，该反常积分收敛.

定理 5.2 需要判断 $0\leqslant f(x)\leqslant g(x)$，而对一般的函数来说，要证明这样的不等式往往是困难的，但是，求两个函数之比的极限可能会较为简单. 于是有下面的极限形式的审敛法.

定理 5.3（比较审敛法 2） 如果函数 $f(x),g(x)$ 是区间 $[a,+\infty)$ 上的非负连续函数，且 $g(x)>0$，$\lim\limits_{x\to+\infty}\dfrac{f(x)}{g(x)}=\lambda$（$\lambda$ 有限或为正无穷大），那么

（1）当 $\lambda\neq0(\lambda>0)$ 时，$\displaystyle\int_a^{+\infty}f(x)\mathrm{d}x$ 与 $\displaystyle\int_a^{+\infty}g(x)\mathrm{d}x$ 同时收敛或同时发散；

（2）当 $\lambda=0$ 时，若 $\displaystyle\int_a^{+\infty}g(x)\mathrm{d}x$ 收敛，则 $\displaystyle\int_a^{+\infty}f(x)\mathrm{d}x$ 也收敛；

（3）当 $\lambda=+\infty$ 时，若 $\displaystyle\int_a^{+\infty}g(x)\mathrm{d}x$ 发散，则 $\displaystyle\int_a^{+\infty}f(x)\mathrm{d}x$ 也发散.

证 （1）由 $\lim\limits_{x\to+\infty}\dfrac{f(x)}{g(x)}=\lambda>0$，因此存在正数 $c\geqslant a$，当 $x\geqslant c$ 时，恒有

$$\left|\frac{f(x)}{g(x)}-\lambda\right|<\frac{\lambda}{2},$$

也就是

$$-\frac{\lambda}{2}<\frac{f(x)}{g(x)}-\lambda<\frac{\lambda}{2}\text{ 或 }\frac{\lambda}{2}<\frac{f(x)}{g(x)}<\frac{3\lambda}{2},$$

因此，这时有

$$\frac{\lambda}{2}g(x)<f(x)<\frac{3\lambda}{2}g(x).$$

由定理 5.2，$\displaystyle\int_a^{+\infty}f(x)\mathrm{d}x$ 与 $\displaystyle\int_a^{+\infty}g(x)\mathrm{d}x$ 同时收敛或同时发散.

（2）由 $\lim\limits_{x\to+\infty}\dfrac{f(x)}{g(x)}=0$，因此对 $\forall\varepsilon>0$ 存在正数 $c\geqslant a$，当 $x\geqslant c$ 时，恒有

$$\left|\frac{f(x)}{g(x)}\right|<\varepsilon,$$

也就是

$$-\varepsilon<\frac{f(x)}{g(x)}<\varepsilon\text{ 或 }-\varepsilon g(x)<f(x)<\varepsilon g(x),$$

所以，有

$$0<f(x)+\varepsilon g(x)<2\varepsilon g(x).$$

由 $\displaystyle\int_a^{+\infty}g(x)\mathrm{d}x$ 收敛，因此 $\displaystyle\int_a^{+\infty}[f(x)+\varepsilon g(x)]\mathrm{d}x$ 收敛. 所以

$$\int_a^{+\infty}f(x)\mathrm{d}x=\int_a^{+\infty}[f(x)+\varepsilon g(x)]\mathrm{d}x-\int_a^{+\infty}\varepsilon g(x)\mathrm{d}x$$

收敛.

（3）的证明留给读者完成.

取 $\dfrac{1}{x^p}$ 作为 $g(x)$，由定理 5.3 立得：

推论　设函数 $f(x)$ 在区间 $[a,+\infty)$ 上连续，且 $f(x) \geqslant 0$，

（1）如果存在常数 $p > 1$，使得 $\lim\limits_{x \to +\infty} x^p f(x) = c < +\infty$，则 $\displaystyle\int_a^{+\infty} f(x)\mathrm{d}x$ 收敛；

（2）如果 $\lim\limits_{x \to +\infty} xf(x) = d > 0$（或 $\lim\limits_{x \to +\infty} xf(x) = +\infty$），则 $\displaystyle\int_a^{+\infty} f(x)\mathrm{d}x$ 发散.

例 5.16　判断反常积分 $\displaystyle\int_1^{+\infty} \dfrac{x^{\frac{1}{2}}}{\sqrt{x+1}}\mathrm{d}x$ 的敛散性.

解　由于 $\lim\limits_{x \to +\infty}\left(x\dfrac{x^{\frac{1}{2}}}{\sqrt{x+1}}\right) = \lim\limits_{x \to +\infty} \dfrac{x^{\frac{3}{2}}}{\sqrt{x+1}} = +\infty$，因此，利用定理 5.3 的推论，该反常积分发散.

上面讨论的反常积分的被积函数都只取正值.利用它们作"已知"，我们来讨论被积函数既取正值也取负值的反常积分的敛散性判别方法.

定理 5.4　设函数 $f(x)$ 在区间 $[a,+\infty)$ 上连续，如果 $\displaystyle\int_a^{+\infty} |f(x)|\mathrm{d}x$ 收敛，则 $\displaystyle\int_a^{+\infty} f(x)\mathrm{d}x$ 也收敛（此时称积分 $\displaystyle\int_a^{+\infty} f(x)\mathrm{d}x$ 绝对收敛）.

证　令 $\varphi(x) = \dfrac{f(x)+|f(x)|}{2}$，则 $0 \leqslant \varphi(x) = \dfrac{f(x)+|f(x)|}{2} \leqslant |f(x)|$.由 $\displaystyle\int_a^{+\infty} |f(x)|\mathrm{d}x$ 收敛，由比较审敛法，$\displaystyle\int_a^{+\infty} \varphi(x)\mathrm{d}x$ 也收敛.再由 $f(x) = 2\varphi(x) - |f(x)|$，因此

$$\int_a^{+\infty} f(x)\mathrm{d}x = 2\int_a^{+\infty} \varphi(x)\mathrm{d}x - \int_a^{+\infty} |f(x)|\mathrm{d}x,$$

由 $\displaystyle\int_a^{+\infty} \varphi(x)\mathrm{d}x$ 及 $\displaystyle\int_a^{+\infty} |f(x)|\mathrm{d}x$ 收敛，利用反常积分的运算性质，$\displaystyle\int_a^{+\infty} f(x)\mathrm{d}x$ 也收敛.

例 5.17　判断 $\displaystyle\int_0^{+\infty} \mathrm{e}^{-x^2}\cos x\mathrm{d}x$ 的敛散性.

解　$|\mathrm{e}^{-x^2}\cos x| \leqslant \mathrm{e}^{-x^2}$，由例 5.14 $\displaystyle\int_0^{+\infty} \mathrm{e}^{-x^2}\mathrm{d}x$ 收敛，因此 $\displaystyle\int_0^{+\infty} |\mathrm{e}^{-x^2}\cos x|\mathrm{d}x$ 收敛，所以 $\displaystyle\int_0^{+\infty} \mathrm{e}^{-x^2}\cos x\mathrm{d}x$ 收敛.

3.2　瑕积分的审敛法

瑕积分也有与无穷积分类似的审敛法.下面仅就 $f(x)$，$g(x)$ 在区间 $(a,b]$ 上连续，a 为瑕点的情形写出瑕积分的审敛法，证明从略.

定理 5.5（比较审敛法 1）　设 $f(x)$，$g(x)$ 在区间 $(a,b]$ 上连续，并皆以 a 为瑕点，且在 $(a,b]$ 上，$0 \leqslant f(x) \leqslant g(x)$，那么

（1）当 $\displaystyle\int_a^b g(x)\mathrm{d}x$ 收敛时，$\displaystyle\int_a^b f(x)\mathrm{d}x$ 也收敛；

（2）当 $\displaystyle\int_a^b f(x)\mathrm{d}x$ 发散时，$\displaystyle\int_a^b g(x)\mathrm{d}x$ 也发散.

我们知道，瑕积分 $\displaystyle\int_a^b \dfrac{\mathrm{d}x}{(x-a)^q}$ 当 $0 < q < 1$ 时收敛，当 $q \geqslant 1$ 时发散，于是，令 $g(x) = \dfrac{1}{(x-a)^q}$，

则有

推论　设函数 $f(x)$ 在区间 $(a,b]$ 上连续，且 $f(x) \geqslant 0, a$ 为瑕点，

（1）若存在 $0 < q < 1, M > 0$，使得 $f(x) \leqslant \dfrac{M}{(x-a)^q}(a < x \leqslant b)$，则 $\displaystyle\int_a^b f(x)\mathrm{d}x$ 收敛；

（2）若存在 $N > 0$，使得 $f(x) \geqslant \dfrac{N}{x-a}(a < x \leqslant b)$，则 $\displaystyle\int_a^b f(x)\mathrm{d}x$ 发散.

像定理 5.3 那样，也有极限形式的比较审敛法.

定理 5.6（比较审敛法 2）　如果函数 $f(x), g(x)$ 在区间 $(a,b]$ 上连续，a 为它们的瑕点，且 $f(x) > 0, g(x) > 0, \displaystyle\lim_{x \to a^+} \dfrac{f(x)}{g(x)} = \lambda(\lambda$ 有限或为无穷大$)$，那么

（1）当 $\lambda > 0$ 时，$\displaystyle\int_a^b f(x)\mathrm{d}x$ 与 $\displaystyle\int_a^b g(x)\mathrm{d}x$ 同时收敛或同时发散；

（2）当 $\lambda = 0$ 时，若 $\displaystyle\int_a^b g(x)\mathrm{d}x$ 收敛，则 $\displaystyle\int_a^b f(x)\mathrm{d}x$ 也收敛；

（3）当 $\lambda = +\infty$ 时，若 $\displaystyle\int_a^b g(x)\mathrm{d}x$ 发散，则 $\displaystyle\int_a^b f(x)\mathrm{d}x$ 也发散.

令 $g(x) = \dfrac{1}{(x-a)^q}$，则有

推论　设函数 $f(x)$ 在区间 $(a,b]$ 上连续，且 $f(x) \geqslant 0, a$ 为瑕点，

（1）如果存在常数 $0 < q < 1$，使得 $\displaystyle\lim_{x \to a^+}(x-a)^q f(x)$ 存在，则 $\displaystyle\int_a^b f(x)\mathrm{d}x$ 收敛；

（2）如果 $\displaystyle\lim_{x \to a^+}(x-a)f(x) = d > 0\left(\text{或}\displaystyle\lim_{x \to a^+}(x-a)f(x) = +\infty\right)$，则 $\displaystyle\int_a^b f(x)\mathrm{d}x$ 发散.

上面讨论的瑕积分的被积函数都只取正值.同样，对既取正值也取负值的函数的积分，我们有

定理 5.7　设函数 $f(x)$ 在区间 $(a,b]$ 上连续，如果 $\displaystyle\int_a^b |f(x)|\mathrm{d}x$ 收敛，则 $\displaystyle\int_a^b f(x)\mathrm{d}x$ 也收敛（此时称积分 $\displaystyle\int_a^b f(x)\mathrm{d}x$ 绝对收敛）.

例 5.18　判断下列瑕积分的敛散性：

（1）$\displaystyle\int_0^1 \dfrac{\mathrm{d}x}{\sqrt{(1-x^2)(1-k^2x^2)}}(k^2 < 1)$；　　　　　（2）$\displaystyle\int_0^1 \dfrac{\sin x}{x^{\frac{3}{2}}}\mathrm{d}x$；

（3）$\displaystyle\int_0^1 \dfrac{\mathrm{d}x}{(\sqrt{x})^3 + 3x^2}$；　　　　　　　　　　　（4）$\displaystyle\int_0^1 \dfrac{1}{\sqrt{x}}\sin\dfrac{1}{x}\mathrm{d}x$.

解　（1）由 $0 \leqslant x < 1$，因此

$$0 < \frac{1}{\sqrt{(1-x^2)(1-k^2x^2)}} = \frac{1}{\sqrt{1-x}\sqrt{(1+x)(1-k^2x^2)}} < \frac{1}{\sqrt{1-x}\sqrt{1-k^2}},$$

而积分

$$\int_0^1 \frac{\mathrm{d}x}{\sqrt{1-x}\sqrt{1-k^2}} = \frac{1}{\sqrt{1-k^2}}\int_0^1 \frac{\mathrm{d}x}{\sqrt{1-x}}$$

收敛,由比较审敛法 1,原积分收敛.

通常称该积分为椭圆积分.

（2）取 $f(x)=\dfrac{\sin x}{x^{\frac{3}{2}}}$,则有

$$\lim_{x\to 0^+}\left[x^{\frac{1}{2}}\cdot f(x)\right]=\lim_{x\to 0^+}\left(x^{\frac{1}{2}}\cdot\dfrac{\sin x}{x^{\frac{3}{2}}}\right)=\lim_{x\to 0^+}\dfrac{\sin x}{x}=1.$$

这里 $q=\dfrac{1}{2}<1$,因此,由定理 5.6 的推论的（1）,该瑕积分 $\displaystyle\int_0^1\dfrac{\sin x}{x^{\frac{3}{2}}}dx$ 收敛.

（3）取 $f(x)=\dfrac{1}{(\sqrt{x})^3+3x^2}$,则

$$\lim_{x\to 0^+}\left[x\cdot f(x)\right]=\lim_{x\to 0^+}\left(x\cdot\dfrac{1}{x^{\frac{3}{2}}+3x^2}\right)=\lim_{x\to 0^+}\dfrac{1}{x^{\frac{1}{2}}+3x}=+\infty,$$

因此,由定理 5.6 的推论的（2）,瑕积分 $\displaystyle\int_0^1\dfrac{dx}{(\sqrt{x})^3+3x^2}$ 发散.

（4）设 $f(x)=\dfrac{1}{\sqrt{x}}\sin\dfrac{1}{x}$,则 $|f(x)|\leqslant\dfrac{1}{\sqrt{x}}$,而 $\displaystyle\int_0^1\dfrac{1}{\sqrt{x}}dx$ 收敛,由比较审敛法 1, $\displaystyle\int_0^1|f(x)|dx$ 收敛,即原积分绝对收敛,因而它本身也收敛.

*4. Γ 函数

作为反常积分的一个具体例子,下面介绍一个在理论与实际应用中都有重要意义的特殊函数——Γ 函数,其定义为

$$\Gamma(\alpha)=\int_0^{+\infty}x^{\alpha-1}e^{-x}dx\quad(\alpha>0).$$

该积分的被积函数,除了含有积分变量 x 之外还含有变量 α.在计算积分时把 α 当做常数.显然积分的结果与 α 有关,称它为参变量.

4.1 Γ 函数的敛散性

这个积分表面上看是一个无穷积分,实际上,当 $\alpha<1$ 时, $x=0$ 是函数 $x^{\alpha-1}e^{-x}$ 的瑕点.因此,当 $\alpha<1$ 时,它既是无穷积分又是瑕积分.为了讨论它的敛散性,将它写为下面的形式:

$$\Gamma(\alpha)=\int_0^{+\infty}x^{\alpha-1}e^{-x}dx=\int_0^1 x^{\alpha-1}e^{-x}dx+\int_1^{+\infty}x^{\alpha-1}e^{-x}dx.$$

因此,要讨论 Γ 函数的敛散性,应该分别讨论上面等式右端两个反常积分的敛散性.

先来讨论第一个积分 $\displaystyle\int_0^1 x^{\alpha-1}e^{-x}dx$.

当 $\alpha\geqslant 1$ 时, $\displaystyle\int_0^1 x^{\alpha-1}e^{-x}dx$ 是定积分,这时不存在反常积分的收敛问题.当 $0<\alpha<1$ 时,

$$\lim_{x\to 0^+}(x^{1-\alpha}\cdot x^{\alpha-1}e^{-x})=\lim_{x\to 0^+}e^{-x}=1,$$

由 $0<\alpha<1$,因此 $q=1-\alpha<1$,由定理 5.6 的推论的（1）, $\displaystyle\int_0^1 x^{\alpha-1}e^{-x}dx$ 是收敛的.

再来讨论 $\int_1^{+\infty} x^{\alpha-1} \mathrm{e}^{-x} \mathrm{d}x$.

因为

$$\lim_{x \to +\infty} x^2 \cdot (x^{\alpha-1} \mathrm{e}^{-x}) = \lim_{x \to +\infty} x^{\alpha+1} \mathrm{e}^{-x} = \lim_{x \to +\infty} \frac{x^{\alpha+1}}{\mathrm{e}^x} = 0 ,$$

这里 $p = 2 > 1$,由定理 5.3 的推论,该无穷积分也收敛.

由此,对任意 $\alpha > 0$,反常积分 $\int_0^{+\infty} x^{\alpha-1} \mathrm{e}^{-x} \mathrm{d}x$ 总是收敛的.

4.2　Γ 函数的几个重要性质

(1) 递推公式 $\Gamma(\alpha+1) = \alpha\Gamma(\alpha)$ $(\alpha > 0)$.

证　应用分部积分法,并注意到 $\lim\limits_{x \to +\infty} x^\alpha \mathrm{e}^{-x} = 0$,得

$$\Gamma(\alpha+1) = \int_0^{+\infty} x^\alpha \mathrm{e}^{-x} \mathrm{d}x = -\int_0^{+\infty} x^\alpha \mathrm{d}(\mathrm{e}^{-x}) = [-x^\alpha \mathrm{e}^{-x}]_0^{+\infty} + \alpha \int_0^{+\infty} x^{\alpha-1} \mathrm{e}^{-x} \mathrm{d}x = \alpha\Gamma(\alpha) .$$

取 $\alpha = n$ 为正整数,反复应用该递推公式,得

$$\Gamma(n+1) = n\Gamma(n) = \cdots = n!\ \Gamma(1) ,$$

而 $\Gamma(1) = \int_0^{+\infty} \mathrm{e}^{-x} \mathrm{d}x = 1$,所以

$$\Gamma(n+1) = n! .$$

(2) 当 $\alpha \to 0^+$ 时, $\Gamma(\alpha) \to +\infty$.

因为 $\Gamma(\alpha) = \dfrac{\Gamma(\alpha+1)}{\alpha}$ 及 $\Gamma(1) = 1$,所以 $\lim\limits_{\alpha \to 0^+} \Gamma(a) = \lim\limits_{\alpha \to 0^+} \dfrac{\Gamma(\alpha+1)}{\alpha} = +\infty$ 是显然的.

(3) $\Gamma(\alpha)\Gamma(1-\alpha) = \dfrac{\pi}{\sin \pi\alpha}$ $(0 < \alpha < 1)$.

它也称为余元公式.对该等式我们不予证明.特别地,当 $\alpha = \dfrac{1}{2}$ 时,由这个公式容易得

$$\left[\Gamma\left(\frac{1}{2}\right)\right]^2 = \frac{\pi}{\sin \dfrac{\pi}{2}} = \pi ,$$

因此

$$\Gamma\left(\frac{1}{2}\right) = \sqrt{\pi} .$$

(4) 在 $\Gamma(\alpha) = \int_0^{+\infty} x^{\alpha-1} \mathrm{e}^{-x} \mathrm{d}x$ 中,作代换 $x = u^2$,有

$$\Gamma(\alpha) = 2 \int_0^{+\infty} \mathrm{e}^{-u^2} u^{2\alpha-1} \mathrm{d}u ,$$

再令 $2\alpha - 1 = t$ 或 $\alpha = \dfrac{1+t}{2}$,则有

$$\int_0^{+\infty} \mathrm{e}^{-u^2} u^t \mathrm{d}u = \frac{1}{2}\Gamma\left(\frac{1+t}{2}\right)\ (t > -1) .$$

上式左端是在应用中常见的积分,它的值可以通过上式用 Γ 函数计算出来.例如,在 $\Gamma(a) =$

$2\displaystyle\int_0^{+\infty} e^{-u^2} u^{2\alpha-1} du$ 中令 $\alpha = \dfrac{1}{2}$ 得

$$2\int_0^{+\infty} e^{-u^2} du = \Gamma\left(\frac{1}{2}\right) = \sqrt{\pi},$$

从而得到一个在概率中常用的积分

$$\int_0^{+\infty} e^{-u^2} du = \frac{\sqrt{\pi}}{2}.$$

习题 5–5（A）

1. 判断下列论述是否正确,并说明理由：

（1）不论是无穷积分还是瑕积分,它们的敛散性都是利用"定积分"与"极限"这两个基本概念作"已知"来定义的；

（2）积分 $\displaystyle\int_{-\infty}^{+\infty} f(x)dx$ 收敛,是指 $\displaystyle\int_0^{+\infty} f(x)dx$ 与 $\displaystyle\int_{-\infty}^0 f(x)dx$ 都收敛；若 $\displaystyle\int_{-\infty}^{+\infty} f(x)dx$ 发散,则 $\displaystyle\int_0^{+\infty} f(x)dx$ 与 $\displaystyle\int_{-\infty}^0 f(x)dx$ 都发散；

（3）不论是无穷积分还是瑕积分,在它们收敛时要计算其值,一般可以利用推广的牛顿–莱布尼茨公式,而不必再利用定义转化为求定积分的极限.

2. 先判断下列反常积分是否收敛,然后对于收敛的再计算其值：

（1）$\displaystyle\int_0^{+\infty} \frac{dx}{(x+1)^3}$；

（2）$\displaystyle\int_1^{+\infty} \frac{dx}{\sqrt[3]{x}}$；

（3）$\displaystyle\int_0^{+\infty} e^{-3x} dx$；

（4）$\displaystyle\int_{-\infty}^0 \frac{x\,dx}{1+x^2}$；

（5）$\displaystyle\int_{-\infty}^{+\infty} \frac{dx}{x^2+2x+2}$；

（6）$\displaystyle\int_1^{+\infty} \frac{e^{\frac{1}{x}} dx}{x^2}$；

（7）$\displaystyle\int_0^{+\infty} \frac{dx}{e^x + e^{-x}}$；

（8）$\displaystyle\int_0^1 x\ln x\,dx$；

（9）$\displaystyle\int_0^1 \frac{dx}{x^2-3x+2}$；

（10）$\displaystyle\int_1^2 \frac{dx}{\sqrt{x-1}}$；

（11）$\displaystyle\int_0^2 \frac{dx}{(1-x)^2}$；

（12）$\displaystyle\int_1^e \frac{dx}{x\sqrt{1-\ln x}}$.

习题 5–5（B）

1. 有一个长为 l 的细杆 AB 均匀带电,总电量为 q,若在杆的延长线上距点 A 为 x_0 处有一个单位正电荷,现将单位正电荷从 x_0 处沿杆的延长线方向移动到无穷远处,试求克服电场引力所做的功 W.

2. 判断下列反常积分是否收敛：

（1）$\displaystyle\int_1^3 \ln\sqrt{\frac{\pi}{|2-x|}}\,dx$；

（2）$\displaystyle\int_0^{+\infty} \frac{\arctan x}{(1+x^2)^{\frac{3}{2}}}\,dx$.

3. 建立 $I_n = \int_0^{+\infty} x^n e^{-x} dx$ 的递推公式,其中 n 为非负整数,并由此计算 I_n.

4. 已知反常积分 $\int_0^{+\infty} \dfrac{\sin x}{x} dx = \dfrac{\pi}{2}$,求反常积分 $\int_0^{+\infty} \dfrac{\sin^2 x}{x^2} dx$.

5. 当 k 为何值时,反常积分 $\int_2^{+\infty} \dfrac{dx}{x(\ln x)^k}$ 收敛?当 k 为何值时,这个反常积分发散?又问当 k 为何值时,这个反常积分取得最小值?

*6. 利用反常积分的审敛法判断下列反常积分的敛散性:

(1) $\int_1^{+\infty} \dfrac{1}{\sqrt[3]{x^4+1}} dx$;

(2) $\int_1^{+\infty} \dfrac{\arctan x}{x} dx$;

(3) $\int_1^{+\infty} \sin \dfrac{1}{x^2} dx$;

(4) $\int_1^3 \dfrac{1}{\ln x} dx$;

(5) $\int_1^2 \dfrac{1}{\sqrt[3]{x^2-3x+2}} dx$.

第六节 利用软件求积分

Python 软件中积分的计算使用的是 integrate 命令,即通过 integrate(f, x) 计算不定积分 $\int f(x) dx$,得到的是一个原函数,因此结果里面是不带有任意常数 C 的;通过 integrate(f, (x, a, b)) 计算定积分 $\int_a^b f(x) dx$,且该命令对于瑕积分和无穷积分同样适用.下面通过几个实例来说明一下如何使用这个命令.

例 **6.1** 求 $\int \sin x dx$.

```
In [1]: from sympy import *   #从 sympy 库中引入所有的函数及变量

In [2]: x = symbols('x')   #利用 Symbol 命令定义"x"为符号变量

In [3]: integrate(sin(x), x) #求(不定)积分命令
Out[4]: -cos(x)
```

由输出结果可知 $\int \sin x dx = -\cos x + C$.

例 **6.2** 求 $\int \dfrac{x}{x^3+1} dx$.

```
In [4]: integrate(x/(x**3+1), x)   #计算积分,其中"**"是指数运算符,这里"x**3"计算的是 x 的三次方
Out[4]: -log(x+1)/3 + log(x**2-x+1)/6 + sqrt(3)*atan(2*sqrt(3)*x/3 - sqrt(3)/3)/3
```

由输出结果可知

$$\int \frac{x}{x^3 + 1}\mathrm{d}x = -\frac{\ln(x + 1)}{3} + \frac{\ln(x^2 - x + 1)}{6} + \frac{\sqrt{3}}{3}\arctan\left(\frac{2\sqrt{3}}{3}x - \frac{\sqrt{3}}{3}\right) + C.$$

例 6.3　求 $\int \dfrac{1}{x^4 + 1}\mathrm{d}x.$

```
In[5]integrate(1/(x**4+1),x)
Out[5]: -sqrt(2)*log(x**2 - sqrt(2)*x + 1)/8 + sqrt(2)*log(x**2 + sqrt(2)*x + 1)/8 +
sqrt(2)*atan(sqrt(2)*x - 1)/4 + sqrt(2)*atan(sqrt(2)*x + 1)/4
```

由输出结果可知

$$\int \frac{1}{x^4 + 1}\mathrm{d}x = -\frac{\sqrt{2}\ln(x^2 - \sqrt{2}x + 1)}{8} + \frac{\sqrt{2}\ln(x^2 + \sqrt{2}x + 1)}{8} +$$

$$\frac{\sqrt{2}}{4}\arctan(\sqrt{2}x - 1) + \frac{\sqrt{2}}{4}\arctan(\sqrt{2}x + 1) + C.$$

例 6.4　求 $\int \dfrac{\sin x}{x}\mathrm{d}x.$

```
In [6]: integrate(sin(x)/x,x)
Out[6]: Si(x)
```

由输出结果可知 $\int \dfrac{\sin x}{x}\mathrm{d}x = \mathrm{Si}(x) + C.$ 需要说明的是 $\dfrac{\sin x}{x}$ 没有初等原函数,$\mathrm{Si}(x)$ 是软件内

置的一个函数,该函数的定义是 $\mathrm{Si}(x) = \displaystyle\int_0^x \frac{\sin t}{t}\mathrm{d}t.$

下面给出 $\mathrm{Si}(x)$ 的几个特殊值.

```
In [7]: Si(0)
Out[7]: 0

In [8]: Si(1).evalf(n=10)    #evalf 的作用是取数值结果,本例中保留 10 位有效数字
Out[8]: 0.9460830704

In [9]: Si(2).evalf(n=10)
Out[9]: 1.605412977

In [10]: Si(3).evalf(n=10)
Out[10]: 1.848652528
```

In [11]: Si(oo),Si(oo).evalf(n=10)
Out[11]: (pi/2,1.570796327) # pi 是软件内置关键词,表示圆周率 π

由输出结果可以看到 $\mathrm{Si}(x)$ 的几个特殊值:
$$\mathrm{Si}(0)=0,\mathrm{Si}(1)\approx 0.946\ 1,\mathrm{Si}(2)\approx 1.605\ 4,\mathrm{Si}(3)\approx 1.848\ 7.$$

尤其是
$$\int_0^{+\infty}\frac{\sin x}{x}\mathrm{d}x=\mathrm{Si}(+\infty)=\frac{\pi}{2}\approx 1.570\ 8.$$

例 6.5　求 $\int_0^{\pi}\cos x\mathrm{d}x$.

In [12]: integrate(cos(x),(x,0,pi)) #计算定积分
Out[12]: 0

由输出结果可知 $\int_0^{\pi}\cos x\mathrm{d}x=0$.

例 6.6　求 $\int_0^1\frac{1}{\sqrt{x}}\mathrm{d}x,\int_0^1\frac{1}{\sin x}\mathrm{d}x,\int_0^1\frac{1}{x\sin x}\mathrm{d}x$.

In [13]: integrate(1/sqrt(x),(x,0,1))
Out[13]: 2

In [14]: integrate(1/sin(x),(x,0,1))
Out[14]: oo + I * pi/2　#I 表示的是虚数单位 i

In [15]: integrate(1/x ** 2,(x,0,1))
Out[15]: oo

由输出结果可知瑕积分 $\int_0^1\frac{1}{\sqrt{x}}\mathrm{d}x$ 收敛于 2,而另外两个瑕积分均发散到无穷.

例 6.7　求 $\int_{-\infty}^{+\infty}\mathrm{e}^{-x^2}\mathrm{d}x$.

In [16]: integrate(exp(-x ** 2),(x,-oo,oo))
Out[16]: sqrt(pi)

这个积分在概率统计里面有着极其重要的地位,直接使用现有的定积分或反常积分的方法是计算不出来的,需要通过二重积分来计算,由软件输出结果可知该无穷积分收敛且 $\int_{-\infty}^{+\infty}\mathrm{e}^{-x^2}\mathrm{d}x=\sqrt{\pi}$.

例 6.8　求 $\int_0^3\mathrm{e}^{-x^2}\mathrm{d}x$.

```
In [17]: integrate(exp(-x**2),(x,0,3))
Out[17]: sqrt(pi)* erf(3)/2
```

```
In [18]: integrate(exp(-x**2),(x,0,3)).evalf(n=10)
Out[18]: 0.8862073483
```

由输出结果可知 $\int_0^3 e^{-x^2}\mathrm{d}x = \dfrac{\sqrt{\pi}}{2}\mathrm{erf}(3) \approx 0.886\,2$，其中的 erf 是软件内置的函数，该函数定义

为 $\mathrm{erf}(x) = \dfrac{2}{\sqrt{\pi}}\int_0^x e^{-t^2}\mathrm{d}t$．

下面给出 $\mathrm{erf}(x)$ 的几个特殊值．

```
In [19]: erf(0),erf(1),erf(oo)
Out[19]: (0,erf(1),1)
```

```
In [20]: erf(1).evalf(n=4)
Out[20]: 0.8427
```

由输出结果可以看到 $\mathrm{erf}(0) = 0,\mathrm{erf}(1) \approx 0.842\,7,\mathrm{erf}(+\infty) = 1$．

例 6.9　求 $\int_0^1 e^{\arcsin x}\mathrm{d}x$．

```
In [21]: integrate(exp(asin(x)),(x,0,1))
Out[21]: -1/2 + exp(pi/2)/2
```

由输出结果可以看到 $\int_0^1 e^{\arcsin x}\mathrm{d}x = -\dfrac{1}{2} + \dfrac{1}{2}e^{\frac{\pi}{2}}$．

练习（试用 Python 软件求下列积分）

1. $\int \dfrac{1}{\sin x\cos x}\mathrm{d}x$．

2. $\int \dfrac{\csc x\cot x}{\sqrt{1 - \csc x}}\mathrm{d}x$．

3. $\int \dfrac{1}{2\sin x - \cos x + 3}\mathrm{d}x$．

4. $\int \dfrac{1}{(x + 1)^2\sqrt{x^2 + 2x + 2}}\mathrm{d}x$．

5. $\int \dfrac{1 + \tan x}{\sin 2x}\mathrm{d}x$．

6. $\int_3^4 \ln x\mathrm{d}x$．

7. $\int_{-\frac{\pi}{4}}^{\frac{\pi}{4}} \dfrac{e^{\frac{x}{2}}(\cos x - \sin x)}{\sqrt{\cos x}} dx.$

8. $\int_{-2}^{-1} \dfrac{1}{x\sqrt{x^2-1}} dx.$

9. $\int_{0}^{+\infty} x^{2006} e^{-x} dx.$

10. $\int_{-\infty}^{3} \dfrac{1}{\sqrt{2\pi}\cdot\sqrt{3}} e^{-\frac{(x-2)^2}{6}} dx.$

总 习 题 五

1. 计算下列各题:

(1) 求定积分 $\int_{0}^{1005\pi} |\sin x| dx$;

(2) 求定积分 $\int_{-1}^{1} (x + \sqrt{1-x^2})^2 dx$;

(3) 若函数 $f(x)$ 连续,设 $F(x) = \int_{a}^{b} f(x+t) dt$,求 $F'(x)$.

2. 单项选择题:

(1) 在下列式子中,不正确的是(　　);

(A) $\dfrac{d}{dx}\int_{a}^{b} f(x) dx = 0$ 　　　　(B) $\dfrac{d}{dx}\int_{a}^{b} f(x) dx = f(x)$

(C) $\dfrac{d}{db}\int_{a}^{b} f(x) dx = f(b)$ 　　　　(D) $\dfrac{d}{da}\int_{a}^{b} f(x) dx = -f(a)$

(2) 设 $I_1 = \int_{-1}^{1} x^4 \cos x dx$, $I_2 = \int_{-1}^{1} x^4 \sin x dx$, $I_3 = \int_{-1}^{1} x^4(\cos x - 1) dx$,则 I_1, I_2, I_3 的大小关系是(　　);

(A) $I_1 > I_2 > I_3$ 　　　　(B) $I_1 > I_3 > I_2$
(C) $I_3 > I_2 > I_1$ 　　　　(D) $I_3 > I_1 > I_2$

(3) 设 $y=f(x)$ 是区间 $[a,b]$ 上连续单调减少的凹曲线,设 $A_1 = \int_{a}^{b} f(x) dx$, $A_2 = \int_{a}^{b} f(a) dx$, $A_3 = \dfrac{b-a}{2}[f(a)+f(b)]$,则 A_1, A_2, A_3 的大小关系是(　　);

(A) $A_1 \le A_2 \le A_3$ 　　　　(B) $A_1 \le A_3 \le A_2$
(C) $A_3 \le A_2 \le A_1$ 　　　　(D) $A_2 \le A_3 \le A_1$

(4) 双扭线 $\rho^2 = \cos 2\theta$ 所围成图形的面积可表示为(　　);

(A) $2\int_{0}^{\frac{\pi}{4}} \cos 2\theta d\theta$ 　　　　(B) $4\int_{0}^{\frac{\pi}{4}} \cos 2\theta d\theta$

（C）$2\displaystyle\int_0^{\frac{\pi}{2}} \cos 2\theta \mathrm{d}\theta$ $\qquad\qquad\qquad$ （D）$4\displaystyle\int_0^{\frac{\pi}{2}} \cos 2\theta \mathrm{d}\theta$

（5）设函数 $f(x)$，$g(x)$ 在区间 $[a,b]$ 上连续，且 $g(x) < f(x) < m$（m 为常数），则由曲线 $y = g(x)$，$y = f(x)$ 及直线 $x = a$ 和 $x = b$ 所围成的图形绕直线 $y = m$ 旋转一周所得的旋转体体积 $V = ($ $\quad$).

（A）$\pi\displaystyle\int_a^b [2m - f(x) + g(x)][f(x) - g(x)]\mathrm{d}x$

（B）$\pi\displaystyle\int_a^b [2m - f(x) - g(x)][f(x) - g(x)]\mathrm{d}x$

（C）$\pi\displaystyle\int_a^b [m - f(x) + g(x)][f(x) - g(x)]\mathrm{d}x$

（D）$\pi\displaystyle\int_a^b [m - f(x) - g(x)][f(x) - g(x)]\mathrm{d}x$

3. 估计定积分 $I = \displaystyle\int_0^1 \dfrac{x^n}{1 + x^n}\mathrm{d}x$ 的值（$n \in \mathbf{N}_+$）.

4. 设函数 $f(x)$，$g(x)$ 在区间 $[a,b]$ 上连续，证明：

$$\left(\int_a^b f(x)g(x)\mathrm{d}x\right)^2 \leqslant \int_a^b f^2(x)\mathrm{d}x \int_a^b g^2(x)\mathrm{d}x（柯西－施瓦茨不等式）.$$

5. 当 $n>2$ 时，证明 $\dfrac{1}{2} < \displaystyle\int_0^{\frac{1}{2}} \dfrac{\mathrm{d}x}{\sqrt{1 - x^n}} < \dfrac{\pi}{6}$.

6. 求下列极限：

（1）$\displaystyle\lim_{n\to\infty}\int_0^{\frac{2}{3}} \dfrac{x^n}{1 + x}\mathrm{d}x$； $\qquad$（2）$\displaystyle\lim_{x\to\infty}\int_0^1 \dfrac{x^n \mathrm{e}^x}{1 + \mathrm{e}^x}\mathrm{d}x$； $\qquad$（3）$\displaystyle\lim_{x\to 0} \dfrac{\displaystyle\int_{\cos x}^1 \mathrm{e}^{-t^2}\mathrm{d}t}{\sin^2 x}$.

7. 求 a,b,c 的值，使得 $\displaystyle\lim_{x\to 0^+} \dfrac{ax - \sin x}{\displaystyle\int_b^x \dfrac{\ln(1 + t^3)}{t}\mathrm{d}t} = c$，其中 $c \neq 0$.

8. 设函数 $y = y(x)$ 由方程 $x - \displaystyle\int_1^{x+y} \mathrm{e}^{-t^2}\mathrm{d}t = 0$ 确定，求 $\dfrac{\mathrm{d}y}{\mathrm{d}x}\Big|_{x=0}$.

9. 计算下列定积分：

（1）$\displaystyle\int_1^4 \dfrac{x}{\sqrt{2 + 4x}}\mathrm{d}x$； $\qquad\qquad$（2）$\displaystyle\int_0^a x^3\sqrt{a^2 - x^2}\mathrm{d}x$；

（3）$\displaystyle\int_0^4 \dfrac{\mathrm{d}x}{\sqrt{x}\sqrt{1 + \sqrt{x}}}$； $\qquad\qquad$（4）$\displaystyle\int_0^{\frac{\pi}{2}} \dfrac{\mathrm{d}x}{1 + \cos^2 x}$；

（5）$\displaystyle\int_0^{\frac{\pi}{2}} \sqrt{1 - \sin 2x}\mathrm{d}x$； $\qquad\qquad$（6）$\displaystyle\int_0^1 \dfrac{\ln(1 + x)}{(2 - x)^2}\mathrm{d}x$；

（7）$\displaystyle\int_0^{\frac{\pi}{2}} \dfrac{x + \sin x}{1 + \cos x}\mathrm{d}x$； $\qquad\qquad$（8）$\displaystyle\int_{\frac{1}{e}}^e |x\ln x|\mathrm{d}x$；

（9）$\displaystyle\int_0^a \dfrac{\mathrm{d}x}{x + \sqrt{a^2 - x^2}}$； $\qquad\qquad$（10）$\displaystyle\int_{-2}^3 \min\{|x|, x^2\}\mathrm{d}x$.

10. 判断下列反常积分的敛散性,对收敛的积分求其值:

（1）$\displaystyle\int_0^{+\infty}\dfrac{\mathrm{d}x}{(1+x)(1+x^2)}$;

（2）$\displaystyle\int_0^{+\infty}\dfrac{xe^{-x}}{(1+e^{-x})^2}\mathrm{d}x$;

（3）$\displaystyle\int_1^e\dfrac{\mathrm{d}x}{x\ln x}$;

（4）$\displaystyle\int_0^1\dfrac{\mathrm{d}x}{(1+x)\sqrt{x}}$.

11. 设函数 $f(x)=\displaystyle\int_1^{x^2}e^{-t^2}\mathrm{d}t$,求积分 $\displaystyle\int_0^1 xf(x)\mathrm{d}x$.

12. 设函数 $f(x)$ 在区间 $[0,1]$ 上连续,试根据下面的条件分别求 $f(x)$:

（1）$f(x)=\dfrac{1}{1+x}+x\displaystyle\int_0^1 f(x)\mathrm{d}x$;

（2）$f(x)=\dfrac{1}{1+x}+\displaystyle\int_0^1 xf(x)\mathrm{d}x$.

13. 设 $x>0$,证明:$\displaystyle\int_0^x\dfrac{1}{1+t^2}\mathrm{d}t+\int_0^{\frac{1}{x}}\dfrac{1}{1+t^2}\mathrm{d}t=\dfrac{\pi}{2}$.

14. 设函数 $f(x)$ 连续,证明 $\displaystyle\int_0^x\left(\int_0^t f(u)\mathrm{d}u\right)\mathrm{d}t=\int_0^x(x-t)f(t)\mathrm{d}t$.

15. 设函数 $f(x)$ 在 $[a,b]$ 上连续,且 $f(x)>0$,证明:$\displaystyle\int_a^b f(x)\mathrm{d}x\cdot\int_a^b\dfrac{\mathrm{d}x}{f(x)}\geqslant(b-a)^2$.

16. 若函数 $f(x)$ 连续,且满足 $\displaystyle\int_0^1 f(xt)\mathrm{d}t=f(x)+x\sin x$,当 $x\neq 0$ 时,求 $f(x)$.

17. 求曲线 $\rho=a\sin\theta,\rho=a(\cos\theta+\sin\theta)(a>0)$ 所围成公共部分的面积.

18. 求曲线 $y=e^{-x}\sqrt{\sin x}\,(0\leqslant x\leqslant\pi)$ 与 x 轴围成图形绕 x 轴旋转一周所得旋转体的体积.

19. 在曲线 $y=1-x^2$ 上找一点 $P(x_0,y_0)$,其中 $x_0\neq 0$,过 P 作该曲线的切线,使切线与该曲线及两坐标轴围成平面图形的面积最小.

20. 在摆线 $x=a(t-\sin t)$,$y=a(1-\cos t)$ 上,求对应于 $t\in[0,2\pi]$ 的一拱成 $1:3$ 的点的坐标.

21. 一物体按规律 $x=ct^3$ 做直线运动,介质的阻力与运动速度的平方成正比,其中比例系数为 k.计算物体由 $x=0$ 点移动到 $x=a$ 点时,克服介质阻力所做的功.

22. 过坐标原点作曲线 $y=\ln x$ 的切线,该切线与曲线 $y=\ln x$ 及 x 轴围成平面图形 D.

（1）求平面图形 D 的面积 A.

（2）求平面图形 D 绕直线 $x=e$ 旋转一周所得旋转体的体积 V.

23. 半径为 r 的球沉入水中,球的上部分与水面相切,球的密度与水相同,现将球从水中取出,需做多少功?

24. 一个底为 8 cm,高为 6 cm 的等腰三角形薄片,铅直地沉没在水中,顶在上,距离水面 3 cm,底在下,且与水面平行.求它的一侧所受到水的压力.

25. 设有一长度为 l,线密度为 ρ 的均匀细直棒,另有一质量为 m 的质点在细直棒的中垂线上,与棒距离 a 个单位处,求细直棒对质点的引力.

第六章 微分方程

方程是中学数学中的一个重要内容,那里的方程中的未知量都表示常数,称为代数方程.微积分中研究的主要对象是函数.但是在大量的实际问题中,并不一定都能直接找出所要求的变量与变量之间的函数关系,有的却能从中找到要求的函数与其导数或微分所满足的等式关系,我们称它为微分方程.

本章主要介绍微分方程的一些基本概念以及几种常用的微分方程的解法.

第一节 微分方程的基本概念

1. 几个实例

遵循"由特殊到一般"的思想,下面先来看几个具体的实际例子,从中发现它们的特点.

例 1.1 平面 xOy 内的一条曲线过点 $(1,2)$,其上任意点处都有不垂直于 x 轴的切线,并且切线的斜率等于这点的横坐标的 3 倍,求此曲线方程.

设所求的曲线方程为 $y = f(x)$,依照题目所给条件知 $f(x)$ 可导,设 (x,y) 是该曲线上的任意一点. 由题意得

$$\frac{\mathrm{d}y}{\mathrm{d}x} = 3x, \tag{1.1}$$

积分得

$$y = \frac{3}{2}x^2 + C.$$

又曲线过点 $(1,2)$,也就是,当

$$x = 1 \text{ 时 } y = 2. \tag{1.2}$$

将 (1.2) 代入方程 $y = \dfrac{3}{2}x^2 + C$ 得 $C = \dfrac{1}{2}$,于是所求的曲线方程为

$$y = \frac{3}{2}x^2 + \frac{1}{2}.$$

式 (1.1) 是含有未知函数的导数与函数的自变量的等式,它也称作方程;由于该方程中含有未知函数的导数,因此称它为**微分方程**.

例 1.2 汽车以 72 km/h 的速度沿直线行驶,运行过程中发现前方有障碍物,需要减速停车,

减速期间它的加速度为 $a = -5$ m/s². 若设汽车的位移 s 与时间 t 之间的关系为 $s = s(t)$, 由二阶导数的物理意义可知, $\dfrac{\mathrm{d}^2 s}{\mathrm{d} t^2}$ 是该运动的加速度, 于是有

$$\frac{\mathrm{d}^2 s}{\mathrm{d} t^2} = -5. \tag{1.3}$$

并且当 $t = 0$ 时 $s = 0$, $\dfrac{\mathrm{d} s}{\mathrm{d} t} = 72$.

式(1.3)刻画了未知函数的二阶导数所满足的等式关系, 它也称作微分方程.

再看一个物理问题:

例 1.3　将温度为 100 ℃ 的物体放在温度为 0 ℃ 的介质中冷却. 依照冷却定律, 冷却期间物体温度下降的速度与物体温度 T 成正比. 于是冷却方程为

$$\frac{\mathrm{d} T}{\mathrm{d} t} = -kT, \tag{1.4}$$

其中 $k(k>0)$ 为比例系数, 负号是因当时间 t 增加时 $T(t)$ 单调减少所致.

式(1.4)为函数 $T(t)$ 及其导数所满足的关系的等式, 它也是微分方程.

2. 微分方程的基本概念

2.1　微分方程

在上面的等式(1.1)、(1.3)、(1.4)中, 都含有未知函数的导数, 它们都称为微分方程. 一般地, **含有未知函数的导数(或微分)的等式称为微分方程**. 在不致引起混淆时, 也简称方程.

依照该定义,

$$y''' + y' - x(y')^4 + \cos x = 0, \quad \frac{\mathrm{d}^2 y}{\mathrm{d} t^2} = y + t^3, \quad (x + xy^2)\mathrm{d} x - (x^2 y + y)\mathrm{d} y = 0$$

都是微分方程.

需要注意的是, 在以上的各例中, 未知函数都是一元函数, 称这类微分方程为**常微分方程**. 如果未知函数是多元函数, 这样的微分方程称为**偏微分方程**. 本书仅讨论常微分方程, 在下面的讨论中所涉及的都是这类微分方程.

2.2　微分方程的阶

在代数方程中, 方程的次数是非常重要的概念. 在微分方程中方程中所含的未知函数的最高阶导数的"阶"是其重要的特征.

在微分方程 $y''' + y' - x(y')^4 + \cos x = 0$ 中所出现的未知函数的导数不止一个, 但最高阶导数是 3 阶的, 我们称该方程为三阶微分方程. 一般地, 称方程中所含的未知函数的最高阶导数的阶数为**微分方程的阶**. 例如, 式(1.1)与式(1.4)都只含有

> 有人说该方程中含有 $(y')^4$, 因而是 4 阶方程, 你认为呢? 为什么?

未知函数的一阶导数, 这两个方程的阶数都是一, 称它们为一阶微分方程, 而式(1.3)中最高阶导数是二阶, 该方程称为二阶微分方程. 而

$$y^{(6)} = 3y''' + 2xy'' - 27y' + 3y + \mathrm{e}^x$$

是六阶微分方程.

一般地,称方程

$$F(x,y,y',\cdots,y^{(n)})=0 \tag{1.5}$$

为 n **阶微分方程**.需要特别注意的是,在 n 阶微分方程中,$y^{(n)}$ 是必须出现的,否则,该方程就不能称为 n 阶微分方程.

如果能从式(1.5)中解出 $y^{(n)}$,那么由式(1.5)就可以得到

$$y^{(n)}=f(x,y,y',\cdots,y^{(n-1)}),$$

称它为已解出最高阶导数的微分方程.

通常称二阶或二阶以上的微分方程为高阶方程.

2.3 微分方程的解与通解

像在代数方程中方程的解是极其重要的概念那样,对微分方程来说,微分方程的解同样是重要的概念.

将函数 $y=\frac{3}{2}x^2+C$（C 是任意常数）代入式(1.1)能使它成为恒等式,而函数 $y=\frac{3}{2}x^2+\frac{1}{2}$ 不仅能使式(1.1)成为恒等式,而且还满足所附加的条件式(1.2);容易验证,将函数 $s=-\frac{5}{2}t^2+C_1t+C_2$ 代入式(1.3)也能使它成为恒等式.

一般地,如果将某函数代入微分方程之中,能使该微分方程成为恒等式,则称该函数为这个**微分方程的解**.求微分方程解的过程称为**解微分方程**.

因此,$y=\frac{3}{2}x^2+C$（C 为任意常数）,$y=\frac{3}{2}x^2+\frac{1}{2}$ 都是方程(1.1)的解;$s=-\frac{5}{2}t^2+C_1t+C_2$ 为方程(1.3)的解.

虽然 $y=\frac{3}{2}x^2+C$（C 为任意常数）与 $y=\frac{3}{2}x^2+\frac{1}{2}$ 都是微分方程(1.1)的解,但它们之间存在着差异,$y=\frac{3}{2}x^2+C$ 中含有任意常数 C,而 $y=\frac{3}{2}x^2+\frac{1}{2}$ 中不含有这样的任意常数.

如果微分方程的解中含有任意常数,而且相互独立的任意常数的个数恰好等于微分方程的阶数,这样的解称为微分方程的**通解**.

所谓"相互独立"的常数,是指它们各自独立地存在而不能被合并,从而使常数的个数减少.例如 $y=\frac{3}{2}x^2+C$（C 是任意常数）是微分方程(1.1)的通解;$s=-\frac{5}{2}t^2+C_1t+C_2$ 是方程(1.3)的通解.虽然 $s=-\frac{5}{2}t^2+C_1t$ 是方程(1.3)的解,也含有任意常数,但它不是其通解,因为它所含的任意常数的个数少于方程的阶数.容易验证

$$s=-\frac{5}{2}t^2+C_1t+C_2t$$

根据前面的论述及例子来看,n 阶微分方程中是否必须包含 $x,y,y',\cdots,y^{(n-1)}$?

验证函数 $y=\sin(x+C)$ 是方程 $y^2(x)+y'^2(x)=1$ 的通解,函数 $y\equiv 1$ 是该方程的解吗? 如果是,它能被 $y=\sin(x+C)$ 所包含吗? 由此来看,方程的通解是否一定包含它的所有解?

也是方程(1.3)的解,虽然它也含有常数 C_1,C_2,但它不是方程(1.3)的通解.因为其中的 C_1t+C_2t 可以合并为 $(C_1+C_2)t$,若记 $C=C_1+C_2$,这个解就变成为 $s=-\dfrac{5}{2}t^2+Ct$,它只含有一个任意常数,因此它不是方程(1.3)的通解.常数 C_1,C_2 能被合并为一个常数,称 C_1,C_2 不相互独立.关于这类问题,在后面第四节还要做较详细地讨论,这里不再赘述.

微分方程的通解是一簇函数.从几何上看,通解的图形是坐标平面内的一曲线簇,称它们为微分方程的**积分曲线**.

2.4　微分方程的初值条件与特解

我们知道,不论 C 是什么样的常数,曲线簇 $y=\dfrac{3}{2}x^2+C$ 中的每一条曲线都满足例 1.1 中的条件"其上任意点处的切线斜率等于这点的横坐标的 3 倍".但是,实际问题往往需要在这个曲线簇中确定满足某给定条件中的一条,比如像例 1.1 中那样,还要确定过定点 $(1,2)$ 的曲线.这种满足某指定条件的不含有任意常数的解,称为方程的"特解".

一般地,称微分方程的不含有任意常数的解为其**特解**.其图形是一条曲线,称为微分方程的积分曲线.例如 $y=\dfrac{3}{2}x^2+\dfrac{1}{2}$ 是微分方程(1.1)的特解.这里的特解 $y=\dfrac{3}{2}x^2+\dfrac{1}{2}$ 是由通解 $y=\dfrac{3}{2}x^2+C$ 通过条件当 $x=1$ 时 $y=2$ 确定了任意常数 $C=\dfrac{1}{2}$ 所得到的.因此,通过确定通解中的任意常数的取值,可以得到方程的特解.

关于微分方程的通解与特解的注记

实际问题往往需要根据方程的通解确定出方程的某个特解,这就需要确定通解中任意常数的具体取值.一般说来,这需要给出另外的附加条件.比如,例 1.1 中的条件(1.2),以及例 1.2 中的条件"当 $t=0$ 时 $s=0,\dfrac{\mathrm{d}s}{\mathrm{d}t}=72$".

显然,对于一阶微分方程,由于它的通解中只含有一个任意常数,而确定一个任意常数的值只需要一个条件,因此通过

$$当\ x=x_0\ 时\ y=y_0(或写成\ y\,|_{x=x_0}=y_0)$$

就可以由其通解得到它的一个特解;二阶方程的通解中含两个独立的任意常数,确定两个任意常数的值一般需要两个条件,因此,通过条件

$$当\ x=x_0\ 时\ y=y_0,y'=y'_0(或写成\ y\,|_{x=x_0}=y_0,y'\,|_{x=x_0}=y'_0)$$

可由其通解得到它的一个特解.这里的 x_0,y_0,y'_0 都是预先给定的常数.称上述这类条件为**初值条件**.求微分方程满足初值条件的特解的问题,称为微分方程的**初值问题**.它的一般提法是:求微分方程

$$F(x,y,y',\cdots,y^{(n)})=0$$

满足初值条件

$$当\ x=x_0\ 时\ y=y_0,y'=y_1,\cdots,y^{(n-1)}=y_{n-1}$$

的解,这里 $x_0,y_0,y_1,\cdots,y_{n-1}$ 都是预先给定的常数.

> 对于 n 阶方程,要从其通解确定一个特解,初值条件中需要包含几个条件?

例 1.4　验证函数 $y=C_1\mathrm{e}^t+C_2\mathrm{e}^{-t}-2t^3-12t$ 是微分方程 $\dfrac{\mathrm{d}^2y}{\mathrm{d}t^2}=y+2t^3$ 的解,而

$$y = 6e^t - 5e^{-t} - 2t^3 - 12t$$

是该方程满足初值条件 $y(0)=1, y'(0)=-1$ 的特解.

解 由 $y = C_1 e^t + C_2 e^{-t} - 2t^3 - 12t$，得

$$y' = C_1 e^t - C_2 e^{-t} - 6t^2 - 12,$$

因此

$$y'' = C_1 e^t + C_2 e^{-t} - 12t.$$

将函数 $y = C_1 e^t + C_2 e^{-t} - 2t^3 - 12t$ 代入方程的右端，得

$$y + 2t^3 = (C_1 e^t + C_2 e^{-t} - 2t^3 - 12t) + 2t^3 = C_1 e^t + C_2 e^{-t} - 12t,$$

方程的两端完全相同，因此 $y = C_1 e^t + C_2 e^{-t} - 2t^3 - 12t$ 是该方程的解.

将 $y(0)=1, y'(0)=-1$ 或说将 $t=0$ 时 $y=1, y'=-1$ 分别代入

$$y = C_1 e^t + C_2 e^{-t} - 2t^3 - 12t$$

及其导数

$$y' = C_1 e^t - C_2 e^{-t} - 6t^2 - 12$$

之中，得

$$\begin{cases} C_1 + C_2 = 1, \\ C_1 - C_2 - 12 = -1. \end{cases}$$

解这个方程组，得 $C_1 = 6, C_2 = -5$.将它们代入 $y = C_1 e^t + C_2 e^{-t} - 2t^3 - 12t$ 之中，得满足初值条件 $y(0)=1$, $y'(0)=-1$ 的特解为

$$y = 6e^t - 5e^{-t} - 2t^3 - 12t.$$

例 1.5 已知当 $k \neq 0$ 时，函数 $y = C_1 \sin kx + C_2 \cos kx$ 是微分方程 $\dfrac{d^2 y}{dx^2} + k^2 y = 0$ 的通解，求满足初值条件

$$y\big|_{x=0} = A, \frac{dy}{dx}\bigg|_{x=0} = 0$$

的特解.

解 由 $y = C_1 \sin kx + C_2 \cos kx$ 得

$$y' = C_1 k \cos kx - C_2 k \sin kx.$$

将条件 $x=0$ 时 $y=A$ 代入

$$y = C_1 \sin kx + C_2 \cos kx,$$

得 $C_2 = A$.

将条件 $x=0$ 时 $y'=0$ 代入

$$y' = C_1 k \cos kx - C_2 k \sin kx$$

之中，得 $C_1 = 0$.把求得的 $C_1 = 0, C_2 = A$ 代入 $y = C_1 \sin kx + C_2 \cos kx$，得所求的特解为

$$y = A \cos kx.$$

例 1.4 与例 1.5 都要求验证某函数是二阶微分方程的特解.看出其解法的共同规律了吗？

习题 6-1（A）

1. 判断下面的论述是否正确,并说明理由:

（1）所谓 n 阶微分方程,是说如果一个微分方程中所含的最高阶导数的阶数是 n,而不管方程中是否还含有其他低阶的导数;

（2）微分方程的通解是微分方程的含有任意常数的解,且任意常数的个数等于微分方程的阶数. 一个微分方程的通解包含了该微分方程的所有解;

（3）在 n 阶微分方程的初值问题中,初值条件必须包含 n 个条件方能由通解得到特解.

2. 指出下列各微分方程的阶数:

（1）$(1-x^2)y-x(y')^2=0$；

（2）$(y')^3y''=1$；

（3）$y'''e^{2x}+(y'')^4=x$；

（4）$y\mathrm{d}x+(xy^2-e^y)\mathrm{d}y=0$；

（5）$y^{(4)}-y''+yy'=xy$；

（6）$\dfrac{\mathrm{d}^2x}{\mathrm{d}t^2}+2\dfrac{\mathrm{d}x}{\mathrm{d}t}=t^2$.

3. 验证下列各函数是否为所给微分方程的解? 如果是解,指出是通解,还是特解:

（1）函数 $y=e^{2x}-3$,微分方程 $y'=y+3$；

（2）函数 $y=C(3x+1)^{\frac{2}{3}}$,微分方程 $2yy''+(y')^2=0$；

（3）由 $y^2-1=C(1+x^2)$ 确定的函数 $y=y(x)$,微分方程 $xy(y-xy')=x+yy'$；

（4）函数 $y=e^{\lambda x}$（其中 λ 是给定的实数）,微分方程 $y'''+y=0$.

4. 在下列各题中,验证所给函数是微分方程的通解,并求满足初值条件的特解:

（1）由 $y^2=x+C$ 确定的函数 $y=y(x)$,微分方程 $2yy'=1$,初值条件 $y\big|_{x=1}=2$；

（2）函数 $y=C_1\cos x+C_2\sin x+1$,微分方程 $y''+y=1$,初值条件 $y\big|_{x=0}=0,y'\big|_{x=0}=1$.

5. 写出由下列条件确定的曲线所满足的微分方程:

（1）曲线在点 (x,y) 处的法线斜率等于该点横坐标的平方与该点纵坐标的平方之和;

（2）曲线在点 (x,y) 处的切线在 y 轴上的截距等于该点横坐标的三次方.

6. 已知某种群的增长速度与当时该种群的数量 x 成正比,如果在 t_0 时刻,该种群有数量 x_0,写出时刻 t,该种群数量 $x(t)$ 所满足的微分方程,并给出初值条件.

习题 6-1（B）

1. 试写出以原点为圆心的曲线族所满足的微分方程.

2. 给定微分方程 $y'=x^3-2$,

（1）求过点 $(1,0)$ 的积分曲线；　　　（2）求出与直线 $y=6x$ 相切的曲线方程.

3. 已知 $f(x)$ 是连续函数,满足 $\displaystyle\int_1^x e^t f(t)\mathrm{d}t=e^x f(x)-x$,求函数 $f(x)$.

第二节　一阶微分方程

我们知道,对代数方程来说,并不是所有的方程都能求解.对微分方程来说,更不可能奢望对任意一个方程都能求出其解.甚至即使微分方程的解存在,也不一定能用初等函数表示出来.例如,莱布尼茨于 1686 年曾提出一阶微分方程

$$\frac{\mathrm{d}y}{\mathrm{d}x} = x^2 + y^2$$

的求解问题.这个形式上很简单的方程曾引起了许多数学家的兴趣.但经过 150 多年的探索,刘维尔于 1838 年证明了该方程的解是不能用初等函数甚至它的积分来表示的.这个有趣的例子说明,不能奢望对任意一个微分方程都能求解.本节来研究几类一阶微分方程的求解问题,其共同特点是:它们都能直接或通过简单变形之后用积分的方法来求出其解.

1. 可分离变量的方程

可分离变量的方程是一类最基本的可以用积分法求解的微分方程,同时它也是本节后面要研究的其他几类方程求解的基础.

我们先看一个简单的具体例子,从中发现它所体现的规律.

方程

$$\frac{\mathrm{d}y}{\mathrm{d}x} = 2x \ \text{或} \ \mathrm{d}y = 2x\mathrm{d}x$$

中含有未知函数 $y = y(x)$ 的一阶导数(微分).将两端分别积分,得

$$y = x^2 + C.$$

显然,它是原方程的通解.

我们看到该微分方程的特点是,可以改写成方程的每一端都分别只含有一个变量及该变量的微分(称这个过程为将方程分离变量),因此称原方程为可分离变量的微分方程.一般地,如果一个一阶微分方程 $F(x, y, y') = 0$ 能写成

$$g(y)\mathrm{d}y = f(x)\mathrm{d}x \tag{2.1}$$

的形式.即它能写成一端仅含 y 的函数及微分 $\mathrm{d}y$,另一端仅含有 x 的函数及 $\mathrm{d}x$,则称方程 $F(x, y, y') = 0$ 为**可分离变量的方程**,称式(2.1)为**变量已分离的方程**.

例如,$\frac{\mathrm{d}y}{\mathrm{d}x} = 3x^2 y$,$\frac{\mathrm{d}x}{\mathrm{d}y} = e^{3x+2y}$,$\frac{\mathrm{d}y}{\mathrm{d}x} = \frac{y^2+1}{x^2+1}$ 等都是可分离变量的方程.它们都可以通过分离变量,分别写成

$$\frac{\mathrm{d}y}{y} = 3x^2\mathrm{d}x, \quad \frac{\mathrm{d}x}{e^{3x}} = e^{2y}\mathrm{d}y, \quad \frac{\mathrm{d}y}{y^2+1} = \frac{\mathrm{d}x}{x^2+1}$$

的形式.

下面来研究可分离变量的方程的解法.前面的例子告诉我们,对这类方程分离变量后,两端分别积分(如果各函数的原函数都存在)就可以求出其(通)解.下面再看一个具体的例子.

例 2.1　求微分方程 $\frac{\mathrm{d}y}{\mathrm{d}x} = 3x^2 y$ 的通解.

解　在 $y \neq 0$ 时,方程 $\frac{\mathrm{d}y}{\mathrm{d}x} = 3x^2 y$ 通过分离变量变为

$$\frac{\mathrm{d}y}{y} = 3x^2\mathrm{d}x.$$

两端分别积分,得

$$\ln |y| = x^3 + C.$$

把它写成显函数的形式,得

$$|y| = e^{x^3 + C}.$$

所以

$$y = \pm e^{x^3 + C} = \pm e^C \cdot e^{x^3},$$

记常数 $\pm e^C = C_1$,即 C_1 为除零之外的任意常数,于是

$$y = C_1 e^{x^3}, \quad C_1 \text{ 为任意非零常数.}$$

注意到 $y = C_1 e^{x^3}$ 是在限定 $y \neq 0$ 的前提下两边同除以 y 得到的,像解代数方程那样,这样做容易"失解".事实上,验证知 $y = 0$ 也是该方程的解.为此,补充规定 $C_1 = 0$,那么 $y = C_1 e^{x^3}$ 就包含了 $y = 0$(这就找回了丢失的解),因此得原方程的通解

$$y = C_1 e^{x^3}, \quad C_1 \text{ 为任意常数.}$$

利用"从特殊到一般"的思想,对一般的变量已分离的方程

$$g(y)\mathrm{d}y = f(x)\mathrm{d}x, \tag{2.2}$$

设 $F(x)$,$G(y)$ 分别是 $f(x)$,$g(y)$ 的一个原函数,两端分别积分,则有

> 能理解这里为什么要验证 $y = 0$ 是原方程的解吗?理解"补充规定"的意义吗?

$$G(y) = F(x) + C. \tag{2.3}$$

式(2.3)是用隐式形式给出的方程(2.2)的解,称它为微分方程(2.2)的**隐式解**;并且式(2.3)中含有一个任意常数,因此式(2.3)是方程(2.2)的**隐式通解**.

读者或许会产生疑问:在方程的两端分别求积分时,一边是对 y 积分,而另一边是对 x 积分,这样做可以吗? 下边一般性地来说明这个问题.

设 $y = \varphi(x)$ 是方程(2.2)的解,将它代入方程(2.2)得恒等式

$$g[\varphi(x)]\varphi'(x)\mathrm{d}x = f(x)\mathrm{d}x,$$

由于 $G(y)$,$F(x)$ 分别是 $g(y)$,$f(x)$ 的原函数,将上式两端分别对 x 积分,左端令 $y = \varphi(x)$ 实施换元法,得

$$\int g[\varphi(x)]\varphi'(x)\mathrm{d}x = \int g(y)\mathrm{d}y = G(y) + C_1,$$

右端对 x 积分,得

$$\int f(x)\mathrm{d}x = F(x) + C_2.$$

因此有

$$G(y) + C_1 = F(x) + C_2,$$

令 $C = C_2 - C_1$,则有式(2.3).因此,方程(2.2)的解都满足式(2.3).同时也可以证明,由式(2.3)所确定的隐函数也一定满足方程(2.2).事实上,假设 $y = \varphi(x)$ 是由式(2.3)所确定的隐函数,按照隐函数求导法,在 $G(y) - F(x) = C$ 两端对 x 求导得

$$G'(y) \cdot \varphi'(x) - F'(x) = 0,$$

在 $G'(y) = g(y) \neq 0$ 时,

$$\varphi'(x) = \frac{F'(x)}{G'(y)} = \frac{f(x)}{g(y)},$$

即
$$\frac{\mathrm{d}\varphi(x)}{\mathrm{d}x} = \frac{f(x)}{g(y)}.$$

因此,由式(2.3)所确定的隐函数 $y=\varphi(x)$ 也一定是方程(2.2)的隐式解.

上述两方面的证明说明式(2.3)为方程(2.2)的隐式通解.

像例2.1的解法那样,下面在求变量已分离的方程(2.2)的解时,通常直接对式(2.2)两端分别直接积分
$$\int g(y)\mathrm{d}y = \int f(x)\mathrm{d}x,$$

而不做过多的讨论.

例 2.2　求微分方程 $\dfrac{\mathrm{d}y}{\mathrm{d}x} = \mathrm{e}^{3x+2y}$ 的通解.

解　这是一个可分离变量的微分方程.分离变量得
$$\mathrm{e}^{-2y}\mathrm{d}y = \mathrm{e}^{3x}\mathrm{d}x,$$

两端分别积分得
$$-\frac{1}{2}\mathrm{e}^{-2y} = \frac{1}{3}\mathrm{e}^{3x} + C.$$

故原方程的隐式通解为
$$2(\mathrm{e}^{3x}+3C)\mathrm{e}^{2y}+3 = 0.$$

例 2.3　求初值问题
$$\begin{cases} (x+xy^2)\mathrm{d}x-(x^2y+y)\mathrm{d}y=0, \\ y\,|_{x=0}=3. \end{cases}$$

解　把方程 $(x+xy^2)\mathrm{d}x-(x^2y+y)\mathrm{d}y=0$ 分离变量,得
$$\frac{y}{1+y^2}\mathrm{d}y = \frac{x}{1+x^2}\mathrm{d}x,$$

两端分别积分,得
$$\frac{1}{2}\ln\,(1+y^2) = \frac{1}{2}\ln\,(1+x^2)+C_1$$

$$\ln\,(1+y^2) = \ln\,(1+x^2)+C_2,$$

其中 $C_2=2C_1$.若记 $C_2=\ln C(C>0)$,则上式成为
$$\ln\,(1+y^2) = \ln\,(1+x^2)+\ln\,C.$$

由 $\ln\,(1+x^2)+\ln\,C=\ln\,[\,C(1+x^2)\,]$,因此
$$1+y^2 = C(1+x^2).$$

再由初值条件 $y\,|_{x=0}=3$ 得 $C=10$,所以该方程满足初值条件 $y\,|_{x=0}=3$ 的特解为
$$1+y^2 = 10(1+x^2).$$

你体会到记 $C_2=\ln C$ 的意义了吗?

2. 齐次方程

2.1　齐次方程的解法

上面讨论了可分离变量的方程的解法,下面用它作"已知"来讨论可化为此类方程的微分方程的求解问题.首先讨论"齐次方程"的求解问题.

先来看下面的两个微分方程

$$\frac{\mathrm{d}y}{\mathrm{d}x}=\frac{2x+y}{3y-x}, \quad \frac{\mathrm{d}y}{\mathrm{d}x}=\frac{2x^2+y^2}{3y^2+2x^2}.$$

我们看到,第一个方程右端分子、分母中各项所含的 x,y 的幂指数是相同的,它们都为 1;第二个方程右端分子、分母中各项所含的 x,y 的幂指数也都是相同的,它们都为 2.很容易将它们改写为

$$\frac{\mathrm{d}y}{\mathrm{d}x}=\frac{2+\dfrac{y}{x}}{3\cdot\dfrac{y}{x}-1}, \quad \frac{\mathrm{d}y}{\mathrm{d}x}=\frac{2+\left(\dfrac{y}{x}\right)^2}{3\left(\dfrac{y}{x}\right)^2+2}$$

的形式.称这样的微分方程为齐次方程.一般地,如果一阶微分方程可化为

$$\frac{\mathrm{d}y}{\mathrm{d}x}=f\left(\frac{y}{x}\right) \tag{2.4}$$

的形式,则称该微分方程为**齐次方程**,其中 $f\left(\dfrac{y}{x}\right)$ 为 $\dfrac{y}{x}$ 的连续函数.

根据方程(2.4)的特点容易想到,如果将 $\dfrac{y}{x}$ 看作一个新的变量,似乎应该能将它化简.但化简后的方程能否求解? 如果能求解又将怎样求解? 这是值得探讨的,下面对其做一般的讨论.

对齐次方程(2.4),如果将 $\dfrac{y}{x}$ 看作一个新的变量,就可以将它化为可分离变量的方程.事实上令 $u=\dfrac{y}{x}$,则有 $y=ux$,于是

$$\frac{\mathrm{d}y}{\mathrm{d}x}=u+x\,\frac{\mathrm{d}u}{\mathrm{d}x},$$

将 $\dfrac{y}{x}=u$ 及 $\dfrac{\mathrm{d}y}{\mathrm{d}x}=u+x\,\dfrac{\mathrm{d}u}{\mathrm{d}x}$ 代入方程(2.4),整理得

$$x\,\frac{\mathrm{d}u}{\mathrm{d}x}=f(u)-u,$$

这是一个可分离变量的方程.分离变量得

$$\frac{\mathrm{d}u}{f(u)-u}=\frac{\mathrm{d}x}{x},$$

两端积分即可求得该方程的解,再把求得的解中的 u 用 $\dfrac{y}{x}$ 代换,便得到原方程的解.

例 2.4　求微分方程 $xy'=y+xe^{\frac{y}{x}}$ 的通解.

解　易知 $x\neq 0$,因此将方程两端同除以 x,则有

$$\frac{\mathrm{d}y}{\mathrm{d}x} = \frac{y}{x} + \mathrm{e}^{\frac{y}{x}},$$

显然这是一个齐次方程. 令 $u = \dfrac{y}{x}$，则 $\dfrac{\mathrm{d}y}{\mathrm{d}x} = u + x\dfrac{\mathrm{d}u}{\mathrm{d}x}$，于是原方程为

$$u + x\frac{\mathrm{d}u}{\mathrm{d}x} = u + \mathrm{e}^{u}.$$

化简并分离变量得

$$\frac{\mathrm{d}u}{\mathrm{e}^{u}} = \frac{\mathrm{d}x}{x},$$

两端分别积分得

$$-\mathrm{e}^{-u} = \ln|x| + C,$$

其中 C 为任意常数. 换回原来的变量就得原方程的通解

$$\ln|x| + \mathrm{e}^{-\frac{y}{x}} + C = 0.$$

> 综合前面的论述及例 2.4 的解法可知，解齐次方程可分为三步，请具体写出每一步的特点.

例 2.5　求微分方程 $x^2\dfrac{\mathrm{d}y}{\mathrm{d}x} - y^2 = 2xy$ 在初值条件为 $y(1) = 1$ 时的特解.

解　将原方程变形得

$$\frac{\mathrm{d}y}{\mathrm{d}x} - \left(\frac{y}{x}\right)^{2} = \frac{2y}{x},$$

显然这是一个齐次方程. 令 $u = \dfrac{y}{x}$，则 $\dfrac{\mathrm{d}y}{\mathrm{d}x} = u + x\dfrac{\mathrm{d}u}{\mathrm{d}x}$，代入这个齐次方程中，得

$$u + x\frac{\mathrm{d}u}{\mathrm{d}x} - u^{2} = 2u.$$

化简并分离变量，得

$$\frac{\mathrm{d}u}{u(1+u)} = \frac{\mathrm{d}x}{x},$$

两端分别积分，得

$$\ln\left|\frac{u}{1+u}\right| = \ln|x| + \ln|C|,$$

于是，有

$$\frac{u}{1+u} = Cx.$$

将 u 换回原来的变量，得

$$\frac{y}{x+y} = Cx.$$

将 $x = 1$，$y = 1$ 代入上式，得 $C = \dfrac{1}{2}$. 由此得方程的隐式特解

$$\frac{y}{x+y} = \frac{x}{2}.$$

> 方程 $\dfrac{\mathrm{d}x}{\mathrm{d}y} = f\left(\dfrac{x}{y}\right)$ 能看作齐次方程吗？如果是，应怎么求解？

*2.2 可化为齐次方程的方程

方程

$$\frac{\mathrm{d}y}{\mathrm{d}x} = \frac{ax+by+c}{a_1 x+b_1 y+c_1}$$

当 $c=c_1=0$ 时是齐次的,否则是非齐次的.这不禁使我们设想:如果这里的 c,c_1 不为零或不全为零,能否采取适当的技巧,消去右端分子、分母中的常数,使它变成齐次方程呢? 由于分子、分母都是一次式,我们猜想,通过选择适当的变量代换有望达到目的.为此引入变量 X,Y,使得

$$x = X+h, \quad y = Y+k,$$

其中 h,k 为待定常数.希望通过 h,k 取适当的值以消去分子、分母的常数.下面来讨论这个问题.

由 $x=X+h, y=Y+k$,得

$$\mathrm{d}x = \mathrm{d}X, \mathrm{d}y = \mathrm{d}Y,$$
$$ax+by+c = aX+bY+ah+bk+c,$$
$$a_1 x+b_1 y+c_1 = a_1 X+b_1 Y+a_1 h+b_1 k+c_1.$$

将它们代入方程 $\dfrac{\mathrm{d}y}{\mathrm{d}x} = \dfrac{ax+by+c}{a_1 x+b_1 y+c_1}$ 之中,得

$$\frac{\mathrm{d}Y}{\mathrm{d}X} = \frac{aX+bY+ah+bk+c}{a_1 X+b_1 Y+a_1 h+b_1 k+c_1}.$$

为将这个方程变成齐次方程,只需选取 h,k 的值,使其满足下面的方程组

$$\begin{cases} ah+bk+c=0, \\ a_1 h+b_1 k+c_1=0. \end{cases}$$

若该方程组的系数行列式 $\begin{vmatrix} a & b \\ a_1 & b_1 \end{vmatrix} \neq 0$,即 $\dfrac{a_1}{a} \neq \dfrac{b_1}{b}$,就可以通过解这个方程组求出 h,k,这时,原非齐次方程就相应地化为齐次方程

$$\frac{\mathrm{d}Y}{\mathrm{d}X} = \frac{aX+bY}{a_1 X+b_1 Y}.$$

求出该齐次方程的通解后,再通过 $X=x-h, Y=y-k$ 代回原来的变量 x,y,便得到原方程的通解.

如果 $\dfrac{a_1}{a} = \dfrac{b_1}{b}$,这时无法按上面的方法化为齐次方程.但若令 $\dfrac{a_1}{a} = \dfrac{b_1}{b} = \lambda$,原方程就可写成

$$\frac{\mathrm{d}y}{\mathrm{d}x} = \frac{ax+by+c}{\lambda(ax+by)+c_1},$$

引入新的变量 $v=ax+by$,则

$$\frac{\mathrm{d}v}{\mathrm{d}x} = a+b\frac{\mathrm{d}y}{\mathrm{d}x} \text{或} \frac{\mathrm{d}y}{\mathrm{d}x} = \frac{1}{b}\left(\frac{\mathrm{d}v}{\mathrm{d}x}-a\right),$$

于是,原方程成为

$$\frac{1}{b}\left(\frac{\mathrm{d}v}{\mathrm{d}x}-a\right) = \frac{v+c}{\lambda v+c_1},$$

这是可分离变量的方程,因此可以通过分离变量对它求解,然后再代换为原来的变量,就可求出原方程的解.

以上的讨论可用于更一般的方程

$$\frac{dy}{dx}=f\left(\frac{ax+by+c}{a_1x+b_1y+c_1}\right).$$

例 2.6 解方程

$$(2x+y-4)dx+(x+y-2)dy=0.$$

解 令 $x=X+h,y=Y+k$,则 $dx=dX,dy=dY$,将它们代入原方程,得

$$(2X+Y+2h+k-4)dX+(X+Y+h+k-2)dY=0.$$

解方程组

$$\begin{cases}2h+k-4=0,\\h+k-2=0,\end{cases}$$

得 $h=2,k=0.$令 $x=X+2,y=Y$,则原方程成为

$$(2X+Y)dX+(X+Y)dY=0,$$

或

$$\frac{dY}{dX}=-\frac{2X+Y}{X+Y}=-\frac{2+\dfrac{Y}{X}}{1+\dfrac{Y}{X}}.$$

为解这个齐次方程,令 $\dfrac{Y}{X}=u$,则 $Y=uX,\dfrac{dY}{dX}=u+X\dfrac{du}{dX}$,于是,方程变为

$$u+X\frac{du}{dX}=-\frac{2+u}{1+u},$$

也就是

$$X\frac{du}{dX}=-\frac{2+2u+u^2}{1+u}.$$

分离变量得

$$-\frac{1+u}{2+2u+u^2}du=\frac{dX}{X},$$

两端分别积分得

$$\ln C_1-\frac{1}{2}\ln(2+2u+u^2)=\ln|X|,$$

于是

$$\frac{C_1}{\sqrt{2+2u+u^2}}=|X|,$$

或

$$C_2=X^2(2+2u+u^2)\quad(C_2=C_1^2),$$

用 $\dfrac{Y}{X}=u$ 替换其中的 u,得

$$Y^2 + 2XY + 2X^2 = C_2.$$

再将 $X = x - 2, Y = y$ 代入上式并化简,得原方程的隐式解

$$2x^2 + 2xy + y^2 - 8x - 4y = C \quad (C = C_2 - 8).$$

3. 一阶线性微分方程

3.1 有关概念

形如

$$\frac{\mathrm{d}y}{\mathrm{d}x} + P(x)y = Q(x) \qquad (2.5)$$

的一阶方程,称为**一阶线性微分方程**.

如果 $Q(x) \equiv 0$,方程(2.5)则成为

$$\frac{\mathrm{d}y}{\mathrm{d}x} + P(x)y = 0 \qquad (2.6)$$

怎么理解"线性"二字的含义?
方程 $yy' + x = 1$ 是线性方程吗?
$y' + x^2 y = 1$ 呢?

的形式,称方程(2.6)为**一阶齐次线性方程**,否则,称方程(2.5)为**一阶非齐次线性方程**.

对非齐次方程(2.5),若令其中的 $Q(x) \equiv 0$,就得到一个形如式(2.6)的齐次方程.称这样得到的方程(2.6)为方程(2.5)**对应的齐次方程**.例如方程

$$xy' + y = \cos x , xy' + y = 0 , \frac{\mathrm{d}x}{\mathrm{d}t} - \frac{2x}{t+1} - (t+1)^{\frac{5}{2}} = 0 , y' = y(1+x)\mathrm{e}^x$$

都是一阶线性微分方程,并且 $xy' + y = \cos x$ 对应的齐次方程是 $xy' + y = 0$.

关于齐次方程的注记

怎么理解"(2.5)对应的齐次方程"的含义?

3.2 一阶齐次线性方程的解法

我们仍然用可分离变量的方程作"已知"来研究一阶齐次线性方程的解法.

方程(2.6)是可分离变量的方程,分离变量得

$$\frac{\mathrm{d}y}{y} = -P(x)\,\mathrm{d}x,$$

两端分别积分①,得

$$\ln|y| = -\int P(x)\,\mathrm{d}x + C_1$$

或

$$y = C\mathrm{e}^{-\int P(x)\,\mathrm{d}x} \quad (C = \pm\mathrm{e}^{C_1}).$$

由于 $C = \pm\mathrm{e}^{C_1} \neq 0$,因此 $y = C\mathrm{e}^{-\int P(x)\,\mathrm{d}x} \neq 0$. 容易验证 $y = 0$ 也是方程(2.6)的解,只不过在分离变量时丢失.为此补充规定 $C = 0$,使 $y = 0$ 也包含在 $y = C\mathrm{e}^{-\int P(x)\,\mathrm{d}x}$ 之中.因而

一点说明

---

① 为更方便地判断方程的解是否为通解,这里把记号 $\int P(x)\,\mathrm{d}x$ 理解为 $P(x)$ 的某一确定的原函数,而将 $P(x)$ 的不定积分记为 $\int P(x)\,\mathrm{d}x + C_1$,以下不再重述.

方程(2.6)的通解为

$$y = Ce^{-\int P(x)\,\mathrm{d}x}\ (C\ \text{为任意常数}).\tag{2.7}$$

3.3 一阶非齐次线性方程的解法

不难看出,方程(2.5)对应的齐次方程(2.6)是方程(2.5)的特殊情形,它们仅有"常数项"不同,因此二者既有联系又有差异.这不禁使我们猜想,它们的解也应该有一定的联系与差异.这启示我们利用上面求解方程(2.6)所得到的结果作"已知"来研究方程(2.5)的求解问题.

设 $y=y(x)$ 是方程(2.5)的一个解,又 $y = e^{-\int P(x)\,\mathrm{d}x}$ 是方程(2.6)的一个特解(在式(2.7)中令 $C=1$).根据上面的分析我们猜想,二者的解应有一定的联系.下面来分析它们之间有什么样的关系.

为此,将 $y(x)$ 与 $e^{-\int P(x)\,\mathrm{d}x}$ 相比较,二者之比 $\dfrac{y(x)}{e^{-\int P(x)\,\mathrm{d}x}}$ 有两种可能:要么恒为常数,要么不恒为常数,即为 x 的函数.

若二者之比恒为常数,这时有 $y(x) = Ce^{-\int P(x)\,\mathrm{d}x}$,$C$ 为常数.但由上面的讨论知 $y(x) = Ce^{-\int P(x)\,\mathrm{d}x}$ 是方程(2.5)对应的齐次方程的通解,即它满足 $\dfrac{\mathrm{d}y}{\mathrm{d}x}+P(x)y = 0$,因而当函数 $Q(x)$ 不恒等于零时,它不能使

$$\frac{\mathrm{d}y}{\mathrm{d}x}+P(x)y = Q(x)$$

成立.也就是说,它不可能是方程(2.5)的解.于是二者之比 $\dfrac{y(x)}{e^{-\int P(x)\,\mathrm{d}x}}$ 只能是一个函数,设为 $u(x)$,因此方程(2.5)的解应为

$$y = u(x)e^{-\int P(x)\,\mathrm{d}x}\tag{2.8}$$

的形式.为求方程(2.5)的解,只要求出式(2.8)中的待定函数 $u(x)$ 即可.这需要将式(2.8)代入原方程(2.5)来确定 $u(x)$.

为此首先对式(2.8)求导,得

$$\frac{\mathrm{d}y}{\mathrm{d}x} = u'e^{-\int P(x)\,\mathrm{d}x} - uP(x)e^{-\int P(x)\,\mathrm{d}x}.\tag{2.9}$$

再将式(2.8)与式(2.9)代入方程(2.5)得

$$u'e^{-\int P(x)\,\mathrm{d}x} - uP(x)e^{-\int P(x)\,\mathrm{d}x} + P(x)ue^{-\int P(x)\,\mathrm{d}x} = Q(x),$$

整理,得

$$u'e^{-\int P(x)\,\mathrm{d}x} = Q(x)\ \text{或}\ u' = Q(x)e^{\int P(x)\,\mathrm{d}x}.$$

对 $u' = Q(x)e^{\int P(x)\,\mathrm{d}x}$ 两端分别积分,得

$$u = \int Q(x)e^{\int P(x)\,\mathrm{d}x}\mathrm{d}x + C,$$

这就是要求的待定函数.将它代入式(2.8),得方程(2.5)的通解为

$$y = e^{-\int P(x)\,\mathrm{d}x}\left(\int Q(x)e^{\int P(x)\,\mathrm{d}x}\mathrm{d}x + C\right).\tag{2.10}$$

将式(2.8)与式(2.7)相比较,我们发现:式(2.8)可以看作是将齐次方程(2.6)的通解 $y = Ce^{-\int P(x)dx}$ 作"常数变易"——将其中的常数 C 用一个待定函数 $u(x)$ 替换——得到的.因此,上述求解一阶非齐次方程的方法通常称为**常数变易法**.

可以将式(2.10)作为公式直接写出一阶非齐次线性微分方程的解.在下面的例题解法中,我们采取先求对应的齐次方程的带有任意常数 C 的解,再用常数变易法,借以熟悉这一方法.

例 2.7　求微分方程 $xy'+y=\sin x$ 的通解.

解　这是一阶非齐次线性方程,先将它变形为方程(2.5)的形式,得

$$\frac{dy}{dx}+\frac{y}{x}=\frac{\sin x}{x}.$$

该方程对应的齐次方程为

$$\frac{dy}{dx}+\frac{y}{x}=0.$$

分离变量得

$$\frac{dy}{y}=-\frac{dx}{x},$$

两端分别积分,得到

$$\ln|y|=-\ln|x|+\ln|C_1|,$$

于是

$$|y|=\left|\frac{C_1}{x}\right|.$$

由此得

$$y=\frac{C_2}{x},\text{其中 } C_2=\pm C_1.$$

下面我们采用常数变易法. 将 $y=\dfrac{C_2}{x}$ 中的常数 C_2 用待定函数 $u(x)$ 替换得 $y=\dfrac{u(x)}{x}$,将它代入原方程之中,得

$$u'(x)-\frac{u(x)}{x}+\frac{u(x)}{x}=\sin x,$$

所以 $u'(x)=\sin x$,因此 $u(x)=-\cos x+C$,于是要求的原方程的通解为

$$y=\frac{1}{x}(C-\cos x).$$

通过例2.7请总结一阶非齐次线性方程解法的步骤.

例 2.8　求方程

$$\frac{dy}{dx}=\frac{y}{y^3+x}$$

的通解与满足初值条件 $y|_{x=1}=1$ 的特解.

解　该方程乍看不是线性方程.但是如果把 y 看作自变量,x 看作因变量,将方程改写为

$$\frac{dx}{dy}=\frac{y^3+x}{y}$$

你注意到把自变量与因变量交换的意义了吗? 由此解法,你有何体会?

或

$$\frac{\mathrm{d}x}{\mathrm{d}y} = \frac{1}{y}x + y^2.$$

该方程就是一个关于未知函数 $x = x(y)$ 的一阶非齐次线性方程,它所对应的齐次方程为

$$\frac{\mathrm{d}x}{\mathrm{d}y} = \frac{1}{y}x.$$

分离变量,得

$$\frac{\mathrm{d}x}{x} = \frac{\mathrm{d}y}{y},$$

两端分别积分并整理,得

$$x = C_1 y.$$

将其中的常数 C_1 用函数 $u(y)$ 替换得 $x = u(y)y$,再将其两端分别对 y 求导,得

$$\frac{\mathrm{d}x}{\mathrm{d}y} = u'(y)y + u(y),$$

将它们代入方程 $\dfrac{\mathrm{d}x}{\mathrm{d}y} = \dfrac{1}{y}x + y^2$ 之中,得

$$u'(y)y + u(y) = \frac{1}{y}u(y)y + y^2,$$

整理得

$$u'(y) = y,$$

从而

$$u(y) = \frac{1}{2}y^2 + C.$$

将它代入到 $x = u(y)y$ 中,得方程 $\dfrac{\mathrm{d}x}{\mathrm{d}y} = \dfrac{1}{y}x + y^2$ 的通解(也就是原方程的隐式通解)为

$$x = \frac{1}{2}y^3 + Cy.$$

用初值条件 $x = 1, y = 1$ 代入 $x = \dfrac{1}{2}y^3 + Cy$ 之中,得 $C = \dfrac{1}{2}$. 于是得原方程的特解为

$$x = \frac{1}{2}(y^3 + y).$$

在式(2.10)中,令 $C = 0$ 就得到方程(2.5)的一个特解

$$y = \mathrm{e}^{-\int P(x)\mathrm{d}x}\int Q(x)\mathrm{e}^{\int P(x)\mathrm{d}x}\mathrm{d}x. \tag{2.11}$$

再将式(2.10)去掉括号,得

$$y = C\mathrm{e}^{-\int P(x)\mathrm{d}x} + \mathrm{e}^{-\int P(x)\mathrm{d}x}\int Q(x)\mathrm{e}^{\int P(x)\mathrm{d}x}\mathrm{d}x.$$

我们看到,上式右端的第一项正是方程(2.5)所对应的齐次方程 $\dfrac{\mathrm{d}y}{\mathrm{d}x} + P(x)y = 0$ 的通解,而第二项

则是方程(2.5)的一个特解(2.11).由此得到

一阶非齐次线性方程(2.5)的通解是它的一个特解与其对应的齐次方程的通解之和.

这是一个非常有意义的结果,在后面(第四节)我们将看到,这一结论对高阶非齐次线性微分方程也成立.

4. 伯努利方程

称方程

$$\frac{\mathrm{d}y}{\mathrm{d}x}+P(x)y=Q(x)y^n \quad (n\neq 0,1) \tag{2.12}$$

为伯努利方程.由于 $n\neq 0,1$,因此它不是线性方程,但是方程(2.12)的左端与方程(2.5)左端的形式完全相同.这不禁使我们猜想:能否借用方程(2.5)的解法作"已知"来研究方程(2.12)的求解这一"未知"? 答案是可行的.下面来讨论这个问题.

为此,将方程(2.12)的两边分别同除以 y^n,得

$$y^{-n}\frac{\mathrm{d}y}{\mathrm{d}x}+P(x)y^{1-n}=Q(x). \tag{2.13}$$

注意到 $\frac{\mathrm{d}y^{1-n}}{\mathrm{d}x}=(1-n)y^{-n}\frac{\mathrm{d}y}{\mathrm{d}x}$,因此令 $z=y^{1-n}$,则有 $y^{-n}\frac{\mathrm{d}y}{\mathrm{d}x}=\frac{1}{1-n}\frac{\mathrm{d}z}{\mathrm{d}x}$,方程(2.13)就可写为

$$\frac{\mathrm{d}z}{\mathrm{d}x}+(1-n)P(x)z=(1-n)Q(x)$$

的形式.这是一个关于 z 的一阶线性微分方程,求出它的解之后,再将 z 替换为 y^{1-n},就得原微分方程的解.

例 2.9　求微分方程 $xy\mathrm{d}y=(2y^2-x^4)\mathrm{d}x$ 的通解.

解　将该方程进行整理,得

$$\frac{\mathrm{d}y}{\mathrm{d}x}-\frac{2}{x}y=-x^3y^{-1},$$

这是 $n=-1$ 的伯努利方程.令 $z=y^{1-(-1)}=y^2$,该方程就变成为

$$\frac{\mathrm{d}z}{\mathrm{d}x}-\frac{4}{x}z=-2x^3.$$

求得它的通解为

$$z=x^4(-2\ln|x|+C),$$

用 $z=y^2$ 作代换,得原微分方程的通解

$$y^2=x^4(C-\ln x^2).$$

在方程(2.12)中,若 $n=0$ 或 $n=1$,该方程将分别属于什么类型? 从形式上看,伯努利方程与线性方程有何异同?

注意到解伯努利方程与例2.8都是将非线性方程变换为线性方程,只是所采用的方法不同罢了.有何感想?

*5. 其他可通过变量代换求解的微分方程举例

上面讨论的齐次方程、伯努利方程都是通过变量代换变成可求解的微分方程,从而求出它们的解.变量代换是一个基本方法,再看下面的例子.

例 2.10　求方程 $y'=\cos(x+y)$ 满足初值条件 $y|_{x=0}=\frac{\pi}{2}$ 的特解.

解 令 $u = x+y$，从而

$$\frac{\mathrm{d}u}{\mathrm{d}x} = 1 + \frac{\mathrm{d}y}{\mathrm{d}x},$$

代入原方程，得

$$\frac{\mathrm{d}u}{\mathrm{d}x} - 1 = \cos u.$$

这是一个可分离变量的方程，分离变量得

$$\frac{\mathrm{d}u}{\cos u + 1} = \mathrm{d}x.$$

两端积分，得

$$\tan \frac{u}{2} = x + C.$$

将 $u = x+y$ 代回，得原方程的通解为

$$\tan \frac{x+y}{2} = x + C.$$

将初值条件 $x=0$ 时 $y = \frac{\pi}{2}$ 代入通解之中，求得 $C = 1$，于是所求得的特解为

$$\tan \frac{x+y}{2} = x + 1.$$

6. 一阶微分方程的应用举例

微分方程在自然科学、工程技术中有着广泛的应用.下边通过几个例子说明它的应用.

例 2.11 设物体下落的初速度为 v_0，所受的阻力与此时的速度成正比.讨论此物体在下落过程中速度 v 与时间 t 的函数关系.

解 设物体的质量为 m，它在时刻 t 时下降的速度为 $v(t)$，则阻力为 $kv(t)$（k 为比例系数），下降过程中的加速度为 $\frac{\mathrm{d}v}{\mathrm{d}t}$.因此由牛顿第二定律，其运动方程满足

$$m \frac{\mathrm{d}v}{\mathrm{d}t} = mg - kv.$$

这是一个可分离变量的微分方程，分离变量得

$$m \frac{\mathrm{d}v}{mg - kv} = \mathrm{d}t,$$

两端分别积分得

$$-\frac{m}{k} \ln(mg - kv) = t + C.$$

由 $t=0$ 时 $v = v_0$ 得，$C = -\frac{m}{k} \ln(mg - kv_0)$.将它代入 $-\frac{m}{k} \ln(mg - kv) = t + C$ 之中，得

$$\frac{m}{k} \ln \frac{mg - kv_0}{mg - kv} = t,$$

于是

$$mg-kv=\mathrm{e}^{-\frac{kt}{m}}(mg-kv_0).$$

该式刻画了初速度为 v_0 的物体在下落过程中速度 v 与时间 t 的函数关系.

例 2.12 有一高与直径都为 20 m 的圆柱形油罐装满汽油,油罐底部有一直径为 10 cm 的出口.问打开出口阀后需要多长时间才能使罐内的油全部流完?

解 显然,随着罐内汽油的流失,罐内油面的高度会下降,而且该高度是时间 t 的函数.记 t 时刻油面的高度为 $h(t)$,罐内油面下降的速度为 $h'(t)$.注意到

罐内油体积的减少量=出口处流出的油量.

任取一段时间间隔 t 到 $t+\mathrm{d}t$,我们知道,在这段时间内油面下降的速度 $h'(t)$ 是非均匀变化的.利用"以匀代非匀"的微积分基本思想,我们认为在这小段时间内的流速是不变的,一直是 t 时刻的速度 $h'(t)$,因此,这段时间内油面高度的改变(即油面高度下降的微元)为 $\mathrm{d}h(t)=h'(t)\mathrm{d}t$.相应的油罐内的油的体积减小量为

$$\mathrm{d}V(t)=\pi(1\,000)^2\mathrm{d}h(t).$$

又由水力学定律,当液体从距离油面高度为 h 的孔内流出时,它的流速是 $0.6\sqrt{2gh}$,因此,该流速随着时间的改变而改变,它也是时间的函数.同样利用微元法,从出口流出的油量的微元,也即从时刻 t 到 $t+\mathrm{d}t$ 这段时间间隔内自出口处流出的量为

$$\pi\cdot5^2\cdot0.6\sqrt{2gh(t)}\,\mathrm{d}t\approx664\pi\sqrt{h}\,\mathrm{d}t.$$

注意到下降的高度是递减的,因此 $h'(t)<0$,根据"罐内油体积的减少量=出口处流出的油量"的关系,有

$$\pi(1\,000)^2\mathrm{d}h(t)=-664\pi\sqrt{h(t)}\,\mathrm{d}t.$$

化简并分离变量得

$$\frac{\mathrm{d}h(t)}{\sqrt{h(t)}}=-\frac{664}{(1\,000)^2}\mathrm{d}t,$$

两边分别积分,求得该方程的通解为

$$2\sqrt{h(t)}=-\frac{664}{(1\,000)^2}t+C.$$

由于 $h(0)=2\,000$,因此将 $t=0$ 及 $h(0)=2\,000$ 代入上面的方程中求得 $C=2\sqrt{2\,000}\approx89.4$.所以

$$\sqrt{h(t)}=-\frac{332}{(1\,000)^2}t+44.7.$$

该特解就是油面下降的高度随时间流失的函数.当油全部流完,即 $h(t)=0$ 时,有

$$0=-\frac{332}{(1\,000)^2}t+44.7,$$

解得 $t=\dfrac{(1\,000)^2}{332}\cdot44.7=134\,639(\mathrm{s})\approx37.4(\mathrm{h})$,即经过 37.4h,油罐内的油全部流完.

例 2.13 从几何上看,探照灯的聚光镜可以看作是由 xOy 坐标面上的一条曲线 L 绕 x 轴旋转而得到的旋转曲面(旋转曲面将在第七章第五节再作讨论), x 轴称为其旋转轴.由旋转轴上一点发出的一切光线经此凹镜反射后都与旋转轴平行,求曲线 L 的方程.

解 取光源在坐标原点 O（图 6-1）处，且曲线 L 位于 $y \geq 0$ 的范围内.

设点 O 发出的某条光线 OM 经 L 上的点 $M(x,y)$ 反射后是一条与 x 轴平行的直线 MS. 又设曲线 L 的过点 M 的切线与 x 轴的夹角为 α，因此 $\angle SMT = \alpha$. 另一方面，$\angle OMA$ 是入射角的余角，由光学中的反射定律，有 $\angle OMA = \angle SMT = \alpha$，从而 $AO = OM$，但

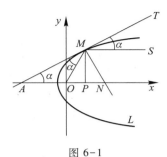

图 6-1

$$AO = AP - OP = PM \cot\alpha - OP = \frac{y}{y'} - x,$$

而 $OM = \sqrt{x^2 + y^2}$，于是得微分方程

$$\frac{y}{y'} - x = \sqrt{x^2 + y^2}.$$

把 x 看作未知函数，y 作为自变量，当 $y > 0$ 时，上式即为

$$\frac{\mathrm{d}x}{\mathrm{d}y} = \frac{x}{y} + \sqrt{\left(\frac{x}{y}\right)^2 + 1},$$

这是一个齐次方程. 令 $\dfrac{x}{y} = v$，则 $x = yv, \dfrac{\mathrm{d}x}{\mathrm{d}y} = v + y\dfrac{\mathrm{d}v}{\mathrm{d}y}$，代入上式，得

$$v + y\frac{\mathrm{d}v}{\mathrm{d}y} = v + \sqrt{v^2 + 1},$$

即

$$y\frac{\mathrm{d}v}{\mathrm{d}y} = \sqrt{v^2 + 1}.$$

分离变量，得

$$\frac{\mathrm{d}v}{\sqrt{v^2 + 1}} = \frac{\mathrm{d}y}{y},$$

积分得

$$\ln\left(v + \sqrt{v^2 + 1}\right) = \ln y - \ln C$$

或

$$v + \sqrt{v^2 + 1} = \frac{y}{C}.$$

于是

$$\left(\frac{y}{C} - v\right)^2 = v^2 + 1,$$

因此

$$\frac{y^2}{C^2} - \frac{2yv}{C} = 1,$$

以 $yv = x$ 代入上式，得

$$y^2 = 2C\left(x + \frac{C}{2}\right).$$

这是以 x 轴为轴，焦点在原点的抛物线.

例 2.14　有一如图 6-2 所示的电路,其中电源电动势为 $E = E_m sin\ \omega t(E_m, \omega$ 都是常数),电阻 R、电感 L 是常量.求电流 $i(t)$.

解　首先建立微分方程.

由电学知识知,当电流变化时,L 上有感应电动势 $-L\dfrac{di}{dt}$.由回路电压

定律得

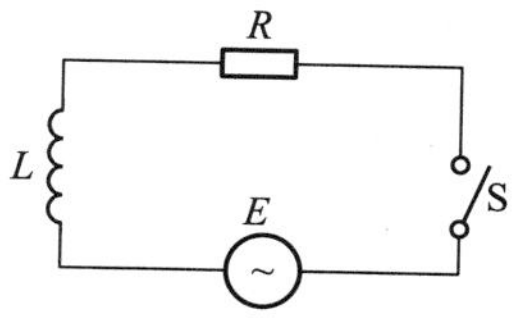

图 6-2

$$E - L\frac{di}{dt} - iR = 0,$$

即

$$\frac{di}{dt} + \frac{R}{L}i = \frac{E}{L}.$$

用 $E = E_m sin\ \omega t$ 替换上式中的 E,得

$$\frac{di}{dt} + \frac{R}{L}i = \frac{E_m}{L}sin\ \omega t.$$

这就是电流函数 $i(t)$ 所满足的微分方程.记开关 S 闭合的时刻为 $t=0$,由此得初值条件

$$i(t)\big|_{t=0} = 0.$$

下面来解这个微分方程.

它是一个非齐次线性方程,用通解公式求出其通解.这里 $P(t) = \dfrac{R}{L}$, $Q(t) = \dfrac{E_m}{L}sin\ \omega t$,代入通解公式求得

$$i(t) = e^{-\frac{R}{L}t}\left(\int \frac{E_m}{L}e^{\frac{R}{L}t}\sin\ \omega t dt + C \right),$$

先应用分部积分法求得

$$\int e^{\frac{R}{L}t}\sin\ \omega t dt = \frac{e^{\frac{R}{L}t}}{R^2 + \omega^2 L^2}(RL\sin\ \omega t - \omega L^2 \cos\ \omega t),$$

代入上式并化简,得该微分方程的通解

$$i(t) = \frac{E_m}{R^2 + \omega^2 L^2}(R sin\ \omega t - \omega L cos\ \omega t) + Ce^{-\frac{R}{L}t},$$

其中 C 为任意常数.将初值条件 $i(t)\big|_{t=0} = 0$ 代入之,得

$$C = \frac{\omega L E_m}{R^2 + \omega^2 L^2}.$$

因此,所求函数 $i(t)$ 为

$$i(t) = \frac{E_m}{R^2 + \omega^2 L^2}(R sin\ \omega t - \omega L cos\ \omega t) + \frac{\omega L E_m}{R^2 + \omega^2 L^2}e^{-\frac{R}{L}t}.$$

为了能比较明显地说明该函数所反映的物理现象,下面把上面等号右端的第一项作形式性的改写.令

$$cos\ \varphi = \frac{R}{\sqrt{R^2 + \omega^2 L^2}}, \quad sin\ \varphi = \frac{\omega L}{\sqrt{R^2 + \omega^2 L^2}},$$

于是

$$i(t) = \frac{E_m}{\sqrt{R^2+\omega^2 L^2}} sin(\omega t-\varphi) + \frac{\omega L E_m}{R^2+\omega^2 L^2}e^{-\frac{R}{L}t},$$

其中

$$\varphi = arctan\frac{\omega L}{R}.$$

当 t 增大时,上式右端第一项(称为稳态电流)是正弦函数,它的周期与电动势的周期相同而相角落后 φ;第二项(称为暂态电流)逐渐衰减而趋于零.

例 2.15(疾病的传播问题) 传染病的传播通常是通过患者与易患者(非患者但有可能是被传染者)的接触发生的.在一定环境中,对某些疾病来说,一种合理的假设是:一个患者在单位时间内传染他人的数量与他可能接触的易患者的数量成正比.

有一载有 800 人的轮船在深海航行.其中一人患病,12 小时后发现另有 2 人被传染.有关疫苗要经过 60 小时后才能运到并发生效用.问若不采取有效隔离措施,在疫苗生效前,将会有多少人被感染?

解 (1)建立微分方程,确定初值条件.

设时刻 t 患者人数为 $I(t)$,为研究 $I(t)$ 的变化规律,我们在微小区间 $[t,t+dt]$ 上观察 $I(t)$ 的改变量 dI,时刻 t 时船上的易患者数量为 $800-I(t)$.设时刻 t 一个患者在单位时间内传染他人的数量为 $\beta[800-I(t)]$,其中比例常数 β 标志患者的传染能力(如病毒毒性的强弱,环境条件等),从而在时刻 t 被 $I(t)$ 个患者所传染的人数为 $\beta[800-I(t)]I(t)$,它也就是在时刻 t 所新感染的人数.在时间间隔 $[t,t+dt]$ 内,患者数是变化的,由于 dt 很微小,将其看作不变,即在时间间隔 $[t,t+dt]$ 内的每一个时刻时的患者数都等于时刻 t 时的患者数 $I(t)$,于是,在时间间隔 $[t,t+dt]$ 这一段内,新患者的数量为 $\beta[800-I(t)]I(t)dt$.因此有

$$dI=\beta[800-I(t)]I(t)dt,$$

或

$$\frac{dI}{dt}=\beta[800-I(t)]I(t),$$

这就是 $I(t)$ 所满足的微分方程.由于开始时有一个患者,故初值条件为 $I|_{t=0}=1$.

(2)求解方程.

方程 $\frac{dI}{dt}=\beta[800-I(t)]I(t)$ 是一个可分离变量方程(也可以看作伯努利方程).不难得到它的通解为

$$I=\frac{800}{1-Ce^{-800\beta t}}.$$

将初值条件 $I(0)=1$ 代入,得 $C=-799$,从而特解为

$$I=\frac{800}{1+799e^{-800\beta t}}.$$

为了确定常数 β 需要利用 $I(t)$ 所满足的其他条件.已知 12 小时后另有 2 人被传染,即 $I(12)=3$,

将其代入特解 $I = \dfrac{800}{1+799\mathrm{e}^{-800\beta t}}$ 之中,可得到

$$800\beta = 0.091\ 76,$$

于是

$$I = \dfrac{800}{1+799\mathrm{e}^{-0.091\ 76t}}.$$

利用它以及疫苗发生效用距开始发现患者共 72 小时,可求得

$$I(72) = 385(\text{人}).$$

由此可以看出,采取积极有效的措施隔离患者是十分必要的.

7. 数学建模的实例

研究生物种群数量变化具有非常重大的理论和实际价值,单种群模型在人口增长、物种数量变化、传染病传播的预测、经济指标变化趋势等方面都有着广泛的应用.

将某生物种群的数量 $p(t)$ 看作是随时间变化的连续变量,则数量的变化速度 $\dfrac{\mathrm{d}p}{\mathrm{d}t}$ 受各种条件的制约,这里忽略其他条件,仅仅考虑 $p(t)$ 本身对变化速度的影响.

7.1 马尔萨斯模型

英国人口学家马尔萨斯(Malthus)通过对英国 100 多年人口的统计数据分析,提出了在人口增长率保持不变的情况下的指数增长模型,该模型被称为马尔萨斯模型,该模型与 19 世纪以前欧洲一些地区的人口数据非常吻合,并且对于人口的短期预测也起到了非常好的效果,后来该模型更是被推广到了单种群生物数量变化、化学反应速率、经济增长预测等更加广泛的领域.

对于某单一的生物种群,记 $p(t)$ 为该种群在 t 时刻的总数量,且初始时刻($t=0$)时,总量为 p_0,如果该种群的自然增长率为与时间无关的常数 r,则在单位时间内 $p(t)$ 的增量等于 $rp(t)$,于是在 t 到 $t+\Delta t$ 的增量满足

$$p(t+\Delta t)-p(t) = rp(t)\Delta t,$$

令 $\Delta t \to 0$ 得到微分方程

$$\dfrac{\mathrm{d}p(t)}{\mathrm{d}t} = rp(t), \quad p(0) = p_0,$$

这个方程很容易通过分离变量的方法解出满足初值条件的特解为

$$p(t) = p_0 \mathrm{e}^{rt}.$$

7.2 逻辑斯谛模型

马尔萨斯模型能够反映种群数量相对较少且资源丰富的情况,这时种群内部的竞争相对较弱,对群体数量的增长影响不大,但在种群数量较大的情况下,受自然资源、环境条件等因素的制约,生存空间的有限和资源的竞争必将导致增长率的降低,这种影响被称为阻滞作用.可见种群的增长率 $r(p)$ 与数量 p 有关.

记整个种群生存空间能容纳的数量为 P_m,于是在种群数量相对较少的情况下,增长率接近自然增长率 r,在种群数量接近 P_m 的时候,增长率接近于 0.通过上述分析,假设 $r(p)$ 与 p 呈线性关系,于是将种群的增长率 r 进行修正为 $r(p) = r\left(1-\dfrac{p}{P_\mathrm{m}}\right)$.此时,该微分方程可修正为

$$\frac{\mathrm{d}p(t)}{\mathrm{d}t} = r\left(1 - \frac{p(t)}{P_m}\right)p(t), \quad p(0) = p_0,$$

这就是著名的阻滞增长模型,也称为逻辑斯蒂(Logistic)模型,通过分离变量法求解这个微分方程,得到满足初值条件的特解为

$$p(t) = \frac{P_m}{1 + \left(\dfrac{P_m}{p_0} - 1\right)\mathrm{e}^{-rt}}.$$

阻滞增长模型是由荷兰生物数学家 Verhulst 在 19 世纪中叶提出的,该模型在对美国 1790 年至 1990 年的人口数据进行分析的时候发现吻合得很好.该模型不仅能够描述人口和生物种群数量的大体变化规律,而且在社会经济、化学反应速率的分析等多个领域都有着重要的应用.

7.3 有外界干预情况的单种群模型

单种群数量的马尔萨斯模型及逻辑斯蒂模型所讨论的都是种群在周围环境基本不变的情况下,而在实际情况中常常有其他因素干扰到,比如渔场里面鱼群的总量变化,除了与环境有关外,还与捕捞的情况密切相关.下面建立一个在有捕捞情况下,反映鱼群总量 $p(t)$ 随时间 t 变化的微分方程模型.做如下假设:

(1) 记 t 时刻渔场鱼群总量为 $p(t)$,r 为其自然增长率,P_m 为环境允许的最大鱼量;

(2) 在无捕捞的情况下,$p(t)$ 服从逻辑斯蒂模型

$$\frac{\mathrm{d}p(t)}{\mathrm{d}t} = f(t) = r\left(1 - \frac{p(t)}{P_m}\right)p(t), \quad p(0) = p_0;$$

(3) 有捕捞的情况下,单位时间捕捞量与渔场鱼量成正比,且捕捞强度随时间变化,以比例系数 $k(t)$ 表示单位时间捕捞率.于是单位时间捕捞量 $h(t)$ 为

$$h(t) = k(t)p(t).$$

显然 t 时刻单位时间鱼量的变化

$$F(t) = f(t) - h(t).$$

则在有捕捞情况下渔场鱼量的增长模型为

$$\frac{\mathrm{d}p(t)}{\mathrm{d}t} = F(t) = r\left[1 - \frac{p(t)}{P_m}\right]p(t) - kp(t),$$

解这个可分离变量的微分方程得

$$p(t) = \frac{[k(t) - r]P_m p_0}{[rp_0 - rP_m + k(t)P_m]\mathrm{e}^{-[r - k(t)]t} - p_0 r}.$$

这就是在有捕捞情况下的鱼量模型.显然,捕捞量的大小与捕捞系数 k 直接相关,在某个时间段 $[T_1, T_2]$ 内,捕捞到的鱼的总量为

$$H(k) = \int_{T_1}^{T_2} h(p)\,\mathrm{d}t = \int_{T_1}^{T_2} \frac{[k(t) - r]P_m p_0}{[rp_0 - rP + k(t)P_m]\mathrm{e}^{-[r - k(t)]t} - p_0 r}\,\mathrm{d}t.$$

通过找到合适的 $k(t)$,使得在一个周期内(一般是一年)的捕捞量达到最大,这个问题需要用新的数学方法进行讨论,这里就不展开了.

历史人物简介

伯努力兄弟

习题 6-2(A)

1. 判断下面的论述是否正确,并说明理由:

(1) 在本节所介绍的一阶微分方程的解法中,分离变量法是基本方法,在解齐次方程和一阶线性方程时,都要先化为可分离变量的方程;

(2) 我们所讨论的微分方程中的导数都是以 $\dfrac{\mathrm{d}y}{\mathrm{d}x}$ 的形式出现的,如果是 $\dfrac{\mathrm{d}x}{\mathrm{d}y}$ 的形式,则不予考虑,因此所谓齐次方程都是指 $\dfrac{\mathrm{d}y}{\mathrm{d}x}=\varphi\left(\dfrac{y}{x}\right)$ 的形式,而 $\dfrac{\mathrm{d}x}{\mathrm{d}y}=\psi\left(\dfrac{x}{y}\right)$ 不是齐次方程;

(3) 解一阶线性微分方程一般可以分为两步:首先利用分离变量法求出其对应的齐次线性方程的通解,然后将通解中的任意常数 C 用 x 的函数 $u(x)$ 取代,代入到原非齐次线性微分方程中,求出 $u(x)$,从而求得原方程通解.

2. 求下列可分离变量微分方程的通解:

(1) $xy'=(1+2x^2)y$;

(2) $y'=\ln x^y$;

(3) $y'=(2x+1)y^2$;

(4) $\dfrac{\mathrm{d}y}{\mathrm{d}x}=xe^{2x-3y}$.

3. 求下列齐次微分方程的通解:

(1) $xy'-y=\sqrt{x^2-y^2}$;

(2) $(2x-y)\mathrm{d}x+(2y-x)\mathrm{d}y=0$;

(3) $y'=\dfrac{2y}{x-2y}$;

(4) $x\left(1+\ln\dfrac{x}{y}\right)\mathrm{d}y-y\mathrm{d}x=0$.

4. 求下列一阶线性微分方程的通解:

(1) $xy'=3y+x^2$;

(2) $y'-y=e^{-x}$;

(3) $y'\cos x-y\sin x=x\cos x$;

(4) $(4y+x)\mathrm{d}y+y\mathrm{d}x=0$.

5. 求下列微分方程满足初值条件的特解:

(1) $(1-x^2)y-xy'=0,y(1)=1$;

(2) $xy'=y+2\sqrt{xy},y(1)=1$;

(3) $y'+y=xe^{-x},y\big|_{x=2}=0$;

(4) $x^2y'+(1-2x)y=x^2,y\big|_{x=1}=0$.

6. 若曲线 $y=y(x)$ 过原点,且它在 (x,y) 处的切线斜率为 $2x+y$,求曲线方程.

7. 若一曲线通过点 $(2,3)$,且它在两坐标轴之间的任一切线段被切点平分,求该曲线方程.

8. 若曲线 $y=y(x)$ 在点 (x,y) 处的切线在 y 轴上的截距等于该点的横坐标,且曲线过点 $(1,1)$,求该曲线方程.

9. 某放射性元素有如下衰变规律:其衰变速度与它的现存量 M 成正比,由经验材料得知,经过 1 600 年后,只剩下原始量 M_0 的一半,求该元素的含量 M 与时间 t 的关系.

10. 小船从河边点 O 处出发驶向对岸(两岸为平行直线).设船速为 a,船行驶方向始终与河岸垂直,又设河宽为 h,河中任一点处的水流速度与该点到两岸距离的乘积成正比(比例系数为 k),求小船的航行路线.

习题 6-2(B)

1. 某人的体重为 w_0,现在开始减肥,假设他每天的饮食可产生热量 a J,用于新陈代谢等每天消耗的热量为 b J/kg,假定热量全部由脂肪提供,脂肪的含热量为 d J/kg,求此人体重随时间的变化规律 $W(t)$.

2. 一质量为 m 的物体做直线运动,运动时物体所受的力为 $F=a-bv$(其中 a,b 为正的常数,v 为物体运动的速度),设物体由静止出发,求物体运动的速度与时间的关系.

3. 若曲线 $y=f(x)$($f(x)\geqslant 0$)在$[1,x]$上所形成的曲边梯形面积为 $2xy-4$,且曲线过点$(1,2)$,求此曲线方程.

4. 求下列伯努利微分方程的通解:

(1) $y'-xy=\dfrac{x}{y}$;　　　　　　(2) $y'-x^2y^2=y$;　　　　　　(3) $\dfrac{\mathrm{d}x}{\mathrm{d}t}-tx=t^3x^2$.

5. 求下列微分方程的通解:

(1) $x\mathrm{d}y-y\ln y\mathrm{d}x=0$;　　　　　　　　(2) $(1+x^2)y'-2xy=(1+x^2)^2$;

(3) $x\ln x\mathrm{d}y+(y-\ln x)\mathrm{d}x=0$;　　　　(4) $\dfrac{\mathrm{d}y}{\mathrm{d}x}=\dfrac{y}{x+y^3}$.

6. 若 $y=\varphi_1(x)$,$y=\varphi_2(x)$ 分别是一阶非齐次线性微分方程 $y'+P(x)y=Q_1(x)$,$y'+P(x)y=Q_2(x)$ 的解,证明 $y=\varphi_1(x)+\varphi_2(x)$ 是微分方程 $y'+P(x)y=Q_1(x)+Q_2(x)$ 的解.

7. 设函数 $y=f(x)$ 在 $(0,+\infty)$ 内可微,满足 $x\displaystyle\int_0^x f(t)\mathrm{d}t=(x+1)\int_0^x tf(t)\mathrm{d}t$,求函数 $f(x)$.

8. 已知函数 $f(x)$ 在 $(0,+\infty)$ 内可导,$f(x)>0$,且满足 $\displaystyle\lim_{h\to 0}\left[\dfrac{f(x+hx)}{f(x)}\right]^{\frac{1}{h}}=\mathrm{e}^{\frac{1}{x}}$,$\displaystyle\lim_{x\to+\infty}f(x)=1$,求函数 $f(x)$.

*9. 化下列微分方程为齐次方程,并求其通解:

(1) $(x-y-1)\mathrm{d}x+(x+4y-1)\mathrm{d}y=0$;

(2) $(x+y)\mathrm{d}x+(3x+3y-4)\mathrm{d}y=0$.

第三节　可降阶的高阶微分方程

在第二节讨论了一些一阶微分方程的解法,下面来研究高阶微分方程的求解问题.遵循用"已知"研究"未知"的思想,我们自然期盼,如果能把高阶微分方程化为第二节所研究过的一阶方程,就可以利用已有的一阶方程的解法作"已知"来求解了.本节就来讨论这样的高阶微分方程的求解问题.

下面先来看第一节例 1.2 所给的方程

$$\frac{\mathrm{d}^2 s}{\mathrm{d}t^2}=-5. \tag{3.1}$$

这是一个二阶微分方程(高阶方程),但如果把 $\dfrac{\mathrm{d}s}{\mathrm{d}t}$ 看作新的未知函数,它就可以看作是这个函数

的一阶微分方程.因此,对方程(3.1)的两端分别积分,得

$$\frac{\mathrm{d}s}{\mathrm{d}t}=-5t+C_1. \tag{3.2}$$

方程(3.2)是一个形如 $y'=f(x)$ 的一阶微分方程,两端再分别积分,得

$$s=-\frac{5}{2}t^2+C_1t+C_2.$$

我们看到,方程(3.1)虽然是高阶方程,但通过逐次积分,就可以把方程的阶逐次降低而最终求出其通解.

像方程(3.1)那样,如果通过积分或其他方法(比如变量代换)能把方程的阶数降低,则称这样的高阶方程为**可降阶的高阶微分方程**.

本节研究三种可降阶的高阶微分方程的求解问题.

1. $y^{(n)}=f(x)$ 型

方程

$$y^{(n)}=f(x) \tag{3.3}$$

的特点是其**左端为未知函数的 n 阶导数**,而右端仅为自变量 x 的函数.

由于 $y^{(n)}$ 是 $y^{(n-1)}$ 的导数,因此,若把 $y^{(n-1)}$ 看作一个新的未知函数,那么方程(3.3)就是这个新的未知函数的一阶微分方程 $[y^{(n-1)}]'=f(x)$.对方程两边分别积分.得

$$y^{(n-1)}=\int f(x)\,\mathrm{d}x+C_1.$$

这是一个 $n-1$ 阶方程,它仍具有与方程(3.3)相同的特点.再继续积分 $n-1$ 次,就得到方程(3.3)的含有 n 个任意常数的通解.

例 3.1　求微分方程 $y'''=\cos x+3x$ 的通解.

解　对所给的方程两边依次积分三次,得

$$y''=\sin x+\frac{3}{2}x^2+C_1,$$

$$y'=-\cos x+\frac{1}{2}x^3+C_1x+C_2,$$

$$y=-\sin x+\frac{1}{8}x^4+\frac{C_1}{2}x^2+C_2x+C_3.$$

$y=-\sin x+\frac{1}{8}x^4+\frac{C_1}{2}x^2+C_2x+C_3$ 就是要求的方程的通解.

2. $y''=f(x,y')$ 型

方程

$$y''=f(x,y') \tag{3.4}$$

的特点是**不显含未知函数** y.注意到 y'' 是 y' 的导数,因此,如果把 y' 看作一个新的未知函数,那么 y'' 就是这个新函数的一阶导数,因此该方程就可以看作是关于 y' 的一阶微分方程,也就达到了降

阶的目的.

为此,设 $y'=p(x)$,那么

$$y''=\frac{\mathrm{d}y'}{\mathrm{d}x}=\frac{\mathrm{d}p}{\mathrm{d}x}=p',$$

方程(3.4)就可以写作

$$p'=f(x,p)$$

说方程(3.4)"不显含未知函数 y",怎么理解"不显含"的含义?

的形式.这是一个关于变量 x,p 的一阶方程,设其通解为

$$p=\varphi(x,C_1).$$

再由 $p=y'$,因此有

$$\frac{\mathrm{d}y}{\mathrm{d}x}=\varphi(x,C_1),$$

这是一个变量可分离的方程.两端积分就得到方程(3.4)的通解

$$y=\int\varphi(x,C_1)\mathrm{d}x+C_2.$$

例 3.2　求微分方程 $(1+x)y''-2y'=0$ 的通解.

解　令 $y'=p$,则 $y''=p'$,原方程化为

$$(1+x)p'-2p=0$$

或

$$(1+x)\frac{\mathrm{d}p}{\mathrm{d}x}-2p=0.$$

它是一个可分离变量的方程,分离变量得

$$\frac{\mathrm{d}p}{p}=\frac{2\mathrm{d}x}{1+x}.$$

两端分别积分,得

$$\ln|p|=\ln(1+x)^2+\ln C,$$

于是

$$p=\pm C(1+x)^2=C_1(1+x)^2,$$

其中 $C_1=\pm C$. 对 $y'=p=C_1(1+x)^2$ 两端再分别积分,得

$$y=\frac{C_1}{3}(1+x)^3+C_2,$$

总结例 3.2 的解法,你看形如式(3.4)的方程的解法主要可分几步?每一步的目的与做法分别是什么?

它就是所给方程的通解.

例 3.3　求微分方程 $(1+x^3)y''-3x^2y'=0$ 满足初值条件 $y(0)=0,y'(0)=1$ 的特解.

解　令 $y'=p$,则 $y''=p'$,原方程化为

$$(1+x^3)p'-3x^2p=0.$$

分离变量,得

$$\frac{\mathrm{d}p}{p}=\frac{3x^2}{1+x^3}\mathrm{d}x,$$

两端分别积分,得

$$\ln|p| = \ln|1+x^3| + \ln C,$$

于是

$$y' = p = \pm C(1+x^3) = C_1(1+x^3),$$

这里 $C_1 = \pm C.$ 由初值条件 $y'(0) = 1$ 得 $C_1 = 1.$ 因此,

$$y' = 1 + x^3.$$

两端分别积分,得

$$y = x + \frac{x^4}{4} + C_2.$$

该解法在使用初值条件确定任意常数的取值时有什么特点?你有何收获?

再由初值条件 $y(0) = 0$ 得 $C_2 = 0.$ 因此,要求的方程的特解为

$$y = x + \frac{x^4}{4}.$$

3. $y'' = f(y, y')$ 型

方程

$$y'' = f(y, y') \tag{3.5}$$

的特点是**不显含自变量 x**.

为对其降阶,联想到方程(3.4)的解法,我们自然会想到令 $y' = p$. 但是如果仍像上面对方程 $y'' = f(x, y')$ 那样将 p 对 x 求导从而将 y'' 写作 $y'' = \dfrac{\mathrm{d}p}{\mathrm{d}x}$,这时方程(3.5)将成为

$$\frac{\mathrm{d}p}{\mathrm{d}x} = f(y, p).$$

虽然达到了降阶的目的,但方程中明显地含有 p, y, x 三个变量,超出了我们讨论的范围.

注意到通过 $p = y'$ 及由原方程所确定的变量 x 与 y 的函数关系,我们可以把 p 与 x 的函数关系看作 p 通过变量 y 而成为 x 的函数,然后利用复合函数微分法,有

$$y'' = \frac{\mathrm{d}y'}{\mathrm{d}x} = \frac{\mathrm{d}p}{\mathrm{d}x} = \frac{\mathrm{d}p}{\mathrm{d}y} \cdot \frac{\mathrm{d}y}{\mathrm{d}x} = p\frac{\mathrm{d}p}{\mathrm{d}y}.$$

左边第三个等号前后发生了什么样的变化?目的是什么?

将它代入方程(3.5),得

$$p\frac{\mathrm{d}p}{\mathrm{d}y} = f(y, p),$$

这是一个关于变量 y, p 的一阶微分方程(实现了将方程(3.5)降阶的目的). 设它的通解为

$$p = \varphi(y, C_1),$$

再由 $p = y' = \dfrac{\mathrm{d}y}{\mathrm{d}x}$,上式即是 $\dfrac{\mathrm{d}y}{\mathrm{d}x} = \varphi(y, C_1)$ 的形式,它是一个可分离变量的方程,分离变量并将两端分别积分,得

$$\int \frac{\mathrm{d}y}{\varphi(y, C_1)} = \int \mathrm{d}x$$

或写成

$$\int \frac{\mathrm{d}y}{\varphi(y, C_1)} = x + C_2,$$

这就是二阶微分方程(3.5)的隐式通解.

例 3.4 求微分方程 $yy'' - (y')^2 = 0$ 的通解.

解 方程中不显含自变量 x,为此,令 $y' = p$,则 $y'' = p\dfrac{\mathrm{d}p}{\mathrm{d}y}$,代入原方程得

$$yp\frac{\mathrm{d}p}{\mathrm{d}y} - p^2 = 0,$$

即

$$p\left(y\frac{\mathrm{d}p}{\mathrm{d}y} - p\right) = 0.$$

由此,得

$$p = 0 \text{ 或 } y\frac{\mathrm{d}p}{\mathrm{d}y} - p = 0.$$

首先讨论 $y\dfrac{\mathrm{d}p}{\mathrm{d}y} - p = 0$ 的情形,对该方程分离变量得

$$\frac{\mathrm{d}p}{p} = \frac{\mathrm{d}y}{y},$$

两端分别积分,得

$$\ln|p| = \ln|y| + \ln C,$$

于是有

$$p = C_1 y \quad (C_1 = \pm C).$$

> 这里的 C_1 能取零吗?

注意到 $p = 0$ 也是方程 $yp\dfrac{\mathrm{d}p}{\mathrm{d}y} - p^2 = 0$ 的解.因此补充规定 C_1 也取零,那么 $p = C_1 y$ 就包含 $p = 0$ 在内,

因此可得到方程 $yp\dfrac{\mathrm{d}p}{\mathrm{d}y} - p^2 = 0$ 的通解为

$$p = C_1 y,$$

其中 C_1 为任意常数. 于是,有

$$\frac{\mathrm{d}y}{\mathrm{d}x} = C_1 y.$$

对这个一阶方程再分离变量,求得

$$\ln|y| = C_1 x + C_2',$$

于是有

$$y = C_2 \mathrm{e}^{C_1 x} \quad (C_2 = \pm \mathrm{e}^{C_2'}). \tag{3.6}$$

注意到 $y = 0$ 也是原方程的解,因此原方程的通解为

$$y = C_2 \mathrm{e}^{C_1 x},$$

其中 C_1, C_2 为任意常数.

> 总结例 3.4 的解法,你看形如式(3.5)的方程的解法主要可分几步?每一步的目的与做法分别是什么?
>
> 在 $p = C_1 y$ 与式(3.6)中,都分别补充规定了 C_1, C_2 为零,其目的是什么?

例 3.5 求微分方程 $y'' = \sqrt{1 - y'^2}$ 的通解.

解　该方程既不显含 x,也不显含 y.因此,它既可以被认为是属于式(3.4)的类型,也可以被认为是属于式(3.5)的类型.显然按照方程(3.4)来求解要简单些.为此我们按照方程(3.4)来求解.

令 $y'=p$,则 $y''=p'$,原方程即成为

$$p'=\sqrt{1-p^2}$$

或

$$\frac{\mathrm{d}p}{\mathrm{d}x}=\sqrt{1-p^2}.$$

> 这个方程既不显含 x 也不显含 y,这里为什么要按(3.4)型来解呢?

这是一个可分离变量的方程,分离变量可求得该一阶方程的通解

$$\arcsin p=x+C_1,$$

于是

$$p=\sin\left(x+C_1\right)$$

或

$$\frac{\mathrm{d}y}{\mathrm{d}x}=\sin\left(x+C_1\right).$$

两端分别积分,得所求方程的通解为

$$y=-\cos\left(x+C_1\right)+C_2,$$

其中 C_1,C_2 为任意实数.

一阶微分方
程解法小结

4. 数学建模的实例

悬链线是两端固定的情况下重力势能最小的曲线,悬索桥、双拱桥、架空电缆等都用到了悬链线的原理.比如两个电线杆之间悬挂一根电缆,受重力的作用,电缆自然会下垂,所呈现的曲线就是悬链线,该曲线方程可以通过求解常微分方程得到.

建立模型做如下的简化和假设:

(1) 电缆足够柔软,是自然下垂;

(2) 电缆的质量分布均匀,线密度为一常数 ρ;

(3) 电缆两端高度相同;

(4) 不考虑环境的其他因素,比如风、气温、气压等的影响等.

记两端点分别为 A,B,以最下端为原点 O,平行于水平面的直线为 x 轴建立平面直角坐标系(图6-3),并设曲线 AOB 满足 $y=f(x)$.

在弧段 OB 上任取一点记为 P,设 P 点的坐标为 (x,y),对弧段 OP 作受力分析(图6-4):

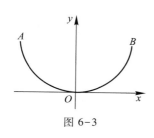

图 6-3

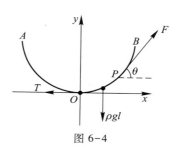

图 6-4

（1）重力 G：方向垂直向下，大小为 ρgl，其中 ρ 为电缆的线密度，g 为重力加速度，ρ,g 均与 P 点的选取无关，l 为弧段 OP 的长度，利用定积分求弧长的公式

$$l = \int_0^x \sqrt{1 + y'^2}\, \mathrm{d}t\ ;$$

（2）在 O 点的拉力 T：方向水平向左，大小与 P 点的选取无关；

（3）在 P 点的拉力 F，方向即为曲线在 P 点处的切线方向，显然其大小与方向均与 P 点的选取有关.

由于电缆处于静止，因此这三个力应该保持平衡.设 F 与 x 轴夹角为 θ，对 F 做力的分解（图 6-5），再由力的平衡原理，有

$$|F|\sin\theta = |G|,\quad |F|\cos\theta = |T|.$$

对两个式子做除法，再由切线的几何意义可以得到：

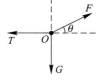

图 6-5

$$\frac{\mathrm{d}y}{\mathrm{d}x} = \tan\theta = \frac{|G|}{|T|} = \frac{\rho gl}{|T|} = \frac{\rho g}{|T|}l = a\int_0^x \sqrt{1 + y'^2}\, \mathrm{d}t,$$

其中记 $a = \dfrac{\rho g}{|T|}$. 对该方程两端求导，可以得到如下二阶微分方程：

$$\frac{\mathrm{d}^2 y}{\mathrm{d}x^2} = a\sqrt{1 + \left(\frac{\mathrm{d}y}{\mathrm{d}x}\right)^2},\quad y'(0) = 0,\ y(0) = 0.$$

请读者自己思考后面两个式子为什么成立.

解该微分方程，它属于 $y'' = f(x, y')$ 型.因此令 $y' = p$，则 $y'' = p'$，原方程即成为

$$p' = a\sqrt{1 + p^2}.$$

解这个变量可分离的方程，得

$$\ln\left(p + \sqrt{1 + p^2}\right) = ax + C_1,$$

把初值条件 $y'(0) = 0$ 代入上式，得

$$C_1 = 0,$$

于是

$$\ln\left(p + \sqrt{1 + p^2}\right) = ax, \tag{3.7}$$

因此

$$p + \sqrt{1 + p^2} = \mathrm{e}^{ax}.$$

式（3.7）两端乘 -1，得 $-\ln\left(p + \sqrt{1 + p^2}\right) = -ax$，即 $\ln\left(p + \sqrt{1 + p^2}\right)^{-1} = -ax$，所以

$$\frac{1}{p + \sqrt{1 + p^2}} = \sqrt{1 + p^2} - p = \mathrm{e}^{-ax}. \tag{3.8}$$

由式（3.7）与式（3.8）得

$$y' = \frac{1}{2}\left(\mathrm{e}^{ax} - \mathrm{e}^{-ax}\right).$$

积分得

$$y = \frac{1}{2a}\left(\mathrm{e}^{ax} + \mathrm{e}^{-ax}\right) + C_2.$$

在由初值条件 $y|_{x=0}=0$ 可得，$C_2=-\dfrac{1}{a}$，于是得到该电缆所满足的方程为

$$y=\frac{1}{2a}(e^{\frac{x}{a}}+e^{-\frac{x}{a}})-\frac{1}{a}=\frac{1}{2a}\mathrm{ch}(ax)-\frac{1}{a},$$

其中 $a=\dfrac{\rho g}{|T|}$，可见悬链线方程是与双曲余弦函数直接相关的. 在实际工程中可以根据悬索长度及下垂的高度等信息推算最低点处的拉力 T 以及悬索上各个点处的受力 F 以及各项有关的参数.

习题 6-3(A)

1. 判断下面论述是否正确，并说明理由：

（1）本节讨论了三种可降阶的高阶微分方程的解法：对 $y^{(n)}=f(x)$ 型，两边采取求积分的方法使其降阶；对 $y''=f(x,y')$ 及 $y''=f(y,y')$ 型都是采取变量代换 $y'=p$ 的方法使其降阶；

（2）对 $y''=f(y')$ 型微分方程，它既不显含 y，也不显含 x，因此可以按 $y''=f(x,y')$ 或 $y''=f(y,y')$ 型中的任何一种方程求解.

2. 求下列各微分方程的通解：

（1）$e^{2x}y'''=1$；

（2）$y''=\dfrac{x}{1+x^2}$；

（3）$xy''=(1+2x^2)y'$；

（4）$y''-y'=e^x$；

（5）$yy''-2(y')^2=0$；

（6）$y''+(y')^2=2e^{-y}$；

（7）$xy''=y'\ln\dfrac{y'}{x}$；

（8）$2y''-5y'=0$.

3. 求下列各微分方程满足所给初值条件的特解：

（1）$y'''=\cos x+e^{\frac{x}{2}}$，$y(0)=1,y'(0)=1,y''(0)=1$；

（2）$y''=y'+x$，$y|_{x=0}=1,y'|_{x=0}=0$；

（3）$y''=e^{2y}$，$y|_{x=0}=y'|_{x=0}=0$；

（4）$y''+\dfrac{1}{1-y}(y')^2=0$，$y(0)=2,y'(0)=1$.

习题 6-3(B)

1. 一个质量为 m 的物体在空中由静止开始下落，如果空气阻力 $R=cv$（其中 c 为常数，v 为物体运动的速度），求物体下落的距离与时间的函数关系 $s=s(t)$.

2. 连续的凸曲线 $y=f(x)$ 上点 $(0,1)$ 处的切线方程为 $y=x+1$，且此曲线上任意一点 (x,y) 处的曲率为 $\dfrac{1}{\sqrt{1+y'^2}}$，求此曲线方程 $y=f(x)$.

3. 求微分方程 $yy''-1=(y')^2$ 满足初值条件 $y|_{x=1}=1,y'|_{x=1}=0$ 的特解.

4. 求微分方程 $y''+(y')^2=1$ 满足初值条件 $y|_{x=0}=0,y'|_{x=0}=0$ 的特解.

5. 求微分方程 $y'y'''-2(y'')^2=0$ 的通解.

第四节　高阶线性微分方程解的结构

在第二节我们得到一阶非齐次线性微分方程 $\dfrac{\mathrm{d}y}{\mathrm{d}x}+P(x)y=Q(x)$ 的通解

$$y = \mathrm{e}^{-\int P(x)\,\mathrm{d}x}\left(\int Q(x)\,\mathrm{e}^{\int P(x)\,\mathrm{d}x}\,\mathrm{d}x + C\right) = \mathrm{e}^{-\int P(x)\,\mathrm{d}x}\int Q(x)\,\mathrm{e}^{\int P(x)\,\mathrm{d}x}\,\mathrm{d}x + C\mathrm{e}^{-\int P(x)\,\mathrm{d}x},$$

我们看到：**它是该方程的一个特解与其对应的齐次方程的通解的和.**

下面将研究高阶线性微分方程的求解问题.我们自然期盼：一阶非齐次线性微分方程通解的这一特征对高阶线性微分方程也满足.本节来讨论高阶线性微分方程解的结构,我们将会看到,这一期盼是能实现的.

1. n 阶线性微分方程

称方程 $\dfrac{\mathrm{d}y}{\mathrm{d}x}+P(x)y=Q(x)$ 为一阶线性微分方程,是因为在该方程中未知函数及其导数都是一次的.将其加以推广,就有高阶线性微分方程的概念.

形如

$$y^{(n)}+a_1(x)y^{(n-1)}+\cdots+a_{n-1}(x)y'+a_n(x)y=f(x) \tag{4.1}$$

的方程称为 n **阶线性微分方程**；当 $n\geqslant 2$ 时,也称它为**高阶线性微分方程**.如果式(4.1)中的 $f(x)\equiv 0$,则称

$$y^{(n)}+a_1(x)y^{(n-1)}+\cdots+a_{n-1}(x)y'+a_n(x)y=0 \tag{4.2}$$

为 n **阶齐次线性微分方程**；反之,若 $f(x)$ 不恒为零,称它为 n **阶非齐次线性微分方程**.

下面来讨论高阶线性微分方程解的结构,重点对二阶线性微分方程进行讨论,相同的结论可以推广到 n 阶线性微分方程.

> 称方程(4.1)与方程(4.2)为线性方程,看出称它为"线性"的含义了吗？

2. 高阶齐次线性微分方程的解的结构

仍然采用由"特殊"到"一般"的思想方法.为此先看一个具体问题.

容易验证,函数 e^x,e^{-x},$2\mathrm{e}^x$ 都是方程 $y''-y=0$ 的解.我们关心的是：它们之中任意两个的线性组合,比如 $y=C_1\mathrm{e}^x+C_2\mathrm{e}^{-x}$（其中 C_1,C_2 为任意常数）也是该方程的解吗？下面来讨论这个问题.

由于函数 e^{-x},e^x 与 $2\mathrm{e}^x$ 都是方程 $y''-y=0$ 的解,因此有下面两式同时成立：

$$(\mathrm{e}^{-x})''-\mathrm{e}^{-x}=0, \qquad (\mathrm{e}^x)''-\mathrm{e}^x=0.$$

将函数 $y=C_1\mathrm{e}^{-x}+C_2\mathrm{e}^x$ 代入方程 $y''-y=0$ 的左端,得

$$(C_1\mathrm{e}^{-x}+C_2\mathrm{e}^x)''-(C_1\mathrm{e}^{-x}+C_2\mathrm{e}^x)$$

$$= C_1[(\mathrm{e}^{-x})''-\mathrm{e}^{-x}]+C_2[(\mathrm{e}^x)''-\mathrm{e}^x]=0+0=0.$$

因此,函数 $y=C_1\mathrm{e}^{-x}+C_2\mathrm{e}^x$ 也是方程 $y''-y=0$ 的解.

事实上,这一结论具有一般性,这就是下面的定理 4.1.

定理 4.1　**如果函数 $y_1(x)$ 与 $y_2(x)$ 都是二阶线性齐次微分方程**

$$y'' + P(x)y' + Q(x)y = 0 \tag{4.3}$$

的解,那么

$$y = C_1 y_1(x) + C_2 y_2(x) \tag{4.4}$$

也是方程(4.3)的解,其中 C_1, C_2 是任意常数.

证　由于 $y_1(x)$ 与 $y_2(x)$ 都是方程(4.3)的解,因此将它们分别代入方程(4.3)就使方程变为恒等式,即有

$$\begin{aligned} y_1'' + P(x)y_1' + Q(x)y_1 &\equiv 0, \\ y_2'' + P(x)y_2' + Q(x)y_2 &\equiv 0. \end{aligned} \tag{4.5}$$

将式(4.4)代入方程(4.3)的左端,得

$$(C_1 y_1'' + C_2 y_2'') + P(x)(C_1 y_1' + C_2 y_2') + Q(x)(C_1 y_1 + C_2 y_2)$$
$$= C_1[y_1'' + P(x)y_1' + Q(x)y_1] + C_2[y_2'' + P(x)y_2' + Q(x)y_2],$$

由式(4.5)上式恒为零,因此式(4.4)是方程(4.3)的解.

注意到方程(4.3)是二阶微分方程,而式(4.4)中恰好有两个任意常数,我们自然要问:式(4.4)是方程(4.3)的通解吗?

非常遗憾的是,虽然式(4.4)中含有两个任意常数 C_1, C_2,但并不能断定式(4.4)就一定是方程(4.3)的通解.因为按照通解的定义,当这两个任意常数相互独立时——不能被合并而使常数的个数变少——式(4.4)才是方程(4.3)的通解.而在式(4.4)中,我们并不能断定 C_1, C_2 是否相互独立.比如,虽然函数 $e^x, 2e^x$ 都是方程 $y'' - y = 0$ 的解,但 e^x 与 $2e^x$ 的线性组合

$$y = C_1 e^x + C_2(2e^x) = (C_1 + 2C_2)e^x$$

就不是方程 $y'' - y = 0$ 的通解,因为这里的两个常数不相互独立.事实上,可以将 $C_1 + 2C_2$ 记为常数 $C_3, y = (C_1 + 2C_2)e^x$ 就成为 $y = C_3 e^x$,它只含一个任意常数,因此 $y = C_1 e^x + C_2(2e^x)$ 不是该二阶齐次线性微分方程的通解.

这自然使我们提出问题:具备怎样的条件才能保证式(4.4)一定是方程(4.3)的通解?下面就来讨论之.

我们看到,之所以 $y = C_1 e^x + C_2(2e^x)$ 中的两个常数可以被另外的一个常数所替代,是因为两函数之比 $\dfrac{2e^x}{e^x} = 2$ 是一个常数.即二者之中的 $2e^x$ 是另一个 e^x 的 2 倍,所以二者的线性组合中的系数 $C_1 + 2C_2$ 能用 C_3 替代.但对方程 $y'' - y = 0$ 的解 e^x 与 e^{-x},二者之比 $\dfrac{e^x}{e^{-x}} = e^{2x}$ 不是常数而是一个函数,所以 $y = C_1 e^x + C_2 e^{-x}$ 中的两个常数就不能被另外的一个常数所替换,因此它是方程的通解.由此看到,式(4.4)中的 C_1, C_2 相互独立与否,取决于两个函数 $y_1(x)$ 与 $y_2(x)$ 之比是否为常数.

为一般性地讨论这个问题,我们引入两函数线性相关与线性无关的概念.

设 $y_1(x), y_2(x)$ 是定义在区间 I 上的两个函数,如果存在不全为零的常数 k_1, k_2,使得

$$k_1 y_1(x) + k_2 y_2(x) = 0$$

在 I 上恒成立,称函数 $y_1(x), y_2(x)$ 在区间 I 上**线性相关**,否则称它们**线性无关**.

它与下面的叙述是等价的.

若存在常数 C,使得

$$y_2(x) = Cy_1(x) \text{ 或 } y_1(x) = Cy_2(x)$$

中至少有一个在区间 I 上成立,则称它们在区间 I 上线性相关,否则称它们线性无关.

关于两函数线性
相关性的注记

有了两函数线性相关、线性无关的概念,容易得到下面的定理4.2.

定理 4.2　**若 $y_1(x)$ 与 $y_2(x)$ 是方程(4.3)的两个线性无关的特解,这时式(4.4)是方程(4.3)的通解.**

式(4.4)是方程(4.3)的解已由定理4.1给出,下面仅证明它还是方程(4.3)的通解.事实上,由 $y_1(x)$,$y_2(x)$ 在区间 I 上线性无关,这时二者之比必然是一个函数.不妨设

$$\frac{y_1(x)}{y_2(x)} = u(x), \quad x \in I,$$

于是 $y_1(x) = u(x)y_2(x)$,这时

$$y = C_1 y_1(x) + C_2 y_2(x) = C_1 u(x) y_2(x) + C_2 y_2(x) = (C_1 u(x) + C_2) y_2(x).$$

显然 C_1,C_2 不能被合并为一个常数,因而,式(4.4)是方程(4.3)的通解.

例如,容易验证函数 e^{-3x},e^x 都是方程 $y'' + 2y' - 3y = 0$ 的解,并且 $\dfrac{e^{-3x}}{e^x} \neq$ 常数,即 e^{-3x} 与 e^x 线性无关,由定理4.2,$y = C_1 e^{-3x} + C_2 e^x$ 是方程 $y'' + 2y' - 3y = 0$ 的通解.

为了下面研究 n 阶齐次线性微分方程的需要,我们将上述关于两个函数线性相关与线性无关的概念推广到 n 个函数的情形.

设函数组 $y_1(x)$,$y_2(x)$,$\cdots$,$y_n(x)$ 是定义在区间 I 上的 $n(n \geq 2)$ 个函数,如果存在 n 个不全为零的常数 k_1,k_2,$\cdots$,k_n,使得恒等式

$$k_1 y_1(x) + k_2 y_2(x) + \cdots + k_n y_n(x) \equiv 0, x \in I \tag{4.6}$$

成立,则称这 n 个函数在区间 I 上**线性相关**,否则称它们**线性无关**.

例如,由 $1 - \sec^2 x + \tan^2 x \equiv 0$ 知,函数组 1,$\sec^2 x$,$\tan^2 x$ 在 $(-\infty, +\infty)$ 内是线性相关的(事实上,与式(4.6)相比较,这里的 $k_1 = 1$,$k_2 = -1$,$k_3 = 1$).而函数组 1,$\cos x$,$\sin x$ 与 $\cos x$,$\sin x$ 在 $(-\infty, +\infty)$ 内分别都是线性无关的,留给读者验证.

可以将定理4.1、定理4.2所得到的结论推广到 n 阶齐次线性微分方程.

推论　**如果 $y_1(x)$,$y_2(x)$,$\cdots$,$y_n(x)$ 都是 n 阶齐次线性微分方程**

$$y^{(n)} + a_1(x) y^{(n-1)} + \cdots + a_{n-1}(x) y' + a_n(x) y = 0$$

的解,那么 $y = C_1 y_1(x) + C_2 y_2(x) + \cdots + C_n y_n(x)$ 也是该方程的解,若这 n 个函数线性无关,那么 $y = C_1 y_1(x) + C_2 y_2(x) + \cdots + C_n y_n(x)$ 是该齐次线性微分方程的通解(其中 C_1,C_2,$\cdots$,C_n 为任意常数).

3. 非齐次线性微分方程的解的结构

先看一个具体例子.

设有非齐次线性微分方程 $y'' + y = x^2 + 3$.其"常数项"可以看作是由两项 x^2 与 3 组成的.相对于这两个"常数项" x^2 与 3,我们来看相应的方程 $y'' + y = x^2$ 与 $y'' + y = 3$.

容易验证 $y = x^2 - 2$ 是方程 $y'' + y = x^2$ 的一个解,$y = 3$ 是方程 $y'' + y = 3$ 的一个解,即有

$$(x^2-2)''+(x^2-2)=x^2, \quad (3)''+3=3.$$

因此

$$[(x^2-2)+3]''+[(x^2-2)+3]=[(x^2-2)''+(x^2-2)]+(3''+3)=x^2+3,$$

即函数

$$y=(x^2-2)+3=x^2+1$$

是方程 $y''+y=x^2+3$ 的解.

事实上,这个具体例子所得到的结论具有一般性.

定理 4.3　设非齐次线性微分方程 $y''+P(x)y'+Q(x)y=f(x)$ 中的 $f(x)$ 是函数 $f_1(x)$ 与 $f_2(x)$ 的和,即有

$$y''+P(x)y'+Q(x)y=f_1(x)+f_2(x), \tag{4.7}$$

并且,函数 $y_1(x)$ 与 $y_2(x)$ 分别是方程

$$y''+P(x)y'+Q(x)y=f_1(x)$$

与

$$y''+P(x)y'+Q(x)y=f_2(x)$$

的解,那么 $y=y_1(x)+y_2(x)$ 是方程(4.7)的解.

根据上面例子的讨论,类似于定理 4.1 的证明,定理 4.3 的证明是容易的,这里不再赘述.通常称定理 4.3 为微分方程的**解的叠加原理**.

若令方程(4.1)

$$y^{(n)}+a_1(x)y^{(n-1)}+\cdots+a_{n-1}(x)y'+a_n(x)y=f(x)$$

中的 $f(x)\equiv0$,称这样得到的齐次方程

$$y^{(n)}+a_1(x)y^{(n-1)}+\cdots+a_{n-1}(x)y'+a_n(x)y=0$$

为方程(4.1)**对应的齐次方程**.

将 $f(x)$ 看作 $f(x)+0$,利用定理 4.3 作"已知",很容易得到下面的关于二阶非齐次线性微分方程的通解的重要结论:

定理 4.4　如果 $y^*(x)$ 是非齐次线性方程

$$y''+P(x)y'+Q(x)y=f(x) \tag{4.8}$$

的一个**特解**,而 $Y(x)$ 是方程(4.8)所对应的齐次方程

$$y''+P(x)y'+Q(x)y=0$$

的通解,那么 $y^*(x)+Y(x)$ 是方程(4.8)的通解.

事实上,由定理 4.3,$y=y^*(x)+Y(x)$ 是方程(4.8)的解. 又由于 $Y(x)$ 是方程(4.8)所对应的齐次方程的通解,因此 $Y(x)$ 中必含有两个相互独立的任意常数,所以 $y=y^*(x)+Y(x)$ 是方程(4.8)的通解.

上述讨论说明:

二阶非齐次线性方程的一特解+其对应的齐次方程的通解=该方程的通解.

如上所说,$y^*=x^2-2$ 是方程 $y''+y=x^2$ 的特解,易验证 $Y(x)=C_1\cos x+C_2\sin x$ 是其对应的齐次方程 $y''+y=0$ 的通解,因此

$$y=Y+y^*=C_1\cos x+C_2\sin x+x^2-2$$

是二阶非齐次线性微分方程 $y''+y=x^2$ 的通解.

该结论对 n 阶非齐次线性微分方程也适用.

习题 6-4(A)

1. 判断下面的论述是否正确,并说明理由:

(1) 根据定理 4.1,为求二阶齐次线性微分方程 $y''+P(x)y'+Q(x)y=0$ 的通解,只需要先求出它的两个特解 $y_1(x),y_2(x)$,那么 $y=C_1y_1(x)+C_2y_2(x)$ 就是该方程的通解,其中 C_1,C_2 是任意常数;

(2) 对非齐次线性微分方程,无论它的阶数是多少,它的一个特解与其相应齐次微分方程的通解之和就是该方程的通解. 因此求非齐次线性微分方程的通解,关键是要求它的一个特解与其相应齐次微分方程的通解.

2. 指出下列各对函数在其定义区间内的线性相关性:

(1) x 与 x^2+2x;　　　　　　　　(2) e^x 与 $\sqrt{x}\,e^x$;

(3) e^{-x} 与 $(e^x)^2$;　　　　　　　　(4) $2(x-1)^2$ 与 x^2-2x+1;

(5) $\sin x$ 与 $\cos x$;　　　　　　　　(6) $2\sin 2x$ 与 $3\sin x\cos x$;

(7) $e^{-x}\sin x$ 与 $e^x\sin x$;　　　　　(8) $3\ln x$ 与 $\ln x^2$.

3. 验证函数 $y_1=e^{2x},y_2=xe^{2x}$ 是微分方程 $y''-4y'+4y=0$ 的两个线性无关的解,并写出该方程的通解.

4. 通过观察给出微分方程 $y''-4y=0$ 的两个线性无关的特解,并写出该方程的通解.

5. 验证下列所给函数是相应微分方程的通解(其中 C_1,C_2 是任意常数):

(1) 函数 $y=C_1e^{x^2}+C_2xe^{x^2}$,方程 $y''-4xy'+(4x^2-2)y=0$;

(2) 函数 $y=C_1\cos ax+C_2\sin ax+\dfrac{e^x}{1+a^2}$,方程 $y''+a^2y=e^x$;

(3) 函数 $y=C_1e^x+C_2e^{-x}+C_3\cos x+C_4\sin x-x^2$,方程 $y^{(4)}-y=x^2$.

习题 6-4(B)

1. 若 $y=\varphi_1(x),y=\varphi_2(x)$ 是二阶非齐次线性微分方程 $y''+P(x)y'+Q(x)y=f(x)$ 的两个解,证明 $y=C[\varphi_2(x)-\varphi_1(x)]$ 是相应齐次线性微分方程 $y''+P(x)y'+Q(x)y=0$ 的解.

2. 已知函数 $y_1(x)=e^x,y_2(x)=\dfrac{e^x}{x}+e^x,y_3(x)=\dfrac{e^{-x}}{x}+e^x$ 都是微分方程 $y''+P(x)y'+Q(x)y=f(x)$ 的解,写出该方程的通解.

3. 由线性微分方程解的结构,通过观察给出微分方程 $y''+y'=1+2e^x$ 的通解.

第五节　高阶常系数齐次线性微分方程

有了线性微分方程解的结构作"已知",下面来讨论高阶常系数齐次线性微分方程的求解问题.重点讨论二阶方程,其结果可以平移到相应的高阶方程.

1. 二阶常系数齐次线性微分方程及其特征方程

如果二阶齐次线性微分方程

$$y''+P(x)y'+Q(x)y=0 \tag{5.1}$$

中的 $P(x)$，$Q(x)$ 均为常数，即方程 (5.1) 为

$$y''+py'+qy=0 \quad (p,q \text{ 为常数})\tag{5.2}$$

的形式，则称方程 (5.2) 为**二阶常系数齐次线性微分方程**.

欲求方程 (5.2) 的通解，根据定理 4.2，关键要求出它的两个线性无关的特解. 设函数 $y(x)$ 是方程 (5.2) 的一个解，我们来分析 $y(x)$ 应具有什么样的性质.

由于 $y(x)$ 是方程 (5.2) 的解，因此将 $y(x)$ 代入方程 (5.2) 后，方程 (5.2) 就成为恒等式. 这就是说，$y(x)$，$y'(x)$，$y''(x)$ 的线性组合 $y''+py'+qy$ 恒为零. 由此可以想象，$y(x)$，$y'(x)$ 及 $y''(x)$ 之间最多仅相差一个常数因子. 而指数函数恰恰具有这种特点，因此我们猜想，是否可以选择适当的常数 r，使得 $y=\mathrm{e}^{rx}$ 是方程 (5.2) 的解？为此，将 $y=\mathrm{e}^{rx}$ 代入方程 (5.2) 得

$$(\mathrm{e}^{rx})''+p(\mathrm{e}^{rx})'+q(\mathrm{e}^{rx})=0,\tag{5.3}$$

也就是

$$\mathrm{e}^{rx}(r^2+pr+q)=0,\tag{5.4}$$

由于 $\mathrm{e}^{rx}\neq 0$，因此当常数 r 满足方程

$$r^2+pr+q=0\tag{5.5}$$

时，这样的 r 也满足方程 (5.4) 从而满足方程 (5.3)，因此，相应的指数函数 $y=\mathrm{e}^{rx}$ 必是方程 (5.2) 的解.

至此我们发现，只要 r 满足代数方程 (5.5)，那么，相应的指数函数 $y=\mathrm{e}^{rx}$ 就是方程 (5.2) 的解. 称代数方程 (5.5) 为方程 (5.2) 的**特征方程**，称它的解为方程 (5.2) 的**特征根**.

因此，欲求二阶常系数齐次线性微分方程 (5.2) 的特解，只需解该齐次方程的特征方程 (5.5)，设 r 为其一个根，那么函数 $y=\mathrm{e}^{rx}$ 就是微分方程 (5.2) 的一个特解.

> 这里的 r 一定是实数吗？

例 5.1　求微分方程 $y''-4y'+3y=0$ 的解.

解　该方程的特征方程为

$$r^2-4r+3=0,$$

> 从例 5.1 来看，求二阶常系数齐次线性方程的一个特解，需要做哪些工作？实际仅用到了哪些知识？

解这个代数方程，得 $r=1,3$. 因此，指数函数 $y=\mathrm{e}^{x}$，$y=\mathrm{e}^{3x}$ 都是原微分方程的解.

2. 二阶常系数齐次线性微分方程的通解

上面的讨论告诉我们，求二阶常系数齐次线性微分方程 (5.2) 的特解，实际只需解一个一元二次代数方程 (特征方程). 我们关心的是如何求方程 (5.2) 的通解，也就是如何求出它的两个线性无关的特解. 我们知道，一元二次代数方程有两个根，我们不禁要问：这样求出的两个特征根 r_1，r_2 所对应的方程的两个特解 $y_1=\mathrm{e}^{r_1 x}$，$y_2=\mathrm{e}^{r_2 x}$ 线性无关吗？下面来讨论这个问题.

方程 (5.2) 的特征方程 (5.5)

$$r^2+pr+q=0$$

作为一个一元二次代数方程，它的根有下列三种不同情况：

(1) 有两个不相等的实数根 r_1，r_2；

(2) 有两个相等的实数根 $r_1=r_2=r$；

(3) 有一对共轭复根 $r_{1,2}=\alpha\pm\mathrm{i}\beta$ （α，β 为实数，且 $\beta\neq 0$）.

下面就这三种不同的情况来分别探讨如何求出方程(5.2)的两个线性无关的特解,以得到方程(5.2)的通解.

2.1　特征方程(5.5)有两个不相等的实数根 r_1,r_2

根据上面的讨论,这时方程(5.2)有两个解:

$$y_1 = \mathrm{e}^{r_1 x}, y_2 = \mathrm{e}^{r_2 x},$$

由于 $r_1 \neq r_2$,因此

$$\frac{\mathrm{e}^{r_2 x}}{\mathrm{e}^{r_1 x}} = \mathrm{e}^{(r_2 - r_1)x} \neq \mathrm{e}^0 = 常数,$$

这就是说,$y_1 = \mathrm{e}^{r_1 x}$ 与 $y_2 = \mathrm{e}^{r_2 x}$ 是线性无关的,因此

$$y = C_1 \mathrm{e}^{r_1 x} + C_2 \mathrm{e}^{r_2 x}$$

是方程(5.2)的通解.

2.2　特征方程(5.5)有两个相等的实数根 $r_1 = r_2 = r$

由于方程(5.2)的两个特征根相同,因此通过解特征方程实际只能得到方程(5.2)的一个解 $y = \mathrm{e}^{rx}$.欲求其通解,还必须再求出它的另外一个与 $y = \mathrm{e}^{rx}$ 线性无关的解 $y(x)$.也就是 $y(x)$ 需满足 $\dfrac{y(x)}{\mathrm{e}^{rx}} \neq 常数$,不妨设 $y = u(x)\mathrm{e}^{rx}$,其中 $u(x)$ 是一个非常数的待定函数.因此,为求出方程(5.2)的另外一个与 $y = \mathrm{e}^{rx}$ 线性无关的解,只需将 $y = u(x)\mathrm{e}^{rx}$ 代入方程(5.2),以求出能使方程(5.2)成立的 $u(x)$.下面来求之.由 $y = u(x)\mathrm{e}^{rx}$ 得

$$y' = u'(x)\mathrm{e}^{rx} + ru(x)\mathrm{e}^{rx},$$
$$y'' = u''(x)\mathrm{e}^{rx} + 2ru'(x)\mathrm{e}^{rx} + r^2 u(x)\mathrm{e}^{rx},$$

将它们代入方程(5.2)并整理得

$$u''(x) + (2r+p)u'(x) + (r^2 + pr + q)u(x) = 0.$$

注意到 r 是一元二次方程(5.5)的重根,因此有

$$r^2 + pr + q = 0, 2r + p = 0.$$

于是,这时方程 $u''(x) + (2r+p)u'(x) + (r^2 + pr + q)u(x) = 0$ 就成为

$$u''(x) = 0.$$

这就是说,只要 $u(x)$ 能满足 $u''(x) = 0$ 并且不是常数,函数 $y = u(x)\mathrm{e}^{rx}$ 就一定是方程(5.2)的一个解,而且与 $y = \mathrm{e}^{rx}$ 线性无关.当然,我们希望在满足 $u''(x) = 0$ 的诸函数(常函数除外)中,找到形式最简单的一个.

函数 $y = x$ 满足 $y''(x) = 0$,并且是除常数外形式最简单的函数,因此取 $u(x) = x$.于是函数 $y = x\mathrm{e}^{rx}$ 就是方程(5.2)的另外一个与 $y = \mathrm{e}^{rx}$ 线性无关的解.从而得到方程(5.2)的通解

$$y = C_1 \mathrm{e}^{rx} + C_2 x\mathrm{e}^{rx} = (C_1 + C_2 x)\mathrm{e}^{rx}.$$

2.3　特征方程(5.5)有一对共轭复根 $r_{1,2} = \alpha \pm \mathrm{i}\beta(\beta \neq 0)$

这时方程(5.2)有两个解

$$y_1 = \mathrm{e}^{r_1 x} = \mathrm{e}^{(\alpha + \mathrm{i}\beta)x}, y_2 = \mathrm{e}^{r_2 x} = \mathrm{e}^{(\alpha - \mathrm{i}\beta)x}①.$$

---

① 当 r 为复数时,利用欧拉公式可以证明,对 $y = \mathrm{e}^{rx}$ 也可求导,并且 $y' = r\mathrm{e}^{rx}$,这里不予证明.

并由 $\dfrac{y_1}{y_2}=\mathrm{e}^{2\mathrm{i}\beta x}$ 知，它们是线性无关的.但它们都是复数形式，我们希望能得到便于使用的实函数形式的解.注意到 $\alpha\pm\mathrm{i}\beta$ 是共轭的，利用欧拉公式

$$\mathrm{e}^{\mathrm{i}\theta}=\cos\theta+\mathrm{i}\sin\theta,$$

有

$$y_1=\mathrm{e}^{(\alpha+\mathrm{i}\beta)x}=\mathrm{e}^{\alpha x}\cdot\mathrm{e}^{\mathrm{i}\beta x}=\mathrm{e}^{\alpha x}(\cos\beta x+\mathrm{i}\sin\beta x),$$

$$y_2=\mathrm{e}^{(\alpha-\mathrm{i}\beta)x}=\mathrm{e}^{\alpha x}\cdot\mathrm{e}^{-\mathrm{i}\beta x}=\mathrm{e}^{\alpha x}(\cos\beta x-\mathrm{i}\sin\beta x).$$

因此，它们的线性组合

$$Y_1=\frac{1}{2}(y_1+y_2)=\mathrm{e}^{\alpha x}\cos\beta x,\quad Y_2=\frac{1}{2\mathrm{i}}(y_1-y_2)=\mathrm{e}^{\alpha x}\sin\beta x$$

> 说 Y_1,Y_2 也是方程（5.2）的解，根据的"已知"是什么？

也是方程（5.2）的解，又 $\dfrac{Y_1}{Y_2}=\cot\beta x$ 不恒为常数，这说明 Y_1,Y_2 是线性无关的，因此它们的线性组合

$$y=C_1\mathrm{e}^{\alpha x}\cos\beta x+C_2\mathrm{e}^{\alpha x}\sin\beta x=\mathrm{e}^{\alpha x}(C_1\cos\beta x+C_2\sin\beta x)$$

是方程（5.2）的通解.综合以上的讨论，有

特征方程 $r^2+pr+q=0$ 的根 r_1,r_2	微分方程 $y''+py'+qy=0$ 的通解
两个不相等的实根 r_1,r_2	$y=C_1\mathrm{e}^{r_1 x}+C_2\mathrm{e}^{r_2 x}$
两个相等的实根 r	$y=(C_1+C_2 x)\mathrm{e}^{rx}$
两个共轭复根 $r_{1,2}=\alpha\pm\mathrm{i}\beta\,(\beta\neq0)$	$y=\mathrm{e}^{\alpha x}(C_1\cos\beta x+C_2\sin\beta x)$

例 5.2 求微分方程 $y''-6y'+5y=0$ 的通解.

解 该方程的特征方程为 $r^2-6r+5=0$，解这个一元二次方程，求得原方程的特征根为

> 有人说，求二阶常系数齐次线性方程的解或通解，实际是解一元二次方程.你怎么看？

$$r_1=1,\quad r_2=5.$$

这是两个不相等的实根，因此，该微分方程的通解为

$$y=C_1\mathrm{e}^x+C_2\mathrm{e}^{5x}.$$

例 5.3 求微分方程 $y''-2y'+y=0$ 满足初值条件 $y(0)=0,y'(0)=1$ 的特解.

解 该方程的特征方程为 $r^2-2r+1=0$，这个方程有两个相等的实数根 $r=1$，故所求微分方程的通解为

$$y=(C_1+C_2 x)\mathrm{e}^x.$$

由初值条件 $y(0)=0$，得 $C_1=0$.再对 $y=C_2 x\mathrm{e}^x$ 求导，得 $y'=C_2\mathrm{e}^x(1+x)$.利用初值条件 $y'(0)=1$ 得 $C_2=1$.因此，所求的特解为

$$y=x\mathrm{e}^x.$$

例 5.4 求微分方程 $y''+2y'+2y=0$ 的通解.

解 该方程的特征方程为 $r^2+2r+2=0$，该代数方程有两个共轭复根 $r_{1,2}=-1\pm\mathrm{i}$，即 $\alpha=-1,\beta=1$.因此，所求微分方程的通解为

$$y = e^{-x}(C_1 \cos x + C_2 \sin x).$$

上述关于二阶常系数齐次线性方程的讨论可以推广到 n 阶常系数齐次线性方程.

3. n 阶常系数齐次线性微分方程的通解

对 n 阶常系数齐次线性方程

$$y^{(n)} + p_1 y^{(n-1)} + p_2 y^{(n-2)} + \cdots + p_{n-1} y' + p_n y = 0 \tag{5.6}$$

（其中 $p_1, p_2, \cdots, p_n$ 为常数）,利用与上面讨论二阶常系数齐次线性微分方程相同的思想方法,我们断定方程(5.6)的解为指数函数 $y = e^{rx}$ 的形式.将该指数函数代入方程(5.6),化简得

$$r^n + p_1 r^{n-1} + p_2 r^{n-2} + \cdots + p_{n-1} r + p_n = 0, \tag{5.7}$$

称方程(5.7)为方程(5.6)的特征方程,方程(5.7)的解为方程(5.6)的特征根.

方程(5.7)有 n 个根,每一个特征根都对应微分方程通解中的一项.相应不同类型的特征根,方程(5.6)的通解有如下所给的不同特点:

特征方程(5.7)的根	对应的方程(5.6)的解含有
一个单实根 r	一项 Ce^{rx}
一对共轭单复根 $\alpha \pm i\beta$	两项: $e^{\alpha x}(C_1 \cos \beta x + C_2 \sin \beta x)$
一个 k 重实根 r	k 项: $e^{rx}(C_0 + C_1 x + \cdots + C_{k-1} x^{k-1})$
一对 k 重共轭复根 $\alpha \pm i\beta$	$2k$ 项: $e^{\alpha x}[(C_0 + C_1 x + \cdots + C_{k-1} x^{k-1}) \cos \beta x + (D_0 + D_1 x + \cdots + D_{k-1} x^{k-1}) \sin \beta x]$

例 5.5　求微分方程 $y^{(4)} + 3y''' + 2y'' = 0$ 的通解.

解　该方程的特征方程为

$$r^4 + 3r^3 + 2r^2 = 0,$$

也即

$$r^2(r+1)(r+2) = 0,$$

易求得

$$r_1 = r_2 = 0, r_3 = -1, r_4 = -2.$$

由 $r_1 = r_2 = 0$ 为二重根,因此方程的通解中必含有两项 $e^{0x}(C_1 + C_2 x) = C_1 + C_2 x$；由 $r_3 = -1, r_4 = -2$,通解中必含有 $C_3 e^{-x} + C_4 e^{-2x}$,故所求的微分方程的通解为

$$y = C_1 + C_2 x + C_3 e^{-x} + C_4 e^{-2x}.$$

例 5.6　求方程 $\dfrac{d^4 \omega}{dx^4} + \beta^4 \omega = 0$ 的通解,其中 $\beta > 0$.

解　该方程的特征方程为

$$r^4 + \beta^4 = 0.$$

为求该特征方程的根,将该方程的左端分解因式,得

$$r^4+\beta^4=r^4+2r^2\beta^2+\beta^4-2r^2\beta^2=(r^2+\beta^2)^2-2r^2\beta^2$$
$$=(r^2-\sqrt{2}\beta r+\beta^2)(r^2+\sqrt{2}\beta r+\beta^2).$$

因此其特征方程即是

$$(r^2-\sqrt{2}\beta r+\beta^2)(r^2+\sqrt{2}\beta r+\beta^2)=0.$$

由此求得它的四个特征根分别为

$$r_{1,2}=\frac{\beta}{\sqrt{2}}(1\pm i),\ r_{3,4}=-\frac{\beta}{\sqrt{2}}(1\pm i).$$

因此,所要求的微分方程的通解为

$$\omega=e^{\frac{\beta}{\sqrt{2}}x}\left(C_1\cos\frac{\beta}{\sqrt{2}}x+C_2\sin\frac{\beta}{\sqrt{2}}x\right)+e^{-\frac{\beta}{\sqrt{2}}x}\left(C_3\cos\frac{\beta}{\sqrt{2}}x-C_4\sin\frac{\beta}{\sqrt{2}}x\right).$$

例 5.7 设有一弹簧,它的上端固定,下端挂一个质量为 m 的重物.当物体处于静止状态时,作用在重物上的重力与弹性力的大小相等、方向相反,称这时的位置为平衡位置.如果给重物一个初速度 $v_0(\neq 0)$,它就离开平衡位置并在平衡位置附近做上下振动.假设在初始的时刻($t=0$)重物的位置为 $x=x_0$,这时的速度为 $v_0\neq 0$,求重物自由振动的规律.

解 如图 6-6,取 x 轴铅直向下,并取重物的平衡位置为坐标原点.由于物体具有一个初始速度 $v_0\neq 0$,因此重物就在平衡位置附近做上下振动.设在振动过程中重物离开平衡位置的位移为 x,它是时间 t 的函数,记为 $x=x(t)$.为确定重物的振动规律,下面来求出函数 $x=x(t)$.

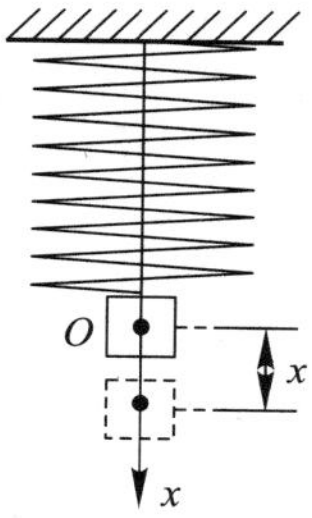

由力学知识我们知道,弹簧使重物回到平衡位置的弹性恢复力 f(它不包括在平衡位置时和重力 mg 相平衡的那一部分弹性力)与重物的位移 x 成正比:

$$f=-cx,$$

其中 c 为弹簧的劲度系数,负号表示恢复力的方向与重物位移的方向相反.

图 6-6

另外,在运动过程中重物还会受到阻尼介质(如空气、油等)的阻力(称为阻尼力)的作用.设阻尼力 R 的大小与重物运动的速度成正比,记比例系数为 μ,由于阻尼力总是与运动方向相反,因此有

$$R=-\mu\frac{dx}{dt}.$$

在弹簧的运动过程中,它受到弹性恢复力与阻尼力的共同作用.由牛顿第二定律,我们有

$$m\frac{d^2x}{dt^2}=-cx-\mu\frac{dx}{dt}.$$

移项,并记 $2n=\frac{\mu}{m}$, $k^2=\frac{c}{m}$,则上式成为

$$\frac{d^2x}{dt^2}+2n\frac{dx}{dt}+k^2x=0. \tag{5.8}$$

这就是重物振动的方程.它是一个二阶齐次线性方程.其特征方程为

$$r^2+2nr+k^2=0.$$

解这个方程,得

$$r_1 = -n + \sqrt{n^2 - k^2}, \quad r_2 = -n - \sqrt{n^2 - k^2}.$$

（1）$n < k$（小阻尼情形）：

特征方程有一对复根

$$r_{1,2} = -n \pm i\sqrt{k^2 - n^2} = -n \pm i\omega,$$

其中 $\omega = \sqrt{k^2 - n^2}$,所以,这时方程（5.8）的通解为

$$x = e^{-nt}(C_1 \cos \omega t + C_2 \sin \omega t).$$

利用初值条件 $x\big|_{t=0} = x_0$, $x'\big|_{t=0} = v_0$ 得 $C_1 = x_0$, $C_2 = \dfrac{v_0 + nx_0}{\omega}$,因此所求的特解为

$$x = e^{-nt}\left(x_0 \cos \omega t + \frac{v_0 + nx_0}{\omega} \sin \omega t \right). \tag{5.9}$$

为了便于说明特解所反映的振动现象,令

$$x_0 = A\sin \theta, \quad \frac{v_0 + nx_0}{\omega} = A\cos \theta \, (0 \leqslant \theta < 2\pi),$$

则,式（5.9）可写为

$$x = A e^{-nt} \sin(\omega t + \theta), \tag{5.10}$$

其中

$$\omega = \sqrt{k^2 - n^2}, \quad A = \sqrt{x_0^2 + \frac{(v_0 + nx_0)^2}{\omega^2}}, \quad \tan \theta = \frac{x_0 \omega}{v_0 + nx_0}.$$

由式（5.10）可以看到,重物的运动周期是 $T = \dfrac{2\pi}{\omega}$.但与简谐振动不同,其振幅 Ae^{-nt} 随时间 t 的增大而逐渐减小,因此,振动随时间的增大而逐渐趋于平衡位置.假设 $x_0 = 0, v_0 > 0$,其图形如图 6-7 所示.

（2）$n > k$（大阻尼情形）：

这时,特征根 $r_1 = -n + \sqrt{n^2 - k^2}$, $r_2 = -n - \sqrt{n^2 - k^2}$ 是两个不相等的实数,因此方程（5.8）的通解为

$$x = C_1 e^{(-n + \sqrt{n^2 - k^2})t} + C_2 e^{(-n - \sqrt{n^2 - k^2})t}. \tag{5.11}$$

其中 C_1, C_2 可以由初值条件来确定.由式（5.11）可以看到,最多只能有 t 的一个取值使 $x = 0$,因此,重物最多只能越过平衡位置一次,所以它不能做振动.显然,当 $t \to +\infty$ 时,$x \to 0$.因此,重物随时间的无限增大而越来越趋于平衡位置.假定 $x_0 > 0, v_0 > 0$,式（5.11）的图形如图 6-8 所示.

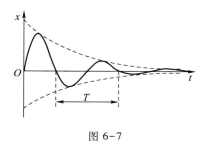

图 6-7

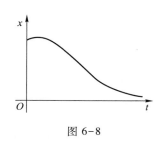

图 6-8

（3）$n = k$（临界阻尼情形）：

特征方程有两个相等的实根 $r_{1,2} = -n$，所以方程（5.8）的通解为

$$x = e^{-nt}(C_1 + C_2 t),$$

其中 C_1, C_2 的取值可由初值条件来确定.从上式可以看出,在这种情况下,使得 $x = 0$ 的 t 的取值最多也只能有一个,因此,重物也不再做振动.又由于

$$\lim_{t \to +\infty} t e^{-nt} = \lim_{t \to +\infty} \frac{t}{e^{nt}} = 0,$$

因此,当 $t \to +\infty$ 时,$x \to 0$.这时,重物随时间的增大而趋于平衡位置.

习题 6-5（A）

1. 判断下面的论述是否正确,并说明理由:

（1）解二阶常系数齐次线性微分方程的特征方程,求出其一个特征根 r,就可以得到该二阶常系数齐次线性微分方程的一个解 $y = e^{rx}$；

（2）若二阶常系数齐次线性微分方程有两个特征根 r_1, r_2,则该微分方程的通解为 $y = C_1 e^{r_1 x} + C_2 e^{r_2 x}$,其中 C_1, C_2 是任意常数.

2. 写出下列各二阶常系数齐次线性微分方程的通解:

（1）$y'' - 3y' - 10y = 0$；

（2）$\dfrac{d^2 y}{dx^2} + 2 \dfrac{dy}{dx} = 0$；

（3）$y'' - 6y' + 9y = 0$；

（4）$3y'' - 2y' - 8y = 0$；

（5）$y'' - 2y' + 2y = 0$；

（6）$\dfrac{d^2 x}{dt^2} - 4x = 0$.

3. 求下列各微分方程满足初值条件的特解:

（1）$y'' - 5y' + 6y = 0, y\big|_{x=0} = 1, \dfrac{dy}{dx}\Big|_{x=0} = -3$；

（2）$y'' + 2y' + y = 0, y(0) = 2, y'(0) = -1$；

（3）$y'' + y = 0, y(0) = 2, y'(0) = 6$；

（4）$y'' - 6y' + 10y = 0, y(0) = 1, y'(0) = 0$.

习题 6-5（B）

1. 两个质量相同的重物挂于弹簧的下端,其中一个坠落,求另一个重物的运动规律,已知弹簧在挂一个重物时伸长为 a（不计介质阻力）.

2. 写出微分方程 $y^{(4)} - y'' - 2y = 0$ 的通解.

3. 若二阶常系数齐次线性微分方程的两个特解是 $y_1 = e^{-2x}, y_2 = e^{3x}$,写出该微分方程及其通解.

4. 若二阶常系数齐次线性微分方程有一个特解 $y_1 = 3xe^{2x}$,写出该微分方程及其通解.

5. 已知二阶齐次线性微分方程 $y'' - \left(2 - \dfrac{1}{x}\right) y' + \left(1 - \dfrac{1}{x}\right) y = 0$ 有一个特解 $y_1(x) = e^x$,求另一个与其线性无关的特解 $y_2(x)$,并写出该微分方程的通解.

第六节　高阶常系数非齐次线性微分方程

本节研究 n 阶常系数非齐次线性微分方程的求解问题. 着重对二阶方程进行讨论, 对一般的 n 阶方程只做一些相应的说明, 不做深入的讨论.

二阶常系数非齐次线性微分方程的一般形式为

$$y''+py'+qy=f(x) \quad (p,q \text{ 为常数}, f(x) \text{ 不恒为零}). \tag{6.1}$$

根据第四节定理 4.4, 非齐次线性微分方程的通解由它自身的一个特解与其对应的齐次方程的通解相加而得到, 而齐次线性方程通解的求法在第五节已做了讨论, 因此只需求出该非齐次方程的一个特解, 将它与方程(6.1)所对应的齐次方程

$$y''+py'+qy = 0 \tag{6.2}$$

的通解相加便得方程(6.1)的通解.

本节就 $f(x)$ 的两种常见形式讨论如何求方程(6.1)的特解. 我们将看到, 其**解法的特点是, 不用积分而主要采用"待定系数法"**(这一初等方法)**求出其特解**.

首先规定, 方程(6.1)对应的齐次方程(6.2)的特征方程与特征根也称为**非齐次方程(6.1)的特征方程与特征根**.

1. $f(x) = e^{\lambda x}P_n(x)$, 其中 λ 是常数, $P_n(x)$ 是 x 的 n 次多项式

这时, 方程(6.1)即为

$$y''+py'+qy = e^{\lambda x}P_n(x) \tag{6.3}$$

的形式. 设 $y^* = y(x)$ 为其一个特解, 将 y^* 代入方程(6.3)得到恒等式

> 若 $\lambda = 0$, $f(x)$ 将是什么形式? 若 $n = 0$ 呢? 这样说, 方程(6.3)包含哪些形式的方程? 这里要求 λ 必须是实数了吗?

$$y^{*''} + py^{*'}+qy^* \equiv e^{\lambda x}P_n(x).$$

该恒等式说明, y^* 与其一阶、二阶导数的线性组合为 $e^{\lambda x}P_n(x)$, 因此 y^* 也应具有 $y^* = e^{\lambda x}Q(x)$ 的形式, 其中 $e^{\lambda x}$ 就是方程(6.3)中的 $e^{\lambda x}$, $Q(x)$ 是某一个多项式. 既然 $e^{\lambda x}$ 由方程(6.3)给定, 因此要确定 y^*, 只需求出多项式 $Q(x)$. 由方程解的定义, 将 $y^* = e^{\lambda x}Q(x)$ 代入方程(6.3)使其成为恒等式, 根据恒等式的特点, 通过比较两边的系数就可求出待定的 $Q(x)$.

下面来具体讨论如何求 $Q(x)$. 为此, 将 $y^* = e^{\lambda x}Q(x)$ 及其一阶、二阶导数

$$y^{*\,'}=e^{\lambda x}[\lambda Q(x) + Q'(x)],$$
$$y^{*\,''}=e^{\lambda x}[\lambda^2 Q(x) + 2\lambda Q'(x) + Q''(x)]$$

代入方程(6.3), 两边消去共同的因子 $e^{\lambda x}$ 并化简整理, 得

$$Q''(x)+(2\lambda+p)Q'(x)+(\lambda^2+p\lambda+q)Q(x)= P_n(x). \tag{6.4}$$

注意到式(6.4)右端的 $P_n(x)$ 为 n 次多项式, 因此, 左端也必为 n 次多项式.

> 式(6.4)的左边是多项式吗? 如果是, 能断定最高次项含在哪一项中吗?

以下分三种情况作进一步讨论:

(1) 如果 λ 不是方程(6.3)的特征根, 这时, $\lambda^2+p\lambda+q\neq$

0.因此式(6.4)左端的最高次幂必含在$\left(\lambda^2+p\lambda+q\right)Q(x)$之中,故$Q(x)$必与$P_n(x)$同样是$n$次多项式,记为$Q_n(x)$.即,方程(6.3)的特解为$y^*=\mathrm{e}^{\lambda x}Q_n(x)$的形式,其中$Q_n(x)$为满足式(6.4)的$n$次多项式

$$Q_n(x)=a_n+a_{n-1}x+a_{n-2}x^2+\cdots+a_1x^{n-1}+a_0x^n\left(a_0\neq0\right).$$

将其代换式(6.4)中的$Q(x)$得到恒等式,比较该恒等式两端同次幂的系数可得到$a_n,a_{n-1},a_{n-2},\cdots,$$a_1,a_0$所满足的$n+1$个等式.解这$n+1$个等式组成的方程组,就可求出$a_n,a_{n-1},a_{n-2},\cdots,a_1,a_0$的值,从而得到$Q_n(x)$.

　　(2)如果λ是(6.3)的单特征根,这时$\lambda^2+p\lambda+q=0$,但$2\lambda+p\neq0$.因此式(6.4)成为

$$Q''(x)+(2\lambda+p)Q'(x)=P_n(x),\tag{6.5}$$

其左端的最高次幂必含在$(2\lambda+p)Q'(x)$之中,因此$Q'(x)$为n次多项式,于是$Q(x)$为$n+1$次多项式,将其记为$xQ_n(x)$(这里的$Q_n(x)$仍为上面所示的形式,下面的(3)中同),即,这时方程(6.3)的特解为$y^*=\mathrm{e}^{\lambda x}xQ_n(x)$的形式.将$xQ_n(x)$代换式(6.5)中的$Q(x)$,利用与(1)类似的方法,比较两端同次幂的系数并解所得到的方程组,即可求得$Q_n(x)$.

　　(3)如果λ是方程(6.3)的重特征根.这时既有$\lambda^2+p\lambda+q=0$,同时也有$2\lambda+p=0$,这时式(6.4)就成为

$$Q''(x)=P_n(x),\tag{6.6}$$

因此$Q''(x)$必是n次多项式,从而$Q(x)$是$n+2$次多项式,将其记为$x^2Q_n(x)$,也就是说,这时方程(6.3)有一个形如$y^*=\mathrm{e}^{\lambda x}x^2Q_n(x)$的特解.将$x^2Q_n(x)$代换式(6.6)中的$Q(x)$,采用与(1)、(2)类似的方法,比较两端同次幂的系数再解所得到的方程组,即可求得$Q_n(x)$.

　　总之,综合上述分析,方程(6.3)有形如

$$y^*=\mathrm{e}^{\lambda x}x^kQ_n(x)\tag{6.7}$$

的特解,其中的$\mathrm{e}^{\lambda x}$与方程(6.3)右端的指数函数完全相同;$Q_n(x)$中的次数n为方程(6.3)中$P_n(x)$的次数;k依λ **不是(6.3)的特征根、是单特征根、是重特征根依次取$0,1,2$.**

　　下面来看几个例子.

　　例6.1　求微分方程$y''+y=x^2\mathrm{e}^x$的一个特解.

　　解　这是一个形如式(6.3)的二阶常系数非齐次线性方程,其中$f(x)=x^2\mathrm{e}^x$.由此得:$\lambda=1,n=2$.

　　该微分方程的特征方程为

这里的λ一定是实数吗?综上所述,求形如式(6.3)的方程的特解首先要确定什么?依据是什么?

$$r^2+1=0,$$

故$\lambda=1$不是其特征根,因此该方程必有一个形如

$$y^*=\mathrm{e}^xx^0Q_2(x)=Q_2(x)\mathrm{e}^x=\left(a_0x^2+a_1x+a_2\right)\mathrm{e}^x$$

的特解,其中系数a_0,a_1,a_2待定.为求a_0,a_1,a_2的值,将

$$Q(x)=a_0x^2+a_1x+a_2$$

代入形如式(6.4)的代数方程之中,得

$$2a_0+4a_0x+2a_1+2\left(a_0x^2+a_1x+a_2\right)=x^2.$$

比较两边同次幂的系数可求得

$$a_0 = a_2 = \frac{1}{2}, a_1 = -1.$$

因此所给方程的一个特解为

$$y^* = \left(\frac{1}{2}x^2 - x + \frac{1}{2}\right)e^x.$$

例 6.2 求微分方程 $y'' + y' - 2y = x^2 e^x$ 的一个特解.

解 这是一个形如式(6.3)的二阶常系数非齐次线性方程,其中 $f(x) = x^2 e^x$.由此得 $\lambda = 1, n = 2$.

该微分方程的特征方程为

$$r^2 + r - 2 = 0,$$

它有两个根: $r = 1, -2$,故 $\lambda = 1$ 是其特征根,而且是单特征根,因此该方程必有一个形如

$$y^* = e^x x Q_2(x) = x(a_0 x^2 + a_1 x + a_2)e^x = (a_0 x^3 + a_1 x^2 + a_2 x)e^x$$

的特解,其中系数 a_0, a_1, a_2 待定.为求 a_0, a_1, a_2 的值,将

$$Q(x) = a_0 x^3 + a_1 x^2 + a_2 x$$

代入式(6.5)之中,得

$$6a_0 x + 2a_1 + 3(3a_0 x^2 + 2a_1 x + a_2) = x^2.$$

比较上式两边同次幂的系数,可求得

$$a_0 = \frac{1}{9}, a_1 = -\frac{1}{9}, a_2 = \frac{2}{27}.$$

因此,方程有一个特解 $y^* = \frac{1}{9}\left(x^2 - x + \frac{2}{3}\right)xe^x$.

例 6.3 求微分方程 $y'' - 2y' + y = (x+2)e^x$ 的通解.

解 该方程是一个形如式(6.3)的二阶常系数非齐次线性方程,它所对应的齐次方程为

$$y'' - 2y' + y = 0,$$

它的特征方程

$$r^2 - 2r + 1 = 0$$

有两个重根 $r = 1$.

(1)先求该方程对应的齐次方程的通解.

由于方程有重特征根 $r = 1$,因此对应的齐次方程 $y'' - 2y' + y = 0$ 的通解为

$$Y = (C_1 + C_2 x)e^x.$$

(2)再求原非齐次方程的一个特解.

由 $f(x) = (x+2)e^x$ 知 $\lambda = 1, n = 1$. $\lambda = 1$ 是其特征方程的重根,因此,该非齐次方程必有一个形如

$$y^* = x^2 Q_1(x)e^x = x^2(a_1 x + a_2)e^x$$

的特解,下面来求出这个特解.由于

$$(x^2(a_1 x + a_2))'' = (a_1 x^3 + a_2 x^2)''$$
$$= (3a_1 x^2 + 2a_2 x)' = 6a_1 x + 2a_2,$$

$P_n(x) = x + 2$,因此利用式(6.6),得

通过例 6.1 的解法来看,求形如式(6.3)的方程的特解主要可分哪几步?解法中主要用了哪些知识?能理解前面说该解法"主要采用初等方法"的意义了吗?

为什么要将 $Q(x)$ 代入到式(6.5)之中?

$$6a_1x+2a_2=x+2.$$

比较上式两边同次幂的系数,得

$$a_1=\frac{1}{6},a_2=1,$$

因此,该非齐次方程有一个特解 $y^*=x^2\left(\dfrac{1}{6}x+1\right)\mathrm{e}^x.$

通过以上三个例子的解法,有何体会?

于是,该非齐次线性方程的通解为

$$y=\left(C_1+C_2x\right)\mathrm{e}^x+x^2\left(\frac{1}{6}x+1\right)\mathrm{e}^x.$$

2. $f(x)=\mathrm{e}^{\lambda x}\left[P_l(x)\cos\omega x+Q_m(x)\sin\omega x\right]$,**其中** $P_l(x)$,$Q_m(x)$ **为多项式**,λ,ω **为常数**,**且** $\omega\neq0.$

这时,方程(6.1)即为

$$y''+py'+qy=\mathrm{e}^{\lambda x}\left[P_l(x)\cos\omega x+Q_m(x)\sin\omega x\right]\qquad(6.8)$$

的形式.

这里为什么要限定 $\omega\neq0$?

这是一个形式相对较为复杂的方程.我们设想,能否借助已经熟悉的方程(6.3)的解法作"已知"来解决这个"未知"?

将方程(6.8)与方程(6.3)相比较我们看到,要想借助方程(6.3),应消去方程(6.8)中的 $\cos\omega x$,$\sin\omega x$.为此,自然想到应该用欧拉公式

$$\cos\theta=\frac{\mathrm{e}^{\mathrm{i}\theta}+\mathrm{e}^{-\mathrm{i}\theta}}{2},\sin\theta=\frac{\mathrm{e}^{\mathrm{i}\theta}-\mathrm{e}^{-\mathrm{i}\theta}}{2\mathrm{i}}$$

替换 $f(x)$ 中的 $\cos\omega x$,$\sin\omega x$ 以消去三角函数.于是,利用欧拉公式得

$$\begin{aligned}f(x)&=\mathrm{e}^{\lambda x}\left[P_l(x)\cos\omega x+Q_m(x)\sin\omega x\right]\\&=\mathrm{e}^{\lambda x}\left[P_l(x)\cdot\frac{\mathrm{e}^{\mathrm{i}\omega x}+\mathrm{e}^{-\mathrm{i}\omega x}}{2}+Q_m(x)\cdot\frac{\mathrm{e}^{\mathrm{i}\omega x}-\mathrm{e}^{-\mathrm{i}\omega x}}{2\mathrm{i}}\right]\\&=\mathrm{e}^{\lambda x}\left[\frac{P_l(x)}{2}\mathrm{e}^{\mathrm{i}\omega x}+\frac{Q_m(x)}{2\mathrm{i}}\mathrm{e}^{\mathrm{i}\omega x}\right]+\mathrm{e}^{\lambda x}\left[\frac{P_l(x)}{2}\mathrm{e}^{-\mathrm{i}\omega x}-\frac{Q_m(x)}{2\mathrm{i}}\mathrm{e}^{-\mathrm{i}\omega x}\right]\\&=\mathrm{e}^{\lambda x+\mathrm{i}\omega x}\left[\frac{P_l(x)}{2}+\frac{Q_m(x)}{2\mathrm{i}}\right]+\mathrm{e}^{\lambda x-\mathrm{i}\omega x}\left[\frac{P_l(x)}{2}-\frac{Q_m(x)}{2\mathrm{i}}\right].\end{aligned}$$

$\dfrac{P_l(x)}{2}+\dfrac{Q_m(x)}{2\mathrm{i}}$ 与 $\dfrac{P_l(x)}{2}-\dfrac{Q_m(x)}{2\mathrm{i}}$ 是互为共轭的复系数多项式(即对应项的系数互为共轭复数).记

$$R_n(x)=\frac{P_l(x)}{2}+\frac{Q_m(x)}{2\mathrm{i}},$$ 其中 $n=\max\{l,m\}$,则有

$$f(x)=\mathrm{e}^{(\lambda+\mathrm{i}\omega)x}R_n(x)+\mathrm{e}^{(\lambda-\mathrm{i}\omega)x}\overline{R_n(x)}.$$

因此,方程(6.8)可化为

$$y''+py'+qy=\mathrm{e}^{(\lambda+\mathrm{i}\omega)x}R_n(x)+\mathrm{e}^{(\lambda-\mathrm{i}\omega)x}\overline{R_n(x)}\qquad(6.9)$$

的形式.

注意到方程(6.9)中的 $f(x)$ 为两项的和,这使我们想到第四节的定理 4.3,为了利用它作"已知",我们将方程(6.9)"分成"两个微分方程

$$y''+py'+qy=\mathrm{e}^{(\lambda+\mathrm{i}\omega)x}R_n(x) \tag{6.10}$$

与

$$y''+py'+qy=\mathrm{e}^{(\lambda-\mathrm{i}\omega)x}\overline{R_n(x)}. \tag{6.11}$$

我们看到,方程(6.10)与方程(6.11)都是方程(6.3)的形式,因此,这就把方程(6.8)这一"未知"转化成为方程(6.3)这一"已知".利用方程(6.3)的解法分别求出方程(6.10)与方程(6.11)的特解,然后将它们相加,即得方程(6.9)也即方程(6.8)的特解.

根据对方程(6.3)的讨论,方程(6.10)有一个形如 $y=\mathrm{e}^{(\lambda+\mathrm{i}\omega)x}x^kQ_n(x)$ 的特解,其中 $Q_n(x)$ 为 n 次多项式,k 依 $\lambda+\mathrm{i}\omega$ 不是方程(6.10)的特征根或是特征根而依次取 0 或 1.

注意到方程(6.10)与方程(6.11)的右端是互为共轭的,因此,如果 $y=\mathrm{e}^{(\lambda+\mathrm{i}\omega)x}x^kQ_n(x)$ 是方程(6.10)的特解,那么,$\bar{y}=\overline{\mathrm{e}^{(\lambda+\mathrm{i}\omega)x}x^kQ_n(x)}=\mathrm{e}^{(\lambda-\mathrm{i}\omega)x}x^k\overline{Q_n(x)}$ 必然是方程(6.11)的特解.再由定理 4.3,方程(6.9)具有形如

$$\begin{aligned}y^*&=\mathrm{e}^{(\lambda+\mathrm{i}\omega)x}x^kQ_n(x)+\mathrm{e}^{(\lambda-\mathrm{i}\omega)x}x^k\overline{Q_n(x)}=x^k\mathrm{e}^{\lambda x}\left[\mathrm{e}^{\mathrm{i}\omega x}Q_n(x)+\mathrm{e}^{-\mathrm{i}\omega x}\overline{Q_n(x)}\right]\\&=x^k\mathrm{e}^{\lambda x}\left[(\cos\omega x+\mathrm{i}\sin\omega x)Q_n(x)+(\cos\omega x-\mathrm{i}\sin\omega x)\overline{Q_n(x)}\right]\end{aligned}$$

的特解.由于右边括号内的两项是共轭的,因此,二者之和不含有虚部.即 y^* 可以写作

$$y^*=x^k\mathrm{e}^{\lambda x}\left[Q_n^{(1)}(x)\cos\omega x+Q_n^{(2)}(x)\sin\omega x\right] \tag{6.12}$$

的形式.其中 $Q_n^{(1)}(x)$,$Q_n^{(2)}(x)$ 为 n 次多项式,n 为 $P_l(x)$,$Q_m(x)$ 的次数中最大者,k 依 $\lambda+\mathrm{i}\omega$ 不是方程(6.8)的特征根或是其单特征根依次取 0 或 1.

也可以将对方程(6.8)的讨论推广到一般 n 阶方程,其中,方程(6.12)中的 k 为 $\lambda+\mathrm{i}\omega$ 是方程的特征根的重数.

例 6.4　求方程 $y''+4y=\cos2x$ 的特解.

解　将所给方程与方程(6.8)相比较知,这里 $\lambda=0,\omega=2,P(x)=1,Q(x)=0$.该方程的特征方程为

$$r^2+4=0,$$

所以特征根为 $r=\pm2\mathrm{i}$,因此,$\lambda+\mathrm{i}\omega=2\mathrm{i}$ 是该方程的(单)特征根,于是式(6.12)中的 $k=1$;由 $P(x)=1,Q(x)=0$ 得 $Q_n^{(1)}(x)$,$Q_n^{(2)}(x)$ 皆为零次多项式,即常数.于是,式(6.12)为

$$y^*=x(A\cos2x+B\sin2x)$$

的形式,其中 A,B 均为常数.由于

$$y^{*\prime}=(A+2Bx)\cos2x+(B-2Ax)\sin2x,$$
$$y^{*\prime\prime}=4(B-Ax)\cos2x-4(A+Bx)\sin2x.$$

说方程(6.10)与方程(6.11)都是形如方程(6.3)的方程,那么,方程(6.10)与方程(6.11)中的什么分别相当于方程(6.3)中的 λ 与 $P_n(x)$?

还记得前面对方程(6.3)讨论所得的结论吗?这里的 k 为何不会等于 2?

关于常系数非齐次线性方程求解的注记

分析并总结式(6.12)中参数 k,n,λ,ω 的意义.为求出式(6.12),关键在于什么?

关于一般 n 阶常系数非齐次线性方程求解的注记

分别用 $y^*, y^{*\prime\prime}$ 代换原方程中的 y, y''，整理得

$$4B\cos 2x - 4A\sin 2x = \cos 2x,$$

比较两边正弦项与余弦项的系数，得

$$4B = 1, -4A = 0,$$

即 $A = 0, B = \dfrac{1}{4}$. 因此得原方程的特解为

请结合例 6.4 的解法，总结求形如式 (6.8) 的方程的特解的步骤.

$$y^* = \frac{x}{4}\sin 2x.$$

例 6.5　求方程 $y'' - 3y' + 2y = x\cos x$ 的通解.

解　（1）首先求该方程对应的齐次方程 $y'' - 3y' + 2y = 0$ 的通解. 它的特征方程为

$$r^2 - 3r + 2 = 0,$$

因此，齐次方程有两个不相等的特征根 $r = 1, r = 2$. 因此该齐次方程的通解为

$$Y = C_1 e^x + C_2 e^{2x}.$$

（2）再求原非齐次方程的一个特解.

将题目所给的方程与方程 (6.8) 相比较，这里 $\lambda = 0, \omega = 1$，因此 $\lambda + i\omega = i$ 不是该方程的特征根，于是式 (6.12) 中的 $k = 0$，又 $P_l(x) = x, Q_m(x) = 0$，因此 $Q_n^{(1)}(x), Q_n^{(2)}(x)$ 都是一次多项式，分别记 $Q_n^{(1)}(x) = a_1 x + b_1, Q_n^{(2)}(x) = a_2 x + b_2$. 于是式 (6.12) 为

$$y^* = (a_1 x + b_1)\cos x + (a_2 x + b_2)\sin x$$

的形式. 代入所给的方程之中，整理得

$$(-3a_1 + 2a_2 + b_1 - 3b_2)\cos x + (-2a_1 + 3b_1 - 3a_2 + b_2)\sin x +$$
$$(a_1 - 3a_2)x\cos x + (3a_1 + a_2)x\sin x = x\cos x.$$

比较两边同类项的系数，得

$$2a_2 - 3a_1 + b_1 - 3b_2 = 0, -2a_1 + 3b_1 - 3a_2 + b_2 = 0,$$
$$a_1 - 3a_2 = 1, 3a_1 + a_2 = 0.$$

解之得

$$a_1 = \frac{1}{10}, a_2 = -\frac{3}{10}, b_1 = -\frac{3}{25}, b_2 = -\frac{17}{50}.$$

因此，得原方程的一个特解

$$y^* = \left(\frac{1}{10}x - \frac{3}{25}\right)\cos x - \left(\frac{3}{10}x + \frac{17}{50}\right)\sin x.$$

综合以上所求的结果，因此原方程的通解为

$$y = \left(-\frac{3}{25} + \frac{1}{10}x\right)\cos x - \left(\frac{17}{50} + \frac{3}{10}x\right)\sin x + C_1 e^x + C_2 e^{2x}.$$

比较高阶常系数线性微分方程与一阶微分方程的解法，它们之间有着什么样的最明显的不同吗？

例 6.6　在本章第五节例 5.7 中，设物体受弹性恢复力 f 及铅直干扰力 $F = H\sin pt$ 两个力的作用，在这样的情况下求物体的运动规律.

解　这时，物体受到弹性恢复力 $f = -cx$ 及干扰力 $F = H\sin pt$ 的共同作用. 按照例 5.7 的解法，有

$$m\frac{\mathrm{d}^2x}{\mathrm{d}t^2}=-cx+H\sin\ pt.$$

若记 $h=\dfrac{H}{m},\eta^2=\dfrac{c}{m}$，则有

$$\frac{\mathrm{d}^2x}{\mathrm{d}t^2}+\eta^2x=h\sin\ pt.$$

它是一个二阶常系数非齐次线性微分方程，它所对应的齐次方程为

$$\frac{\mathrm{d}^2x}{\mathrm{d}t^2}+\eta^2x=0.$$

其特征方程为

$$r^2+\eta^2=0,$$

解这个方程，得特征根

$$r=\pm\eta\mathrm{i},$$

因此，齐次方程 $\dfrac{\mathrm{d}^2x}{\mathrm{d}t^2}+\eta^2x=0$ 的通解为

$$X=C_1\cos\ \eta t+C_2\sin\ \eta t.$$

令 $C_1=A\sin\ \varphi,C_2=A\cos\ \varphi$，则该齐次方程的通解为

$$X=A\sin(\eta t+\varphi),$$

其中，$A=\sqrt{C_1^2+C_2^2}$ 及 φ 为任意常数.

下面求 $\dfrac{\mathrm{d}^2x}{\mathrm{d}t^2}+\eta^2x=h\sin\ pt$ 的一个特解.

将 $h\sin\ pt$ 与方程（6.8）中的对应项 $f(x)=\mathrm{e}^{\lambda x}[\,P_l(x)\cos\ \omega x+Q_m(x)\sin\ \omega x\,]$ 相比较，有 $\lambda=0$，$\omega=p,P_l(x)=0,Q_m(x)=h$，因此方程的特解式（6.12）为

$$x^*=t^k\mathrm{e}^{\lambda t}[\,Q_n^{(1)}(t)\cos\ \omega t+Q_n^{(2)}(t)\sin\ \omega t\,]=t^k(a_1\cos\ pt+b_1\sin\ pt)$$

的形式，其中 a_1,b_1 为常数.

下面依 $p\neq\eta$ 或 $p=\eta$ 分别讨论.

（1）当 $p\neq\eta$，则 $\lambda\pm\mathrm{i}\omega=\pm\mathrm{i}p$ 不是特征根，式（6.12）中的 $k=0$.故这时

$$x^*=a_1\cos\ pt+b_1\sin\ pt.$$

将它代入 $\dfrac{\mathrm{d}^2x}{\mathrm{d}t^2}+\eta^2x=h\sin\ pt$ 之中，求得

$$a_1=0,b_1=\frac{h}{\eta^2-p^2},$$

于是

$$x^*=\frac{h}{\eta^2-p^2}\sin\ pt.$$

从而当 $p\neq\eta$ 时，原方程的通解为

$$x=A\sin(\eta t+\varphi)+\frac{h}{\eta^2-p^2}\sin\ pt\ . \tag{6.13}$$

上式表明,物体的运动由两部分组成,它们都是简谐振动.其一是自由振动 $x = A\sin(\eta t + \varphi)$,其二是由干扰力所引起的强迫振动 $x = \dfrac{h}{\eta^2 - p^2}\sin pt$,它的角频率即是干扰力的角频率 p;当干扰力的角频率 p 与振动系统的固有频率 η 相差很小时,其振幅 $\left|\dfrac{h}{\eta^2 - p^2}\right|$ 可以很大.

（2）若 $p = \eta$,则 $\lambda \pm i\omega = \pm ip$ 是特征根,式(6.12)中的 $k = 1$.故这时

$$x^* = t(a_1\cos pt + b_1\sin pt).$$

代入 $\dfrac{\mathrm{d}^2 x}{\mathrm{d}t^2} + \eta^2 x = h\sin pt$ 之中,求得

$$a_1 = -\frac{h}{2\eta},\ b_1 = 0.$$

于是

$$x^* = -\frac{h}{2\eta}t\cos pt = -\frac{h}{2\eta}t\cos \eta t.$$

从而当 $p = \eta$ 时,原方程的通解为

$$x = A\sin(\eta t + \varphi) - \frac{h}{2\eta}t\cos \eta t. \tag{6.14}$$

由式(6.14)我们看到,它也是由两个振动组成:其一是自由振动 $x = A\sin(\eta t + \varphi)$,其二是由干扰力所引起的强迫振动 $-\dfrac{h}{2\eta}t\cos \eta t$,其振幅 $\dfrac{h}{2\eta}t$ 随时间 t 的增大而增大,而且是无限制的,这时就会发生共振现象.因此,要想避免共振现象,应该使干扰力的角频率 p 不要接近振动系统的固有频率 η;反之,当希望利用共振现象时,就应使二者相等或充分接近.

习题 6-6(A)

1. 判断下面的论述是否正确,并说明理由:

（1）二阶常系数非齐次线性微分方程的通解是它的一个特解 y^* 与其对应齐次微分方程的通解 Y 之和.因此,求二阶常系数非齐次线性微分方程的通解主要是求 y^* 与 Y;

（2）如果二阶常系数非齐次线性微分方程右端 $f(x) = \mathrm{e}^{\lambda x}P_n(x)$,那么该方程必有形如 $y^* = \mathrm{e}^{\lambda x}x^k Q_n(x)$ 的特解,其中 λ,n 与 $f(x) = \mathrm{e}^{\lambda x}P_n(x)$ 中的完全相同,而 k 是一个任意整数.

2. 求下列各二阶常系数非齐次线性微分方程的通解:

（1）$y'' + y' = 2$;　　　　　　　　（2）$2y'' + 5y' = 5x^2 - 2x - 1$;

（3）$y'' - 2y' = x\mathrm{e}^x$;　　　　　　（4）$y'' - 6y' + 9y = (1 + x)\mathrm{e}^{3x}$;

（5）$y'' - 2y' + y = 12x\mathrm{e}^x$;　　　（6）$y'' + y' = 2x + \mathrm{e}^x$.

3. 求下列各二阶常系数非齐次线性微分方程满足初值条件的特解:

（1）$y'' + y = 1 + x$,$y\big|_{x=0} = 0$,$y'\big|_{x=0} = 1$;

（2）$y'' + 4y' + 4y = 3\mathrm{e}^{-2x}$,$y\big|_{x=0} = 1$,$y'\big|_{x=0} = 0$;

（3）$y'' - y = 4x\mathrm{e}^x$,$y\big|_{x=0} = 0$,$y'\big|_{x=0} = 1$.

习题 6-6(B)

1. 一个质量为 m 的物体,在海平面上由静止开始铅直下沉,经过时间 t_0 沉到海底,在下沉过程中海水对物体的阻力与下沉速度成正比,求物体下沉运动规律及海洋的深度 h.

2. 求下列常系数非齐次线性微分方程的通解:

(1) $y''+6y'+9y=5xe^{-3x}$;

(2) $y''+y=4x\cos x$;

(3) $y''-2y'+10y=e^x\cos 3x$;

(4) $x''-5x'+6x=te^{2t}$.

3. 求下列二阶常系数非齐次线性微分方程满足初值条件的特解:

(1) $y''+y+\sin 2x=0, y\big|_{x=\pi}=1, y'\big|_{x=\pi}=1$;

(2) $y''-10y'+9y=e^{2x}, y\big|_{x=0}=\dfrac{6}{7}, y'\big|_{x=0}=\dfrac{33}{7}$.

4. 若连续函数 $\varphi(x)$ 满足 $\varphi(x) = e^x + \displaystyle\int_0^x (t-x)\varphi(t)\,\mathrm{d}t$,求 $\varphi(x)$.

*第七节 用常数变易法解二阶非齐次线性方程 欧拉方程

第六节讨论了两类高阶常系数非齐次线性微分方程的求解.其解法的特点是,不用积分而采用"待定系数"的初等方法就能求出其解.但当非齐次项("常数项")不属于那两类函数,或其系数不是常数时,就不能用此解法来解.本节就来讨论这类问题,它可以看作第六节所讨论的问题的补充.

1. 常数变易法

无独有偶,像求解一阶非齐次线性方程的解要用其对应的齐次方程的通解作"已知",将其中的任意常数"变易"为待定函数,从而求出一阶非齐次线性方程的通解那样,这种常数变易法对某些高阶方程也适用.特别是当非齐次项不属于第六节的两类函数,或其系数不是常数时,往往也用"常数变易法".在这里只给出具体方法,不对其作过多的讨论,有兴趣的读者可参照第二节的讨论自己进行类似的推导.

像解一阶非齐次线性方程,需要有相应的齐次方程的通解作"已知",对高阶方程用常数变易法时,也同样需要其对应的齐次方程的通解.

设已求出二阶非齐次线性方程

$$y''+P(x)y'+Q(x)y=f(x) \tag{7.1}$$

所对应的齐次方程

$$y''+P(x)y'+Q(x)y=0 \tag{7.2}$$

的两个线性无关的特解 $y=\varphi_1(x), y=\varphi_2(x)$,那么,方程(7.2)的通解可写作

$$y=C_1\varphi_1(x)+C_2\varphi_2(x)$$

的形式.将其中的常数 C_1, C_2 分别用待定函数 $C_1(x), C_2(x)$ 替换,从而得到

$$y=C_1(x)\varphi_1(x)+C_2(x)\varphi_2(x). \tag{7.3}$$

将式(7.3)代入方程(7.1)从而确定 $C_1(x)$，$C_2(x)$，就得到了方程(7.1)的通解的具体表达式，这种方法就是求解二阶非齐次线性微分方程的 **"常数变易法"**.

为了确定 $C_1(x)$，$C_2(x)$，对式(7.3)求导，得

$$y' = C_1(x)\varphi_1'(x) + C_2(x)\varphi_2'(x) + C_1'(x)\varphi_1(x) + C_2'(x)\varphi_2(x).$$

为了避免在对 y' 继续求导从而求得 y'' 时出现 $C_1(x)$，$C_2(x)$ 的二阶导数，我们再对 $C_1(x)$，$C_2(x)$ 加以限制，使其满足

$$C_1'(x)\varphi_1(x) + C_2'(x)\varphi_2(x) = 0, \tag{7.4}$$

于是有

$$y' = C_1(x)\varphi_1'(x) + C_2(x)\varphi_2'(x), \tag{7.5}$$

对式(7.5)再求导，得

$$y'' = C_1(x)\varphi_1''(x) + C_2(x)\varphi_2''(x) + C_1'(x)\varphi_1'(x) + C_2'(x)\varphi_2'(x). \tag{7.6}$$

将式(7.3)、式(7.5)与式(7.6)代入式(7.1)，得

$$C_1\varphi_1'' + C_2\varphi_2'' + C_1'\varphi_1' + C_2'\varphi_2' + P(C_1\varphi_1' + C_2\varphi_2') + Q(C_1\varphi_1 + C_2\varphi_2) = f,$$

整理，得

$$C_1'\varphi_1' + C_2'\varphi_2' + C_1(\varphi_1'' + P\varphi_1' + Q\varphi_1) + C_2(\varphi_2'' + P\varphi_2' + Q\varphi_2) = f.$$

注意 $\varphi_1(x)$，$\varphi_2(x)$ 是式(7.2)的解，因此 $\varphi_1'' + P\varphi_1' + Q\varphi_1 = 0$，$\varphi_2'' + P\varphi_2' + Q\varphi_2 = 0$，于是有

$$C_1'(x)\varphi_1'(x) + C_2'(x)\varphi_2'(x) = f(x). \tag{7.7}$$

联立式(7.4)与式(7.7)得方程组

$$\begin{cases} C_1'(x)\varphi_1(x) + C_2'(x)\varphi_2(x) = 0, \\ C_1'(x)\varphi_1'(x) + C_2'(x)\varphi_2'(x) = f(x), \end{cases}$$

当其系数行列式

$$W = \begin{vmatrix} \varphi_1(x) & \varphi_2(x) \\ \varphi_1'(x) & \varphi_2'(x) \end{vmatrix} = \varphi_1(x)\varphi_2'(x) - \varphi_1'(x)\varphi_2(x) \neq 0$$

时，可解得

$$C_1'(x) = -\frac{\varphi_2(x)f(x)}{W}, \quad C_2'(x) = \frac{\varphi_1(x)f(x)}{W}.$$

对它们分别积分，得

$$C_1(x) = \int \left[-\frac{\varphi_2(x)f(x)}{W} \right] \mathrm{d}x + C,$$

$$C_2(x) = \int \frac{\varphi_1(x)f(x)}{W} \mathrm{d}x + C',$$

其中 C, C' 为任意常数.将它们代入式(7.3)即得方程(7.1)的通解为

$$y = C\varphi_1(x) + C'\varphi_2(x) + \varphi_1(x)\int \left[-\frac{\varphi_2(x)f(x)}{W} \right] \mathrm{d}x + \varphi_2(x)\int \frac{\varphi_1(x)f(x)}{W} \mathrm{d}x.$$

例 7.1　求微分方程 $y'' - 2y' + y = \dfrac{\mathrm{e}^x}{x}$ 的通解.

解　容易求得该方程所对应的齐次方程 $y'' - 2y' + y = 0$ 的特征根 $\lambda_{1,2} = 1$，因此，该齐次方程的

通解为

$$y = C_1 \mathrm{e}^x + C_2 x \mathrm{e}^x.$$

设原非齐次微分方程的通解为

$$y = C_1(x)\mathrm{e}^x + C_2(x)x\mathrm{e}^x,$$

我们求满足方程组

$$\begin{cases} C_1'(x)\mathrm{e}^x + C_2'(x)x\mathrm{e}^x = 0, \\ C_1'(x)\mathrm{e}^x + C_2'(x)(1+x)\mathrm{e}^x = \dfrac{\mathrm{e}^x}{x} \end{cases}$$

的 $C_1(x), C_2(x)$. 解这个方程组求得 $C_1'(x) = -1, C_2'(x) = \dfrac{1}{x}$,积分得

$$C_1(x) = -x + C_1, \quad C_2(x) = \ln|x| + C_2.$$

代入 $y = C_1(x)\mathrm{e}^x + C_2(x)x\mathrm{e}^x$ 之中,于是要求的原非齐次方程的通解为

$$y(x) = (-x + C_1)\mathrm{e}^x + (\ln|x| + C_2)x\mathrm{e}^x = C_1\mathrm{e}^x + C_2 x\mathrm{e}^x - x\mathrm{e}^x + x\mathrm{e}^x\ln|x|,$$

或写成

$$y(x) = C_1\mathrm{e}^x + (C_2 - 1)x\mathrm{e}^x + x\mathrm{e}^x\ln|x|.$$

例 7.2 求二阶常系数非齐次线性微分方程 $y'' + y = \sec x$ 的通解.

解 该方程对应的齐次方程 $y'' + y = 0$ 的特征方程为 $r^2 + 1 = 0$,因此,它的特征根为 $r = \pm\mathrm{i}$.因而,该齐次方程的通解为

$$Y = C_1\cos x + C_2\sin x.$$

令

$$y = C_1(x)\cos x + C_2(x)\sin x.$$

解方程组

$$\begin{cases} C_1'(x)\cos x + C_2'(x)\sin x = 0, \\ C_1'(x)(-\sin x) + C_2'(x)\cos x = \sec x, \end{cases}$$

它的系数行列式为

$$W = \begin{vmatrix} \cos x & \sin x \\ -\sin x & \cos x \end{vmatrix} = \cos^2 x + \sin^2 x = 1,$$

所以

$$C_1'(x) = -\frac{\sin x \sec x}{W} = -\tan x, \quad C_2'(x) = \frac{\cos x \sec x}{W} = 1.$$

因此

$$C_1(x) = \int(-\tan x)\mathrm{d}x + C_1 = \ln|\cos x| + C_1, \quad C_2(x) = \int\mathrm{d}x + C_2 = x + C_2.$$

于是,原线性非齐次微分方程的通解为

$$y = (\ln|\cos x| + C_1)\cos x + (x + C_2)\sin x$$
$$= C_1\cos x + C_2\sin x + \cos x\ln|\cos x| + x\sin x.$$

2. 欧拉方程

作为系数不为常数的微分方程的一种特例,我们来讨论"欧拉方程".称形如

$$x^n y^{(n)} + p_1 x^{n-1} y^{(n-1)} + \cdots + p_{n-1} xy' + p_n y = f(x)$$

的方程(其中 $p_1, p_2, \cdots, p_n$ 为常数)为**欧拉方程**.

一般说来,对系数为自变量的函数的高阶微分方程并不是都能求解的.但对欧拉方程,却可以通过采用变量代换的方法将变系数化为常系数,从而化为第五节、第六节所讨论的形式.

下面来讨论这个问题,仍然遵循从"具体(特殊)"到"一般"的思想方法.先讨论一个具体的方程,从中寻找出解决的思路,再将其上升为一般.为此,我们来考察方程

$$x^2 y'' + \frac{5}{2} xy' - y = 0, \tag{7.8}$$

该方程与第五、六节研究的常系数方程最大不同是 $y'', y', y^{(0)}$ 的系数分别含有因式 x^2, x, x^0. 即,不考虑各项的常数因子,各项的其余部分可写成 $x^{n-k} y^{(n-k)}$ $(k=0,1,2)$ 的形式.要将其转化为常系数方程,就要想办法消去各项中的系数 x^{n-k}. 面对这一"未知"我们想到伯努利方程 $\frac{dy}{dx} + P(x)y = Q(x)y^n$ $(n \neq 0,1)$ 这一"已知",解伯努利方程的关键是作变量替换 $z = y^{1-n}$ 消去方程右边的 y^n. 现在为消去 $x^{n-k} y^{(n-k)}$ 中的 x^{n-k},我们也期望通过引入新的变量实现这一目的.

为此,引入新的变量 t,令 $x = u(t)$,则 $t = u^{-1}(x)$. 将函数 y 看作通过变量 t 而成为 x 的函数.下面来探讨 $u(t)$ 应具有何种形式,才能将方程(7.8)化为常系数方程.

利用复合函数微分法,则有

$$\frac{dy}{dx} = \frac{dy}{dt} \cdot \frac{dt}{dx} = \frac{dy}{dt} \cdot \frac{1}{u'(t)},$$

$$\frac{d^2 y}{dx^2} = \frac{d}{dt}\left(\frac{dy}{dx}\right) \cdot \frac{dt}{dx} = \frac{d}{dt}\left(\frac{dy}{dt} \cdot \frac{1}{u'(t)}\right) \cdot \frac{1}{u'(t)} = \left(\frac{d^2 y}{dt^2} \frac{1}{u'(t)} - \frac{dy}{dt} \frac{u''(t)}{[u'(t)]^2}\right) \cdot \frac{1}{u'(t)}$$

$$= \frac{d^2 y}{dt^2} \frac{1}{[u'(t)]^2} - \frac{dy}{dt} \frac{u''(t)}{[u'(t)]^3}.$$

将求得的 $\frac{dy}{dx}, \frac{d^2 y}{dx^2}$ 的表达式分别代换方程(7.8)中的对应部分,我们来寻找 $u(t)$ 应该具有什么样的形式,方能消去其中的相应函数 x^2, x. 由

$$xy' = x \cdot \frac{dy}{dt} \cdot \frac{1}{u'(t)},$$

不难看到,要想消去其中的 x,只要 $u'(t) = x$ 即可.由 $x = u(t)$,因此需 $u'(t) = u(t)$,而 $(e^t)' = e^t$,因此,取 $x = u(t) = e^t$,这时

$$xy' = x \cdot \frac{dy}{dt} \cdot \frac{1}{u'(t)} = x \cdot \frac{dy}{dt} \cdot \frac{1}{e^t} = x \cdot \frac{dy}{dt} \cdot \frac{1}{x} = \frac{dy}{dt}.$$

$$x^2 y'' = x^2 \cdot \frac{d^2 y}{dt^2} \cdot \frac{1}{[(e^t)']^2} - x^2 \cdot \frac{dy}{dt} \cdot \frac{(e^t)''}{[(e^t)']^3}$$

$$= x^2 \cdot \frac{d^2 y}{dt^2} \cdot \frac{1}{(e^t)^2} - x^2 \cdot \frac{dy}{dt} \cdot \frac{e^t}{(e^t)^3} = x^2 \cdot \frac{d^2 y}{dt^2} \cdot \frac{1}{x^2} - x^2 \cdot \frac{dy}{dt} \cdot \frac{x}{x^3}$$

$$= \frac{d^2 y}{dt^2} - \frac{dy}{dt}.$$

所以,原方程的左端就变成

$$x^2 y'' + \frac{5}{2}xy' - y = \frac{d^2 y}{dt^2} - \frac{dy}{dt} + \frac{5}{2}\frac{dy}{dt} - y = \frac{d^2 y}{dt^2} + \frac{3}{2}\frac{dy}{dt} - y,$$

达到了消去原方程系数中的函数因子的目的,使其变成了关于函数 $y(t)$ 的二阶常系数线性微分方程

$$\frac{d^2 y}{dt^2} + \frac{3}{2}\frac{dy}{dt} - y = 0.$$

将这个"特殊"推广到"一般".将方程(7.8)一般化,对一般的欧拉方程

$$x^n y^{(n)} + p_1 x^{n-1} y^{(n-1)} + \cdots + p_{n-1}xy' + p_n y = f(x) \tag{7.9}$$

(其中 $p_1, p_2, \cdots, p_n$ 为常数)都能用这种方法来求解.只不过当 $n>2$ 时,要继续对 $x^n y^{(n)}$ 作代换,比如

$$x^3 \cdot \frac{d^3 y}{dx^3} = x^3 \cdot \frac{d}{dt}\left(\frac{d^2 y}{dt^2}\frac{1}{[u'(t)]^2} - \frac{dy}{dt}\frac{u''(t)}{[u'(t)]^3}\right) \cdot \frac{dt}{dx} = x^3 \cdot \frac{1}{x^3}\left(\frac{d^3 y}{dt^3} - 3 \cdot \frac{d^2 y}{dt^2} + 2 \cdot \frac{dy}{dt}\right)$$

等.

注意到这种代换仅是一种形式性的演算,最后还要用 $t = \ln x$ 代回原来的变量,所以在代换中,不必对 x 的取值范围做过多的讨论.一般总假设 $x>0$,因此由 $x = e^t$ 得 $t = \ln x$.如果题目要求 $x<0$,那么,可作代换 $-x = e^t$,这时,$t = \ln(-x)$,所得结果与上面的假设 $x>0$ 是一致的.所以,一般就权且认为 $x>0$ 就可以了.

为了方便起见,在上述代换过程中引入记号 D,它表示上述对 t 求一阶导数运算 $\frac{d}{dt}$,那么,$Dy = \frac{dy}{dt}$,同样 $D^2 y = \frac{d^2 y}{dt^2}$ 以及 $D^3 y = \frac{d^3 y}{dt^3}$.结合上边对 xy',$x^2 y''$ 及 $x^3 y'''$ 变换所得到的结果,则有

$$xy' = Dy,$$

$$x^2 y'' = \frac{d^2 y}{dt^2} - \frac{dy}{dt} = \left(\frac{d^2}{dt^2} - \frac{d}{dt}\right)y = (D^2 - D)y = D(D-1)y,$$

$$x^3 y''' = \left(\frac{d^3}{dt^3} - 3 \cdot \frac{d^2}{dt^2} + 2 \cdot \frac{d}{dt}\right)y = (D^3 - 3D^2 + 2D)y = D(D-1)(D-2)y,$$

一般地,有

$$x^k y^{(k)} = D(D-1)\cdots(D-k+1)y.$$

把它代入欧拉方程,便得到一个以 t 为自变量的常系数线性微分方程,求出这个方程的解后,把 t 换回 $\ln x$,即得原方程的解.下边回过来再看上边所讨论的例子.

求方程

$$x^2 y'' + \frac{5}{2}xy' - y = 0 \tag{7.10}$$

的通解.

用 $xy' = Dy$,$x^2 y'' = D(D-1)y$ 作代换,得

$$D(D-1)y + \frac{5}{2}Dy - y = 0,$$

化简,得

$$D^2y+\frac{3}{2}Dy-y=0,$$

也即

$$\frac{\mathrm{d}^2y}{\mathrm{d}t^2}+\frac{3}{2}\frac{\mathrm{d}y}{\mathrm{d}t}-y=0.$$

它的特征方程为

$$2r^2+3r-2=0,$$

易解得其特征根为 $r_1=-2$, $r_2=\frac{1}{2}$, 所以, $\dfrac{\mathrm{d}^2y}{\mathrm{d}t^2}+\dfrac{3}{2}\dfrac{\mathrm{d}y}{\mathrm{d}t}-y=0$ 的通解为

$$y=C_1\mathrm{e}^{-2t}+C_2\mathrm{e}^{\frac{1}{2}t},$$

再将 $t=\ln x$ 或 $x=\mathrm{e}^t$ 代入换回原来的变量,得原方程的通解为

$$y=C_1x^{-2}+C_2x^{\frac{1}{2}}.$$

对不太复杂的题目,可以不必引入算子 D,而直接对代换所得的自变量为 t 的常系数线性微分方程求解.

习题 6-7(A)

1. 已知齐次方程 $(x-1)y''-xy'+y=0$ 的通解为 $Y(x)=C_1x+C_2\mathrm{e}^x$, 求非齐次方程 $(x-1)y''-xy'+y=(x-1)^2$ 的通解.

2. 求下列微分方程的通解:

(1) $x^2y''-4xy'+6y=0$,

(2) $x^2y''-xy'-3y=0$,

(3) $x^2y''+xy'-y=0$,

(4) $x^3y'''+x^2y''-4xy'=0$.

习题 6-7(B)

1. 求下列微分方程的通解:

(1) $x^3y'''+x^2y''-4xy'=3x^2$;

(2) $x^2y''+xy'-4y=x^3$;

(3) $x^2y''-3xy'+4y=x+x^2\ln x$;

(4) $x^3y'''+2xy'-2y=x^2\ln x+3x$.

2. 用常数变易法求下列方程的通解:

(1) $y''+3y'+2y=\dfrac{1}{\mathrm{e}^x+1}$;

(2) $y''+4y=2\tan x$.

*第八节　简单的常系数线性微分方程组解法举例

前面讨论的是对只含有一个未知函数的一个微分方程的求解问题.但是在实际问题中,往往会遇到关于同一个自变量的几个未知函数的微分方程,它们联立起来共同确定这几个未知函数.像代数方程组那样,它们组成了微分方程组.本节讨论比较简单的微分方程组——每一个方程都是常系数线性微分方程,称为常系数线性微分方程组.

> 看到"方程组"三字,联想到中学里所学过的哪些"已知",由此,能找到解这里的微分方程组的思路吗?

中学里解代数方程组有一种重要的解法——消元法.用"消元法"解代数方程组的思想方法对解常系数线性微分方程组也是适用的.下面就用解代数方程组的消元法作"已知"来解这类微分方程组.这里的所谓消元,是指消去其中的一个或几个(未知函数多于两个时)未知函数及其各阶导数.下面通过具体例子说明其解法.

例 8.1　求解微分方程组

$$\begin{cases} \dfrac{\mathrm{d}x}{\mathrm{d}t}=x+y, \\[2mm] \dfrac{\mathrm{d}y}{\mathrm{d}t}=3y-2x. \end{cases}$$

> 这里的自变量是什么?有哪几个未知函数?怎样才能达到消元的目的?这相当于解代数方程组时的何种消元法?

解　先消去 y 及其导数.为此由方程 $\dfrac{\mathrm{d}x}{\mathrm{d}t}=x+y$ 得 $y=\dfrac{\mathrm{d}x}{\mathrm{d}t}-x$,

所以

$$\frac{\mathrm{d}y}{\mathrm{d}t}=\frac{\mathrm{d}}{\mathrm{d}t}\left(\frac{\mathrm{d}x}{\mathrm{d}t}-x\right)=\frac{\mathrm{d}^2x}{\mathrm{d}t^2}-\frac{\mathrm{d}x}{\mathrm{d}t}.$$

将 $y=\dfrac{\mathrm{d}x}{\mathrm{d}t}-x,\dfrac{\mathrm{d}y}{\mathrm{d}t}=\dfrac{\mathrm{d}^2x}{\mathrm{d}t^2}-\dfrac{\mathrm{d}x}{\mathrm{d}t}$ 代入方程 $\dfrac{\mathrm{d}y}{\mathrm{d}t}=3y-2x$ 中,得

$$\frac{\mathrm{d}^2x}{\mathrm{d}t^2}-4\,\frac{\mathrm{d}x}{\mathrm{d}t}+5x=0.$$

解这个二阶常系数线性方程,得

$$x=\mathrm{e}^{2t}(C_1\cos t+C_2\sin t).$$

将其求导并代入前面得到的 y 与 x 的关系式 $y=\dfrac{\mathrm{d}x}{\mathrm{d}t}-x$ 中化简,得

$$y=\mathrm{e}^{2t}[(C_1+C_2)\cos t+(C_2-C_1)\sin t].$$

所以原方程组的通解为

$$\begin{cases} x=\mathrm{e}^{2t}(C_1\cos t+C_2\sin t), \\[1mm] y=\mathrm{e}^{2t}[(C_1+C_2)\cos t+(C_2-C_1)\sin t]. \end{cases}$$

我们看到,用消元法解微分方程组大体可分为以下三步:

(1) 从方程组中消去某个函数及其各阶导数,从而得到只含有一个未知函数的微分方程;

（2）解由（1）得到的新的微分方程，求出这个方程的解；

（3）根据（2）求得的函数的解进一步求出另一个未知函数.通常将求得的函数的解代入由方程组得到的两个未知函数的关系式，就可得到另一未知函数的解.

例 8.2　求解微分方程组

$$\begin{cases} \dfrac{d^2 x}{dt^2}+\dfrac{dy}{dt}-x=e^t, \\[2mm] \dfrac{d^2 y}{dt^2}+\dfrac{dx}{dt}+y=0. \end{cases}$$

解　记 $\dfrac{d}{dt}$ 为 D，则 $\dfrac{dx}{dt}=Dx,\dfrac{d^2 x}{dt^2}=D^2 x,\dfrac{dy}{dt}=Dy,\dfrac{d^2 y}{dt^2}=D^2 y$，于是，原方程组可记为

$$\begin{cases} D^2 x+Dy-x=e^t, & (8.1) \\ D^2 y+Dx+y=0. & (8.2) \end{cases}$$

即

$$\begin{cases} (D^2-1)x+Dy=e^t, & (8.3) \\ Dx+(D^2+1)y=0. & (8.4) \end{cases}$$

把它看作关于未知量 x,y 的代数方程组进行消元.为此，由式（8.3），并注意 $De^t=e^t$，得

$$D(D^2-1)x+D^2 y=e^t \qquad (8.5)$$

由式（8.4）得

$$D(D^2-1)x+(D^4-1)y=0, \qquad (8.6)$$

式（8.6）-式（8.5）得

$$(D^4-D^2-1)y=-e^t. \qquad (8.7)$$

它是四阶非齐次线性方程，其特征方程为

$$r^4-r^2-1=0,$$

于是

$$r^2=\frac{1\pm\sqrt 5}{2},$$

$$r_{1,2}=\pm\alpha=\pm\sqrt{\frac{1+\sqrt 5}{2}},r_{3,4}=\pm\beta i=\pm i\sqrt{\frac{\sqrt 5-1}{2}}\ .$$

容易求得方程（8.7）的一个特解 $y^*=e^t$，于是，方程（8.7）的通解为

$$y=C_1 e^{-\alpha t}+C_2 e^{\alpha t}+C_3\cos\beta t+C_4\sin\beta t+e^t. \qquad (8.8)$$

类似地可求得

$$x=-D^3 y-e^t.$$

将式（8.8）代入之，得

$$x=\alpha^3 C_1 e^{-\alpha t}-\alpha^3 C_2 e^{\alpha t}-\beta^3 C_3\sin\beta t+\beta^3 C_4\cos\beta t-2e^t. \quad (8.9)$$

将式（8.8）与式（8.9）联立，就是所求的原方程组的通解.

例 8.1、例 8.2 都作了消元，所采用的方法相同吗？动手试试，能用例 8.2 的解法解例 8.1 吗？

历史的回顾

习题 6-8(A)

解下列微分方程组:

1. $\begin{cases} \dfrac{\mathrm{d}y}{\mathrm{d}x}=z, \\ \dfrac{\mathrm{d}z}{\mathrm{d}x}=y. \end{cases}$ 　　2. $\begin{cases} \dfrac{\mathrm{d}^2 x}{\mathrm{d}t^2}=y, \\ \dfrac{\mathrm{d}^2 y}{\mathrm{d}t^2}=x. \end{cases}$ 　　3. $\begin{cases} \dfrac{\mathrm{d}x}{\mathrm{d}t}=-x-5y, \\ \dfrac{\mathrm{d}y}{\mathrm{d}t}=x+y. \end{cases}$ 　　4. $\begin{cases} \dfrac{\mathrm{d}x}{\mathrm{d}t}=x+y+2\mathrm{e}^t, \\ \dfrac{\mathrm{d}y}{\mathrm{d}t}=4x+y-\mathrm{e}^t. \end{cases}$

习题 6-8(B)

按照题目的要求,解下列各微分方程组:

1. $\begin{cases} \dfrac{\mathrm{d}x}{\mathrm{d}t}=2x-5y-\sin 2t, \\ \dfrac{\mathrm{d}y}{\mathrm{d}t}=x-2y+t \end{cases}$ 在初值条件 $x(0)=0,y(0)=1$ 下的特解.

2. $\begin{cases} \dfrac{\mathrm{d}x}{\mathrm{d}t}=x, \\ \dfrac{\mathrm{d}y}{\mathrm{d}t}=-y+\sqrt{2}\,z, \\ \dfrac{\mathrm{d}z}{\mathrm{d}t}=\sqrt{2}\,y. \end{cases}$

3. $\begin{cases} \dfrac{\mathrm{d}x}{\mathrm{d}t}+2x-\dfrac{\mathrm{d}y}{\mathrm{d}t}=10\cos t, \\ \dfrac{\mathrm{d}x}{\mathrm{d}t}+\dfrac{\mathrm{d}y}{\mathrm{d}t}+2y=4\mathrm{e}^{-2t} \end{cases}$ 在初值条件 $x(0)=2,y(0)=0$ 下的特解.

4. $\begin{cases} \dfrac{\mathrm{d}x}{\mathrm{d}t}-x+\dfrac{\mathrm{d}y}{\mathrm{d}t}+3y=\mathrm{e}^{-t}-1, \\ \dfrac{\mathrm{d}x}{\mathrm{d}t}+2x+\dfrac{\mathrm{d}y}{\mathrm{d}t}+y=\mathrm{e}^{2t}+t \end{cases}$ 在初值条件 $x(0)=\dfrac{48}{49},y(0)=\dfrac{95}{98}$ 下的特解.

第九节　利用软件求解微分方程

通过 Python 软件中的 sympy 库中的 $dsolve(eq, y(t), ics = \{y(t0):y0\})$ 命令可以求出微分方程初值问题 $\begin{cases} eq = 0, \\ y(t_0) = y_0 \end{cases}$ 的特解,命令中的"eq = 0"为所要求解的微分方程,ics(initial/boundary conditions)为微分方程的初值条件或边界条件.在缺少第三个参数"ics = $\{y(t0):y0\}$"的情况下,求解的是微分方程的通解.下面通过几个实例来说明一下如何使用这个命令.

例 9.1　解微分方程 $\begin{cases} \dfrac{dy}{dt} - y^2 - 1 = 0, \\ y(0) = 0. \end{cases}$

In [1]: from sympy import * #从 sympy 库中引入所有的函数及变量

In [2]: t = symbols('t') #利用 Symbol 命令定义"t"为符号变量

In [3]: y = Function('y')　#利用 Function 命令定义"y"为函数

In [4]: dsolve(diff(y(t),t) - y(t) ** 2 - 1, y(t)) #求微分方程的通解
Out[4]: Eq(y(t), -tan(C1 - t))

In [5]: dsolve(diff(y(t),t) - y(t) ** 2 - 1, y(t), ics = {y(0):0}) #求微分方程满足初值条件的特解
Out[5]: Eq(y(t), tan(t))

由输出结果可知该方程的通解为 $y = -\tan(C-t)$,满足初值条件的特解为 $y = \tan t$.

例 9.2　解微分方程 $\begin{cases} \dfrac{dy}{dt} - y^2 + y\sin t - \cos t = 0, \\ y(0) = 1. \end{cases}$

In [6]: dsolve(diff(y(t),t) - y(t) ** 2 + y(t) * sin(t) - cos(t), y(t))
#求微分方程的通解
Out[6]: Eq(y(t), t * (C1 ** 2 + 1) + t ** 3 * (-3 * C1 ** 2 + (C1 ** 2 + 1) * (6 * C1 ** 2 + 1) - 2)/6 + t ** 5 * (-8 * C1 ** 2 * (3 * C1 ** 2 + 1) + 10 * C1 ** 2 + 6 * (-6 * C1 ** 2 - 1) * (C1 ** 2 + 1) + 2 * (C1 ** 2 + 1) * (8 * C1 ** 2 * (3 * C1 ** 2 + 1) - 18 * C1 ** 2 + 4 * (C1 ** 2 + 1) * (9 * C1 ** 2 + 1) - 3) + 5)/120 + C1 + C1 * t ** 2 * (2 * C1 ** 2 + 1)/2 + C1 * t ** 4 * (-6 * C1 ** 2 + 4 * (C1 ** 2 + 1) * (3 * C1 ** 2 + 1) - 3)/12 + O(t ** 6))

351

In［7］:simplify(t*(C1**2+1) + t**3*(-3*C1**2+(C1**2+1)*(6*C1**2+1) -2)/6 + t**5*(-8*C1**2*(3*C1**2+1) + 10*C1**2 + 6*(-6*C1**2-1)*(C1**2 +1) + 2*(C1**2+1)*(8*C1**2*(3*C1**2+1) - 18*C1**2 + 4*(C1**2+1)*(9 *C1**2+1) - 3) + 5)/120 + C1 + C1*t**2*(2*C1**2+1)/2 + C1*t**4*(-6*C1 **2 + 4*(C1**2+1)*(3*C1**2+1) - 3)/12 + O(t**6))　　#利用"simplify"命令将结果化简

Out［7］: t - t**3/6 + t**5/120 + C1 + C1*t**2/2 + C1*t**4/12 + C1**2*t + 2*C1** 2*t**3/3 + 11*C1**2*t**5/60 + C1**3*t**2 + 5*C1**3*t**4/6 + C1**4*t**3 + C1**4*t**5 + C1**5*t**4 + C1**6*t**5 + O(t**6)

In［8］:dsolve(diff(y(t),t)-y(t)**2+y(t)*sin(t)-cos(t),y(t),ics=｛y(0):1｝) #求方程带有初值条件的特解

Out［8］: Eq(y(t),1 + 2*t + 3*t**2/2 + 3*t**3/2 + 23*t**4/12 + 263*t**5/120 + O(t **6))

这个方程的通解的解析表达式为 $y = -\dfrac{e^{-\cos t}}{C + \displaystyle\int_0^t e^{-\cos t}\,dt} + \sin t$，也就是说是不能用初等函数来

表示的，从输出结果看，方程的通解非常复杂，Python 软件对于通解和满足初值条件的特解都是只给出了一个近似的解（实际上就是解的泰勒公式），其中满足初值条件的特解为

$$y = 1 + 2t + \frac{3}{2}t^2 + \frac{3}{2}t^3 + \frac{23}{12}t^4 + \frac{263}{120}t^5 + o(t^6).$$

例 9.3　解微分方程 $\begin{cases}\dfrac{d^2 y}{dt^2}+\dfrac{dy}{dt}=\sin t+e^t, \\ y(0)=y'(0)=1.\end{cases}$

In［9］:dsolve(diff(y(t),t,2)+diff(y(t),t)-sin(t)-exp(t),y(t))

Out［9］: Eq(y(t),C1 + C2*exp(-t) + exp(t)/2 - sin(t)/2 - cos(t)/2)

In［10］: dsolve(diff(y(t),t,2)+diff(y(t),t)-sin(t)-exp(t),y(t),ics=｛y(0):1,y(t).diff (t).subs(t,0):1｝) #请注意 y'(0)=1 的写法

Out［10］: Eq(y(t),exp(t)/2 - sin(t)/2 - cos(t)/2 + 2 - exp(-t))

由输出结果可知该方程的通解为 $y=C_1+C_2 e^{-t}+\dfrac{1}{2}e^t-\dfrac{1}{2}\sin t-\dfrac{1}{2}\cos t$，满足初值条件的特解为

$$y=\frac{1}{2}e^t-\frac{1}{2}\sin t-\frac{1}{2}\cos t+2-e^{-t}.$$

例 9.4　解微分方程 $\begin{cases}\dfrac{dy}{dt}+y^2-1=0, \\ y(0)=0.\end{cases}$

```
In [11]: dsolve(diff(y(t),t)+y(t)**2-1,y(t))
Out[11]: Eq(y(t),-1/tanh(C1 - t))
```

由输出结果可知该方程的通解为 $y = \dfrac{-1}{\text{th}(C-t)}$.

```
In [12]: dsolve(diff(y(t),t)+y(t)**2-1,y(t),ics={y(0):1})
Traceback (most recent call last):

File "<ipython-input-101-e9c5212c5192>",line 1,in <module>
dsolve(diff(y(t),t)+y(t)**2-1,y(t),ics={y(0):1})

File "C:\ProgramData\Anaconda3\lib\site-packages\sympy\ solvers \ode.py",line 664,in dsolve
return _helper_simplify(eq,hint,hints,simplify,ics=ics)

File "C:\ProgramData\Anaconda3\lib\site-packages\sympy\ solvers\ode.py",line 702,in _helper
_simplify
solved_constants = solve_ics([rv],[r['func']],cons(rv),ics)

File "C:\ProgramData\Anaconda3\lib\site-packages\sympy\solvers\ode.py",line 802,in solve_
ics
raise NotImplementedError("Couldn't solve for initial conditions")

NotImplementedError: Couldn't solve for initial conditions
```

从输出可以看到,虽然能够得到微分方程的通解,但对于这个初值问题 Python 软件不能完成求解.

练习(试用 Python 软件求解本章中所涉及的求解微分方程的例题)

总 习 题 六

1. 填空题:

(1) $xy''' + 2x^2y'^2 + x^3y = x^4 + 1$ 是_____阶微分方程;

(2) 已知 $y = 1, y = x, y = x^2$ 是某二阶非齐次线性微分方程的三个解,则该方程的通解为

_____;

(3) 以 $y = \sin 2x$ 为一个特解的二阶常系数齐次线性微分方程为_____;

(4) 微分方程 $y'' - 2y' = x^2 + e^{2x} + 1$ 的特解形式为_____.

2. 单项选择题：

（1）设函数 $y_1(x),y_2(x)$ 是微分方程 $y'+p(x)y=q(x)$ 的两个不同特解,则方程 $y'+p(x)y=0$ 的通解为（　　）;

（A）$y=C_1y_1+C_2y_2$　　　　　　　　　（B）$y=y_1+C_2y_2$

（C）$y=y_1+C(y_1+y_2)$　　　　　　　　（D）$y=C(y_2-y_1)$

（2）设 $y_1(x),y_2(x)$ 是二阶常系数齐次线性微分方程 $y''+py'+qy=0$ 的两个特解,C_1,C_2 是任意常数,则下列命题中正确的是（　　）;

（A）$C_1y_1+C_2y_2$ 一定是微分方程的通解

（B）$C_1y_1+C_2y_2$ 不可能是微分方程的通解

（C）$C_1y_1+C_2y_2$ 是微分方程的解

（D）$C_1y_1+C_2y_2$ 不是微分方程的解

（3）微分方程 $y''-y'=\mathrm{e}^x+\sin x$ 的特解形式是 $y^*=$（　　）;

（A）$a\mathrm{e}^x+b\sin x$　　　　　　　　　（B）$ax\mathrm{e}^x+b\sin x+c\cos x$

（C）$ax\mathrm{e}^x+b\sin x$　　　　　　　　 （D）$a\mathrm{e}^x+b\sin x+c\cos x$

（4）曲线 $y=f(x)$ 在点 $(0,-2)$ 处的切线方程为 $2x-y=2$,如果满足 $f''(x)=6x$,则函数 $f(x)=$（　　）;

（A）x^3-2　　　　　　　　　　　　　　（B）x^3-2x^2-2

（C）x^3+2x-2　　　　　　　　　　　　（D）x^3-2x-2

（5）设函数 $y=f(x)$ 是微分方程 $y''-2y'+4y=0$ 的一个解,若 $f(x_0)>0,f'(x_0)=0$,则函数 $f(x)$ 在点 x_0（　　）.

（A）取到极大值　　　　　　　　　　　（B）取到极小值

（C）某个邻域内单调增加　　　　　　　（D）某个邻域内单调减少

3. 求下列微分方程的通解：

（1）$xy'+y=2\sqrt{xy}$;　　　　　　　　　（2）$xy'\ln x+y=x(\ln x+1)$;

（3）$\dfrac{\mathrm{d}y}{\mathrm{d}x}=\dfrac{y}{2(\ln y-x)}$;　　　　　　　（4）$y'=\dfrac{1}{x\cos y+\sin 2y}$;

（5）$y''+y'^2+1=0$;　　　　　　　　　（6）$xy'=2y+x^2\tan\dfrac{y}{x^2}$;

（7）$y''+2y'+5y=\sin 2x$;　　　　　　　（8）$xy''-y'=x^2$;

（9）$(y^4-3x^2)\mathrm{d}y+xy\mathrm{d}x=0$;　　　　（10）$y''-3y'+2y=x\mathrm{e}^x$;

（11）$y''-6y'+9y=9x+\mathrm{e}^{3x}$;　　　　（12）$y''+y=\sin^2x$.

4. 求下列微分方程满足初值条件的特解：

（1）$x^2y'+xy=y^2,y(1)=1$;　　　　　　（2）$x\dfrac{\mathrm{d}y}{\mathrm{d}x}=x-y,y(\sqrt2)=0$;

（3）$y'-y=\dfrac{x^2}{y},y(0)=\dfrac{1}{\sqrt2}$;　　　（4）$y'=\dfrac{x-y+1}{x-y},y(1)=2$;

（5）$y''=\sin y\cos y,y(0)=\dfrac{\pi}{2},y'(0)=1$;

（6）$y'' + y = 2x e^x + 4\sin x, y(0) = 0, y'(0) = 0$.

5. 设函数 $f(x)$ 具有连续的一阶导数，且满足 $\int_0^1 f(tx)\,\mathrm{d}t = \dfrac{1}{2}f(x) + 1$，求 $f(x)$.

6. 设函数 $f(x)$ 具有连续的一阶导数，且满足 $f(x) = \int_0^x (x^2 - t^2)f'(t)\,\mathrm{d}t + x^2$，求 $f(x)$.

7. 若曲线 $y = f(x)$ 上任一点 $M(x,y)$ 处的切线与 x 轴的交点 P 之间的线段 MP 的长度等于切线在 x 轴上的截距，求该曲线方程.

8. 对于 $x>0$，过曲线 $y = f(x)$ 上点 $(x, f(x))$ 处的切线在 y 轴上的截距等于 $\dfrac{1}{x}\int_0^x f(t)\,\mathrm{d}t$，求函数 $f(x)$.

9. 设函数 $f(x)$ 在区间 $[1, +\infty)$ 上连续，由 $y = f(x), x = 1, x = t(t>1)$ 及 x 轴围成的平面图形绕 x 轴旋转一周所形成的旋转体的体积 $V(t) = \dfrac{\pi}{3}[t^2 f(t) - f(1)]$，求函数 $f(x)$ 所满足的微分方程并求该微分方程满足初值条件 $y\big|_{x=2} = \dfrac{2}{9}$ 的特解.

10. 设函数 $y = f(x)$ 是第一象限内连接点 $A(0,1), B(1,0)$ 的一段连续曲线，$M(x,y)$ 为该曲线上任意一点，点 C 为 M 在 x 轴上的投影，O 为坐标原点. 若梯形 $OCMA$ 的面积与曲边三角形 CBM 的面积之和为 $\dfrac{x^3}{6} + \dfrac{1}{3}$，求 $f(x)$.

11. 设光滑曲线 $y = f(x)$ 过原点，且当 $x>0$ 时 $f(x)>0$. 对应于 $[0,x]$ 一段曲线的弧长为 $\mathrm{e}^x - 1$，求 $f(x)$.

12. 已知某车间的体积为 $30 \times 30 \times 6 \ \mathrm{m}^3$，其中的空气含 0.12% 的 CO_2（以体积计算）. 现以含 CO_2 为 0.04% 的新鲜空气输入，问每分钟应输入多少，才能在 30 min 后使车间空气中 CO_2 的含量不超过 0.06%？（假定输入的新鲜空气与原有空气很快混合均匀后，以相同的流量排出.）

附　　录

附录 1　常用初等数学公式

一、常用三角函数公式

1. 基本公式

$$\sin^2\alpha + \cos^2\alpha = 1, \qquad \frac{\sin\alpha}{\cos\alpha} = \tan\alpha,$$

$$\sin\alpha \cdot \csc\alpha = 1, \qquad \cos\alpha \cdot \sec\alpha = 1, \qquad \tan\alpha \cdot \cot\alpha = 1,$$

$$\sec^2\alpha = \tan^2\alpha + 1, \qquad \csc^2\alpha = \cot^2\alpha + 1.$$

2. 三角函数的和角公式与差角公式

$$\sin(\alpha+\beta) = \sin\alpha \cdot \cos\beta + \cos\alpha \cdot \sin\beta,$$

$$\sin(\alpha-\beta) = \sin\alpha \cdot \cos\beta - \cos\alpha \cdot \sin\beta,$$

$$\cos(\alpha+\beta) = \cos\alpha \cdot \cos\beta - \sin\alpha \cdot \sin\beta,$$

$$\cos(\alpha-\beta) = \cos\alpha \cdot \cos\beta + \sin\alpha \cdot \sin\beta,$$

$$\tan(\alpha+\beta) = \frac{\tan\alpha + \tan\beta}{1 - \tan\alpha \cdot \tan\beta}, \quad \tan(\alpha-\beta) = \frac{\tan\alpha - \tan\beta}{1 + \tan\alpha \cdot \tan\beta},$$

$$\cot(\alpha+\beta) = \frac{\cot\alpha \cdot \cot\beta - 1}{\cot\alpha + \cot\beta}, \quad \cot(\alpha-\beta) = \frac{\cot\alpha \cdot \cot\beta + 1}{\cot\beta - \cot\alpha}.$$

3. 三角函数的倍角公式与半角公式

$$\sin 2\alpha = 2\sin\alpha \cdot \cos\alpha = \frac{2\tan\alpha}{1 + \tan^2\alpha},$$

$$\cos 2\alpha = \cos^2\alpha - \sin^2\alpha = 2\cos^2\alpha - 1 = 1 - 2\sin^2\alpha = \frac{1 - \tan^2\alpha}{1 + \tan^2\alpha},$$

$$\tan 2\alpha = \frac{2\tan\alpha}{1 - \tan^2\alpha}, \qquad \cot 2\alpha = \frac{\cot^2\alpha - 1}{2\cot\alpha},$$

$$\sin^2\frac{\alpha}{2} = \frac{1}{2}(1 - \cos\alpha), \qquad \cos^2\frac{\alpha}{2} = \frac{1}{2}(1 + \cos\alpha),$$

$$\tan\frac{\alpha}{2} = \pm\sqrt{\frac{1 - \cos\alpha}{1 + \cos\alpha}} = \frac{1 - \cos\alpha}{\sin\alpha} = \frac{\sin\alpha}{1 + \cos\alpha},$$

$$\cot \frac{\alpha}{2} = \pm \sqrt{\frac{1+\cos \alpha}{1-\cos \alpha}} = \frac{1+\cos \alpha}{\sin \alpha} = \frac{\sin \alpha}{1-\cos \alpha}.$$

4. 三角函数的和差化积公式

$$\sin \alpha + \sin \beta = 2\sin \frac{\alpha+\beta}{2} \cos \frac{\alpha-\beta}{2},$$

$$\sin \alpha - \sin \beta = 2\cos \frac{\alpha+\beta}{2} \sin \frac{\alpha-\beta}{2},$$

$$\cos \alpha + \cos \beta = 2\cos \frac{\alpha+\beta}{2} \cos \frac{\alpha-\beta}{2},$$

$$\cos \alpha - \cos \beta = -2\sin \frac{\alpha+\beta}{2} \sin \frac{\alpha-\beta}{2}.$$

5. 三角函数的积化和差公式

$$\sin \alpha \cdot \cos \beta = \frac{1}{2}\left[\sin (\alpha+\beta) + \sin (\alpha-\beta)\right],$$

$$\cos \alpha \cdot \sin \beta = \frac{1}{2}\left[\sin (\alpha+\beta) - \sin (\alpha-\beta)\right],$$

$$\cos \alpha \cdot \cos \beta = \frac{1}{2}\left[\cos (\alpha+\beta) + \cos (\alpha-\beta)\right],$$

$$\sin \alpha \cdot \sin \beta = -\frac{1}{2}\left[\cos (\alpha+\beta) - \cos (\alpha-\beta)\right].$$

二、数列

1. 等差数列的通项公式　　　$a_n = a_1 + (n-1)d$,　　d 为公差,

　　等差数列的前 n 项和公式　　$s_n = \dfrac{n(a_1+a_n)}{2}$,

2. 等比数列的通项公式　　　$a_n = a_1 q^{n-1}$,　　q 为公比,

　　等比数列的前 n 项和公式　　$s_n = \dfrac{a_1(1-q^n)}{1-q}$, q 为公比,

　　无穷递缩等比数列的和　　$s = \dfrac{a_1}{1-q}$, $|q| < 1$.

$$1+2+3+\cdots+n = \frac{n(n+1)}{2},$$

$$1+3+5+\cdots+(2n-1) = n^2,$$

$$1^2+2^2+\cdots+n^2 = \frac{n(n+1)(2n+1)}{6}.$$

三、阶乘

$$n! = 1 \cdot 2 \cdots \cdot n.$$

四、二项式公式

$$(a+b)^n = a^n + na^{n-1}b + \frac{n(n-1)}{2!}a^{n-2}b^2 + \cdots + \frac{n(n-1)\cdots[n-(k-1)]}{k!}a^{n-k}b^k + \cdots + b^n,$$

$$(a-b)^n = a^n - na^{n-1}b + \frac{n(n-1)}{2!}a^{n-2}b^2 + \cdots +$$

$$(-1)^k \frac{n(n-1)\cdots[n-(k-1)]}{k!}a^{n-k}b^k + \cdots + (-1)^n b^n.$$

附录 2　Python 软件简介

随着计算机技术的不断发展,利用计算机完成烦琐、重复、机械的运算工作已经成了现实,在学习大学数学的过程中,学习和掌握一个数学软件还是很有必要的. Python 除了支持软件开发之外,在数的运算、多项式运算、代数方程求解、函数图形描绘、求极限、求导、求积分、微分方程求解、矩阵运算等各方面都有着非常强大的功能.

一、软件简介

限于篇幅,菜单和工具栏的各种功能这里不再介绍,请读者自己去查阅相关资料,仅对软件做如下几点说明:

1. 使用相关的命令或者常量的时候需要使用“import”命令将相应的软件包调入系统;

2. “In [n]:”是 Python 命令的提示符,在它的后面可直接输入命令,其中的“n”表示要执行的是当前窗口的第 n 个命令;输入结束后回车,系统将执行该命令,如果需要输出的话,则输出以“Out[n]:”开头的运算结果,其中的“n”与命令行的“n”相同,如果命令以分号结尾,系统只执行命令而不显示结果;

3. Python 常用的运算符号有加(+)、减(−)、乘(＊)、除(／)和乘方(＊＊),系统在执行命令时以括号优先,先乘除后加减的顺序进行运算;

4. Python 的数学函数包括 sqrt(算术平方根), exp(以 e 为底的指数函数), log(以 e 为底的对数函数,也可以写成 ln), sin, cos, tan, cot, sec, csc, arcsin arccos, arctan, arccot, arcsec, arccsc, sinh, cosh, tanh, coth, sech, csch, arcsinh, arccosh, arctanh 等;

5. Python 的数学常数有 pi(圆周率)、E(自然对数底 e)、oo(正无穷)、-oo(负无穷)等;

6. “#”号用于对命令进行注释,该符号后面的内容不执行;

7. “subs”是函数求值命令,即将函数中的变量替代为某常数后得到具体的函数值;

8. “evalf”命令用于得到指定精度的数值.

下面的例子中首先将用于数学运算的软件包 sympy 调入内存,然后输出无理数 π 和 e 的数值(保留 100 位有效数字).

358

```
In [1]: from sympy import *    #将 sympy 包调入内存
In [2]: E.evalf(100)        #输出 e,保留 100 位有效数字
Out[2]: 2.718281828459045235360287471352662497757247093699959574966967627724076630353547594571382178525166427
In [3]: pi.evalf(100)        #输出圆周率,保留 100 位有效数字
Out[3]: 3.141592653589793238462643383279502884197169399375105820974944592307816406286208998628034825342117068
```

二、初等数学运算

在调入 sympy 软件包后,Python 可以进行多项式的乘积、因式分解、函数求值、代数方程求解等各种代数运算.

1. 多项式运算

使用 Python 进行多项式运算,首先需要通过"symbols"命令声明用于运算的符号变量,"factor""expand"命令分别用于多项式的因式分解和多项式乘积的展开. 下面的例子中首先声明 x 和 y 为符号变量,并实现了多项式的乘积、因式分解、多项式求值等运算. 请注意"symbols""print""expand""factor""subs"命令的用法.

```
In [4]: x,y=symbols('x,y');#定义 x,y 为符号变量
In [5]: p1=-2*x+7*x**2-3*x**3+7*x**4;#定义多项式 p1
In [6]: p2=5*x**5+3*x**2+x**2-2;#定义多项式 p2
In [7]: p=p1*p2;#定义多项式 p 为上面 p1 和 p2 两个多项式的乘积
In [8]: print(p)    #输出 p 的结果
(5*x**5 + 4*x**2 - 2)*(7*x**4 - 3*x**3 + 7*x**2 - 2*x)
In [9]: expand(p) #将两个多项式的乘积展开
Out[9]: 35*x**9 - 15*x**8 + 35*x**7 + 18*x**6 - 12*x**5 + 14*x**4 - 2*x**3 - 14*x**2 + 4*x
In [10]: p3=expand(p);#将展开的结果定义为 p3
In [11]: print(p3) #输出 p3 的表达式
35*x**9 - 15*x**8 + 35*x**7 + 18*x**6 - 12*x**5 + 14*x**4 - 2*x**3 - 14*x**2 + 4*x
In [12]: p3.subs(x,2) #计算 p3(2)
Out[12]: 19488
In [13]: factor(p3) #将多项式 p3 进行因式分解
Out[13]: x*(5*x**5 + 4*x**2 - 2)*(7*x**3 - 3*x**2 + 7*x - 2)
In [14]: factor(x**2-y**4)    #将多项式 x**2-y**4 进行因式分解
Out[14]: (x - y**2)*(x + y**2)
```

In [15]: t=factor(x ∗∗ 2−y ∗∗ 4) #将多项式 x ∗∗ 2−y ∗∗ 4 进行因式分解后的结果定义为 t
In [16]: t.subs(x,1).subs(y,2) #计算 t(1,2)
Out[16]: −15

2. 解代数方程

Python 通过命令"solve(eq)"求代数方程"eq = 0"的解,所得的解存储在数据类型为"list"的数组中,如果需要得到数值解可以使用命令"evalf"取得.见下面求解代数方程的例子,并注意"solve""evalf""sqrt""cos""sin""log"的用法,"LambertW"是软件自带的函数,表示的是 $y = xe^x$ 的反函数.

In [17]: solve(x ∗∗ 2−2)   #求解方程 x ∗∗ 2 = 2
Out[17]: [−sqrt(2),sqrt(2)]
In [18]: solve(x ∗∗ 2+2 ∗ x−7)   #方程有两个解,系统分别记为第 0 个和第 1 个
Out[18]: [−1 + 2 ∗ sqrt(2),−2 ∗ sqrt(2) − 1]
In [19]: solve(x ∗∗ 2+2 ∗ x−7)[0].evalf(8) #取第 0 个解的值,精确到 8 位有效数字
Out[19]: 1.8284271
In [20]: solve(cos(x)−sin(x)) #给出 cos(x) = sin(x) 在(−pi,pi) 上的解
Out[20]: [−3 ∗ pi/4,pi/4]
In [21]: solve(2 ∗∗ x−5)
Out[21]: [log(5)/log(2)]
In [22]: solve(2 ∗∗ x−2 ∗ x−5) #求解方程,有一个实数解
Out[22]: [−(LambertW(−log(2 ∗∗(sqrt(2)/16))) + log(32)/2)/log(2)]
In [23]: solve(2 ∗∗ x−2 ∗ x−5)[0].evalf(8) #取该解的值,精确到 8 位有效数字
Out[23]: −2.4056371

3. 一元函数的图像

利用 Python 软件绘制函数图像需要引入 numpy 和 matplotlib 两个软件包,其中 numpy(Numerical Python)支持多维数组与矩阵运算,此外也针对数组运算提供大量的数学函数;matplotlib 是绘图工具,包含了大量的绘图的方式以及各种参数设置.见下面绘制正弦函数的图像的例子.

```python
In [24]: import numpy as np
   ...: from matplotlib import pyplot as plt
   ...: plt.rcParams['font.sans-serif'] = ['SimHei'] #用来正常显示中文标签
   ...: plt.rcParams['axes.unicode_minus'] = False #用来正常显示负号
   ...: x = np.arange( −3 ∗ np.pi,3 ∗ np.pi,0.1) #设定 x 的范围
   ...: y = np.sin( x) #y = sin( x)
   ...: plt.xlabel(' x') #x 轴标签
   ...: plt.ylabel(' y') #y 轴标签
   ...: plt.title(" 正弦函数") #圆的标题
   ...: plt.plot( x,y)
   ...: plt.show()
Out[24]: [ <matplotlib.lines.Line2D at 0x226b1cbd630>]
```

运行结果见图 f2−1.

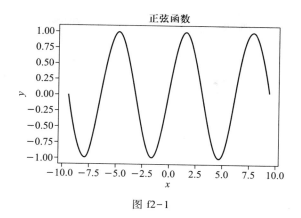

图 f2−1

　　本例中,首先引入 numpy,以"np"作为该软件包的别名,并引入 matplotlib 库中的 pyplot 工具,以"plt"作为别名,利用"plt.rcParams"对绘图进行了部分设置. 接下来定义 x 为 -3π 到 3π 之间的数组,相邻两个数的间隔为 0.1(请注意"arange"的用法),令 y 的值分别对应 x 的正弦,对绘制图像的坐标轴及标题显示进行设置,通过"plot"显示出所绘制的图像. 通过对源代码进行简单修改后可绘制其他函数图像,如余弦函数.

```
In [25]: x = np.arange(-3 * np.pi, 3 * np.pi, 0.1)
    ...: y = np.cos(x)
    ...: plt.xlabel('x')
    ...: plt.ylabel('y')
    ...: plt.title("余弦函数")
    ...: plt.plot(x, y)
Out[25]: [<matplotlib.lines.Line2D at 0x226b1d14cf8>]
```

运行结果见图 f2−2.

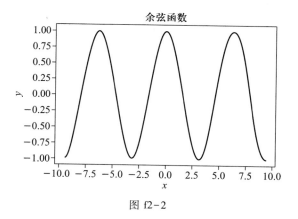

图 f2−2

Python 同样可以通过"plt.polar"绘制由极坐标给出的曲线,下面绘制 $r = \sin\theta$ 在极坐标下的图像. 首先给出变量 θ 的取值范围及 r 与 θ 的函数关系,然后利用"plt.polar"绘制函数图像.

In [26]: theta = np.arange(−np.pi, np.pi, 0.1)
   ...: r = np.sin(theta)
   ...: plt.polar(theta, r)
Out[26]: [<matplotlib.lines.Line2D at 0x226b1b17c50>]

运行结果见图 f2-3.

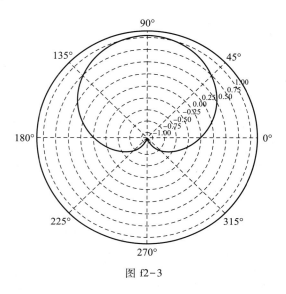

图 f2-3

对于由参数方程确定的曲线,只需要指定参数的范围,横、纵坐标与参数的函数关系,在 Python 中直接使用"plt.plot"命令即可完成图像的绘制,下例是绘制由参数方程 $x = t - \sin t, y = 1 - \cos t$ 确定的曲线(摆线).

In [27]: t = np.arange(0, np.pi/2, 0.1)
   ...: x = t − np.sin(t)
   ...: y = 1 − np.cos(t)
   ...: plt.plot(x, y)
Out[27]: [<matplotlib.lines.Line2D at 0x226b1c25550>]

运行结果见图 f2-4.

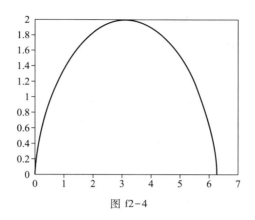

图 f2-4

Python 对于隐函数的图像绘制与上述几种有所不同,需要调用 sympy 包里面的"plot_implicit"(隐函数画图)命令和 sympy.parsing.sympy_parser 模块的"parse_expr"(数学表达式参数化).下面绘制 $x^2+y+\sin y=1$ 的曲线,请注意"plot_implicit""parse_expr"的引入和使用方式.

```
In [28]: from sympy import plot_implicit #引入软件包
    ...: from sympy.parsing.sympy_parser import parse_expr
    ...: plot_implicit( parse_expr(' x ** 2+y+sin(y)-1 ')) #隐函数画图

Out[28]: <sympy.plotting.plot.Plot at 0x233987cd2b0>Out[30]: <sympy.plotting.plot.Plot at
0x1dcad29def0>
```

运行结果见图 f2-5.

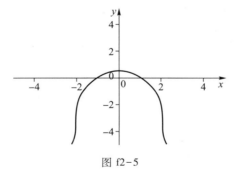

图 f2-5

附录 3 几种常见的曲线

1. 星形线 $x = \cos^3 t, y = \sin^3 t$

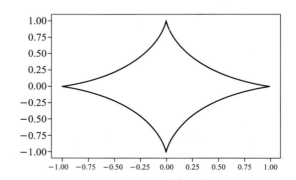

2. 摆线 $x = t - \sin t, y = 1 - \cos t$

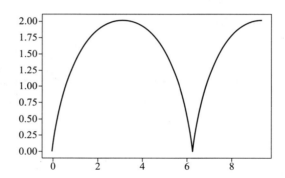

3. 笛卡儿叶形线 $x^3 + y^3 - 3axy = 0$（下图是 $a = 1$ 的情形）

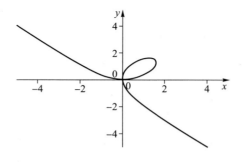

4. 心形线 $x^2 + y^2 + x = \sqrt{x^2 + y^2}$ 或极坐标方程 $\rho = 1 - \cos\theta$

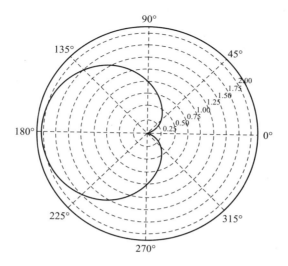

5. 概率中常见曲线 $y = \mathrm{e}^{-x^2}$

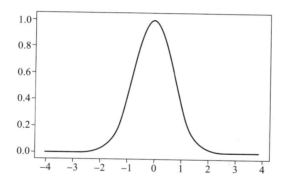

6. 箕舌线 $y = \dfrac{8a^3}{x^2 + 4a^2}$（下图是 $a = 1$ 的情形）

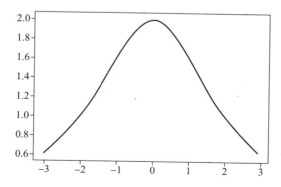

7. 蔓叶线 $y^2(2a - x) = x^3 (a > 0)$（下图是 $a = 2$ 的情形）

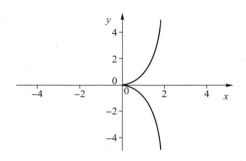

8. 阿基米德螺线 $\rho = a\theta$（下图是 $a = 1$ 的情形）

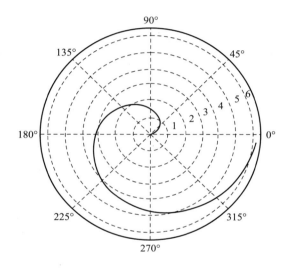

9. 对数螺线 $\rho = \mathrm{e}^{a\theta}$（下图是 $a = 1$ 的情形）

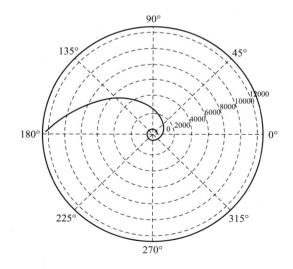

10. 双曲螺线 $\rho\theta = a$（下图是 $a = 1$ 的情形）

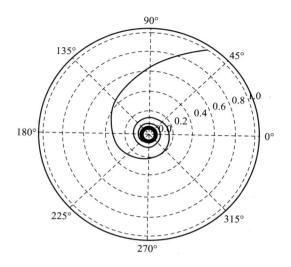

11. 伯努利双纽线 $\rho^2 = a^2 \sin 2\theta$（下图是 $a = 1$ 的情形）

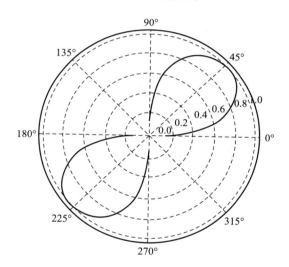

12. 伯努利双纽线 $\rho^2 = a^2 \cos 2\theta$（下图是 $a = 1$ 的情形）

367

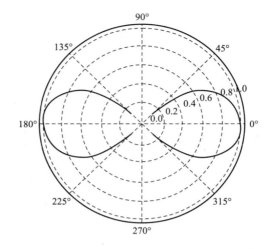

13. 三叶玫瑰线 $\rho = a\cos 3\theta$（下图是 $a = 1$ 的情形）

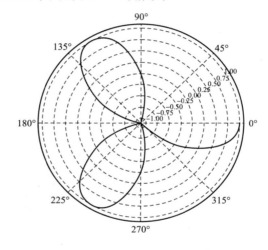

14. 三叶玫瑰线 $\rho = a\sin 3\theta$（下图是 $a = 1$ 的情形）

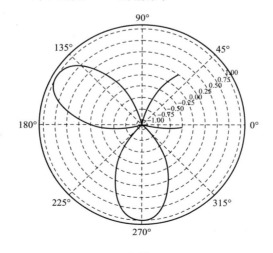

15. 四叶玫瑰线 $\rho = a\sin 4\theta$（下图是 $a = 1$ 的情形）

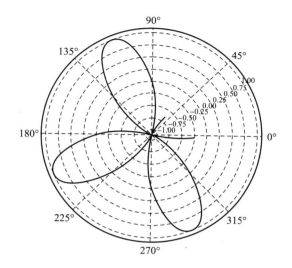

16. 四叶玫瑰线 $\rho = a\cos 4\theta$（下图是 $a = 1$ 的情形）

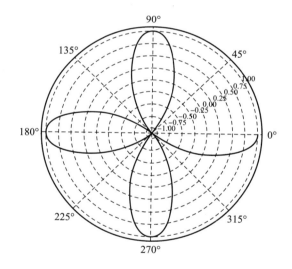

曲线绘图的 Python 源代码

附录 4 习题参考答案与提示

参 考 文 献

郑重声明

高等教育出版社依法对本书享有专有出版权。任何未经许可的复制、销售行为均违反《中华人民共和国著作权法》,其行为人将承担相应的民事责任和行政责任;构成犯罪的,将被依法追究刑事责任。为了维护市场秩序,保护读者的合法权益,避免读者误用盗版书造成不良后果,我社将配合行政执法部门和司法机关对违法犯罪的单位和个人进行严厉打击。社会各界人士如发现上述侵权行为,希望及时举报,本社将奖励举报有功人员。

反盗版举报电话　　（010）58581999　58582371　58582488
反盗版举报传真　　（010）82086060
反盗版举报邮箱　　dd@hep.com.cn
通信地址　　北京市西城区德外大街 4 号
　　　　　　高等教育出版社法律事务与版权管理部
邮政编码　　100120

防伪查询说明

用户购书后刮开封底防伪涂层,利用手机微信等软件扫描二维码,会跳转至防伪查询网页,获得所购图书详细信息。用户也可将防伪二维码下的20 位密码按从左到右、从上到下的顺序发送短信至 106695881280,免费查询所购图书真伪。

反盗版短信举报

编辑短信"JB,图书名称,出版社,购买地点"发送至 10669588128

防伪客服电话

（010）58582300